KB138200

고속선로의 관리

고속선로의 관리

Maintenance of High speed Track

초판 1쇄 인쇄일 2005년 4월 23일
초판 1쇄 발행일 2005년 4월 30일

저 자 서사범
발 행 인 서정임

발 행 처 도서출판 BG북갤러리
등록일자 2003년 11월 5일(제318-2003-00130호)
주 소 서울시 영등포구 여의도동 14-13번지 가든빌딩 608호
전 화 02)761-7005(代)
팩 스 02)761-7995
http://www.bookgallery.co.kr
인터넷 한글주소 : 북갤러리
E-mail : cgjpower@yahoo.co.kr

값 30,000원

ISBN 89-91177-06-9 93530

고속선로의 관리

Maintenance of High Speed Track

서 사 범 저

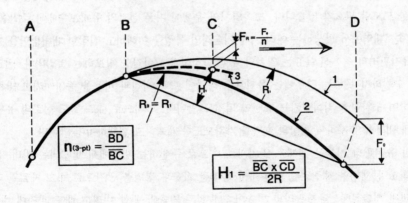

BG 북갤러리

고속선로의 관리

Maintenance of High Speed Track

우리나라는 2004년 4월에 처음으로 고속철도가 개통됨에 따라 철도의 르네상스 시대를 맞이하고 있습니다. 새로 건설된 경부고속철도 궤도와 노반 등의 기반시설은 프랑스와 계약하여 추진한 차량, 전차선, 신호 등의 코어시스템과는 달리 국내 기술로 건설하였습니다. 특히 이들의 코어시스템과 밀접한 관계가 있는 궤도 분야는 프랑스와 독일 등 외국의 기술 자문을 받아 이를 토대로 국내 기술에 접목시켜 광명-대구간의 고속 신선을 국내 기술진이 건설하였습니다. 또한 대구-부산간의 고속 신선도 2010년 개통을 목표로 현재 노반 공사를 진행하고 있습니다.

한편, 고속철도의 개통과 함께 고속철도의 운영에서 매우 중요한 선로의 유지보수가 당면 과제로 되고 있습니다. 고속열차의 주행로를 형성하는 선로의 경제적이고 효율적인 관리는 고속철도의 운영에서 절대적으로 중요하며, 최대속도 300 km/h의 고속철도는 지금까지 적용하여 온 일반철도의 선로보수와는 다른 개념의 선로보수가 필요합니다. 또한, 고속철도의 선로는 요구된 기능의 유지와 향상을 위하여 선로관리의 최적화를 도모할 필요가 있습니다. 고속열차의 운행에 따른 선로의 유지보수에서 주안을 두어야 할 점은 고속의 속도대역에서 발생하는 여러 가지 기술적인 특성을 이해하고 적절한 대처방안을 수립하는 것이며, 선로 유지관리의 최우선 목표는 열차의 주행 안정성과 승차감을 확보하는 것입니다. 선로의 유지보수를 적절히 수행하지 못하는 경우에는 유지보수 작업에 드는 시간과 비용을 증가시키고 열차의 운행에 장애를 초래하여 수익성을 악화시키는 요인이 되기도 합니다. 그러므로, 고속철도 선로의 유지관리는 최소한의 시간과 비용을 투자하여 최상의 효과를 가져오도록 계획하고 실행하여야 합니다.

고속선로의 유지관리 기술은 실제로 열차가 고속으로 주행하는 환경에서 발생되는 여러 가지 복잡한 현상을 이해하고 문제점을 해결하는 과정에서 축적된 기술과 경험을 근간으로 하고 새로운 과학기술을 가미하여 발전된 기술로서 '유지관리의 기술이 고속선로 기술의 핵심' 이라고 해도 과언이 아닙니다. 사람의 병을 치료하는 프로세스와 유사하게 선로 상태의 정확한 진단과 평가 및 적절한 처방이 필요하며, 그 결과를 분석하여 최적의 작업 방법을 제시하고 적합한 절차와 수단을 이용하여 과학적으로 유지 보수를 수행하여야 합니다. 또한, 이런 사항들을 유기적으로 결합하고, 최신의 기술과 첨단의 장비를 충분히 활용하여 최소의 비용으로 최적의 선로상태를 유지할 수 있는 유지보수 체제를 확립하고, 일정 수준 이상의 기술 수준을 확보하여야 합니다. 따라서, 이 책은 고속철도 선로관리의 기술을 이해하고 기술수준을 향상시키며, 고속선로를 체계적이고 효율적으로 관리하는데 기여하도록 그간의 경부고속철도 궤도건설의 경험과 프랑스 고속선로의 유지관리 자료를 바탕으로 하여 우리나라의 여건에 맞도록 보완하여 저술하였습니다.

필자는 1964년에 세계 최초로 개통된 고속철도(신칸센)의 건설에 관한 기록 영화를 3년 후인 고교 1학년 때(1967년)에 보고 나서 우리나라도 고속철도를 건설하였으면 좋겠다는 생각을 하게 되었으며, 그로부터 한참 뒤에 그 희망이 이루어져 1991년부터 철도기술자의 꿈인 고속철도의 건설에 참여하였습니다. 철도(railway, railroad, 또는 rail)의 어원이 레일(rail)인 것처럼 궤도는 철도의 가장 큰 특징인 궤도교통 수단을 실현하는 필수핵심 분야입니다. 필자는 이와 같은 궤도의 책임자로서 고속철도의 건설에 참여하였고 또한 국립학교(국비생) 출신 철도기술자로서 국내 철도기술의 발전에 기여하겠다는 본인 스스로의 사명감에서 오랫동안 밤잠을 줄이면서 휴일 등의 개인 사생활을 희생하고 장기간 동안 눈을 혹사시키는 등 많은 노력을 하고 심혈을 기울여 이 책을 저술하였습니다. 하지만, 미비한 사항도 또한 있을 것으로 예상되므로 앞으로 계속 수정 보완토록 노력할 것을 다짐하며, 독자 여러분의 많은 조언과 오류의 지적을 바랍니다. 또한, 지식에 관하여 절대적이고 항구적인 것이 없기 때문에 독자들의 견해와 코멘트를 환영할 것입니다. 아울러, 이 책의 범위 밖인 설계·시공·기계보선의 원리나 최신의 선로기술 및 동향 등은 저자의 관련 문헌을 참고하시기 바랍니다.

끝으로, 이 책이 철도기술의 발전과 독자들에게 도움이 되기를 기대하며, 자료를 정리하여준 김하나 양, 자료를 검토하여주신 여러분, 경부고속철도 궤도건설의 수행과정에서 필자에게 많은 조언과 도움을 주신 강기동 박사님, 그리고 설계·제작·시공·감리·장비·수송·유지관리 등 고속철도 궤도건설에 기여하신 관계자 여러분들과 고속철도 개통 후의 고속선로 유지보수 업무를 수행하고 계시는 한국철도공사의 관계자 여러분들에게 진심으로 감사를 드립니다. 또한, 저를 아껴주시는 학교·사회의 선후배 동료들과 초등학교 시절부터 평생의 참 스승이신 윤성용 선생님, 학부(경희대학교) 시절에 문화인으로서의 자세 등을 일깨워 주신 탁용국 교수(사학과)님, 박사과정을 지도하여주신 구봉근 교수님을 비롯한 여러 스승님들께 깊은 감사의 말씀을 올립니다.

2005. 2.

수락산 기슭에서 **서 사 범**

목차

제1장 개론

제2장 선형의 관리

제3장 레일의 관리

제6장 도상의 관리

제7장 분기기의 관리

제8장 신축이음매의 관리

제9장 노반과 부대시설의 관리

제1장 개론

1.1 유지보수의 개론

1.1.1 개요 및 용어

열차가 최대 속도 300 km/h로 주행하는 고속철도는 지금까지의 선로보수와는 다른 개념의 선로보수를 필요로 한다. 또한, 고속철도의 선로는 고속열차의 안전과 승차감을 확보하기 위하여 요구된 기능의 유지를 위하여 선로관리의 최적화를 도모하여야 한다. 즉, 궤도상태의 정확한 진단과 점검을 통하여 적절한 평가와 처방을 하여야 하며 유지보수 작업이 필요한 경우에는 체계적이고 합리적인 작업 계획을 수립하여 최소의 비용으로 선로의 품질 기준을 충족시켜야 한다. 이와 같이 고속철도 선로의 품질 기준에 적합하도록 효율적으로 관리하기 위해서는 일정 수준 이상의 기술 수준이 확보되어야 한다. 이 책은 고속철도 선로관리 기술의 이해 및 기술 수준의 향상과 함께 체계적이고 효율적으로 선로를 관리하는데 도움이 되도록 경부고속철도 궤도건설의 과정에서 획득한 기술과 경험을 응용하고 또한 고속철도 선로의 유지관리에 관하여 오랜 경험이 있는 프랑스 철도에서 마련한 자료를 바탕으로 하여 우리나라의 여건과 요건에 맞도록 수정, 보완하여 저술하였으며, 고속철도선로정비지침 등의 내용도 일부 포함하였다. 다만, 일부의 내용은 경부고속철도의 여건에 맞지 않더라도 선로관리에 참고가 되는 내용은 예로서 나타내었다. 이 책은 고속철도 본선의 선로를 중심으로하여 기술하였으므로 일반 선로 및 고속철도 차량기지와 보수기지 선로 등의 특정 사안에 관한 구체적인 유지보수 기술은 이 책의 범위 밖이다. 그러나, 일반적인 선로관리에 관한 원리 등 대부분의 내용은 기존의 일반철도 선로 등에도 적용이 가능하리라 생각된다.

다음은 이 책에서 이용하는 기본적인 용어이다.
- 시스템(system) : 개별적으로 고려할 수 있으며, 주어진 기능을 충족하는 것이 목적인 모든 장비,

설비, 재료, 과정 등

- 기능(function) : 오직 최종 목표로만 나타낸 시스템, 또는 그 요소의 하나에 대한 활동 계획
- 필수 기능(required function) : 주어진 유형의 서비스를 제공하기 위하여 요구되는 시스템의 기능, 또는 기능의 일식
- 수명(life span) : 주어진 이용과 보수 조건 하에서 시스템이 최종 상태에 이르기까지 필수 기능을 수행하는 동안의 존속기간
- 내용 년수(service life) : 지정된 기능을 시스템이 유효하게 수행하는 기간
- 내구성(durability) : 주어진 이용과 보수조건 하에서 최종 상태에 달할 때까지 필요한 임무를 감당하는 시스템의 능력. 내구성은 주어진 수명기간 중에 필수 기능을 수행하는 시스템의 가능성으로 나타낼 수 있다.
- 신뢰성(reliability) : 주어진 시간의 틀 안에서와 주어진 조건 하에서 필수 기능을 감당하는 시스템의 능력
- 보수성(maintainability) : 권고된 절차와 자원을 이용하여 특정한 조건 하에서 보수를 완료하였을 때, 주어진 사용 조건 하에서 소정의 기능을 수행할 수 있도록 주어진 시간의 틀 안에서 보수, 또는 수선하기 위한 시스템의 능력
- 이용성(availability) : 필요한 외부 자원의 제공이 확보된다고 가정하여 주어진 시간에, 또는 주어진 시간의 틀 동안에 특정한 조건 하에서 필수 기능을 완수하기 위한 시스템의 능력. 이 능력은 신뢰성, 보수성 및 이 특정한 시스템에 사용된 보수논리 등과 같은 결합 요인들에 좌우된다.
- 운영의 안전(safety of operation) : 주위 환경에 부정적인 영향을 주지 않고 예측된 시간의 틀 안에서 적합한 시간에 필수 기능을 수행할 수 있게 하는 시스템 품질의 일식. 운영의 안전은 일반적으로 신뢰성, 보수성, 유효성, 안전성 등 네 가지 파라미터로 특징지어진다.

1.1.2 유지보수의 개념과 활동

고속철도 선로 유지보수의 일반 개념은 다음과 같다.
- 보수(maintenance) : 요구된 기능을 향상하기 위하여 신뢰성의 상태와 주어진 조건으로 자산을 유지하고 회복하는 것을 목적으로 하는 모든 활동이다. 이러한 활동은 기술적 활동, 경영적 활동 및 관리 활동의 종합이다.
- 보수 책략(maintenance strategy) : 보수 활동 구성의 지표가 되는 모든 원리이다.
- 보수 방침(maintenance policy) : 경영 책임자가 공식적으로 나타낸 보수에 관한 철도회사의 방향과 일반적인 목표이다.
- 보수 프로그램(maintenance program) : 보수 방침을 이행하기 위한 모든 조직적 구조, 책임, 절차 및 자원이다.
- 보수 계획(maintenance plan) : 자산의 유지관리에 관련된 지침서, 자원 및 일련의 활동들을 정

하는 문서이다.

- 보수 지원(maintenance support) : 주어진 보수 방침에 따라 자산의 유지관리를 위하여 정해진 조건 하에서 필요한 인적, 조직적, 물적(예비 부품과 기구) 및 비물질적(기술 문서와 소프트웨어) 자원의 총체이다. 주어진 조건은 자산 그 자체에 관계되며, 또한 자산을 사용하거나 보수를 수행한 다는 조건도 포함한다.

보수 활동에서 이용하는 용어는 다음과 같다.

- 검사(inspection) : 모니터링 활동은 정해진 과업의 구성 틀 안에서 이루어진다. 미리 정한 데이터 와 비교하는 것으로 그것을 한정할 필요는 없다. 유지보수 관계에서 이러한 활동은 자산의 사용자가 수행할 수 있거나, 또는 순회 검사를 하는 유지보수 기술자가 수행할 수 있다.

- 점검(check) : 점검은 자산의 적합성을 사정하기 위하여 자산의 한 가지 이상의 특성을 측정, 조사, 평가하거나 시험하고 명시된 요구 조건과 비교하는 활동을 말하며, 사전에 정한 데이터를 이용하는 자산의 특성에 대한 적합성의 검증과 판단이 수반된다. 이러한 점검은 정보 활동으로 구성할 수도 있고 결정(수용, 거부, 연기)을 포함하며 교정, 또는 예방 활동으로 귀착된다. 또한, 점검은 예를 들어 계측학 분야에서 때때로 '검증'이라고 부른다.

- 검증(verification) : 측정 기구(또는, 시스템)로 나타낸 값과 이미 알고 있는 기준 값간의 차이가 최대 허용오차보다 모두 적다는 관찰 결과를 얻을 수 있게 하는 활동을 말한다.

- 정밀검사(overhaul) : 자산의 여러 부분의 전체(완전한 정밀검사), 또는 일부(부분적인 정밀검사) 에 대하여 상세하고 미리 정한 시험으로 구성하는 예방 보수활동이다. 어떤 교정 보수작업은 비정상 이 발견되는 경우에 정밀검사 동안 수행할 수도 있다.

1.1.3 유지보수의 유형

고속철도 선로의 유지보수는 선로에 요구된 기능성을 향상시키도록 신뢰성의 상태와 주어진 조건으로 선로를 유지하고 회복하는 것을 목적으로 시행하며, 다음의 유형으로 분류한다(그림 1.1, 제1.3.3항 참조).

(1) 예방 보수

선로의 자산이나 서비스의 훼손, 또는 퇴화의 가능성을 줄이는 것을 목적으로 하는 보수이며, 미리 정한 사용 단위의 수량에 근거하는 스케줄, 그리고/또는 자산이나 서비스의 품질 하락 상태를 나타내는 사전에 정한 기준에 따라 대응하는 활동을 시작한다.

- 계획 보수 : 미리 정한 사용 단위의 수량에 기초한 스케줄에 따른 예방 보수이다.

- 조건부 보수 : 미리 정한 분계점의 초과가 자산의 퇴화상태를 나타내는 것을 조건으로 하는 예방 보수이다. 분계점의 초과는 센서로 주어진 신호에 의해서, 또는 다른 방법으로 지적될 수 있다.

- 예측 보수 : 자산의 퇴화를 나타내는 파라미터에 관한 감시된 변화의 해석이 작업을 연기하거나 계획할 수 있게 하는 것을 조건으로 하는 예방 보수이다.

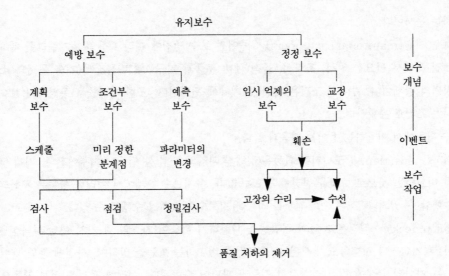

그림 1.1 선로 유지보수의 유형

(2) 정정 보수

적어도 임시적으로라도 필수의 기능을 수행할 수 있도록 하기 위해서 자산의 훼손이나 그 기능의 퇴화 후에 수행하는 모든 활동이며, 특히 훼손의 위치와 진단, 변경하거나 변경하지 않는 보수, 성능의 점검을 포함한다.

- 임시 억제의 정정 보수 : 자산이 필수 기능의 전체나 일부를 임시적으로 수행할 수 있도록 의도한 정정 보수활동이다. 통상적으로 '고장'의 수리로서 알려진 임시 억제의 정정 보수는 주로 교정 활동 이 뒤따라야 하는 임시 활동으로 구성한다.
- 교정의 정정 보수 : 자산을 지정한 상태로 복구하거나 필수 기능을 수행할 수 있도록 하는 것이 목 적인 정정 보수활동이며, 수행된 활동의 결과는 영구적인 특성을 가져야 하고, 수리와 훼손의 제거 를 의도한 변경이나 개선을 포함할 수 있다.

1.1.4 신뢰성에 의거한 유지보수의 최적화

(1) 개요

최적 유지보수의 선택은 규정된 요구조건을 고려하고 기술과 경제성에 기초하여 보수 방침의 목적에 적합하도록 하며, 유지보수를 최적화하도록 한다. 궤도설비에 대한 경험의 피드백은 시간이 지나면서 설 비의 성능(신뢰성, 이용성, 조정 비용)이 변한다는 것을 보여준다. 어떤 설비는 파손의 빈도가 증가하는 반면에, 이와 대조적으로 다른 설비의 신뢰성은 증가한다. 이것은 계속해서 목표에 적합하게 하기 위해 서는 보수의 선택이 변화해야 한다는 것을 의미한다. 이러한 유지보수 선택의 최적화는 운영자의 지속적인 관심 사항이다. 설비에 관련된 보수의 선택은 어떤 것인가? 보수 방침은 아래와 같은 목표를 갖고 있다. ① 궤도설비를 최적의 레벨로 유지한다. ② 궤도설비의 가장 좋은 평균 연간 이용성을 얻는다. ③ 궤도 유지보수비용을 관리하고 조정 비용을 줄인다. ④ 차이(오차)를 줄인다. ⑤ 사고 빈도를 줄인다.

최적 보수의 선택은 ① 규정의 요구조건(명령, 법령, 기술적 운영 시방서 등)을 고려하고, ② 기술성과 경제성의 분석에 기초하여 이들의 목표에 적합할 수 있게 하여야 한다. 이러한 기술성, 경제성 분석은 본질적으로 오랫동안 설비의 기술적인 필요성으로 결정되었다. 유지보수의 방침은 과거에 경험한 궤도설비의 기능과 경험의 피드백을 잘 고려하여야 한다. 이러한 진전은 몇 가지 중요한 사항에 기초한다.

- 유지보수는 궤도설비를 신선과 같이, 또는 현상대로의 좋은 상태로 있게 하는 것이 아니며, 오히려 허용할 수 있고 필요에 따라 요구된 한계 내로 설비의 신뢰성과 이용성을 유지하는 것에 있다.
- 궤도설비에 관하여 수행하는 보수는 무엇이 요구되는가에 따라 보수하여야 한다. 보수는 신뢰성, 이용성, 또는 보수비에 대하여 강하거나 약한 영향을 가지는지의 여부에 좌우하여 반드시 동일한 보수가 수행되지 않는다. 더욱이 파손에 대비하는 것이 경제적, 또는 신뢰성 조건에서 충분히 정당화된다. 게다가, 예방 보수의 양을 계속 증가시키는 것은 만병통치약이 아니다. 이러한 보수는 실제로 흔히 신뢰성과 이용성의 컨트롤에 기여하는 설비를 이용할 수 없게 만든다.
- 궤도설비에 대해 수행하는 보수는 그 성능에 따라야 한다. 좋거나 나쁜 성능은 보수 방침의 변경으로 이끌 것이다.

이들의 조건 하에서 설비의 기능과 경험의 피드백을 고려하면서 보수를 어떻게 최적화할 수 있는가, 다른 말로, 작업 시에 신뢰성, 이용성, 보수비, 작업량 및 안전 등 컨트롤함에 있어 그들의 요구를 최적의 방법으로 조합하기 위해서는 어느 곳에 예방 보수를 적용하여야 하며 그것을 위하여 어떤 기술을 사용하여야 하는가를 검토하여야 한다.

(2) 방법론적 원리

방법론은 다음의 세 가지 문제에 부합되도록 계획한다. ① 수행하여야 하는 예방 보수가 어떤 선로설비에 대한 것인가? ② 무엇을 조건으로 하여 예방 보수활동을 지정하여야 하는가? ③ 보수 활동을 필요와 설비 성능에 따라 어떻게 최적화할 수 있는가?

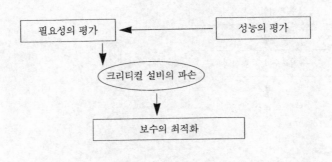

그림 1.2 방법론의 3 단계

첫 번째 대답은 상식에 기초하고 있다. 설비의 운영에 대한 어떠한 파손의 연속도 내포된 위험의 점에서 중요할 때는 예방 보수활동으로 파손을 예방하여야 한다. 따라서, 이러한 방법론은 논리적으로 연결된 ① 필요성의 평가, ② 성능의 평가, ③ 보수의 최적화 등의 세 가지 단계를 포함한다(그림 1.2). 궤도 설비의 필수 기능을 처음부터 더 좋게 고려하기 위하여 이 접근법을 시스템과 그들의 설비에 적용하는 것을 직접 언급하여야 한다. 이 검토 단계는 시스템의 각 구성설비 항목에 대한 잠재적인 파손 형태가 크리티컬한지의 여부를 사정하는 것으로 구성된다. 파손 형태의 크리티컬한 정도는 분류법의 기본 요소이다. 신뢰성, 이용성, 또는 보수비 요인의 점에서 보아 파손의 발생을 피하는 것이 대단히 바람직하다고 고려될 경우의 파손은 크리티컬하다. 따라서, 궤도설비는 크리티컬함을 나타내는 어떠한 형태의 파손이

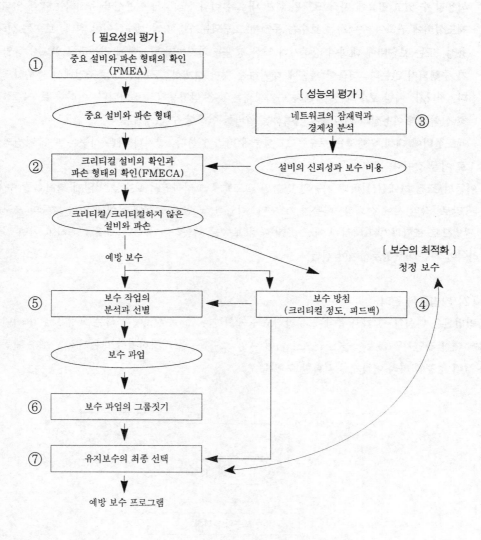

그림 1.3 신뢰성에 의거한 유지보수 최적화 방법론의 3 단계

라도 피하는 것을 목적으로 하는 예방보수가 필요하다. 파손의 크리티컬한 정도는 ① 파손발생의 빈도, ② 유니트에 대한 파손 전체 영향의 심각성 등 2 가지로 판단한다.

심각성은 시스템 기능의 분석 방법으로 평가한다. 발생 빈도는 경험으로부터의 피드백을 상세히 분석하여 평가한다. 따라서, 방법은 시스템 레벨에서 수행한 기능 분석을 포함하며, 신뢰성, 이용성, 또는 보수비 요인의 관계에서 심각성을 판단한다.

이 첫 번째 단계(그림 1.3의 단계 1)는 중요 설비와 파손 형태의 확인이며, 잘 알려진 '파손 형태와 영향 분석'의 기술을 사용한다. 상기의 기능 분석을 확장하는 다음 단계(단계 2)는 고유의 크리티컬한 설비와 파손 형태의 확인이며 사용하는 기술은 '파손 형태, 영향 및 크리티컬한 정도의 분석'이다. 그 다음에는 두 번째 단계(성능의 평가)의 결과를 이용하여 보수가 수행되는 설비의 레벨에서 크리티컬한 파손과 크리티컬하지 않은 파손을 확인한다. 따라서, 이 단계의 마지막에서 각각의 크리티컬한 파손은 발생 설비의 항목, 파손의 원인 및 크리티컬한 정도의 부류(신뢰성, 이용성, 보수비)에 의하여 특징이 지어진다.

이들의 요소는 보수과업을 선택하고 최적화하기 위한 방법의 하위 부분에서 사용한다. 이 단계에서 신뢰성의 요인이 포함된다면 가능성의 신뢰에 대한 검토도 또한 고려한다. 이들의 고려는 모든 경우에 한편으로는 일어날 수 있는 부수 사건과 사고에 관련된 것들에 의하여, 다른 한편으로는 운영 기술 시방서에 관련되는 것들에 의하여 보충된다.

(3) 성능의 평가

성능 평가의 기본 목적은 설비 조정의 신뢰성과 비용을 파악하는 것이다. 이 데이터는 파손의 크리티컬한 정도를 계산하는데 이용한다. 성능 평가는 경험으로부터의 피드백에 입각한 데이터로 이루어진 여러 가지 국가적 자료와 지방적 자료의 대단히 상세한 분석으로 구성한다. 파손과 품질 저하는 적절한 운영 기간에 걸쳐 포함시킨다. 파손과 품질 저하의 수는 파손의 분석을 위하여 '파손 형태, 영향 및 크리티컬 정도의 분석' 표에 기록한다. 동시에, 궤도설비에 대한 보수비용을 사정한다. 이 실행에 관하여는 수행된 보수 과업과 그 주기성을 검토하는 것이 중요하다. 왜냐하면, 그들이 설비의 거동에 영향을 주기 때문이다.

(4) 보수의 최적화

보수의 최적화는 선행 단계의 결과를 기초로 하여 보수 시나리오를 명확히 하는 것이 목적이다. 그것은 예방 보수 프로그램의 한정으로 이끈다. 이 단계는 4 개의 단계를 가진다(그림 1.3 참조).

보수 방책은 크리티컬한 파손, 크리티컬한 정도의 부류, 경험의 피드백으로 구한 성능 데이터 및 보수 프로그램이 이전에 적용되었는지 여부에 기초하여 선택한다(단계 4). 신뢰성, 또는 이용성에서 크리티컬한 파손에 대하여는 비용의 구속 조건, 작업량 및 작업시의 안전을 도입하여 신뢰성 성능을 유지, 또는 개선하는 것에 우선권이 주어진다. 예방 보수는 이 설비에 대하여 계획하여야 한다.

보수비에 관하여는 크리티컬한 파손, 그리고 설비에 대하여는 작업량과 작업 안전의 구속 조건을 도입하여 경제적으로 최적화하는 것에 우선권이 주어진다. 보수 과업은 그 다음에 유효성, 적용성 및 비용 절감을 목적으로 한 논리적인 프로세스를 적용하여 선택한다(단계 5). 확인된 각 크리티컬 파손에 대하여는 사소한 유지, 검사, 작동의 모니터링, 시험, 실험, 표준 교체 등과 같은 여러 가지 유형의 보수 과업을 결정한다. 여기서, 과업의 주기를 명기한다. 단계 3 경험으로부터 피드백으로 발생된 데이터는 흔히 대단히 유용하며, 파손과 품질 저하간의 분포상태는 보수 유효성의 평가에 기여하는 지표이다. 단계 5의 완료 후에 일식의 예방 보수 과업이 구해진다. 이들의 과업은 흔히 대단히 상세하며, 각 설비 항목에 대한 보수의 전체 개관을 마련하지 않는다.

그러므로, 주어진 설비항목에 대한 전체 보수 프로그램을 얻기 위해서는 그 항목에 대한 보수 작업을 분류하는 것이 흔히 필요하다. 예를 들어, (선로 차단 동안, 또는 영업 동안에) 보수 계획 수립을 용이하게 하고 그 시기 결정을 최적화하기 위한 것뿐이라면, 보수를 더 효율적으로 행하기 위하여 주기성을 적용할 수 있다. 어떤 경우에는 몇 개의 보수 시나리오를 준비하고 제안할 수 있다. 이들 여러 시나리오의 평가는 우선으로 되는 것을 도출하여야 한다.

1.2 유지보수의 원리

1.2.1 유지보수의 원리

궤도의 유지보수는 관례적으로 ① 궤도 재료, ② 자갈도상, ③ 선형, ④ 부대시설 등의 네 분야로 구분한다. 지방적인 서비스에 할당된 목표는 관련된 궤도가 장래 갱신예정의 궤도, 점진적인 현대화 궤도, 또는 현재 상태대로의 유지보수 중에서 어디에 속하는지에 따라 분명히 다르다. 이 목표는 또한 교통의 유형(여객, 또는 화물전용)과 주행 속도에 좌우되며, 특히 여객에게 제공되는 승차감과 계획된 선로 수명에 관련된다. 그럼에도 불구하고, 유지보수를 수행하는 방법은 모든 궤도 부류에 대하여 기본적으로 동일하며, "① 주기적인 측정, 점검과 검사(정보의 획득) 및 진단 : ⓐ 유지보수의 표준을 준수하여, ⓑ 구성 부재의 측정/진단으로, ⓒ 육안검사(순회검사), ② 품질 표준에 따른 (계획된, 또는 계획되지 않은) 보수 작업, ③ 수행한 작업의 품질관리" 등의 원리에 기초하고 있다.

시스템의 경제는 예정된 보수의 균형이 모니터링에 적용된 주기에 좌우되는지를 구별하고 총비용(모니터링+예정된 보수+예정하지 않은 보수)을 최소화하는 것을 목적으로 하며, 획득한 경험과 구성요소에서 이룩한 진보로부터 생기는 최적화의 추구를 포함한다. 그러므로, 이들의 주기는 각 궤도부재의 고유기능과 각 부재에 특이한 결함 전개의 함수로서 결정하여야 한다. 이 접근법은 당연히 철도회사 예산의 관점에서 필요한 전체 프로그램의 일부를 형성한다. 이 프로그램은 작업이 열차의 운행에 미치게 될 영향에 편견을 갖지 않으면서 요구된 수단을 더 실질적으로 하기 위하여 선택한 조정 기간보다 훨씬 앞서서 결정하여야 한다. 작업회계의 예산 절차는 이 점에 있어서 ① 정기적인 보수(완료시간이 많아야 1년 이내인 작업), ② 지방적인 시행(완료시간이 일반적으로 더 긴 주요 작업) 등의 두 가지 주요 보수 부류로 구분한다. 갱신의 재정은 투자 예산에 포함된다.

예산 절차는 소요 예산과 철도회사가 사용할 수 있는 예산재원을 조화시키기 위하여 ① 선로 분소장

(지휘 단위), ② 사무소장(작업), ③ 지역본부, ④ 일반관리와 같은 철도회사의 여러 조직 레벨간에서 매년 논의의 주제이다.

1.2.2 레일

레일은 신선의 상부구조 건설비에서 두드러진 중요성(30 %에서 50 %까지)을 갖는다. 이 자본금 및 보수와 갱신 비용의 관리는 궤도 보수비의 최적화에서 중요한 역할을 한다. 고속철도는 UIC 60 레일을 적용한다. 경부고속철도는 25 m의 표준 레일을 용접 공장에서 플래시 버트 전기용접으로 300 m의 레일로 만들고 이것을 궤도 현장에 부설하여 테르밋 용접을 하였다. 레일강은 취성과 자체 경화에 대한 취약성이 없는 것에 추가하여 마모에 대한 저항과 장대레일 제작을 위한 용접성의 점에서 우수한 성질을 가지고 있다. 보통의 등급으로 알려진 가장 일반적으로 사용되는 강은 70 내지 75 daN/mm² 정도의 인장강도를 갖고 있다. 산소, 또는 전기 프로세스를 사용하여 생산된 강은 90 내지 110 daN/mm²에 이르기까지의 인장 강도를 가진 본래 단단한 레일을 제조할 수 있게 한다. 산소 프로세스는 레일의 제조에서 가장 많이 사용되는 프로세스이며, 경화레일은 한편으로 대략 1,200 m 미만의 반경을 가진 곡선, 그리고 다른 한편으로 (예를 들어, 20 톤 축중의 열차가 사용하는) 무겁게 재하되는 선로에서도 점차적으로 사용되고 있다. 레일은 제 3.1.1항의 기술 시방서 (유럽의 경우에 UIC 860 데이터 표)에 정의된 규격에 따라 제조한다. 레일의 수령 조건은 예를 들어 특히 ① 주괴 상부에 대한 충격 시험, ② 주괴 하부에 대한 인장강도 시험, ③ 상부와 하부에서 취한 시료의 육안 검사, ④ 브린넬 경도시험, ⑤ 허용된 백분율에 적합한지의 화학성분 분석, ⑥ 개개 레일의 물리적 외관과 기하구조 등에 대하여 기술 시방서에 규정된다.

레일의 피로를 피하는 크리티컬 인자는 금속의 청결도(강의 생산 프로세스, 또는 강의 등급이 무엇이든지 간에 고체, 또는 가스 함유물이 없고, 미세 균열이 없음)이다. 공장에서 행하는 초음파 시험은 모든 레일의 연속한 비파괴 시험에 사용하며, 기록된 에코의 수와 세기는 내부피로 손상의 성장을 일으키는 주어진 레일 두부영역의 비금속 함유물에 관한 정보를 제공한다. 이 시험은 프랑스의 경우에 6 개 부류의 Ralus분류로 귀착된다. 프랑스 철도는 Ralus 부류 0, 1, 2 및 3의 레일만을 사용하며, 가장 무거운 교통을 운반하는 선로(UIC 그룹 1, 2, 3)에 대하여는 가장 청결한 레일(Ralus 0과 1)을 지정한다.

1.2.3 침목과 레일 체결장치

침목의 제조를 잘 모니터하고, 특히 철도의 기술 시방서에 잘 따르는 한은 콘크리트 침목을 모든 새로운 궤도(신선, 또는 갱신된 궤도)에 체계적으로 사용할 수 있다. 그러나, 이것은 건축한계 때문에 콘크리트 침목의 더 낮은 탄성과 도상의 더 큰 두께를 이용하여 보상하는 것이 불가능한 불량노반의 드문 경우에는 제외된다. 장대레일은 이론상 300 m에 이르는 작은 반경에서 콘크리트 침목 궤도에 부설할 수 있다(모든 다른 요건이 같게 되면 목침목에 대하여 적어도 반경 450 m가 필요하다). 콘크리트 침목의 장점은 간결하게 기술하여 ① 긴 수명(콘크리트 침목은 적어도 40년 지속되는 것으로 가정되는 반면에 목

침목은 25년을 넘기는 경우가 드물다), ② 보수가 적음, ③ 침목의 무거운 중량(약 300 kg)에 의한 안정성, ④ 체결장치의 더 좋은 내구성 등이다. 콘크리트 침목의 탄성 부족은 도상두께를 증대시켜 보상하기 때문에 목침목 궤도와 콘크리트 침목 궤도간에는 승차감의 차이가 없다. 반대로, 콘크리트 침목은 충격에 민감하므로 (국지적 레벨 변화가 없도록) 레일면의 상태 및 레일과 침목 사이에 놓여진 탄성 레일 패드의 상태에 주의를 기울여야 한다. 현대적 궤도의 침목 간격(침목 중심간 거리)은 60 cm이다. 이 침목 간격은 절충안이며, 경제적인 면에서 단위 길이 당 더 낮은 무게의 레일을 사용하도록 침목간 간격을 줄여서 얻어지는 이익은 없다.

침목의 레일 체결시스템은 궤도의 유지관리에서 특히 면밀히 모니터하는 대상이다. 체결시스템은 궤도의 일반적인 안정에 기여하며, 그 이유는 레일신장의 영향을 받아 좌굴되는 경향이 있는 레일을 체결시스템이 도상 안에 고정된 침목에 연결하기 때문이다. 마모되거나 부적당한 체결에 의한 체결장치의 유효성 부족은 탈선을 일으키는 궤도의 좌굴로 귀착될 수 있는 사고로 이끈다. 그러므로, 침목에 대한 레일의 어떠한 변위라도 방지하고 어느 때라도 유효성을 체크할 수 있는 시스템을 사용하는 것이 필요하다. 탄성 체결장치는 레일과 침목간의 탄성을 2배로 형성한다. 그들은 상향과 하향 수직방향의 상대적인 운동에 대한 탄성저항을 발생시킨다. 하향 수직 힘은 레일패드의 삽입으로 감소되며, 레일패드는 전동하중의 통과로 인해 레일에 발생된 진동의 대부분을 흡수한다. 콘크리트 침목용 팬드롤 체결장치는 10 mm의 고무패드를 사용한다. 상향 수직 힘은 열차가 통과할 때조차 레일, 레일패드, 침목을 영구 응력으로 밀접하게 유지하도록 설계된 클립에 의하여 흡수된다. 클립의 성질은 감쇠하려는 진동의 진폭이 실질상 상쇄되도록 레일패드의 것에 부합된다. 그러므로, 수직 변위는 충격이 없으며, 레일의 크리프가 없다.

1.2.4 도상(道床)

도상은 궤도+노반 시스템의 운영과 보수에서 중요한 역할을 한다. 하중과 속도의 증가 및 전용고속선로의 건설은 궤도 도상의 역할과 거동 및 그에 따른 기계적, 지질학적 특성과 도상 치수 설정에 관한 복잡한 분야에서 작업하도록 촉진하였다.

(1) 궤도에서 도상의 역할

궤도의 기층은 ① 도상(입도 22.4/63 mm의 깬 자갈)과 ② 보조도상으로 구성된다. 보조도상은 도상과 노반간에 부설된 천이 층이다. 이 보조도상은 신선의 경우에 도상과 같은 재료로 구성되지만 입도가 다르다. 오래된 궤도에서는 일반적으로 구조상 친 자갈과 모래의 혼합으로 구성된다. 기층(도상)은 열차에서 가하는 하중을 침목을 통하여 노반으로 분산시켜야 하며, 궤도의 종과 횡 방향의 안정성에 기여하여야 한다. 기층은 또한 우수를 배수시키고 빠르게 배출시켜야 한다. 도상 층에 대한 멀티플 타이 탬퍼 작업은 궤도 틀림이 정정되도록 면(고저) 맞춤과 줄(방향) 맞춤을 할 수 있다. 유지보수 작업 시에 특히 유의할 사항으로서 자갈도상에 관련된 모든 작업 후에는 열차 통과에 따라 미세 물질이 비산하지 않도록 청소 등 뒷정리 작업을 철저히 시행하여야 한다.

(2) 도상의 특성

경부고속철도에서 사용하는 자갈은 크기가 22.4~63 mm인 경암(원칙적으로는 화산암 : 섬록암, 반암, 편마암 등)의 깬 자갈이며, 시방서는 ① 입도 분포곡선, ② 형상, ③ 청결도, ④ 경도에 관련된다. 각 채석장에서 채취한 시료에 대하여는 "① 재료의 마모에 대한 저항(습윤데발 시험)과 ② 재료 취성(로스앤젤레스 시험)"의 함수인 경도계수(HC)를 계산한다. 계산도표(그림 6.1)는 경도계수의 값을 결정하기 위하여 이용한다. 통계적 계산으로 채석장, 또는 채석하고 있는 암맥의 전체 경도계수(GHC)를 구한다.

1.2.5 궤도선형

(1) 개요

궤도선형(면 맞춤과 줄맞춤)의 유지보수는 궤도재료와 이음매의 유지보수보다 더 짧은 주기적 특성을 가진다. 궤도선형의 틀림진행은 실제 문제로서 교통뿐만 아니라 몇 개의 다른 요인에 좌우되며, 그 중에서도 특히 ① 노반의 품질, ② 배수의 유효성, ③ 레일의 유형과 경과 햇수, ④ 면 맞춤과 줄맞춤 작업 직후에 얻어진 초기 품질, ⑤ 통상적인 기후 조건(적설, 계절), ⑥ 예외적인 기후 조건(나쁜 날씨, 가뭄) 등을 언급할 수 있다.

예방 보수의 국면은 현대적 중보선 장비(멀티플 타이 탬퍼, 스위치 타이 탬퍼 등) 사용의 가장 좋은 계획 수립을 위하여 정정 국면에 걸쳐 우선하여야 한다. 이 레벨에서 궤도선형과 그 선형의 변화에 관한 지식은 면 맞춤과 줄맞춤 작업의 관점에서뿐만 아니라 궤도의 전반적인 모니터링을 위하여도 본질적인 요소이다.

(2) 검측(출력)

궤도선형의 모니터링은 또한 궤도 검측차를 이용하여 수행한다(상세는 제2.1.4항과 제2.8.3항 참조). 이 검측차는 예를 들어 세 가지 유형의 문서를 작성한다.

- km당 20 cm 스케일의 검측 그래프는 일반적으로 고저와 방향에 대하여 대략 10 m 기선으로 검측차가 측정한 틀림을 나타낸다. 거리, 수평틀림 및 궤간도 측정된다. 정성적이고 지리학적으로 나타내며 상대적으로 짧은 틀림을 한정하는 이 그래프는 이들 틀림의 진행을 판단하기 위하여 필요하다.
- 선로의 속도가 정해졌을 때 km당 10 cm 스케일의 장파장 기선 그래프를 검측차에서 작성한다. 그것은 2 레일의 전통적인 면 틀림과 줄 틀림의 특징을 나타내며, 또한 2 레일에 대한 30 m 기선의 평균 면 틀림과 줄 틀림의 평가에 관련하는 2 개의 추가 정보 항목을 준다. 그러므로, 이 그래프는 긴 틀림에 관하여 종단선형(고저)과 수평평면에서의 줄(방향) 틀림의 허용여부를 사정하기 위하여 사용된다. 더욱이, 260~300 km/h의 속도에서의 차체 진동수에 상당하는 장파장 틀림은 또한 승차감을 나쁘게 하는 원인이다.
- 통상적으로 선로의 공칭 속도가 170 km/h 이상일 경우에 km당 1 cm의 스케일로 사무실에서 오

프라인으로 작성하는 또 다른 그래프는 검측차에 대한 0~150 Hz 대역의 축상 가속도로 구한 1.60 m 파장대역의 레일선형 틀림의 정략적 평가와 함께 300 m 구간에 걸쳐 ① 종 방향 레벨링(고저 틀림), ② 횡 방향 레벨링(수평 틀림), ③ 라이닝(줄 틀림), ④ 궤간 등의 파라미터에 대한 평균 틀림의 정량적 평가를 준다. 이 그래프는 궤도선형의 변화를 정량적으로 모니터하기 위하여, 그리고 확장된 궤도 구간에 관련될 때 연속 정정 작업을 계획하기 위하여 그래프가 마련하는 값의 정량화를 통하여 사용된다.

1.2.6 유지보수의 표준

유지보수의 표준은 분소장이 필요한 의사 결정을 하고 그 효과를 측정할 수 있도록 하여야 한다. 유지보수의 표준은 ① 체결장치의 유효성, ② 이음매와 신축이음매의 유간, ③ 궤간, ④ 레일의 마모(두부, 복부, 저부), ⑤ 궤도 검측 기록의 사용, ⑥ 도상단면, ⑦ 분기기 등에 관련된다. 이들 표준에 대한 주요 원리는 주어진 선로 구간에 대하여 선로종별, 교통량(여객 교통의 유무, 위험 요소의 유무) 및 선로의 공칭 속도에 따른 네 가지 품질 레벨에 대하여 결정하는 것이다(제2.1.5항 참조).
- 목표 값(TV, 목표 기준)은 유지보수 후에 달성하여야 하는 최소 값이다.
- 경고 값(WV, 주의 기준)은 표준에 명시된 시간한계 내의 계획 보수를 필요로 하는 값이다.
- 작업개시 값(AV, 보수 기준)은 대단히 짧은 기간 내의 보수를 필요로 하는 값이다.
- 속도제한 값(SV, 속도제한 기준)은 열차의 정지를 포함할지도 모르는 즉시의 운행속도 제한을 필요로 하는 값이다.

유지보수 작업 후에 첫 번째 값의 미 준수와 마지막 세 값의 초과는 본질적으로 보통 조건의 회복 동안에 강화된 모니터링을 필요로 한다. 이들의 표준은 궤도보수의 품질에 대한 기준선의 기초를 형성한다.

1.2.7 부대시설의 유지관리

- 잡초 관리 : 잡초 관리는 일반적으로 ① 궤도 내와 궤도간의 공간, ② 주요 정거장의 주요 공간, ③ 여객 플랫폼, ④ 신호기 시계 지역에 대하여만 필요하다. 대부분의 시설물에 대한 잡초 관리는 유럽의 경우에 일반적으로 선로용 잡초관리 차를 통해 이루어진다. 잡초관리 차로 처리하지 않는 지역이나 추가의 국지적 처리가 본질적인 경우는 경량 분무기나 동력 분무기를 사용하여 잡초제를 살포한다. 고속철도선로정비지침에서는 "선로의 잡초제거는 적기에 시행하여 배수와 미관을 양호하게 하여야 하며, 비탈면의 풀 깎기를 년 1회 이상 시행하여야 한다"로 정하고 있다.
- 토공의 유지관리 : 토공(성토, 절토)의 유지관리는 "① 배수, 집수설비 및 절토구간의 사태방지 설비의 유지관리, ② 배수설비의 개량, 부식과 변화의 모니터링, 필요시 크리티컬한 지역의 보강에 필요한 주된 교정 작업"을 포함한다(제9장 참조).

1.2.8 보수를 위한 UIC의 궤도 분류

(1) 설비의 유지보수

궤도를 형성하는 설비의 경년(마모)은 주로 교통과 기후 조건에 좌우된다. 주어진 궤도에 대한 모니터링과 정기검사의 주기는 궤도가 수행하는 교통량에 좌우되며, 연속하는 두 검사 사이에서 수선할 수 없거나 위험한 품질 저하가 발생하지 않도록 정한다. 가장 가능한 교통량 척도를 얻고, 결과에서 필요로 하는 수단을 적응시키기 위하여 국제철도연합(UIC)의 체제 내에서 개발된 지지 통과 톤수의 평가에 관한 규칙은 수송된 표준 통과 톤수(T_f)를 정한다. 이 표준 통과 톤수는 유지보수 작업량에 미치는 통과 톤수와 속도의 상대적인 영향을 나타내는 것을 의도한다. 따라서, 그것은 경제성 검토와 선로간을 비교할 수 있게 한다.

- 그룹 1 : 120,000 $< T_f$
- 그룹 2 : 85,000 $< T_f <$ 120,000 t/日
- 그룹 3 : 50,000 $< T_f <$ 85,000 t/日
- 그룹 4 : 28,000 $< T_f <$ 50,000 t/日
- 그룹 5 : 14,000 $< T_f <$ 28,000 t/日
- 그룹 6 : 7,000 $< T_f <$ 14,000 t/日
- 그룹 7 : 3,500 $< T_f <$ 7,000 t/日
- 그룹 8 : 1,500 $< T_f <$ 3,500 t/日
- 그룹 9 : $T_f <$ 1,500 t/日

그룹 7, 8 및 9의 구분은 여객교통의 선로와 여객교통이 없는 선로를 구분한다.

(2) 유지보수를 위한 궤도 분류

궤도의 현대화에서 대부분의 전개는 완전한 상부구조 갱신공사를 포함한다. 장래를 위한 성실한 투자로서 고려되어야 하는 이들 공사는 가장 중요한 선로나 가장 많이 마모된 선로에 대하여만 수행할 수 있다. 프랑스 철도의 경우에 그러한 공사는 빠른 여객교통(140 km/h 이상)과 충분히 큰 통과 톤수(20,000 t 이상)를 수송하는 궤도에 대해서만 경제적으로 정당화된다. 그러나, 그러한 갱신이 유리해질 수 없는 선로도 현대화하기 위한 노력을 단념하지 않아야 하며, 그 이유는 이 현대화가 장기에 걸친 보수비를 저감시키기 때문이다. 이 이유 때문에 유지보수 방침은 예를 들어 프랑스 철도의 경우에 철도망의 여러 선로를 세 가지 주요 부류로 나눈 분류에 기초한다.

- 첫 번째 부류는 가장 중요한 선로와 장래의 갱신 예정 선로를 포함한다. 이들은 궤도 부재와 그 경년의 조건에 따라 언젠가는 갱신을 계획하여야 하는 궤도이다. 이들 선로에 대하여는 투자의 관점에서 고려한 궤도 갱신이 재정적으로 충분히 정당화된다.
- 두 번째 부류는 장기 보수비를 제한하기 위하여 덜 중요한 선로임에도 불구하고 궤도의 점진적인 현대화를 정당화하기에 충분한 덜 중요한 선로에 관련된다. 이들 궤도는 시대에 뒤진 목침목을 교체하기 위하여 특별히 설계한 콘크리트 침목의 점진적인 도입에 의하여 유지보수 작업을 현대화한다. 이 현대화는 또한 다짐에 의하여 선형을 유지할 수 있도록 침목 아래에 충분한 양의 궤도자갈을 부설할 수 있게 하는 궤도의 전반적인 양로를 포함한다. 그것은 또한 기존의 짧은 레일을 긴 레일로 교체하는 것을 포함하며, 또는 일부의 경우에 기존레일을 현장에서 직접 용접하는 것도 포함한다. 이 장대

레일 방침은 이러한 선로에 대하여 경제적으로 이익이 없게 될 갱신 공사에 의지함이 없이 대단히 중요한 부류의 궤도를 점진적으로 현대화할 수 있게 한다. 이러한 관점에서 점진적인 현대화의 전개는 매년 수행되는 갱신의 연장(km)을 상당히 감소시킨다.

- 화물 교통만을 수송하는 선로와 여객 교통이 적은 선로를 포함하는 세 번째 부류는 현대화에 대한 지출이 점진적인 것조차 정당화되지 않으며, 그 이유는 그 선로의 보수비가 이미 낮기 때문이다. 이 마지막 부류에 대한 보수 방침은 화물 선로의 안전을 보장하고, 또한 여객 선로에서 주행 속도에 양립할 수 있는 승차감의 최소 레벨을 확보하기 위하여 필요한 최소 비용으로 구성된다.

1.3 유지보수의 체제

1.3.1 기능적인 구조의 예

(1) 보수 레벨

보수 레벨은 유지보수 작업을 수행하기 위한 수단의 특징과 위치를 나타낸다. 보수 레벨은 사용자의 실용적인 보수 체제를 나타낸다. 보수 레벨은 각 시스템에 대하여 사용자가 정의하고 설명하여야 한다. 보수 레벨은 인원, 이용할 수 있는 지원 장비 등의 능력에 관련된다. 사용자가 정의한 레벨이 없는 경우에 전형적인 보수 레벨 분류는 예를 들어 아래와 같다.

- 레벨 1 : 현장(예를 들어, 현장 선로반)에서 영구히 이용할 수 있는 보수 수단(장비, 인원 등)
- 레벨 2 : 현장의 이동 수단(이동 유니트, 또는 팀)(예를 들어, 지역장비 팀)
- 레벨 3 : 2차, 또는 지역 보수센터(예를 들어, 지역 육성용접 팀)의 수단(작업장, 비품, 인원 등)
- 레벨 4 : 보수센터, 또는 본사 보수센터의 수단(작업장, 비품, 인원 등)

(2) 유지보수의 실행과 이동 관리

유지보수를 수행하기 위한 최종 책임은 지역 구성 단위(사무소)에 있다. 시설관리 책임자는 고정 시설물(선로, 신호, 구조물, 건물 등)을 모니터링하고 이들의 시설물에 관한 유지관리, 건설 및 개량 공사를 수행할 책임이 있다. 그들은 궤도에 대하여 선로반이라는 몇 개의 보선 팀에 대한 책임이 있는 분소장의 조력을 받는다. 이들의 선로반은 대략 10명으로 구성한다. 유지 관리팀은 선로반에 조직되며 선로를 따라서 배치한다. 각 선로반은 프랑스의 예로서 장비를 운반하는 데 알맞은 트럭 1 대, 1~2 대의 유개 운반차 및 경 차량 1 대를 갖고 있다. 이들 수단은 크레인이 설치된 강력(300 hp)하고 튼튼한 궤도차량(모터카)을 각 구간마다 추가한다. 그것은 도로 접근이 어려운 지역의 작업현장까지 인원과 도구를 수송을 하고자 하는데 목적이 있다. 이러한 모든 차량은 서로가 연락을 하거나 통제 본부와 연락을 취할 수 있는 무선통신 시설을 갖추어져야 한다. 선로를 운행하는 철도 장비, 예를 들어 계약자가 소유한 차량과 다짐장비는 이동시 안전을 보장하도록 운전실 신호를 수신할 수 있는 센서를 설치한다.

1.3.2 유지보수 체제의 일반

궤도 유지보수 작업의 목적은 ① 안전 및 특히 여객열차 대해서 승차감과 시간 준수를 충족시키는 조건 하에서 열차운행을 보장하고, ② 과도하고 급속하게 되돌릴 수 없는 궤도 품질의 저하를 이끌게 될 구성 요소의 과다한 피로를 피하기 위한 것이다. 이것은 분명히 양립되지 않는 ① 품질(안전성, 승차감, 이용성)과 ② 비용이란 두 요구 조건간에 끊임없는 절충을 필요로 한다.

이들의 모두는 운반된 교통의 양과 성질, 궤도의 경과 년수 등과 같은 파라미터에 좌우된다. 이들의 파라미터가 다양하므로, 최소의 비용으로 이 품질의 목적에 도달할 수 있게 하는, 주어진 궤도구간의 유지보수 필요성에 관한 정밀한 평가를 얻기가 어렵다. 이것은 이러한 문제에 대해 통상적으로 취하는 실용적인 접근법, 즉 본질적으로 품질 레벨의 연속 점검이 수반된 연속 조사에 의하여 특징을 이루는 접근법을 설명한다.

철도기술의 완전한 이해가 없이는 이 접근법을 취할 수 없다는 점이 분명하다. 이러한 관점에서 비용을 아끼려는 노력은 문제에 대한 기술적인 분석보다 우선하지는 않지만, 그와 반대로 보다 효과적인 활동으로 발전시키기 위해서 습득된 경험을 제공한다. 생산성의 추구는 다음과 같이 세 가지 목표로 구분할 수 있다.

- 궤도부재의 개량 : ① 금속기술의 발전으로 30년 전과 비교해서 두 배로 증가된 레일 수명(현재, 대략 7억 톤), ② 설비의 피로 및 승차감의 저하와 환경소음을 일으키는 이음매를 제거하는 장대레일의 부설, ③ 이완에 저항하는 탄성 체결장치의 개발, ④ 유지보수를 거의 요구하지 않거나 필요가 없는 철근, 또는 프리스트레스트 콘크리트 침목과 분기기 부품의 개발, ⑤ 사용하는 도상자갈의 품질 향상(경도, 형상, 입도, 청결도)과 도상두께의 증가
- 유지보수 과업을 수행하는 시간의 단축 : 이것은 주로 기계화 작업을 포함한다.
- 유지보수 규정의 충실한 적용 : 유지보수의 철학은 지난 30년에 걸쳐 이 점에서 상당히 변화되었다. 흔히 모든 부재에 대한 작업을 포함하는(만일 필요하다면, 그들을 해체하는) 체계적인 작업은 보수 결과가 좌우되는 진단검사와 품질레벨의 개념으로 바뀌었다.

탄성 체결장치를 이용하여 콘크리트 침목 위에 부설하는 장대레일은 신선에 사용하는 궤도의 유일한 유형이다. 그것은 보수 횟수의 감소와 잔존하는 보수 작업이 부분적으로 자동화되어온 사실을 통하여 보수 방침을 상당히 변화시킬 수 있다.

선로반에서 이용할 수 있는 도구에 대한 개량의 여지가 여전히 있지만 가장 중요한 단계는 선형 유지보수의 인력 삽 채움 작업이 높은 속도와 실질적으로 더 낮은 비용으로 수행할 수 있는 중보선 장비를 이용하는 다짐(탬핑)과 줄맞춤(라이닝)작업으로 교체되었을 때 취해졌다.

궤도의 보수는 다음으로 구성된다. ① 구성요소의 주요 정기보수(궤도, 레일, 도상자갈, 체결장치 등의 갱신), ② 예를 들어, 궤도 보수의 일상 작업은 선로반이 수행하며, 특수 보선장비(멀티플 타이 탬퍼, 밸러스트 레귤레이터)를 필요로 하는 작업은 계약자가 시행한다. ③ "ⓐ 분기기의 갱신, ⓑ 노반의 배수, ⓒ 토공의 강화, ⓓ 레일 주행표면의 전반적인 연마, ⓔ 궤도의 일반적인 양로" 등과 같은 지방적인 시행

은 그 크기와 사용된 기술의 특정한 본질 때문에 선로반의 정기적인 과업 체제 밖의 작업을 포함한다.

궤도 구조의 일상적인 유지보수는 절대적으로 필요한 작업만을 수행하는 방식으로 구성된다. 이 목적을 위하여 궤도상태 기록의 현명한 사용과 시간에 걸친 그들의 비교는 대부분의 경우에 이전 보수의 효력이 없어졌을 때만 작업을 시작하는 것을 의미한다.

분소장은 다음 년도의 계획을 세울 목적으로 궤도 구성요소와 궤도선형의 실제 조건에 관한 상세한 지식을 마련하기 위하여 분소의 모든 궤도에 대하여 가능한 한 많은 정보를 연중 수집한다. 이 절차는 ① 선형 유지보수 계획의 제시, ② 개별 보수작업의 결정, ③ 체계적인 부재 교체작업의 제시 등을 위하여 도보와 열차의 전후부 탑승 검사, 궤도선형 검측 기록 및 가속도 측정 그래프를 사용한다. 시간을 낭비하는 계획되지 않았거나 국지적인 보수는 필수적인 것만으로 제한하여야 한다.

1.3.3 일상적인 유지보수의 구성

(1) 개요
일반 원리에서 세 가지 보수 목적, 즉 '① 설비의 운영상 이용성, ② 설비와 인력의 안전, ③ 미리 정한 수명'을 달성하기 위해서는 '① 품질과 성능의 척도, ② 안전 표준, ③ 궤도의 장래에 관한 지식'을 갖는 것이 본질적이다.

(2) 일상적인 유지보수의 원리
궤도의 유지보수에는 두 가지 유형, 즉 '① 예방 보수(조건부와 단정적인)와 ② 정정 보수'가 있다(제 1.1.3항 참조). 다음과 같이 예정(계획)하지 않은 보수 작업이 있다.
- '조건부 예방보수'는 자산의 품질저하 상태를 나타내는 미리 정한 분계 값의 초과 여하에 달려있다. 이것은 보수를 결정할 수 있게 하는 정보의 획득에 기초하여 유지보수의 대부분을 형성한다.
- '예측 예방보수'는 보수작업을 계획하거나 뒤로 미룰 수 있게 하는 자산의 품질 저하를 나타내는 모니터된 파라미터 변화의 해석을 조건으로 한다. 이것은 면 맞춤 작업을 위하여 검측차 기록 데이터의 컴퓨터 처리로 이루어진다.
- '정정 보수'는 적어도 일시적으로라도 필수 기능을 성취할 수 있게 하기 위하여 자산의 파손 후에 또는 기능의 하락 후에 수행하는 모든 활동으로 구성한다. 이것은 예를 들어, 파손된 레일의 수선 등과 같은 보수작업이다.

유지보수는 운영자가 필요로 하는 운영적 궤도 이용성의 레벨에 좌우하며, 주로 예방 보수(이용성의 높은 레벨)이든지, 또는 주로 정정 보수(보다 낮은 이용성의 요구 조건)이다.

(3) 예방 보수
(가) 정보의 획득
'조건부 예방 보수'와 '예측 예방 보수'는 궤도 파라미터와 궤도부재의 품질저하 및 그 변화를 모니터하는 것과 파라미터 값을 유지보수 표준에 정의된 분계 값과 비교하는 것이 필요하다. 궤도의 특수한 성질(지리적 범위, 다수의 구성요소)을 가정하면 그 상태를 리얼타임으로 파악할 수 없다(원격 모니터링의 개발은 분기기에 대한 소정의 파라미터를 모니터할 수 있게 한다). 그러므로, 정보의 획득은 이용할 수 있는 수단을 사용하여 엄밀하게 적합한 빈도로 이루어져야 한다. 이 정보의 획득은 ① 궤도의 구성요소들과 분기기의 구성요소(체결장치, 침목, 이음매, 분기기, 건넘선, 크로싱 등) 및 특히 레일(내부 손상과 외부 손상), ② 궤도선형, 즉 면 틀림, 줄 틀림, 수평 및 궤간에 관련된다.

선형의 점검과 레일틀림의 검출은 검측차로 수행할 수 있으며, 그것은 정의된 주기로 모든 궤도를 검사하여 모든 자산에 대한 지식을 마련할 수 있다.

전선에 걸쳐 구성요소(부재)의 조건에 관한 정보를 제공하는 기계장치는 없다(체결장치의 상태를 사정하는 기계장치에 관한 연구가 진행되고 있다). 그러므로, 이용할 수 있는 유일한 수단은 과업이 주어지면 미리 정한 주기에 따라 그리고 체결장치의 유효성에 관한 샘플링으로 수행하는 육안 관찰과 인력 검사이다. 검사와 관찰의 유형에는 ① 재료와 선형의 단순한 육안 관찰로 구성하는 재료의 주기적 모니터링 검사, ② 측정과 정밀검사를 포함하는 재료의 주기적 검사, ③ 비주기적이고 특정한 요구에 따라 구성하는 특수검사(더운 날씨, 또는 악천후의 검사는 그 예이다) 등의 세 가지가 있다.

(나) 정보 획득 주기성의 정의

레일 시험, 선형 검측 및 재료 정기검사의 주기는 설비(궤도, 또는 분기기), 또는 설비 부품의 '임계도(criticality)'에 따라서 정의된다. '임계도'는 보수비 및 설비의 안전과 이용성에 대한 영향의 점에서 파손 발생의 빈도와 파손에 대한 중대성의 함수로서 정해진다. '임계도'를 평가함에 있어 취해진 주요 인자는 설비, 또는 설비 부품의 성질, 선로등급, 레일, 속도, 경과 년수 및 통과 톤수이다. 임시, 또는 영구적일 수 있는 약간의 국지적 인자는 임계도 평가에 기여한다. 정기검사 및 검측차를 이용하는 검사의 주기성이 정의되고 대응하는 보수 규정이 확립되었음에도 불구하고 두 보수 기간 사이에 파손이 일어나지 않을 것이라는 절대적인 보장은 아직 없다. 정기 모니터링 검사는 이 위험을 고려하여 설비의 '임계도'에 기초한 주기로 이루어진다.

(다) 유지관리 표준

유지관리 표준으로 나타낸 기준은 의사 결정을 내리는데 도움을 주기 위해 설정되었다. 표준은 측정의 정밀한 해석을 취할 수 있게 하고 보수의 유형과 보수의 데드라인을 권할 수 있게 한다. 정의된 목표 레벨은 적어도 검사 주기성과 같은 내구성을 주는 보수가 이루어지게 할 수 있게 한다. 감속의 분계점은 안전 한계와 동등하다.

(라) 보수 개시(interventions)

수집된 정보의 사용, 유지관리 표준의 적용 및 경험은 보수가 필요한지의 여부와 보수에 대한 데드라인을 결정하기 위하여 조합한다. 보수의 성질, 그 품질 레벨 및 내구성은 요구된 품질레벨, 설비의 수명 및 이용할 수 있는 수단에 적합하여야 한다. 설비의 신뢰성을 개선시킴으로써 작업 후에 얻어지는 품질 레벨은 그 '임계도'를 변경할 수 있으며, 따라서 모니터링 주기의 수정으로 이끈다.

(4) 정정 보수

상기에 언급한 것처럼 이루어진 예방 보수는 두 정기검사간에서 파손이 없음을 충분히 보장할 수 없다. 실제 문제로서 외부 이벤트(주민에 의한 활동, 환경의 변화, 나쁜 날씨 등)에 따라 설비의 품질 저하에 대해 예측한 것보다 더 빠른 변화는 파괴, 또는 파손으로 귀착될 수 있는 품질 저하를 발생시킬 수 있다. 보수 프로그램의 연기는 안전 한계에 대단히 밀접하게 유지하고 있는 설비로 귀착될 수 있다. 정기검사, 또는 특별 검사는 이상을 발견할 수 있고 정정 보수를 시작할 수 있게 하거나 긴급 조치가 이루질 수 있게 한다.

1.3.4 재료의 유지보수

(1) 개요

궤도재료의 유지보수는 '① 상세 검사와 안전 관리 검사를 포함하는 정기검사, ② 검사 결과가 보수가 필요함을 나타낼 때 수행하는 보수, ③ 다양한 검사 후에 시작하는 즉시 보수, 또는 계획 보수'에 기초한다.

(2) 정기검사

- 상세 검사(DV) : 모든 여객 선로에 대한 이들 검사는 선택과 계획이 필요하게 되는 보수를 결정하기 위하여 설비와 그 조립품의 조건에 관한 육안 검사로 이루어진다. 특별히 설계된 고속 선로(탄성 체결장치로 콘크리트 침목 위에 부설된 장대레일로 구성하는 모든 주행 궤도)에서의 이들 검사는 체결 상태와 체결장치의 조건에 관한 육안검사로 구성된다. 궤도의 부재는 매년 이 방법으로 검사하고 6년 주기로 종합 검사를 한다.
- 안전관리 검사(SCV) : 안전관리 검사는 부재의 상태가 열차의 안전이나 설비의 보존에 직접 관련되는 궤도 부재의 주기적 검사로 이루어진다. 고속철도 전용의 모든 선로(탄성 체결장치로 콘크리트 침목 위에 부설된 장대레일)에 관련되는 이들 검사의 종류와 주기는 표 1.1과 같이 정한다.

표 1.1 정기검사

조사 요점		주기	비고
레일	· 레일의 육안 검사	1년	
접착절연 이음매	· 절연부의 초음파 탐상	1년	레일과 동시에 시험
신축이음매	· 검사 및 필요시 치수의 교정 · 분해 없이 기름칠	2회/년	
	· 신축이음매의 후로우 삭정	육안점검	
신축구간 및 곡선반경 이외의 이유로 보강한 단면의 구간	· 체결장치의 유효성, · 침목의 위치(육안 검사)	1년(동절기전 적합성 검사 동안)	
도상단면	· 표준 단면의 복구	적합성 검사 후	

(3) 정기검사 후의 보수

- 상세 검사 후의 보수 : 이들의 작업은 보수 기준을 준수하며 검사결과에 근거한다. 이들의 작업은
  일반적으로 검사한 해에 수행한다.

- 안전관리 검사 후의 보수 : 이들의 작업은 검사 후에 수행한다. 보수의 목적은 각종 치수나 값을 공차
  이내로 회복시키고 안전, 또는 재료 보존의 충족 조건 하에서의 열차운행을 보장하기 위한 것이다. 필
  요한 보수는 검사의 완료 후 및 대응하는 법규 문서에서 규정한 데드라인 내에서 수행하여야 한다.

(4) 기타 보수

기타의 보수는 안전, 또는 보존의 중대 임무로서 또한 정당화된다. 주요 예는 다음과 같다. ① 여러 가
지 검측 기록(검측차, 가속도 그래프)에 의거하여 시작하는 작업, ② 자분 탐상과 초음파 탐상, ③ 여러
검사 동안 행한 관찰에 의거하여 필요하게 된 재료의 예외적인 교체. 이 경우의 보수는 관찰 직후에 곧바
로 수행하여야 한다. ④ 손상된 레일의 수선, 또는 교체, ⑤ 육성 용접, 또는 연마에 의한 레일 단부, 레
일의 중간부, 또는 용접부에 대한 주행표면의 수선, ⑥ 배수 구조물, 토공 등의 유지보수.

1.3.5 선형의 유지보수

(1) 레벨링(면 맞춤)과 라이닝(줄 맞춤)의 유지보수

궤도선형의 틀림은 실제의 틀림상태나 틀림의 진행 특성이 정정을 필요로 할 때만 정정하여야 한다.
계획된 선형 보수의 작업은 일반적으로 멀티플 타이 탬퍼로 수행한다. 표지의 유지관리와 말뚝의 검사는
정기적이지 않지만, 말뚝과 관련된 작업을 필요로 할 때는 언제나 수행하여야 한다.

(2) 연마의 원리

궤도의 레일을 연마(연마기술의 상세는 제3.8절 참조)하는 주된 목적은 단파장 파상 마모, 레일상면
공전상(空轉傷), 용접선형 손상, 레일표면 국부 손상의 결함을 제거하기 위함이다. 새로운 고속 선로를
영업에 이용할 때는 영업개시 전에 최적의 레일 선형을 얻기 위하여 예방 연마를 수행할 필요가 있는 것
으로 판명되었다. 연마 기술은 교정 연마와 예방 연마 등 두 가지 주요 방책에 기초한다. 더욱이, 비대칭
연마 및 소음 공해를 줄이기 위하여 최적화된 연마를 조사 · 시험하고 있다. 궤도와 유사한 분기기는 예
방연마, 또는 교정연마를 할 수 있다. 분기기 연마의 경험에서 기록된 결과는 분기기에 대하여 연마 기술
을 사용하고 연마 방침을 충족시키도록 한정하기 위하여 사용될 것이다.

(가) 교정 연마

교정 연마의 목적은 다음과 같다. ① 파상 마모를 제거하여 레일의 종단선형을 복구, ② 만족스러운
레일/차륜 접촉을 복구하기 위하여 횡단면의 개선, ③ 표면 손상의 제거 : 레일이 감당한 교통에 관련되
는 손상은 주행면의 평평해짐, 높은 단위 압력에 기인하는 뭉개짐과 쪼개짐, 쉐링, 자갈자국, 기관차 공
전상(空轉傷)과 같은 기복이 있는 찌그러짐의 외양에 관련된다. ④ 공해(소음과 진동)의 감소 : 레일의

연마는 승객과 주민의 안락감을 증가시킨다. 정확하게 수행된 연마는 일반적으로 소음레벨을 10 dB만큼 감소시키며, 파상 마모가 있는 지역에서 진동을 약화시킨다.

(나) 예방 연마

다음의 이유는 고속 선로이든지, 일반 철도망에서 갱신된 궤도이든지 간에 새로 부설된 레일의 연마를 정당화한다.

 - 레일두부의 유효부위에서 탈탄 층의 제거 : 새 레일 두부표면 층의 기계적 성질은 레일의 더 깊은 층보다 열등하다. 이 표면 층은 그 수명의 개시 시에 손상을 받기 쉬우며, 그러므로 레일/차륜 접촉에서 레일두부 피로손상(특히, 스쾌트 손상)의 근원일 수 있다.
 - 작은 진폭일지라도 정확한 궤도선형의 유지에 부정적인 영향을 갖고 있는 레일 표면손상의 제거. 따라서, 예방 연마는 ① 공장, 또는 궤도 현장에서 행한 용접에서 잔류 손상의 제거, ② 작업에 관련된 사용 상(傷)의 제거 : 공사 열차에 기인하는 자갈 자국, 기관차 공전상 등, ③ 압연 롤러의 스케일 퇴적물에 기인한 잔류 손상의 제거 등을 가능케 한다.
 - 레일 횡단면의 개선 및 만일 필요하다면 근소한 경사 결함의 교정(바람직한 목표단면은 공차가 없이 1/20로 부설하는 것과 동등하다).

(다) 특별 연마

1) 비대칭 연마 : 파상 마모는 반경($R<500\text{m}$)이 작은 곡선에서 안쪽 레일에 대단히 빠르게 나타나는 것으로 흔히 관찰되며, 바깥 레일에서는 횡 마모가 관찰된다. 이 마모는 급하게 전개되며, 이들 레일의 수명을 상당히 줄인다. 비대칭 연마의 목적은 이들 두 문제의 출현과 발달을 늦추는 것이다. 비대칭 연마는 차륜-레일 접촉이 없어야 하는 곳에 집중하는 금속 제거로 이루어진다. 이것은 외측 차륜의 회전 반경과 내측 차륜의 회전 반경간에서 있음직한 최대 차이를 구할 수 있게 한다. 비대칭 연마의 비용은 전통적인 연마의 비용보다 훨씬 더 높게 된다.

2) 소음에 대하여 최적화된 연마 : 고속열차에 의하여 발생되는 소음 공해를 줄이기 위하여 상당한 연구 노력이 현재 진행되고 있다. 이 연구의 관점에서 현행의 연마 기술을 존속시키면서 연마의 최적화에 의한 전동 소음을 줄이기 위한 연구가 현재 진행 중에 있다. 이 연구의 목적은 기술적인 관점에서 2와 6 cm간의 파장을 가진 레일의 미소 손상의 폭을 줄이는 것이다.

(라) 분기기의 예방 연마

분기기에서 포인트와 크로싱의 복잡한 기계 가공은 연마 기계로 연마할 수 없는 것을 의미한다. 그럼에도 불구하고, 이 유형의 연마는 분기기의 부품(기본레일, 리드부, 외측레일 등)과 분기기 간의 연결 궤도에 대하여 가치가 있다. 그 이유는 다음과 같다. ① 분기 궤도(분기선)의 곡선반경이 작으므로 분기기는 주행궤도와 같은(또는, 다소 큰) 응력을 받는다. ② 장대레일에 연결된 분기기의 체결장치는 최대 유효성을 계속 유지하여야 한다. ③ 분기기의 선형 품질과 내구성은 레일의 표면 조건에 좌우된다.

분기기의 예방 연마에 관련되는 두 가지 점을 검토하여야 한다. ① 야금의 관점 : 주행 레일에서와 같이, 그리고 접촉피로의 출현을 늦추기 위하여 탈탄 층(脫炭層)을 제거하여야 한다. ② 유지관리의 관점 : 국부 손상의 제거와 주행표면의 개선은 본선 궤도와 분기기의 재료와 선형 유지관리비를 절감한다. 이 절감은 분기기의 통과 속도가 높을수록 더 크다. 분기기를 부설할 때 다수의 용접이 궤도에서 행하여지며 연마는 용접부를 실질적으로 개선한다. 분기기의 교정연마는 현재 적용하지 않는다.

1.4 모니터링

1.4.1 개론

선로반 직원이 수행하는 모니터링 검사는 ① 궤도(상부구조)의 상태를 점검하고, ② 기반시설(구조물, 노반, 배수설비)과 모든 종류의 설비(신호기, 카테너리 등) 및 철도 용지 내, 또는 근접하여 위치한 작업 현장에 대한 어떠한 이례적인 상태라도 찾아내는 것이 주요 목적이다. 이 검사는 또한 다음 사항을 할 수 있게 한다. ① 만일 필요하다면, 열차 교통에 관련된 어떤 수단을 취하게 한다. ② 설비의 상태에 관한 정보를 얻는다. ③ 철도의 방침 수립과 모니터링에 관련된 요구 조건의 적용에 의하여 설비와 철도 용지를 보호한다.

모니터링 검사는 다음으로 구성된다. ① 정기검사, ② 혹서기 검사 : 혹서기 검사의 주요 목적은 궤도 좌굴의 발생을 찾아내는 것이다. ③ 악천후의 특별 검사 : 악천후의 특별 검사는 부수적이다. 이 검사는 특별 영구 지침서에 입각하여 심한 악천후의 출현으로 시작된다. ④ 특정 목적의 필요에 따라 수행하는 특별 검사 : 예를 들어, 기관사가 보고한 이례적인 충격의 원인, 화차로부터의 낙하물이나 선로에서 방황하는 동물에 관한 조사, 끌리는 물체에 기인하는 손상의 평가.

1.4.2 모니터링 검사

(1) 개론

(가) 모니터링 검사의 목적과 성질

정기 모니터링 검사는 일반철도에 대한 것과 같은 목적을 가진다. 이 검사는 ① 주행궤도의 검사, ② 분기기의 검사, ③ 선로 부대시설의 검사 등 세 가지 유형이 있다. 주행궤도와 분기기 검사의 주요 목적은 열차교통의 안전을 확보하고 이들 설비의 상태를 점검하는 것이다. 선로 부대시설 검사의 주요 목적은 기반시설(구조물, 토공, 배수 등)의 어떠한 이례 상태라도 찾아내고 울타리의 보존을 점검하는 것이다. (170 km/h 이하의 속도로 주행하는 최초 점검(파이럿) 열차(특별 고속열차)는 매일 고속선로를 오픈한다. 만일 필요하다면(주요 궤도 작업 후의 검증, 보고된 이례 사항 등), 자격 있는 선로원이 관련 노선의 전체, 또는 일부에 걸쳐 검사자를 동행할 수 있다. 지역본부의 지침에는 그러한 경우의 검사 절차를 정한다. 적용 지침은 고속선로의 유지관리에 책임이 있는 지역본부에서 작성하여야 한다.

(나) 기구

검사관리자는 상기에서 언급한 적용 지침에 명기된 정규의 도구에 추가하여 운반대와 스위치(보호,

터널, 속도제한 등) 사용을 위한 스위치 잠금 키도 또한 휴대하여야 한다(제1.6.7.항 참조).

(2) 정기 모니터링 검사
(가) 정기 모니터링 검사의 구성

고속선로의 본선에 대한 검사는 일반적으로 ① 선로 부대시설의 검사에 대하여는 5 주, ② 분기기의 검사에 대하여는 5 주, ③ 본선궤도의 검사에 대하여는 2.5 달(10 주) 등의 주기로 수행한다. 소정의 구역 (예를 들어, 분기기)에 대하여는 지역본부, 또는 작업관리자의 발의로 더 빈번한 검사를 지정할 수 있다.

(나) 정기검사 절차

선로 부대시설의 모니터링 검사는 주간에 위험지역(제1.6.4(1)항 참조)을 범하지 않고 수행한다. 교통에 대한 위험이 발견된 경우에는 규칙에 따라 안전조치를 적용하여야 한다. 분기기는 주간에 검사한다. 선로원은 조사되는 주요 지점을 나타내는 분기기의 검사 양식을 사용한다. 본선 궤도는 ① 선로 차단의 보호 하에 주간에, ② 또는, 야간에 원칙적으로 도보로 검사한다. 선로원은 야간의 검사 시에 적당한 조명설비를 갖추어야 한다. 야간의 검사는 강력한 조명 설비를 갖추고 7 km/h 미만으로 주행하는 궤도 차량을 이용하여 수행할 수 있다.

(3) 혹서기의 특별검사
(가) 노선의 일반적인 모니터링

작업 관리자는 이 일반 모니터링의 적용 기간을 결정하고 관련 부서의 장에게 제출하여 승인을 받는다. 선택한 날자가 유사한 기후 조건을 가진 보통 구간과 같도록 하기 위하여 인접 기지와의 조정이 필요하다. 작업 관리자는 이 적용 기간 외에 갑작스러운, 또는 장기적인 온도 증가의 경우에 자기가 정하여야만 하는 절차에 따라 노선의 일반 모니터링 검사를 앞당기거나, 다시 시작, 또는 확인하도록 결정할 수 있다. 작업관리자는 사무소에 통지하여야 한다.

(나) 궤도 특수 구간의 모니터링

어떤 구간은 모든 법규의 요구 조건을 충족할지라도 처음의 온도증가 동안에 나타나는 다른 변칙의 경우보다도 더 높은 위험을 가지며 이들의 구간은 '궤도의 특별 지점'이라 부른다. 이 구간의 모니터링은 제3.2.3(3)항을 적용한다.

1.4.3 분소장에 의한 검사

(1) 도보 검사

이 검사는 정상 상태로는 낮에 수행한다.

- 10 주의 주기로 궤도 1과 궤도 2의 대신으로 도로, 또는 선로어깨에서 전 노선에 걸쳐 : 선로 부대 시설(특히, 토공, 철도용지 보호 및 부수 설비(울타리 등))은 이 때에 검사한다. 그러나, 도보 검사는 특별히 설계된 철도차량 안의 검사로 대신할 수 있다. 이 검사는 적합한 속도로 수행하여야 하며,

만일 야간에 차량을 사용할 경우에는 차량에 강력한 조명 설비를 설치하여야 한다. 선로 부대시설은 낮에만 검사할 수 있으므로 주간 검사를 동시에 수행하여야 한다.

- 5 주의 주기로 (구조물용 레일 신축이음매를 포함하여) 분기기 구역 : 사무소와 분소 레벨의 관리 직원(작업관리자가 특별히 지명한 선로 책임자, 또는 관리자)은 검사의 일부를 수행할 수 있다. 이 직원이 조사한 구역은 다음의 검사 동안 노선에 선임된 작업 책임자 중의 한 사람이 담당하여야 한다.

궤도를 도보로 검사하는 경우에는 추가적으로 궤도의 각 구간을 1년에 한번 상세히 조사하여야 한다. 레일과 체결장치의 상태에 특별한 주의를 기울여야 한다. 해마다 실시하는 이 상세 조사는 노선에 선임된 분소장의 한 사람이 수행하여야 하며, 관련된 선로반장이 동행한다.

(2) 기관실 첨승 검사(전방, 또는 후방)

각 궤도에 대한 운전실 첨승 검사는 두 연속적인 검사간에 2 주 이상 경과하지 않도록 선로설비 부서에서 작성한 스케줄에 따라서 고속선로에 선임된 분소장이 담당하여야 한다.

(3) 주제별 검사

주제별 검사는 도보 검사와 같은 조건 하에서 수행하여야 한다. 이 검사는 지역본부 특별 지침서의 주제일 수 있다.

1.4.4 철도용지의 울타리

선로는 전 길이를 따라서 양쪽에 설치한 울타리로 인접 토지와 분리되어야 한다(제 9.2.3(5)항 참조). 울타리는 관통하는 지역의 특징에 따라 궤도에 허용되지 않는 모든 접근을 방지하는 방법이다. 고속 선로를 따라서 설치한 울타리는 방어적이며 그 유지관리는 철도 당국의 책임이다. 그러나, 어떤 특별한 경우에는 고속선로가 건설되었을 때에 계약상 협약의 결과로서 어떤 제3자가 한정된 지점에서 울타리를 유지관리하는 것이 필요하다. 지역본부의 지침서는 짝을 이룬 울타리 지역을 정하고 철도 당국과 제3자간의 보수와 책임의 분배에 대한 절차를 나타낸다. 모니터링 검사의 특징과 주기는 상기에서 설명하였다. 울타리의 상태는 선로 정기검사 동안에 조사하여야 한다. 어떠한 필요한 수선도 가능한 한, 곧바로 행하여야 한다.

1.5 추적 조사와 계획 수립

1.5.1 유지보수 작업계획의 수립

(1) 개요

선로반 과업의 본질과 중요성은 해마다 상당한 변화를 겪을 수 있다. 게다가, 과업의 실행은 흔히 기술적 제약, 또는 지방 체제보다 더 큰 규모의 작업 프로그램 요구조건을 고려하기 위하여 타이밍을 충족시켜야 한다. 그러므로, 인력을 실제 수요에 적합시키고, 여러 가지 과업을 조정하기 위하여 선로반이 책임져야 하는 모든 작업의 전체 연간 프로그램을 작성하는 것이 필수적이다. 이 프로그램은 몇 개의 선로반에 대해 책임이 있는 분소장이 작성하는 프로그램-스케줄이다.

(2) 연간 보수계획

Y-1년도 말에 Y년도에 대한 프로그램 스케줄을 작성하는 목적은 다음과 같다. ① 궤도와 분기기의 유지관리 프로그램을 나타내며, "ⓐ Y-1년에 수행한 검사결과에 의한 보수와 ⓑ 수행할 필요가 있다고 생각되는 비 주기적인 보수"를 포함한다. ② 이 유지관리 작업의 수행에 필요한 시간을 측정한다. ③ 궤도와 분기기의 유지보수에 관련하는 기타 작업에 할당하는 시간을 정한다. ④ 총 소요 인원을 사정한다. ⑤ 이용할 수 있다고 생각되는 인원과 이 수요를 비교한다. ⑥ 만일 필요하다면, 작업 예측을 수정하여 유망한 인력 보강, 또는 가해임(假解任)을 허용하는 분소의 연간 프로그램을 준비한다. ⑦ "ⓐ 어떤 작업(예를 들어, 유간 조정, 안전 설비의 겨울철 청소)에 부과된 시간 제한, ⓑ 궤도 안전에 영향을 주는 작업이 금지되는 기간, ⓒ 주요 작업계획(주요한 정기 작업, 지역적으로 시행하는 작업, 또는 투자 예산에 대한 작업), ⓓ 재료의 인수, 기계의 이용성, 다짐(탬핑)과 줄맞춤(라이닝) 작업, 계획된 인력 이동에 대하여 계획된 일자" 등을 고려하여 예상 작업 스케줄을 완성한다. 특별 중장비를 필요로 하는 주요 작업은 철도궤도 보수(궤도와 분기기의 교체)의 전문화된 민간회사나 지역의 지원 기지에 하도급을 준다.

(3) 주간 작업계획 수립

프로그램의 스케줄은 선로반 과업의 개관을 마련하지만 더 명확하고 더 상세한 구성으로 보충하여야 한다. 선로반 작업의 단기 구성은 분소장이 매주 목요일에 작성한 주간 프로그램에 주어진다. 연중에 행하는 프로그램-스케줄의 검토는 작업의 진행을 모니터하고, 프로그램과 이용가능한 인원 등의 양쪽을 이용하여 어떠한 이례 사항도 발견하며, 어떠한 필요한 정정 활동도 취할 수 있게 한다.

연말 이후 프로그램-스케줄 결과의 검토는 "① 여러 작업의 관리와 방법의 비교, ② 주요 작업 비용의 지식 및 비교"를 할 수 있게 한다. 이들의 검토에서 얻어진 정보는 "① 방법의 개선, ② 관찰된 이례 사항의 교정, ③ 인력 절감의 유도, ④ 더욱 정확한 다음 프로그램의 예측"에 이용한다. 따라서, 프로그램-스케줄은 선행 연도에 행한 관찰의 결과를 반영하며 시간에 걸친 확실한 연속성에 따른다.

(4) 컴퓨터를 이용한 프로그램 계획 수립의 예

철도 당국은 개괄적인 컴퓨터 계획 수립과 보고서 작성 시스템을 검토한다. 이 시스템은 인력으로 작성하는 프로그램-스케줄을 대체할 것이며 선로반의 주간 보고서를 포함할 것이다. 이 시스템은 예를 들어 ① 기반 시설 자산의 데이터 베이스, ② 열차안전 판단-지원 시스템, ③ 자원(기계류, 작업시간, 속도제한, 재료)을 컨트롤하는 각종 외부 시스템, ④ 컴퓨터화된 인력 관리의 적용, ⑤ 재정 회계 등의 사항이 결부될 것이다.

1.5.2 궤도선형의 추적 조사와 계획 수립

(1) 영업차량에서 가속도 점검
(가) 점검의 목적

영업 열차에서 횡 가속도를 측정하는 점검은 "① 궤도선형의 틀림진행 속도가 정상적으로 계획된 보수 작업과 양립하는지를 비교적 짧은 주기의 단순한 모니터링으로 확인하고, ② 열차 승무원, 또는 검사자가 보고한 모든 이례 사항을 점검하고 위치를 확인"하기 위한 것이다. 분기기를 포함하여 궤도의 동질성이 주어지는 가속도 점검의 주된 목적은 선형의 틀림이 양쪽 구간보다 더 급하게 진행될지도 모르는 국부적인 개소의 모니터링이다. 그러므로, 이 점검은 "① 차량의 거동을 확인하기 위하여 행하는 점검, ② 각종 궤도선형 그래프의 검토" 등을 대체할 수 없다. 차상에서 기록된 가속도는 궤도선형 그래프에서 관찰된 이례 사항의 가능한 원인을 사정하기 위하여 상세히 분석하여야 한다.

(나) 기록 장치(그래픽 레코더)

특별히 장치된 열차 내의 그래픽 레코더는 동력객차 보기와 차체의 횡 가속도를 측정한다. 이 레코더는 측정된 가속도의 연속적인 그래프를 산출한다. 그래픽 레코더는 차량의 수직 반응을 사정하기 위하여 수직 가속도계를 추가로 연결할 수 있다. 그래픽 가속도 레코더는 선로관리 부서의 요구대로 곧 이용할 수 있게 하며, 그것은 오퍼레이터의 훈련을 제공한다.

(다) 실용적인 기록 절차와 주기

검사의 수행 조건(제2.8.2항 참조)은 지역본부 지침서에 명기된다. 이 지침서는 "① 기록설비를 특별히 설치한 열차의 수와 그들의 시간표, ② 레코더를 작동시키고 모니터링하며 그래프를 회수하기 위하여 오퍼레이터가 행하는 준비 사항, ③ 분석과 기록보관의 절차 및 변칙의 경우에 취하여야 하는 활동, ④ 검사의 구성에 관련된 주기와 수단" 등을 명확히 할 수 있다. 정기검사는 원칙적으로 220 km/h보다 빠른 속도의 선로와 그 연결 궤도에 대하여 2 주 사이클로 이루어진다. 추가 검사는 영업열차 승무원이 관찰한 이례 사항의 위치를 파악하기 위하여 시설 부서장의 발의로 결정할 수 있다.

(2) 검측차 기록
(가) 궤도선형 검측의 개론

궤도선형 검측의 목적은 지역관리자가 선로의 계획 속도에서 차량(고속열차)에 대한 궤도선형의 적합성을 점검할 수 있게 하고, 소정의 유지관리 결정을 취하도록 돕는 것이다. 이 절의 목적은 "① 고속 선로에서 검측차로 검사하기 위한 물리적인 조건, ② 고속선로의 지역관리자가 차상에서 리얼타임으로 이용할 수 있고 궤도유지관리 부서에서 오프라인으로 이용할 수 있는 정보, ③ 이 정보의 사용 조건" 등을 명기하는 것이다.

(나) 검측차-프로세싱이 제공하는 정보

차상에서는 예를 들어 다음과 같은 세 유형의 기록이 행하여지며, 경부고속철도의 검측 시스템은 제 2.1.4항과 제2.8.3항을 적용한다. ① 검사의 완료 후에 관련 사무소장에게 인도되는 기계적 중파장 그래픽 기록, ② 통상적으로 차상에서 프린트하여 관련 사무소장에게 인도되는 소위 장현 그래프. 만일, 시스템이 고장나서 리얼타임으로 프린터를 출력할 수 없다면 궤도유지관리 부서에서 오프라인 프린트를 구할 수 있다. ③ 축상 수직가속도 신호로 보충된 중파장 검측 파라미터의 자기 테이프 기록. 이 기록은 궤도유지관리 부서에 의한 검측차 요약 그래프의 그 후의 프린터 및 처음의 2 그래프 오프라인의 공급에 사용된다.

파장이 대략 4와 15 m 사이에 있는 궤도선형 틀림을 묘사하는 정보는 부분적으로 차체의 고유 주파수(선로의 주행 속도에서 8 내지 16 Hz)에 좌우되는 차체의 승차감을 사정하기 때문에 선형의 유지 관리를 위하여 필요하다. 장현의 검측 그래프는 리얼타임 전자 프로세싱으로 구하며, 이 프로세싱은 중파장 검측 신호에서 장파장 선형틀림을 도출한다. 이 프로세스는 검측차의 기계적 측정 기선보다 더 긴 기선에 걸친 틀림을 측정하기 위하여 이하에 명기된 소정의 조건을 필요로 한다. 15 m보다 더 긴 파장을 가진 틀림은 속도가 높을수록 승차감과 궤도에 가해지는 힘의 면에서 더 중요하다. 그들은 도달된 높은 속도에서 차량의 구성과 현가장치 시스템에 관련된 보기 운동(15~25 m 틀림)과 차체 운동(35~40 m 및 50~60 m 틀림)을 일으킨다.

(3) 검사의 구성과 위치확인

(가) 개요

220 km/h 이상의 속도에 걸친 궤도의 선형은 궤도유지관리 부서의 승인을 받은 후에 지역본부 지침서에서 정한 주기로 특수장치의 궤도 검측차로 기록한다[1]. 관련 지역본부는 고속 선로의 다른 구역을 점검하기 위하여 필요한 검사를 자진하여 수행할 것이다[2] (220 km/h의 속도로 통과하는 궤도를 연결하는 직결선 방향의 정보 연결). 추가의 검사는 궤도유지관리 부서의 승인으로 시행되며, 비 정상 신호가 관찰되는 경우에는 기록에 대하여 특별 프로세싱을 수행하도록 요청할 수 있다. (예를 들어, 가속도 기록으로 나타난) 어떤 특정 틀림을 검토하고 어떤 궤도 현장의 추이를 모니터할 수 있도록 하기 위하여, 이 목적으로 궤도에 설치한 철거가능 자석표지의 존재를 기록함에 의하여 그래프 상에 이들의 지점을 위치시키는 것이 가능하다.

(나) 추가 장치

검측과 기록을 하는 동안 고속선로의 km 위치를 정확하게 확인할 수 있도록 하기 위하여 궤도를 따라 수동성(passive)의 자석 표지를 설치한다. 궤도 검측차에 설치된 센서는 그들의 위치를 검출한다. 이들 표지의 확인은 운영과 검측 기록의 해석을 위하여 필수적이다. 그러므로, 다음의 수단을 취하여야 한다.

---

[1] 220 km/h를 넘는 속도로 통과하는 궤도에 대한 기본 사이클은 운영의 착수 시에는 월간, 그 다음에는 분기이다.

[2] 220 km/h 이하의 속도로 통과하는 연결선로에 대하여 2년간 계속하는 기본 사이클. 통행과 통과 궤도에 마주 보고 있는 방향의 교통 연락에 대하여 연간.

① 궤도관리자는 표지가 이론적 위치에 유효하게 존재하는지를 확인하여야 한다. ② 궤도관리자는 차량으로 운반되는 검출 시스템의 손상을 방지하기 위하여 검측차의 전 노선을 따라서 궤간의 하한이 분명하다는 것을 확인하여야 한다. ③ 초기 표지, 또는 10 km 표지 위치의 어떠한 변화도 사전 승인을 위하여 궤도유지관리 부서에 제출하여야 한다. ④ 다음의 조건 하에서 기록의 정밀성을 가지고 궤도의 특정 지점의 위치를 알아내기 위하여 추가의 표지를 임시로 사용할 수 있다. ⓐ 설비의 지속을 나타내는 임시 위치를 차량운영, 신호, 통신 부서에 통지한다. ⓑ 복선의 궤도에 설치하기 위해서는 사용된 표지의 극성(極性)에 따른다.

(다) 자동 km 확인 표지의 위치

확인 시스템을 자동화하기 위하여 여러 사용자(차량운영, 신호, 통신)는 다음의 종합 배치를 적용하는 데 동의한다. ① 선로 상에서 (원칙적으로 10 km 지점으로 규정한) 10 km를 벗어나 있는 1 km에서의 표지는 중간 km를 발생시키기에 충분하며 그들은 정기 재검정을 할 수 있게 한다. ② 선로 진입부에서 특수 개시 표지는 "ⓐ 확인 순서의 개시, ⓑ 거리 측정의 기초인 이 측정이 미지이므로 차륜 직경의 정확한 계산"을 할 수 있어야 한다. 표지 설치의 실제 배치는 다음과 같다.

1) 표지 설치 지점의 정의 : 표지를 설치하여야 하는 선로의 지점과 그 연결 궤도 지점의 특징은 ① 유형 : 선로거리 재조정 지점, 또는 초기화 지점, ② km 위치, ③ 복선(궤도 1, 또는 궤도 2에 위치) 등이다.

2) 거리 재조정 지점의 지리적 위치

- 선로 거리 재조정 지점 : 두 궤도의 각각에 대한 궤도 검측지의 km 재조정 지점(궤도 옆 표지에 10, 20 등으로 나타냄)은 10 km 지점과 같은 높이로 배치한다. 위치의 공차는 10 m 이다. 그러나, 표지는 가능한 한, 궤도 옆 km 표지에 가깝게 위치하여야 한다. 선로 다이어그램의 조사는 이 위치가 궤도 특징(분기기, 또는 EJ)에 간섭되어서는 안 된다는 것을 나타낸다.

- 초기화 지점 : 이들의 초기화 지점은 궤도유지관리 부서가 정한 선로 입구 지점에 설치하여야 한다. 초기화 표지의 정확한 위치 지점은 분소장용 지역본부 지침서에 명기된다. 명기된 각 입구 지점은 100 m 떨어진 2 개의 연속 초기화 지점을 가져야 한다. 이 거리가 차륜직경 측정의 기초를 형성하므로 이 거리가 대단히 정확하여야 함에 따라 km 위치 지점은 레일에 페인트 표시를 한 다음에 현장에서 고속선로에 대한 레일관리팀의 합동 조사로 정하여야 한다. 이 위치는 침목 간격의 국지적인 변경을 필요하게 만들 수 있다.

3) 표지 설치의 실제적인 배치의 예 : 레일에 관한 표지의 설치 치수는 ① 표지의 가장자리에서 레일두부의 하면 가장자리까지 거리가 165±4 mm이고, ② 표지 상부의 높이가 레일 위에서 35±3 mm이다.

1.5.3 초음파 레일 탐상의 추적 조사와 계획 수립

(1) 초음파 시험의 개요
(가) 설명

초음파 레일 탐상은 육안으로 볼 수 없거나 관찰하기가 어려운 레일 손상을 검출하는 것이 목적인 비파괴 시험(탐상기술의 상세는 제3.7절 참조)이며, 이들의 지침서에 특성이 명기되어 있다. 이들의 손상은 일반적으로 열차의 반복 작용 하에서 점진적으로 발달되는 내부의 피로균열로 이루어지며, 이것은 검사와 예방 수단이 없을 때에 레일의 파단을 일으킬 것이다. 이들 손상 전파의 법칙에 관한 지식은 안전을 보장하고 유지보수비를 최적화하는 것을 목적으로 하는 체계적인 검사 규정을 확립할 수 있게 한다. 초음파 탐상은 궤도 현장의 테르밋 용접과 아크 용접에 의한 수선의 품질을 판정하고 용접자의 자질을 평가하는데도 사용한다. 초음파 탐상의 목적은 영업 중에 그 후의 약화됨직한 작업 불균질을 검출하기 위한 것이다. 궤도의 레일에 대한 초음파 탐상 시험은 지역 초음파 탐상 조작자를 레일 부서가 훈련시키고 검증하고 나서 그 조작자가 수행한다. 모든 초음파 탐상 시험은 조사한 구간을 묘사하는 보고서를 작성하여야 하며, 만일 정당하다면 검출된 손상의 성질, 그리고 만일 기지라면 손상의 영향을 받은 레일, 용접부, 또는 아크 용접에 의한 수선의 확인표시를 묘사하는 보고서를 작성하여야 한다. 조작자는 또한 손상의 위치를 페인트로 표시하여야 한다.

(나) 구성체제

초음파 탐상 방법은 레일 부서, 철도망 및 지역에 따른 각종 레벨에서 그들을 관리하고 운영하기 위하여 지정한 수단을 정의하고 적용한다.

- 본사의 역할 : ① 초음파 탐상법의 정의, 조사, 개량, ② 지역본부에서 사용하도록 장비의 승인과 관리, ③ 조작자의 기술 훈련과 검증, 과제를 시행하는 시험에 참여(기술 팀), ④ 초음파 탐상 중장비의 규정, 관리, 운영, ⑤ 초음파 탐상 통계의 계산과 사용
- 지역본부의 역할 : ① 레일 부서에 관계하여 초음파 탐상 중장비에 의한 사무소간 검사 순회의 확립 및 추가 조사, ② 2-레일 탐상 트롤리의 사무소별 사용의 조정
- 사무소의 역할 : ① 초음파 탐상 장비의 적용, ② 지역 초음파 조작자의 관리, ③ 초음파 탐상 봉, 기구 및 탐촉자의 관리

(2) 규정의 초음파 탐상과 시험
(가) 중장비를 이용한 본선 궤도의 연속 시험

1) 목적 : 이 시험의 목적은 사용중인 레일과 용접 두부에 발달하는 내부 피로손상 및 예방 수단이 없을 경우에 파단으로 이끌게 되는 내부 피로손상에 대한 체계적인 조사이다.
2) 적용의 범위와 주기 : 이것은 측선과 중계 궤도에도 적용한다. 처음의 초음파 탐상은 선로가 영업에 들어가기 전에 수행하며, 두 번째의 초음파 탐상은 5년의 영업 후에 시행한다. 그 후 매년 시행한다.

(나) 경 기구를 이용한 본선 궤도의 연속 초음파 탐상

1) 목적 : 경 기구를 사용하는 본선 궤도의 연속적인 초음파 탐상 시험의 목적은 중장비를 사용하는 시험과 동일하다. 이들 두 검사는 사용하는 수단의 성질과 시험하려는 궤도의 특성만이 다르다.

2) 적용 분야와 주기 : 중장비 운영의 분야로는 체계적이지 않은 모든 짧은 궤도 구간은 상기에 주어진 주기로 시험한다.

(다) 분기기의 초음파 탐상

1) 목적 : 분기기의 초음파 탐상은 안전의 검사이며, 예방 연마가 없는 경우에는 사용중인 레일과 용접 두부에서 진행되고 연속적인 진행이 파단으로 이끌게 되는 피로 손상에 대한 체계적인 조사를 목적으로 한다. 이 시험은 ① 손상을 검출하기 위하여 경 기구를 이용하는 레일의 연속 초음파 시험, ② 손상을 검출할 의도로 시행하는 레일 단부의 개별적인 시험으로 이루어진다. 초음파 탐상의 이들 두 유형은 가능한 한 주어진 분기기에 대한 동일한 검사 동안 수행하여야 한다.

2) 적용 범위와 주기 : 분기기의 초음파 탐상은 고속선로의 본선, 측선 및 연결 궤도에 부설된 모든 분기기에 적용한다. 구성하고 있는 레일과 접착절연 이음매 단부의 첫 번째 초음파 탐상은 선로가 영업에 들어가기 전에 수행한다. 그 후의 초음파 탐상은 매년 시행한다.

(라) 본선 레일 단부의 초음파 탐상

1) 목적 : 이 탐상의 목적은 사용 중에 진행되는 손상 및 예방 연마가 없을 경우에 연속적인 손상 진행이 레일 파단으로 이끌게 되는 피로 손상을 검출하기 위한 것이다.

2) 적용 범위와 주기 : 이 탐상은 본선 절연이음매의 모든 레일 단부에 적용한다. 처음의 탐상은 선로가 영업에 들어가기 전에 시행하고 그 후의 탐상은 매년 시행한다.

(마) 테르밋 용접부의 초음파 탐상

1) 목적 : 이 초음파 탐상의 목적은 용접을 한 직후에 이질 성분, 또는 용접 체적 내에 함유된 홈을 검출하기 위한 것이다. 이 탐상은 용접품질의 검증 및 용접공 검증과 자격 부여의 틀 안에 포함된다.

2) 적용 범위와 주기 : 관할 부서가 명시한 갱신현장(궤도갱신, 레일 교체)의 테르밋 용접부는 초음파 탐상을 한다.

1.6 선로보수의 관련 규정과 작업의 조건

1.6.1 개요

(1) 일반 및 용어의 정의

고속철도의 선로보수에 관련되는 규정은 고속철도선로정비지침(건설교통부)과 고속철도선로점검규정

(구 철도청)이 있다. 상기의 절에서 설명한 선로의 검사 주기, 작업 계획의 수립 등은 일반적인 사항의 예를 나타내며, 실무에 있어 구체적인 사안은 관련 규정을 따라야 한다. 선로의 유지보수에 관련된 용어의 정의는 다음과 같다(일부 내용은 필자가 추가 및 수정).

- 고속철도 : 열차가 주요 구간을 200 km/h 이상으로 주행하는 철도로서 건설교통부장관이 그 노선을 지정·고시한 철도를 말한다.
- 일반철도 : 중요 도시, 항만, 공항, 국가산업단지, 또는 관광지 등의 지역 간을 연결하여 운행하는 철도로서 건설교통부장관이 그 노선을 지정·고시한 철도를 말한다.
- 궤간 : 레일의 윗면으로부터 14 mm 아래의 지점에서 좌우레일의 두부 안쪽간의 가장 짧은 거리를 말한다(상세는 '선로공학' 참조).
- 수평 틀림 : 레일의 직각방향에 있어서 좌우 레일 면의 높이 차를 말한다(캔트가 있는 경우에는 캔트량을 제외한다).
- 면 틀림(고저 틀림) : 한쪽 레일의 레일길이 방향으로 정규에서 벗어난 레일 면의 불규칙한 높낮이를 말하며, 이를 정정하는 작업을 면 맞춤이라 한다.
- 줄 틀림(방향 틀림) : 궤간 측정 선에 있어서의 레일길이 방향으로 정규의 직선이나 곡선에서 벗어나 불규칙하게 구불구불한 것을 말하며, 이를 정정하는 작업을 줄맞춤이라 한다.
- 평면성 틀림 : 궤도의 평면에 대한 뒤틀림 상태를 말하며 일정한 거리(3 m)의 2 점에 대한 수평틀림의 차이를 말한다.
- 백 게이지(back gauge) : 고정 크로싱의 노스 레일과 가드레일간의 간격을 말하며, 노스 레일 선단의 원호(圓弧)부와 답면(踏面)과의 접점(接點)에서 가드레일 플렌지웨이 안쪽간의 가장 짧은 거리를 말한다.
- 궤광 : 침목과 레일을 체결장치로 완전히 체결한 것을 말한다.
- 궤도 : 도상(자갈, 콘크리트 등)에 궤광을 부설한 것을 말한다.
- 주본선 : 정거장 내에 있어 동일 방향의 열차를 운전하는 본선이 2 개 이상 있을 경우에 그 가운데에서 가장 중요한 본선을 말한다.
- 부본선 : 정거장내에 있어 주본선 이외의 본선을 말한다.
- 복심 곡선 : 원의 중심이 2 개로서 같은 방향으로 연속된 곡선을 말한다
- 분기기 : 열차를 한 궤도에서 다른 궤도로 전환하기 위해 궤도상에 설치한 설비로서 포인트, 리드부, 크로싱으로 구성된 것을 말한다.
- 고속 분기기 : UIC 레일로 제작된 분기기로서 노스 가동 크로싱을 사용하는 철차 번호 18.5 이상의 분기기를 말한다.
- 분기부대 곡선 : 분기 내의 곡선과 분기로 인하여 그 뒤쪽에 설치한 곡선을 말한다
- 선로의 좌측 : 노선별로 선로의 시점 쪽에서 종점 쪽을 향하여 바라보아 왼쪽을 말한다.
- 선로의 우측 : 노선별로 선로의 시점 쪽에서 종점 쪽을 향하여 바라보아 오른쪽을 말한다.
- 이중 탄성체결 : 레일과 침목을 체결함에 있어 탄성이 있는 재료를 두 가지 이상 사용하여 체결하는

것을 말한다.
- 장대레일 : 온도변화가 어떠하든지 간에 부동구간이 항상 있을 정도의 길이를 가진 레일로서 정의되며(제3.1.3(2)항 참조), 고속선로에서는 한 개의 용접 레일길이가 300 m 이상인 레일을 말한다(참고적으로, 일반 철도의 경우에 200 m 이상).
- 장대레일의 설정 : 장대레일을 부설하여 체결장치를 완전히 체결하는 작업을 말한다.
- 장대레일의 응력 해방 : 부설된 장대레일의 체결장치를 풀어서 응력을 제거한 후에 다시 체결하는 것을 말하며, 장대레일 중앙구간(부동구간)에 대하여 응력이 없는 온도로 한정하기 위하여 사용하는 모든 방법을 포함한다.
- 설정온도 : 장대레일 설정, 응력 해방 시에 체결장치를 체결하기 시작할 때부터 완료할 때까지의 장대레일 전체에 대한 평균 온도를 말한다.
- 중위온도 : 연중 레일 온도에서 예상되는 최고, 최저 온도의 중간치 온도를 말한다.
- 장대레일의 응력 균질화 : 장대레일의 응력이 바뀐 구간에서 평균값에 영향을 주지 않고 응력을 균질하게 하는 것을 말하며, 장대레일의 절단을 필요로 하지 않는다.
- 도상 횡 저항력 : 도상자갈 안에서 궤광이 궤도에 직각 방향으로 수평 이동하려 할 때에 침목과 도상자갈 사이에 생기는 저항력(kgf/m)을 말하며, 그 값은 침목이 2 mm 이동할 때에 측정한다.
- 도상 종 저항력 : 도상자갈 안에서 궤광이 궤도에 평행한 방향으로 수평 이동하려 할 때에 침목과 도상자갈 사이에 생기는 저항력(kgf/m)을 말하며, 그 값은 침목이 2 mm 이동할 때에 측정한다.
- 장대레일 신축구간 : 장대레일의 온도변화에 따라 신축하는 장대레일 양끝의 부분을 말하며, 통상적으로 장대레일 양끝에서 각각 150 m 정도가 신축을 한다.
- 장대레일 부동구간 : 장대레일의 온도변화 시에 거의 신축하지 않고 축력만이 변화하는 장대레일의 중앙부를 말하며, 신축구간을 제외한 구간이다.
- 장비작업 : 멀티플 타이 탬퍼(MTT), 스위치 타이 탬퍼(STT), 동적 궤도 안정기(DTS), 밸러스트 레귤레이터(BR) 및 밸러스트 클리너(BC) 등의 대형 장비와 중형 장비를 이용한 선로보수 작업을 말한다.
- 절대기준 모드 : 멀티플 타이 탬퍼, 또는 스위치 타이 탬퍼로 선형을 보수할 때에 외부 데이터를 고려하여 정정하는 작업 방법을 말하며, 정정 값을 사정하기 위하여 예비 측정이 필요하다.
- 상대기준 모드 : 멀티플 타이 탬퍼, 또는 스위치 타이 탬퍼로 선형을 보수할 때에 외부 데이터를 고려하지 않고 멀티플 타이 탬퍼, 또는 스위치 타이 탬퍼의 기능만으로 정정하는 작업 방법을 말한다.
- ALC : 선형보수용 대형 장비의 대응하는 측정기선보다 파장이 더 긴 틀림을 처리하기 위하여 멀티플 타이 탬퍼, 또는 스위치 타이 탬퍼에 설치한 면 맞춤(레벨링)과 줄맞춤(라이닝)의 컴퓨터 지원 장치를 말한다.

연결선 구간에 부설된 고속 분기기는 고속철도 소속에서 관리하며, 유지보수를 위한 점검, 조정 및 보

표 1.2 고속 분기기의 유지관리 업무 한계

범례 : ○ 주체 ▲ 입회

구분	품목별		조립, 설치		조정		유지보수		비고
			궤도	신호	궤도	신호	궤도	신호	
1 밀착검지와 쇄정 장치 Checking the contact of tongue rail and device	① 밀착 쇄정기	(VCC, VPM)	▲	○	▲	○	▲	○	
	② 밀착 검지기	Point detector	▲	○	▲	○	▲		
	③ 검지기 함	Detector box		○		○		○	
	④ 접속 함	Connection box		○		○		○	
	⑤ 연결 케이블	Connection cable		○		○		○	
2 전철기 Point Machine	① 전철기	Point Machine		○		○		○	
	② 지지상판	Plate Support	▲	○	▲	○	▲	○	
	③ 연결 판	Cross Link Plate		○		○		○	
	④ 침목 절연	Sleeper Isolator	○	▲	○	▲	○	▲	절연은 신호
	⑤ 전철기 제어 봉	Control Rod		○		○		○	
	⑥ 전철기 함	Point box		○		○		○	
	⑦ 케이블	Cable		○		○		○	
3 연동 장치 Interlockin Device	① 간격간	Spacing Bar	○	▲	○	▲	○	▲	절연은 신호
	② 접속간	Connecting Bar	○	▲	○	▲	○	▲	절연은 신호
	③ 봉과 크랭크	Rod & Crank	▲	○	▲	○	▲	○	
	④ 지지상판	Supporting Plate	▲	○	▲	○	▲	○	
4 히팅 장치 Heating Device	① 열선	Heating Element		○		○		○	
	② 열선 컨넥터	Heating Cable Connector	▲	○	▲	○	▲	○	
	③ 클립	Clip	▲	○	▲	○	▲	○	
	④ 열선 고정장치	Holding Block	▲	○	▲	○	▲	○	
	⑤ 고정 스프링	Fastening Spring	▲	○	▲	○	▲	○	
	⑥ 연결 케이블	Connection Cable		○		○		○	
	⑦ 접속 단자함	SDCP, SVM		○		○		○	
5 절연 장치 Insulation Device	① 접착절연 레일	Glued Insulated Rail	○	▲	○	▲	○	▲	절연은 신호
	② 이음매판	Rail joint Plate	○	▲	○	▲	○	▲	절연은 신호
	③ 절연 판	Insulated Plate	▲	○	▲	○	▲	○	
	④ 절연 원통	Insulated Bush	▲	○	▲	○	▲	○	
	⑤ 볼트	Bolt	○	▲	○	▲	○	▲	
6 전환에 따른 반동 및 밀착 조정 Adjustment for contact of tongue rail & rebounding of tongue rail due to switching			▲	○	▲	○	▲	○	
7 레일 및 상판에 따른 반동 조정 Adjustment for rebounding of tongue rail on rail & plate			○	▲	○	▲	○	▲	

수에 관하여는 협의 시행한다. 고속 분기기의 설치, 조정 및 유지관리 업무에 관한 궤도, 신호분야간 업무분담은 표 1.2에 따르며, 고속 분기기를 제외한 기타 분기기의 보수업무 분담은 표 1.3에 정한 바와 같이 시행한다.

표 1.3 일반 분기기의 유지관리 업무 한계

종 별	신호	보선	기 사
레일간격간		○	절연은 신호
분기부 상판(깔판)	○		NS형은 보선
전철 감마기와 동 취부 볼트	○		
탈선 전철기 표지	○		
임시 신호기		○	
열차 정치표	○		
팅레일의 복진		○	
연결간·연결판 및 종 볼트(부싱 포함)	○	○	절연은 신호
힐 부분(볼트 포함)		○	첨단레일볼트 조정은 신호(재료준비 및 입회는 보선)
전철 표지	○		
첨단간(기억쇠 포함)	○		
밀착 조절간(암 포함)	○		
웨이티드 포인트 전철기 보수(분기기 포함)		○	반발과 밀착 포함
침목의 이음 및 동 볼트	○		침목 준비 보선
전환에 따른 반발 및 밀착 조종	○		레일 및 상판에 따른 반발은 보선

(2) 선로정보의 제출

고속철도선로정비지침에서는 선로정보의 제출에 대하여 다음과 같이 정하고 있다. 선로의 유지관리를 담당하는 현업시설관리자는 다음과 같이 선로정보사항을 통합시설관리시스템에 등록하고 출력하여 시설관리자에게 제출한다. ① 현업시설관리자는 선로에 대한 정보 및 변경사항을 반영하여 선로일람약도를 CAD 파일로 작성하여 매년 2월 1일까지 통합시설관리시스템에 등록하고, 이를 출력하여 제출한다. ② 현업시설관리자는 선로에 대한 정보 및 변경사항을 반영하여 관할 경계표를 작성하여 매년 2월 1일까지 통합시설관리시스템에 등록하고, 이를 출력하여 제출한다. ③ 현업시설관리자는 선로에 대한 최신정보를 통합시설관리시스템에 등록 관리한다.

1.6.2 선로보수 작업의 조건과 안정화

(1) 작업의 부류

고속철도의 선로보수 작업은 다음과 같이 장대레일의 안정성에 영향을 미치는지의 여부에 따라 두 부류로 구분된다.

(가) 작업부류 1

이 부류는 장대레일의 안정성에 영향을 주지 않는 작업으로 이루어진다. 궤도선형에 관련되는 대부분의 작업은 부류 2에 속한다.

 - 다음과 같은 작업은 작업부류 1로 분류한다 : ① 체결장치의 체결상태 점검, ② 체결장치의 체결

(조이기), ③ 레일의 연마와 후로우 삭정, ④ 아크 용접에 의한 레일표면 손상의 보수와 오목한 용접부의 육성 용접, ⑤ 레일 앵커가 있는 경우에 앵커의 재설치, ⑥ 안전 치수의 검사

- 작업부류 1은 다음과 같은 작업을 포함하지 않는다 : ① 침목 아래 자갈의 제거, ② 궤도, 또는 레일의 양로, ③ 체결장치의 풀기, ④ 레일의 절단

(나) 작업부류 2

이 부류는 장대레일의 안정성에 일시적으로 영향을 주는(감소시키는) 모든 작업, 즉 작업부류 1에 포함되지 않는 모든 작업으로 이루어진다

(2) 작업 조건

선로보수 작업은 다음의 (가)~(다)항에 의한 ① 작업금지 기간, ② 온도 조건, ③ 안정화 조건 등의 세 가지 조건을 고려하여야 한다. 부류 2의 작업은 (가)항의 관련 조건(부류 2 작업의 제1 조건)과 (나)항의 관련 조건(부류 2 작업의 제2 조건)을 충족시키는 경우에만 시행하며, 선로작업 후에 첫 열차의 열차속도를 170 km/h로 제한하여야 한다.

(가) 작업금지 기간(부류 2 작업의 제1 조건)

터널의 입구에서 100 m 이상 떨어진 터널 내부를 제외한 일반 구간에서 작업부류 2의 작업은 5월 1일에서 9월 30일까지 금지하여야 한다('부류 2 작업의 제1 조건'). 다만, "① 동적으로 안정시킬 수 있는 콘크리트 침목 구간에서 안정화 작업을 병행하는 경우, ② 안정화 작업을 할 수 없는 구간의 경우에는 시설관리자의 승인을 받아 작업조건을 별도로 정하여 제한하고, 작업 후에 24시간 동안 열차속도를 100 km/h로 제한한 다음에 열차 하중에 의하여 궤도가 안정될 때까지 170 km/h로 제한하는 경우" 등에서는 허용할 수 있다. 부류 1의 작업은 다음의 (나)항의 관련 온도 범위 내에서 일년 내내 작업할 수 있다.

(나) 작업온도 제한(부류 2 작업의 제2 조건)

장대레일의 안정에 영향을 주는 부류 2 작업은 레일온도가 0~40 ℃를 벗어나거나 표 1.4의 범위를 벗어나는 온도에서는 작업할 수 없으며('부류 2 작업의 제2 조건'), 다음에 따라야 한다. 다만, 콘크리트 침목 구간에서 동적으로 안정화 작업을 병행하는 경우에는 허용할 수 있다.

- (가)항의 작업금지 기간(부류 2 작업의 제1 조건)을 벗어나서 작업하는 도중에 작업가능 온도범위를 벗어나는 경우에는 즉시 작업을 중단하고 필요한 조치를 취한 후에 열차속도를 당해 선로는 40 km/h, 인접 선로는 100 km/h로 제한하여야 하며, 그 후에 궤도가 안정될 때까지 170 km/h로 제한하여야 한다. 다만, 이 규정은 온도한계 이하로 떨어질 때까지 적용한다.
- 안정화 기간 중에 레일온도가 45 ℃를 초과하는 경우에는 낮 동안의 열차속도를 100 km/h로 제한하고, 그 후에 궤도가 안정될 때까지 170 km/h로 제한한다.

장대레일의 안정화에 영향을 주지 않는 부류 1의 작업이라도 -5~+50 ℃를 벗어난 레일온도에서는 비상 시 등, 부득이한 경우를 제외하고는 작업을 하지 않아야 한다. 다만, 분기기의 작업에 대하여는 제7장에 따른다.

표 1.4 작업온도 제한 기준

작업 조건		선로 조건	작업가능 온도범위(℃)	비고
공통 조건		- 모든 구간	0~40	
일반 구간	대형 장비 다짐 작업	- 직선구간과 곡선 구간 (반경 ≥ 1,200 m)	$(t_r - 25) \sim (t_r + 15)$	
		곡선 구간(반경 < 1,200 m)	$(t_r - 25) \sim (t_r + 10)$	
	수동 및 소형 장비 다짐 작업 및 기타	- 직선구간과 곡선 구간 (반경 ≥ 1,200 m)	$(t_r - 25) \sim (t_r + 5)$	
		- 곡선 구간(반경 < 1,200 m)	$(t_r - 25) \sim (t_r + 0)$	
분기기*	대형장비 다짐 작업		$(t_r - 15) \sim (t_r + 15)$	
	수동 및 소형 장비 다짐 작업		$(t_r - 10) \sim (t_r + 5)$	

* 분기기에서 길이 5 m 미만의 면 맞춤 작업과 2 cm 이상의 양로를 필요로 하지 않는 기타 작업은 0 ℃ 미만으로 떨어짐이 없이 (t_r - 10 ℃) 이하에서 행할 수 있다.

(다) 작업 후의 궤도 안정화

궤도의 안정에 영향을 주는 부류 2의 작업 후에는 동적 안정화 작업을 하거나, 또는 동적 안정화 작업을 하지 않는 경우에는 열차의 통과에 따라 궤도가 안정될 때까지 열차속도를 제한하여야 하며, 안정화 기준은 표 1.5에 의한다.

표 1.5 선로작업 후의 궤도안정화 기준

조건			최소 통과 톤수 (ton)	최소 안정화기간 (시간)
다짐 장비	양로량	동적 안정화 작업유무		
대형 장비 (MTT, 또는 STT)	높은 지점에서 20 mm 이하, 높은 지점 사이에서 50 mm 이하	미시행	5,000	24
		시행	0	없음
	상기보다 큰 값	미시행	20,000	48
		시행	5,000	없음
다목적 보수 장비	높은 지점에서 20 mm 이하, 높은 지점 사이에서 50 mm 이하	미시행	5,000	24
		시행	0	없음
	상기보다 큰 값	미시행	20,000	48
		시행	5,000	없음
핸드 타이 탬퍼 및 삽 채움	높은 지점에서 15 mm 이하, 높은 지점 사이에서 20 mm 이하		5,000	24
	높은 지점에서 15 mm 초과, 20 mm 이하, 높은 지점 사이에서 20 mm 초과, 40 mm이하		20,000	48
기타의 부류 2 작업(굴착, 침목 교체, 침목 간격변경 등)				

1.6.3 작업계획의 수립과 작업결과 보고

(1) 유지보수 작업계획의 수립

선로 유지보수 작업계획의 수립은 예를 들어 다음에 의한다. ① 연간 선로보수계획은 일반 궤도와 분기기의 유지보수 작업에 필요한 시간과 소요 인원, 재료, 장비의 이용성 등을 감안하여 사무소장이 수립하고 전년도 12월 15일까지 통합시설관리시스템에 등록하여 지역본부에 보고한다. ② 주간 작업계획은 분소장이 매주 목요일에 작성한다. 궤도선형의 추적 조사와 계획 수립은 '① 영업 차량에서의 가속도 점검, ② 검측차 기록'에 의하며, 주기와 점검 항목 등은 고속철도선로점검규정에 의한다. 초음파 레일 탐상의 추적 조사와 계획 수립도 또한 고속철도선로점검규정에 의한다.

(2) 선로작업보고 절차

선로작업은 선로보수계획 수립의 기초자료가 되며 전 선로의 강도 통일을 위하여 그 실적을 시설관리자가 정한 절차에 따라 보고한다. 다음은 예로서 나타낸다. ① 분소장은 작업실적을 매일 통합시설관리시스템에 등록하여 사무소장에게 보고한다. ② 사무소장은 집계된 월간선로보수작업실적을 통합시설관리시스템에서 익월 3일까지 확인하여 지역본부에 보고한다. ③ 사무소장은 당해 년도의 년간선로보수작업실적을 집계하여 다음해 1월 15일까지 통합시설관리시스템에서 확인하여 지역본부에 보고한다.

1.6.4 안전의 관리

(1) 선로의 위험지역

선로의 "위험지역"으로 정의되는 "외방레일로부터 2.0 m 이내의 지역"은 열차가 170 km/h 이상으로 주행하는 경우에 접근을 금지하며, 위험지역 내에 진입하기 위해서는 열차속도를 170 km/h 이하로 감속 조치한다(제1.6.7항 참조).

(2) 작업 중의 안전대책

유지보수작업 시에는 다음과 같이 안전에 유의한다. ① 위험지역 내에서의 작업은 예를 들어 표 1.6과 같은 조건에서만 시행할 수 있으며, 작업을 완료할 때에는 완료통보를 한다. ② 반대측 선로에 대하여 열차의 운행을 중지하지 않고 시행하는 모든 작업은 반드시 열차운행의 선로 쪽으로 열차감시원을 배치하고 나서 작업하여야 하며, 열차 또는 작업차량의 운행이 없는 경우에는 감시원을 배치하지 않아도 된다. ③ 열차감시원은 작업원에게 열차접근을 알릴 수 있는 열차접근 벨을 설치하거나 적절한 경보기를 휴대한다. ④ 위험지역의 부근에서 작업할 때 작업원과 기계기구가 위험지역을 침범할 우려가 있을 경우에는 열차감시원을 배치하고 열차속도 감속 등의 안전조치를 한다. ⑤ 위험지역 내의 작업에 이용하는 공기구의 사용조건은 예를 들어 표 1.7과 같다.

(3) 작업책임자의 임무

운행선의 선로 상에서 작업을 시행할 때에 해당 작업책임자(선로반장)는 ① 작업지역 내의 대피지점, 대피방법 등의 안전교육, ② 열차접근 경보장치의 설치와 기능 확인, ③ 열차통과 후의 작업지시, ④ 작업종료 후의 공구 및 재료상태 확인 등의 조치를 한다.

표 1.6 위험지역 내 작업 조건의 예

구 분		열차 속도		승인작업	시행 조건
		작업 선로	인접 선로		
일반선로구간	1	열차운행중지	300 km/h 이하	2~4를 제외한 모든 작업	- 인접 선로의 열차 접근 경보장치 설치 - 선로 사이에 안전펜스 설치
	2	170 km/h 이하	170 km/h 이하	휴대용 공구를 이용한 작업	- 양 선로의 열차 접근 통보 - 열차 접근 시에 작업 선로에서 휴대용 공구 제거 및 안전요원에 의해 지정된 장소로 대피
	3	170 km/h 이하	300 km/h 이하	휴대용 공구를 이용한 작업	- 양 선로의 열차 접근 경보장치 설치 - 열차 접근 시에 작업 선로에서 휴대용 공구 제거 - 열차 접근 시에 위험지역, 또는 작업 선로에서 대피
	4	170 km/h ~ 300 km/h	300 km/h 이하	수작업, 또는 짧은 시간에 측정도구 없이 시행하는 육안작업	- 위험지역에 들어가기 위한 사전 승인 필요 - 양 선로의 열차 접근 통보(열차감시자 필요) - 열차 감시는 위험지역 외에서 시행 - 열차 접근 경보는 최소 15초 이상
터널구간	5	열차운행중지	300 km/h 이하	6을 제외한 모든 작업	- 인접 선로의 열차 접근 경보장치 설치 - 선로 사이에 안전펜스 설치
	6	170 km/h 이하	170 km/h 이하	휴대용 공구를 이용한 작업	- 양 선로의 열차 접근 경보장치 설치 - 열차 접근 시에는 작업 선로에서 휴대용 공구 제거 및 터널 내에 설치된 핸드레일을 잡고 대피

표 1.7 공구 종류별 위험지역 내 사용 조건의 예

공구의 종류		사용 조건
제1종	휴대용 공구 중에서 다음 3 가지 조건을 만족하는 것 - 무게 < 35 kg - 선로에 고정되지 않는 것 - 한 사람이 위험지역 밖으로 들어낼 수 있는 것	이 공구는 위험지역 내의 작업 조건에서 사용할 수 있다. 공구를 위험지역 밖으로 제거하는 데 걸리는 시간은 5초 이내이어야 한다.
제2종	무게 ≥ 35 kg로서 레일로부터 신속하게 제거할 수 있고 수동으로 움직일 수 있는 공구 중에서 다음 2 가지 조건을 만족하는 것 - 선로에 고정되지 않는 것 - 두 사람이 위험지역 밖으로 들어낼 수 있는 것	고속선로에서 제2종 또는 제3종 공구의 사용자는 선로 작업 중에 열차의 통행을 금지하여야 한다.
제3종	열차 운행에 지장을 주는 공구로서 제1종이나 제2종 공구에 속하지 않는 공구	

(4) 선로의 출입

허가된 자 이외에는 선로를 출입할 수 없으며, 출입이 허가되지 않은 자가 선로를 출입하고자 할 때에는 출입이 허가된 자의 안내를 받아야 하고 ① 출입방법, 열차운행, 작업조건 등을 파악하고 숙지, ② 안전벨트, 또는 안전조끼의 착용과 필요시 무전기의 휴대, ③ 단독으로 출입할 때에는 사령실에 통보 등의 사항을 준수한다.

(5) 선로의 보행 및 횡단

선로의 보행 및 횡단 시에는 다음에 따른다(제1.6.7항 참조). ① 위험지역 내에서는 선로보행이 금지되며, 위험지역 외일지라도 자전거나 오토바이를 타거나, 또는 우천 시에 우산을 쓰고 선로를 따라 이동하지 않아야 한다. ② 열차가 운행될 때는 터널 내에 진입할 수 없다. 다만, 부득이하여 터널 내에 들어가야 할 때에는 운전사령의 승인을 받고 속도제한 판넬(SLP)로 열차속도를 170 km/h 이하로 감속 조치를 한 후에 들어간다. ③ 선로를 횡단하고자 할 경우에는 보수자 선로횡단장치(PSC) 버튼을 눌러 횡단신호(녹색등 점등)가 나오면 횡단할 수 있다.

(6) 장비작업 시의 안전

장비작업 책임자는 장비 이동, 궤도 안정성, 직원 안전, 등의 조치를 취하여야 하며, 다음에 유의한다. ① 반대선로 쪽의 장비 문이 잠겨있는지를 확인한다. ② 작업자 등이 장비에서 내릴 때는 통로 쪽으로 내린다. ③ 장비 주위에서 선로 사이를 이동하기 전에 감시원의 허락을 받는다.

(7) 건축한계 확인

궤도의 이동, 궤도 높이기, 또는 궤도 내리기 작업을 할 경우에는 인접 궤도, 터널, 구름다리, 전차선, 기타 건축한계 지장여부를 확인하여 지장이 없도록 한다.

(8) 전기회로 등 다른 시설물의 보호

전기, 통신 및 자동신호관계 공작물이 있는 곳에서 작업할 때는 지하 매설물, 레일절연물을 손상하지 않도록 주의하고 단로 등을 손상시켰을 때에는 지체 없이 관계 부서에 연락한다.

1.6.5 작업결과의 검사

선로 작업 후에는 작업결과를 검사하여 품질을 확보하여야 하며, 궤도공사의 검사는 일일검사와 부분검사 및 준공검사로 나누어 다음과 같이 시행한다. 유지보수 도급공사의 검사는 해당 현업시설관리자가 시행하되, 검사에 필요한 보조인원은 도급자가 이를 지원하고 공사시공 후에 합격할 때까지의 궤도보수는 도급자 부담으로 시행한다.

- 일일검사 : ① 선로를 차단하고나서 작업이나 공사를 할 경우에는 작업, 또는 공사를 종료하고나서 최초의 열차운행 전에 열차운전 지장여부를 검사한다. ② 열차운행구간 외에서 시행한 경우라도 공사 시행구간의 공사를 종료한 후에는 검사를 시행한다.
- 부분검사 : 열차의 운전속도를 제한하고나서 공사를 시행할 경우에는 그 속도제한을 해제하기 전에 부분검사를 시행한다.
- 준공검사 : ① 공사 및 용역관리 규정에 의거하여 시공물량, 시공상태, 자재처리, 뒷정리 상태 등을 검사하고 결과를 통합시설관리시스템에 등록 관리한다. ② 시공물량의 궤도 검측을 실시하여 궤도

검측치가 선형관리의 준공기준과 분기기 정비한도, 분기기 도면에 명시된 소정의 치수 이내에 있을 때에는 합격으로 하고 검측치를 통합시설관리시스템에 등록 관리한다.

1.6.6 장비와 기구의 관리

사무소와 분소에서는 선로 보수용 기구, 기타 상비정수를 항상 비치하며, 선로보수용 공기구의 보관과 사용에 대하여는 다음에 의한다. ① 보관 공기구에 대하여는 공기구의 명칭과 수량을 표기하고 항상 정해진 위치에 정돈한다. ② 사용 후에는 청소하여 보관하고 나사 등 녹이 생기기 쉬운 부분은 기름칠을 하여 보관하고 손상, 또는 마모가 심한 것은 교환한다. ③ 선로 게이지, 궤간 측정기, 수평기 등은 때때로 검사하고, 불량한 것은 정정하거나 교체한다. ④ 공기구에 대한 보관정보를 통합시설관리시스템에 등록 관리한다.

1.6.7 안전설비 및 작업절차

선로의 유지보수, 열차운행 등과 관련하여 경부고속철도에 설치된 안전설비 및 작업 절차는 다음과 같다. 유지관리용 시설물의 설치 기준은 제9.6.3항을 참조하라.

(1) 열차접근 확인 장치(PSC : Protective Staff Crossing)
- 용도 : 시설물 보수자가 지정된 개소에서 선로를 횡단하기 위한 설비
  ※ 선로횡단 확보시간과 검지구간 확보 거리간의 관계 : ① 300 km/h ⇒ 1초에 83 m 이상 주행 (사람의 지각능력을 벗어난 속도), ② 선로횡단 확보시간 : 20 초, ③ 검지구간 거리 : 1,700 m(300 km/h × h/3,600 s × 1,000 m/km × 20 s = 1,700 m)
- 설치 위치 : 토공과 교량 구간의 주요 시설물 주변
- 횡단 요령 : ① 선로 횡단개소 신호등의 기둥에 설치된 확인 압구(누름 장치)를 누름 → ⓐ 녹색신호 현시 : 한번에 한 명씩 신속히 횡단, ⓑ 적색신호 현시, 또는 소등 시 : 선로 횡단 금지, ② 신호등 무점등 시에는 고장이나 정전이므로 반드시 기계실, 또는 운전 취급실에 상황 확인, ③ 단행 기관차, MC, MTT 등은 궤도점유가 불안정하여 열차 접근 사실을 인지하지 못하므로 주의

(2) 터널경보 장치(TACB : Tunnel Alarm Control Box)
- 용도 : 시설물 보수자가 터널 내에서 작업하는 중에 열차가 터널 내로 접근할 때에 경보음을 내고 섬광을 하여 보수자를 안전하게 대피하도록 하는 장치
- 시스템의 구성과 작동 : ① 대피 확보시간 : 30 초, ② 열차 속도제한 : ⓐ 기계실 속도 제어 패널 (Speed Limit Panel)에서 300 ⇒ 170(90) km/h로 속도제한, ⓑ 열차검지 거리 산정 : 170 km/h × h/3600 s × 1,000 m/km × 30 s = 1,417 m, ③ 검지구간 확보 : 보수자가 30 초 이내에 대피하기 위하여 약 1,500 m 전방의 궤도회로에서 접근 감지, ④ 경보 방식 : ⓐ 열차가 터

널 도달 시까지 최소한 30 초 이전에 감지하고 경보음 및 경보등 점멸(點滅), ⓑ 경보등은 1 분당 40~60 회 기준으로 점멸하며 열차가 터널 출구 통과 시까지 섬광, ⓒ 경보음은 열차의 터널 진입직전에 정지(승객소음피해 우려), ⓓ 경보기와 경보등은 터널 내 좌, 우의 측벽에 250 m 간격으로 엇갈리게 설치(터널 경보기 가청거리 : 500 m)

- 조작과 작동 순서 ① 평상시는 열차가 접근하여도 경보기, 경보등이 작동하지 않으며, 스위치 박스 내 표시장치는 "점검자 없음(OFF)" 상태임, ② 보수자가 터널내 점검 및 작업 시에 터널 입구에 설치되어 있는 스위치 박스의 "점검자 있음(ON)" 버튼을 누르면 작동 시작, ③ 터널 진입 전 : 스위치 박스 내 "시스템 정상" 램프의 점등 확인 : ⓐ 만약 소등되었으면 "테스트" 버튼을 눌러 램프소등 여부 확인, ⓑ "테스트" 버튼을 눌러 모든 경보등, 경보기 동작여부 확인. 이 때 스위치 박스 내의 "점검자 있음(ON)", "점검자 없음(OFF)", "시스템 정상" 램프가 점등되었는지 확인, ④ 열차가 터널 제어구간에 접근하면 경보음이 울리고 경보등이 섬광, ⑤ 열차가 터널 입구에 도달하면 (약 30 초 지나면) 경보기가 멈추고 경광등은 계속 섬광, ⑥ 열차가 터널을 완전히 통과하면 섬광도 멈추고 상황 해제, ⑦ 터널 내의 작업 완료 후에 스위치 박스 내의 "점검자 없음(OFF)" 버튼을 눌러 경보장치 해제

(3) 지장물 검지장치(ID: Intrusion Detector)
- 설치목적 : 고가차도 및 낙석, 토사붕괴 우려지역 등에 자동차나 낙석이 선로에 침범하는 것을 감지하여 사고예방
- 설치 위치 : ① 철도를 횡단하는 고가도로, ② 낙석, 또는 토사붕괴가 우려되는 개소, ③ 도로가 인접하여 자동차 추락이 우려되는 개소
- 운행제한 : ① 1단선 : CTC에 경보가 전송되어 무선으로 열차 주의운전 통보, ② 2단선 : 해당 선로에 정지신호를 전송하여 진입열차를 정지시킴. 지장물을 확인하여 지장을 주지 않을 경우에는 복귀스위치를 조작하여 운행 재개
- 검지기함 설치위치 : ① 유도현상 및 인체와 접촉 시에 위험을 방지하는 장치는 800×800×250 mm의 접속함(CD) 내에 설치, ② 검지망 시점에 2.5 m 높이의 철제 기둥에 설치
- 인식 버튼 : ① 철제 기둥의 선로 변 양쪽, ② 각 선로용 인식버튼은 정상운행 방향으로 출구 종단에 위치, ③ 다른 선로용 인식버튼은 검지기함 반대편에 위치

(4) 끌림 물체 검지장치(DED : Dragging Equipment Detector)
- 설치 목적 : 차체 하부에 지장물이 매달린 상태로 주행하는 것을 감지하여 차량으로 인한 시설물의 파손 방지
- 설치 위치 : 기지를 떠나거나 고속철도 본선으로 진입할 때, 혹은 일반선로에서 고속선로로 진입하는 개소의 선로중앙에 설치
- 운행 제한 조치 : ① ATC 장치는 해당열차에 정지신호 속도코드를 전송하여 열차를 정지시키고, CTC사령실에 경보전송, ② 기관사는 열차를 정지시킨 뒤에 열차상태의 확인과 끌림 물체의 제거, ③

CTC 사령자에게 보수조치 통보 후에 확인 스위치를 조작하여 정지 신호를 해제시켜 열차운행 재개

(5) 레일온도검지장치(RTCP : Rail Temperature Control Panel)

- 기능 : 레일온도를 측정하여 특정구간의 급격한 레일온도 상승으로 인한 궤도 좌굴에 대비하여 적절한 운전규제 및 정비체계 확보
- 기상설비와 연결운용 : 레일온도 검지관련 데이터는 기상설비 제어장치에 마련된 검지 데이터용 포트(port)에 접속되어 기상설비 관련 데이터와 병행하여 신호기계실, CTC와 정보 인터페이스가 이루어짐(※ 레일온도 상승에 따른 운전취급은 제(14)항에서 설명)
- 측정방법 : 레일의 적당한 위치에 설치한 온도 저항체로 신호(signal)를 감지하여 온도측정(열 저항계 방식)
- 전송 : 레일온도 검지 데이터는 현장 제어반 내의 모뎀(DSU)과 기상설비 제어장치(MCD)간의 통신선을 이용하여 공유
- 정보내용 : ① 레일 온도의 조건이 정상, ② 레일 온도의 조건이 고온, ③ 레일 온도의 조건이 위험, ④ 레일 온도 검지장치 제어반 이상, 또는 고장
- 작동 조건 : -20~60 ℃에서 작동

(6) 차축 온도 검지장치(HBD : Hot Box Detector)

- 목적 : 정상 속도로 운행, 통과하는 열차의 차축 박스 온도를 모니터하여 비정상적인 고온상태를 검지, 모니터한 요소를 CTC로 전송
- 구성 : ① 선로변 장치 : 검지기, 분석장치, 루프코일, ② 중앙장치 : ⓐ CTC 사령실에 설치, ⓑ 각 선로변 장치의 감시
- 운용 : ① 위험 경보(90 ℃ 이상) : 열차 및 CTC에 경보하고 감속 후에 인접 역의 측선에 정차하여 확인, ② 단순경보, 검수 경보(70~90 ℃) : ⓐ CTC에 경보, ⓑ 사령의 통제

(7) 기상설비(MD : Meteorological Detector)

- 목적 : 집중호우, 태풍, 및 폭설 등 기상조건의 악화로 발생할 수 있는 지반 침하, 침수 등에 대비하여 열차가 사전에 감지하여 감속, 또는 정지시켜 사고 예방
- 기능 : 열차 운전속도를 규제할 수 있도록 각종 검지정보를 역과 CTC 사령실로 전송, 표시 반에 검지장치를 표시하여 현장설비를 집중 감시하는 기능
- 설치 위치 : 열차의 영향을 배제하기 위해 선로에서 10 m 이상 떨어진 위치에 설치
- 강우검지장치 : ① 설치장소 : ⓐ 약 20 km 간격으로 기상설비의 설치가 용이한 장소, ⓑ 선로 변의 매년 집중호우 발생개소, ⓒ 수위의 급속한 상승 우려개소, ⓓ 연약 지반, 또는 성토구간으로 지반 침하 및 토사붕괴 우려 개소, ② 기능과 운행제한 : ⓐ 단계별로 표시하는 강우 검지기의 검지 데이터를 CTC 사령실로 전송, ⓑ N5 이하 수위 : 신호에 영향을 주지 않으나 예방보수를 위해 펌프

동작, ⓒ N5 이상 수위(플랫폼 아래 지하가 침수될 정도) : 90 km/h 이하 속도로 운전 규제, ⓓ N6 이상 수위(레일 하부까지 침수될 정도) : 열차 자동정지

- 풍속검지장치 : ① 설치장소 : ⓐ 약 20 km 간격으로 기상설비의 설치가 용이한 장소, ⓑ 하천, 계곡 등 강풍이 우려되는 개소, ⓒ 주요 태풍 경로, ② 기능과 특성 : ⓐ 풍속 검지기는 5 % 편차의 풍속(m/s)과 풍향 표시, ⓑ 동절기에 풍속계의 결빙을 방지하기 위해 자동 온도검지에 따라 작동되는 히터 설치

- 적설 검지장치 : ① 대구 이북 지역에만 설치(우리나라 기후조건 고려), ② 지형적으로 폭설이 빈번한 개소, ③ 평균 적설량이 많은 산악지대, ④ 눈사태 등 상습 강설 피해발생 지역, ⑤ 풍향에 따라 눈이 모여 쌓이는 지역

- 열차운행의 제한조치 : ① 운행중지 조건 : ⓐ 강우량 : 60 mm/h 이상, 일일 연속강우량 250 mm 이상, ⓑ 풍속 : 35 m/s 이상, ⓒ 적설량 : 제(13)항 적용, ⓓ 레일온도 : 제(14)항 적용, ② 서행조건(90 km/h 이하의 속도) : ⓐ 제한속도로 감속 후에 기상상태를 사령에게 통보하고 해당 지역 통과, ⓑ 측정값이 경계수준 이상일 경우

(8) 분기기 히팅 장치(PHCB : Point Heater Control Box)

- 정의 : 강설, 결빙 등의 원인(텅레일과 가동 크로싱 사이의 협소한 부분에 눈의 쌓임 및 상판 면과 레일표면의 결빙)으로 인한 분기기의 전환불능 및 장애를 미연에 방지하여 열차의 안전운행을 확보하는 설비(전기 가열방식, 상세한 기술은 제7장 참조)

- 기능과 조작조건 : ① 제어반(GCP)에서 수동조작, ② 외기 온도검지 기능(온도센서)에 의한 자동 조작, ③ 운전 취급실에서 원격 수동조작

- 설치위치 : 전철기가 설치되어 가동되는 포인트와 노스 가동 크로싱의 첨단부

- 구조 : ① 각 지역의 분전반에서 갈라진 융설 변압기에서 선로전환기에 전원공급, ② PHCB L Point Heater Control Box(제어함) : 수동 취급, ③ GCP : Group Control Panel(제어반)

- 대기온도 측정기 : ① GCP(제어반) 인접 개소에 1 개소씩 설치, ② 대기온도 측정기의 신호는 제어반 내의 컨트롤러에 의해서 온도설정에 따른 접점 신호로 변환되어 히터를 제어

(9) 교량방호벽

- 열차탈선 등 비상의 경우에 열차추락에 대비하여 설치(교량가드레일의 역할) : ① 곡선부에는 최고 1,250 mm, 직선부분은 975 mm 높이로 설치, ② 통행자의 편의를 위해 선로 바깥쪽 방호벽에 붙여 1 단, 또는 2 단의 계단을 50 m 간격으로 설치

- 트로프 설치위치 : ① 시험선 구간 : ⓐ 교량 최외측 교량난간 아랫부분, ⓑ 선로횡단장치(PSC) 설치 지점의 현장여건에 적합한 1 단, 또는 2 단의 영구 구조물(콘크리트 계단)을 설치하여 보수자의 안전 확보, ② 시험선외 구간 : ⓐ 방호벽에 붙여 바로 아랫부분에 설치, ⓑ 방호벽 아래에 트로프가 설치되어 있고 이를 피해 철제 계단을 설치하여 보수자의 안전 확보

(10) 선로작업 절차

- 작업절차 : ① 작업계획서 작성(관련 부서와 협의), ② 작업 하루 전에 작업계획서를 승인 받음(담당 부서), ③ 제어팀 담당자에게 신호기계실 출입키 수령, ④ 작업 당일에 사령(LCP)과 협의, 승인 후 운전사령에 통보하고 신호기계실의 속도제한 패널(SLP)를 취급하여 인접선 및 해당 선로에 대한 속도제한을 설정, ⑤ 폐색 구간 방호스위치(CPT), 또는 역구내 방호스위치(ZEP) 설정 및 작업시작을 사령(LCP)에게 통보, ⑥ 작업이 종료되면 CPT, 또는 ZEP 스위치를 복귀시킨 후에 사령(LCP)과 통화하여 정상여부 확인, ⑦ 출입문 쇄정, ⑧ 신호 기계실에 설정된 속도제한 해제, 정상위치로 복귀, ⑨ 제어 담당자에게 신호기계실 출입키 반납

- 속도제한 패널(SLP) : ① 용도 : 작업허가를 받은 보수자가 선로 변에 접근하기 전에 신호기계실에 설치된 속도제한 패널로부터 인접 선로 및 해당선로에 170 km/h, 혹은 90 km/h로 속도를 제한하여 순회 및 작업 시의 안전을 도모하는 설비, ② 취급 방법 및 주의 사항 : ⓐ SLP 해당 궤도회로 속도 스위치를 작업 상황에 따라 170 km/h, 또는 90 km/h의 속도로 설정, ⓑ SLP 스위치 취급 후에 열쇠함 자물쇠를 인출하여 쇄정한 다음에 현장으로 이동, ⓒ 하나의 스위치에는 두 개의 구멍이 있어 자물쇠 두 개를 동시 쇄정(한 구간에 두 팀이 작업 할 경우 선행작업종료 팀의 SLP 복귀 방지), ③ 설치 간격 : 약 15 km 간격의 기계실 건물(좌우 7.5 km 제어)에 설치

- 폐색 구간 방호스위치(CPT)와 역구내 방호스위치(ZEP) : ① 용도 : 작업허가를 받은 보수자가 선로 변에 접근하기 전에 역구내 홈이나 역간 선로 변에 설치되어 있는 이 스위치를 취급함으로써 속도를 제한하여 선로 변, 또는 선로 내 작업자의 안전을 도모하기 위한 이중 안전 설비, ② 취급 방법 및 주의 사항 : ⓐ PKS 키를 인출받아 현장 스위치를 취급하여 폐색을 설정, ⓑ 현장 접근 시에 반드시 사령(LCP)과 협의, ⓒ 작업이 끝난 후에 반드시 스위치를 정상상태로 복귀시킨 후에 사령(LCP)과 통화하여 정상여부를 확인하고 현장을 나옴

- 기타 : ① SLP ⇒ 90 km 및 170 km로 속도제한(LCP 협의), ② ZEP, CPT ⇒ "0"으로 속도제한(선로 변 해당 ZEP, 또는 CPT 취급), ③ CPT : 작업구간 해당 궤도 회로 CPT 스위치 설정, ④ ZEP : 작업구간의 구역별 해당 ZEP 스위치 설정

(11) 터널 내 작업 절차

- 다음의 절차에 의한다. ① 작업계획서 작성(관련 부서와 협의), ② 작업 시행 전 3일 이내에 작업계획서 승인을 받음(고속사령), ③ 제어팀 담당자에게 신호기계실 출입키의 수령, ④ 작업 전일에 사령(LCP)과 협의 승인 후에 신호기계실의 속도제한패널(SLP)를 취급하여 인접선 및 해당 선로에 대한 속도제한을 설정, ⑤ CPT, 또는 ZEP 설정 및 작업시작을 사령(LCP)에게 통보, ⑥ 터널 경보장치(TACB)의 시스템 작동 여부를 확인, ⑦ 시험 버튼을 눌러 경보기 경보등의 작동 여부 확인, ⑧ "점검자 있음" 버튼을 누름, ⑨ 터널 조명등을 켜고 터널에 진입, ⑩ 작업종료 후에 터널 조명등을 끄고, 터널경보장치(TACB)의 "점검자 없음" 버튼을 눌러 정상 상태로 복귀, ⑪ 사령(LCP)에게 작업완료 통보, ⑫ 출입문 쇄정, ⑬ 신호기계실의 설정된 속도제한 패널(SLP)을 정상 상태로 복

귀, ⑭ 제어담당자에게 신호기계실 출입키 반납

(12) 선로전환기 수동취급방법

- 선로전환기의 주요 사항 : ① 각 선로전환기 측면에 자동·수동 조작 쇄정 장치가 설치되어 있음, ② 자동·수동 조작 쇄정 장치는 평상시 자동위치로 고정되어 있음, ③ 수동으로 전환하고자할 경우에는 반드시 열쇠를 삽입시켜 수동위치로 전환시켜야만(열쇠삽입 상태유지) 수동전환이 가능, ④ 열쇠는 각 선로전환기마다 1 개씩 지정되어 있으며 관계 선로전환기에 근접된 기둥에 설치된 포인트 키 스위치(PKS) 함에 있음, ⑤ 여분의 열쇠는 각 1 개씩 별도의 지정장소에 비치하나 비상시를 대비한 것이므로 수동취급자는 반드시 PKS함에 내에 있는 열쇠만 사용, ⑥ 사각 해정 키는 모든 PKS 함을 열 수 있으며, 관계자에게 별도 지급, ⑦ 고속 분기기는 첨단용, 크로싱용 각기 별도의 선로전환기가 부설되어 작동하므로 수동취급 후에는 반드시 개통방향 확인
- 수동취급방법 : ① 운전사령 및 관계 부서의 지시에 따름, ② 지급된 사각 해정 키를 사용하여 선로전환기에 해당하는 PKS함 개방, ③ PKS 함에서 열쇠를 인출(조작반에는 불일치 상태가 표시된다), ④ 선로전환기 쇄정 장치에 열쇠를 삽입하여 조작스위치를 수동 방향으로 전환, ⑤ 레버를 사용하여 선로 전환기를 수동으로 전환, ⑥ 선로 전환기(포인트부, 크로싱부)의 개통 방향을 확인, ⑦ 운전사령 및 관계 부서에 취급 완료보고, ⑧ 선로전환기를 자동 위치로 복귀시킬 경우에는 관계 부서의 지시에 따라 시행, ⑨ 자동위치로 복구 후에 관계 부서에 통보.

(13) 강설, 또는 적설 시의 운전취급

"고속철도 열차안전운행규정" 제43조에서는 다음과 같이 정하고 있다.

① 강설, 또는 적설시 속도제한 : ⓐ 눈이 덮여 레일 면이 보이지 않을 때 : 30 km/h 이하, ⓑ 궤간 내의 적설량이 21 cm 이상 : 130 km/h 이하, ⓒ 궤간 내의 적설량이 14 cm 이상 21 cm 미만 : 170 km/h 이하, ⓓ 궤간 내의 적설량이 7 cm 이상 14 cm 미만 : 230 km/h 이하

② 제1항 이외의 경우로서 강설, 또는 적설로 인하여 차량손상이 우려될 때 230 km/h 이하로 감속 운전, 차장은 얼음, 또는 자갈이 차량에 부딪히는 소음 발생 여부 확인

③ 제2항의 운전 중에 계속하여 소음 발생 시는 170 km/h 이하로 운전, ④ 열차운행 중지 야간시간에 폭풍설, 또는 대설 주의보 발령구간에 제설열차 운행

⑤ 제4항의 제설열차는 2시간마다 운행. 다만, 강설상황에 따라 운행 간격을 적의 조정

⑥ 제설열차의 운행속도 170 km/h 이하. 다만, 제①항 ⓐ, ⓑ의 경우는 제외.

한편, 적설 시 서행 조치의 체계는 다음과 같다. ① CC 카메라 : 10개소, ② LCP 확인 : 해당 LCP에서 CCTV를 통하여 적설량 확인(광명, 천안, 영동), ③ 서행 요청 : CCTV 확인결과 서행사항 발생시에 광명 CTC로 통보 및 서행 요청, ④ 서행 승인 : 고속선로 운행안전규정에 의거하여 서행 등의 조치.

(14) 레일온도 상승에 따른 운전취급

"고속철도 열차안전운행규정" 제48조에서 다음과 같이 정하고 있다.

① 레일온도검지장치에 의한 운행제한기준과 운전취급 : ⓐ 레일온도가 64 ℃ 이상 일 때 : 운행중지, 또는 운행보류, ⓑ 레일온도가 60 이상 64 ℃ 미만일 때 : 70 km/h 이하로 운전, ⓒ 레일온도가 55 이상 60 ℃ 미만일 때 : 230 km/h 이하로 운전, ⓓ 레일온도가 50 이상 55 ℃ 미만일 때 : 시설사령은 레일온도검지장치를 계속적으로 감시하여 온도변화에 주의(특히, 온도상승)를 기울이고 필요시 관계자에게 통보

② 기온상승으로 열차속도를 제한하는 경우에 관제사의 조치 : ⓐ 레일온도가 55 ℃ 이상일 때 : 관제사는 레일온도검지장치가 설치된 역, 또는 연동기계실(IEC)간 T1, T2 선로에 실행 230 신호 현시. 다만, 실행 230 신호로 운행 중인 구간에서 레일온도가 60 ℃ 이상으로 상승하는 경우에는 그 구간에 정지신호를 현시하여 열차를 정거시킨 후에 70 km/h 이하로 감속운전 지시, ⓑ 레일온도가 60 ℃ 이상일 때 : 관제사는 레일온도검지장치가 설치된 역, 또는 연동기계실(IEC)간 T1, T2 선로에 실행 170 신호를 현시하고 KTX 기장은 절대표지(NP) 앞에서 일단 정거한 후에 70 km/h 이하로 감속운전.

(15) 지진감지시스템

고속철도 인근에 지진응답계측기를 12 km 간격으로 설치(1 단계 개통구간에 05. 10~06. 5 설치예정)하고 지진감지시스템을 구축하여 고속철도 종합사령실의 중앙통제방식으로 운용.

(16) 안전관련 용어

- ATC(Automatic Train Control) : 자동열차제어장치
- CPT〔Track Switch Protection(영어), Commutateur de Protection Track swiche(불어)〕 : 폐색 구간 방호 스위치
- CTC(Centralized Traffic Control) : 열차집중제어장치
- DED(Dragging Equipment Detector) : 끌림 물체 검지장치
- GCP(Group Control Panel) : 제어반(분기기 히팅 장치)
- GPS(Global Positioning System) : 범지구 위치결정체계
- HBD(Hot Box Detector) : 차축 온도 검지장치
- ID(Intrusion Detector) : 지장물 검지장치
- IEC(Interlocking Equipment Center) : 연동기계실
- InEC(Intermediate Equipment Center) : 중간기계실
- IXL(Interlocking) : 연동장치
- LCP(Local Control Panel) : 현장제어판
- MD(Meteorological Detector) : 기상설비
- PHCB(Point Heater Control Box) : 제어함(분기기 히팅 장치)
- PP(Parallel Post) : 병렬 급전 분소
- PSC(Protective Staff Crossing) : 열차접근확인장치

- RTPC(Rail Temperature Control Panel) : 레일온도검지장치
- SLP(Speed Limit Panel) : 속도 제어판
- SP(Sectioning Post) : 급전 구분소
- SS(Sub Station) : 변전소
- T. ZEP, ZEP〔Track. Elementary Protection Area(영어), Track. Zone Elementaire de Protection(불어)〕 : 역구내 방호 스위치
- TACB(Tunnel Alarm Control Box) : 터널경보장치

1.7 고속철도 궤도의 구조

1.7.1 캔트

곡선에 있어서는 분기부를 제외하고 곡선의 반경과 열차속도에 따라 식 $C=11.8\frac{V^2}{R}-C'$에 의거하여 캔트(cant)를 설치하며, 이 때 캔트 부족량은 선로 운행열차의 최고속도에 대하여 65 mm, 부득이한 경우에 85 mm 이하로 하고, 캔트의 최대치는 180 mm로 한다. 여기서, C : 설정 캔트(mm), V : 열차 최고속도(km/h), R : 곡선반경(m), C' : 캔트 조정량(부족량)(mm)이다. 캔트를 붙이는 방법은 특별한 경우를 제외하고 곡선의 안쪽 레일 면을 기준으로 하여 바깥쪽 레일을 올려서 붙인다. 캔트의 증감(체가, 체감)은 다음에 의한다(상세는 '선로공학' 참조). ① 캔트의 증감은 완화곡선의 전장(캔트의 3,500배 이상)에 걸쳐서 완화곡선의 곡률에 맞추어 증감시킨다. ② 측선 등에서 완화곡선이 없는 경우에는 원곡선 시·종점으로부터 캔트의 600배 이상의 길이에 걸쳐서 증감시킨다.

1.7.2 궤도중심간격

고속철도 본선의 궤도중심간격은 5.0 m를 표준으로 하되, 일반철도와의 연결 구간에서는 4.3 m까지 축소할 수 있다. 정거장내의 궤도중심간격은 4.3 m 이상으로 한다. 차량기지 및 보수기지내의 궤도중심간격은 4.0 m 이상으로 하되, 기지 내에 3선 이상이 설치되는 경우는 2 선마다 궤도중심간격을 4.3 m로 한다. 상기의 궤도중심간격은 양 선로 사이에 전차선로 지지주 및 신호기 등을 설치하여야 하는 경우에 궤도의 중심간격을 그 부분만큼 확대한다.

1.7.3 레일

고속철도 본선의 레일은 UIC 60 레일을 사용하는 것을 원칙으로 하되, 본선 외의 레일은 1m당 50 kg 이상의 레일을 사용할 수 있다. 고속철도 본선에는 장대레일을 부설한다. 장대레일의 설정온도는 다

음에 의한다(제3.4.2(9)항 참조). ① 일반(노천)구간의 장대레일 설정온도는 25±3 ℃를 표준으로 한다. ② 터널의 경우에 터널의 시·종점으로부터 100 m 구간은 일반구간과 같이 하고 그 내방에서는 15±5 ℃를 기준으로 한다. ③ 레일 긴장기를 사용하는 경우에는 일반 구간은 0~22 ℃, 터널내부는 0~10 ℃의 레일온도에서 설정할 수 있으며, 분기기 구간은 제7장에 의한다.

본선에서 사용하는 레일의 용접간 최소거리(최단 레일)는 10 m보다 작아서는 안 된다. 다만, 분기부 등 특별한 경우에는 예외로 할 수 있다. 종류가 서로 다른 레일을 연결할 경우에는 10 m 이상의 중계레일을 사용하여야 하며, 중계레일의 사용 조건은 제3장에 의한다.

1.7.4 레일 신축이음매

신축이음매는 장대레일구간에 과대 축압이 발생할 우려가 있는 개소에 설치하며 "① 종곡선 구간, ② 반경 1,000 m 미만의 곡선 구간, ③ 완화곡선 구간, ④ 구조물 신축이음으로부터 5 m 이내" 등의 구간에는 부설하지 않는다.

신축이음매의 설치는 다음에 의한다. ① 신축이음매 상호간의 최소거리는 300 m 이상으로 한다. ② 분기기로부터 100 m 이상 떨어지게 설치한다. ③ 완화곡선 시·종점으로부터 100 m 이상 떨어지게 설치한다. ④ 종곡선 시·종점으로부터 100 m 이상 떨어지게 설치한다. ⑤ 교량 상에 설치하는 경우에는 단순 경간 상에 설치한다.

1.7.5 침목과 레일 체결장치

레일 체결장치는 공법에 따라 정해진 적절한 체결장치를 사용하여야 하며, 특별한 경우를 제외하고 2중 탄성체결을 원칙으로 한다.

본선 자갈궤도에 사용하는 침목은 콘크리트 침목을 사용하며, 레일 좌면의 기울기는 1/20으로 한다. 자갈궤도의 경우에 침목의 배치간격은 60 cm로 하며, 콘크리트 궤도 및 본선 이외의 경우는 간격을 조정할 수 있다.

1.7.6 도상

본선의 자갈도상은 표 1.8을 기본단면으로 하고, 궤간 내에는 침목 상면보다 50 mm 낮게 부설하며, 콘크리트 도상 및 본선 이외의 경우는 공법별로 달리할 수 있다. 자갈도상의 두께는 침목 하면으로부터 35 cm 이상(도상매트를 부설하는 경우는 매트 두께 포함)이어야 한다. 다만, 콘크리트 도상 또는 콘크리트 슬래브인 경우에는 공법별로 달리할 수 있다. 자갈도상의 어깨 폭은 침목 상면 끝에서 어깨 끝까지 50 cm로 하고 어깨의 기울기는 1 : 1.8로 한다 본선의 "① 장대레일 신축이음매 전후 100 m 이상의 구간, ② 교량전후 50 m 이상의 구간, ③ 분기기 전후 50 m 이상의 구간, ④ 터널입구로부터 바깥쪽으로

표 1.8 자갈도상의 기본 단면

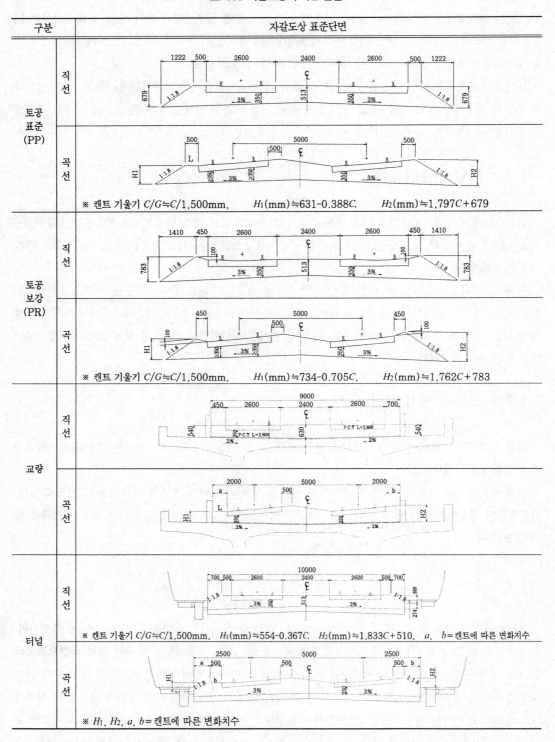

구분		자갈도상 표준단면
토공 표준 (PP)	직선	
	곡선	※ 캔트 기울기 $C/G ≒ C/1,500mm$, $H_1(mm) ≒ 631-0.388C$, $H_2(mm) ≒ 1,797C+679$
토공 보강 (PR)	직선	
	곡선	※ 캔트 기울기 $C/G ≒ C/1,500mm$, $H_1(mm) ≒ 734-0.705C$, $H_2(mm) ≒ 1,762C+783$
교량	직선	
	곡선	
터널	직선	※ 캔트 기울기 $C/G ≒ C/1,500mm$, $H_1(mm) ≒ 554-0.367C$, $H_2(mm) ≒ 1,833C+510$, a, b=캔트에 따른 변화지수
	곡선	※ H_1, H_2, a, b=캔트에 따른 변화치수

※ 콘크리트 도상의 경우에는 공법별로 달리할 수 있다.

50 m 이상의 구간" 등에서는 도상어깨 상면에서 10 cm 이상의 더 돋기를 시행한다.

도상자갈의 규격은 22.4~63 mm로 하고, 반드시 자갈을 세척하여 사용하며, 기타 세부사항은 별도로 정한 도상 자갈 규격시방에 의한다. 궤도가 안정된 후의 도상 횡 저항력은 900 kgf/m 이상이 되도록 한다. 자갈도상의 유지보수 작업 후에는 청소 등 뒷정리 작업을 철저히 시행하여야 한다.

1.7.7 분기기

분기기의 배선은 다음에 의한다. ① 본선에 설치하는 분기기는 고속 분기기를 사용한다. ② 본선상의 양방향 운전을 위한 건널선은 일정한 간격을 두고 건널선 2조를 부설한다. ③ 고속 분기기는 장대레일에 용접될 수 있어야 하며, 탄성체결장치로 체결한다.

분기기는 다음과 같이 설치한다. ① 구배 구간은 15/1,000 미만의 개소에 부설한다. ② 분기기는 구배 변환개소에 설치하지 않는다. ③ 노반강도가 균일한 구간에 설치한다. ④ 고속 분기기는 종곡선, 완화곡선 및 장대레일 신축이음매의 시 · 종점으로부터 100 m 이상 떨어지게 한다. ⑤ 분기기 설치구간 내에는 구조물의 신축이음이 없도록 하되, 라멘 구조형식은 제외한다. ⑥ 고속 분기기의 연속 분기기 시 · 종점간 거리(단위 : m)는 $V/2$ 이상(V는 분기선에 대한 허용속도. V 단위 km/h)으로서 최소 52 m 이상 떨어지게 한다. ⑦ 부본선 및 측선 등 차량 유치선은 유치 열차의 본선 일주 방지를 위하여 양방향에 안전 측선(분기기)을 설치한다. ⑧ 분기곡선과 이에 접속하는 곡선의 방향이 서로 반대로 될 때에는 캔트 증감 구간의 끝에서 5 m 이상의 직선을 삽입한다.

1.7.8 고속 차량

고속열차의 1편성은 동력차 2량, 동력객차 2량, 객차 16량 등 총 20량으로 편성되어 있으며, 열차길이는 387.9 m이고 총중량은 승객탑승 기준으로 771.2 톤이다. 객실은 1등실 127 석, 2등실 808 석 등 총 935 석이며 이와는 별도로 간이석 30 석이 마련되어 있다. 제동거리는 300 km/h에서 3,300 m이다. 또한 축중과 차축 배치는 그림 1.4, 차륜답면 형상은 그림 1.5와 같다. 상세는 '선로공학' 등을 참고하라.

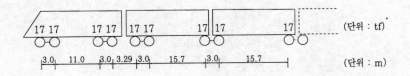

그림 1.4 경부고속철도 차량의 축중과 차축 배치

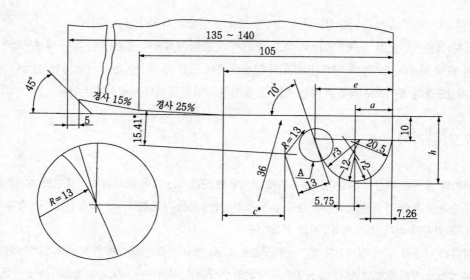

그림 1.5 경부고속철도 차량의 차륜답면 형상

제2장 선형의 관리

2.1 선형 및 선형의 관리와 기준

　고속철도의 선로 및 고속철도 선로와 일반철도 선로간 연결선의 기하구조 특성에 관하여는 선로의 열차운행 속도에 따라 ① 220 km/h 이상 300 km/h 이하의 속도제한을 가진 선로구간과 ② 220 km/h 이하의 속도한계를 가진 선로구간으로 구분하여 관리한다.

2.1.1 고속선로의 선형

　선로의 열차운행 속도가 220 km/h 이상에서 300 km/h 이하 사이인 선로구간의 기하구조 특성을 이하에서 논의한다. 여기서는 경부고속철도를 중심으로 설명하며, ※ 표시는 프랑스철도의 예이다.

(1) 수평선형과 캔트
(가) 원곡선
 1) 곡선 반경 : ① 표준의 최소 한계 : 7,000 m, ② 예외적인 최소 한계 : 시, 종점 정거장 전후, 여건상 부득이한 경우에는 열차운행 속도를 고려하여 최소 곡선반경을 조정할 수 있다. ※ 최대 한계 : 15,000 m(예외적인 최대한계 : 20,000 m), ③ 곡선 최소 길이 : 180 m(분기부대 곡선에서는 50 m 이상)
 2) 캔트 : ① 표준의 최대 한계 : 180 mm(실제 부설 캔트 : 최대 150 mm), ※ 예외적인 최대한계 : 200 mm, ② 원곡선 구간에서는 캔트의 변화가 없음
 3) 캔트 부족(곡선에서 허용된 최고속도에 대하여) : ① 표준의 최대 한계 : 선로의 최고 속도 통과 열차에 대하여 65 mm(※ 270 km/h에서 100 mm, 300 km/h에서 85 mm), ② 예외적인

최대 한계 : 85 mm(※ 270 km/h에서 130 mm, 300 km/h에서 100 mm), ③ 캔트 부족 D는 $D = d_i - d$로 주어진다. 여기서, d_i는 이론적 캔트이고 d는 궤도에서 동일지점의 실제 캔트이다

4) 캔트 초과(분기기의 분기선에서 취하여야 하는 것과 같은 저속열차에 대하여) : ① 최대 한계 : 100 mm(예외적으로, 110 mm), ② 캔트 초과 E는 $E = d - d_i$로 주어진다. 여기서, d_i는 이론적 캔트이고 d는 궤도에서 동일 지점의 실제 캔트이다.

(나) 완화곡선과 캔트 변화구간

완화곡선과 캔트구배의 변화구간은 ① 직선과 곡선궤도간의 천이접속구간, ② 반경이 다른 두 곡선간의 천이접속구간 등의 두 가지 경우에 필요하다. 천이접속구간(완화곡선과 캔트 변화구간)은 다음과 같은 특성을 가진다.

1) 수학적 정의 : 완화 곡선은 3차 포물선이다.

2) 곡률에 대하여 캔트의 비례 : 캔트는 완화곡선 전장에 걸쳐 곡률에 비례한다.

3) 캔트의 변화 : ① 최대 한계 : 0.6 mm/m, 이 값은 300 km/h 속도에 대해 계산한, 200 km/h 이하 속도의 궤도에 대한 힘의 한계 180/S에 상당한다(S : 속도 km/h). ② 길이 Δl에 걸친 캔트의 변화 Δd는 평면성(트위스트)이다. 알려진 비율 $\Delta d / \Delta l$(단위 mm/m)로 나타낸다.

4) 캔트 부족의 변화(완화곡선과 원곡선의 최대 허용속도에 대하여) : ① 표준의 최대 한계 : 30 mm/s, ② 예외적 최대 한계 : 75 mm/s, ③ 시간 Δt 동안 캔트 부족의 변화 ΔD는 속도 S(km/h)로 주행하는 열차에 주어지는 초당 mm의 비율 $\Delta D / \Delta t$(단위 : mm/s)로 나타낸다.

$$\Delta D / \Delta t = (\Delta D / \Delta l) \times (\Delta l / \Delta t) = (\Delta D / \Delta l) \times S(\text{km/h})/3.6$$

5) 캔트 초과의 변화 : 보통의 경우에는 캔트 부족의 변화에서와 같은 한계를 지켜야 한다. 캔트 초과의 변화는 캔트 부족의 변화에서와 같은 방식으로 나타낸다.

6) 인접한 두 완화곡선간의 최소 거리(구배 변화구간 사이에서 측정) : ① 일반적인 경우 : 설계 최고속도 350 km/h에서 180 m(원리 : $L = S/2$), ② 종거와 캔트의 연속적인 변화 및 변곡점과 함께 단일 완화곡선으로 연결된 반대 방향의 두 곡선의 특별한 경우 : 0 m

(2) 종단선형

종단선형은 일정한 구배(기울기) 요소와 탄젠트 원곡선의 완화구간(종곡선)을 포함한다.

- 구배(기울기)의 최대 한계: 25 mm/m(25 %), ※ 35 mm/m
- 종곡선 : ① 종곡선의 반경 : $r = 25,000 \sim 40,000$ m(예외적인 경우 : 21,000 m), ② 종곡선의 반경은 관련된 구간의 최대 허용 속도에 대하여 다음과 같은 수직 가속도 조건을 충족시켜야 한다.
  - 음(오목) 종곡선의 수직가속도 : ⓐ 표준의 최대 한계: 0.45 m/s², ⓑ 예외적인 최대 한계: 0.5 m/s²
  - 양(볼록) 종곡선의 수직가속도 : ⓐ 표준의 최대 한계: 0.45 m/s², ⓑ 예외적인 최대 한계: 0.6 m/s²

- 종곡선이 없이 허용된 대수(代數)상의 구배(기울기) 차이의 최대 한계 : 1 mm/m

2.1.2 고속선로와 재래선간 연결선의 선형

다음의 규정은 선로의 열차 운행속도가 220 km/h 이하인 선로구간에 적용할 수 있다.

(1) 수평선형과 캔트
(가) 원곡선
1) 캔트 : ① 표준의 최대 한계 : 180 mm, ※ 예외적인 최대한계 : 200 mm, ② 일정한 반경의 곡선구간에서는 캔트의 변화가 없다.
2) 캔트 부족(곡선에서 허용된 최고속도에 대하여)의 최대 한계 : 100 mm, ※ 예외적인 최대한계 : 150 mm
3) 캔트 초과 (분기기의 분기선에서 취하여야 하는 것과 같은 저속열차의 속도에 대하여)의 최대한계 : ※ 100 mm

(나) 완화곡선과 캔트 변화구간
2)까지는 제(1)(나)항을 적용한다.
3) 캔트의 변화(곡선에 허용된 최고속도에 대하여)에 대한 표준의 최대한계(단위 : mm/m) : 180/속도(km/h), ※ 예외적인 최대한계(단위 : mm/m) : 216/속도(km/h)
4) 캔트 부족의 변화(곡선에 허용된 최고속도에 대하여) : ① 표준의 최대한계 : 30 mm/s, ② 예외적인 최대한계 : 75 mm/s
5) 캔트 초과의 변화 : 캔트 부족의 변화에 대한 것과 같은 한계를 적용한다.
6) 인접하는 두 완화곡선의 최소거리(구배 변화구간 사이에서 측정) : ① 일반적인 경우 : 속도(km/h)/2 (단위 : m), ② 종거와 캔트의 연속적인 변화 및 변곡점과 함께 단일 완화곡선으로 연결된 반대방향의 2 곡선의 특별한 경우 : 0 m

(2) 종단선형
적용할 수 있는 규정과 설명은 완화곡선이 없이 허용된 대수적 구배 차이를 제외하고, 상기의 제 2.1.1(2)항을 적용하며, 여기서의 최대 한계는 2 mm/m이다.

2.1.3 선형 유지보수의 일반적인 양상과 클리어런스

(1) 선형 유지보수의 일반적인 양상
선형 유지보수의 일부분은 검사 시에 관찰된 실제의 선형 상태에 기초하며, 일부분은 예측된 선형의 변화에 기초한다. 선형의 상태는 각종 검사의 수단으로 사정한다. 선형 조건의 예측된 변화는 ① 노선 및 노선의 특별한 특징의 이해, ② 선형의 틀림과 독특한 틀림진행의 이해, ③ 선형의 거동에 영향을 줄지도 모르는 용품 결함의 이해, ④ 선형에 영향을 줄지도 모르는 외부현상의 이해(가뭄, 폭우 등) 등과 같은 요인들을 고려하여 사정할 수 있다.

경험은 틀림의 진행을 ① 보통의 틀림진행과 ② 급속한 틀림진행의 두 가지 부류로 나누는 것이 유용함을 나타내었다. 이들의 두 부류는 보수규정을 다르게 한다. 보통으로 진행하는 틀림의 모니터링과 정정은 기지(旣知)의 보수 주기에 따라 계획을 세울 수 있다. 급속하게 진행하는 틀림의 모니터링과 정정은 계획수립이 없이 틀림의 출현 후에 가능한 한 가장 짧은 시간 이내에 수행한다. 모든 경우에 틀림의 크기가 열차의 안전을 위협하는 값에 도달하기 전에 정정하여야 한다. 선형의 유지보수는 주로 멀티플 타이 탬퍼 등의 중장비로 수행한다. 이 방법이 부적합할 때만 다른 방법을 사용한다.

궤도의 종단선형을 들어 올리는 주된 목적은 건전한 도상의 두께가 불충분할 때 노반을 보호하고, 레일의 유형이 무엇이든지 간에 궤도 구조의 구성과 본질이 다짐(탬핑)의 존속기간을 타협시키지 않을 듯한 경우에 모든 궤도의 "다짐작업(탬핑)"을 할 수 있게 하는 것이다.

궤도 클리어런스(건축한계)에 의하여 불가능하게 되지 않는 한은 적어도 압밀 후에 측정하여 ① 콘크리트 침목의 경우에 침목 아래 0.15 m, ② 목침목의 경우에 침목 아래 0.10 m만큼 도상을 상승시키는 것이 권고된다. 참조 점(RP)에 대하여 0.02~0.1 m 범위내의 양로는 원칙적으로 금지된다.

횡단면의 샘플링과 결정 후에 허용 면 맞춤 계수를 얻는데 필요한 도상의 두께를 최적화하기 위하여 종단선형의 검토가 필수적이다. 이 검토는 특히 궤도 리프팅과 양립할 수 없게 되는 구조물에 관련된 부수 설비와 모든 기타 시설을 고려해야 한다.

(2) 클리어런스(건축한계)

사용한 정정 기술이 무엇이든지 간에(다짐, 또는 삽 채움), ① 인접 궤도의 교통 클리어런스 게이지(건축한계), ② 장애물 클리어런스(건축한계), ③ 전차선 클리언스(위치) 등과 양립할 수 있어야 한다. 삽채움과 캔트 회복작업은 궤도와 전차선의 상대적인 위치에 직접 영향을 준다.

2.1.4 궤도 검측 시스템

고속철도 궤도선형의 검측은 열차의 주행 안전성 및 재료의 파괴를 고려한 단파장과 중파장 궤도틀림은 물론 승차감 확보를 위한 장파장의 측정도 요구되며, 측정된 데이터를 분석하여 정확한 궤도틀림의 현상을 파악하는 것이 매우 중요한 과제이다. 최근에는 검측 장비와 소프트웨어의 발전으로 궤도틀림 현상에 대한 다각적인 분석방법이 개발되어 활용되고 있다. 이하에서는 궤도틀림 현상을 정확히 측정·분석하여 효과적으로 궤도를 관리할 수 있게 하는 경부고속철도의 궤도 검측 시스템에 관한 기술을 소개한다(상세는 제2.8.3항 참조).

(1) 시스템의 구성

고속 철도용 검측 설비는 크게 두 가지로서, 고속 열차에 설치(KTX 12호의 전후에 2 세트 영구 설치)된 고속 검측 설비와 자주식 검측차가 있다. 고속 검측 설비는 차체와 대차의 진동 가속도를 측정하여 궤도 틀림의 특이 개소를 파악할 수 있게 한다(제1.5.2(1)항 참조). 자주식 검측차는 궤도의 선형 상태를 보다 정밀하게 파악하여 유지보수 작업계획을 수립하기 위하여 사용하며, 궤도선형 외에 레일단면 현상, 레일 표면결함, 파상마모 등을 측정한다.

(2) 위치의 인식

선로 변에는 10 km마다 비컨(beacon)이 설치되어 있어 고속 검측 설비와 자주식 검측차가 측정을 수행하는 도중에 위치를 정확하게 인식하고 보정할 수 있으며, 검측 시스템 내에는 비컨으로부터 전달된 신호를 처리할 수 있는 DAU(거리보정장치)가 장착되어 최대 거리오차를 10 m 이내로 제한할 수 있다. 또한, "노선 파일(route file)"이라고 불리는 선로 정보를 컴퓨터에 입력하여 검측 대상 선로, 정거장, 분기기, 교량 등 각종 정보를 검측 결과에 포함하므로 검측 결과를 용이하게 분석한다.

(3) 진동 가속도의 측정

KTX 12호 열차에 설치된 고속 검측 설비(세트당 4 개의 가속도계)는 열차가 300 km/h의 고속으로 주행하는 동안에 차체 진동가속도(수직, 수평)와 대차 진동가속도(수직, 수평)를 측정한다. 이 진동 가속도로부터 궤도틀림의 특이 개소를 추정하고 승차감을 관리할 수 있으며, 2 주마다 측정하여 궤도관리의 가장 기본적인 자료를 제공한다.

(4) 궤도선형의 검측

궤도선형의 검측은 자주식 검측차를 이용하며, 160 km/h의 속도로 측정할 수 있다. 이 검측차는 가속도계와 카메라를 이용한 관성식, 광학식 비접촉 측정방식을 도입하여 측정 정밀도를 높였다. 검측 항목은 고저, 방향, 궤간, 캔트, 비틀림 등이며 고속선로 뿐만 아니라 기존 선로의 검측도 가능하다. 또한, 비대칭 현(4+12.8 m)을 적용하여 대칭 현 측정 시의 일부 파장이 측정되지 않는 단점을 보완함으로써 고속철도에 적용되는 파장별 궤도관리의 신뢰성을 높였다.

또한, 궤도단면 측정장치와 완벽하게 통합되어 작동하므로 궤도선형의 측정 시에 보다 정확한 검측이 가능하며, 캔트 측정은 관성식(inertial system)으로 회전각(roll angle)을 이용하여 검측하는 특징이 있다. 또한, 고속철도에서 관리되어야 하는 각종 파장영역의 측정이 가능하며, 측정 정밀도에도 엄격한 기준을 적용하여 정밀하게 궤도를 검측할 수 있다.

(5) 레일 단면 형상의 측정

검측차의 레일 단면형상 측정 시스템은 실제 레일의 형상을 측정하고 설계 단면과 비교하여 마모의 정도를 판단하는데 사용된다. 측정 범위는 레일 주행면을 기본으로 레일 두부와 내측면의 단면을 광학식으로 측정하며, 5 m 구간마다 수평과 수직마모 측정결과를 분석하여 출력한다. 또한, UIC 60, KS 60,

KS 50 등 각종 레일단면의 측정이 가능하다. ① 측정 속도는 160 km/h(최대 200 km/h), ② 측정 간격은 0.5 m, ③ 레일마모 측정 정밀도는 0.5 mm이다.

(6) 레일 표면의 검사

자주식 검측차에 설치한 2대의 디지털 카메라 시스템은 자갈의 비산이나 이물질, 또는 차륜에 의해서 발생하는 레일표면의 손상을 측정하고 분석하기 위하여 사용한다. ① 측정 속도는 200 km/h, ② 디지털 카메라 해상도(1024 픽셀)는 1초당 65,000 라인의 측정이며 ③ 반경 140 m의 곡선에서 측정 가능하고, ④ 카메라 해상도는 0.5 mm 이하이다. 향후 이러한 광학식 시스템은 레일의 손상뿐만 아니라 체결장치의 파손과 침목의 균열 등 인력에 의한 육안점검 분야를 대체할 수 있는 시스템으로 적용할 수 있으므로 유지보수 점검에 드는 시간과 비용을 절약할 수 있다.

(7) 레일두부 파상 마모의 모니터링

이 모니터링의 목적은 레일 주행 면의 마모를 진단하는 데이터를 제공하는 것이며, 레이저 시스템을 사용한다. ① 모니터링 속도는 160 km/h, ② 검측 분해능은 0.02 mm이다.

(8) 궤도 검측 분석 프로그램

검측차의 검측 결과를 사무실에 설치된 궤도 검측 분석 프로그램(SIGMA)에 입력하여 분석과 진단을 실시하고 궤도 유지보수 작업계획을 수립한다. 이 프로그램은 각종 항목의 측정 결과를 분석하여 시간 영역과 공간 영역의 대표 지수를 산출하며, 이를 이용하여 유지보수 작업과 교환작업 시기를 추정하고 예방보수의 계획수립이 가능하므로 경제적인 유지보수를 수행할 수 있다. 프로그램의 주요 기능은 ① 궤도품질 조건과 틀림진행 상태의 정량화, ② 궤도기능을 상실한 구간의 확인, ③ 궤도구간의 기능제한까지 도달시간의 계산, ④ 비정상적인 궤도구간의 원인 규명, ⑤ 결함에 적합한 보수방법의 결정, ⑥ 유지보수 작업 계획의 수립 등이다.

2.1.5 선형 보수의 경제적 방침과 관리의 기준

고속선로의 선형 관리는 경제성과 내구연한 연장도모 및 열차운전의 안전을 위한 최적의 관리를 위하여 다음과 같이 궤도틀림의 관리단계를 구분하며, 본선에 대한 선형의 관리단계별 기준치를 표 2.1~2.4에 나타낸다. 측선, 차량기지, 보수기지 등과 같이 궤도 검측차로 측정하지 않는 구간은 인력으로 측정하고 일반철도의 규정을 준용한다.

- 준공 기준(Construction Value, CV, 준공 값) : 이 기준은 신선을 건설할 때에 적용하는 준공기준이다.
- 목표 기준(Target Value, TV, 목표 값) : 이 기준은 궤도유지보수작업 후의 허용 기준이며, 유지보수 작업을 시행하는 경우에는 이 허용치 내로 작업을 완료한다. 즉, 이 품질레벨은 모든 작업 후의

바람직한 품질에 해당한다. 목표 값 품질레벨의 하한은 승차감 분계점이라고 부른다. 그것은 또한 최소의 승차감 값이다. 이 레벨과 그 이상에서는 궤도의 품질이 좋으며, 어떠한 특별한 모니터링이나 유지보수도 필요로 하지 않는다.

- 주의 기준(Warning Value, WV, 경고 값) : 이 기준의 단계에서는 선로의 보수가 필요하지 않으나 관찰이 필요하며, 보수작업의 계획에 따라 예방보수를 시행할 수 있다. 즉, 이 품질레벨은 여전히 허용할 수 있지만, 그럼에도 불구하고 궤도의 관찰이 필요한 품질에 해당한다. 작업개시 분계점이라고 알려진 경고 값 품질레벨의 하한은 그 아래에서 보수작업이 필요한 한계에 상당한다.

- 보수 기준(Action Value, AV, 작업개시 값) : 궤도틀림이 이 기준에 도달하면 선로의 유지보수작업이 필요하게 되므로 표 2.1~2.4의 기준에 제시된 기간 이내에 작업을 시행한다. 즉, 이 품질레벨은 열등한 품질에 해당하며, 짧은 기간내의 정정 작업이 필요하다. 안전 분계점이라고 알려진 이 품질레벨의 하한은 그 아래에서 열차의 안전에 영향을 주는 한계를 결정한다.

- 속도제한 기준(Speed reduction Value, SV, 속도제한 값) : 이 궤도틀림의 단계에서는 열차의

표 2.1 수평, 평면성(뒤틀림)의 관리 기준

기호	정의	비고
d_p	필요 캔트. 적용된 캔트 값	
d_A	A점에서 실제 캔트 값. A점에서 검측된 캔트 값	
g_3	3 m 기선에서의 뒤틀림. 3 m 떨어진 두 지점에서 측정된 캔트 값의 차	
E_d	10 m 기선에서의 캔트 편차. B지점의 캔트와 전후로 각 5 m 떨어진 C, D 지점 캔트 값의 평균과의 차이. $E_d = d_B - 1/2(d_C + d_D)$	

관리단계		한계 값(mm)		
		독립 오차(mm)		캔트 틀림
		3 m 뒤틀림	10 m 캔트	$|d_p - d_A|$
준공 기준(CV)	새로운 궤도의 부설 시에 요구되는 값	$g_3 \leq 3$	$E_d \leq 3$	$|d_p - d_A| < 3$
목표 기준(TV)	유지보수 작업 후에 요구되는 값	$g_3 \leq 3$	$E_d \leq 4$	$|d_p - d_A| < 3$
주의 기준(WV)	틀림의 원인 및 특성의 확인, 수평틀림의 진행상황감시	$5 < g_3 \leq 7$	$7 < E_d \leq 9$	$5 < |d_p - d_A| \leq 10$
보수 기준(AV)	틀림측정일로부터 7일(불안정한 구간), 15일(기타 구간) 이내 보수	$g_3 > 7$	$E_d > 9$	$|d_p - d_A| > 10$
속도제한 기준 (SV)	속도제한 = 170 km/h	$15 < g_3 \leq 21$	$15 < E_d \leq 18$	관리하지 않음
	속도제한 < 160 km/h	$g_3 > 21$	$E_d > 18$	관리하지 않음

표 2.2 궤간의 관리 기준

기호	정의	비고
G_{min}	최소 궤간. 해당 궤도구간의 최소 궤간 값	
G_{max}	최대 궤간. 해당 궤도구간의 최대 궤간 값	
G_{mean}	평균 궤간. 궤도 100 m 구간 궤간 값의 산술 평균값	

관리단계		한계 값(mm)	
		일반 선로	분기기
준공 기준 (CV)	새로운 궤도의 부설 시에 요구되는 값	$G_{min} \geq 1433$, $G_{min} \leq 1440$ $1434 \leq G_{mean} \leq 1438$	$G_{min} \geq 1434$ $G_{max} \leq 1438$
목표 기준 (TV)	유지보수 작업 후에 요구되는 값	$G_{min} \geq 1432$, $G_{max} \leq 1440$ $1434 \leq G_{mean} \leq 1440$	$G_{min} \geq 1434$ $G_{max} \leq 1438$
주의 기준 (WV)	이 단계의 값들 중 하나만 해당되어도 WV로 분류	$1430 \leq G_{min} < 1432$ 직선 $1440 < G_{max} \leq 1441$, 곡선 $1440 < G_{max} \leq 1445$ $1433 \leq G_{mean} < 1434$ 직선 $1440 < G_{mean} \leq 1441$, 곡선 $1440 < G_{mean} \leq 1445$	$1432 \leq G_{min} \leq 1434$ $1438 \leq G_{max} \leq 1440$
보수 기준 (AV)	3개월 내에 보수, 이 단계 값들 중에 하나만 해당되어도 AV로 분류	$G_{min} < 1430$, 직선 $G_{min} > 1441$, 곡선 $G_{min} > 1445$ $G_{mean} < 1433$, 직선 $G_{mean} > 1441$, 곡선 $G_{mean} > 1445$	$G_{min} < 1432$ $G_{max} > 1440$
속도제한 기준(SV)	속도제한 = 230 km/h	$1426 \leq G_{min} < 1428$, $1428 \leq E_{avg} < 1431$	$1430 < G_{min} < 1432$, $1440 < G_{max} < 1455$
	속도제한 = 170 km/h	$1422 \leq G_{min} < 1426$, $1455 \leq G_{max} < 1462$	$1428 < G_{min} < 1430$, $1455 < G_{max} < 1465$
	속도제한 < 160 km/h	$G_{min} < 1422$, $G_{max} > 1462$, $G_{mean} < 1428$, $G_{mean} > 1451$	$G_{min} > 1428$, $G_{max} > 1465$

표 2.3 면 틀림(고저틀림)의 관리 기준

기호	정의	비고
N_{iv}	10 m 이하의 기선에서 측정한 국부적인 고저틀림 틀림의 최고 값과 기준선간의 순간 측정값	
N_{all}	30 m 기선에서 측정한 국부적인 고저틀림 기록된 틀림 값의 피크-피크 측정값	
N_L	틀림이 심한 레일의 고저틀림에 대한 200 m 구간의 표준편차 값 그래프로 기록되는 순간적인 측정값	

관리단계		한계 값		비고
		독립오차	표준편차	
준공 기준(CV)	새로운 궤도의 부설 시에 요구되는 값	$N_{iv} \leq 2$, $N_{all} \leq 5$	$N_L \leq 0.77$	
목표 기준(TV)	유지보수 작업 후에 요구되는 값	$N_{iv} \leq 3$, $N_{all} \leq 8$	$N_L \leq 1.03$	
주의 기준(WV)	틀림의 원인 및 특성의 확인, 틀림의 진행상황 감시	$5 \leq N_{iv} < 7$, $10 \leq N_{all} < 18$	$N_L \leq 1.54$	
보수 기준(AV)	1개월 내에 유지보수를 시행	$N_{iv} \geq 10$, $N_{all} \geq 18$	관리 않음	
속도제한 기준 (SV)	속도제한 = 230 km/h	$15 \leq N_{iv} < 18$, $24 \leq N_{all} < 30$	관리 않음	
	속도제한 = 170 km/h	$18 \leq N_{iv} < 22$, $N_{all} \geq 30$	관리 않음	
	속도제한 < 160 km/h	$N_{iv} \geq 22$	관리 않음	

주행속도를 제한하며, 틀림이 정정되기 전까지 상시 감시한다. 즉, 이 품질레벨은 정상의 열차교통을 더 이상 허용할 수 없는 품질에 해당한다.

목표 값(TV), 경고 값(WV) 및 작업개시 값(AV)은 적용된 경제적 방침에 밀접하게 좌우된다. 이와는 대조적으로 속도제한 값(SV)은 열차안전에 직접 관련된다. 각 품질레벨은 선형의 틀림이 탐지되었을 때에 다음과 같이 어떤 작업을 취하여야 하는지를 결정하기 위하여 사용하는 보수 분계점을 정한다. ① 작업을 하지 않는다. ② 틀림을 모니터링하기 시작한다. ③ 보수작업의 계획을 수립한다. ④ 가능한 한 곧바로 작업을 수행한다. ⑤ 속도제한을 부과한다.

제2.1.4항과 같은 검측차 등을 이용하여 기록하거나 분석한 궤도틀림은 여러 품질레벨의 보수 분계점 값과 비교한다. 각 틀림이 속하는 품질 레벨과 그 결과로써 필요시 취하여야 하는 작업을 정하는 것이 가능하다. 궤도선형에 대한 어떠한 작업의 목표도 궤도선형을 목표 값의 품질레벨로 회복하는 것이다.

궤도선형 검측 주기 사이에서 궤도선형의 틀림진행이 주위의 구간보다 더 급하게 진행되는 국지적인 지점을 모니터하기 위하여 측정하는 가속도는 표 2.4의 대차와 차체 횡 가속도 기준을 적용한다.

표 2.4 줄 틀림(방향틀림)의 관리 기준

표기	정의
D_{res}	10 m 현의 줄 틀림. 틀림의 피크 값과 기록 값의 기준선 사이에서 측정된 순간 값
D_{all}	30 m 현의 줄 틀림. 기록 값에 나타나는 결함의 두 피크 사이에서 측정된 순간 값
D	200 m 구간에서 방향틀림의 표준편차 값. 틀림의 피크 값과 기록 값의 기준선 사이에서 측정된 순간 값
A_{Tc}	차체의 횡 가속도. 품질단계에 좌우되는 가속도의 지속부분에 관계없이 기록 값의 기준선과 두 피크 사이에서 측정된 순간 값
A_{Tb}	대차의 횡 가속도. 품질단계에 좌우되는 가속도의 지속부분에 관계없이 기록 값의 기준선과 두 피크 사이에서 측정된 순간 값

관리단계		한계 값		
		독립오차(mm)	표준편차	횡가속도(m/s²)
준공 기준(CV)	새로운 궤도의 부설 시에 요구되는 값	$D_{res} \le 3$, $D_{all} \le 6$	$D \le 1.14$	$A_{Tc} \le 0.8$, $A_{Tb} \le 2.5$
목표 기준(TV)	유지보수 작업 후에 요구되는 값	$D_{res} \le 4$, $D_{all} \le 8$	$D \le 1.42$	$A_{Tc} \le 1.0$, $A_{Tb} \le 3.5$
주의 기준(WV)	틀림 원인과 특성 확인. 줄맞춤 결과 감시	$4 < D_{res} \le 8$, $8 < D_{all} \le 16$	$D \ge 2.28$	$1.0 < A_{Tc} \le 2.5$, $3.5 < A_{Tb} \le 6.0$
보수 기준(AV)	15일(불안정 구간), 1개월(기타 구간) 내에 보수	$D_{res} > 8$, $D_{all} > 16$	관리 않음	$A_{Tc} > 2.5$, $A_{Tb} > 6.0$
속도제한 기준 (SV)	속도제한 = 230 km/h	$12 \le D_{res} \le 14$, $20 \le D_{all} \le 24$	관리 않음	$2.8 \le A_{Tc} < 3.0$, $8.0 \le A_{Tb} < 10.0$
	속도제한 = 170 km/h	$14 \le D_{res} \le 17$, $D_{all} \ge 24$	관리 않음	$A_{Tc} \ge 3.0$, $A_{Tb} \ge 10.0$
	속도제한 < 160 km/h	$D_{res} \ge 17$	관리 않음	관리 않음

2.1.6 선형 보수작업 방법

(1) 작업여건의 이해

조정작업의 여건은 궤도선형 보수작업을 필요로 하는 구속 조건을 정의한다. 이들의 구속 조건은 ① 작업이 행하여지는 해의 기간에 좌우되는 구속 조건, ② 작업이 행하여지는 온도에 좌우되는 구속 조건, ③ 궤도 안정성 문제에 관련되는 구속 조건, ④ 인접 궤도와 장애물과 관련하여 작업이 행하여지는 궤도의 위치에 따른 구속 조건, ⑤ 작업수행 방법의 선택에 관련된 기술적 구속 조건 등이다.

(2) 작업방법의 선택

본선의 선형을 보수하는 작업 방법의 선택은 "① 보수하려는 틀림의 유형(장파장 틀림, 중파장 틀림,

단파장 틀림. 제(4)항 참조), ② 보수하려는 연장, ③ 틀림의 유형에 대한 빈도 수, ④ 처리하려고 하는 구간의 지리적 위치, ⑤ 이용 가능한 방법" 등의 사항을 고려하여 ① 대형 장비(멀티플 타이 탬퍼), ② 소형 장비(다목적 궤도보수 장비), ③ 핸드 타이 탬퍼, ④ 삽 채움의 순서로 선택한다.

(3) 작업의 요령

면 맞춤(레벨링)과 줄맞춤(라이닝)은 다른 모든 부류 2 작업보다 궤도를 더 이완시킨다. 모든 조건이 다음을 준수할 수 있을 경우에만 면 맞춤과 줄맞춤 작업을 취할 수 있다. ① 제1.6.2항과 이 장의 각 절에 정의한 작업 조건, ② ⓐ 최초의 열차 통과 전에 규정 도상단면을 복구하여야 하며 궤도선형을 점검하여야 한다. 부분적인 동적 안정화(DTS) 작업을 수행하는 경우에는 이 점검을 DTS 작업 후에 수행하여야 한다. ⓑ 멀티플 타이 탬퍼 또는 안정기의 레코더가 고장난 경우에는 기계적 다짐(탬핑) 작업을 즉시 중지하여야 한다. ⓒ 작업램프는 많아야 침목당 0.25 mm(4 침목에 걸쳐 1 mm)의 구배로 만들어야 하며, 일반적인 종단선형 이내에 있어야 한다. 그럼에도 불구하고, 구배간의 대수적인 차이는 1 mm/m 이하이어야 한다.

(4) 선형틀림의 분류

선형틀림의 이해는 그 결과로서 틀림의 정정에 어떤 방법이 가장 적합한가를 결정할 수 있도록 하기 위하여 중요하다. 면(고저) 틀림과 줄(방향) 틀림은 이 장(궤도선형의 관리)의 본문에서 논의하는 유일한 것이다. 각각의 틀림은 "① 틀림의 파장과 ② 틀림의 크기(진폭)" 등 2 파라미터로 특징을 나타낼 수 있다. 간단히 말하면, 틀림의 파장은 틀림의 장소 범위와 같다. 따라서, 틀림의 범위에 따라 "① 파장이 20 m 이상인 장파장 틀림, 또는 긴 틀림, ② 파장이 20 m와 10 m 사이인 중파장 틀림, 또는 보통 파장의 틀림, ③ 파장이 10 m 미만인 단파장 틀림, 또는 국부적 틀림" 등과 같은 유형으로 구분할 수 있다. 틀림의 크기는 틀림을 측정하기 위하여 선택한 측정기선과 틀림간 간격의 최대 값이다.

2.2 멀티플 타이 탬퍼를 이용한 선형 보수

2.2.1 작업과 장비의 이해 및 작업 시의 주의 사항

(1) 개요

멀티플 타이 탬퍼는 면 맞춤(레벨링), 줄맞춤(라이닝), 다짐(탬핑) 작업을 수행한다. 이것은 기계의 양로(리프팅)와 이동작업 장치가 기계 아래의 궤도선형 상태를 사정하고, 그 다음에 그 상태를 개량하기 위하여 시행할 필요가 있는 정정 값을 계산하는 자동측정장치에 연결되어 있음을 의미한다. 그러므로, 멀티플 타이 탬퍼는 ① 각 레일에 대한 리프팅 장치, ② 궤광을 이동시키는 장치, ③ 줄(방향)과 종단선형(면, 고저)의 두 관점에서 궤도선형을 해석하는 측정장치, ④ 측정 장치에 의한 리프팅과 이동의 피드

백 컨트롤 등으로 구성되어 있다.

궤도의 종 방향 레벨링(면, 고저)은 측정장치로 컨트롤되는 리프팅 장치로 작업을 한다. 궤도의 횡 레벨링(수평과 평면성)은 수직을 정의하기 위하여 팬드럼을 사용하며, 레벨을 측정하는 각 레일의 상대위치에 의하여 얻어진다. 기계의 작동원리와 사용의 특별한 특징은 "궤도장비와 선로관리" 책을 참조하라. 상기 사항을 고려하면, 장파장 틀림은 단파장 틀림과는 다른 방법으로 줄일 수 있다(장파장 틀림의 감소계수는 단파장 틀림의 감소계수와 다르다). 기계적 다짐은 "① 오염되지 않은 건전한 도상, ② 단단하고 각이 있는 입자로 구성된 도상, ③ 20 cm 이상의 침목 아래 도상두께" 등과 같은 조건을 충족시킬 경우에 품질과 지속의 점에서 가장 좋은 결과를 준다.

(2) 장비의 이해

상기의 논의가 주어지면, (틀림 정정의 점에서) 장비에서 얻을 수 있는 것과 처리하려고 하는 것 사이에 모순이 없도록 하기 위하여 사용하는 장비의 특성을 철저히 이해하는 것이 좋다. 같은 시리즈, 또는 같은 유형일지라도 제조자로부터의 멀티플 타이 탬퍼는 어떤 수의 점에서, 그리고 특히 측정기선의 특성(다른 길이, 약간 변화된 트롤리의 위치 등)에서 차이가 있을 수 있다.

(가) 틀림 감소 계수 : 전달 함수

측정 장치는 주로 두 개의 측정기선으로 구성되어 있으며, 하나는 면 맞춤용이고 다른 것은 줄 맞춤용이다. 측정기선은 장비 아래에서 정확한 위치를 잡는 트롤리로 나타낸다. 이들 트롤리의 상대 위치는 처음의 근사치로 장비의 틀림 감소 계수를 결정한다. 하나는 종단 레벨링(면, 고저) 틀림 감소 계수이며 다른 하나는 라이닝(줄, 방향) 틀림 감소 계수이다. 더 엄밀하게는 멀티플 타이 탬퍼의 레벨링 전달 함수와 라이닝 전달함수로 특징지어진다. 측정 트롤리의 상대 위치에 좌우되는 이들 전달 함수는 여러 파장의 틀림에 대하여 틀림 감소 계수의 개념을 적용시키는데 사용된다.

(나) 장비 측정기선의 길이

장비에서 각 측정기선의 길이는 자동모드에서 주어진 틀림유형의 범위를 처리하는 장비의 능력을 결정한다. 측정기선이 더 길수록 장비가 (장파장의) 더 긴 틀림을 처리할 수 있게 한다. 역으로, 측정기선이 짧은 장비는 자동모드에서 단파장 틀림만을 정확하게 처리할 수 있다. 일반적으로, 장비의 측정기선 길이와 자동모드에서 장비가 처리할 수 있는 틀림의 파장간에는 조화(match)가 있다.

(다) 컴퓨터

최신의 멀티플 타이 탬퍼는 절대적으로 필수적이 아닐지라도 기계의 생산성을 개량시키면서 조작자의 작업을 용이하게 하는 컴퓨터를 갖추고 있다. 컴퓨터는 ① 탬퍼가 캔트, 종거 또는 종단선형의 변화가 있는 궤도의 구간을 처리하고 있을 때에 필수적인 면 틀림과 줄 틀림 정정의 계산, ② 나중의 사용을 위하여 작업 중에 데이터(이동 값, 또는 리프팅 값)의 저장, ③ 종단선형(면, 고저)의 변화와 함께 선형(줄, 방향)의 변화가 있을 때, 또는 굴곡 점의 양쪽에 다른 반경의 곡선을 가진 굴곡점을 처리할 때, 복잡한 선형상태의 관리 등과 같은 주요 기능을 갖고 있다. 그럼에도 불구하고, 탬퍼는 컴퓨터를 이용하지 않고 작업을 할 수 있지만, 이 경우에 장비 조작자가 적당한 훈련을 받아야만 한다.

(라) 레코더

멀티플 타이 탬퍼는 수행한 작업이 정확한지를 점검할 수 있는 레코더를 장치하고 있어야 한다. 레코더는 "① 궤도의 종 방향 레벨링(고저, 면), ② 궤도의 라이닝(줄, 방향), ③ 궤도의 횡 방향 레벨링(수평과 평면성)" 등의 기하구조 파라미터를 점검하기 위하여 사용한다. 원칙적으로, "① 종 방향 레벨링은 10 m(5 + 5), ② 라이닝은 10 m(5 + 5), ③ 횡 방향 레벨링에서 평면성은 3 m, 캔트(수평)는 측정 지점" 등의 측정기선을 사용한다.

(마) ALC 장치

ALC 장치는 궤도틀림의 파장이 장비의 대응하는 측정기선보다 더 긴 틀림을 처리하기 위하여 사용한다(제2.2.2(4)항 참조). 컴퓨터 지원 레벨링 장치는 종 방향 레벨링(면, 고저) 틀림에 관련한다. 컴퓨터 지원 라이닝장치는 라이닝(줄, 방향)틀림에 관련한다.

(바) 고려하여야 할 기타 인자들

다음과 같은 기타 인자들도 고려하여야 한다. ① 작업 속도, ② 레벨(수평) 구간과 구배구간에 대하여 다짐(탬핑) 현장에 도달하는 회송시간, ③ 1 대 이상의 화차를 견인하는 능력, ④ 탬퍼의 보통 조작자를 구성하는 직원의 수

(3) 작업 시의 주의 사항

멀티플 타이 탬퍼를 이용하여 선형 보수 작업을 할 때의 주의 사항은 다음과 같다.

- 라이닝 틀림만의 정정에 관련된 주의 사항 : 라이닝만의 틀림은 항상 다짐(탬핑)-줄맞춤(라이닝)으로 정정하여야 한다.
- 장파장 틀림의 정정에 관련된 주의 사항 : 장파장 틀림은 ① 컴퓨터 지원 레벨링 라이닝 장치를 갖춘 탬퍼를 이용하든지, ② 또는, 절대기선 모드로 작업하는, 상기의 장치를 갖추지 않은 탬퍼를 이용하여 정정할 수 있다.
- 크기가 작은 틀림의 정정에 관련된 주의 사항 : 일반적으로 목표 값(TV), 또는 경고 값(WV) 품질 등급으로 분류된 크기가 작은 틀림은 상대기선 다짐(탬핑)으로 정정한다.
- 큰 틀림의 정정에 관련한 주의 사항 : 일반적으로 작업개시 값(AV), 또는 속도제한 값(SV) 품질레벨로 분류된 큰 틀림은 절대기선 다짐(탬핑)으로 정정한다.

2.2.2 작업 모드

(1) 작업방법의 선택

멀티플 타이 탬퍼가 선택되는 경우에는 일반적으로 다음과 같이 우선권이 주어진다. ① 첫 번째 우선권은 긴 측정기선을 가진 탬퍼에 주어져야 한다. ② 두 번째 우선권은 보통의 측정기선을 가진 탬퍼의 사용에 주어져야 한다.

어떤 조건을 필요로 하는 가장 긴 측정 기선을 가진 멀티플 타이 탬퍼는 장파장 틀림, 보통의 틀림 및

단파장, 또는 국지적 틀림을 자동적으로 정정할 수 있다. 이와는 대조적으로 보통의 측정기선을 가진 탬퍼는 자동 모드에서 보통, 단파장, 또는 국지적 틀림만을 정정할 수 있다. 멀티플 타이 탬퍼는 면 맞춤(레벨링)과 줄맞춤(라이닝)을 동시에 다룬다. 멀티플 타이 탬퍼는 ① 상대기선 모드(또는, 자동 정정 모드라고도 한다), ② 절대기선 모드(기계에 대한 외부 테이터를 고려하여 정정하는 모드), ③ ALC 모드 등으로 작업할 수 있다. 이들 작업 모드간의 선택은 장비로 처리하여야 하는 틀림의 유형과 크기에 따라야 한다.

(2) 상대기선 모드(또는, 자동 정정 모드)

멀티플 타이 탬퍼의 측정기선 길이(레벨링과 라이닝 측정기선은 일반적으로 다르다)는 그 유효성을 제한한다. 틀림의 크기는 실질상 감소되지만, 기계의 대응하는 측정기선보다 더 긴 틀림은 정정되지 않을 수 있다(또는, 부분적으로만 정정한다). 이것은 가장 단순하고 가장 빠른 방법이며, 가장 적은 인원을 필요로 한다. 탬퍼로 행한 작업은 완전하지는 않을지라도 허용할 수 있다. 틀림을 모두 정정하지는 않지만 그 크기를 줄인다. 많아야 약간 원활해진 종단선형을 유지한다.

(3) 절대 기선 모드

파장이 기계의 참조기선보다 더 긴 틀림은 기계를 절대기선으로 적용시켜야만 기계로 처리할 수 있다. 이 작업 방법은 시간과 인력이 많이 드는 특별한 준비를 필요로 한다. 실제 문제로서 멀티플 타이 탬퍼의 자동작업 동안에 멀티플 타이 탬퍼가 고려하여야 하는 정정 값을 결정하기 위하여 예비측정을 하여야 한다. 이 작업 모드는 종단선형을 유지하고 신중하게 변화될 수 있게 하며, 기존 틀림의 크기를 충분히 정정할 수 있게 한다. 탬핑과 라이닝을 허용할 수도 있다. 역으로, 이들의 2 조건이 충족되지 않는 경우에는 ALC가 이들 틀림을 정정하는 가장 좋은 수단이 아니며, 다른 해법을 고려해야 한다.

(4) ALC 모드

궤도선형(레벨링과 라이닝)은 상기의 제2.2.1(2)(마)항과 같이 장비 기선보다 긴 틀림을 정정할 목적으로 주행 동안 탬퍼에 기록된다. 멀티플 타이 탬퍼는 이 기록주행 동안 작업하지 않지만, 멀티플 타이 탬퍼의 측정 트롤리를 사용하며, 이 이유 때문에 기록속도는 30 km/h의 최대까지 줄인다. 선형은 ① 컴퓨터지원 레벨링 장치로 지정된 측정기선으로 측정한 레벨링 종거, ② 컴퓨터지원 라이닝장치로 지정된 측정기선으로 측정한 라이닝 종거의 형으로 기록되며, 그것 나름으로 절대참조를 구성한다.

이와 같이 획득한 값은 2 컴퓨터 파일의 형으로 저장된다. 그들은 측정에서 기계적 요인에 기인하는 어떤 비정상 값을 처음에 제거하고 종거 값을 가상의 20 m 기선으로 바꾸도록 프로세스된다. 두 번째 단계에서는 원활화에 의하여 라이닝과 레벨링을 최적화하기 위하여 컴퓨터 알고리즘을 사용한다. 이들의 계산 결과는 리스트의 형으로, 또한 그래픽으로도 출력되며, 그것은 제안된 변화의 유효성을 관찰할 수 있게 한다(특히, 궤도의 각 지점에서 리프팅과 이동 값). 이들 값이 ① 유지보수 여건에 의하여 정해진 것들과 부합되고, ② 장파장 틀림이 상당한 정도까지 정정되는 것으로 나타나는 등의 경우에는 이 방법을 사용하여 탬핑과 라이닝을 수행할 수 있다. 반대의 경우에는 다른 정정 방법, 특히 '절대기선' 방법, 또는 ALC 장치의 부분적인 사용(다음의 제(5)(나)항 참조)을 이용하여야 한다.

(5) 장파장 궤도틀림에 대한 다른 정정 방법

(가) 지형 측량

레벨링 틀림에만 사용되는 지형측량은 장파장 틀림이 위치하는 궤도구간의 지형측량과 일반 종단선형 내에서 정확하게 틀림의 위치를 파악하기 위한 이 구간 양쪽 궤도구간의 지형측량으로 구성된다. 지형측 량을 기초로 하여 장파장 틀림을 제거하기 위하여 구하려고 하는 이론적 종단선형을 도시한다. 리프팅 값은 사용된, 또는 계산된 좌표 시스템에 따라 그래프 상에서 직접 측정된다. 횡 좌표상의 X점에서의 리 프팅 값은 정확한 종단상의 좌표와 구하려고 하는 이론적 종단의 좌표간 양(陽)의 차이와 같다. 탬퍼가 원칙적으로 궤도를 올릴 수만 있기 때문에 구하려고 하는 이론적 종단선형은 항상 실제 종단선형 이상의 높이에 있다. 따라서, 결정된 리프팅 값은 장비에 대한 설정 점으로 주어지며, 그것은 작업단계 동안 고 려하여야 한다. 이 방법의 이행은 크게 만족스러운 결과를 얻을 수 있게 한다. 그러나, 시간과 인력이 많 이 든다(지형측량, 그래프, 그래픽 검토).

(나) ALC 장치의 부분적 사용

이 방법에서는 ALC 장치를 부분적으로 사용한다. 즉, 다음과 같이 사용한다. ① 틀림이 있는 궤도 구 간과 그 주변을 기록한다. ② 레벨링, 또는 라이닝 종거의 형으로, 또는 컴퓨터 상에서 읽을 수 있는 플 로피디스크의 형으로 기록된 선형 데이터를 구한다.

따라서, 구한 값은 새로운 종단선형(면, 고저)이든지, 또는 새로운 줄(방향)을 검토할 책임이 있는 설 계사무소로 그 후에 보낸다. 리프팅 값 및/또는 이동 값과 방향은 작업단계 동안 고려되어야 하는 설정 점의 값으로 기계에 입력된다. 이 절차는 그 중에서도 곡선의 선형을 정정하기 위하여 사용한다. 이 절차 는 일반적으로 상기에 기술한 것보다 시간과 인력이 더 적게 들며, 그 이유는 장비로 수행한 기록이 빠르 며 정밀하기 때문이다.

(6) 궤도선형 정정 작업의 요령

(가) 작업 방법

최대 허용 리프팅 값은 높은 점에서 20 mm이며 높은 점 사이에서 50 mm이다. 일반적인 리프팅이 상기에 주어진 것보다 더 큰 값을 포함하는 경우에는 제2.6.1항의 요구 조건을 적용하여야 한다. 라이닝 틀림의 크기는 40 mm 이하이어야 하며 그렇지 않으면 제2.6.2항을 적용한다. 행하려는 정정이 20 mm보다 크지만 40 mm 이하인 경우에는 만 하루의 교통으로 분리된 두 주행을 수행하여야 한다.

(나) 금지 기간을 벗어나서 작업하는 경우

이 경우는 부분적인 동적 안정화(DTS)가 필수적이 아니다. 170 km/h의 속도로 제한된 (적어도 고 속열차와 같은 중량의) 처음의 열차통과 후에 안정화 동안 제1.6.2항의 요구 조건을 적용 받는 후속의 열차에 대하여 정상 속도를 회복할 수 있다.

(다) 금지 기간 동안에 작업하는 경우

1) 동적으로 안정화할 수 있는 구간 : 기계적 레벨링-라이닝 작업은 콘크리트 침목이 부설된 구간만 포함하여야 한다. 모든 경우에 정상속도로 교통을 회복하기 이전에 부분적인 동적 안정화(DTS)가 뒤따라야 한다.

2) 안정화할 수 없는 구간(분기기 구간 등) : 기계적 탬핑 작업을 수행하는 것이 필요한 경우에는 관할 부서의 동의를 받아야 한다. 적어도 24시간 동안 100 km/h 이하로 속도를 제한하여야 하며, 그 다음에 제1.6.2항의 적용을 받는 완전한 안정화 때까지 170 km/h로 제한한다.

2.2.3 작업의 여건과 작업구간의 선택 기준

(1) 작업의 여건

(가) 다짐(탬핑) 작업 금지 기간 : 제1.6.2(2)항을 적용한다.

(나) 온도 조건 : 제1.6.2(2)항을 적용한다.

(다) 궤도 안정화 조건 : 제1.6.2(2)항을 적용한다.

(라) 클리어런스 (건축한계) : 제2.1.3(2)항을 적용한다.

(마) 기술 조건

기술적 조건은 세 가지 주요 부류로 분류할 수 있다.

- 처리하려는 궤도구간의 여건에 관한 조건 : 탬핑 작업을 하는 위치와 특히 작업 여건을 아는 것이 본질적이다. 이들의 조건은 ① 복선, 또는 단선구간, ② 열차 주행 속도(여객열차 및 화물 열차), ③ 침목 아래의 도상두께, ④ 궤도의 유형(레일, 침목, 작은 설비의 항목), ⑤ 침목 간격(원칙적으로 일정), ⑥ 토목 구조물의 유무, ⑦ 다짐(탬핑)에 대한 각종 장애물의 유무(케이블 트러프, 안전 레일 등), ⑧ 신호 장치의 유무(탐지기, 축전지, 표지 등) 등을 포함한다.

- 궤도선형에 관한 조건 : ① 직선이나 곡선의 존재, ② 완화곡선의 유무, ③ 반곡점을 가진 곡선의 존재 여부, ④ 단일, 또는 복수 구배를 가진 종단선형의 존재, ⑤ 종곡선의 유무, ⑥ 캔트 변화의 유무, ⑦ 반-캔트 반곡점 유무 등의 주요 조건이 포함된다.

- 궤도의 상태에 관한 조건 : 다짐(탬핑)으로 정정할 수 없는 궤도틀림, 또는 탬핑의 지속에 대해 영향을 줄 수 있는 궤도틀림을 기록하여야 하며, ① 레일의 파상 마모, ② 자갈 자국에 기인하는 레일 표면 결함, ③ 레일 용접부의 결함(완전히 채워지지 않은 용접, 과다하게 채워진 용접, 각도 선형틀림을 형성하는 용접), ④ 곡선에서 레일 두부의 횡 마모, ⑤ 파손된 침목 등을 포함한다.

(2) 작업준비의 개요

기계적 다짐(탬핑)은 도상자갈의 진동과 다짐을 이용하여 침목의 아래층이 정확한 높이를 형성하도록 하는 것으로 이루어진다. 도상자갈의 입자 크기에 주어진 최적 진동주파수는 35 Hz이다. 진동발생기(탬퍼)로 다지는 목적은 " 진동에 따른 도상자갈의 유동화에 의한 미립자의 여과 작용, ② 궤도의 리프팅과 틀림 정정"에 의하여 남겨진 공극량을 채우기 위하여 궤도 아래에 더 많은 도상자갈을 밀어 넣는 것이다. 기계는 제2.2.4항의 기준에 따라 선택한 참조레일로서 알려진 한 레일에 대한 종단선형을 정정한다. 다른 레일은 요구된 캔트로 다진다. 기계적 라이닝은 기계의 기선길이에 걸쳐 틀림을 정정하는 것으로 이루어진다. 이 정정은 제2.2.4항의 기준에 따라 선택한 참조레일로서 알려진 한 레일에 대하여 수행한다. 다른 레일은 궤간의 변화에 따른다. 기계적 라이닝은 기계적 탬핑과 동시에 수행하여야 한다. 기계적 정리는 일반적으로 탬퍼에 설치된 기계적 스위퍼를 사용하여 행한다(청소작업). 국지적 조건(도상어깨를 회복하고 궤도를 따라 초과 도상을 다시 분배하는 것이 필요)은 밸러스트 레귤레이터(도상단면 정리작업)의 사용을 정당화할 수 있다. 도상정리는 날마다 기계 탬핑의 뒤를 따라야 한다. 레귤레이터의 사용은 원칙적으로 추가의 자갈이 더해지는 경우로 제한하여야 한다.

(3) 작업구간의 선택기준

기계적 탬핑은 충분히 긴 구간에 적용하여야 한다. 기계적 탬핑은 궤도구조의 결함, 또는 국지화된 레벨링 틀림에 기인하는 외따로 있는 문제를 정정할 의도가 아니다. 기계적 탬핑은 ① 건전한 노반, ② 목침목 하부에 적어도 0.15 m, 콘크리트 침목 하부에는 0.20 m 두께를 가진, 입도 22.4/63의 모가 많고 건전한 도상, 또는 오염되지 않은 도상, ③ 좋은 상태의 궤도 구성물(레일과 홈이 없는 목침목, 조여진 체결장치) 등의 조건이 충족될 때 품질과 지속기간에서 가장 좋은 결과를 준다.

이 조건이 하나라도 충족되지 않는 경우에는 작업결과의 품질과 지속 기간이 더 적게 좋지만, 그럼에도 불구하고 낮은 비용이 주어지면, 기계적 탬핑의 사용은 많은 경우에 이익을 얻을 수 있다. 그러한 경우에는, 탬핑의 인수(승인)를 위하여 특별한 규정을 적용한다(표와 다른 한계 값의 체계적 적용). 멀티플 타이 탬퍼로 처리하려는 구간의 길이와 정확한 위치는 궤도 검측 차의 최근 기록에 근거하여 결정하여야 한다. 이들 구간의 길이는 일반적으로 200 m 이상이어야 한다. 포물선 완화곡선은 항상 1 회의 작업으로 처리하여야 한다.

2.2.4 예비 검토 및 작업 준비

모든 기계적 다짐(탬핑)은 어떤 본질적인 선택을 하고, 행하려는 작업에 관련된 데이터를 한정하도록 분소장의 책임 하에 기술적 검토를 우선하여야 한다. 이 검토는 예를 들어 용역으로 보수하는 경우에 계약자의 대표자, 또는 기계의 조작자에게 주어져야 하는 모든 정보를 수집한다.

(1) 종 방향 레벨링(면, 고저 맞춤)
(가) 작업 방법의 선택

기계작업의 원리는 기선의 두 끝으로 정해진 직선 위, 후방에서 다져진 궤도 위, 그리고 전방에서 다져지지 않은 궤도 위에 놓이도록 위치하는 중간 참조 점에서 탬핑 유니트가 궤도를 리프팅하는 것을 포함한다. 기계의 작업원리와 기계사용의 특수한 특징은 상기의 절들에 상세히 기술되어 있다. 다음과 같은 두 작업방법을 사용할 수 있다.

- 첫 번째로, 기선의 전방 끝은 이하에 설명하는 것처럼 정한 리프팅 높이로서 알려진 일정한 값만큼 양로한다. 그것은 틀림을 정정하지 않은 레벨링하려는 궤도의 종단선형(면, 고저)을 따라간다. 이 경우에 탬핑 유니트로 만들어진 종단선형은 기선의 전방 끝에 존재하는 틀림을 재현하지만 틀림감소계수로서 알려진 계수만큼 틀림을 감소시킨다. 이것은 상대기선 작업방법이다.

- 두 번째로, 기선의 전방 끝은 선택된 높은 지점의 리프팅 높이와 기선 전방 끝의 높은 지점들 사이의 오목한(trough) 값의 합과 같은 변화하는 값만큼 양로한다. 이 경우에 연속한 높은 지점들간에서 만들어진 종단선형은 직선이며 탬핑 지점에 잔류틀림이 남아있지 않다. 이것은 절대기선 작업방법이다.

절대기선 작업은 동시 조준, 또는 사전 조준으로 행할 수 있다. 작업방법은 미리 선택하여야 한다. 유지보수의 기계적 탬핑은 일반적으로 상대기선 작업으로 행하여야 하며, 절대기선 작업은 종단선형의 준수가 필수적일 때만, 예를 들어 어떤 필수의 지점을 통과할 때, 또는 종단선형(면, 고저) 틀림의 크기가 상대기선 작업으로는 좋은 결과를 기대할 수 없을 정도일 때만을 명시하고 있다.

(나) 참조레일의 선택

레벨링은 한쪽 레일에 대하여 복구하며, 다른 레일은 각 탬핑 지점에서 요구된 캔트로 설정되고 있다. 종 방향 레벨링(면, 고저)이 복구되는 레일은 참조레일(RR)이라고 한다. ① 곡선에서 참조레일은 더 작은 반경의 레일, 또는 더 낮은 레일이어야 한다. ② 직선에서 참조레일은 작업하기 전의 더 높은 레일이며, 그래서 비록 제한된 리프팅을 수행할지라도 횡 레벨링(수평)의 차이가 정정된다.

높은 레일은 ① 캔트 틀림의 선을 포함하고 회랑지대를 추적하는, 그리고 2열의 기록 선두와 비교하는 검측차 기록의 시험에 의하여, ② 노선의 지식에 의하여, 또는 작업하기 전에 샘플링에 의한 횡 레벨링(수평)의 측정에 의하여 결정한다. 복선에서 높은 레일은 통로 쪽의 레일이 침하되는 경향을 가질 수 있으므로 항상 안쪽 레일이다.

(다) 리프팅 높이의 결정

작업 직후에 얻어진 품질은 탬핑 유니트의 위치에서 행한 리프팅이 더 작을수록 더 길게 유지된다.

- 그럼에도 불구하고, 상대 기선 작업의 경우에 기선의 전방 끝에서 리프팅 높이의 읽기는 레벨링하려는 궤도의 높은 지점보다 높은 모든 지점에서 탬핑 유니트를 가진 기선레벨에 대하여 통과하기에 충분하여야 한다. 리프팅 높이는 검측차 기록을 사용하여 가능한 한 정밀하게 결정하여야 한다. 그 값은 적어도 기록의 경년에 대하여, 또는 지역의 환경(나쁜 날씨에 기인하는 열화, 상당한 수의 침목 교체 후의 레벨링 등)에 대하여 허용하도록 더한 수 mm와 함께 참조레일의 종 방향 레벨링 기록에 대한 회랑지대의 폭과 같아야 한다. 외따로 있는 틀림(이음매 처짐)도, 특정한 틀림도 회랑지대를 한정함에 있어 고려된다. 리프팅 높이의 값은 일반적으로 5와 15 mm 사이에 있어야 한다.

- 절대기선의 경우에 높은 지점의 리프팅 높이는 높은 지점에서 높은 지점까지 조준이 행하여짐에 따라 기선이 항상 레벨링하려는 궤도 이상이므로 5~10 mm 범위 내에 설정할 수 있다.

- 게다가, 작업 방법이 무엇이든지 간에 얻으려는 캔트보다 기존의 캔트가 더 큰 곡선의 리프팅 높이는 적어도 이들 캔트 값간 차이의 1.3배와 같아야 한다.

(라) 특별 조항

1) 종곡선 : 선형이 정밀하게 유지되어야 하는 종곡선은 구배의 변화가 4 mm/m보다 더 큰 경우에 표시를 하고 BC(곡선 시점)와 EC(곡선 종점) 표시를 지반에 나타내어야 한다. 이들의 표시는 특유한 색깔, 예를 들어 노란색으로 칠한 말뚝으로 구성한다. 종곡선의 길이와 반경을 알아야 한다.

2) 특수 틀림 : 긴 길이의 처짐 구간에 대하여 예를 들어 제(4)항의 규정이 선임 기계 조작자에게 지시되어야 하며, 가능하다면 탬퍼가 도달하기 전에 궤도에 표시하여 나타내어야 한다.

(2) 횡 레벨링(수평)

조작자는 작업을 수행하기 위하여 다음의 정보를 가져야 한다. ① 원 곡선 : 각 말뚝에서 구하려는 캔트 값, ② 포물선 완화곡선 : ⓐ 궤도에 표시된 포물선 완화곡선의 이론적 시, 종점, ⓑ 포물선 완화곡선의 이론적인 길이, ⓒ 전체 완화곡선의 캔트 변화, ⓓ 각 말뚝에 표시된 레벨을 얻으려는 캔트.

(3) 라이닝(줄, 방향 맞춤)

(가) 작업 방법의 선택

기계작업의 원리는 참조 점에서 궤도를 라이닝하는 것을 포함하며, ① 기계 기선의 후방 끝에서 라이닝된 궤도에 위치하는 지점, ② 후방 끝과 라이닝 바 사이의 라이닝된 궤도에 위치하는 지점, ③ 기계 기선의 전방 끝에서 라이닝되지 않은 궤도에 위치하는 지점 등의 세 지점으로 정해진 원에 참조점이 놓여지도록 라이닝 현이 위치한다.

2 가지의 작업방법을 사용할 수 있다. ① 말뚝을 참조하지 않는 작업. 기계의 전방 참조 점은 라이닝하려는 궤도의 선형을 따르며, 어떠한 보정도 하지 않는다. 이 경우에 기계는 라이닝하기 전에 궤도가 가졌던 선형을 원활하게 할 뿐이다. ② 말뚝을 참조하는 작업. 전방 참조 점은 각 말뚝 맞은 편에 표시된 이동의 값과 방향을 읽어서 위치시킨다. 궤도를 이론적인 선형으로 되돌리는 것이 목적인 이 방법은 확인, 그리고 필요시 말뚝의 정정 후에만 적용할 수 있다.

보통의 작업방법은 말뚝을 참조하지 않는 것이다. 기계는 레일자체로부터 진실의 선형을 계산하고 수행하며 읽기, 전달 및 계산에 기인하는 모든 에러와 근사를 제거한다. 말뚝을 참조하는 방법은 이론적 선형에 관하여 ±10 mm의 회랑지대에 궤도가 놓이는 것을 허용하지 않는 궤도간의 필수 지점, 또는 공간에 있을 경우, 또는 캔트 부족의 변화가 허용 값의 한계에 있는 완화곡선에 있을 경우, 또는 포물선 완화곡선에 적용하려는 정정의 문제를 선로반이 풀 수 없음이 분명한 경우에만 명기하여야 한다.

(나) 참조레일의 선택

라이닝 정정의 측정기구는 한 레일에 적용한다. 이 레일은 참조레일(RR)이라 부른다. ① 곡선에서의 참조레일은 반경이 더 작은 레일이나 높이가 더 낮은 레일이어야 한다. ② 직선 궤도에서의 참조레일은 한 레일에서 다른 레일로 궤간 틀림의 전달을 피하기 위하여 작업전의 틀림이 가장 적은 레일, 일반적으로 사전 라이닝 작업의 참조레일로서 사용한 것이다. 참조레일은 검측차 틀림기록의 검사 후에 선택한다. 레일이 동등하게 틀림이 있는 경우에는 안쪽 레일을 선택하는 것이 좋다.

(다) 특별 조항

라이닝에 대하여는 횡 레벨링(수평)에 필요한 정보도 필요하다. 더욱이, 조작자에게는 곡선반경이 주어져야 한다.

(라) 도상 정리

도상정리는 ① 탬퍼에 통합된 스위퍼에 의한 청소(더 좋은 해법), ② 분리된 레귤레이터를 사용하는 도상정리 등의 방법으로 도상 상면의 자갈을 정리하는 구간이 명시되어야 한다.

(4) 선임 기계 조작자용 지침

처리하려는 구간의 정확한 제한에 더하여 다음의 정보를 선임 기계 조작자(또는, 계약자 대표)에게 주어야 한다. 이들의 데이터는 현장의 지시에 무관하게 모델을 주어진 문서에 포함하여야 한다.

- 레벨링을 위하여 : ① 참조레일 : 직선 궤도에서는 200 m 미만의 길이에 걸쳐 참조레일을 변경하지 않는다. 곡선에서 레벨링용 참조레일은 항상 낮은 쪽 레일이라는 점을 상기해야 한다. ② 곡선의 캔트 값, ③ 리프팅 높이, ④ 종곡선의 BC, EC 및 R, ⑤ 특별한 특징, ⑥ 절대기선 작업이 필수인 구간
- 라이닝을 위하여 : ① 참조레일 : 직선 궤도에서는 200 m 미만의 길이에 걸쳐 참조레일을 변경하지 않는다. 곡선에서 라이닝용 참조레일은 항상 높은 쪽 레일이라는 점을 상기해야 한다. ② 말뚝을 참조하는 작업이 필수인 구간
- 각 완화곡선에 대하여 : ① 곡선 반경 R, ② 시점과 종점 및 길이, ③ 캔트 변화 D_s
- 도상정리를 위하여 : ① 청소하려는 구간의 위치, ② 호퍼의 사용이 필요한 곳을 나타내는 도상정리 구간의 위치

(5) 분소장 주도의 준비

- 자갈 살포 : 작은 리프팅 높이를 가진 상대기선 탬핑이 제한된 양만의 추가 자갈을 필요로 할지라도 작업 후의 규정 도상면을 확보하도록 공급을 준비하는 것이 필요하다. 도상자갈은 탬핑을 하기 전에 살포하여야 한다. 일반적으로 km당 80 t의 살포는 10 mm만큼 리프팅하는 두 탬핑 작업을 허용한다.
- 말뚝 : 작업을 하기 전에 말뚝을 검사하고 필요시 참조로서 사용하려는 전구간에 걸쳐 정정하여야 한다. 직선궤도에 대한 표시는 준수하여야 하는 필수 지점을 마주 보고, 그리고 그들에 앞서 수 50 m에 걸쳐 위치하여야 한다.
- 잡다한 장애의 위치와 표시 : 덕트, 또는 전선 횡단이 가시적인지를 확인하고 케이블이 손상되지 않도록 주의해야 하는 구간을 표시해야 한다. 탬핑 후에 공백의 우려가 있는 침목간 스페이스에는 자갈정리를 계획하여야 한다.

- 철도 직원 수요의 계획 : 탬핑 현장은 관련 노선의 유지보수를 담당하는 분소장의 관리와 책임 하에 있다. 승인된 모니터링 장치와 기록 장치가 설치된 양호한 작동 상태의 탬퍼는 지속적으로 ① 선로 차단시간을 요구하고 작업을 모니터하는 적어도 궤도 선임자(staker)급과 가능하다면 궤도감독자 급의 선로원 1명, ② 이동 중에 안내자로서의 역할을 수행하며 필요할 때 안전보호조치를 하는 보호 유도원 1명 등의 인원이 수반되어야 한다.
- 작업 프로그램 준비 : 계약자가 이용할 수 있는 장비의 사용을 최대화하여야 한다. 장비의 성능을 고려하여 프로그램을 작성할 수 있다.

2.2.5 작업의 실행

(1) 일반적인 경우
(가) 안전
준수해야 하는 조건은 제1.6.4(6)항에 정해져 있으며, 특히 ① 이동(movements)에 관계된 안전 조치, ② 궤도 안정성에 관계된 안전 조치 등에 관련된다.

(나) 기계 탬핑-라이닝
장비 책임자는 현장에 도착하자마자 고유의 작업을 시작하기 전에 라이닝 0(zero) 설정을 확인한다. 라이닝 장치의 조정으로 이루어지는 이 본질적인 작업은 다음과 같이 수행하여야 한다. ① 처리하려는 구간의 시점 전으로부터 대략 50 m의 위치에 탬퍼를 정지시킨다. ② 라이닝 트롤리를 내린다. ③ 라이닝 장치를 조정하도록 저속으로 기계를 이동시킨다. 오른쪽으로의 이동은 라이닝 지시계를 따라서 좌측으로의 이동을 균형시켜야 한다.

조작자가 작업실시 동안 궤도를 정확하게 정정하여 그 품질의 차후 유지에 필요한 조건을 준수하는지를 확인하기 위해 현장 관리(site management) 담당 선로원이 검사하여야 한다. 이 검사들은 다음을 포함하여야 한다. "① 특히 레벨링과 라이닝에 사용하려는 참조레일에 관련된 규정에 따르고 리프팅 높이에 따라 주어진 지침의 적용, ② 탬핑 툴의 초기 조건에 비교하여 25 % 마모보다 더 많지 않음을 나타내어야 하는 탬퍼의 조건. 탬핑 툴은 실용적인 목적으로 높이가 50 mm보다 적을 때 마모된 것으로 고려한다. ③ 탬핑 툴의 하강 깊이 : 탬핑 툴은 다짐 위치에서 침목의 바닥 아래 10~15 mm 사이에 위치해야 한다. 탬퍼의 하강 깊이는 침목의 성질에 맞추어져야 하며 이 지점은 침목의 한 유형(목재, 모노 블록 콘크리트)에서 다른 유형의 구간으로 넘어갈 때 철저히 점검하여야 한다. ④ 다짐 시간은 1.8 초 이하이어야 한다. 참고로, 작업 사이클은 (기계 유형에 따라) 대략 약 4~6 초 지속되어야 한다. ⑤ 모니터링과 기록 장치의 정상 가동을 확인한다." 탬퍼(tampers)의 다짐 압력을 또한 점검하여야 하며, 제조자가 제시한 범위 내에 있어야 한다.

(2) 특별한 경우
(가) 상당히 긴 처짐

상대기선 모드로 작업을 할 때는 작업을 하기 전에 기계의 측정기선(15~20 m)보다 더 긴 참조레일의 종 방향 레벨링(면, 고저)의 낮은 지역(처짐)이 있을 수 있다. 이러한 처짐을 정정할 필요가 있다고 판단되면, 다음의 절차를 적용한다. ① 조준기와 표척으로 높은 지점간의 처짐을 측정한다. ② 참조레일 쪽의 2 침목마다 측정값을 표시한다. ③ 리프팅 높이가 표시량만큼 증가되도록, 즉 전방 참조점이 요구 종단선형(면, 고저)에 놓이도록, 예를 들어 L(리프팅) + 6, L + 8, …, 등과 같이 이들 표시의 본질과 위치를 조작자에게 명시한다. 다른 레일은 필요한 캔트로 자동적으로 위치하게 된다.

(나) 포물선 완화곡선 시점에서 작업

포물선 완화곡선에서의 작업 시작이 권고되지 않을지라도 예를 들어 분기기 후방에서 필요할 수도 있다. 그러한 경우에는 조작자에 의한 레벨링과 라이닝 정정의 모든 즉시의 적용을 점검하여야 한다.

(다) 상당한 라이닝 틀림이 있는 궤도구간

말뚝을 참조하는 라이닝의 경우와 이동이 크고 방향이 빈번하게 바뀔 때는 각 말뚝의 이동 리스트를 조작자에게 주어야 한다. 조작자는 라이닝 시스템 전방 참조점의 갑작스런 변위를 피하면서 두 말뚝 사이에서 보간법을 이용할 수 있다.

(3) 작업 검사와 인수

(가) 검사 방법

- 유효 캔트 지시계(ESI) : 이 장치는 탬퍼의 조작실에 설치되어 있으며 기계의 후방에 위치한 팬드럼(pendulum)으로 제어된다. 이 장치는 각 탬핑 사이클 후에 얻어진 캔트를 나타낸다.

- 기록기(레코더) : 이 기계는 풀 스케일로 "① 유효 캔트 지시계를 읽는 것에 상당하는 횡 레벨링(수평)의 값, 또는 작업 후의 캔트 차이, ② 궤도 중심선에 대한 종 방향 레벨링(면, 고저), ③ 평면성 틀림, ④ 처짐" 등의 파라미터를 표시한다. 측정 길이의 스케일은 1 : 500~1 : 2,000으로 다양하다.

- 추가의 기록장치 : ① 선형점검(AC) : 이 장치는 레코더 그래프에서 직접 읽음에 의하여 이론적 선형에 관한 작업 후의 위치를 사정하기 위하여 사용한다. ② 리프팅 크기 점검(LAC) : 이 장치는 레코더 그래프에서 직접 읽음에 의하여 작업 후에 궤도 리프팅 높이를 사정하기 위하여 사용한다.

(나) 즉시의 검사

즉시 검사의 목적은 정상 속도에서 완전한 안전과 적당한 승차감으로 열차의 통과를 허용하도록 작업 후의 궤도선형을 확인하는 것이다. 이 검사는 작업 동안 감독자가 수행하여야 하며, 특히 ① 궤도 품질의 육안 평가, ② 기록된 그래프의 검사, ③ 기록으로 주어진 정보의 정밀성에 대하여 샘플링에 의한 점검 등을 포함하여야 한다.

(다) 인수

다짐(탬핑) 작업은 외주용역의 경우에 인수절차를 받아야 한다. 인수는 계약 문서에 정한 특수 규정에 따라 이행되어야 한다. 양호한 품질과 내구성의 결과를 얻는데 필요한 특성을 갖지 않은 궤도 구간에 대하여는 특별한 방법이 정의된다.

2.3 다기능 장비를 이용한 기계적 다짐

2.3.1 개요

다기능 장비(MFM형 장비, 다기능 기계형 탬퍼, 또는 EMV(소형 다짐장비)라고도 한다)는 멀티플 타이 탬퍼(MTT)을 사용하는 것이 기술적으로, 경제적으로 합리적이지 않지만 (핸드 타이 탬퍼를 이용하여) 인력으로 탬핑 작업을 하기에는 너무 광대한 일련의 짧은 구간이나 국지적인 틀림을 효과적으로 정정하기 위하여 사용한다. 이 장비는 자주식 소형 장비로서 MTT와 유사한 탬핑 유니트를 이용하여 핸드 타이 탬퍼(HTT) 작업 방법과 유사한 방식으로 탬핑하는 장비이다. 교량상판의 신축이음매 주위, 교대 뒤 등과 같은 국소적인 처짐이 많이 발생하는 경우에는 MFM형 장비의 적용이 유리하므로 프랑스 철도에서 사용하고 있다. MFM형 장비(EMV)가 멀티플 타이 탬퍼와 똑같이 갖는 유일한 성분은 탬핑 유니트이다. 이 장비는 자동 레벨링, 라이닝 장비가 아니다. 즉 리프팅 장치는 측정장치에 종속되지 않는다. 자동 레벨링, 라이닝 장비가 아니므로 전달함수를 갖지 않으며, 따라서 틀림을 자동적으로 줄일 수 없다.

이 장비는 ① 각 레일의 리프팅 장치, ② 짧은 측정기선(9.00 m 미만)을 사용하는 각 레일의 종 방향 레벨링 측정장치, ③ 팬드럼으로 구성하는 횡 레벨링(수평) 측정장치 등으로 구성된다. 궤도의 횡 레벨링은 각 레일의 상대위치에 의하여 얻어지며 수직(연직)을 한정하는 '팬드럼'으로 점검된다. 이 장비는 원칙적으로 이동작업 장치를 갖추고 있지 않으며, 라이닝 시스템이 없다.

2.3.2 장비의 이해

- 개요 : 전술한 논의가 주어지면, 장비로부터 얻을 수 있는 것과 (틀림 정정의 점에서) 처리하기 위하여 요구된 것과의 사이에는 불일치가 있으므로 사용된 장비의 특성에 관하여 철저히 이해하는 것이 중요하다. 같은 시리즈나 유형일지라도 제작자로부터의 MFM형 장비는 다수의 점에서, 특히 측정기선의 특성(다른 길이, 약간 변경된 트롤리 위치 등)에서 차이가 있을 수도 있다.
- 컴퓨터 : MFM형 장비는 원칙적으로 컴퓨터를 갖추지 않고 있다. 만일 컴퓨터가 있다면 일반적으로 데이터 저장 능력만으로 제한된 기능만을 갖고 있다.
- 레코더 : MFM형 장비는 ① 측정기선에 대한 한 레일의 종 방향 레벨링, ② 측정기선에 대한 다른 레일의 종 방향 레벨링, ③ 3 m에 걸쳐 측정하는 평면성(run-out), ④ 궤간 등의 파라미터에 대한 레코더를 갖추고 있다.

2.3.3 작업 모드

MFM형 장비는 오로지 손으로 조작하는(manual) '절대기선' 모드로 작업한다. 이것은 다음을 의미
한다. ① 레벨링 틀림을 장비로 정정하기 전에 측정하여야 한다. ② 각 레벨의 리프팅을 손으로 컨트롤한
다. ③ 탬핑을 손으로 컨트롤한다(탬퍼 하강 컨트롤, 적용 컨트롤, 탬퍼 상승 컨트롤). 그러나, 레벨링
틀림의 진폭은 장비에 의하여 측정되고 그래픽적으로 기록된다. 틀림의 처리는 사전에 측정되고 기록된
값에 의하여 손으로 컨트롤하는 각 레일의 리프팅으로 이루어진다. 오퍼레이터는 이 작업 동안 장비의
구조에 좌우되는 횡 레벨링(수평)이 허용 공차 내로 남아 있는 것을 확인하여야 한다. 어떤 값을 넘는 각
레일의 리프팅은 가능하지 않다. MFM형 장비로 탬핑하는 각 레벨링 조정작업은 궤도라이닝 점검이 뒤
따라야 한다. MFM형 장비가 원칙적으로 라이닝 시스템을 갖추지 않았을지라도 궤도 레벨링 틀림의 정
정은 라이닝 틀림을 일으킬 수도 있다. 만일 이것이 사실이라면, 라이닝 틀림을 인력으로든지 기계적으
로 정정하여야 한다.

2.3.4 작업의 여건

다기능 장비로 수행하는 작업에 대한 조정작업의 여건은 실제적으로 멀티플 타이 탬퍼의 다짐으로 수
행하는 작업의 여건과 매우 비슷하다. 다만, 실제의 레벨링 작업은 제2.4절을 적용한다.
- 금지기간 : 제1.6.2(2)항을 적용한다. 그럼에도 불구하고, 재(再)작업은 이하에 기술된 작업의 특
  별 여건에 기술된 조건에 대하여 금지 기간 동안 수행한다.
- 온도 조건 : 제1.6.2(2)항을 적용한다.
- 궤도 안정성 조건 : 제1.6.2(2)항을 적용한다. 여러 가지 작업은 "① 온도 조건을 충족시키고, ②
  높은 지점에서의 리프팅이 5 mm 이하"라는 조건으로 일년 내내 뜬 침목 궤도 구간에 대하여 시행
  할 수 있다.
- 클리어런스(건축한계) : 제2.1.3(2)항을 적용한다.
- 기술적 조건 : 제2.2.3(1)항을 적용한다.

2.4 핸드 타이 탬퍼, 또는 다기능 장비를 이용한 레벨링

2.4.1 레벨링의 이해

(1) 기계 다짐과 인력 다짐
이 부류는 다음의 기계를 사용하는 작업에 관련된다. ① 탬핑 기계 : 제2.3절의 MFM형 장비
(EMV), ② 또는, 개개의 탬핑 유니트 : 국지적(개별적) 탬퍼(핸드 타이 탬퍼).

- 레벨링 : 탬핑 기계는 제2.3절과 같이 멀티플 타이 탬퍼의 사용이 기술적으로, 경제적으로 정당화되지 않지만, 인력작업으로는 너무 광대한 일련의 짧은 구간, 또는 국지적으로 틀림의 효과적인 정정을 위하여 사용한다. 개개의 탬핑 유니트는 특히 기계의 탬핑 툴이 도달하기 어려운 특정한 지점을 작업하거나 어떠한 다른 작업수단도 없을 때 급히 작업을 취하기 위하여 사용한다.
- 라이닝 : 탬핑 기계(일부 예외와 함께)와 개개의 탬핑 유니트는 궤도의 라이닝에 사용할 수 없다. 라이닝 정정을 위해서는 다른 수단을 이용하여야 한다.

(2) 국지적(개별적) 탬퍼를 이용하는 다짐

- 개요 : 각종의 이유 때문에 멀티플 타이 탬퍼를 사용하여 조정하는 것이 불가능한 경우에는 상기에 언급한 것처럼 개별적인 경 탬퍼(핸드 타이 탬퍼)를 사용하는 인력 탬핑 조정을 예정하는 것이 필요하다.
- 기계의 이해 : 개별적인 탬퍼는 본질적으로 단일 조작자용 수작업 도구이다. 진동, 또는 충격은 도구에 직접 고정한 모터나 도구 외부의 모터로 발생시킨다.
- 작업 모드 : 궤도를 다지는(탬핑) 작업을 하기 이전에 면(고저) 맞춤을 하여야 한다. 최대 리프팅 값을 결정하고 이 값이 조정작업의 여건에 모순이 없는지를 점검하기 위하여 탬핑을 하기 전에 정정하려는 종단 레벨링(면, 고저) 틀림의 사전 측량을 하는 것이 좋다. 인력 탬핑이 궤도의 라이닝에 상당한 영향을 가지지 않을지라도 탬핑을 하기 전에 수행한 레벨링이 라이닝에 영향을 주지 않고 틀림이 발생하지 않았는지를 점검하는 것이 좋은 실행이다.

(3) 국지적(개별적) 탬퍼를 이용하는 작업의 여건

개별적인 탬퍼를 사용하여 행하는 선형 정정 작업의 여건을 이하에 설명한다.
- 금지 기간 : 인력 다짐(탬핑) 작업은 궤도를 들지 않는다는 조건으로 1년 내내 수행할 수 있다(제1.6.2(2)항과 제2.4.2(2)항 참조).
- 온도 조건 : 준수하여야 하는 온도 조건은 상기에 정한 것들과 같다(제1.6.2(2)항과 제2.4.2(2)항 참조).
- 궤도 안정화 조건 : 제1.6.2(2)항을 적용한다.
- 클리어런스(건축 한계) : 제2.1.3(2)항을 적용한다.
- 기술적 요건 : 궤도선형에 관련되는 조건에는 ① 직선이나 곡선의 존재, ② 완화곡선의 유무, ③ 반곡점을 가진 곡선의 존재 여부, ④ 단일, 또는 복수의 구배를 가진 종단선형의 존재, ⑤ 종곡선의 유무, ⑥ 캔트 변화의 유무, ⑦ 반-캔트 반곡점의 유무 등과 같은 주요 조건이 포함된다.

(4) 국지적(개별적) 탬퍼를 이용하는 레벨링
(가) 콘크리트 침목 구간의 소규모 정정

이 작업은 이하의 조건을 충분히 준수하는 한, 속도의 제한이 없이 일년 내내 수행할 수 있다. 그럼에도 불구하고, 금지기간 동안에는 작업관리자의 사전동의를 필요로 한다. "① 제1장에서 검토한 제

1.6.2(2)(나)항의 조건(작업온도 제한)만을 준수하는 것이 필요하다. ② 야간에 작업을 수행하여야 한다. ③ 정정된 길이는 주어진 작업기간 동안 적어도 18 m만큼 떨어진 10 m 이하의 구간으로 제한되어야 한다. ④ 사용된 방법은 높은 지점(하중지지 침목)에서 궤도의 리프팅을 필요로 하지 않아야 한다. ⑤ 높은 지점 사이에서 (부상을 포함하여) 정정하려는 틀림의 최대 값이 10 mm를 넘지 않아야 한다. ⑥ (적어도 고속열차와 같은 중량의) 170 km/h의 속도로 제한되는 처음 열차의 통과 후에 안정화 동안 제1.6.2(2)항의 요구 조건을 적용 받는 후속의 열차에 대하여 정상속도를 회복할 수 있다." 만일 상기 조건이 전부 충족되지 않는다면, 아래의 (나)항과 같은 조건에서 작업을 하여야 한다.

(나) 기타의 경우

이 경우에는 다음에 의한다. ① 제1.6.2(2)(가), (나)항에 검토한 규정(작업금지 기간과 작업온도 제한 조건)을 전부 적용할 수 있다. ② 허용 최대 리프팅 값은 높은 점에 대하여 0이고 높은 점 사이에서 20 mm이다. 170 km/h의 속도로 제한된 (적어도 고속열차와 같은 중량의) 처음의 열차통과 후의 안정화 동안에 제1.6.2항의 요구 조건을 충족시키는 것을 조건으로 하여 후속 열차에 대하여 정상속도를 회복할 수 있다.

(5) 포물선 완화곡선의 특별한 경우

정정하려는 캔트 틀림을 결정하기 위하여 ① 자와 레벨기를 이용하여 캔트를 측정하고, ② 그것을 내삽법으로 계산하여 캔트와 비교하는 것이 필요하다.

(6) 인력 국지적 탬퍼를 이용한 뜬 침목 구간의 다짐

뜬 침목의 구간은 속도의 제한이 없이 일년 내내 궤도를 리프팅하지 않고 인력의 국지적 탬퍼를 사용하여 제거할 수 있지만, 제1.6.2(2)항의 온도 조건을 준수하여야 한다. 궤도를 양로하지 않으므로 처음 열차의 통과와 안정화에 관련되는 요구 조건을 준수할 필요가 없다.

2.4.2 도구와 작업 조건

(1) 도구

이 작업에 필요한 도구는 ① 국지적 탬핑 유니트, 또는 다기능 기계형 탬퍼(MFM형 기계) 1대, ② 미니 잭(유압, 또는 크랭크 등) 6개, ③ 조준기와 표척, ④ 볼 로드(ball rod)(목침목, 또는 콘크리트 침목용), ⑤ 수준기가 달린 캔트 자, ⑥ 구멍에 온도계가 있는 UIC 60 토막레일, ⑦ 석묵, ⑧ 포크, 곡갱이, 쟁기 등, ⑨ 줄자 등이다.

(2) 작업 조건

국지적 탬퍼를 이용하는 레벨링은 부류 2의 작업이다. 레벨링(고저 맞춤)은 다음의 두 조건이 동시에 만족된다면 속도의 제한이 없이 수행할 수 있다.

(가) 조건 1

지역적 기후 조건에 따라 관할 부서가 유보를 허가하지 않는 한, 이 작업에 해당하는 모든 유효작업(유효작업의 정의는 제2.7.1(1)항의 주해 참조)과 안정화는 5월 1일부터 9월 30일까지 정해진 하절기의 금지 기간을 벗어나서 완료하여야 한다.

(나) 조건 2

이 작업에 해당되는 모든 유효작업과 안정화는 장대레일 기록부(CWR pack)에 주어진 온도 범위(표 3.38 참조) 내에서 완료하여야 한다. 선로반장은 작업에 관련된 장대레일 기록부를 소유하고 있어야 한다. 장대레일 구간에 대하여 부류 2 유지보수 작업에 관한 제1.6.2(2)항의 요구 조건을 모두 적용할 수 있다. 더욱이, 다음 사항을 적용한다. 사용된 절차는 틀림의 정정에 필요한 높이보다 더 많은 궤도 리프팅을 필요로 하지 않아야 한다. 처음의 운행은 170 km/h(고속열차) 이상의 속도로 통과하지 않아야 한다. 정상속도는 최초 운행의 고속열차가 통과한 후와 궤도의 레벨링을 점검하여 결과가 충족되는 경우에 회복할 수 있다.

2.4.3 수평 궤도에 대한 국지적 레벨링

(1) 방법의 설명

처리하려는 궤도의 구간에 대하여 ① 작업하려는 구간과 그 양단부의 12 m에 걸쳐 횡 편차(수평틀림)를 측정한다(이론적 캔트를 복구하려고 시도하지 않고 양단에서 궤도의 캔트에 스므스하게 연결되는 캔트를 선택한다). ② 포물선 종곡선에서 캔트 계산의 특별한 경우는 제2.4.7항에서 논의한다. ③ 어떠한 측정도 없이 어떠한 부상(제5.2.5(1)항)이라도 관찰한다. ④ 참조레일을 결정한다 : 직선궤도 및 곡선궤도의 낮은 레일, ⑤ 낮은 레일에 대하여 처리(작업)하려는 구간의 단부 높은 지점(HP)의 위치를 (육안으로) 파악한다. ⑥ 조준기를 사용하여 높은 지점을 점검한다. ⑦ 단부의 높은 지점(HP)을 정확한 레벨링 지점(CLP)으로 전환시킨다. ⑧ 최대 6 침목 간격으로 잭(jacks)의 위치를 표시한다.

(2) 참조레일에 대하여

- 정확한 레벨링 지점(A지점)에서 지점(B지점)까지 조준을 하고 각 잭 위치의 레일 저부에 리프팅 값을 표시한다(...n..., C, D, E를 읽는다)(그림 2.1).

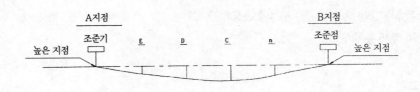

그림 2.1 수평 궤도의 국지적 레벨링에서 참조레일의 리프팅

- 작업 도중에 조준기(또는 표척)의 들림(리프팅)을 피하기 위해 다음 사항이 필요하다. ① 안전한 지점(safety point)을 만든다. ② 조준기를 처리(작업)해야 할 구간으로부터 멀리 이동시킨다.
- 이것을 행하기 위해서는 다음의 값을 읽어서 레일 저부에 표시한다. ① 적어도 10 침목(B′지점)으로 표척을 이동시킨다(그림 2.2). ② 값을 읽어서 레일 저부에 표시한다.

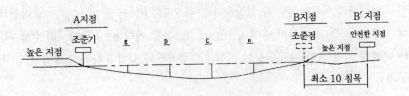

그림 2.2 수평 궤도의 국지적 레벨링에서 표척의 이동

2.4.4 종곡선의 국지적 레벨링

제2.4.3항과 같이 작업하며, 그림 2.1과 2.2를 각각 그림 2.3과 2.4로 바꾸어 적용한다.

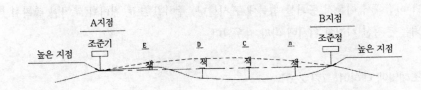

그림 2.3 종곡선의 국지적 레벨링에서 참조레일의 리프팅

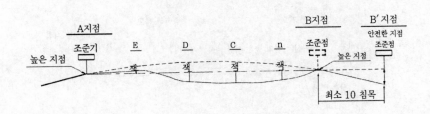

그림 2.4 종곡선의 국지적 레벨링에서 표척의 이동

2.4.5 수평과 볼록한 종곡선이 혼합된 궤도의 국지적 레벨링

(1) 방법의 설명

(가) 처리하려는 궤도의 구간에 대하여 제2.4.3(1)항과 같은 조치를 하되, ⑦과 ⑧의 작업 사이에 다음을 추가한다. "종곡선의 시점에 잭을 위치시킨다."

(나) 종곡선 시점에서의 이론적 종거를 결정한다(그림 2.5). $F = \dfrac{a^2 \times b}{(a+b) \times 2R}$. 종곡선에서 이론적 종거는 다음에 좌우된다. ① 종곡선의 반경 R (mm), ② 조준 거리 $b+a$ (m), ③ 수평 궤도의 길이 b (m) : 정확한 레벨링 지점(A점)~종곡선의 시점, ④ 종곡선의 길이 a (m) : 종곡선의 시점~정확한 레벨링 지점(B점)

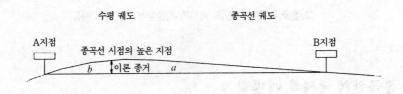

그림 2.5 수평과 볼록한 종곡선이 혼합된 궤도의 국지적 레벨링

종곡선의 시점에서 이론적 종거를 침목에 표시한다. 주어진 조준 거리와 주어진 종곡선 반경에 대한 이론적 종거는 종곡선 시점의 위치에 따라 좌우된다.

(2) 참조레일에 대하여(그림 2.6)

- 정확한 레벨링 지점(A점)에서 정확한 레벨링 지점(B점)까지 조준을 하고 종곡선의 시점에서 읽은 값을 기록한다 .

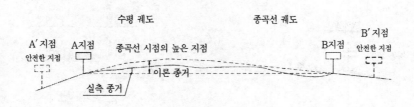

그림 2.6 수평과 볼록한 종곡선이 혼합된 궤도의 국지적 레벨링에서 참조레일

- 작업을 하는 동안 조준기(또는, 표척)의 들림을 피하기 위해 다음이 필요하다. ① 정확한 레벨링 지점(A′점) 끝에 안전한 지점을 만든다. ② 정확한 레벨링 지점(B′점) 끝에 안전한 지점을 만든다. ③ 종곡선 시점에서 정정 지점의 읽음을 점검한다.

종곡선 시점에서 필수의 정확한 지점을 결정한다.

종곡선 시점에서 필수의 정정 지점 = 이론적 종거 + 읽은 값 (백색 읽기의 경우)

이론적 종거 − 읽은 값 (적색 읽기의 경우)

이 값은 도달하려는 조준을 위하여 종곡선 시점의 정확한 지점에서 사용하려는 쐐기의 두께를 나타낸다. 읽은 값이 이론적 종거보다 큰 경우(음의 결과)에 종곡선 시점에서 필수의 정정 지점은 특별한 검토(기술 팀, 분소장)가 필요한 높은 점이다.

(가) 작업 전 : ① 정확한 레벨링 지점(A점)에서 정확한 레벨링 지점(B점) + 안전한 지점 + 종곡선 시점의 정정 지점에 대하여 조준한다. ② 정확한 레벨링 지점(B점)에서 정확한 레벨링 지점(A점) + 안전한 지점 + 종곡선 시점의 정정 지점에 대하여 조준한다. ③ 종곡선의 높은 지점, 또는 낮은 지점에 대한 정정 지점의 값을 결정한다. ④ 수평 궤도에 대하여 정확한 레벨링 지점(A점)에서 종곡선의 정정 지점(대응하는 쐼(쐐기)의 값)을 조준하여 그 값을 작업 표에 기록한다. ⑤ 종곡선의 이론적 종거 값을 작업 표에 기록한다. ⑥ 종곡선 궤도에 대하여 종곡선 시점의 정정 지점(대응하는 쐼(쐐기)의 값)에서 정확한 레벨링 지점(B점)에 대한 값을 읽어 작업 표에 그 값을 기록한다. ⑦ 리프팅 값(이론적 종거 − 종곡선의 정확한 지점에서 정확한 레벨링 지점 B를 조준한 값)을 결정한다. ⑧ 안전한 지점(SP)에서 대응하는 쐼(쐐기)이 있는 안전한 지점을 조준하여 그 값을 작업 표에 적는다. ⑨ 안전한 지점(SP)에서 안전한 지점(SP)에 대하여 얻으려는 이론적 값 = 읽은 값 − 리프팅

(나) 작업의 수행 : 수평 궤도와 종곡선 궤도의 연속한 리프팅

(다) 작업 후 : ⑩ 안전한 지점(SP)에서 안전한 지점(SP)까지의 조준을 점검한다.

(라) 기록 : 품질 보증 문서를 기록한다.

2.4.6 수평과 오목한 종곡선이 혼합된 궤도의 국지적 레벨링

(1) 방법의 설명
- 처리하려는 궤도의 구간에 대하여 제2.4.5(1)(가)항과 같은 조치를 한다.
- 종곡선에서의 이론적 종거를 제2.4.5(1)(나)항과 같이 결정한다(그림 2.7).

(2) 참조레일에 대하여(그림 2.8)
제2.4.5(2)항을 적용하되, '종곡선 시점에서 필수의 정정 지점'은 다음과 같이 한다.

'종곡선 시점에서 필수의 정정 지점 = 읽은 값 − 이론적 종거'

또한, (가)~(다)항은 제2.4.5(2)항의 (가)~(다)항을 적용하되, (가)항의 ⑤와 ⑥의 순서를 바꾸어

서 적용하고, ⑦을 다음과 같이 한다.

⑦ 리프팅 값(종곡선 시점의 정정 지점에서 정확한 레벨링 지점(B점)에 대한 조준 값 - 이론적 종거)을 결정한다.

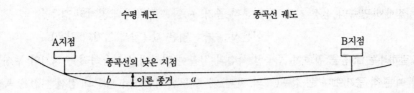

그림 2.7 수평과 오목한 종곡선이 혼합된 궤도의 국지적 레벨링

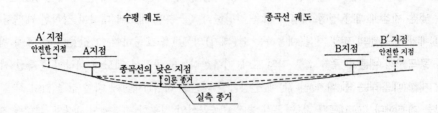

그림 2.8 수평과 오목한 종곡선이 혼합된 궤도의 국지적 레벨링에서 참조레일

2.5 삽 채움 및 동적 안정화

2.5.1 삽 채움에 의한 레벨링

(1) 삽 채움의 개요

- 개요 : 삽 채움(troweling)은 본질적으로 사전에 측정한 레벨링 틀림의 정밀한 정정을 위하여 사용하는 인력 작업이다. 틀림은 잘 한정된 양의 자갈을 부설하여 정정하며, 그것은 관련된 지점에서 발견한 침목의 하면과 도상간 레벨링 틀림의 값에 좌우된다. 만족스러운 조건 하에서 침목 아래에 궤도자갈을 부설하기 위해서는 그 도상의 부분을 굴착한 후에 궤도를 들어올려야 한다.

- 레벨링 : 측정된 삽 채움은 탬핑 기계의 사용이 어렵거나 기술적으로 정당화되지 않는 특별한 궤도 구간에 대하여 지정하여야 하는 예정된 작업의 일부를 형성한다(특히, 분니 구간의 재 작업). 삽 채움을 사용하여 보수하는 어떤 길이의 궤도부분에 대하여는 이 방법을 사용하여야 한다. 주어진 궤도 구간에 대한 탬핑과 삽 채움의 교대는 금지된다.

- 라이닝 : 삽 채움 작업은 삽 채움을 한 구간의 인력 라이닝이 뒤따라야 한다.

(2) 삽 채움 도구

삽 채움 도구는 ① 침목 아래에 궤도자갈을 배치하기 위한 채움용 삽, ② 부설하려는 궤도자갈의 양을 측정하기 위하여 사용하는 측정용 삽, ③ 궤도자갈 저장용 자갈 통 등을 포함한다.

(3) 작업 모드

종 방향 레벨링(면, 고저) 틀림은 선로반의 표척과 조준기를 사용하여 각 레일에 대하여 측정한다. 동시에, 캔트용 자를 사용하여 실제 캔트를 측정한다. 종단 레벨링의 측정은 실제 캔트의 값과 구하려고 하는 캔트 값간의 차이를 고려하여 결정한다. 최종결과는 소위 삽 채움 표시이다. 두 번째 단계에서는 삽 채움 표시의 위치에서 궤도자갈을 굴착한다. 굴착은 엄밀히 필요한 것으로 제한된다. 세 번째 단계에서는 삽 채움을 위하여 충분한 높이만큼만 궤도를 들어올리고 나서 삽을 이용하여 궤도를 자갈로 채운다. 삽 채움을 한 후에 도상단면을 정리한다. 측정된 삽 채움은 개별적인 탬퍼를 사용하는 레벨링 조정의 경우에서처럼 궤도 라이닝에 대하여 영향을 줄 수 있다. 그러므로, 삽 채움 작업 후에는 라이닝을 점검하는 것이 중요하며, 필요시 인력으로든지 기계적으로 라이닝을 정정한다.

(4) 작업의 여건

- 금지 기간 : 금지기간 동안에는 부분적인 동적 안정화가 뒤따르지 않는 한, 삽 채움 작업이 금지되며, 이 안정화는 삽채움과 같은 열차운행중지 기간 동안 수행하여야 한다(제1.6.2(2)항 참조).
- 온도 조건 : 제1.6.2(2)항을 적용한다.
- 궤도 안정성 조건 : 제1.6.2(2)항을 적용한다.
- 클리어런스(건축한계) : 제2.1.3(2)항을 적용한다.
- 기술적 조건 : 제2.4.1(5)항을 적용한다.

(5) 삽 채움에 의한 레벨링

측정된 삽 채움(연속, 또는 축소하여)을 이용하는 장대레일 궤도의 레벨링은 이하에 기술한 것처럼 수행하며, 부류 2 작업의 수행 절차를 따르는 것을 조건으로 한다.

(가) 장대레일의 전체 길이에 걸친 레벨링
- 장대레일 한 끝의 150 m와 다른 끝의 150 m 사이에서 연속하여 중앙구간(부동구간)을 레벨링(면, 고저 맞춤)한다. 400 m 미만의 장대레일에 대하여는 중앙구간을 임의적으로 100 m로 한정한다.
- 중앙구간(부동구간)의 안정화 후에 장대레일의 중앙구간과 신축이음매를 포함하는 장대레일 끝 사이에 위치한 부분을 레벨링한다. 그러나, 가동구간(신축구간)을 레벨링하기 전에 전체의 중앙구간에 대하여 안정화를 기다릴 필요가 없다. 나중에, 가동구간에 인접하는 중앙구간의 150 m(또는, 장대레일의 길이가 400 m 미만인 경우는 중앙의 100 m)가 안정화되기에 충분하다.

– 가동구간의 삽 채움은 모든 경우에 항상 중앙구간에서 시작하여 장대레일 끝을 향하여 시행한다.

(나) 장대레일의 부분적인 레벨링

장대레일 끝에서 300 m 이상 떨어진 중앙구간(부동 구간)의 부분적인 레벨링의 경우에는 가동구간의 레벨링을 취하기 전에 이 구간의 안정화를 기다릴 필요가 없다.

(다) 외따로 시행하는 신축이음매의 레벨링

신축이음매의 레벨링은 그 중심선의 양쪽에서 25 m 이상 확장하지 않아야 한다.

(라) 삽 채움을 이용하는 모든 레벨링 방법에서 공통적인 요구 조건

하부굴착은 침목의 유형, 또는 작업의 위치에 상관없이 침목의 두 간격에서 한 간격, 또는 반 간격씩 교대로 수행하여야 한다. 삽 채움의 빈번한 회전을 피하기 위하여 삽 채움 스트립에 변화가 있지만 대략 25 m마다 하부굴착 방향을 변경한다. 침목 끝의 어깨는 하부굴착의 영향을 받지 않아야 한다. 점심시간 동안 삽 채움이 수행되고 있는 동안에 아직 도상 면을 정리하지 않은 삽 채움 시행구간은 레일온도가 참조레일에 달하거나 넘는 것이 예상될 경우에 모니터링해야 한다. 더욱이, 하루의 마지막에 장대레일 일부의 도상 면을 정리하지 않고 남겨두어서는 안 된다. 삽 채움에 관한 모든 요구 조건, 특히 하부굴착의 길이에 관련되는 것들은 장대레일에 적용할 수 있다.

2.5.2 동적 안정기의 특성과 동적 안정화

(1) 개요

도상 층에 관한 이 처리 방법은 몇 개의 철도망과 협력하여 수행된 수많은 연구의 결과이다. 동적궤도 안정기(DTS)는 신속하고 제어된 궤도 안정화 작업을 수행한다. 도상 요소의 변화로 귀착되는 어떤 작업 후에는 횡력에 대한 궤도의 저항력이 감소되고 이동 하중의 영향을 받아 궤도가 침하된다. 이들의 관찰은 속도제한의 적용을 필요로 하며, 대단히 더운 날씨 동안 어떠한 레벨링과 라이닝 작업도 금지한다. 안정기는 궤도에 수평으로 가해지는 진동과 수직 정적 하중의 결합에 의하여 컨트롤된 방식으로 작업 후에 불가피한 침하를 가속시킬 수 있다. 궤도는 고르게 압밀되며, 더 균일하게 된 도상은 어떠한 지점에서도 더 큰 지지면과 더 낮은 압력을 마련한다. 안정기의 작업은 궤도선형을 변화시키지 않지만, 종과 횡 힘에 대한 궤도 저항력을 증가시킨다. 동적 안정기는 어떠한 멀티플 타이 탬퍼 뒤에서도 연속적으로 작업할 수 있다.

(2) 안정기의 장점

안정기의 장점은 다음과 같다. ① 컨트롤된 안정화에 의하여 초기 침하의 제거, ② 도상 층의 균질화, ③ 횡력에 대해 더 큰 궤도의 저항력, ④ 속도제한 기간의 감소, ⑤ 시간에 걸친 작업품질의 더 좋은 유지, ⑥ 고속선로에 대한 승차감의 개량

(3) DGS 62N 안정기의 특징

- 작업 파라미터 : 작업의 파라미터에는 ① 작업 진행 속도 S, ② 진동 주파수 F(Hz), ③ 수직 하중 P 등이 있으며, DTS 장비의 유형에는 DGS 42N, DGS 62N, DGS 72NR 등이 있지만 이하에서는 우리나라에서 사용하는 DGS 62N을 중심으로 하여 설명한다.
- 유지보수 탬핑 후의 안정화 : ① 작업 진행속도가 일정하여야 하며, 800~1,300 m/h 사이에 설정한다. ② 진동주파수가 일정하여야 하며, 25~35 Hz 사이에 있어야 한다. ③ 수직하중은 0과 40 톤 사이에서 변할 수 있다. ④ 레벨링 시스템(침하의 점검과 컨트롤)이 기계에 설치되어 있으며, 모든 경우에 사용할 수 있다.
- 새로운 도상에 대한 안정화(리프팅 작업) : ① 작업진행 속도는 일정하여야 하며, 대략 1,000 m/h 에 설정한다. ② 진동주파수는 25와 30 Hz 사이에 있어야 한다. ③ 수직하중은 일정하여야 하며 40 톤(즉, 90 bars)을 유지하여야 한다. ④ 레벨링 시스템(침하의 점검과 컨트롤)은 보통으로 사용된다. ⑤ 침목 아래에 도상이 많지 않은 경우(처음의 안정화에 대하여 보통의 경우)에는 수직하중을 20 톤으로, 진동가속도를 20 Hz로 제한한다.
- 작업 시·종점의 구배 : 최종 구배는 대략 20~30 m의 거리로 궤도 특수지점(분기기, 교량 등)에서 떨어져서 만들어야 한다.
- 점검 파라미터 : 안정기는 4 채널 레코더를 설비하여야 한다. 기록은 다음의 주요 특성을 가져야 한다. ① 기록지 속도 : 궤도의 1 km를 20 cm로 나타낸다(스케일 1 : 5,000). ② 라이닝(줄, 방향 맞춤) : ⓐ 10 m 현의 중앙에서 측정한 종거, ⓑ 종거는 풀 스케일로 측정한다. ③ 횡 레벨(수평) : ⓐ 캔트는 펜드럼(pendulum)을 사용하여 풀 스케일로 측정한다. ⓑ 평면성은 2.75 m 기선에 걸쳐 측정한다. 이것은 궤도 검측차 기록으로서 그래프 상에 mm/m의 이중 스케일로 나타난다. ④ 종 방향 레벨링 : ②와 같다.

2.5.3 동적 안정기의 사용

검증된 동적 안정기의 사용은 콘크리트 침목에 부설된 궤도의 부분적인 안정화를 보장한다. 이것은 리프팅 값과 이동 값이 준수되는 경우에, 그리고 동적 안정화가 레벨링과 같은 열차운행 중지기간 동안 수행되는 경우에 멀티플 타이 탬퍼 작업을 하고 나서 안정화 동안 조건 1, 또는 조건 2(제1.6.2(2)항 참조)에 따를 필요가 없이 속도를 제한하지 않을 수 있는 것을 의미한다. 작업 시작과 종료 램프(작업 구배)는 다음과 같이 설정한다. 램프는 특별한 개소(분기기, 교량, 등)에서 멀리 떨어져 대략 20~30 m의 거리에서 설정하여야 한다.

- 작업시작 램프 : ① 안정기를 일정한 속도로 전방으로 이동시킨다. ② 안정기가 이동함에 따라 진동을 시작하고, 진동주파수를 조정한다(수직 하중이 없이 : 전위차계가 0에 달한다). ③ 압밀 값을 설정한다 : ⓐ 목침목에 대하여 6~8 mm(압밀 전위차계가 3~4의 눈금에 위치), ⓑ 콘크리트 침목에 대하여 8~10 mm(압밀 전위차계가 4~5의 눈금에 위치), ④ 그 다음에 수직하중을 가하고 수직하중이 24 톤(80 바)의 최대 값에 도달할 때까지 20~30 m의 길이에 걸쳐 점진적으로 수직하중

을 증가시킨다. 이것을 행하기 위하여 게인(gain) 전위차계(포텐쇼미터)를 0 표시에서 5~7 표시까지 점진적으로 돌린다.

- 작업종료 램프 : ① 수직하중이 0에 도달할 때까지 20~30 m의 길이에 걸쳐 수직하중을 점진적으로 줄인다. ② 그 다음에, 안정기가 여전히 이동하고 있을 때 진동스위치를 끈다.

2.6 일반적인 양로 작업과 선형 변경

2.6.1 멀티플 타이 탬퍼를 이용한 장대레일 궤도의 일반적인 양로

(1) 일반적인 양로작업

멀티플 타이 탬퍼를 이용하여 시행하는 콘크리트 침목, 장대레일 궤도의 일반적인 양로작업은 다음과 같이 시행하며, 동적 궤도 안정기로 궤도를 안정화시키는 작업을 병행하는 경우에는 안정기의 압력 범위를 적합하게 하여야 한다. 궤도의 종단선형(면, 고저)을 양로하는 주된 목적은 건전한 도상의 두께가 불충분할 때 도상의 지지구조를 유지하며, 궤도구조의 구성과 본질이 다짐의 내구성을 손상시키지 않음직한 경우에 레일의 유형과 침목의 유형이 무엇이든지 간에 모든 궤도를 다질 수 있게 만드는 것이다. 안정화 후에 측정하여 적어도 ① 콘크리트 침목 하부에서 0.15 m, ② 목 침목 하부에서 0.10 m 값만큼의 양로가 권고된다(건축한계에 모순되지 않는 한). 정정 지점(CP)에서 0.020 m~0.100 m 범위내의 양로는 원칙적으로 금지된다.

이 작업의 계획수립은 콘크리트 침목의 궤도 및 양로가 궤도 아래의 개량을 피하게 하거나 지연시키게 할 수 있는 구간에 중점을 두면서 고민거리가 나타나는(또는, 고민거리의 출현이 촉박한 것으로 보이는) 구간에 우선권을 주는 5개년 계획의 주체이어야 한다. 양로작업의 수행에 사용하는 장비는 이 임무에 대하여 검증되어야 한다.

(2) 종단선형

샘플링과 횡단면 측정 후의 종단선형 검토는 허용 면 맞춤 요소를 얻는데 필요한 도상 층의 두께를 최적화하기 위하여 본질적이다. 이 검토는 특히 궤도양로에 양립할 수 없는 토목구조물과 기타 모든 설비에 관련된 제한을 고려하여야 한다. 자갈도상 교량에서 횡단 슬래브 위의 자갈두께는 제한된다. 양로 검토의 과정에서 최초 높이의 어떠한 초과도 토목구조물 부서의 승인을 얻기 위하여 제출하여야 한다.

(3) 예비 작업

일반적인 궤도 양로작업은 유지보수 사이클에 무관하다. 레일표면의 연마는 필요시에 가능한 한, 양로작업 후에 곧바로 시행하도록 예정하여야 한다. 게다가, 면 맞춤-줄맞춤의 품질과 내구성에 영향을 줄지도 모르는 ① 국부적 도상 클리닝, ② 용접부의 연마와 육성 용접, ③ 공전상의 육성 용접 등과 같은 작업이 필요한 경우에는 양로 이전에 수행하여야 한다.

(4) 작업 조건

양로작업은 일년 내내 예정할 수 있다. 궤도레벨(면, 고저)의 조정은 이하에 기술한 것처럼 결정된 임시속도제한을 이용하여 수행한다.

(가) 일반적인 경우

다음의 조건들을 동시에 충족시키는 경우는 170 km/h의 임시 속도제한을 이용하여 작업을 수행한다. ① 관련된 양로 구간은 완화곡선 램프(캔트 변화구간)에서조차 어떠한 다른 지지도 제외하면서 콘크리트 침목만을 가지고 있다. ② 사전에 살포한 도상자갈이 좋은 면 맞춤 품질을 얻기에 충분하고 궤도를 규정의 도상단면과 함께 영업사용으로 되돌리기에 충분하다. ③ 열차운행의 중지와 함께 야간에만 작업을 수행한다. 작업은 가능한 한 열차의 주행방향으로 진행하여야 한다. ④ 각각의 첫 번째 다짐(R_1)과 두 번째 다짐(R_2)은 양로한 구간의 선형을 즉시 모니터링할 수 있는 레코더가 설치되고 검증된 다짐기계로 수행한다. 임시 완화곡선 램프는 1 mm/m 구배(기울기)를 가져야 한다. ⑤ 동적 안정화는 종과 횡 레벨링(면(고저)과 수평), 평면성 및 종거(방향, 줄)의 기록과 함께 각각의 첫 번째 다짐과 두 번째 다짐 및 최종 다짐 후에 수행한다. ⓐ 종 방향 레벨링(면, 고저)은 5 mm 범위 내, ⓑ 캔트 편차(수평)는 4 mm, ⓒ 평면성은 1.5 mm/m, ⓓ 종거(줄, 방향)는 6 mm 범위 내 등의 한계를 준수하여야 한다. ⑥ 각 주행간에 24 시간의 유예기간을 갖는다. ⑦ 10 회의 열차가 170 km/h로 주행하기 전에 레일온도가 ⓐ 유지보수 작업에 허용된 범위의 상한을 20 ℃ 이상만큼, ⓑ 또는, 45 ℃를 초과하지 않아야 한다. 열차 후방의 검사는 이들 10 회의 통과 후와 주간의 차단시간 이전에, 가능하다면 영업개시 열차로 이루어져야 한다. ⑧ 현장작업의 처음 5일 동안은 얻어진 선형품질을 점검하기 위하여 이 검사 동안 차체가속도를 측정하여야 한다. 그 후의 차체가속도 측정주행은 매주 현장에서 이루어져야 한다. ⑨ 특별 지침은 선로개통 검사에 책임이 있는 선로원에게 양로구간을 면밀히 관찰할 것을 요구하고 있다. 이 지침은 필요시 170 km/h 미만의 속도제한을 적용하기 위하여 필요한 조치를 명기하여야 한다. 양로 작업이 관련되는 한, 신축이음매 구간은 양단에서 궤도와 같은 방법으로 고려한다.

(나) 특별한 경우

만일, 이들 조건 중에 어느 것이라도 충족되지 않는다면 최대 80 km/h의 임시 속도제한을 부과하여야 한다. 즉각적인 점검을 위해 정해 놓은 한계를 초과하는 경우에는 현장 관리자가 허용속도를 결정한다.

(5) 작업 방법

처음의 양로 주행은 상대기선 방법으로 수행한다. 종곡선의 시점과 종점에 대한 접근은 그들의 종 방향 위치에 따르면서 절대기선 방법으로 처리하여야 한다. 두 번째 양로 주행은 절대기선 방법으로 수행하여야 한다. 상대, 또는 절대기선방법의 최종 양로 주행은 양로를 10 mm로 제한한다.

(6) 응력 해방과 균질화

양로를 수행한 때의 온도(t ℃)가 "중위온도 -15" ℃와 부류 2 작업(모든 기타 작업)에 지정된 온도범위의 상한 사이에 있지 않은 경우에는 다음에 따른다. ① 만일 양로가 장대레일 단부로부터 150 m 미만에 위치한 궤도 구간을 포함한다면, 양로에 관련된 장대레일의 마지막 200 m는 '부분적으로 응력을 해방'하여야 한다. ② 장대레일 단부로부터 150 m 미만에 위치하고 목침목에 전체적으로, 또는 부분적으로 부설된 다른 구간의 두 장대레일 사이의 천이접속 구간을 포함하여 양로할 때 응력의 국지적 '균질화'는 더 무거운 레일의 쪽에 대한 천이접속 용접부를 넘어 50 m에 걸쳐 중위온도와 "중위온도 -15" ℃ 사이에서 수행하여야 한다. ③ 응력 해방, 또는 균질화는 안정화 후에 수행하여야 한다.

(7) 정상속도의 회복

정상속도는 ① 궤도선형(기록)의 확인, ② 상설 램프의 신중한 설정(1 mm/4 침목), ③ 안정화 기간의 경과, ④ 전차선의 높이와 지거의 점검, ⑤ 모든 응력 해방, ⑥ 안전레일이 있는 경우에는 안전레일의 재 부설 등의 후에만 이루어진다.

2.6.2 선형의 변경

(1) 선형의 변경

선형의 변경은 다음과 같이 시행하며, 동적 궤도 안정기로 궤도를 안정화시키는 작업을 병행하는 경우에는 안정기의 압력 범위를 적합하게 하여야 한다. 이 작업은 통상적으로 무더운 날씨의 기간을 피해서 수행하여야 한다. 그러한 작업이 더운 기간 동안 취해지는 예외적인 경우에는 안정화가 달성될 때까지 그 날의 무더운 기간 동안에 조정구간을 상시 모니터링하여야 한다. 그 후의 검사 동안에는 궤도의 거동을 특별 점검하여야 한다. 더욱이, 이 작업은 아래에 주어진 사항에 특별히 주의해야 한다. ① 선형의 변경이 없이 단순한 캔트 교정을 포함하는 경우에는 제2.2.3(1)항의 요구 조건에 따라 수행할 수 있다. ② 계획된 작업이 제2.1.6(3)항, 제2.2.2(6)항 및 제2.4.1(4), (6)항의 규정을 적용 받지 않는 경우에는 면 맞춤과 줄맞춤 및 규정 도상단면의 회복을 완료할 때까지 유지하여야 하는 40 km/h의 속도제한[1] 하에서 수행하여야 한다. 레일온도는 유효작업 동안 40 ℃를 초과해서는 안 된다. 그 다음의 속도제한은 안정화될 때까지 100 km/h로 증가시킬 수 있다. 온도가 45 ℃를 초과할 우려가 있다면, 모든 필요한 응력 해방, 또는 균질화 작업의 완료 시까지 100 km/h의 속도제한을 유지한다. ③ 수십 m의 길이에 걸친 체계적인 이동작업을 필요로 하는 선형변경은 다음에 기술하는 규정을 적용하면서 실행하여야 한다.

(2) 제2.2.2(6)항에 규정한 제한을 초과하는 이동작업과 수십 m의 길이에 걸쳐 체계적인 이동작업을 필요로 하는 선형변경에 관련되는 요구 조건

---

[1] 규정 도상단면과 궤도선형의 복구와 검사를 포함하여 모든 작업이 동일한 열차운행중지 기간 내에 완성될 수 있는 경우에는 40 km/h의 열차속도제한이 필요하지 않다.

(가) 이동작업 구간이 장대레일의 중앙구간(부동구간, 끝에서부터 150 m 이상)만을 포함하는 경우

다음에 대하여 고정된 표지 맞은 편에서 10 m마다 측정한다. ① f (mm) : 20 m 현의 종거, ② r (mm) : 이동량. 곡선의 외측을 향하여 +, 내측을 향하여 −로 계산한다. ③ L (m) : 길이 → ⓐ 이동작업 구간을 포함, ⓑ 장대레일 단부의 150 m 이내에 접근하지 않음, ⓒ 이용할 수 있는 간격을 주면서 단일 작업으로 균일화될 수 있는 길이를 초과하지 않음), ④ $n = \dfrac{L}{10}$: 길이 L에 포함된 고정 표지의 수.

1) $\left| \overset{n}{\underset{\sum}{}} \, rf \right| \leq 2,500n$과 같은 길이 L을 결정한다. 그러한 길이[1]가 있을 경우에는 궤도가 안정화될 때 이 길이에 걸쳐 응력을 균일화시킨다. 참조온도는 변경하지 않는다.

2) 상기의 기호설명에서 길이 L의 세 조건을 충족시키는 가장 긴 길이 L에 걸쳐 $\left| \overset{n}{\underset{\sum}{}} \, rf \right| > 2,500n$의 조건이 사실인 경우에는 부분적인 응력 해방을 제3.4.2(6)항의 규정을 적용하여 길이 L의 양단에서 50 m에 위치한 두 지점 A와 B 사이에서 수행하여야 한다.

(나) 이동길이가 신축 구간(가동구간)을 포함하는 경우

안정화 후에 제3.4절을 적용하면서 장대레일로부터 적어도 200 m 지점에서 시작하여 부분적인 응력 해방을 수행한다. 만일 신축이음매가 있다면 신축이음매의 유간을 점검하고 필요시 가능한 한 곧바로 신축이음매를 조정한다.

(다) 이동된 구간이 중앙구간(부동구간)과 신축구간(가동구간) 양쪽에 포함되는 경우

안정화 후에 관련된 장대레일의 끝과 이동길이의 중앙 끝을 지나 50 m에 위치한 지점 사이에서 부분적인 응력 해방을 수행한다. 만일 신축이음매가 있다면, 신축이음매의 유간을 점검하고 필요시 가능한 한 곧바로 신축이음매를 조정한다.

2.7 궤도선형 문제의 처리방법

2.7.1 장대레일의 두 조건 중 하나가 준수되지 않는 경우

(1) 유지보수 작업의 실행을 지배하는 조건

(가) 부류 1의 작업

부류 1 작업은 참조온도(reference temperature)에 상관없이 −5 ℃∼+50 ℃의 온도범위 내에서 속도의 제한이 없이 일년 내내 허용된다. 위급한 비상시의 경우를 제외하고 이 온도 범위를 벗어나서 부류 1 작업을 수행하는 것은 권고되지 않는다.

(나) 부류 2의 작업

부류 2 작업은 다음의 두 조건이 동시에 충족되는 경우에 속도의 제한이 없이 수행할 수 있으며, 안정이 완료될 때까지 속도를 170 km/h로 제한하여야 한다.

---

[1] 이것은 물론 항상 직선궤도($f = 0$)와 대부분의 경우에 큰 반경의 곡선에 대한 경우이다.

- 조건 1 : 모든 유효작업[1]과 이 작업에 관련되는 안정화는 지방의 기후 조건에 따라서 관할 부서가 유보를 보장하지 않는 한 5월 1일에서 9월 30일까지 정해진 무더운 날씨의 금지기간을 벗어나서 수행한다. 이 기간은 필수의 부분적인 동적 안정화(DTS)작업 기간에 해당한다.
- 조건 2 : 모든 유효작업[1]과 이 작업에 관련되는 안정화는 장대레일의 참조온도(t_r), 선형 및 수행하려는 유지보수 작업의 함수로서 허용온도 범위 내에서 수행한다. 이들의 범위는 0~40 ℃의 범위 내를 유지하면서 표 2.5에 따라 정한다.

표 2.5 장대레일 보수작업의 허용온도(부류 2의 작업의 조건 2)

수행하려는 유지보수 작업	허용온도 범위(℃)
아래와 같은 멀티플 타이 탬퍼의 작업 - 높은 지점에 대하여 20 mm 이하의 리프팅 및 높은 지점들 사이에서 50 mm 이하의 리프팅 - 크기가 40 mm 이하인 라이닝 틀림의 정정(통과당 최대 20 mm)	$(t_r - 25) \sim (t_r + 15)$
핸드 타이 탬퍼 등 기계적 탬핑을 사용하는 궤도의 일반적 리프팅을 포함하는 모든 기타의 부류 2 작업 (예를 들어, 노반의 샘플링, 침목 교환, 도상 클리닝 등)	$(t_r - 25) \sim (t_r + 5)$

장대레일이 부설된 노선의 선로반장은 그 노선의 각 장대레일, 또는 장대레일의 일부에 대하여 유지보수 작업을 수행할 수 있는 레일온도의 조건을 정한 장대레일 요약서(표 3.38)를 갖고 있다. 이 요약서는 분소장이 작성하여 최신의 것으로 유지 관리한다.

(2) 제(1)항의 조건 중에서 적어도 하나가 준수되지 않는 경우에 취하여야 하는 조치
(가) 관련된 곳에서 조건 1이 준수되지 않는 경우
부류 2 작업을 수행할 필요가 있을 때는 관할 부서의 동의가 필요하다. 속도는 연속작업에서 적어도 24 시간 동안 최대 100 km/h로, 그 다음에 안정화의 완료 시까지 170 km/h로 제한된다. 금지기간 내에 포함된 유효작업과 그 안정화만이 관련된다. 동적 안정기를 사용하는 경우에는 궤도에 콘크리트 침목이 부설된 것을 조건으로 100 km/h와 170 km/h의 속도제한을 적용하는 것이 필요하지 않다.
(나) 유효작업의 기간 동안 조건 2가 준수되지 않는 경우
유효작업의 과정 동안 조건 2에 한정된 온도 상한을 넘음직한 온도증가를 알아차렸다면 즉시 작업을 중지하여야 한다. 작업이 수행되고 있는 궤도에 대하여는 40 km/h의 속도제한을 적용하고 인접궤도, 또는 적어도 하나의 무거운 열차가 현장에 걸쳐 통과할 때까지의 궤도에 대하여는 100 km/h(또는, 이하)의 속도제한이 적용되며 이것은 궤도 지지층이 영향을 받은 모든 경우(리프팅, 이동, 삽 채움, 하부굴착 등)에 온도가 조건 2에 명기된 온도한계 이하로 떨어질 때까지 적용한다.

---

[1] 유효작업은 작업의 개시로부터 체결장치의 체결과 도상 단면에 관하여 궤도가 완전히 회복될 때까지의 기간을 의미한다. 게다가, 궤도의 지지층이 영향을 받는 경우(리프팅, 이동, 하부굴착 등)에 궤도는 적어도 하나의 무거운 열차(궤도차, 모터가, 탬핑기계와는 다른 적어도 고속 열차의 1 편성과 동등한 중량 열차) 주행에 의하여 압밀되거나 동적 안정기로 처리하여야 한다.

(다) 안정화 동안 조건 2가 준수되지 않은 경우

레일의 온도가 45 ℃를 넘는 것이 예상될 때는 하루의 기간 동안 100 km/h 이하의 속도제한을 적용한다. 동적 안정기를 사용하는 경우에는 궤도에 콘크리트 침목이 부설된 것을 조건으로 100 km/h 속도제한의 적용이 필요하지 않다.

2.7.2 측정의 처리

(1) 횡 레벨링(수평, 평면성)

(가) 궤도의 횡 레벨링 점검

횡 레벨링의 모니터링과 점검은 선로반의 중요한 업무이다. 궤도의 횡레벨링 틀림진행은 "① 점검 동안 위험한 상황, ② 승차감의 상당한 감소, ③ 시간과 장비의 면에서 비싼 유지보수 작업으로 이끌고, 궤도에서 허용될 수 없는 궤도의 피로뿐만 아니라 라이닝과 궤간 틀림" 등으로 이끌 수 있다.

궤도의 횡레벨링 틀림진행은 특히 "평면성 틀림(제(2)항 참조) + 캔트 틀림(제(3)항 참조)"에 의하여 특징지어진다. 이 틀림은 또한 검측차 그래프에서 직접 계산할 수 있다. 이 틀림은 ① 궤도의 유지보수 작업, ② 궤도 검사(육안 검사), ③ 기관사가 통보하거나 열차검사에 의하여 탐지된 비정상적인 흔들림 등에 이어서 궤도에서 측정할 수 있다.

(나) 횡 레벨링의 읽기

다음에 의한다. ① 직원의 안전을 보장한다. ② 육안으로, 또는 분소장이 교부한 킬로미터 지점에 따라 의심스러운 구간의 위치를 파악한다. ③ 침목의 흔들림(뜬 침목)을 찾아내고 측정한다(제5.2.5(1)항 참조). ④ 각 침목에서 읽은 캔트(수평 틀림) 값을 적고 표시한다. ⑤ 측정결과를 업무일지나 서식에 기록한다. ⑥ 현장의 침목과 업무일지에 번호를 매긴다.

(2) 평면성 틀림의 정의

평면성 틀림은 하중 하에서 ① 일반적으로 3 m 간격(3 m의 거리는 보기를 형성하는 2축의 축거에 대략 상당한다), ② 9 m 간격(사무소장이 요구한 기록)(9 m의 거리는 고정 차량에게 민감한 틀림을 계산하는 것을 가능하게 만든다) 등의 간격을 둔 2 지점간에서 측정한 횡 레벨링(수평)의 차이이다. 평면성 틀림 = 기록된 캔트(수평 틀림) + 흔들림(침목 부상). 포물선 완화곡선에서는 캔트가 점진적으로 변화한다. 그러므로, 구조적인 평면성 틀림이다.

(3) 캔트 편차의 정의

캔트 틀림은 B 지점(그림 2.9)에서의 횡 레벨링(수평) 값(N_B)와 A와 C 지점에서의 횡 레벨링(수평)의 평균 $(N_A + N_C)/2$ 사이에서 실제 횡 레벨링 차이(즉, 하중 하에서)이다. 캔트 편차 = 기록된 캔트 + 흔들림(부상)

지점 B에서 캔트 편차 = $N_B - (N_A + N_C) / 2$

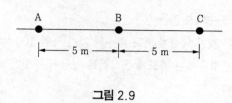

그림 2.9

(4) 온도 모니터링 검사의 수행

소정의 온도 검사를 착수하기 위하여 레일온도가 45 ℃에 도달할 것으로 예상되는지의 여부를 결정하는 방법은 ① 열차노선의 일반적인 모니터링, ② 궤도특징의 모니터링, ③ 민감한 구간의 모니터링 등과 같은 세 가지 온도 검사에 적용한다(제3.2.3항 참조).

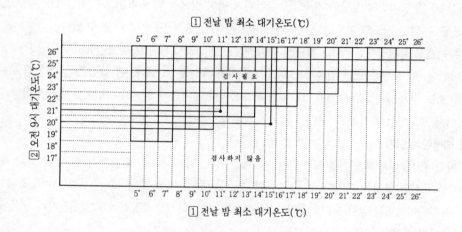

예) 11~21 ℃는 검사를 나타낸다.
예) 15~20 ℃는 검사하지 않음을 나타낸다.

그림 2.10

레일 온도가 45 ℃에 도달함직한지의 여부를 결정하기 위하여 다음을 행하여야 한다(그림 2.10). ① 차양 온도계(shade thermometer)에서 읽은 전날 밤의 '최소 대기온도 ①(그림 2.10)'을 알아야 한다. ② 슬링(sling) 온도계로 오전 9시에서 기록된 '대기온도 ②(그림 2.10)'를 알아야 한다(또는, 법정 서머타임의 적용 시에는 오전 10시). ③ 그 다음에 두 온도선의 교차점을 조사한다.

이것은 결정의 중요한 요소를 구성한다. 그러나, ① 오전 9시(또는, 서머타임 시에는 오전 10시)에 계획된 검사는 비가 내리기 시작하거나, 하늘에 구름이 아주 많이 끼어 가는 경우에는 취소할 수 있다. ② 맑은 날씨 기간에 더운 아지랑이가 있을 때에 오전 9시(또는, 서머타임 시에는 오전 10시)의 온도가 기록된다면 측정 결과가 "검사하지 않음"을 나타내지 않은 경우조차 검사를 계획하여야 한다.

2.7.3 변칙적인 충격

(1) 즉시 취하여야 하는 조치

- 노선을 따라 충격, 또는 변칙운동(급격한 동요, 흔들림 등)을 느끼거나, 한 궤도의 교통에 위험이 있다고 느낀 주행열차의 기관사는 ① 적당한 보호 조치를 취하고, ② 경보하는 등의 조치를 한다.
- 통보를 받은 운전계장, 신호원, 운전사령은 ① 즉시 당해 궤도 구간으로 향하는 모든 열차를 정지시키고, ② 선로반장에게 긴급히 통지하는 등의 조치를 한다. 관련된 운전 계장이나 신호원은 가능하다고 판단이 되면 관련된 궤도의 부분을 주의하여 주행하도록 기관사에게 지시가 내려질 때까지 열차를 보내지 않아야 한다.
- 소집된 선로원은 요구대로 검사를 수행하며, 파단, 허용오차 범위 밖의 평면성 틀림, 라이닝 틀림, 고의 등을 발견할 수 있다. 선로원은 분소장에게 통지한다.

(2) 선로원이 취하여야 하는 조치

- 변칙충격이 파손에 기인한 경우에는 제3.9절에 기술한 조치를 취한다.
- 충격, 또는 변칙운동이 좌굴에 기인하는 경우(연속한 흔들림(부상) 침목)에는 좌굴된 궤도와 이웃하는 궤도를 측정한다.
- 충격, 또는 변칙운동이 궤도선형 틀림에 의한 평면성 틀림에 기인하는 경우에는 다음의 조치를 한다. ① 평면성을 측정한다. ② 주의하면서 주행하도록 열차의 통과를 허용한다. ③ 발견된 평면성 틀림에 따라 국지적인 재 작업을 실시한다. ④ 궤도를 정상속도로 되돌린다. ⑤ 분소장에게 통지한다.
- 충격, 또는 변칙운동이 노반의 예외적인 결함(사태)에 의한 평면성 틀림에 기인하는 경우에는 ① 캔트(수평)와 흔들림(침목 부상)을 측정하고, ② 평면성 틀림과 캔트 편차를 계산하는 등의 조치를 한다.
- 변칙운동이 기후 조건(홍수, 나쁜 날씨, 동상 등)에 기인하는 경우에는 제9.4절에 설명한 조치를 취한다.
- 변칙충격이 고의(도상, 수로 뚜껑, 레일이나 궤도에 놓인 장애물)에 의한 경우에는 설비에 기인하는 손상이 열차의 안전에 영향을 주지 않는 것을 확인한 다음에 궤도를 정상속도로 회복한다.
- 지시된 구간에서 충격, 또는 변칙 운동이 발견되지 않는다면, 이 구간 양쪽의 궤도를 검사한다. 선로원은 분소장의 요구에 따라 구간에 대한 운전실 첨승 순회를 수행하는 것이 요구될 수 있다.

(3) 속도제한의 지정

- 어떠한 선로원도 부닥친 상황에 따라 속도제한을 지정하여야 할지도 모른다. 부과하려는 속도제한은 관련 문서로 지정하며, 또는 아니라면 상황의 평가를 기초로 하여 지정한다.
- 서면, 또는 급송으로 주어진 속도제한의 지시는 ① 사유, ② 속도제한 값, ③ 관찰하여야 하는 궤도의 구간(쉽게 확인되는 지점이 있는 거리표) 등의 사항을 포함한다. 이 정보는 속도제한 지시를 규

정한 선로원이 정거장, 또는 운전 취급실에 제공한다.

(4) 정상 속도로의 회복

선로원은 정상 속도가 회복되었을 때에 정상속도로의 회복을 서면, 또는 급송으로 허가한다.

2.8 궤도선형의 변화에 대한 모니터링

2.8.1 궤도 품질기록의 해석

(1) 레벨링의 재 작업을 계획하기 위한 궤도 품질의 기록 방법과 그것을 이용하기 위하여 사용하는
자원의 요약
- 검측차 : 3 개월 주기
- 단파장 기록 : 특히 안전에 관한 것이다.
- 장파장 기록 : 고속선로에 특유하며 특히 승차감에 관한 것이다(열차 거동의 징후). ① 측정기선 :
  레벨링과 라이닝에 대하여 30 m, ② 특히, "ⓐ 틀림이 긴 경우 : 자동기선, ⓑ 틀림이 짧은 경우 :
  레벨링에 대하여는 절대기선, 라이닝에 대하여는 말뚝에 대하여 조정" 등과 같이 (탬핑에 의한) 틀
  림 재 작업 모드를 한정하여 사용
- 가속도계의 기록 : 도보검사와 운전실 검사를 제외하고 검측차로 행한 2 검측 주기간의 상당한 틀림
  진행을 탐지하고 경고하기 위하여 사용한다.

(2) 주행의 품질과 열차의 거동에 대한 고속궤도 캔트 부족의 영향

$R = 7,000$ m 곡선의 부설캔트가 130 mm일 때 균형 속도는 278 km/h이다. 허용 캔트 부족의 레
벨은 ① S_d = 65 mm (보통), ② S_d = 85 mm (예외적인 경우)이다. 300 km/h의 속도에서 대부분
의 곡선은 15~22 mm의 캔트 부족을 가지고 통과한다. 이 부족의 견지에서 좋은 안내를 제공하는 기준
레일에 관하여 줄맞춤된 레일을 위치시킴에 의하여 열차가 좋은 조건 하에서 곡선을 통과하며, 열차의
현가 장치와 열차의 안정 시스템에 대한 변칙 힘이 없다.

2.8.2 가속도 점검

(1) 검사의 목적과 기록장치

보기와 차체의 횡 가속도 점검의 주된 목적은 궤도선형 기록의 두 검사 사이에서 선형의 틀림이 주위
의 구간보다 더 급하게 진행되는 국지적 지점을 모니터하기 위한 것이다(제1.5.2(1)항 참조). 가속도 측
정에 사용하는 장비는 다른 부서(전차선)용 정보를 획득하기 위하여 설계된 기구도 또한 설치된 고속 열

차에 설치한다. 장비는 측정된 가속도의 연속적인 그래프를 산출한다. 가속도를 측정하는 고속 열차는 300 km/h로 주행한다.

(2) 검사의 주기

검사는 2 주의 주기를 기본으로 하여 이루어진다. 이 검사는 고속 검측차의 유지를 용이하게 하기 위하여 검사가 예정된 주의 하나에 궤도선형을 측정하는 경우에 생략할 수 있다. 이들 검사는 고속선로와 220 km/h 이상의 속도로 주행하는 연결선에 대하여도 수행한다. 궤도와 차량간의 상호 작용이 속도에 따라 상당히 변화하므로 이들의 검사는 허가된 최고속도로 행하는 것이 본질적이다. 만일 너무 늦은 속도에 기인하여 검사의 의미가 없다면, 추가의 검사에 직면할 수 있다. 마찬가지로, 영업개시 열차의 승무원이 관찰한 국지적 변칙에 대한 추가의 검사를 결정할 수 있다.

(3) 실용적인 절차

동반하는 조작자는 검사 동안 기록장비가 적합하게 작동하는 것을 확보하고 기록지의 진행을 모니터하며 필요시 그것을 표시한다. 조작자는 관찰된 변칙을 적어둔다. 220 km/h 이상의 속도에서 "① 보기 횡 가속도 : 6 m/s² (0.60 g), ② 차체 횡 가속도 : 2.2 m/s² (0.22 g) (궤도 검증 시는 2.5 m/s² (0.25 g)를 적용한다)" 등과 같은 값의 하나가 초과하는 경우에는 제2.1.5항의 규정(표 2.4, 줄 틀림의 작업개시 값과 경고 값의 분류)을 적용한다.

(4) 취하여야 하는 조치와 결과의 프로세싱

상기에 마련된 측정에 더하여, ① 보기 횡 가속도 : 3.5 m/s² (0.35 g), ② 차체 횡 가속도 : 1.2 m/s² (0.12 g) 등의 값에 도달하거나 초과하는 틀림은 원인을 사정하고, 그 크기를 측정하여 틀림의 제거에 필요한 단계를 취하도록 가능한 한 곧바로 현장의 점검을 필요로 한다. 이 때문에, 동반하는 조작자는 다음을 행한다. ① 각 분소장이 신속하게 이들의 지점을 검토할 수 있도록 이들의 지점을 이 데이터베이스에 직접 기입한다. ② 개개 지점의 기록을 사무소로 송부한다.

2.8.3 경부고속철도의 궤도선형 분석 시스템

(1) 궤도선형의 검측
(가) 기술적 특성

궤도선형의 검측은 비접촉 시스템을 사용한다. 측정된 파라미터에 따라, 다음의 기술사항 중에 각각 한 가지를 적용할 수 있다.

- 방향 및 고저 : ① 관성 방식, ② 종거 측정
- 캔트 및 궤간 : 절대 측정
- 평면성 : ① 캔트 측정으로부터 전산화, ② 차륜을 이용하여 레일에서 직접 측정,

- 종곡선 및 평면 곡선 : ① 관성 방식, ② 종거 측정

이 파라미터의 측정은 궤도상의 모든 불연속 구간(분기기, 건널목, 신축이음매, 등등)에 의한 영향을 받지 않는다. 그러나, 센서가 분기기 크로싱부를 통과할 때, 횡 방향 신호(궤간, 줄맞춤)에서 약 10 cm의 아주 짧은 중단(break)은 허용될 수 있다.

(나) 측정 조건

1) 측정 주행구간 : 측정 주행구간은 1일 최대 1,000 km이다.

2) 측정 속도 : 측정 시스템은 0~160 km/h 사이의 어떤 속도에서든지 정확히 작업할 수 있도록 설계되어 있다. 그러나, 관성 측정 방식을 사용한다면, 최소 속도는 10 km/h이다. 속도 변화는 측정 결과(재생 가능성)에 어떠한 영향도 미치지 않는다. 측정 결과에 영향을 미치지 않도록 특별히 차체 피칭(pitching)의 영향을 교정하거나, 감소시킨다.

3) 측정 방향 : 측정 방향의 변화는 측정 결과에 영향을 미치지 않는다(재생 가능성).

4) 하중 조건 : 모든 파라미터는 하중이 가해진 조건 하에서 측정된다. 축 하중은 25 kN 이상이며, 레일상의 측정 지점은 하중이 가해진 축으로부터 최대 1.5 m 지점 이내이다(일반적으로 1 m).

(다) 측정 파라미터

아래에 제시된 요구사항은 (특히, 정밀도에 관한 한) 최소 요구사항으로 고려된다.

1) 고저(면 틀림)

- 대역 폭(bandwidth) : 프로세싱 전의 측정 결과는 "① D1 : 3~25 m의 파장 : 보통 틀림, ② D2 : 25~70 m의 파장 : 장파장(extended base) 틀림, ③ D3 : 70~150 m의 파장 : 아주 긴 틀림, ④ D4 : 70 m 이상의 파장 : 종곡선부(이는 종거 측정으로 표시된다)" 등과 같은 4 개 영역의 파장(λ)에 대해 주어진다.

- 범위 : 고저(면 틀림)에 대한 측정 범위는 "① D1 : ±50 mm, ② D2 : ±100 mm, ③ D3 : ±300 mm, ④ D4 : 종곡선 반경이 3,000 m 이상인 경우" 등이다.

- 측정 정밀도 : 측정 오차의 범위는 "① D1 : ±1 mm, ② D2 : ±3 mm, ③ D3 : ±5 mm" 등이며, 분해능은 0.5 mm이다.

2) 캔트(수평 틀림) : 캔트 측정에 대한 요구 사항은 각 항목에 기술되어 있다.

- 대역 폭(bandwidths) : 나이키스트 주파수(Nyquist frequency)에 의해 주어진 낮은 한계(limit)치로 대역폭의 전체 파장 범위를 다룰 수 있기 때문에 캔트 대역폭에 대한 요구 사항은 없다.

- 범위 : 캔트는 ±200 mm 사이의 값에 대해 측정된다.

- 측정 정밀도 : 캔트 측정의 허용오차 범위는 ±3 mm 이내이다. 분해능은 0.5 mm이다.

3) 평면성(트위스트) : 평면성은 최소한 3 m와 9 m의 거리에 대해 캔트로부터 계산되거나, 직접 측정된다.

- 대역폭(bandwidth) : 대역폭은 측정 전달함수, 또는 계산 방법에 의해 주어진다.

- 범위 : 측정 범위는 ±15 mm/m이다.

- 측정 정밀도 : 허용오차는 기선(base) 길이와 방법에 따라 표 2.6과 같다. 분해능은 0.5 mm

이다.

표 2.6 평면성의 측정 정밀도

구분	기선 길이 < 5.5 m	기선 길이 ≥ 5.5 m
직접 측정한 값	±1 mm	±2 mm
캔트로부터 계산한 값	±1.5 mm	±3 mm

4) 궤간 : 궤간은 주행면 아래 10~14 mm 사이의 고정 거리에서 측정된다.
 - 대역폭 : 나이키스트 주파수(Nyquist frequency)에 의해 주어진 낮은 한계(limit)치로 대역폭의 전체 파장 범위를 다룰 수 있기 때문에 궤간 대역폭에 대한 요구 사항은 없다.
 - 범위 : 궤간은 1,420~1,480 mm 사이의 값에 대해 측정된다.
 - 측정 정밀도 : 궤간 측정의 허용오차는 ±1 mm 이내이다. 분해능은 0.5 mm이다.
5) 방향(줄 틀림) : 방향은 주행면 아래 고정거리에서 측정하며, 이는 궤간에 사용하는 것과 동일하다.
 - 대역폭, 범위, 측정 정밀도 등은 제1)항(고저)과 같다. 다만, D4에 관하여 대역폭은 "종곡선부"를 "평면곡선부"로, 범위는 "종곡선 반경이 3,000 m 이상인 경우"를 "곡선 반경이 150 m 보다 큰 경우"로 변경하여 적용한다.

(2) 신호 및 데이터 프로세싱

(가) 하드웨어 및 소프트웨어 요구사항

시스템의 소프트웨어 부분과 하드웨어 부분은 새로운 파라미터, 새로운 프로세싱 및 데이터 저장 증가 등과 같은 가능한 업그레이드(evolution)를 고려하여 설계되어 있다.

(나) 위치(localization) 관리

위치 시스템이 제공한 정보는 측정 계산된 파라미터에 관련되어야 한다. 이러한 종류의 정보는 세 부분으로 구성된다. 또한 프로세싱 시스템은 각 km, 또는 핵토 미터(100 m)에 대해 발생된 펄스를 사용할 수 있다. 위치 정보는 ① 사용자의 인터페이스, ② 궤도선형 분석, ③ 온라인 확인(on-line validation), ④ 출력(궤도선형 차트, 영상화, 데이터 저장) 등의 프로세스에서 사용한다(이 목록으로 제한되지는 않음). 이러한 모든 프로세스는 실시간 위치를 고려하며, 위치 관리는 다른 업무에 영향을 미치지 않는다. 위치 관리는 위치 시스템의 파손, 또는 정지 가능성을 고려한다. 자동 위치 대신에 사용자가 제공한 정보를 사용할 수도 있다. 모든 측정 데이터는 위치 정보와 함께 직접(예를 들어, 한 샘플씩), 또는 간접적으로(예를 들어, 부록 파일과 기호 및 encoding에 의하여) 기록된다.

(다) 출력 준비

프로세싱 장치 작업 중의 하나는 데이터가 다른 시스템에 제공되거나, 또는 사용자에게 직접 제공되기 전에 그 데이터를 준비하는 것이다. 프로세싱 장치는 ① 데이터 저장, ② 영상화, ③ 궤도선형 차트, ④ 온 라인 확인(on-line validation), ⑤ 궤도선형 분석 등의 여러 가지 신호와 다른 출력에 관련된 정보를 준비한다.

(3) 데이터의 저장

데이터 저장은 측정 주행 시나, 또는 그 주행 후에 실행할 수 있다. 관련 데이터(위치, 사용자 정보, 등등)뿐만 아니라 모든 측정 계산된 데이터는 하드디스크와 회수 가능한 디스크, 또는 CD-ROM에 저장할 수 있다. 이 회수 가능한 하드웨어는 견고하고, 신뢰할 수 있으며 해당 하드웨어가 장착된 PC 시스템에서 사용이 용이하다. 최소 하루의 측정 분량이 회수 가능한 디스크 상에 저장되며 최대 50,000 km 선로와 함께 6 개월 측정 분량이 하드디스크에 저장된다. ① 측정된 파라미터, ② 계산된 파라미터, ③ 궤도선형의 분석 결과, ④ 사용자의 관찰과 조치, ⑤ 실시간 신호 점검에서 나온 정보, ⑥ 자동 관성 시험에서 나온 다른 정보, ⑦ 궤도 변경, 또는 km 표의 파정(break)을 포함한, 측정 계산된 파라미터에 연결된 위치 정보 등의 데이터가 저장된다(비-제한적인 목록). 데이터는 문장 형식, 또는 2진(법)의 형태로 기록될 수 있다.

(4) 궤도선형 차트

측정 주행 시에 실시간으로 출력되며, 최대 지연거리는 1 km이다. 다음과 같은 두 종류의 차트가 제공된다.

(가) 재래식 차트(conventional chart)

이 차트는 일반철도와 고속철도의 양쪽 모두에 사용된다. 일반선로 차트는 위치에 관한 정보(line, 궤도 및 km) 표기와 함께 ① 각 레일의 고저, ② 캔트, ③ 3 m 평면성, ④ 9 m 평면성 그리고/또는 캔트 편차, ⑤ 각 레일에 대한 방향, ⑥ 궤간 등과 같이 D1 영역에 상응하는 계산된 파라미터를 포함한다. 짧은 틀림에 대한 적절한 판단과 평가를 위한 척도는 1/5,000이다(1 km에 대해 20 cm).

(나) 장파장(extended base) 차트

이 차트는 고속철도에만 사용된다. 장파장 차트는 위치 정보 표시와 함께 ① D2 영역을 나타내는 장파장 고저(면 틀림), ② D2 영역을 나타내는 장파장 방향(줄 틀림), ③ D3 영역에 대한 아주 긴 파장의 고저(면 틀림), ④ D3 영역에 대한 아주 긴 파장의 방향(줄 틀림) 등과 같은 D2과 D3 영역의 파라미터를 포함한다. 이들의 모든 파라미터는 각 레일의 평균 신호를 나타내며 신호의 연속 부분(곡선부)을 포함한다. 이 경우에 추천 척도는 1/10,000이다(1 km에 대하며 10 cm). 소프트웨어는 이 두 차트에 나타난 척도와 파라미터에서의 모든 변화를 허용한다.

(5) 영상화(Visualization)

측정 주행 시에 ① 그래프와 텍스트 형태의 정보와 함께, 측정 시스템의 정확한 작동을 관찰하는데 필요한 사용자를 위한 영상화, ② 결함과 궤도선형 상태에 특별히 관심이 많은 철도 기술자를 위한 영상화 등과 같은 두 종류의 영상화가 이루어진다. 두 번째의 경우에 계산된 파라미터의 영상화는 위치 정보와 함께 1 대, 또는 여러 대의 모니터 상에 제공된다. 또한, 이 항에 주어진 파라미터도 나타낸다. 그러나,

3 영역에서 측정된 파라미터의 영상화도 가능하다. 소프트웨어는 측정 결과의 표현 형식을 용이하게 바꿀 수 있다.

(6) 실시간 신호 확인

이 확인은 측정 시스템에 영향을 미칠 수 있고 사용자가 쉽게 볼 수 없는 비정상적인 사항을 탐지하는 데에 목적이 있다. 일부 측정된 신호는 주파수 영역에 연결되어 있으므로 그 신호 중 한 개에 발생한 모든 문제는 이 신호간에 존재하는 전달함수와 코히어런스(coherence) 함수의 계산으로 쉽게 탐지될 수 있다. 더욱이, 신호 집중(centering), 빈(null) 신호, 포화(saturation) 등과 같은 신호 거동에 대한 확인 점검이 이루어질 수 있다. 궤간 및 캔트와 같은 절대 파라미터 측정에 특별한 주의를 기울여야 한다. 측정 장치로 얻어진 값은 가능한 한 실제 값에 근접한다.

(7) 궤도선형 분석 시스템
(가) 개요

궤도선형의 분석은 ① 분석된 신호에서 주로 표준편차로 표시되는 궤도선형품질지수(TQI)의 계산, ② 단일 틀림에 대한 한계 초과치 감지 등의 2 가지 토픽으로 구성되어 있다. 한계 초과치 감지가 주로 단기간의 유지보수에 사용될 때는 궤도품질이 3~25 m 대역폭의 영역 내에서 계산되며, 궤도선형품질지수는 일반적으로 장(중)기간의 유지보수를 계획하는데 사용된다.

(나) 입력

① 각 레일의 고저(표준편차와 한계 초과치 계산 모두에 사용), ② 각 레일의 고저 차이로 정의된 크로스 레벨(표준편차 계산에만 사용), ③ 3 m 평면성(한계 초과치 계산에만 사용), ④ 9 m 평면성(한계 초과치 계산에만 사용), ⑤ 캔트 편차(한계 초과치 계산에만 사용됨), ⑥ 각 레일의 방향(표준편차와 한계 초과치 계산 모두에 사용), ⑦ 궤간(표준편차, 평균값 및 한계 초과치 계산에 사용), ⑧ 장파장 고저(한계 초과치 계산에만 사용), ⑨ 장파장 방향(한계 초과치 계산에만 사용) 등의 계산 신호는 궤도선형 분석을 계산하는데 사용된다. 위치 정보는 이 경우에 단일 틀림 위치를 정밀하게 측정할 수 있는 중요 역할을 수반하는 입력 신호뿐만 아니라 궤도품질로 간주된다. 이는 또한 두 측정 주행간의 비교를 용이하게 하여 궤도선형 진행(evolution)을 평가할 수 있게 한다.

(다) 신호 프로세싱

1) 궤도선형 품질 평가 : 궤도선형의 품질은 표 2.7과 같은 신호와 함께 평가되고, 필터링되어 처리(process)된다.

2) 한계 초과치 : 한계 초과치는 궤도선형 차트와 동시에 결과도 확보하고, 한계 내의 응급복구 값을 초과하는 경우에 안전 조치를 위해 전산으로 처리된다. 표 2.8의 파라미터는 한계 값을 초과하는 단일틀림을 감지하기 위해 처리(process)된다. 이 감지는 ① 틀림의 평가 및 예상되는 원인 분석에 상응하는 경고 값, ② 단기간의 의무적인 작업으로서 궤도선형에 대해 유지보수작업이 필요한 유지보수 값, ③ 탈선의 위험을 피하기 위한 속도제한 값 등과 같은 세 가지 초과 레벨

(exceeding levels)에 부합한다. 이 값들은 측정하려는 궤도상에 허용된 최대 속도에 따라 달라진다. 속도 범위에 따라 다른 분계 점(threshold)이 정의되며, 각 등급에 대한 한계 치가 상이하다. 각각의 요소는 데이터베이스에 의해 제공될 수 있다.

표 2.7 궤도선형 품질 평가 신호 프로세싱

파라미터	주기	결과로서 생긴 파라미터
각 레일의 고저(면 틀림)	[2~70] m	○ 200 m 표준편차 : 두 레일에 대해 얻어진 더 큰 값
크로스 레벨	[2~70] m	○ 200 m 표준편차
각 레일의 방향(줄 틀림)	[2~40] m	○ 200 m 표준편차 - 직선부와 반경 6,000 m 이상인 곡선부 : 두 레일에 대해 얻어진 가장 큰 값 - 반경 6,000 m 이하인 곡선부 : 더 높은 레일에 대해 얻어진 값(줄맞춤 작업에서 기준으로 사용)
궤간	[2~70] m	○ 200 m 표준편차
궤간	필터링 없음	○ 200 m 신호 평균값
곡선부(배선도) : 요약차트에만 사용	필터링 없음	○ 종거 측정으로 나타난 평균값

표 2.8 한계 초과치 신호의 프로세싱

파라미터	감지
각 레일의 고저(면 틀림)	평균~최고점
3 m 평면성	0~최고점
9 m 평면성	0~최고점
캔트 편차	0~최고점
캔트	설계 값~현재 값
각 레일의 방향(줄 틀림)	평균~최고점
궤간 현재 값	최대 그리고/또는 최소 현재 값
궤간 평균 값	100 m까지 슬라이딩 평균값
장파장 고저(면 틀림)	최저~최고점
장파장 방향(줄 틀림)	최저~최고점

(라) 출력

1) 궤도선형 품질 : 계산결과는 각각의 위치와 함께 10 m마다 200 m 이동(sliding) 거리에서 계산된 표준편차로서 제공된다. 이러한 값들은 하드디스크나 회수 가능한 디스크에 저장된다. 이 계산 결과는 궤도 진단 소프트웨어에서 사용된다. 이 소프트웨어는 매 200 m 표준편차나 (궤간에 대한) 평균값 중에서 한 가지가 필요하다. 이 결과는 소프트웨어를 입력시키기 위해 디스크상에서 이용할 수 있다. 또한, 계산된 표준편차, 평균 곡선 및 평균 궤간 변이를 나타내는 요약차

트도 제공된 이 차트는 1/10,000 척도이며(10 km에 대해 1 m), 10 m마다 계산된 이동 값을 사용한다.

2) 한계 초과치 : 계산결과는 ① 위치(현재 km, 선로, 궤도), ② 관련된 파라미터, ③ 감지 정도, ④ 지리학적 유지보수 구간 등의 지표와 함께 초과 한계 값 목록으로서 실시간으로 제공된다. 마지막 항은 데이터베이스에 제공된다. 또한, 이 지표들은 하드디스크와 인출 가능한 디스크 상에 저장된다.

제3장 레일의 관리

3.1 레일의 특성과 사용 조건의 이해

레일은 "① 과도하게 빠른 마모를 피하기 위한 마모 저항력, ② 충격(이음매, 플랫 반점, 표면의 손상 등)에 견딜 수 있도록 무-취성(脆性), ③ 차륜·레일 접촉의 열가소성 영향과 아크용접에 의한 육성 용접의 가능성을 고려하여 공기 경화에 민감하지 않음, ④ 장대레일의 부설과 궤도보수를 위한 용접성, ⑤ 연간 소비량의 관계에서 허용할 수 있는 비용을 얻기 위하여 국내 생산의 적합성" 등의 기본적인 성질을 가져야 한다. 불행하게도 이들은 전체로서 취할 때 모순이 된다. 내 마모 강은 예를 들어 단단하여야 하므로 높은 탄소함유량을 가져야 하며, 이것은 강을 상대적으로 취성으로 만든다. 따라서, 최종 생산은 절충의 결과를 피할 수 없으며 이것은 철, 탄소강 및 합금강의 기계적 및 화학적 성질의 분석으로 최적화할 수 있다. 레일은 또한 차량의 하중을 직접 받는 궤도 부재이다. 레일은 동적 하중과 힘을 받아 그 힘을 침목으로 전달하며, 아마도 레일표면 손상의 영향으로 인하여 그들을 증대시킬지도 모른다. 레일의 기술 시방서는 주괴 주조와 연속 주조 프로세스에 의하여 무-열처리 강으로 만든 레일의 승인 조건과 함께 제조 요구 조건을 명시한다.

3.1.1 기술 시방서

(1) 품질
(가) 화학 성분과 기계적 성질
UIC 60 레일의 화학성분은 표 3.1의 규정에 적합하여야 하며, 기계적 성질은 표 3.2의 규정에 적합하여야 한다.

표 3.1 UIC 60 레일의 화학 성분   (단위 : %)

구분	탄소 (C)	규소 (Si)	망간 (Mn)	인 (P)	황 (S)	알루미늄 (Al)	질소 (N)	산소 (O)	수소 (H)
					화학성분				
용강 분석치 (liquid)	0.68 ~0.80	0.15 ~0.58	0.70 ~1.20	0.025 이하	0.008 ~0.025	0.004 이하	0.009 이하	20 ppm 이하	2.5 ppm 이하
제품 분석치 (solid)	0.65 ~0.82	0.13 ~0.60	0.65 ~1.25	0.030 이하	0.008 ~0.030	0.004 이하	0.010 이하	20 ppm 이하	2.5 ppm 이하

잔류 성분 최대값

크롬 (Cr)	몰리브덴 (Mo)	니켈 (Ni)	구리 (Cu)	주석 (Sn)	안티몬 (Sb)	티타늄 (Ti)	니오브 (Nb)	바나듐 (V)	Cu+10Sn	Cr+Mo+Ni +Cu+V
0.15	0.02	0.10	0.15	0.04	0.02	0.025	0.01	0.03	0.45 미만	0.35 미만

표 3.2 UIC 60 레일의 기계적 성질

인장 강도(N/mm²)	연신율(%)	경도(HBW) (주행면 중심선에서)
880 이상	10 이상	260~300

(나) 형상, 치수 및 치수 허용차와 기하 공차

레일은 어떠한 유해한 손상도 없어야 한다. 즉, 사용 중에 레일의 정상적인 거동에 불리한 영향을 주는 손상이 없어야 한다. 이들의 손상은 모든 종류의 균열, 쪼개짐, 파이프 상(pipe 傷) 및 공극일 수 있다. 제조 프로세스 동안 강의 등급에 적합한 연속적인 비파괴 시험, 예를 들어 초음파 탐상으로 유해한 내부손상이 없음을 보장하여야 한다. 이 검사절차는 발주자의 승인을 받아야 하며 제조자의 책임 하에 수행될 것이다. 더욱이, 발주자의 동의를 조건으로 레일의 지정을 선택할 수 있다. 레일의 형상과 치수는 그림 3.1에 따르며, 레일의 치수 허용차와 기하 공차는 표 3.3에 따른다. 레일의 직진도, 평탄도, 및 뒤틀림에 대한 허용차는 표 3.4에 따르며 이의 측정 위치는 그림 3.2에 의한다.

표 3.3 레일의 치수 허용차 및 기하 공차

단위 : mm

높이	두부 폭	복부 폭	저부 폭과 저부 양측의 폭	두부 형상
±0.6	±0.5	+1.0, -0.5	±1.0	+0.6, -0.3
길이	편심	이음매판 접촉부의 기울기[1]	이음매판 접촉면의 높이	
25 m +10, -3	±1.2	±0.35	±0.6	
저부 평탄도	직각절단 차	이음매 구멍의 지름	이음매 구멍의 위치	기타
0.3 이하	0.5 이하	±0.5	±0.5	±0.6

[1] 이음매판 접촉부의 기울기 측정 위치는 이론적인 기울기 선상 14 mm 지점으로 한다.

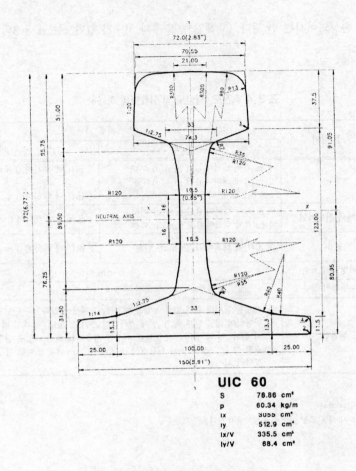

UIC 60

S	78.86 cm²
p	60.34 kg/m
Ix	3055 cm⁴
Iy	512.9 cm⁴
Ix/V	335.5 cm³
Iy/V	68.4 cm³

그림 3.1 UIC 60 레일 단면 형상

(다) 표면 품질

모든 레일은 4면을 모두 육안 검사하여야 한다.

1) 돌기 : 레일의 주행 면이나 저부 밑바닥 면의 모든 돌기는 제거하여야 한다. 출하되는 레일의 끝으로부터 1 m 이내의 이음매판 체결에 영향을 주는 돌기는 제거하여야 한다.

2) 열간, 냉간 마크 및 주름 : 열간, 냉간 마크 및 주름의 허용 결함깊이는 레일 주행 면에서는 0.3 mm, 기타 부위에서는 0.5 mm이다.

3) 표면결함의 확인과 손질 : 레일은 전체 길이에 걸쳐서 균등한 모양이고 해로운 비틀림 등이 없어야 한다. 표면에는 터짐, 홈 등의 해로운 결함이 없어야 하며, 허용 기준은 표 3.5에 따른다. 레일의 표면에 결함이 있는 경우에 깊이를 조사하여 사용상 해로운 결함일 때는 rotary burr, lamellar flap tool이나 벨트 그라인더로 결함을 제거할 수 있다. 다만, 이 경우의 조건은 다음과 같다. ① 레일길이 25 m에 대한 손질은 최대 2개소까지 허용된다. ② 레일의 손질 부분은 깨끗하게 마무리되어 있고, 압연 그대로의 면과의 경계는 매끈하여야 하며, 손질작업에 의해 레일

의 조직이 손상되어서는 안 된다. ③ 레일 손질 후의 치수와 평탄도는 표 3.3의 규정 범위 이내이어야 한다.

표 3.4 직진도, 평탄도 및 뒤틀림의 허용차

구분	측정 길이	허용 차	
		수직 방향	수평 방향
단부[1]	2 m	2 m(l)에 대하여 0.4 mm(d) 이하[2], 1 m(l)에 대하여 0.3 mm(d)이하[2], e는 0.2 mm 미만[2]	2 m(l)에 대하여 0.6 mm(d) 이하, 1 m(l)에 대하여 0.4 mm(d) 이하
몸체[1]	단부 제외 전(全)연장	3 m(l)에 대하여 0.3 mm(d) 이하, 1 m(l)에 대하여 0.2 mm(d) 이하	1.5 m(l)에 대하여 0.45 mm(d) 이하
단부와 몸체의 중첩부위[1]	2 m	2 m(l)에 대하여 0.3mm(d) 이하	2 m(l)에 대하여 0.6 mm(d) 이하
레일전장[1]	상하방향의 굽음	5 mm 이하	
	좌우방향의 굽음	곡선 반경 $R > 1,000$ m	
	뒤틀림	① 레일을 검사대 위에 바로 놓았을 때 뒤틀림 현상이 있다고 판단되면 틈새 게이지를 이용하여 레일 단부 쪽 첫 번째 검사대의 스키드(skid)와 레일 저부 사이를 검사하여야 하며, 이 때 틈새가 2.5 mm 이상일 경우에는 해당 레일을 불합격 처리한다. ② 레일 양 끝 부분 1 m의 뒤틀림이 0.2°(0.45 mm)를 초과할 경우에는 해당 레일을 불합격 처리한다.	

[1]~[2] 그림 3.2 참조
· l은 측정 기준 길이, d는 깊이
· 몸체의 평탄도는 반드시 자동 측정 설비로 측정하여야 한다.

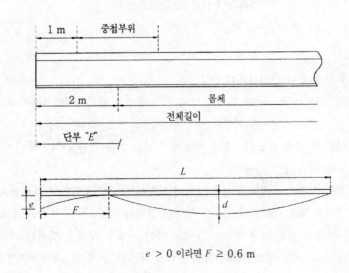

$e > 0$ 이라면 $F \geq 0.6$ m

그림 3.2 레일의 직진도, 평탄도 측정 위치

표 3.5 레일 표면 흠의 허용 기준

종류	부위	허용 기준
선형 흠	두부	$D<0.3$ mm
	기타	$D<0.5$ mm
떨어짐 흠 압착 흠	두부	$D<0.3$ mm, 다만, $0.4 \leq D<0.6$ mm일 때는 $S<150$ mm²이면 가능
	기타	$D<0.5$ mm, 다만, $0.5 \leq D<0.6$ mm일 때는 $S<200$ mm²이면 가능
접힘 흠 긁힘 흠	두부	$D<0.3$ mm
	기타	$D<0.5$ mm
캘리버 흠	두부	$D<0.3$ mm
	기타	$D<0.5$ mm

주 : 표 중의 기호 D는 깊이, S는 표면적, H는 맞물림 높이를 말한다.

(라) 내부 품질

모든 레일은 연속적으로 전 길이에 걸쳐 후술의 제(2)(마)항에 따라 초음파 탐상을 실시하여야 하며, 탐상 결과 유해한 결함이 없어야 한다. 레일의 합부 판정에 있어 결함검출의 최소 길이인 레일 길이방향 20 mm 이내에 불합격 기준치인 결함 에코(echo) 높이가 50 % 이상으로 판정된 내부 결함이 1개소라도 있는 경우에는 그 레일을 불합격 처리한다.

(마) 미세 조직

레일의 미세 조직은 후술의 제(2)(바)항에 따라 현미경 조직 시험을 하여야 하며, 미세 조직은 펄얼라이트(pearlite)이어야 한다. 결정 입계에는 페라이트(ferrite) 조직이 생성될 수 있다. 마르텐사이트(martensite)나 베이나이트(bainite) 조직이 없어야 하며, 결정 입계에서는 시멘타이트(cementite) 조직이 있어서는 안 된다. 레일 두부의 페라이트 조직(ferrite network) 불연속 부분의 탈탄 층 깊이는 0.5 mm 이하이어야 한다.

(바) 레일 저부의 잔류 응력

후술의 제(2)(사)항에 따라 시험한 레일 저부의 잔류 응력은 250 N/mm²를 초과하지 않아야 한다.

(2) 시험

(가) 화학 성분 분석 시험

화학성분 분석시험의 시료는 KS D 0001의 규정에 따라 채취하며, 분석 시험 방법은 KS D 1652, KS D 1655, KS D 1658, KS D 1659, KS D 1673, KS D 1802, KS D 1803, KS D 1804, KS D 1805, KS D 1806, KS M 0028 등의 규격에 따른다. 화학성분 분석시험의 시험주기는 다음과 같다. ① 탄소(C), 규소(Si), 망간(Mn), 인(P), 황(S), 알루미늄(Al), 질소(N), 크롬(Cr), 바나듐(V)은 매 히트(heat)당 1회 시험한다. ② 수소(H)는 연속주조(sequence)에서 첫 번째 히트(heat)의 경

우에 2회 이상, 이후는 히트(heat)당 1회 시험한다[1]. ③ 산소(total O)[2]는 연속주조(sequence)당 1회 시험한다. 제품의 화학분석시험용 시편의 채취 위치는 그림 3.3에 표시한 위치에서 채취한다.

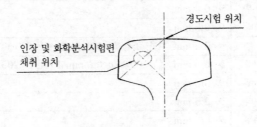

경도시험 위치

인장 및 화학분석시험편
채취 위치

그림 3.3 인장 및 화학분석 시험의 시편의 채취 위치

(나) 인장 시험

인장 시험에 사용하는 시편은 동일 레이들 번호에 속하는 모든 스트랜드의 주편을 1 로트로 하여 임의의 스트랜드의 주편에서 압연된 레일의 임의적 부분에서 채취한다. 다만, 연속 주조인 경우에는 두 레이들이 섞인 부분에서 시편을 채취하여서는 안 된다. 인장 시편은 KS B 0801에 규정하는 4호 시편으로서 그림 3.3에 표시한 위치에서 채취하며, 시험 방법은 KS B 0802의 규정에 따른다.

(다) 경도 시험

시험 방법은 KS B 0802의 규정에 따른다. 레일의 경도시험은 동일 레이들을 1로트당 1회 실시하고, 시편 채취 위치는 그림 3.3에 따르며 주행 면을 0.5 mm 연마 후에 시행한다. 시험 방법은 KS B 0805에 따른다.

(라) 형상과 치수 시험

모든 레일에 대하여 형상과 치수의 시험을 하여야 하며, 직접 측정, 한계 게이지 측정, 레이저 측정, 및 기타의 방법에 따라 시험한다.

(마) 초음파 탐상 시험

레일의 초음파 탐상 시험은 다음과 같이 모든 레일에 대해서 시행한다.

 – 시험기의 감도교정(calibration) : ① 인공으로 결함을 만든 표준시편 내의 인공결함 검출 에코(echo)의 높이를 50±15 % 이내로 설정(setting)한다. 이 때 교정 후의 결함 에코 높이가 50±15 %를 벗어나는 경우에는 다시 교정한다. ② 레일의 초음파 탐상 시험 시작 전과 매 1,000톤당 최소 1 회씩 그림 3.4의 인공결함이 있는 표준시편을 사용하여 초음파 탐상 장비를 조정한다.
 – 초음파 탐상 영역은 ① 레일 두부는 최소 70 % 이상, ② 레일 복부는 최소 60 % 이상, ③ 레일 저부의 중심부는 최소 25 mm 이상의 단면적을 검사한다.
 – 레일 두부는 주행 면과 양쪽 측면을 검사한다.

---

[1] : 수소분석은 강 중의 수소 분압 측정을 말하며 용강에서 시행하고 필요시 제품에서도 분석할 수 있다.
[2] : 산소(total O) 함량은 용강(샘플 응고 후)을 측정하거나 제품레일의 두부에서 측정하며, 그 한계는 95 % 히트(heat)의 경우에 20 PPM이하, 5 % 히트(heat)의 경우에 30 PPM까지 허용한다.

- 초음파 탐상 시에 레일의 표면 스케일과 가공상태, 매질의 접촉성, 및 전기적인 잡음(noise) 등으로 결함 에코가 50 % 이상으로 판정되는 것을 방지하기 위해 수동 초음파 탐상기로 재탐상할 수 있으며, 재탐상 시에 결함 에코가 50 % 미만으로 확인될 시에는 자동초음파 탐상기로 재시험할 수 있다.

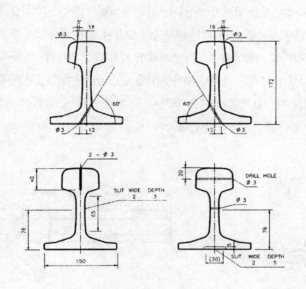

그림 3.4 표준시편의 인공결함 위치

(바) 현미경 조직 시험

레일의 현미경 조직시험은 1,000 톤을 1 로트로 하여 로트당 1 회 실시하며, 시험방법은 다음과 같다. ① 레일의 현미경 조직 시편은 그림 3.5에서 표시하는 위치에서 채취한다. ② 조직 시험 배율은 ×400으로 한다. ③ 레일 두부의 페라이트 탈탄 층의 깊이는 그림 3.6에 표시한 레일 두부 상면의 임의의 한 부분에서 채취한다. ④ 탈탄 층 깊이의 시험 배율은 ×100으로 한다.

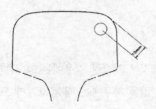

그림 3.5 현미경 조직시험 시편의 채취 위치

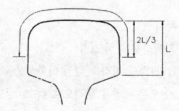

그림 3.6 탈탄 층 깊이 시편의 채취 위치

(사) 레일 저부의 잔류 응력 시험

레일의 잔류 응력은 레일 생산개시 전에 임의의 레이들에서 생산된 레일을 무작위로 6 개($L=1$ m)를 채취하여 시험하되 레일선단으로부터 3 m 이내에서 채취한다. ① 잔류 응력 측정에 사용하는 스트레인 게이지는 캡슐로 보호되어 있는 형태로서 길이가 3 mm, 게이지 계수 정확도가 ±1 %보다 큰 것을 사용한다. ② 스트레인 게이지 제작 업체가 추천하는 절차에 따라 적당한 전처리를 한 다음에 스트레인 게이지를 그림 3.7에 나타낸 것처럼 1 m 레일 밑바닥의 중앙에 길이 방향으로 부착한다. ③ 스트레인 게이지를 스트레인 측정 장비에 셋팅하고 초기의 스트레인 지시 값을 읽는다. 그 다음에 그림 3.8과 같이 1 m 레일의 한 가운데 부위(스트레인 게이지 부착부위)를 20 mm 두께로 절단한 후에 두 번째 셋팅 시의 스트레인 지시 값을 읽는다. ④ 잔류 응력은 초기와 두 번째 세팅 시에 읽은 값간의 스트레인 차이에 $2.07×10^5$ N/mm²를 곱한 계산 값으로 얻는다.

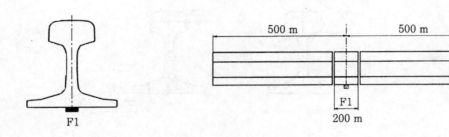

그림 3.7 스트레인 게이지의 부착 위치   **그림 3.8** 레일절단 방법

(아) 설퍼 프린트 시험

레일의 설퍼 프린트 시험은 다음에 의한다. ① 설퍼 프린트 시험의 시편 채취 방법 : 시편은 주편 500 톤을 1 로트로 하여 원칙적으로 각 로트마다 인장시편을 채취한 이외의 스트랜드에서 제조된 임의의 주편에서 압연된 레일의 임의 부분에서 각 1 개를 채취한다. ② 시편은 레일 단면을 그대로 하여 시편을 10 mm 이상으로 절단한 것으로 한다. ③ 시험방법은 KS D 0226에 따르며, 한도견본은 KS R 9106의 60 kg 레일에 따른다.

(3) 검사
(가) 화학성분 분석 검사

제(2)(가)항에 따라 레일의 화학성분을 시험하여 표 3.1의 규정에 적합한 경우에는 그 시편이 대표하는 로트의 모든 레일을 합격으로 하고, 상기의 규정에 적합하지 않을 경우에는 해당 로트의 모든 레일을 불합격으로 한다.

(나) 기계적 성질 검사

1) 인장시험 : 레일의 인장시험은 다음에 의한다.

- 제(2)(나)항에 따라 레일의 인장시험을 하여 표 3.2의 규정에 적합한 경우에는 그 시편이 대표하는 로트의 모든 레일을 합격으로 한다.
- 인장시험 검사의 결과, 상기의 규정에 적합하지 않은 경우에는 다음의 방법으로 시편을 다시 채취하여 재검사할 수 있다. ① 인장 시험에서 시편이 표점 간의 중앙에서 표점 거리의 1/4 이외로 절단되고 그 성적이 표 3.2의 규정에 적합하지 않을 경우는 이 검사를 무효로 하고, 처음 시편을 채취한 부분의 레일에 대하여 다시 검사한다. ② 주편으로부터 압연된 레일 : 처음 시편을 채취한 공시체의 인접부에서 1 개, 처음 시편을 채취한 이외의 동일 로트의 임의의 스트랜드의 임의의 주편에서 압연된 레일의 임의의 부분에서 1 개, 합계 2 개의 시편을 채취하여 재검사를 하고 그 성적이 2 개 모두 규정에 적합한 경우는 시편이 대표하는 로트의 모든 레일을 합격으로 한다. 다만, 연속주조인 경우에, 재검사의 성적이 규정에 적합하지 않은 경우는 불합격된 로트의 레일 외에 불합격이 된 로트의 레이들이 섞여 있는 부분의 레일도 불합격으로 한다.

2) 경도시험 : 레일의 경도시험은 다음에 의한다. ① 제(2)(다)항에 따라 레일의 경도시험을 하여 표 3.2의 규정에 적합하여야 한다. ② 검사 결과는 상기의 1)에 준하여 처리한다.

(다) 형상 및 치수 검사

모든 레일에 대하여 제(2)(라)항에 따라 레일의 형상과 치수 검사를 하여 표 3.3과 3.4의 규정에 적합한 경우에는 그 레일을 합격으로 하고, 상기의 규정에 적합하지 않은 경우에는 불합격으로 한다.

(라) 표면품질 검사

레일의 표면품질 검사에 있어 모든 레일의 4면을 육안으로 검사하여 제(1)(다)항의 규정에 적합한 경우에는 그 레일을 합격으로 하고, 상기의 규정에 적합하지 않은 경우에는 불합격으로 한다.

(마) 내부품질 시험

제(2)(마)항에 따라 레일의 내부품질을 시험하여 제(1)(라)항의 규정에 적합한 경우에는 그 레일을 합격으로 하고, 상기의 규정에 적합하지 않은 경우에는 불합격으로 한다.

(바) 미세 조직 시험

제(2)(바)항에 따라 레일의 미세 조직시험을 하여 제(1)(마)항의 규정에 적합한 경우에는 그 레일을 합격으로 하고, 상기의 합부 판정 기준에 적합하지 않은 경우에는 그 레일이 속하는 레이들 번호의 모든 레일을 불합격으로 한다.

(사) 레일 저부의 잔류 응력 시험

제(2)(사)항에 따라 레일 저부의 잔류 응력 시험을 하여 제(1)(바)의 규정에 적합한 경우에 한하여 발주처와 계약한 레일의 생산을 시작할 수 있으며, 주요 제작공정의 변경(교정기의 교체 등)이나 새로운 계약을 체결할 때는 반드시 새로운 시험을 시행하여 상기의 규정에 적합하여야 한다.

(아) 불합격품의 처리

불합격으로 판정된 레일은 부적합품 관리 절차서에 따라 처리한다.

(4) 확인 표시

레일의 복부에는 양각표시와 음각표시를 한다. 이들의 표시는 사람의 신분증과 같은 역할을 한다. 어떤 경우에는 레일 끝에 뚫은 인식 구멍으로 보충한다. 레일의 확인은 특히 ① 새로운 레일(주행궤도 레일)에 대한 부설 파일, 또는 제조 파일(기계 가공한 레일)의 정립, ② 일련의 동종 사고의 경우에 제조 파라미터의 추적 및 필요시 적당한 안전조치의 획득(레일 생산 조업의 모니터링, 또는 레일 배치(batch)의 모니터링, 또는 철회, 초음파 탐상의 계획 수립), ③ 정당화하려는 보증기간 동안 철거된 레일의 교체, ④ 품질 검토의 수행 등을 할 수 있게 한다. 그러므로, 새로운 레일을 부설하거나 레일을 철거할 때는 레일복부의 모든 표시를 확인하고 그들을 읽은 순서대로 관련 문서에 그 값을 기록하는 것이 본질적이다. 사용 수명 후에 철거한 레일의 표시(특히, 음각표시)를 읽기 위해서는 와이어 브러시로 복부를 청소하는 것이 필요할지도 모른다.

경부고속철도에 사용하는 UIC 레일에는 ① 주편의 머리 부분의 방향[1]을 표시하는 화살표, ② 레일 단면 형상의 식별 기호, ③ 제강로의 기호[2], ④ 제조자명, 또는 그 약호, 레일 강종 기호, ⑤ 제조 년의 마지막 2 문자, ⑥ 제조 월 등의 사항을 표시한다.

레일 복부의 다른 한쪽 면에는 10 m 이내의 간격으로 ① 1주편으로부터 압연된 레일의 순위를 표시하는 번호, ② 스트랜드 번호와 주편 순위의 기호, ③ 제강 번호 등을 열간 각인한다. 레일 단부로부터 3 m 지점의 복부에는 레일의 이력관리에 필요한 사항을 표시한 바코드 1개를 부착한다.

3.1.2 레일의 기술과 기술적 분류

(1) 범위

이 절의 목적은 모든 유형의 작업 동안에 궤도에서 철거된 주행궤도 레일의 기술적 분류에 대한 규칙을 예시하는 것이다. 이 규칙의 주된 목적은 다음과 같다. ① 각종 재료의 품질과 이들의 품질을 평가하고 확인하는 표준을 정한다. ② 다시 사용할 수 있는 재료의 재양도(再讓渡), 판매, 또는 전환을 그에 따라서 최적화한다.

이들의 규칙은 주행궤도 레일의 필수적인 철거를 위한 규칙과 관계가 없다. 사용된 레일의 기술적 분류에 관하여 이 절에 정한 규칙은 본질적으로 본선궤도 레일의 필수적인 철거에 대해 정한 것들보다 더 엄하다. 이것은 철거된 레일이 분류된 후의 취급, 수송, 수리 및 재부설 비용을 고려하여 작업이 유리한 경우에만 다시 사용할 수 있다는 사실 때문이다. 이것은 충분히 긴 추가의 사용수명 및 그에 따라 필수의 철거에 정해진 한계보다 실질적으로 더 높은 품질레벨의 잠재력을 의미한다.

(2) 일반적인 기술적 등급

---

[1] 주편의 경우에는 주조의 맨 끝을 머리부로 한다.
[2] 제강로의 기호는 순산소 전로는 LD, 전기로는 E로 한다.

주행궤도 레일은 기술적 관점에서 ① 고품질, ② 중간품질, ③ 저 품질, ④ 고철의 4 가지 일반적인 기술적 등급으로 구분할 수 있다.

(3) 기술적 등급

각각의 일반적인 기술적 등급은 재료의 사용 분야를 명시하는 몇 개의 기술적 등급(TC)으로 구분된다. UIC에서 사용하는 기술적 등급은 주행궤도 레일의 사용 분야와 함께 나타낸 표 3.6과 같다.

(4) 기술적 분류

기술적 분류의 목적은 레일의 재생을 최적화하기 위한 것이다. 재 사용할 수 있는 레일의 내부 건전도, 외관 및 선형은 ① 기술등급(TC) 1에서 2억 톤, ② 기술등급(TC) 2에서 1억 톤, ③ 기술등급(TC) 3에서 5천만 톤의 최소 추가 사용 수명을 제공하기에 충분하여야 한다.

표 3.6 레일에 관한 UIC의 기술적 분류

일반적인 기술적 등급	기술적 등급 (TC) 명칭	기술적 등급에 따른 자재의 사용범위[1]
신품	N	- 모든 UIC 그룹에서 $S > 140$ km/h 노선의 본선(레일 교체 가능성이 있는 경우 제외) - UIC 그룹 1~4 주본선. 속도에 무관(레일 교체 가능성이 있는 경우 제외)
1 고품질 재사용	1a	- $S \leq 170$ km/h 주행 노선에서 2억 t 이전에 레일 교체 가능성이 있을 경우. - $S \leq 140$ km/h에서 UIC 그룹 5의 본선(TC1에서 허용되지 않는 레일 단면 제외)
2 중간품질 재사용	2a	- $S \leq 140$ km/h에서 UIC 그룹 6 노선의 본선 - UIC 그룹 7~9AV의 120 km/h $< S \leq 140$ km/h 노선의 본선 - UIC 그룹 1~5 노선의 임시궤도(≤ 5 년) - 분류 기호 A의 사용 궤도
3 저품질 재사용	3a	- $S \leq 120$ km/h에서 UIC 그룹 7~9AV 노선의 본선 - UIC 그룹 7~9SV 노선의 본선 - UIC 그룹 6~9 노선의 임시궤도(≤ 5 년) - 분류기호 B의 노선과 산업 궤도(청원 측선)
4 고철 처리	4.2	다른 부재용의 재압연에 적합한 폐품 레일
	4.3	그 외의 다른 고철 레일

[1] 직접적인 재사용은 그 구역의 균일성이 유지되는 조건 하에서, 유지보수 중의 레일 보수에 허용된다.
※ a와 b 지표는 보수되었거나 그대로 재사용되는 자재(지표 a)와 보수하여야 하는 자재(지표 b)로 구분한다.

(5) 레일의 기술

레일의 기술 시방서는 표준 품질의 레일 강(70급)과 단단한 등급의 레일 강(90급)이 따라야 하는 표준을 정한다. ① 70급 : 인장시험의 인장강도는 680과 830 N/mm² 사이에 있어야 한다. ② 90급 : 인장시험의 최소 인장강도는 880 N/mm²이어야 한다. 90급 레일 사용의 주된 분야는 곡선이며, 그 곳에서 70급 레일의 수명은 높은 레일의 횡 마모(그리고, 더 적은 정도로 쉐링)와 낮은 레일의 파손과 같은 특정한 문제 때문에 상당히 짧아진다. 이들 현상은 다채로운 열차가 운행되는 선로에서 동시에 존재하거나 전문화된 열차운행의 경우에는 궤도의 한 레일에만 영향을 준다. 현재 잘 알려진 90급 레일의 성능은 중간, 또는 큰 반경의 곡선에서 대부분의 문제를 개선하며 고르게 분포된 레일마모로 귀착된다. 대단히 무거운 교통을 운반하는 선로에서는 더 좋은 강도가 주어진 90급이 기본 등급으로 사용될지라도 90급의 사용으로는 반경이 작은, 또는 대단히 작은 곡선의 문제가 해결되지 않는다. 이것은 $1,080 \ N/mm^2$의 최소 인장 강도로 특징을 짓는 고(高)경도 강 등급(110급)의 사용으로 귀착된다. 이 강은 각 철도의 공급자가 사용하는 제조방법에 따라 여러 가지 프로세스로 생산할 수 있다. 최소 강도 기준은 적합한 화학 성분(망간이나 규소와 같은 어떤 요소의 증가된 함유량, 크롬과 같은 새로운 원소의 추가)이든지 열처리에 의하여 충족시킬 수 있다. 많은 실험실 시험과 현장 시험은 90급 레일과 비교하여 110급 레일의 개량된 마모저항을 나타내었다. 그러므로, 곡선에 레일을 부설하거나 시기상조의 마모가 생긴 레일을 국지적으로 교체하는 프로젝트를 준비할 때는 110급 레일 사용의 가능성을 고려하는 것이 권고된다. 90급, 또는 110급 레일의 사용이 궤도의 한 레일에만 계획되는 경우에는 궤도회로 균형문제를 고려하여야 한다.

(6) 강 등급의 선택 기준

곡선에서 특정한 현상의 마모를 완화시키기 위하여 어떤 강 등급을 적용시켜야 할 것인가를 결정할 때는 ① 지방 특유의 파라미터와 ② 선택의 경제적 균형 등과 같은 기준을 고려하여야 한다.

(가) 지방 특유의 파라미터

다음의 파라미터는 주어진 곡선에서 마모의 진행에 영향을 준다.

- 곡선의 반경 : 마모는 모든 경우에 곡선반경의 역수로서 변화한다.
- 수송량(통과 톤수) : 수송의 통과 톤수는 고려된 구간의 실제 총 통과 톤수(일간, 또는 연간)이다 (총통과 톤수 = 피견인 통과 톤수 + 견인 통과 톤수).
- 높은 레일에 대한 레일/차륜 접촉에서 레일 기름칠 : 어떤 방법(인력 기름칠하기, 고정 자동 기름칠하기, 견인 기관차에 의한 기름칠하기)이 사용되든지 간에 이 기름칠은 곡선에서 높은 레일의 횡 마모를 늦추는 가장 의존할 수 있는 수단이다. 더 단단한 등급의 강을 도입하는 것은 기름칠이 없이는 문제를 해결하지 않는다. 기껏해야 열화의 진행을 늦춘다. 다른 한편으로, 횡 마모의 진행에 대해 지나치게 유효한 금지로 이끄는 과잉의 기름칠은 응력의 과도한 집중에 기인하는 쉐링으로 귀착될 수 있다. 기름칠의 풍부보다는 기름칠의 항구성이 으뜸가는 요구 조건이다.
- 곡선에 적용된 캔트 : 다양한 열차가 운행되는 선로에 적용된 캔트는 항상 절충안이다. 불충분한 캔트는 높은 레일의 횡 마모를 조장하며 초과 캔트는 낮은 레일의 파손을 조장한다.
- 축중 : 중량의 축중은 낮은 레일의 파손을 조장한다.
- 동력의 본질 : 어떤 유형의 동력의 공격성은 횡 마모를 조장하는 높은 곡선진입 힘으로 귀착될 수 있다.

(나) 경제적 균형

90급 레일의 가격은 70급 레일보다 약간 더 높다. 그러나, 품질/가격 비율은 대단히 유리하며, 그 이유는 레일의 수명이 대부분의 경우에 적어도 2배로 될 수 있음이 입증되었기 때문이다. 110급 레일의 경우에는 각 철도망의 공급자 능력에 따라 가격이 증가한다. 그러므로, 사용의 결정에서 이것을 고려하여야 한다. 손익 분기점은 일반적으로 90급 레일보다 30~40 % 더 긴 수명에 도달함이 분명하다.

(7) 90급과 110급 레일의 사용에 대한 권고

유럽에서 사용하는 계산도표의 90급과 110급 레일에 대한 각각의 사용분야를 그림 3.9에 나타낸다. 70급은 기본 등급으로서 그것을 사용하는 철도에 포함된다. 분명히 권고된 사용 영역은 곡선반경과 운반된 통과 톤수 등 오직 두 가지 파라미터로만 결정된다. 계산 도표는 오버랩의 영역을 가지며, 여기서 적용하려는 등급은 상기의 기타 지방 특유의 조건에 좌우될 것이다. 이 계산도표에 나타낸 권고는 축중이 20 톤을 넘지 않는 선로에만 적용할 수 있다. 축중이 20 톤을 넘는 선로(중량 교통을 적용하는 선로)에 대한 90급과 110급 레일의 사용분야는 훨씬 더 광범위하다.

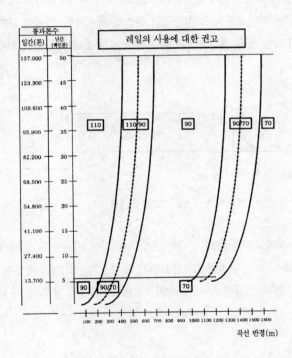

그림 3.9 90급과 110급 레일의 사용에 대한 권고

3.1.3 장대레일의 기술

(1) 장대레일의 이론

레일을 롤러 위에 놓았을 경우에는 온도가 변화할 때 레일의 이동을 저지하는 힘이 없다. 이것을 자유 신축이라고 부른다. 그 길이의 변화는 $\Delta L = La\Delta t$ 식으로 나타낸다. 여기서, L은 초기 온도에서 레일의 길

이, ΔL은 레일 길이의 변화, α는 레일강의 선팽창 계수, 즉 10.5×10^{-6}, t는 초기 온도부터의 온도 변화이다. 온도변화에 기인하는 레일의 신장, 또는 수축을 저지하는 힘 f가 레일을 따라 가해지는 경우에 레일 길이의 변화는 $\Delta L = La\Delta t - \dfrac{fL}{ES}$ 이다.

이 이동은 감소될 수 있으며, f가 $f = ES \times \dfrac{\Delta L}{L} = ESa\Delta t$의 값에 도달하는 경우에는 완전히 상쇄되기조차 할 수 있다. 여기서, S는 레일의 횡 단면적, E는 강재의 탄성 계수, 즉 21,000 헥토 바(daN/mm²)이다. 이 때 레일은 신축에 완전히 저항하는 상태에 있다고 말한다. 이 레일은 헥토 바(daN/mm²)로 나타내는 응력($\dfrac{f}{S} = La\Delta t$)을 받는다. 1도의 온도에 대한 응력의 변화 Ea는 대략 0.23 헥토 바/도이다.

장대레일의 종 방향에서 도상에 대한 침목의 마찰과 저지는 온도변화에 기인하는 길이의 변화를 저지하는 힘을 발생시킨다. 이 힘은 궤도의 m당 r(뉴턴)의 레벨로 분포된다. 누적된 힘은 끝에서부터의 거리에 대략 비례하여 레일의 끝에서부터 증가한다. 끝으로부터 거리 z에서의 저항력은 rz 뉴턴에 도달하고 $rZ = F = ESa\Delta t$로 주어진 거리 Z를 넘으면 신축이 완전히 저지되며, 여기서 S는 두 레일의 횡단면적이다. 그림 3.10에서는 장대레일 응력 해방온도와 다른 온도에서 장대레일 힘의 이론적인 다이어그램을 나타낸다.

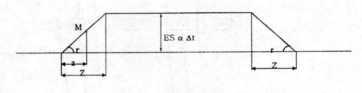

그림 3.10

이동이 부분적으로 저지되는 단부의 길이는 온도의 변화에 비례한다. 따라서, 신축구간(가동구간)으로 알려진 이 길이는 $Z = \dfrac{ESa\Delta t}{r}$ 식으로 나타낸다. 표 3.7은 UIC 60 레일과 $t = 40\ ^\circ\!C$에 대한 중앙부(부동구간)에서 압축, 또는 인장력 $F = ESa\Delta t$와 $r = 10$ kN/m의 이 값에 대응하는 신축구간의 이론적 길이 Z를 나타낸다.

표 3.7 $t = 40\ ^\circ\!C$에서 이론적 신축 길이

레일	UIC 60
F(10 kN)	145
Z(m)	145

각 점 M의 변위는 $\delta = \dfrac{r}{ES} \dfrac{(Z-z)^2}{2}$ 식으로 나타낸다. 여기서, z는 M점에서 장대레일의 가장 가까운 단부까지의 거리이다.

단부($z = 0$)에서, $\delta = \dfrac{r(Z)^2}{2ES} = \dfrac{ESa^2\Delta t^2}{2}$. 따라서, 신축 이음매(EJ)의 유간은 온도 변화의 제곱과 함

께 변화한다. 그러나, 실제의 상황에서는 응력 다이어그램이 이전의 상태, 즉 부설 이후의 다양한 온도 사이클에 좌우된다. 그것은 그림 3.11에 나타낸 형을 가질 수 있다. 단부의 변위는 이 다이어그램에 좌우되므로 온도와 신축이음매 유간 사이에 1 대 1의 등가가 없다.

그림 3.12에서는 온도 t_f에서 체결된 레일의 한 단부의 변위와 두 온도 t_m과 t_M간의 변동을 나타낸다. 그림에서 주어진 온도 t에서의 변위는 두 값 δ_1과 δ_2사이에 놓이는 것을 알 수 있다. 도시된 곡선은 수직 축에 대하여 포물선이다.

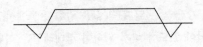

그림 3.11

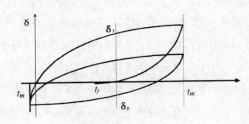

그림 3.12

주어진 온도 t_f에서 요소의 레일들이 부설되고나서 며칠 후에 동일온도 t_f에서 용접된 경우를 고려하자. 이 온도에서 그림 3.13에 나타낸 것과 유사한 일련의 응력 다이어그램을 구할 수 있다.

요소 레일들이 전체 요소레일의 중앙 구간에 위치하고 있을 때는 이들 요소 앞쪽 가동구간(신축구간) 의 응력 불균질이 용접 후에 종국적으로 굳어지는 것을 볼 수 있다. 이 이유 때문에 대부분의 경우에는 요소레일들의 용접 후에 적합한 온도에서 장대레일의 응력 해방이 필요하다.

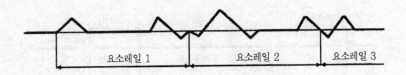

그림 3.13

(2) 장대레일 궤도의 정의

온도의 변화는 길이의 변화를 일으키며 레일의 압축, 또는 인장력을 발생시킨다. 침목에 대한 레일의 체결과 도상에서 침목의 고정은 레일의 자유로운 이동 등을 저지한다. 이러한 구속에서 생기는 저항력은 종 방향으로 가해지며 궤도가 안정화되었을 때 궤도의 m당 대략 10 kN의 값을 가진다. 레일이 충분히 길 때, 레일의 단부로부터 어떤 길이에서 발생된 총 저항력은 온도변화의 작용 하에서 어떠한 이동도 방지하기에 충분하다는 점이 관찰된다.

장대레일은 온도의 변화가 어떠하든지 간에 어떠한 신장, 또는 수축이라도 경험하지 않는 부동의 중앙 구간(부동구간)이 항상 있을 정도의 길이를 가진 모든 레일로서 정의된다. 실용적으로 부동으로 남아있는 장대레일의 이 중앙 영역에서 가장 높은 열 응력 값은 극한 온도에서 도달된다. 이들의 압축 응력, 또는 인장 응력이 허용한계 내에 남아 있도록 하기 위하여 장대레일은 적합한 온도에서 안전하여야 하며, 이들 한계가 항상 준수되는 것을 보장하도록 예방, 또는 정정 보수 및 장대레일 조정작업 동안 특별히 주의하여야 한다.

중간 구간의 양쪽에 대하여와 실제 문제로서 장대레일의 끝에서 150 m를 넘지 않는 가변길이에 걸친 종 방향의 이동은 부분적으로만 저지된다. 이들 구간은 신축구간(가동구간)으로 알려져 있다. 이들의 이동은 명백하게 장대레일 끝에서 가장 크다. 주어진 온도에서 레일 끝의 위치는 장대레일이 부설된 이후 경험한 여러 온도 사이클에 좌우된다. 그러므로, 보통은 어떤 범위 내에서 변화한다. 그것은 또한 레일의 유형(주로 레일단면)과 궤도의 안정화 정도에 좌우되지만, 장대레일의 전장에는 무관하다. 이들의 이동을 자유단 간에서 허용할 수 없는 틈의 벌어짐으로부터 방지하기 위하여 ① 신축 이음매(EJ)를 설치하든지, ② 또는, 장대레일을 복수의 신축 이음매에 연결하는 등의 두 가지 선택을 이용할 수 있다.

침목에 대한 레일의 체결은 침목에 대한 레일의 어떠한 슬라이딩(복진)이라도 방지하여야 한다. 신축 구간(가동구간)에서 관찰된 유일한 이동은 도상에서의 침목 이동이어야 한다. 새로 부설된 궤도에서는 좋은 체결의 유지를 보장하는 탄성체결장치만이 사용된다. 점진적인 현대화의 관계에서 레일이 여전히 강성 체결장치로 체결되는 경우에는 침목에 대한 레일의 어떠한 슬라이딩(복진)이라도 저지하기 위하여 레일앵커(또는, 탄성체결장치의 최소량)를 부설하여야 한다. 게다가, 장대레일은 침하 위험이 있는 노반에 부설하지 않아야 한다(예를 들어, 탄광 지역). 결론적으로, 장대레일은 다음과 같은 특징이 있다(그림 3.14).

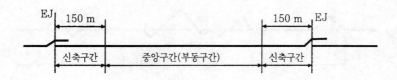

그림 3.14

‒ 안정된 궤도에 의하여 마련된 저항력 때문에 온도변화의 영향 하에서 이동되지 않는 중앙구간(부동구간). 극한 온도에서 가장 높은 응력 값은 이 중앙구간에서 도달된다.

‒ 이동이 부분적으로만 저지되는 양쪽의 신축구간(가동구간). 이동은 장대레일 단부에서 가장 크며, 그곳에서의 이동은 신축이음매(EJ)로 흡수된다.

(3) 안정성에 대한 레일의 영향

(가) 레일의 기하구조 결함의 영향

뒤틀린 레일과 공차를 벗어난 각도 결함이 있는 용접부는 장대레일이 부설된 궤도의 안정성에 상당히 영향을 줄 수 있다. 그러므로, 똑바르기(직진도) 결함이 있거나 작업 공차를 벗어난 용접부가 있는 레일을 장대레일에 연결하는 것은 금지된다. 취급하는 동안에는 레일의 변형을 피하기 위하여 필요한 모든 주의를 하여야 하며, 궤도 용접은 상당히 조심하여 시행하여야 한다.

(나) 궤광의 영향

레일의 종류(단면 2차 모멘트, 미터당 중량), 침목의 유형 및 침목에 대한 레일 체결장치의 품질은 궤도의 안정성에 영향을 주는 파라미터이다.

(다) 레일 설정온도의 영향

다음의 제(4)항에 명시된 장대레일 설정온도는 극한 온도에서 장대레일에 발생되는 최대 응력을 한정한다. 레일에서 품질이나 금속분포의 어떠한 변화라도 참조온도의 변화로 이끈다.

(라) 장대레일의 응력 해방과 균질화

응력 해방은 장대레일의 중앙구간(부동구간)에서 응력이 없는 온도를 한정하기 위하여 사용된 모든 작업을 포함한다. 균질화의 목적은 응력이 바뀐 구간에서 평균값에 영향을 주지 않고 응력을 균질하게 하는 것이며, 이 작업은 장대레일의 절단을 필요로 하지 않는다. 장대레일의 응력 해방과 균질화는 제3.4절에서 상세히 설명할 것이다.

(4) 장대레일의 온도

(가) 레일온도

이 장에서 언급하는 모든 온도는 레일의 온도이며, 그 값은 ① 모든 다른 측정절차를 제외하고 동일한 일사 조건에 노출된 레일 시편 안쪽에서 측정(이 경우에는 궤도의 레일과 같은 단면을 가진 시편을 사용하는 것이 권고된다)하든지, ② 또는, 관찰된 신장량으로부터 계산한다.

(나) 장대레일 한 지점에서의 중립온도(t_n)

중립 온도란 장대레일의 이 지점에서 열 응력이 0인 온도이다. 이 파라미터는 장대레일의 중앙구간(부동구간)에서만 실제적인 중요성을 가진다.

(다) 장대레일, 또는 장대레일 일부의 부설온도(t_f)

장대레일, 또는 장대레일 일부의 부설온도는 상기에 정의한 것처럼 고려중인 전장에 걸쳐 체결장치를 체결하는 동안 관찰된 온도의 수학적 평균이다. 적절하게 도상을 가진 궤도에서 적어도 6 침목에 1 침목씩 침목 단부(端部)당 두 조의 체결장치(레일의 양쪽에 대하여 하나씩)로 궤도를 체결한 후에야 레일이 고정된 것으로 간주할 수 있다.

(라) 장대레일, 또는 장대레일의 일부의 응력 해방온도(t_d)

응력 해방온도는 자연온도에서이든지 유압 긴장기를 사용하여 수행한 응력 해방 후의 각 레일의 온도이며 0 응력으로 된 후의 온도와 관찰된 레일 이동으로부터 계산한다.

(마) 궤도구간에 대한 참조온도(t_r)

참조온도는 두 레일의 응력 해방온도(또는, 응력 해방을 시행하지 않는 경우에 부설온도)이다. 예외적으로 양쪽 레일을 동시에 응력 해방을 하지 않는 경우나 두 레일 중 한 레일의 부설온도, 또는 응력 해방온도가 작업 때문에 바뀐 경우에 참조온도는 두 레일의 응력 해방(또는, 부설) 온도 중 낮은 쪽의 온도이다. 몇 단계로 응력을 해방한 장대레일에 대하여 다른 참조온도를 적용하는 구간의 경계를 거리표로 나타내어야 한다. 참조온도는 이하의 절에서 설명하는 요구 조건에 따라 주어진 궤도구간에 대한 보수작업의 온도한계를 결정할 때 참조로서 사용된다.

(바) 신축 이음매와 복수의 신축 이음매에 대한 조정 온도(t_g)

조정 온도는 신축 이음매, 또는 복수의 신축 이음매의 유간을 조정하는 때의 온도이다.

(사) 온도의 변화(t_f, t_d, 또는 t_r)

부설온도(t_f), 응력 해방온도(t_d) 및 참조온도(t_r)는 다음의 세 조건이 충족되는 한, 부설과 보수규정 양쪽의 적용을 위하여 정의한 것으로 고려할 수 있다. ① 궤도에서 또 다른 응력 해방작업을 하지 않는다. ② 궤도가 허용 한계를 넘는 선형 변화를 받지 않는다. ③ 신축구간(가동구간)에서 체결장치의 해체를 포함하는 작업은 궤도부설, 유지보수 및 조정작업 지침에 따라 수행한다. 마지막 두 조건의 미 준수는 응력 해방을 더욱 필요하게 한다.

(아) 온도 t_f, t_d, t_r의 기록

선행의 절에서 기술한 것처럼 정의된 부설온도(t_f), 응력 해방온도(t_d) 및 참조온도(t_r)는 장대레일 궤도에서 작업을 수행하는 동안 주행속도를 한정하기 위한 파라미터로서 사용된다. 레일온도가 기록된 때의 조건을 지방의 작업지침에 명기하여야 한다.

3.1.4 중계레일의 기술과 부설 조건

(1) 중계레일의 기술
- 중계레일의 사용분야 : 단면이 다른 레일, 또는 마모된 레일을 연결하여야 할 때, 레일의 UIC 분류가 어떠하든지 간에 본선궤도에 위치한 부설의 모든 경우에 중계레일을 사용하여야 한다. 그러나, 이하에 정한 경우에 공장에서 만든 중계레일을 사용하는 대신에 궤도에서 수행하는 용접으로 연결할 수 있다.
- 궤도 이음 용접 : 단면이 다른 레일은 ① 궤도가 장대레일로 부설되지 않는 경우에, 여객열차를 운행하지 않는 본선 궤도와 측선, ② 궤도가 본선에서 3 m 이상에 위치하는 것을 조건으로 장대레일

로 부설된 측선 등의 경우에만 테르밋 용접으로 궤도에서 직접 연결할 수 있다. 그 외의 모든 경우에는 중계레일을 사용한다.

- 중계레일의 사용 조건 : 중계레일(길이 10 m)은 표준등급의 레일 토막을 전기용접, 또는 테르밋 용접하여 만든다. 고(高)경도급 레일이 필수적인 경우에는 예외로 남아있어야 하며, 항상 충분히 정당한 요구 조건에 따라야 한다.

(2) 기술 시방서

- 형상치수 : 중계레일의 제작 허용오차는 표 3.8과 같다.
- 검사 : ① 검사의 종류 : ⓐ 겉모양 검사, ⓑ 치수 검사, ② 검사방식과 수준 : 겉모양 검사와 치수 검사는 전수에 대하여 시행한다. ③ 품질의 합격 기준 : 검사결과, 유해한 홈, 균열, 공동 및 비틀림 등이 없고, 표 3.8의 값에 적합할 때 합격으로 한다.
- 시험 : ① 시험의 분류 : ⓐ 화학분석 시험, ⓑ 물리적 성질 시험, ② 시험 방법 : 제품 50 개, 또는 그 단수를 1롯트로 하여 소재레일의 화학적 분석 및 물리적 성질시험을 실시하되, 그 방법은 KS R 9106에 의한다. ③ 품질의 합격 기준 : 시험결과, 본 규격에 적합할 때 합격으로 한다.

표 3.8 중계레일의 제작 허용오차

구 분	공차(mm)	비 고
길이	±7.0	
높이	±1.0	
두부높이	±0.5	
두부 폭과 복부 폭	+1.0, -0.5	
저부 폭	±1.0	
레일 면 중심의 엇갈림	1.0	저부에 대한 수직 중심 축과 두부상면 중심과의 틀림 량
절단면의 직각 차	1.0	
이음매 구멍 직경	±0.5	
구멍 중심간 거리	±0.8	
표준 이음매판과 레일의 간격	외측 2.0, 내측 1.0	
단면 변화부의 길이	+25, -10	
단면 변화부의 위치	±15.0	
단면 변화부의 두부상면 변화량	±1.0	

(3) 중계레일의 부설 조건

참고적으로, 중계레일은 프랑스의 예를 들어 다음의 조건 하에서 사용한다.

(가) 침목 간격을 완전히 변경하는 작업(궤도 갱신, 새로운 작업)

표준레일이 부설된 구간에서는 양단에 구멍을 뚫고 장대레일이 설치된 구간에서는 구멍을 뚫지 않은

18 m(중량레일 9 m, 경량레일 9 m)의 유형1 중계레일을 사용한다. 후자의 경우에는 필요 시 교체의 선택을 유지하기 위하여 중계레일을 부설할 때 중계레일의 양단을 잘라내야 한다. 예외적인 경우와 위치가 강제적인 이음매, 특히 어떤 절연이음매에 대하여만 한쪽 끝이나 양단에 구멍을 뚫은 24 m(중량레일 9 m, 경량레일 15 m)의 유형2 중계레일의 사용이 허용된다.

(나) 침목 간격을 부분적으로 변경하는 작업(분기기의 부설, 또는 교체). 분기기 양단

본선궤도 분기기의 전단과 후단에는 18 m의 유형1 중계레일을 사용한다. 중계레일은 용접 이음매의 위치가 분기기 연결 조건[1]에 주어진 지침에 따르는 방법으로 부설한다.

분기궤도에 대하여 tan 0.085의 분기기는 18 m 길이의 유형1 중계레일을, 그리고 기타 분기기에 대하여는 길이 12.10 m(분기기 레일 9 m, 연결레일 3.1 m)의 유형3 중계레일을 사용한다. 상기에 기술된 규정은 분기궤도에 대한 중계레일의 재부설에 적용할 수 있다. 게다가, 12.10 m의 유형3 중계레일은 원칙적으로 장대레일과 임시 단선궤도, 또는 임시 보통 구간간의 천이 접속구간이나 표준레일이 있는 작업구간에 사용한다. 길이(18와 12.10 m)를 균등하게 만들 목적으로는 표준등급 강으로 만든 유형1, 또는 유형3의 중계레일을 가능한 한 사용하여야 한다.

3.1.5 장대레일의 부설 조건

(1) 노반 조건

장대레일은 불안정한 노반, 특히 광산의 침하를 받기 쉬운 지역과 불충분하게 압밀된 최근의 성토구간에 부설하여서는 안 된다. 노반 불안정의 특성을 나타내는 징후, 또는 장대레일이 부설된 하부구조를 포함한 부수 사건은 상위 부서의 결정을 조건으로 장대레일을 절단(원칙적으로 상호식 이음매를 가진 25 m의 길이)하여 이음매판으로 연결하거나 표준레일로 교체하는 것을 필요로 한다.

(2) 레일 조건

장대레일은 실용적인 면에서 레일이 침목에 정확하게 고정될 수 있는 것을 조건으로 한다. 새로운, 또는 재사용의 UIC 60 레일은 신설, 또는 갱신에 사용할 수 있다. 장대레일은 일반적으로 25 m 레일을 공장에서 전기용접으로 만든 300 m의 요소 레일, 또는 재사용의 경우에 다양한 길이를 현장용접으로 만든다. 허용속도, 또는 계획 속도가 170 km/h 이하인 선로에서의 장대레일은 단부를 잘라내지 않고 궤도 현장에서 만들 수 있다. 현장용접은 계획된 사용수명 동안 많은 보수를 필요로 하지 않음직한 건전한 레일에 대하여만 수행할 수 있다. 피로 손상 때문에, 또는 미지의 원인에 의한 파괴가 기록된 경우나 또는 앞의 검사가 약간의 손상을 이미 검출한 경우에는 초음파 탐상(양 레일, 또는 한 레일)이 필요하다

---

[1] 분기기의 전단과 후단에 절연이음매(JIC), 또는 중계레일(JC)로 연결된 6 m 토막이 설치된 경우에는 중계레일을 이들 토막에 직접 용접할 수 있다. 그 다음에, 중계레일의 용접 이음매는 선단 이음매로부터, 또는 크로싱(크로싱 후단)으로부터 18 m 대신에 15 m이다.

(만일, 손상 빈도가 높다면 장대레일의 제작을 고려하지 않아야 한다). 장대레일에서는 13.5 mm보다 큰 직경의 구멍 뚫기가 금지된다.

(3) 다른 두 장대레일 간의 연결

정보를 위하여 여기서 참고적으로 설명하는 다른 두 장대레일 간의 천이 접속구간은 다음의 조건 하에서 만들어진다.

(가) 일반 조건

일반 조건은 다음과 같다. ① 연결하려는 2 레일의 m당 중량의 차이는 마모를 고려하여 12 kg을 넘지 않아야 한다. ② 중계레일 토막은 공장에서 제작하며 궤도에 삽입하기 전의 천이접속 용접부는 주행 표면 아래 20 mm에 적용한 1 m 자의 중앙에서 ±0.5 mm보다 큰 처짐을 가지지 않아야 한다. ③ 천이접속은 두 천이접속 용접간에 50 m 이상의 거리를 가진 2 개의 중계레일 토막으로 만든다. ④ 양쪽에서 장대레일과 다른 단면의 레일이 연결된 구간의 최소 길이는 50 m이어야 한다. ⑤ 천이접속 용접의 양쪽 50 m에 걸쳐 보강된 도상단면을 사용하여야 한다. 레일 단면과 침목 유형이 동시에 변화하는 경우에는 목침목의 쪽에 상부가 보강된 도상단면을 사용한다.

(나) 곡선 반경

1) 레일의 단면은 다르지만, 침목은 같은 유형인 경우 : 천이접속이 허용되는 곡선의 최소 반경은 다음과 같이 정해진다. UIC 60/50 kg의 경우에 용접부의 양쪽 18 m에 걸쳐 다른 단면의 레일 간에서 천이접속이 허용되는 최소 곡선반경(최소 침목 간격 : km 당 1,600 침목)은 목침목의 경우에 1,200 m, 콘크리트 침목의 경우에 600 m이다.

2) 레일은 동일하지만 침목의 유형이 다른 경우 : ① 신축 구간(장대레일 끝에서 150 m)에서는 침목이 균일하여야 한다(침목이 혼합되어 있고 점차적으로 현대화되는 선로에서 임시로 구성된 신축구간은 제외). ② 장래에 갱신하려는 최소 부설반경은 침목의 유형에 대응하는 가장 큰 반경이다. 다른 유형의 침목이 부설된 구간의 최소 길이는 50 m이다. 그러나, 이 규정은 양쪽에 콘크리트 침목과 함께 목침목이 설치된 신축이음매와 건널목에는 적용하지 않으며 길이가 50 m 미만(목침목의 천이 접속구간을 포함하여)인 분기기에도 적용하지 않는다. ③ 목침목과 콘크리트 침목이 혼합되어 있고, 점진적으로 현대화되고 있는 선로에 대한 최소 곡선반경은 목침목에 부설하는 유형에 대응하는 반경이다. 균일한 콘크리트 침목상에 부설된 것으로 고려하려는 구간에서 전적으로 콘크리트 침목이 부설된 최소 길이는 200 m이다. 보강된 도상단면은 균일한 콘크리트 침목과 목침목, 또는 혼합된 침목간에서 천이접속 지점의 양쪽 50 m에 걸쳐 사용하여야 한다.

3) 레일의 단면이 다르고 침목의 재료가 다른 경우 : 궤도의 부설 반경은 침목의 가장 불리한 유형에 대하여 가장 큰 부설 반경이다.

(4) 길이의 조건

– 최소 길이 : 장대레일 끝부터 측정한(또는 만일 있다면, 신축이음매의 축으로부터 측정한) 장대레일

의 최소 길이는 300 m이다.

- 최대 길이 : 장대레일의 최대 길이에 대하여는 기술적 제한이 없다. 접착 절연 이음매와 분기기의 연결은 길이의 제한이 없이 장대레일을 부설할 수 있게 하므로 유지보수가 어렵고 비싼 신축이음매, 또는 다른 장치의 사용을 최소화하도록 표준길이 레일의 사용을 제한하고 장대레일을 가능한 한 길게 만드는 것에 의하여 주된 장점이 얻어진다. 그러므로, 가능한 한, 가장 긴 장대레일로 하는 것이 관례이다.

(5) 선형 조건

최소반경을 이용하여 다음과 같은 궤도 안정성 계산을 결정하여 왔다. 장대레일을 부설하기 위하여 허용된 최소반경의 값은 ① 선로의 등급(예를 들어, UIC 그룹)과 속도, ② 레일의 유형, ③ 침목의 유형, ④ 도상의 유형, ⑤ 침목 간격에 좌우된다. 새로 부설된 고속철도 궤도의 공칭 침목 간격은 표준품질의 하부구조와 지지층에 대하여 60 cm(km당 1,666 개)이다(콘크리트 궤도의 경우에 65 cm). 이 값은 증가시킬 수 있지만, km당 2,000 목침목, 또는 km당 1,886 콘크리트 침목을 넘지 않아야 하며, 그렇지 않으면 보수작업, 특히 멀티플 타이 탬퍼를 이용한 레벨링 작업이 방해를 받는다. 표준레일을 장대레일로 교체하고 기존의 침목 간격이 유지되는 경우에 최소 허용반경을 결정할 때는 침목 간격을 고려하여야 한다. 종단선형(면, 고저)에서 높은 지점의 출현을 피하기 위하여 한 침목을 제거한 후에 이전 이음매 위치에서의 침목 간격을 조정하는 것이 권고된다. UIC 60 레일, PC 침목 자갈궤도에서 장대레일의 최소 곡선반경은 600 m이다.

3.1.6 레일 작업

(1) 레일 절단
(가) 레일 톱을 사용할 때 준수하여야 하는 필수적인 요구 조건

보통의 상황에서 레일의 절단은 일반적으로 레일 톱이나 절단 톱을 이용하여 절단하여야 한다. 사용하는 기계는 공인된 모델의 기계이고 좋은 작업 상태로 있어야 한다. 레일 톱을 사용할 때는 다음의 요점에 대하여 특별히 주의한다. ① 공급자가 권고하고 기술 메뉴얼에 나타낸 기계의 회전속도를 준수한다. 이 속도는 정기적으로 점검하여야 한다. 사용하는 절단 휠에 지시된 속도한계를 넘지 않아야 한다. ② 휠 보호용 덮개의 유무와 좋은 조건. 이것은 승인된 모델에 해당하는 원래의 덮개와 계속 부합되어야 한다. ③ 레일 체결장치의 보전과 좋은 기능상태. 레일에 고정되지 않은 톱의 사용(손으로 지탱하면서 하는 작업)은 금한다. 공인된 모델의 절단 휠만을 사용하여야 한다. 휠은 연마석과 마모 작용제의 사용에 관한 유럽 안전규정의 요구 조건에 따라 보관, 유지하고 사용한다.

(나) 특별한 경우 토치의 사용

동력 톱이나 레일 톱을 사용하는 것이 불가능한 경우, 또는 행하여지고 있는 절단을 완성할 수 없는 경우(예를 들어, 레일의 압축력 때문에)에는 최후의 수단으로서 산소 아세틸렌이나 산소프로판 토치 절단을 사용할 수도 있다. 그러한 경우에는 지방의 용접 팀이 이용할 수 있는 공인된 절단 유니트(토치, 압력 게이지, 절단가이드)의 사용이 권고된다. 궤도 레일, 또는 궤도에 부설할 예정인 레일에 대해 토치를 사용하여 행하는 어떠한 절단에서도 제3.9.4(2)항에 정한 방법을 취하여야 한다.

(다) 절단 후 레일 단부의 승인 검사

궤도 레일, 또는 궤도에 부설 예정인 레일에 대해 행한 어떠한 절단도 새로 만들어진 레일 단부의 승인 검사를 하여야 한다. 이 승인 검사는 절단을 실시한 선로원과 이음매판 체결작업이나 용접작업에 책임이 있는 선로원이 수행한다. 아래의 기준에 따라 승인이 결정된 레일 단부만을 영구적으로 이음매판을 체결하거나 용접할 수 있다. ① 레일 톱, 또는 동력 톱을 사용하여 절단하였다. ② 당해 레일 단부가 레일의 높이나 저부의 폭에 관하여 1 mm 이상으로 직각을 벗어나지 않는다. ③ 당해 레일 단부에 어떠한 균열도 없으며, 특히 복부 및 복부~두부와 복부~저부 필렛에 균열이 없다.

(2) 레일의 선형 정렬(라이닝)

프레스를 이용하는 레일의 라이닝은 부류 2 작업의 일부, 즉 장대레일의 안정성을 일시적으로 감소시키는 작업에 속한다. 레일의 선형정렬 작업은 다음을 필요로 한다. ① 모든 유효작업[1]과 이 작업에 대응하는 안정화는 5월 1일부터 9월 30일까지에 걸치는 작업 중지기간을 벗어나서 완료한다. ② 모든 유효작업[1]과 이 작업에 대응하는 안정화는 장대레일의 참조온도(t_r)에 따른 허용온도 범위 내에서 완료한다. 이 허용범위는 0~40 ℃의 범위를 넘어 연장되지 않아야 하는 조건을 필요로 하는 (t_r - 25) ℃에서 (t_r + 5) ℃까지이다. ③ 안정화가 완료될 때까지 속도를 170 km/h로 제한한다. ④ 열차운행이 중지되는 기간에만 작업을 수행한다. ⑤ 체결장치를 푸는(철거하지 않고) 구간은 똑바르게 하려는 레일로 제한하여야 하며 결함의 양쪽에 대하여 4 개를 넘는 침목을 포함하지 않아야 한다.

(3) 레일의 교체
- 절손 레일의 수리 : 절손 레일의 수리는 표 3.9~3.12에 의한다.
- 손상된 레일의 수리 : 손상된 레일의 수리는 표 3.13~3.14에 의한다.

---

[1] 유효작업은 체결장치의 체결과 도상단면의 견지에서 현장의 개시부터 궤도를 온전히 그대로 다시 이용할 수 있는 시간까지의 기간을 말한다.

표 3.9 1회의 테르밋 용접에 의한 절손된 테르밋 용접, 또는 전기용접의 수리

Sheet RR.1	1회의 테르밋 용접(TW)으로 보수가 가능한 전기용접(EW) 또는 테르밋 용접(TW) 부의 절손	지역 (사무소) ....
		구역 (분소) ....
선로 코드	선로 ....부터 ....까지 궤도 ......레일 ...... km	코드 ....

<table>
<tr><td colspan="4" align="center">장대레일 관리 대장에 삽입할 문서</td></tr>
<tr><td colspan="2" align="center">보수 날짜</td><td align="center">...........................</td><td>기입 사항</td></tr>
<tr><td>1</td><td>레일 온도를 기록한다.</td><td align="center">"t"</td><td>$t = ...$ °C</td></tr>
<tr><td>2</td><td>틈의 폭을 측정한다.</td><td align="center">"e"</td><td>$e = ...$ mm</td></tr>
<tr><td>3</td><td>· $AB = e + (s* - 1)$가 되도록 틈의 양쪽에 두 개의 가는 선 A와 B를 그린다.
(*)사용 하중에 따라 용접기가 전달한 값 "s" (mm)</td><td align="center">$e + (s-1)$
A   B</td><td>$s-1 = ...$ mm
$AB = ...$ mm</td></tr>
<tr><td>4</td><td>A와 B에서 절단한다.
표시선이 궤도의 남은 부분에서 보이도록 하여 절단한다.</td><td align="center">A   B</td><td></td></tr>
<tr><td>5</td><td>용접 실시에 필요한 값 "s"로 간격을 조절한다(*).
(*) : 가열 장치 사용시, 그리고 장대레일 단부의 200 m 이내에 위치한 용접 절손의 경우, 중앙부 쪽 레일만을 가열한다.</td><td align="center">(s)</td><td>$s = ...$ mm</td></tr>
<tr><td>6</td><td>테르밋 용접을 실시한다.</td><td align="center">●</td><td></td></tr>
<tr><td rowspan="4">7</td><td colspan="3">장대레일 단부를 기준으로 용접부의 위치에 따라;</td></tr>
<tr><td colspan="3">
<table>
<tr><td align="center">장대레일 단부에서 150 m 이상</td><td align="center">장대레일 단부에서 100 m와 150 m 사이</td><td align="center">장대레일 단부에서 30 m와 100 m 사이</td><td align="center">장대레일 단부에서 30 m 이내</td></tr>
<tr><td>국부적인 응력의 균질화 km....에서 km....까지</td><td>국부적인 응력의 균질화 km....에서 km....까지</td><td>부분적인 응력 해방 km....에서 km....까지</td><td>균질화 또는 응력 해방을 실시하지 않는다.</td></tr>
<tr><td align="center">>150m
50m 50m</td><td align="center">100m와 150m 사이
100m ...m 50m</td><td align="center">30m와 100m 사이
부분적인 응력 해방 200m</td><td align="center"><30m
균질화 또는 응력 해방을 실시하지 않는다.</td></tr>
<tr><td align="center">균질화 실시일</td><td align="center">균질화 실시일</td><td align="center">부분적인 응력 해방 실시일</td><td></td></tr>
</table>
</td></tr>
</table>

현장 책임자명..............		감독자 이름..............	
날짜	서명	날짜	서명

표 3.10 사전의 임시 보수가 없이 교체가 필요한 절손된 단척 레일

Sheet RR.2	사전의 임시 보수 없이 소재레일 요소의 교체가 필요한 절손		지역 (사무소) .... 구역 (분소) ....
선로 코드	선로 ....부터 ....까지 궤도 ......레일 ...... km		코드

<table>
<tr><td colspan="4" align="center">장대레일 관리 대장에 삽입할 문서</td></tr>
<tr><td colspan="2" align="center">보수 날짜</td><td align="center">.........................</td><td align="center">기입 사항</td></tr>
<tr><td>1</td><td>레일 온도를 기록한다.</td><td align="center">"t"</td><td>$t = ...°C$</td></tr>
<tr><td>2</td><td>공급된 레일 "ℓ"의 각 단부에 수평으로 가는선 A와 B를 그린다.
"ℓ" (단위 mm)을 측정한다.</td><td align="center">A   B
"e"</td><td>$e = ...mm$</td></tr>
<tr><td>3</td><td>A와 B에서 체결장치를 풀어준다.
"e" (단위 mm)틈을 측정한다.</td><td align="center">"e"</td><td>$e = ...mm$</td></tr>
<tr><td>4</td><td>BC(단위 mm) $= e + 2(s* - 1)$가 되도록 AB 외측에서 B로부터 C를 그린다.
(*)사용 하중에 따라 용접기가 전달한 값 "s" (mm)</td><td align="center">A   B C</td><td>$s-1 = ...mm$
$BC = ...mm$</td></tr>
<tr><td>5</td><td>궤도의 남은 부분에 표시 선이 보이도록 하여 A와 C를 절단한다.</td><td align="center">A   C</td><td></td></tr>
<tr><td>6</td><td>L_1과 L_2 두 레일을 제거한다.
L_1과 L_2 두 레일의 길이를 측정하여(mm) L_d를 계산한다.</td><td align="center">L_1 L_2
A   C
$L_d = L_1 + L_2$</td><td>$L_1 = ...mm$
$L_2 = ...mm$
$L_d = ...mm$</td></tr>
<tr><td>7</td><td>공급 레일을 설치하고 A에서 용접한다.
(용접용 간격 "s_1")</td><td align="center">A   C
s_1</td><td>$s_1 = ...mm$</td></tr>
<tr><td>8</td><td>C에서, 간격을 s(mm)로 축소하고 (*)두 번째 용접을 실시한다. (용접용 간격 "s_2")
(*): 가열 장치를 사용하는 경우, 그리고 장대레일 단부의 200 m 이내에 위치할 경우, 중앙부 쪽 레일만을 가열한다.</td><td align="center">A   C
s_2</td><td>$s_2 = ...mm$</td></tr>
<tr><td rowspan="4">9</td><td colspan="3">장대레일 단부와 가장 근접한 용접부의 위치에 따라;</td></tr>
<tr><td colspan="3"><table>
<tr><td>장대레일 단부에서
150 m 이상</td><td>장대레일 단부에서
100 m와 150 m 사이</td><td>장대레일 단부에서
30 m와 100 m 사이</td><td>장대레일 단부에서
30 m 이내</td></tr>
<tr><td>국부적인 응력의 균질화
km....에서 km.... 까지</td><td>국부적인 응력의 균질화
km....에서 km.... 까지</td><td>부분적인 응력 해방
km....에서 km.... 까지</td><td>균질화 또는 응력 해방을
실시하지 않는다.</td></tr>
<tr><td align="center">>150m
50m ← ℓ → 50m</td><td align="center">100m와 150m 사이
100m ...m 50m</td><td align="center">30m와 100m 사이
부분적인 응력 해방
200m</td><td align="center">< 30m
균질화 또는 응력 해방을 실시하지 않는다.</td></tr>
<tr><td>균질화 실시일
...............</td><td>균질화 실시일
...............</td><td>부분적인 응력 해방 실시일
...............</td><td></td></tr>
</table></td></tr>
</table>

현장 책임자명..............		감독자 이름..............	
날짜	서명	날짜	서명

표 3.11 사전의 임시 보수가 없이 교체가 필요한 절손된 단척 레일(변형체)

Sheet RR.3	사전의 임시 보수 없이 소재레일 요소의 교체가 필요한 절손	지역 (사무소)
		구역 (분소)
선로 코드	선로 ....부터 ....까지 궤도 ......레일 ...... km	코드 ....

		장대레일 관리 대장에 삽입할 문서	
	보수 날짜	....	기입 사항
1	레일 온도를 기록한다.	"t"	$t = ...°C$
2	틈 "e"(mm)를 측정한다.	"e"	$e = ...mm$
3	절손 양쪽의 A와 B에서 레일을 절단한다.	A ⊢——⊣ B	
4	L_1과 L_2 두 레일을 제거한다. L_1과 L_2 두 레일의 길이(mm)를 측정하고 "L_d"를 계산한다.	L_1 L_2 A ⊢——⊣ B $L_d = L_1 + L_2$	$L_1 = ...mm$ $L_2 = ...mm$ $L_3 = ...mm$
5	레일 절단에 사용되는 방법에 따라 궤도에 설치할 레일 길이 ℓ 을 산출한다. : - 기계에 의한 절단 → - 톱을 사용한 절단 →	"s" (*) 표시 (*)사용 하중에 따라 용접기가 전달하는 값 s(mm) "ℓ" = $L_d - 2(s-6)$ "ℓ" = $L_d - 2(s-3)$	$s = ...mm$ 다음을 사용하여 절단한다 : · 절단 기계 · 톱 (해당되지 않으면 삭제한다) $ℓ = ...mm$
6	ℓ길이의 레일을 설치하고 A에서 용접을 실시한다. (용접용 간격 "s_1")	A ⊢——⊣ B s_1 ℓ	$s_1 = ...mm$
7	B에서, 간격을 s(mm)로 감소시키고(*) 두 번째 용접을 실시한다.(용접용 간격 "s_2") (*) : 가열 장치를 사용하는 경우, 그리고 장대레일 단부에서 200 m 이내에 위치한 용접과 파괴의 경우, 중앙부 쪽 레일만을 가열한다.	A •———— B s_2	$s_2 = ...mm$

8	장대레일 단부와 가장 근접한 용접부의 위치에 따라;			
	장대레일 단부에서 150 m 이상	장대레일 단부에서 100 m와 150 m 사이	장대레일 단부에서 30 m와 100 m 사이	장대레일 단부에서 30 m 이내
	국부적인 응력의 균질화 km....에서 km....까지	국부적인 응력의 균질화 km....에서 km....까지	부분적인 응력 해방 km....에서 km....까지	균질화 또는 응력 해방을 실시하지 않는다.
	>150m 50m ℓ+50m	100m와 150m 사이 100m ...m ℓ+50m	30m와 100m 사이 부분적인 응력 해방 200m	< 30m 균질화 또는 응력 해방을 실시하지 않는다.
	균질화 실시일	균질화 실시일	부분적인 응력 해방 실시일	

현장 책임자명.............		감독자 이름..............	
날짜	서명	날짜	서명

표 3.12 사전의 임시 보수된, 절손된 단척 레일의 교체

Sheet RR.4	사전에 임시 보수한 소재 레일의 교체가 필요한 파손	지역 (사무소) ....
		구역 (분소) ....
선로 코드	선로 ....부터 ....까지 궤도 ......레일 ...... km	코드

장대레일 관리 대장에 삽입할 문서

최종 보수 이전 상황

T_R : 임시 보수 단척레일
L_1과 L_2 : 초기에 제거된 레일

$$\text{A} \quad\quad T_R \quad\quad \text{B}$$
$$L_1 \quad L_2$$

	최종 보수일	....	기입 사항
1	레일 온도를 기록한다.	"t"	$t = ..°C$
2	초기 제거된 레일(L_1과 L_2)의 길이와 경우에 따라 (1이나 2 절단 가능), 추가 제거된 레일의 L_3 또는 ($L_3 + L_4$)의 길이를 측정한다. L_d를 계산한다.	**추가 절단없이** $L_1 \quad L_2$ A B $L_d = L_1 + L_2$ **추가 절단 1** L_3 C A B $L_d = L_1 + L_2 + L_3$ **추가 절단 2** $L_3 \quad L_4$ C A B D $L_d = L_1 + L_2 + L_3 + L_4$	추가 절단 수량 = ... $L_1 = ...mm$ $L_2 = ...mm$ $L_3 = ...mm$ $L_4 = ...mm$ $L_d = ...mm$
3	레일 절단에 사용되는 방법에 따라 궤도에 설치할 레일 길이 ℓ을 산출한다. : – 기계에 의한 절단 – 톱에 의한 절단	"s" 표시(*) (*) : 사용 하중에 따라 용접기가 전달하는 값 s(mm) **추가 절단없이** $ℓ = L_d - 2(s-6)$ $ℓ = L_d - 2(s-6)$ **추가 절단 1** $ℓ = L_d - 2(s-9)$ $ℓ = L_d - 2(s-4)$ **추가 절단 2** $ℓ = L_d - 2(s-11)$ $ℓ = L_d - 2(s-5)$	$s = ...mm$ 절단도구 · 절단 기계 · 톱 (해당되지 않으면 삭제한다) $ℓ = ...mm$
4	ℓ길이의 레일을 설치하고 한쪽 단부를 용접한다.	(용접용 간격 "s_1") s_1	$s_1 = ...mm$
5	다른 단부에서 틈을 s(mm)로 감소시키고 두 번째 용접을 실시한다. (*) : 모든 경우, 가열 장치를 사용하는 경우, 그리고 장대레일 단부에서 200 m 이내에 위치한 용접과 파괴의 경우, 중앙부 쪽 레일만을 가열한다.	(용접용 간격 "s_2") s_2	$s_2 = ...mm$

장대레일 단부와 가장 근접한 용접부의 위치에 따라:

6	장대레일 단부에서 150 m 이상	장대레일 단부에서 100 m와 150 m 사이	장대레일 단부에서 30 m와 100 m 사이	장대레일 단부에서 30 m 이내
	국부적인 응력의 균질화 km....에서 km....까지	국부적인 응력의 균질화 km....에서 km....까지	부분적인 응력 해방 km....에서 km....까지	균질화 또는 응력 해방을 실시하지 않는다.
	>150m 50m ℓ +50m	100m와 150m 사이 100m m ℓ +50m	30m와 100m 사이 부분적인 응력 해방 200m	<30m 균질화 또는 응력 해방을 실시하지 않는다.
	균질화 실시일	균질화 실시일	부분적인 응력 해방 실시일	

현장 책임자명...............		감독자 이름...............	
날짜	서명	날짜	서명

표 3.13 1회의 테르밋 용접에 의한 손상된 테르밋 용접, 또는 전기용접의 수리

Sheet RD.1	1회의 테르밋 용접(TW)으로 보수가 가능한 전기용접(EW) 또는 테르밋 용접(TW) 손상	지역 (사무소) .... 구역 (분소) ....
선로 코드	선로 ....부터 ....까지 궤도 ...... 레일 ...... km	...... 코드 ......

장대레일 관리 대장에 삽입할 문서

	보수 날짜	....	기입 사항
1	레일 온도를 기록한다.	"t"	"t" = ...°C
2	용접부 양쪽 침목의 레일 저부에 표시를 하고, 해당 침목에서 앞선 표시의 맞은 편에 또다른 표시를 한다.		
3	$AB = (s * -1)$가 되도록 용접 양쪽에 A와 B의 가는 선을 표시한다. (*)사용 하중에 따라 용접기가 전달한 값 "s"(mm)	$(s-1)$ A B	$s-1 = ...$mm
4	A와 B에서 절단한다. 표식에서 관찰된 변위 "e_1"와 "e_2"를 기록한다. 전체 수축량 "e"를 계산한다. 궤도의 남은 부분에서 표시선이 보이도록 하여 절단한다.	$e = e_1 + e_2$ e_1 A B e_2	$e_1 = ...$mm $e_2 = ...$mm $e = ...$mm
5	용접에 필요한 값 "s"로 간격을 조절한다. (*): 가열 장치가 사용되는 모든 경우, 그리고 장대레일 단부의 200 m 이내에 위치한 용접 손상의 경우, 중앙부 쪽 레일만을 가열한다.	(s)	$s = ...$mm
6	테르밋 용접을 실시한다.	●	

7	간격 "s"를 조절하고 유지시키기 위하여 가열 장치(또는 인장기)의 사용이 필요하다면, 용접부의 위치에 따라 다음의 추가 측정을 실시하여야 한다.			
	장대레일 단부에서 150 m 이상	장대레일 단부에서 100 m와 150 m 사이	장대레일 단부에서 30 m와 100 m 사이	장대레일 단부에서 30 m 이내
	국부적인 응력의 균질화 km....에서 km....까지 	국부적인 응력의 균질화 km....에서 km....까지 	부분적인 응력 해방 km....에서 km....까지 	균질화 또는 응력 해방을 실시하지 않는다.
	균질화 실시일	균질화 실시일	부분적인 응력 해방 실시일	

7*	간격 "s"를 조절하고 유지시키기 위하여 가열 장치(또는 인장기)의 사용이 필요하지 않았다면, 균질화 또는 부분적인 응력 해방을 실시하지 않는다.

현장 책임자명............		감독자 이름............	
날짜	서명	날짜	서명

표 3.14 교체가 필요한 절손된 단척 레일

Sheet RD.2	소재레일 요소의 교체가 필요한 손상		지역 (사무소) .... 구역 (분소) ....
선로 코드	선로 ....부터 ....까지 궤도 ......레일 ...... km		코드 ....

<table>
<tr><td colspan="4" align="center">장대레일 관리 대장에 삽입할 문서</td></tr>
<tr><td colspan="2" align="center">보수 날짜</td><td align="center">.........................</td><td align="center">기입 사항</td></tr>
<tr><td>1</td><td>레일 온도를 기록한다.</td><td align="center">"t"</td><td>$t=...°C$</td></tr>
<tr><td>2</td><td>공급된 레일 "L" 각 단부의 맞은 편에 A와 B 두 개의 가는 선을 그린다.
ℓ(mm)를 측정한다.</td><td align="center">A   B

"$ℓ$"</td><td>$ℓ=...mm$</td></tr>
<tr><td>3</td><td>다음이 되도록 B로부터, AB 밖에서 C를 그린다.
$BC_{(mm)} = 2(s^* - 1) + \dfrac{ℓ(m)}{100}(25 - t)$
(*) 사용 하중에 따라 용접기가 전달한 값 "s" (mm)</td><td align="center">A   B C</td><td>$ℓ=...mm$
$s=...mm$
$BC=...mm$</td></tr>
<tr><td>4</td><td>A에서 절단
발생된 간격 "e" 값을 기록한다.
C에서 절단
궤도의 남은 부분에서 표시선이 보이도록 하여 절단한다.</td><td align="center">A "e"   C
A   C</td><td>$e=...mm$
절단용기구
· 절단 기계
· 톱
(해당되지 않으면 삭제한다)</td></tr>
<tr><td>5</td><td>손상된 레일을 제거하고, 제거된 길이 "L_d"를 측정한다(mm).</td><td align="center">A L_d C
ℓ</td><td>$L_d=...mm$</td></tr>
<tr><td>6</td><td>공급 레일을 설치하고, A에서 용접을 실시한다(용접용 간격 "s_1").</td><td align="center">A ℓ C
s_1</td><td>$s_1=...mm$</td></tr>
<tr><td>7</td><td>C에서 간격을 s(mm)로 감소시키고, 두 번째 용접을 실시한다. (용접용 간격 "s_2").
(*): 가열 장치를 사용하는 모든 경우, 그리고 장대레일 단부의 200 m 이내에 위치한 용접 손상의 경우, 중앙구간의 레일만을 가열한다.</td><td align="center">A   C
s_2</td><td>$s_2=...mm$</td></tr>
<tr><td rowspan="4">8</td><td colspan="3">장대레일 단부와 가장 근접한 용접부의 위치에 따라;</td></tr>
<tr><td>장대레일 단부에서
150 m 이상</td><td>장대레일 단부에서
100 m와 150 m 사이</td><td>장대레일 단부에서
30 m와 100 m 사이   장대레일 단부에서
30 m 이내</td></tr>
<tr><td>국부적인 응력의 균질화
km....에서 km....까지

</td><td>국부적인 응력의 균질화
km....에서 km....까지

</td><td>부분적인 응력 해방
km....에서 km....까지   균질화 또는 응력 해방을
실시하지 않는다.
</td></tr>
<tr><td>균질화 실시일
.................</td><td>균질화 실시일
.................</td><td>부분적인 응력 해방 실시일
.................</td></tr>
</table>

현장 책임자명.................		감독자 이름...............	
날짜	서명	날짜	서명

(4) 점검

- 사전의 임시보수가 없는 절손 레일의 보수 : 다음을 점검한다.

  $l = L_d - (s_1 + s_2) + 12$: 절단기계를 사용하는 절단의 경우

  $l = L_d - (s_1 + s_2) + 6$: 톱을 사용하는 절단의 경우

- 사전에 임시 보수한 절손 레일의 보수 : 다음을 점검한다.

  • 추가의 절단이 없이

  $l = L_d - (s_1 + s_2) + 12$: 절단기계를 사용하는 절단의 경우

  $l = L_d - (s_1 + s_2) + 6$: 톱을 사용하는 절단의 경우

  • 한 번의 추가 절단으로

  $l = L_d - (s_1 + s_2) + 18$: 절단기계를 사용하는 절단의 경우

  $l = L_d - (s_1 + s_2) + 8$: 톱을 사용하는 절단의 경우

  • 두 번의 추가 절단으로

  $l = L_d - (s_1 + s_2) + 22$: 절단기계를 사용하는 절단의 경우

  $l = L_d - (s_1 + s_2) + 10$: 톱을 사용하는 절단의 경우

- 손상 레일의 보수 : 다음을 점검한다.

  $l = L_d - (s_1 + s_2) + 12$: 절단기계를 사용하는 절단의 경우

  $l = L_d - (s_1 + s_2) + 6$: 톱을 사용하는 절단의 경우

- 궤도상에서 철거한 만큼의 레일을 교체하기 위하여 적용한 주의사항이 준수되지 않음이 점검에서 나타난 경우에는 제3.4.8항에 따라 부분적인 응력 해방을 실시하여야 한다.

3.2 장대레일 작업

장대레일의 응력 해방과 균질화 등의 작업은 별도로 제3.4절에서 설명하고, 여기서는 그 외의 장대레일 작업을 설명한다.

3.2.1 장대레일 교체 절차

(1) 침목 간격의 어떠한 변경도 포함하지 않고 레일 교체만 시행

이 작업은 원칙적으로 궤도의 압밀을 이완시키지 않는다. 정척 레일이 부설된 궤도에서 레일을 장대레일로 교체할 때는 도상단면을 개량하여야 한다. 침목 간격의 변경(침목이 철거되는 이전의 이음매 지역)과 조정된 침목 간격은 바꾸어 놓는 침목을 신중하게 고정시키는 것을 조건으로 하여 궤도를 이완시키지 않는다. 그러나, 레일 교체의 영향을 받은 전 구간을 응력 해방작업 이전에 기계로 다져야 한다. 레일 교체 현장을 통과하는 열차는 궤도가 온전히 그대로 회복(모든 체결장치의 정규 체결)되지 않는 한, 속도

를 100 km/h로 제한한다(그러나, 제3.2.2(2)항의 정상속도로 회복하기 위한 조건을 참조하라). 이 속도제한은 궤도가 장대레일로 부설된 경우에 3 침목 중에 1 침목[1], 또는 궤도가 표준레일로 부설된 경우에 2 침목 중에 1 침목[1]의 철거를 허용할 만큼 궤도작업 시간 직전에 교체와 응력 해방작업을 준비할 수 있게 한다. 침목의 한쪽 끝에서 레일의 양쪽에 유효 체결장치가 더 이상 체결되어 있지 않은 때는 침목이 철거된 것으로 간주한다.

필요한 모든 체결장치의 체결 작업은 응력 해방 후의 체결장치 유효성에 대한 표준의 목표 값(TV) 품질레벨을 얻기 위하여 응력 해방 이전에 행한다.

(2) 궤도 압밀의 이완으로 이끄는 침목 간격을 변경한 도상에서 장대레일의 교체(RR)

(가) 작업 동안의 온도가 부설하려는 장대레일의 참조온도를 넘을 것으로 예상되는 경우

이 경우에는 다음에 의한다. ① 도상하부를 굴착하기 전에 장대레일을 50 m의 길이로 절단한다. ② 각 절단부에서 17 mm의 금속을 제거한다(절단 두께 포함). 절단은 장대레일의 참조온도 아래의 온도에서 행한다. 절단 위치는 용접부를 연마함이 없이 한 쌍의 이음매판을 설치할 수 있도록 용접부에 가장 가까운 침목간 사이에 위치하여야 한다. 절단부의 2 m 이내에 레일 표면의 손상이 없어야 한다. ③ 이음매당 4 구멍을 동력으로 뚫고 4공이나 6공 이음매판을 볼트로 채워 이음매를 만든다(6공 이음매판의 경우에 4 개의 중앙구멍). 만들어진 이음매가 반드시 비-상호식인 것은 아니지만 용접부의 위치에 따라 위치시킨다. ④ 절단구간에서 기존 장대레일까지의 천이구간은 2 개의 12.5 m 길이를 만들어 행한다. 도상 하부굴착 앞의 절단구간은 현장의 구성에 필요한 최소로 제한한다. ⑤ 이 방법으로 만들어진 이음매는 72 시간 이상 궤도에 존속시키지 않아야 한다. ⑥ 절단구간을 통과할 때의 최고속도는 120 km/h이다.

(나) 작업 동안의 온도가 철거하려는 장대레일의 참조온도를 넘지 않을 것으로 예상되는 경우

이 경우에 다음에 의한다. ① 레일의 철거에 필요한 절단만을 시행한다. 그러나, ② 상기의 (가)항에서 기술한 것처럼 레일을 절단하지 않는 한, 현장의 작업이 없는 낮 동안에는 도상단면을 하부굴착한 상태로 두지 않아야 한다. ③ 온도가 예상외로 상승하는 경우에는 이웃하는 궤도에 100 km/h의 속도제한을 적용하고, 이것이 이미 사실이 아닌 경우에는 하부굴착한 궤도의 절단이 완료될 때까지 적용한다. ④ 곡선 외측의 하부굴착한 궤도의 장대레일은 온도(t_r : 참조온도)가 ⓐ 완화곡선구간을 포함한 반경 1500 m 미만의 곡선에 대하여 t_r - 15 ℃, ⓑ 완화곡선구간을 포함한 반경 1500 m 이상의 곡선에 대하여 t_r - 20 ℃로 내려갈 경우에 상기에 기술한 것처럼 절단한다. 이들의 조건이 하부굴착 하에서 궤도 좌굴의 위험을 보상하지 않으므로 하부굴착 이후에는 궤도간 간격의 값을 연속적으로 점검하여야 한다.

---

[1] 체결장치의 해체가 이들 한계를 넘어 연장된 경우에는 작업이 행하여지고 있는 동안 40 km/h의 속도제한을 적용한다.

3.2.2 최종 탬핑, 속도 조건 및 작업 조건

(1) 최종 탬핑

최종 탬핑의 목적은 도상의 교란이 수반되는 레일 교체(제3.2.1항), 응력 해방(제3.4절), 균질화(제3.4.10항) 등 장대레일의 보수작업을 하는 경우에 정상 속도의 회복 전에 신중한 탬핑과 라이닝을 보장하기 위한 것이다. 이 작업은 궤도의 레벨링과 라이닝(두 번째 양로) 후의 궤도 안정화 다음에 수행한다. 이 작업 동안 높은 지점간의 최대 양로는 50 mm를 넘지 않아야 하며, 정정하려는 줄(방향) 틀림의 크기는 20 mm를 넘지 않아야 한다. 그러므로, 최종 탬핑은 궤도 라이닝 점검이 선행되어야 한다. 상기에 주어진 양보다 큰 양로 값, 또는 이정 값이 관찰되는 경우에는 레벨링-라이닝을 추가의 양로 통과로서만 고려할 수 있다. 최종 탬핑은 항상 0~40 ℃의 범위로 유지하면서 표 3.15에 나타낸 것처럼 결정된 온도 범위 내에서 수행하여야 한다.

표 3.15 장대레일 작업 시 최종 탬핑 가능 온도(℃) 범위

선형	응력을 해방한 궤도	응력을 해방하지 않은 궤도
직선과 곡선 반경 ≥ 1200 m[(1)]	$(t_r - 25) \sim (t_r + 15)$	$(t_r - 25) \sim (t_r + 10)$
곡선 반경 < 1200 m[(1)]	$(t_r - 25) \sim (t_r + 10)$	$(t_r - 25) \sim (t_r + 5)$

t_r : 참조온도(℃), t_f : 체결 온도(℃)
[(1)] 반경 ≥ 1,200 m와 반경 < 1,200 m 등 다른 반경의 2곡선일 경우에는 가장 제한된 규칙을 전체 곡선에 적용한다.

(2) 속도 조건
(가) 정상 속도의 완전 회복

다음의 4 가지 조건이 만족되는 경우에는 속도의 제한이 없이 정상속도를 회복할 수 있다. ① 도상 단면이 적합하다. ② 장대레일을 정규의 규칙에 따라 응력 해방하였다. ③ 최종 탬핑을 하였다. ④ 최종 탬핑 후에 안정화를 완료하였다.

(나) 속도 100 km/h 주행의 임시허가

상기의 4 가지 조건이 충족되지 않는 상태에서는 속도를 100 km/h(또는, 부분적인 동적 안정화의 경우에 120 km/h)까지 임시로 올릴 수 있다.

1) 속도 100 km/h에 대한 경고 값(WV) 품질레벨에 따르는 외따로 있는 틀림의 허용과 함께 다음 사항을 필요로 한다. ① 두 번째 양로를 완료하여야 한다. ② 도상 단면이 적합하다. ③ 'ⓐ 두 번째 양로의 마지막 패스, ⓑ 만일 수행된다면, 부분적인 동적 안정화(DTS 작업)' 후에 궤도선형 표준의 목표 값(TV) 품질레벨에 도달한다.

2) 100 km/h(또는, 부분적인 동적 안정화의 경우에 120 km/h)로 속도를 상승한 후에 여러 요소 레일을 부설하여 체결하고 도상 작업을 한 때의 최저온도와 레일온도간의 차이 Δt(℃)가 표 3.16에 나타낸 값을 넘는 경우, 또는 안정화를 완료하기 전에 레일의 온도가 45 ℃를 넘는 경우

에는 온도가 표 3.16에 주어진 한계 아래로 떨어질 때까지 궤도를 연속적으로 모니터하여야 한다.

3) 선형에서 발달하는 이상이 관찰되는 경우에는 40 km/h 이하의 예고 없는 열차속도 제한을 실시하여야 하다.

표 3.16 최저온도와 레일온도간 차이(℃)의 한계

두 번째 양로 후 궤도 안정화	콘크리트 침목				기타 침목
	$R \geq 1,200$ m	1,200 m $> R \geq 650$ m		$R < 650$ m	
		안정화 시행	안정화 미시행		
미완료	40	40	35	35	20
완료	45	45	40	40	35

(다) 상기 (가)항의 조건 중에서 하나가 충족되지 않을 때, 정상속도의 회복에 관련하는 제한

1) 다음과 같은 경우에는 응력을 해방하기 전에 정상속도를 회복할 수 있다. ① 도상단면이 적합하다. ② 제(1)항의 조건 하에서 최종 탬핑을 수행하였다. ③ 최종 탬핑 후에 궤도안정화를 완료하였다. ④ 여러 요소레일이 체결되어 용접되고 도상이 정리되었을 때 낮의 최고온도가 최저온도를 40 ℃ 이상만큼 넘지 않는다. ⑤ 체결장치 유효성 표준의 목표 값(TV) 품질레벨을 달성한다.

2) 응력을 해방하기 전에 최고온도가 표 3.16에 주어진 한계 값을 넘는 경우에는 적어도 일간의 고온기간 동안 100 km/h의 속도제한과 궤도의 연속 모니터링을 하여야 한다.

3) 레일만 갱신한 경우에는 안정성이 영향을 받지 않은 기존의 궤도에 대하여 1)항의 요점 ①과 ⑤만이 고려된다.[1] 이 선택은 본질적으로 임시일 뿐이다. 응력 해방은 항상 가능한 한 곧바로 수행하여야 한다.

(3) 보수작업의 시행 조건

보수작업은 장대레일의 안정성에 영향을 주는지의 여부에 따라서 두 부류로 분류(제1.6.2(1)항)하여 제1.6.2(2)항과 제2.7.1항을 적용한다.

3.2.3 장대레일의 검사

(1) 적합성 검사

- 목적 : 규정하는 조건이 선로전체에 걸쳐 준수되는지, 그리고 궤도 특수구간[2]의 어디라도 온도상승 기간 이전에 이상을 나타내지 않는지를 점검한다.

---

[1] 레일만 갱신한 경우에 표준 레일이 부설된 궤도에 대해 명시된 기계적 탬핑 후에는 안정화도 또한 완료하여야 한다.

[2] 이 검사를 수행하는 선로원은 분소장이 도상상태의 특유한 특징을 기술하고 궤도 특수구간의 목록을 포함하여 작성한 문서를 가지고 있어야 한다.

- 4월 10일 이전에, 궤도마다 도보로 검사 : 선로원은 다음의 점에 관하여 주의를 한다. ① 정규의 도상단면에 따르고 있는지 검사한다. ② 체결장치의 체결상태를 확인한다. ③ 유보구간에 이상이 없는지를 점검한다. ④ 예정된 응력 해방 및/또는 균질화가 수행되었는지를 확인한다. ⑤ 작업개시 값(AV)으로 분류된 구간에서 적합한 작업을 취하였는지 확인한다. ⑥ 용접부의 외관을 점검한다(특히, 테르밋 용접부에서 필렛 손상). ⑦ 부적합하거나 급하게 변화하는 레벨링-라이닝의 어떠한 구간도 위치를 조사한다. ⑧ 궤도선형의 어떠한 이상도 위치를 조사한다. ⑨ 교량의 어프로치에 대한 침하와 불안정한 위치를 조사한다. ⑩ 궤광 변위의 어떠한 징후도 탐지한다(특히, 높은 구배). ⑪ 체결장치 열화의 어떠한 징후도 탐지한다. ⑫ 장대레일 단부에서 신축이음매(EJ)와 복수 이음매장치의 유간이 정확한지 점검한다.
- 5월 1일 이전에, 필요한 교정작업(안정화작업 포함)의 실시
- 분소장은 이 검사의 완료 시에 다음을 시행한다. ① 필요시, 궤도 특수 구간의 목록에 추가한다. ② 적합한 경우에 민감한 구간의 목록을 작성한다. ③ 필요한 모든 모니터링 조치를 취한다($t > 45$ ℃에 대하여).

(2) 선로의 일반적인 모니터링

- 목적 : 이 모니터링의 주된 목적은 육안으로, 또는 열차첨승 검사 동안 감지한 횡 가속도로 사정된 라이닝 틀림의 상황을 파악하는 것이다.
- 온도가 45 ℃에 도달할 수도 있는 날의 특별 검사 : ① 5월 15일 이전 : 갑작스럽거나 장기간에 걸쳐 온도가 증가하는 경우와 관할 부서의 결정에 의할 때를 제외하고는 원칙적으로 특별한 검사를 하지 않는다. ② 5월 15일부터 6월 15까지 : 휴일을 포함하여 매일 궤도마다 고속열차 운전실의 첨승검사를 실시한다. ③ 6월 16일 이후 : 일반적인 모니터링을 중지한다. 갑작스럽거나 장기간에 걸친 온도증가의 경우와 관할 부서의 결정에 의할 때를 제외하고 원칙적으로 특별 검사를 하지 않는다.

(3) 궤도 특수구간의 모니터링

(가) 개요 : 어떤 구간은 규정의 모든 요구 조건에 적합할지라도 처음의 온도증가 동안 이상의 발달이 다른 곳보다 더 높은 위험을 갖고 있다. 이들 구간이 '궤도 특수구간' 이다. 궤도 특수구간의 목록은 매년 적합성 검사를 완료한 후에 분소장이 갱신하며, 사무소장(작업관리자)에게 제출하여 승인을 받는다.

(나) 온도가 45 ℃에 도달할 수도 있는 날의 특별 검사

1) 5월 1일부터 휴일을 포함하여 매일 도보로 궤도 특수구간의 검사 : 궤도 검사자에게는 궤도 특수구간의 목록이 지급된다. 이 목록은 특수구간을 모니터링하여 선로에 대한 이상 발생의 모든 위험을 망라하도록 선로의 특별한 특수 구간 중에서 가장 특별하다고 고려되는 특수구간의 선택을 포함하여야 한다. 이 목록에서 필수적인 항목은 선행하는 10 개월 내에 '① 분기기나 크로싱의 연결, ② 부분적인 응력 해방이 없이 상당한 이정(移程)' 작업을 실시한 장대레일 궤도구간을 포함한다. 목록은 또한 다음의 특성을 하나, 또는 그 이상 가진 구간에서 선택한 하나, 또는

그 이상의 특징도 포함한다. ① 분기기, 임시 분기기, 신축이음매(EJ) 및 주행궤도에 그들의 연결, ② 목침목과 콘크리트 침목 변화구간, ③ 터널 주위, ④ 보수가 어렵거나 심한 기후 조건에 노출된 궤도 구간 : ⓐ 레벨링의 안정성이 열등한 구간(레벨링의 빈번한 재 작업), ⓑ 분명하게 특성적인 어떠한 것이라도 있는 경우에 가장 더운 구간, ⓒ 일광의 차이가 큰 성토/절토 연결부, ⑤ 신축이음매에 의하여 연달아 교차하고 신축가능 길이가 50 m 이상인 구조물의 끝

2) 궤도 특수구간에 대한 특별 모니터링의 종료 : ① 6월 1일 이전에 : 레일온도가 적어도 6일 동안 (연속하거나 연속하지 않음) 실제적으로 40 ℃에 도달한 때, ② 또는, 늦어도 6월 1일에 : 기타의 경우

(4) 민감한 구간의 모니터링

(가) 개요 : '민감한 구간'은 궤도의 특수구간과는 다르게 본질적으로 임시적이다. 보수작업의 좋은 계획수립은 민감한 구간의 수를 제한하여야 하고, 결과로서 생긴 모니터링을 상당히 감소시켜야 한다.

(나) 온도가 45 ℃에 도달할 수 있는 날의 특별 검사

1) 5월 1일부터 휴일을 포함하여 매일 도보로 민감한 구간의 검사(하루 중 가장 더운 시간에 수행하며, 온도가 내려가기 시작하여 45 ℃ 이하로 떨어질 때까지 실시) : 궤도 검사자에게는 민감한 구간의 목록이 주어진다. 다음의 특성을 하나, 또는 그 이상 갖고 있는 궤도 구간은 민감한 구간으로 간주하기로 되어있다. ① 부류 2 작업 후에 안정화가 완료되지 않은 구간, ② 라이닝의 어려움이 있는 기지(旣知)의 구간, ③ 도상보수가 완료되지 않은 구간, ④ 장대레일이 응력 해방되지 않았거나 분기기 연결작업이 완료되지 않았을지라도 작업 후에 정상속도를 회복한 구간, ⑤ 하나 이상의 용접부에 대하여 제3.6.4(2)항에 명시된 작업오차를 벗어나고 아직 교정하지 않은 각도틀림

2) 민감한 구간에 대한 특별 모니터링의 종료 : ① 9월 30일 이전 : 민감한 구간으로의 분류를 정당화하는 원인이 더 이상 존재하지 않는 때부터(모니터링을 중지하기 전에, 도상단면의 적합성을 점검한다), ② 또는, 늦어도 9월 30일 : 기타의 경우

3.3 레일손상의 UIC 분류

레일의 파손은 일반적으로 피로균열 성장의 최종 결과이다. 균열은 작은 손상, 또는 응력 집중으로 생긴다. 이 이유 때문에 파손이 일어나기 전에 균열을 발견할 수 있는 기회가 상당히 있다. 초음파 검사도 일반적으로 행하고 있다(이 논제는 제3.7절에서 다룰 것이다). 레일은 실제 사용 시에 각종의 원인으로 손상이 생긴다. 이들의 파손은 UIC 규정 712R에 분류되어 있다. 이하에서는 여러 유형의 파손에 대하여 설명한다.

3.3.1 레일 중앙부의 손상

□ 코드 2 : 레일 중앙부의 손상

(1) 전(全) 단면

◎ 코드 20 : 전(全) 단면

○ 코드 200 : **분명한 원인이 없는 완전한 절손**

원인도 개시지섬도 즉시 사정할 수 없는 횡 방향 절손이다. 이 절손은 갑자기, 특히 대단히 추운 기간 동안 발생한다. 레일의 절손면을 점검하고, 특히 절손이 다음에 기인하지 않는지를 검사한다. ① 내부 근원의 점진적인 횡 균열 : 211, ② 비정상 수직 마모 : 2204, ③ 공전 상 : 2251, 2252, ④ 스콰트 : 227, ⑤ 부식 : 234, 254, ⑥ 레일 저부 경사면의 횡 균열 : 251, ⑦ 레일 저부의 종 방향 수직 균열 : 253, ⑧ 우발적인 타박상 : 301, ⑨ 계획하지 않거나 부정확한 기계 가공 : 302, ⑩ 기타

(2) 레일 두부

◎ 코드 21/22 : 레일 두부

○ 코드 211 : **내부 균열의 점진적인 횡 균열(타원형 반점)**

제조에 기인하는 손상이다. 내부 근원의 점진적인 횡 균열은 레일 두부의 안쪽에 위치한 중심이나 핵으로부터, 또는 내부의 수평균열에서 발달한다. 점진적인 균열의 특성적인 형상은 타원형 반점이란 이름을 초래하였다. 어느 정도의 시간이 지나면 균열이 레일두부의 표면에 도달한다. 그 다음에 파단이 곧 닥쳐온다. 코드 2222, 2251, 227, 4111, 4213, 471 또는 481과 혼돈하지 마라. 파단이 일어날 때까지 손상을 확인할 수 없다. 그럼에도 불구하고, 일반적으로 레일두부의 표면에 어떠한 다른 손상도 없이, 기울어진 횡 균열의 존재는 타원형 반점이 포함되는 것을 거의 확인하게 한다. 손상이 눈에 보이기 전에 절손이 발생한 경우에는 다소간 타원형의 매끈하고 빛이 나는 표면이 관찰되며, 이것은 일반적으로 균열의 진행을 나타내는 집중적인 구간을 가진다. 이 중대한 손상은 같은 레일에서 반복될 수 있으며 복부 절손의 경우에 큰 틈이 생긴다. 이것은 주어진 배치에서 생산된 레일에 유행하는 특성을 가진다.

○ 코드 212 : **수평 균열**

제조에 기인하는 손상이다. 이 손상은 레일두부의 상부가 주행표면에 대략 평행한 표면을 따라 분리되어 가는 원인이다(2121 참조). 이것은 주행표면의 국부적인 처짐으로 이끌며, 주행표면의 빛나는 면에 대조되는 어두운 반점으로 나타날 수 있다. 첫째로, 일반적으로 주행표면으로부터 대략 15 mm의 거리에서 레일 두부의 외측면에 균열이 나타난다(2121). 수평 균열은 하향으로 굽어질 수 있으며 횡 균열(2122-복합 균열)이 생기고 마지막으로 절손이 된다. 복합균열로 파손된 레일은 파단의 순간에 최초 수평균열이 위치하였던 지점에서 거무스름한 표면을 가진다. 절손의 나머지는 도톨도톨하며 엷은 색이다.

○ 코드 213 : **종 방향 수직 균열**

제조에 기인하는 손상이다. 이 균열은 레일복부에 평행한 평면을 따라 레일 두부를 두 부분으로 점진

적으로 분리시킨다. 손상이 주행면에 도달할 때는 표면에서 검은 선으로 눈에 보인다. 그 다음에 주행 표면의 처짐이 관찰되며 균열의 폭과 같은 레일두부의 확장이 관찰된다. 복부의 두 면 중에서 한 면의 복부 ~두부 필렛에도 균열이 눈에 보일 수 있다. 손상이 주행표면에서 눈에 보일 때 2212과 2213과 혼돈하지 마라. 손상이 복부~두부 필렛에서 눈에 보일 때 2321, 또는 239와 혼돈하지 마라. 이들의 경우는 초음파 탐상으로 구별할 수 있다.

○ 코드 220 : 마모

• 코드 2201 : 단파장 파상 마모

사용에 기인하는 손상이다. 단파장 파상 마모는 주행표면에서 빛나는 볼록부와 어두운 오목부가 준 - 주기적으로 연속하는 것으로 특징지어진다. 파장은 일반적으로 3과 8 cm 사이에 있다.

• 코드 2202 : 장파장 파상 마모

사용에 기인하는 손상이다. 이 파상 마모는 볼록부와 오목부 사이에 외관상의 차이가 없다. 장파장 파상 마모는 이상적으로 똑바른 종단선형에 관하여 다소간 명백하고 불규칙한 주행표면 레벨의 변화로 특징지어진다. 파장은 일반적으로 8 cm에서 대략 30 cm까지 변화한다. 장파장 파상마모는 곡선의 낮은 쪽 레일에서 주로 나타난다.

• 코드 2203 : 횡 마모

사용에 기인하는 손상이다. 곡선에서 높은 쪽 레일의 횡 마모(또는, 곡선이나 플랜지 마모)는 차량이 가한 하중으로 생긴다. 주어진 곡선에 대한 횡 마모는 일반적으로 이음매판 이음매에 걸친 최소 값과 함께 사인(sin)곡선 패턴을 가진다. 횡 마모의 발달은 레일 기름칠의 품질에 강하게 좌우된다. 횡 마모는 격렬하기의 정도가 다음과 같이 되는 순간부터 손상의 요소가 된다. ① 궤도보수에 유해하다(궤간의 과도한 확장). ② 단면을 약화시켜 파괴를 일으킴직하다(레일 두부의 하부 필렛에 대한 피해).

• 코드 2204 : 비정상 수직 마모

사용에 기인하는 손상이다. 수직 마모는 차량이 가한 하중 때문에 생기며 운반된 교통의 함수로서 진행한다. 이것은 일반적으로 실질적인 레일손상의 요소가 되지 않는다. 그럼에도 불구하고, 비정상 수직 마모는 어떤 레일에서 발생할 수 있다. 그러한 경우에 그 크기는 동일한 조건 하의 근처 레일에서 관찰된 평균마모를 상당히 초과한다. 223과 혼돈하지 마라. 이 비정상 마모는 단면을 약화시켜 절손을 일으킬 수 있다(이 경우에, 절손이 다른 손상의 결과인지의 여부를 점검하라).

○ 코드 221 : 표면손상

제작에 기인하는 손상이다. 처음에는 눈에 보이지 않거나 눈에 보이는 정도가 낮은 이들 손상은 운반된 교통에 좌우되는 시간의 기간 후에 궤도에 나타난다. 야금적인 근원의 표면손상은 그 전개 동안 다음의 유형과 유사한 외관을 가질 수 있다.

- 세로의 금(2211) : 표면에서 분리된 금속박편. 손상의 깊이는 주행표면의 점진적인 처짐으로 이끄는 수 mm에 달할 수 있다. 224, 225, 또는 227과 혼돈하지 마라.

- 홈(그루브)(2212) : 주행표면에서 분리된 대략 일정한 횡단면의 가늘고 긴 금속. 손상의 길이는 수 m에 달할 수 있다. 그 깊이는 수 mm를 넘지 않는다. 213과 혼돈하지 마라.

- 금(2213) : 깊이가 2~3 mm를 넘지 않는 종 방향의 실같은 손상. 이 손상은 부설 후에 급속히 나타나며 이것이 세로의 금과 연결되지 않는다면 일반적으로 주행표면이 마모됨에 따라 사라지는 경향이 있다(2211). 213과 혼돈하지 마라.

○ 코드 222 : 스폴링(spalling)

• 코드 2221 : 주행표면의 스폴링

제조에 기인하는 손상이다. 이 손상은 주행표면에서 준-파상 마모의 뒤틀림이 관찰되며, 수 mm의 두께에 도달할 수 있는 금속딱지의 형성에 우선한다. 이 딱지의 횡단면은 눈에 쉽게 보인다. 코드 221, 2251 또는 227과 혼돈하지 마라. 스폴링은 외따로 있는 손상이 아니다. 항상 복수의 범위에서 생긴다.

• 코드 2222 : 쉐링(shelling)

레일은 처음에 불규칙한 간격으로 게이지 코너에 기다란 검은 반점을 나타난다. 처짐, 그 다음에 균열, 그리고 마지막으로 쉐링이 다소간 가늘고 길다란 형상으로 게이지 코너에 점차적으로 나타난다. 손상은 상당한 치수에 도달할 수 있다. 코드 2223(헤드 체킹)과 혼돈하지 마라. 쉐링은 레일이 절손될 때까지 횡 균열로 전개될 수 있다. 쉐링은 일반적으로 기름칠 상태가 정상인 곡선 외측레일에 영향을 준다.

• 코드 2223 : 게이지 코너의 스폴링(헤드 체킹)

이 손상은 곡선 외측의 게이지 코너 부위에서 나타낸다. 이 손상은 처음에 눈에 보이고 가느다란 초기의 균열이 현저하며, 롤링에 의하여 방향이 지어진 대략 45°의 각도와 3~5 mm의 간격으로 평행하게 전개된다. 균열은 시간이 흐름에 따라 주행표면의 중심을 향하여 전파할 수 있으며, 더욱 깊어져가서 게이지 코너에서 스폴링을 일으킨다. 이 손상은 레일의 횡 파단으로 이끌 수 있다.

○ 코드 223 : 압착

주행표면의 금속이 국부적으로 옆쪽으로 밀려나거나(2231), 상당한 길이에 걸쳐 옆쪽으로 밀려진다(2232). 레일 두부의 외부 측면과 주행표면의 윤곽선은 꽃줄 장식의 형을 취한다. 깔쭉깔쭉한 부분(후로우)의 형성이 관찰되며, 레일의 전장에 걸쳐 확장될 수 있다. 깔쭉깔쭉한 부분은 더 얇아지게 되어 레일두부에서 점차적으로 분리되어져 간다. 이 손상은 반경이 작은 곡선의 낮은 쪽 레일에서 현저히 나타난다.

○ 코드 224 : 주행표면의 국부적인 고저차

제조에 기인하는 손상이다. 정확한 원인을 즉시 결정할 수 없는 드문 손상이다. 주행표면에서 상대적으로 짧은 외따로 있는 오목함을 나타내며, 일반적으로 주행표면의 확장을 수반한다. 코드 212, 221, 223, 2251, 227과 혼돈하지 마라.

○ 코드 225 : 공전(空轉) 상(傷)

• 코드 2251 : 단독의 차륜 공전 상

사용에 기인하는 손상이다. 구동 차축의 차륜슬립은 타원형 외곽선을 가진 공기경화 반점의 형성을 일으킨다. 이 반점은 레일두부에서 사라지거나 수평으로 처진다. 후자의 경우에 국부적인 스폴링으로 변질되며, 깊이가 항상 증가되지 않지만, 반복된 충격의 영향을 받아 점진적으로 주행표면의 처짐으로 이끈다.

• 코드 2252 : 반복된 공전 상

사용에 기인하는 손상이다. 차륜 슬립과 제동이 반복하여 일어나는 구간에서나 동력차륜이 주행되고 있는 동안에 차륜슬립이 발생되는 위치에서는 주행표면이 퍼짐(spread)이라 알려진 특성적인 외관을 취한다. 이 현상은 깊이 침투하고 빙렬(氷裂) 모양으로 알려져 있는, 주행표면에 상당히 가는 균열의 망상조직으로 나타난다. 이 손상은 추운 기간에 레일의 취성을 현저하게 증가시키며, 절손을 일으킬 수 있다. 이들의 손상은 일반적으로 정지 신호근처의 레일에서 발생한다.

○ 코드 227 : 주행표면의 균열과 국지적 처짐(스퀴트, 또는 검은 반점)

이 손상은 주행표면의 확장과 국지적 처짐에 의하여 레일두부에 홈집을 내며 원호, 또는 V형의 검은 반점과 균열이 수반된다. 균열은 처음에 주행표면에 관하여 작은 각도로 레일두부의 안쪽으로 전파되며, 그 다음에 3~5 mm 깊이에 도달할 때 횡으로 하향으로 갈라져서 레일의 절손으로 이끈다. 이 손상은 또한 전기 용접부와 테르밋 용접부 및 파상 마모의 지역에서 빈번히 관찰된다. 211, 또는 2251과 혼돈하지 마라. 손상 211은 레일 두부의 중심에 위치한 기점에서 시작하여 일반적으로 주행표면에 도달하지 않고 발달하는 반면에 스퀴트는 파단 단계 이전에 표면에서 눈에 잘 보인다. 스퀴트 절손의 외관은 항상 산화된다. 스퀴트의 위치는 레일에서 불규칙하게 분포되는 반면에 공전 상(2251)은 일반적으로 대부분 양 레일에 대하여 서로 마주보고 위치한다. 이 심각한 손상은 많은 지점에서 일어날 수 있으며 넓은 틈을 가진 복수의 절손 위험 때문에 위험하게 만든다.

(3) 복부

◎ 코드 23 : 복부

○ 코드 232 : 수평 균열(horizontal cracking)

• 코드 2321 : 복부 – 두부 필렛의 수평 균열

제조에 기인하는 손상이다. 이 균열은 처음에 복부–두부 필렛에 평행하게 전파한다. 균열이 발달함에 따라 상향이든지 하향으로 굽어질 수 있다. 균열은 모든 경우에 넓은 틈을 만들면서 레일두부가 분리되고 레일이 분열하여 절손으로 이끈다. 코드 236과 혼돈하지 마라.

• 코드 2322 : 복부 – 저부 필렛의 수평 균열

제조에 기인하는 손상이다. 이 손상은 처음에 복부–저부 필렛에 평행하게 전파한다. 균열이 발달함에 따라 상향이든지 하향으로 굽어질 수 있다. 균열은 모든 경우에 넓은 틈을 만들면서 레일이 분열하여 절손으로 이끈다. 코드 236과 혼돈하지 마라.

○ 코드 233 : 종 방향 수직 균열(파이프 傷)

제작에 기인하는 손상이다. 일반적으로 '파이프 상'이라는 이름으로 불려지는 이 손상은 레일두부에서 종방향의 수직 불연속으로 이루어진다. 또 다른 손상과 결합하여 절손을 일으킬 수 있다. 예외적인 경우에 손상에 걸쳐 주행표면의 약간의 처짐과 함께 복부의 양면에서 융기를 볼 수 있다.

○ 코드 234 : 부식

사용에 기인하는 손상이다. 레일 복부의 심한 부식은 어떤 뚜렷한 선로나 궤도구간, 특히 어떤 터널이나 건널목에서 공기나 물의 화학성분의 영향을 받는 특별한 경우에 발생할 수 있다. 녹이 슨 박편은 점진적으로 복부에서 떨어져 나가 복부두께를 지속적으로 감소시킨다. 이 복부의 부식은 단면을 악화시켜 레일파손을 일으킬 수 있다. 이 경우에는 절손이 다른 손상, 특히 코드 2321, 2322에 기인하는지의 여부를 점검한다.

○ **코드 235 : 이음매 이외의 구멍 주위의 균열**

사용에 기인하는 손상이다. 이 손상은 레일의 복부에 뚫은 어떤 직경의 구멍 가장자리에서 방사상으로 퍼지는 점진적인 균열로 이루어진다. 이 손상은 일반적으로 45°의 각도로 시작되며 절손을 일으킬 수 있다.

○ **코드 236 : 구멍을 통과하지 않는 대각선 균열**

제조에 기인하는 손상이다. 이 균열은 레일의 복부로부터 레일두부이든지 저부를 분리시키는 경향이 있다. 이 손상은 필렛을 따라 국부적으로 전파할 수 있으며 복부의 하부나 상부로 향하여 굽을 수 있다. 코드 2321 및 2322와 혼돈하지 마라.

○ **코드 239 : 접힘**

제조에 기인하는 손상이다. 이것은 극히 드문 표면 손상이며 레일측면의 한쪽에, 일반적으로 복부에서, 또는 복부 – 두부 필렛이나 복부 – 저부 필렛 근처에서 압연 축에 평행한 선으로 나타난다. 이 손상은 압연 동안 지나치게 접힌 초과금속에 기인한다. 주어진 제조 배치의 모든 레일에서 동일 손상의 영향을 받을 수 있다. 이 선이 복부-두부 필렛 근처에 위치하는 경우에는 레일두부의 종 방향 수직 균열(213), 또는 복부-레일두부 필렛의 수평균열(2321)의 징후가 아닌지 점검하라.

(4) 저부

◎ **코드 25 : 저부**

○ **코드 251 : 저부 경사면의 횡 균열**(텅레일, 기본 레일, 노스 레일 및 신축이음매 텅레일)

이 손상은 텅레일, 기본 레일, 노스 레일 및 신축이음매 텅레일에서 저부 경사면의 노치 저부에서 시작된다. 손상은 반달모양의 피로로서 발달하여 비교적 작은 크기(수 mm)에서 파단이 일어날 수 있다. 손상의 발달은 부식이나 고르지 않은 기계가공의 존재로서 촉진될 수 있다.

○ **코드 253 : 종 방향 수직 균열**(종열)

제조에 기인하는 손상이다. 저부 하면의 중앙 1/3에 위치한 압연 당시의 작은 종 방향선은 차량의 작용을 받아 균열이 된다. 이들 균열은 결국 레일의 파단을 일으키며, 일반적으로 추운 날씨에서 갑자기 일어난다. (저부 상면에 하나의 경사만을 가진 레일에서 특히 일어나는) 균열이 중앙 1/3에 위치하지 않는 경우에는 파단이 저부 플랜지 조각의 분리를 일으키는 경향이 있는 반원형 진로를 따른다(초승달 모양의 절손). 레일의 절손은 일반적으로 대단히 비스듬하며, 특히 복부에서 그렇다. 파단을 일으킨 종 방향 균열은 파단 후에 쉽게 관찰할 수 있다. 이 손상은 주어진 레일에 대하여 몇 회 반복될 수 있으며 복수 절손의 결과로서 넓은 틈으로 이끈다. 이 손상은 주어진 제조배치의 레일에서 유행하는 특징을 가질 수 있다.

○ **코드 254 : 부식**

사용에 기인하는 손상으로서 코드 234와 같은 특별한 경우에 발생할 수 있다. 녹이 슨 박편은 저부에서 점진적으로 떨어져 나가 두께를 지속적으로 감소시킨다(2541). 이 저부의 부식은 단면을 악화시켜서 레일 파단을 일으킬 수 있다. 이 경우에는 절손이 다른 손상, 특히 코드 2322에 기인하는지의 여부를 점검한다. 또 다른 유형의 갑작스런 절손의 발단은 부식구멍에 집중된 반달의 모양으로 저부의 저면에 위치한 작은 피로 균열이다(2542). 이 유형의 절손은 예측할 수 없다.

3.3.2 레일 피해에 기인한 손상

□ 코드 3 : 레일 피해에 기인한 손상

◎ 코드 30 : 전(全) 단면
○ 코드 301 : 우발적인 타박상

사용에 기인하는 손상이다. 레일 타박상은 ① 탈선, ② 차량의 끌린 부분, ③ 결점이 있는 차륜의 타이어, ④ 취급, ⑤ 전기 아크의 충돌, ⑥ 도구의 부정확한 사용(강 헤머의 사용. 끌을 사용하는 전기 연결의 제거) 등의 여러 가지 원인에서 생기는 우발적인 접촉에 의하여 형성된다. 특히, 높은 경도의 레일에서 타박상이 예리한 형상을 갖는 경우에는 노치 효과에 의한 균열과 절손의 개시 점으로 작용할 수 있다. 결점이 있는 차륜 테(타이어)에 기인한 대부분의 타박상은 차륜 테에 삽입된 이물에 의해 발생된다. 그 결과로서, 주행표면은 펀칭에 의해 손상된다. 이러한 타박상은 연속적인 다량의 요소레일에서 규칙적인 간격으로, 때로는 긴 거리에 걸쳐 반복될 수 있다. 이 타박상들은 장기적으로 필연적인 주행표면의 국지적인 처짐과 함께 표면 아래 수 mm까지 수평균열을 발생시킨다. 이 균열은 아래를 향해 갈라져서 절손으로 이끌 수 있다. 2211, 또는 2251과 혼동하지 마라. 취급 동안 발생한 타박상은 주행표면이나, 또는 저부의 바닥 면에서 특히 깊은 긁힘 자국으로 나타날 수 있다. 동력의 귀선 전류에 의하여 발생된 전기아크의 스트라이킹에 기인한 타박상은 일반적으로 저부의 바닥면에 위치한 하나, 또는 그 이상의 크래터(crater)로 나타난다. 이들의 타박상은 또한 예측할 수 없는 절손으로 이끌 수 있다.

○ 코드 302 : 의도하지 않았거나 부정확한 기계가공

사용에 기인하는 손상이다. 궤도현장에서 레일의 저부나 복부의 부정확한 구멍 뚫기, 예를 들어 토치를 이용한 열등한 절단, 한 쌍을 이룬 구멍 뚫기, 또는 기타 허용되지 않은 기계가공 작업은 대부분의 경우에 단면의 노치 효과나 약화에 의하여 균열이나 절손으로 이끈다.

○ 코드 303 : 영구 비틀림(뒤틀린 레일)

사고, 탈선, 열등한 취급, 또는 외부 원인으로 생기는 레일의 영구 비틀림은 엄격히 말하자면 일반적으로 손상의 성질이 아니다. 이것은 궤도 선형의 정확한 유지를 방해하며 뒤틀림이 궤도에서 발생시킨 응력 증가의 결과로서 다른 손상의 원인이 될 수도 있다.

3.3.3 용접과 육성 용접의 손상

□ 코드 4 : 용접과 육성 용접의 손상

(1) 전기 용접

◎ 코드 41 : 전기 용접

○ 코드 411 : 단면의 횡 균열

이 손상은 용접부에서 레일 두부의 내부 손상(4111)으로부터이든지, 저부의 플랜지에 위치한 손상(4112)으로부터, 용접부의 평면에서 발달한다. 이 손상은 결국 단면의 파단으로 이끈다. 절손 면은 레일 두부의 매끈하고 빛나는 면(4111)이나 저부의 어두운 반점(4112)을 가진다.

○ 코드 412 : 복부의 수평 균열

이 균열은 용접부를 통하여 눈에 보이며 복부에서 굽어진 형상을 가진다. 이 균열이 발달함에 따라 하향(4121)이나 상향(4122)으로, 또는 상향과 하향으로 동시(4123)에 굽어질 수 있다. 이 균열은 결국 용접부 근처에서 레일의 절손으로 이끈다.

(2) 테르밋 용접

◎ 코드 42 : 테르밋 용접

○ 코드 421 : 단면의 횡 균열

이 균열은 레일단면의 횡단면에 가까운 평면에서 발달한다. 이 균열은 결국 단면의 절손으로 이끈다. 그 중에서도 특히 다음 유형의 손상을 언급할 수 있다. ① 저부의 용접부에서 시작하여 인접 레일 모재의 횡 평면에서 발달하는 균열(4211), ② 주로 용접의 수직평면에 위치하는 균열(4212), ③ 용접평면에 가까운 수직평면에 위치한 레일두부의 횡 균열(4213)

○ 코드 422 : 복부의 수평 균열

이 손상은 일반적으로 레일 단부를 잘라내지 않은 이음매 레일로 만든 용접부에서 관찰된다. 일반적으로 용접부를 통하여 이음매구멍에 연결된 균열은 인접 레일 모재의 저부, 또는 레일두부에서 전파될 수 있으며 절손으로 이끌 수 있다. 이 균열은 훨씬 더 드물지만 구멍을 뚫지 않은 레일의 새로운 용접부에서도 발견된다(4222). 이 경우에는 플랜지의 균열에서 발생할 수 있으며, 또한 절손으로 이끈다.

(3) 육성 용접

◎ 코드 47 : 육성 용접

○ 코드 471 : 레일 두부의 횡 균열

육성 용접부를 통한 이 횡 방향 피로 균열은 일반적으로 육성 용접부의 저부에 위치한 기점에서 시작된다. 이 기점은 함유물, 용접의 불안정에 기인하는 국부적인 미융착, 또는 열등하게 제어된 가열에 의하여 생긴 분쇄 균열일 수 있다. 그러한 손상은 방울구멍이나 수축균열에서도 시작할 수 있다. 균열의 성장은 결국 레일의 파단으로 이끈다. 코드 211, 또는 2251과 혼돈하지 마라. 코드 표시는 ① 4711 : 레일 단부, ② 4712 : 레일이나 용접부의 중앙 등이다.

○ 코드 472 : 육성 용접부의 분리나 스폴링

균열은 일반적으로 저부 금속과 전층 금속간 인터페이스의 손상, 또는 각종 용접손상(구멍, 함유물, 수축균열, 크레터의 균열)으로부터 성장한다. 코드 표시는 ① 4721 : 레일 단부, ② 4722 : 레일이나 용접부의 중앙이다.

(4) 각종 용접

◎ 코드 48 : 각종 용접

○ 코드 481 : 전기 연결(레일본드 용접부)의 횡 균열

귀선 전류연결(레일본드)과 같은 높이로 레일 두부의 외측 면(4811), 복부의 한쪽 측면(4812), 또는 저부 플랜지의 한쪽(4813)에서 시작된 점진적인 횡 균열이다. 이 균열의 성장은 결국 레일의 절손으로 이끈다.

3.4 장대레일의 응력 해방

3.4.1 응력 해방의 기술

(1) 정의

응력 해방은 장대레일의 중앙구간(부동구간)에서 응력이 없는 온도를 한정하기 위하여 사용된 모든 작업을 포함한다. 응력 해방은 단 하나의 레일에 대한 장대레일의 교체 및 장대레일의 끝에 가장 가까운 용접부가 그 끝으로부터 30과 100 m 사이에 위치한 장대레일 요소의 교체와 같은 특별한 경우를 제외하고 양쪽 레일에 대하여 수행한다.

(2) 응력 해방의 단계

- t_o 온도에서 완전한 응력 해방(0 응력) : 이 작업은 장대레일 아래에 롤러를 설치하여 자유신축을 허용하는 것을 포함하며, 따라서 작업 시에 존재함직한 어떠한 응력이라도 상쇄시킨다.
- 정의된 응력 상태에서 장대레일의 체결 : 이 작업은 선택한 온도에서 장대레일의 평형(0 응력)을 보장한다. 원칙적으로 25 ℃로 정해진 이 온도는 온도가 22 ℃에서 28 ℃까지의 범위 내에 있을 경우에 허용할 수 있는 것으로 간주된다. 이 작업은 제3.4.2(2)항의 온도조건으로 실행한다.

(3) 응력을 해방(전체, 또는 부분)하여야 하는 장대레일

(가) 장대레일로 새로 부설한 궤도 : ① 궤도-도상의 품질개량, 장대레일로 교체, ② 정척 레일을 용접

함에 의한 장대화, ③ 새 궤도의 부설

(나) 장대레일이 다음과 같은 응력 변화를 받은 궤도

1) 조절 : ① 신축구간을 포함하여 $t < t_r - 15$ ℃에서 수행한 양로(t :작업시의 온도, t_r : 참조온도), ② 장대레일의 확장, ③ 선형의 변화, ④ 장대레일에 분기기의 연결, ⑤ 연결된 분기기의 철거

2) 사고, 또는 보수 : ① 장대레일의 단부에 가장 가까운 테르밋 용접이 장대레일 단부로부터 30과 100 m 사이에 위치하고 있는 장대레일 요소의 교체, ② 많은 레일의 교체(이전의 응력 해방 이후 100 m당 3개 이상), 또는 참조온도에 의심이 갈 때, ③ 궤도 좌굴, ④ 장대레일의 우발적인 과열

3) 작업 : ① 도상 갱신, ② 보수 조건을 벗어나서 수행한 클리닝, ③ 연속한 레일의 교환, ④ 임시 신축이음매의 부설과 함께 장대레일의 절단을 필요로 하는 작업

4) 불가피한 상황으로 보수, 또는 수선 절차의 미 준수 : 체결장치의 철거, 클리닝, 장대레일 요소의 교체 등

3.4.2 응력 해방의 조건

이제 방금 부설되었거나 레일 응력의 교란으로 이끄는 변화를 경험한 모든 궤도의 장대레일은 안정화후에 가능한 한 곧바로 응력을 해방하여야 한다.

(1) 응력 해방에 필요한 조건

응력 해방은 다음의 조건이 동시에 충족되는 경우에만 수행할 수 있다. ① 궤도의 안정화는 두 번째 양로 이후이든지 최종 탬핑 이후에 완료한다.[1] ② 도상단면이 적합하다. ③ 궤도선형, 특히 줄(방향) 맞춤의 상태가 올바르며, 최종 탬핑 동안 정정하려는 틀림의 크기가 20 mm를 넘지 않는다. ④ 체결장치의 조건이 다음과 같다. ⓐ 장대레일을 부설(레일 교체, 레일용접 등)한 다음에 응력을 해방하는 경우에는 얻으려는 목표 값(TV)의 품질수준, ⓑ 응력 해방의 최종 체결 후에 다른 응력 해방(부분적인 응력 해방)을 하는 경우에 얻지 않으려는 경고 값(WV).

(2) 장대레일 응력 해방의 온도 조건

22 ℃에서 28 ℃까지 범위 이내의 중립온도를 보장하기 위하여 다음의 응력 해방을 수행한다. ① 제1 경우 : 0 ℃ ≤ t_o < 22 ℃ → 유압 긴장기를 사용하여 레일을 인장한 후에 응력 해방을 실시한다. ② 제2 경우 : 22 ℃ ≤ t_o ≤ 28 ℃ → 자연의 레일온도에서 레일의 응력 해방을 실시한다. ③ 특별한 경우 : t_o > 28 ℃ → 응력 해방을 임시작업으로 간주한다. 응력 해방은 경우 1, 또는 경우 2의 온도 조건 하에

---

[1] 장대레일의 응력 해방은 예를 들어 더운 기간 동안과 같이 최종 탬핑 전의 응력 해방이 불가능하지 않는 한, 최종 탬핑보다 먼저 시행한다.

서 반복되어야 한다. 응력 해방온도(t_l)가 체결시의 온도(t_f)보다 낮은 경우에는 레일 길이의 부족을 예견하여야 한다. 장대레일의 연속성을 회복하기 위하여 단척 레일토막의 삽입, 또는 간격이 넓은 용접이 필요하다.

(3) 최대 응력 해방길이의 조건

한 번의 작업으로 응력을 해방할 수 있는 최대 길이 L을 표 3.17에 나타낸다. 응력을 해방하려는 길이가 표 3.12에 주어진 값을 초과하는 경우에는 응력 해방을 몇 개의 구간으로 나누어 행하여야 한다.

표 3.17 한 번의 작업으로 응력을 해방할 수 있는 최대 길이

유압 긴장기	자연 온도	
응력을 해방하려는 길이 L의 중앙부(±18 m)에 절단 C와 긴장기가 위치	절단 위치 C	
	응력을 해방하려는 길이 L의 중앙부(±18 m)	응력을 해방하려는 길이 L의 한쪽 끝
$R \geq 1{,}100$ m일 경우 $L_{max} = 1{,}200$ m $R < 1{,}100$ m일 경우 $L_{max} = R + 100$ m	$R \geq 500$ m일 경우 $L_{max} = 1{,}200$ m $R < 500$ m일 경우 $L_{max} = R + 100$ m	

R = 응력을 해방하려는 길이에 걸친 최소 반경

(4) 장대레일로 방금 부설한 궤도에서 응력의 해방(궤도 도상 개량, 레일 교체, 토막레일의 용접으로 장대레일의 생산, 새 궤도의 부설)

- 두 신축이음매 사이의 장대레일 → 신축이음매 사이의 응력 해방
- 한쪽 끝에서 기존의 장대레일에 연결하는 새로운 장대레일 → 새로운 장대레일 길이 + 기존 장대레일의 최소 150 m에 대한 응력의 해방
- 양쪽 끝에서 기존의 장대레일에 연결하는 새로운 장대레일 → 새로운 장대레일 길이 + 양쪽 기존 장대레일의 최소 150 m에 대한 응력의 해방

(5) 사고, 또는 보수 다음에 국지적 응력 교란을 받은 장대레일의 응력 해방

- 가장 가까운 용접부가 장대레일의 끝에서 30 m와 100 m 사이에 위치한 장대레일 요소레일의 교체 → 관련된 레일에 대한 장대레일의 마지막 200 m의 부분적인 응력 해방(장대레일이 350 m 이하인 경우 → 장대레일 전체의 응력 해방)
- 많은 레일의 교체(이전의 응력 해방 이후 레일마다 100 m당 3회 이상), 또는 참조온도에 관하여 의심이 갈 때 + 궤도 좌굴 + 장대레일의 우발적인 과열(예를 들어, 화재) → 응력이 교란된 구간

의 양쪽에 대하여 50 m에 위치한 두 지점간의 부분적인 응력 해방

(6) 변경 다음에 국지적 응력 교란을 받은 장대레일의 응력 해방
- 장대레일 끝에서 150 m 이내에 위치한 궤도구간을 포함하고 $t_r - 15\ ℃$ 미만의 온도(t_r : 참조온도)에서 수행한 멀티플 타이 탬퍼를 이용한 양로 → 장대레일의 마지막 200 m의 부분적인 응력 해방(장대레일이 350 m 이하인 경우 → 장대레일 전체의 응력 해방)
- 장대레일의 확장 : ① 두 장대레일간 신축이음매의 제거 → 이전 신축이음매 축의 양쪽에 대하여 적어도 150 m에 위치한 두 지점간의 부분적인 응력 해방, ② 장대레일을 30 m 이상 확장 → 장대레일의 새로운 끝부터 이전 신축이음매의 축(또는, 다중 이음매 장치의 경우에 이음매 J_1의 축)을 넘어 적어도 150 m에 위치한 지점까지 부분적인 응력 해방
- 장대레일에 연결된 분기기, 또는 크로싱의 제거 → 제거한 분기기의 양쪽에 대하여 적어도 150 m에 위치한 두 지점간의 부분적인 응력 해방
- 선형(줄, 방향)의 변경 : ① 이정(移程)하는 구간이 장대레일의 중앙구간(부동구간)만을 포함하고 $2,500n(n$:고정표지의 수) 이상의 길이(길이 : $L = \left| \sum_1^n rf \right| > 2,500n$, 단위 : r(이동량) = mm, f(20 m 현의 종거) = mm)를 커버하는 경우(기호는 제2.6.2(2)항 참조) → 길이 L의 양쪽에 대하여 50 m에 위치한 두 지점 A와 B의 사이에서 부분적인 응력 해방, ② 이정 구간이 신축구간만을 포함하는 경우 → 장대레일의 마지막 200 m의 응력 해방(장대레일이 350 m 이하인 경우 : 장대레일 전체의 응력 해방), ③ 이정 구간이 중앙구간과 신축구간을 포함하는 경우 → 포함된 장대레일의 끝과 중앙구간의 끝에서 이정 구간을 넘어 50 m에 위치한 지점간의 부분적인 응력 해방
- 장대레일에 분기기의 연결 → 분기기의 장대레일 연결에 관련되는 제7.9절을 적용한다.

(7) 작업 다음에 국지적 응력 교란을 받은 장대레일의 응력 해방
- 도상갱신 → 갱신에 필요한 전체구간 + 갱신의 영향을 받지 않은 장대레일의 양쪽에서 최소 150 m의 응력 해방
- 보수 조건을 벗어나서 행한 클리닝 → 응력이 교란된 구간의 양쪽에서 50 m에 위치한 2지점간의 부분적인 응력 해방
- 연속한 레일 갱신(또는, 26 m보다 긴 레일의 교체) → 상기 제(4)항 '장대레일로 방금 부설한 궤도'를 참조한다. 이 경우의 응력 해방은 관련된 한쪽 레일로 제한할 수 있다.
- 임시 신축장치의 설비를 이용한 장대레일의 절단을 포함하는 작업 후에 장대레일의 재구성 → 장대레일 임시 단부의 양쪽에 대하여 적어도 150 m에 위치한 2지점간의 응력 해방(신축이음매의 축, 또는 다중 이음매 장치의 이음매 J_1)

(8) 불가피한 이유 때문에 보수, 또는 수리 절차에 따르지 않은 다음에, 국지적 응력 교란을 받은 장대레일의 응력 해방

- 체결장치의 해체, 체 가름(클리닝), 장대레일 요소 레일의 교체 등 → 응력이 교란된 구간의 양쪽에서 50 m에 위치한 두 지점간의 부분적인 응력 해방

(9) 고속철도 궤도공사 전문 시방서의 규정(제2-4절, 3.2 장대레일의 설정온도)
- 자연온도에서 장대레일 설정온도의 범위는 일반 및 분기기 구간은 25±3 ℃, 터널입구에서부터 연장 100 m 이상의 터널내부 구간에서는 15±5 ℃를 표준으로 한다. 설정은 레일 온도가 하강할 때 시행하며, 온도하강속도를 고려하여 작업시기를 결정한다. 설정길이는 절단 개소의 위치(설정구간의 종점부, 또는 중간부), 구간의 특성(종단 및 평면선형, 터널구간, 또는 분기기 구간 등), 작업시간 등을 고려하여 시행하나, 일반구간인 경우는 1일 작업구간을 최대 1,400 m 이내로 하며, 대략 1,200 m를 기본 길이로 설정한다.
- 레일 긴장기를 사용할 경우에 일반구간에서는 0~22 ℃, 분기기구간에서는 15~22 ℃, 터널구간에서는 0~10 ℃의 범위에서 시행한다.
- 교량상의 장대레일은 주형의 온도에 의한 변화와 레일온도를 감안하여 설정온도를 변화시킬 수 있으며 교량주형의 온도, 장대레일 설정 온도간 상관관계를 시공계획서에 정리하여 제출한다.
- 터널 내에서 장대레일을 설정할 때는 터널내의 레일온도 변화량에 근거한 설정온도를 감독자의 승인을 받은 후에 시공한다. 터널 시·종점으로부터 100 m 구간은 본선의 설정온도와 같게 한다.

3.4.3 응력 해방작업의 준비

1) 응력 해방의 동기가 된 상태에 따라 응력을 해방하여야 하는 총 길이를 결정한다.
2) 필요할 경우에는 다음 사항을 고려하여 응력을 해방하려고 하는 길이를 한 번의 작업으로 응력을 해방할 수 있는 몇 개의 구간으로 분리한다 : ① 작업에 이용할 수 있는 시간, ② 부과된 임의의 속도제한으로 허용된 준비, ③ 분기기의 존재, ④ 응력을 해방하려고 하는 레일의 단면, ⑤ 선형에 좌우되어 응력을 해방하려고 하는 최대 길이 : ⓐ 주어진 응력 해방 구간에 대하여는 0 응력까지 감소 후에 레일의 전체길이에 걸쳐 다소간 동일한 온도 t_n이어야 한다. ⓑ 모든 구간의 응력 해방 후에 전체의 장대레일이 일반구간에서는 22~28 ℃, 터널구간에서는 10~20 ℃의 온도 범위에서 응력 해방될 것이라는 점이 보장되는 경우에는 작은 편차를 허용할 수 있다.
3) 응력 해방에 필요한 조건이 만족되는지를 확인한다 : ① 궤도 안정성, ② 도상 단면의 준수성, ③ 정확한 궤도 선형 : 궤도를 부설한 후, 추가의 레벨링 이전에 응력 해방을 수행하는 경우에 추가의 레벨링 동안 정정하여야만 하는 라이닝 틀림의 크기는 20 mm를 넘지 않아야 한다. ④ 레일 200 m당 기능을 못하는 체결장치의 비율 : ⓐ 레일의 갱신 이후나 표준레일의 용접에 의한 장대레일의 형성 이후에 응력을 해방하는 경우에는 5 % 미만(현장용접으로 장대화한 경우), ⓑ 기타의 경우에는 20 % 미만
4) 필요한 응력 해방 온도를 결정한다. 관할 부서가 유보를 허가하지 않는 한, 이 온도는 일반구간

에서는 25 ℃, 터널구간에서는 15 ℃로 한정된다.

5) 체결 온도를 결정한다. 장대레일 부설 후 첫 번째 응력 해방의 경우에 응력 해방 온도가 체결 온
도보다 낮다면 장대레일의 연속성을 회복하기 위하여 공급된 넓은 용접에 대한 레일토막 및/또
는 전충재를 갖도록 체결온도를 결정한다.

6) 모든 경우에 유압 긴장기의 사용을 준비하는 작업문서(제3.4.4~3.4.9항)를 기초로 하여 현장조
직을 갖춘다.

7) 응력 해방에 사용되는 장비(유압 긴장기, 롤러, 레일에 진동을 가하는 장비, 온도 측정용 레일토
막 등)를 준비한다.

8) 레일에 고정된 시설의 있음직한 철거를 준비한다.

9) 응력 해방에 책임이 있는 직원을 지명한다.

10) 응력 해방 문서를 연다.

3.4.4 유압 긴장기를 이용한 단일 작업의 응력 해방

※ 레일온도가 0 ℃ ≤ t_o < 22 ℃일 경우에 적용한다.

(1) 개요

(가) 원리: 유압 긴장기는 레일이 온도 t_o에서 0 응력이 된 후에 다음의 조건 하에서 요구된 응력 해방
온도(일반적으로 25 ℃)에 상당하는 정해진 응력 조건을 얻도록 레일에 인장을 가하기 위하여 사용한다.
① 요구된 온도 아래의 온도에서 작업을 수행한다. ② 응력을 해방하려는 길이의 양단에서 장대레일의

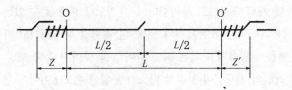

그림 3.15 응력 해방 길이와 고정구간 길이

표 3.18 고정구간의 최소 길이

레일 단면	최소 길이 Z(m)
50N	$3(25 - t_o)$
UIC 60	$3.5(25 - t_o)$

t_o : 레일온도(℃)

적당한 고정(앵커링)을 이용할 수 있다. 이 고정은 안정화된 궤도의 최소 길이에 의하여 적용되며, 이 이후에는 '고정(앵커링) 구간' Z라고 부른다(그림 3.15, 표 3.18 참조). 정해진 작업에서 응력을 해방하는 장대레일의 길이는 동일한 레일 단면만을 가져야 한다. 분기기와 장대레일 연결과 같은 특별한 경우에는 제7.9절 등에서 다룬다.

(나) 유압 긴장기의 위치 : 유압 긴장기는 응력을 해방하려는 길이의 중앙부(±18 m 이내)에 위치시킨다(제3.4.2(2)항 참조).

(다) 고정구간 : 고정구간의 최소 길이 Z는 표 3.18과 같다.

(라) 틈 만들기 : 응력을 해방하려는 길이 L이 0 응력으로 된 후에, 절단 위치에서 폭 a(mm)의 틈을 만든다. 온도 t_o를 읽었을 때 만들려는 틈을 레일에 표시한다. 주행궤도를 응력 해방할 때 만들려고 하는 틈의 폭 a(mm)는 $a = 0.0105 \times L \times (25 - t_o) + (s-1) + b$ 식으로 주어진다. 여기서, $a = 0.0105 \times L \times (25 - t_o)$는 25 ℃의 응력 해방 온도를 얻기 위하여 필요한 연장된 길이이다. L은 응력을 해방하려는 길이(m)이며, t_o는 틈이 표시되었을 때 길이 L이 0 응력으로 된 온도(℃)이다. s는 용접을 위하여 준비된 폭(mm)이며, 전충재 공급사가 제시한다. b는 유압긴장기가 가한 인장의 영향을 받는 표시 O과 O′(그림 3.15)에서 고정구간 끝의 이론적인 총 변위(mm)이다. 이 값(mm)은 레일의 유형과 온도의 함수로서 표 3.19에 주어진다.

표 3.19 고정구간 끝의 이론적인 총 변위 b(mm)

레일유형	레일 온도(℃)																								
	0	1	2	3	4	5	6	7	8	9	10	11	12	13	14	15	16	17	18	19	20	21	22	23	24
50N	23	21	20	18	16	15	13	12	11	9	8	7	6	5	4	4	3	2	2	1	1	0	0	0	0
UIC 60	28	26	23	21	20	18	16	14	13	11	10	9	7	6	5	4	4	3	2	2	1	0	0	0	0

(2) 작업 순서

(가) 응력 해방이 예정된 열차운행 중지 이전 : 작업 1)~3)

1) 0 응력으로 하기 위한 준비를 한다.

1.1) 응력을 해방하려는 정확한 길이를 측정하여 결정한다.

1.2) O 지점이라 부르는 작업 시점에서 시작하여 가장 가까운 침목에 대하여와 0 응력으로 하려는 장대레일 부분의 전장에 걸쳐 50 m마다 고정표시를 준비한다. 장대레일의 응력 해방 온도는 0 응력으로 되는 온도 t_o와 관찰된 변위에 기초하여 결정한다. 이들의 변위를 측정하기 위해서는 고정 표시에 관하여 레일의 위치를 표시하여야 한다. "① 레일의 표시 : 레일의 저부에 연필로 표시한 가는 선, ② 고정 표시 : 레일 저부 근처의 침목에 표시한 선, 또는 다른 시스템. 모든 체결장치는 표시된 침목부터 해체한다. 게다가, 양쪽에 대한 두 침목의 체결장치는 상당히 이완된다." 이들의 체결장치는 응력 해방 작업이 완료될 때까지 다시 조이지 않는다. 레일 패드는 레일 아래에 롤러가 놓일 때 표시 침목부터 철거한다.

1.3) 절단 위치를 표시한다(제3.4.2(3)항 참조).

1.4) 0 응력으로 하려는 장대레일 부분의 전장에 걸쳐 10~15 침목마다 롤러를 배치한다. 롤러의 직경은 다음과 같아야 하며, 12 mm의 직경이 권고된다. ① 2 롤러 사이에서 레일이 레일패드에 닿지 않는다. ② 이완된 체결장치가 레일 저부에 대하여 어떠한 힘도 가하지 않는다.

1.5) 철거하여야만 하는 레일에 고정된 설비와 레일의 자유로운 신축을 방해하는지도 모르는 용접부를 확인한다.

1.6) 체결장치의 이완을 확인한다. 부류 2의 장대레일 작업에 대한 제2 조건(제3.2.2(3)항 참조)을 따르는 것을 조건으로 하여 침목을 다음과 같이 이완시킬 수 있다. "① 속도의 제한이 없이 : 침목 5 개 당 하나, ② 100 km/h의 속도제한과 함께 : 3 침목 당 하나." 같은 날에 틈을 만들어 레일을 인장하지 않는 경우에는 그 날의 작업을 중지하기 전에 모든 체결장치를 충분히 조이어야 한다. 40 km/h의 속도제한 시에는 3 침목당 2개를 이완시킬 수 있다.

2) 절단이 명시된 위치에서 궤도에 유압 긴장기의 설치를 준비한다.

3) 예측된 고정(앵커링) 길이에 걸쳐 체결이 유효한지 확인한다(제(1)(가)항 참조).

(나) 응력 해방이 예정된 열차운행중지 하에서 : 작업 4)~14)

4) 길이 L을 0 응력으로 한다.

4.1) 레일에 고정된 설비를 철거하고 필요시 상기의 작업 1.5)에서 확인된 용접부 근처의 침목을 벌린다.

4.2) 장대레일을 절단하고, 체결 온도가 현재 레일온도보다 낮을 경우에는 레일을 풀어놓는다.

4.3) 절단부에서 시작하여 O 지점을 향하여 이동하면서, 레일이 롤러 위에 놓여있을 때 체결장치가 레일의 저부에 어떠한 힘도 가하지 않도록 체결장치를 충분히 풀어놓는다.

4.4) 레일패드를 철거하면서 레일 아래에 롤러를 설치하고, 이완이 진행됨에 따라 절단부부터 시작하여 레일을 진동시킨다[작업 4.6) 참조].

4.5) 레일의 자유 신축을 방해하는 것이 없는지를 점검한다(여전히 죄여져 있는 체결장치, 용접 덧살 등). 레일 저부에 부착되어 있는 고무 레일패드를 잡아떼어 제자리에 놓는다.

4.6) 레일이 롤러 위에 놓였을 때 응력을 해방하려는 장대레일 구간의 전장에 걸쳐 동시에 진동시킨다. 표 3.20에 주어진 수단을 사용하여 적당하게 배치한다.

표 3.20 레일을 진동시키는 방법

방법	궤도 선형	최대 작용 길이
기계식 타격기(양 레일에 작용)	$600 \text{ m} \leq R < \infty$	300 m
	$R < 600 \text{ m}$	150 m
고무를 씌운 나무메를 이용하여 선로원이	모든 반경	150 m

※ 두 방법은 기계식 타격기의 수가 불충분할 때 동시에 사용할 수 있다.

4.7) 레일의 온도 t_r를 기록하고, 동시에 작업 4.8)을 수행한다.

4.8) 절단부에서 시작하여 O 지점을 향하여 이동시키면서 고정표시에 일치하는 레일에 표시를 한다. 작업 4.2)~4.8)을 작업의 중단이 없이 수행한다.

5) 폭의 틈을 표시한다 : 제(1)(라)항의 공식을 적용한다.

6) 고정구간 Z와 Z'를 충족시킨다.

7) 폭 a의 틈을 만든다.

8) 유압 긴장기를 사용하여 레일을 긴장하고, 틈의 폭 $(s+5)$ mm가 얻어질 때까지 응력을 해방하려는 장대레일구간의 전장에 걸쳐 레일을 진동시킨다.

9) 긴장을 해제한 다음 1분의 시간 후에, 틈 s(mm)가 얻어지지 않는 경우에는 값 s가 얻어질 때까지 적합한 추가의 긴장을 가한다.

10) 여러 표시에서 관찰된 변위를 측정하고, 그 변위가 ① $\varDelta d = 0.52 \times (28\,℃ - t)$의 상한과 ② $\varDelta d = 0.52 \times (22\,℃ - t)$의 하한 이내에 위치하는지의 여부를 점검한다.

11) 용접을 하고, 동시에 작업 12)를 수행한다.

12) O 지점과 O' 지점에서 시작하여 용접부를 향하여 이동하면서 롤러를 철거하고 체결장치를 체결한다.

13) 용접의 축에 대한 레일두부의 외부온도가 350 ℃ 이하로 떨어졌을 때, 그리고 용접부의 양쪽에 대하여 적어도 Z와 같은 길이가 다시 체결된 것을 조건으로 하여 유압긴장기의 힘을 해제한다.

14) 철거한 모든 설비(레일에 고정되는)를 다시 설치한다.

(다) 응력 해방작업 이후

전체 현장에 걸쳐 지장이나 이상이 없는지를 확인한다. 필요시, 신축이음매의 유간 폭을 조정한다(해당되는 문서 참조). 응력 해방 기록지를 채운다. 장대레일의 관리대장을 최신의 것으로 한다(제 3.10.6(1)항 참조).

(3) 응력 해방 기록지의 작성

응력 해방 기록지는 응력을 해방하는 작업 동안에 작성하여야 한다. 참조온도는 다음과 같이 계산한다. 즉, $t_r = t_o + \dfrac{a_r - (s_r - 1) - (D_o + D'_o)}{0.0105 \times L}$ 식을 이용하여 각 레일의 응력 해방 온도를 계산한다. 여기서, t_o = 틈이 표시되고 표시가 정해졌을 때에 레일이 0 응력으로 된 온도(℃), a_r = 실제 만들어진 틈 (mm), s_r = 만들어진 용접 틈(mm), D_o = 긴장 후 O 지점에서 측정한 변위(mm), D'_o = 긴장 후 O' 지점에서 측정한 변위(mm)이다. 고려 중인 장대레일 구간에 적용하는 참조온도는 두 레일의 각각에 대한 응력 해방온도의 아래쪽이다. 표시 O과 O'에서 측정한 변위가 틈 계산 값 b보다 작기 때문에 참조온도가 25 ℃보다 높은 경우에는 참조온도로서 25 ℃를 취한다.

3.4.5 자연온도에서 단일 작업의 응력 해방

※ 레일온도가 $22\,℃ \le t_o \le 28\,℃$일 경우에 적용한다.

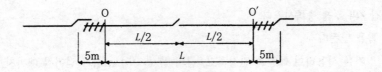

a. 경우 1(응력을 해방하려는 구간의 중앙에서 절단)

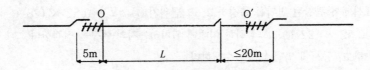

b. 경우 2(응력을 해방하려는 구간의 끝에서 절단)

그림 3.16 응력 해방 길이와 고정구간의 길이

(1) 작업 순서(그림 3.16)

(가) 응력 해방이 예정된 열차 운행금지 이전 : 작업 1)

1) 0 응력으로 하기 위한 준비 : 제3.4.4(2)(가)항의 작업 1)을 적용한다.

(나) 응력 해방이 예정된 열차운행 중지 하에서 : 작업 2)~10)

2) 길이 L을 0 응력으로 하기 : 제3.4.4(2)(나)항의 작업 4)와 4.1)~4.8)의 번호를 각각 2)와 2.1)~2.8) 등으로 변경하여 적용하되, 마지막 부분의 "작업 4.2)~4.8)을 작업의 중단이 없이 수행한다"를 "22 ℃와 28 ℃ 사이에 있도록 작업 2.2)~2.8)을 작업의 중단이 없이 수행한다"로 수정한다.

3) 롤러를 철거하고, 동시에 작업 4)를 수행한다.

4) O(그리고, O′)지점에서 시작하여 절단부를 향하여 이동하면서 레일을 체결한다(6 침목에 하나의 최소 체결).

5) 침목에 대한 레일의 체결이 진행됨에 따라 여전히 롤러 위에 있는 장대레일을 진동시킨다. 체결을 완료한 다음에,

6) 표시에 대한 레일 변위의 값을 측정한다.

7) 전충재 공급자가 제시한 용접 틈을 조정한다(필요시, 토막을 용접하거나 넓은 용접을 한다).

8) 용접을 한다.

9) 체결을 완성한다.

10) 철거한 (레일에 고정되는) 모든 설비를 다시 설치한다.

(다) 응력 해방작업 이후 : 제3.4.4(2)(다)항을 적용한다.

(2) 응력 해방 기록지의 작성

응력 해방 기록지는 응력 해방 작업 동안 작성하여야 한다. 참조온도의 계산은 다음과 같이 한다. 각 레일의 응력 해방 온도는 마지막 표시에 관한 레일 변위의 값에서 계산하며, 다음과 같이 주어진다. 여기서, 레일이 신장한 경우에는 (+)부호, 레일이 수축한 경우에는 (-)부호이다.

- 경우 1 : 응력을 해방하려는 구간의 중앙부에서 절단

$$\Delta \lambda = \frac{\text{표시 } n\text{에서의 변위 } + \text{ 표시 } n'\text{에서의 변위}}{50 \text{ m 간격의 총 수}}$$

- 경우 2 : 응력을 해방하려는 구간의 끝에서 절단

$$\Delta \lambda = \frac{\text{마지막 표시에서 측정한 변위}}{50 \text{ m 간격의 총 수}}$$

- $\Delta t_\lambda = t_o \times 1.9 \times \Delta \lambda_{mean}$ (t_o : 표시가 행하여질 때 레일이 0 응력으로 되는 온도)

장대레일 구간에 고려하려는 참조온도는 두 레일의 각각에 대한 응력 해방 온도의 아래쪽이다.

3.4.6 유압 긴장기를 이용한 여러 구간의 응력 해방

※ 레일온도가 $0 \,^{\circ}\text{C} \leq t_o < 22 \,^{\circ}\text{C}$일 경우에 적용한다.

(1) 개요

(가) 장대레일의 모든 요소레일은 부설 시에 함께 용접한다. 장대레일은 최대 길이 1,200 m의 n 구간 (L_1, L_2, L_3, 등)으로 분할되지만 각각 동일한 열차운행 중지 동안 응력을 해방할 수 있어야 한다.

(나) 제3.4.4(1)항을 적용한다.

(2) 구간 L_1의 응력 해방작업 순서(그림 3.17)

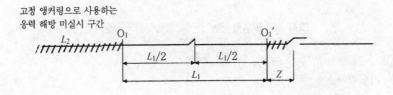

그림 3.17 응력 해방 길이와 고정구간 길이

(가)~(다) : 제3.4.4(2)항의 (가)~(다)항을 적용한다. 다만, 작업 1.2)와 작업 4.8)의 "O 지점"을 "O_1 지점"으로, 작업 4)의 "L"을 "L_1"으로, 작업 4.3)과 작업 12)의 "O 지점과 O′ 지점"을 "O_1 지점과 $O_1′$ 지점"으로, 작업 6)의 "고정구간 Z와 Z″"를 "E.J 쪽의 Z″"으로 수정하여 적용하고, 작업 14) 다음에 작업 15)를 다음과 같이 추가한다.

15) 표시 O_1(구간 L_2 끝)을 지지하는 침목에 대하여 체결장치를 다시 체결하지 않으며, 고정표시에 일치하는 새로운 표시를 레일에 표시한다(그림 3.18 참조).

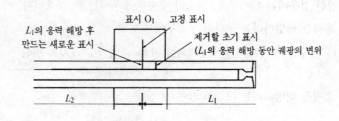

그림 3.18 표시 방법

(라) 응력 해방 기록지의 작성 : 제3.4.4(3)항을 적용한다.

(3) 구간 L_2, L_3, 등의 응력 해방작업 순서(그림 3.19)

(가), (나) : 제3.4.4(2)항의 (가)항 및 (나)항의 작업 4.6)까지를 동일하게 적용하되, 작업 1.2)의 "O 지점"을 "O_2 지점"으로, 작업 4)의 "L"을 "L_2"로, 작업 4.3)의 "O 지점과 O′ 지점"을 "O_2 지점과 $O_2′$ 지점"으로 수정하여 적용하며, 작업 5) 이후를 다음과 같이 한다.

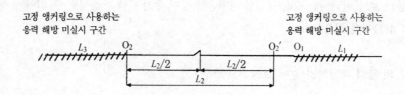

그림 3.19 응력 해방 길이와 고정구간의 길이

5) 온도 t_0를 기록한다.

6) 고정표시에 관하여 레일의 위치를 표시한다(그림 3.20). 표시 $O_2′$는 표시 O_1을 지지하는 침목 다음의 침목에 표시한다(절단 쪽).

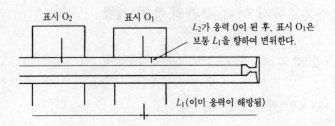

그림 3.20 표시 방법

7) 제3.4.4(2)항의 작업 5)를 적용하되, "L"을 "L_2"로 변경하여 적용한다.

8)~15) 제3.4.4(2)항의 작업 7)~작업 14)를 순서대로 번호를 하나씩 늦추어 각각 적용하되, 작업 13)은 제3.4.4(2)항의 작업 12)의 "O 지점과 O′ 지점"을 "O_2 지점과 O_2′ 지점"으로 변경하여 적용한다.

16) 제3.4.6(2)항의 작업 15)의 번호를 16)으로, "O_1(구간 L_2 끝)"을 "O_2(구간 L_3 끝)"으로 변경하여 추가하되, 말미의 ( ) 내를 "(그림 3.21 참조)"로 변경한다.

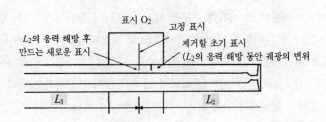

그림 3.21 표시 방법

(다) 응력 해방 이후 작업

1) 레일에 대한 표시 O_1이 고정표시와 일치하여 뒤로 움직이지 않는 경우(공차 ±1 mm)에는 L_1/L_2 경계의 양쪽 50 m에 걸쳐 응력 균질화(제3.4.10항 참조)를 실시한다.

2) 전체 현장에 걸쳐 지장이나 이상이 없는 것을 확인한다. 응력 해방 기록지를 채운다. 장대레일의 관리대장을 최신의 것으로 한다(3.10.6(1)항 참조).

3) 그 다음의 구간에 대하여 단계적으로 동일 방법으로 진행한다(또는, 22 ℃ ≤ t_o < 28 ℃인 경우에는 제3.4.7항에 따른다).

(라) 응력 해방 기록지의 작성 : 제3.4.4(3)항을 적용한다.

3.4.7 자연온도에서 여러 구간의 응력 해방

※ 레일온도가 22 ℃ ≤ t_b ≤ 28 ℃일 경우에 적용한다.

(1) 개요 : 제3.4.6(1)(가)항을 적용한다.

(2) 구간 L_1의 응력 해방작업 순서

경우 1(응력을 해방하려는 구간의 중앙에서 절단)과 경우 2(응력을 해방하려는 구간의 끝에서 절단)로 구분하여 시행하며, 이에 관한 그림은 그림 3.16을 참조하되, "O, O‴"를 "O_1, O_1‴"로, "L"을 "L_1"로 수정하여 적용한다.

(가) 응력 해방이 예정된 열차 운행금지 이전 : 작업 1)

  1) 0 응력으로 하기 위한 준비 : 제3.4.4(2)(가)항의 작업 1)을 적용한다. 다만, 작업 1.2)의 "O 지점"을 "O_1 지점"으로 수정하여 적용한다.

(나) 응력 해방이 예정된 열차운행 중지 하에서 : 작업 2)~11)

  2) 길이 L_1을 0 응력으로 하기 : 제3.4.4(2)(나)항의 작업 4)와 4.1)~4.8)의 번호를 2)와 2.1)~2.8)로 변경하여 적용하되, 작업 4.3)과 4.8)의 "O 지점"을 "O_1 지점"으로 수정하여 작업 2.3)과 2.8)에 적용하고, 마지막 부분을 제3.4.5(1)(나)항의 작업 2)와 같이 수정하여 적용한다.

  3)~10) : 제3.4.5(1)(나)항의 작업 3)~10)을 적용하되, 작업 4)의 "O(그리고 O′)지점"을 "O_1(그리고 O_1′)지점"으로 수정하여 적용하고, 작업 10) 다음에 작업 11)을 추가한다.

  11) 표시 O_1(구간 L_2 쪽)을 지지하는 침목에 대하여 다시 체결하지 않는다. L_1을 0 응력으로 한 후에 고정 표시에 일치하게 만든 레일 상의 표시를 유지한다.

(다) 응력 해방작업 이후 : 제3.4.4(2)(다)항을 적용한다.

(라) 응력 해방 기록지의 작성 : 제3.4.5(2)항을 적용한다.

(3) 구간 L_2, L_3, 등의 응력 해방작업 순서

이에 관한 그림은 그림 3.19를 참조한다.

(가) 응력 해방이 예정된 열차 운행금지 이전 : 작업 1)

  1) 0 응력으로 하기 위한 준비 : 제3.4.4(2)(가)항의 작업 1)을 적용한다. 다만, 작업 1.2)의 "O 지점"을 "O_2 지점"으로 수정하여 적용한다.

(나) 응력 해방이 예정된 열차운행 중지 하에서 : 작업 2)~11)

  2) 길이 L_2를 0 응력으로 하기 : 제3.4.4(2)(나)항의 작업 4)와 4.1)~4.8)의 번호를 2)와 2.1)~2.8)로 변경하여 적용하되, 작업 4.3)의 "O 지점"을 "O_2와 O_2′지점"으로, 작업 4.8)의 "O 지점"을 "O_2 지점"으로 수정하여 각각 작업 2.3)과 2.8)에 적용하고, 마지막 부분을 제3.4.5(1)(나)항 작업 2)의 마지막 부분의 " " 내와 같이 수정하여 적용한다.

3~11) : 제3.4.5(1)(나)항의 작업 3)~10)을 적용하되, 작업 4) "O(그리고, O′) 지점"을 "O_2(그리고, $O_2′$) 지점"으로 수정하여 적용하고, 작업 10) 다음에 제3.4.6(2)항의 작업 15)의 번호를 11)로 변경하여 추가하되 "표시 O_1(구간 L_2 쪽)"을 "표시 O_2(구간 L_3 끝)"으로, "L_1"을 "L_2"로 각각 수정하여 적용한다.

(다) 응력 해방작업 이후 : 제3.4.6(3)(다)항의 작업 2)와 3)을 적용하되, 작업 3) 말미의 ( ) 내를 다음과 같이 수정한다. "(또는, $0\ ℃ \leq t_o < 22\ ℃$인 경우에는 제3.4.6항에 따른다)"

(라) 응력 해방 기록지의 작성 : 제3.4.5(2)항을 적용한다.

3.4.8 부분적인 응력 해방

장대레일의 단부에 관하여 응력 해방이 예정된 위치(이하의 예에서 구간 A~B)에 따라, 다음의 방법을 적용하여야 한다.

(1) 양 지점 A와 B가 장대레일의 단부로부터 적어도 150 m 이상에 있는 경우(그림 3.22)

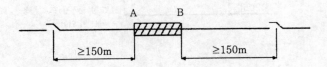

그림 3.22 부분적인 응력 해방(응력 해방 위치가 장대레일 끝에서 150m 이상)

- A와 B 점 사이에서 부분적인 응력 해방을 실시한다. ① $0\ ℃ \leq t_o < 22\ ℃$인 경우 : 유압 긴장기를 이용하여 제3.4.4항의 원리에 따라 실시한다. ② $22\ ℃ \leq t_o \leq 28\ ℃$인 경우 : 자연온도에서 제3.4.5항의 원리에 따라 실시한다.
- 응력 해방작업 이후 : 제3.4.6(3)(다)항의 2)를 적용한다.

(2) A나 B점의 하나가 장대레일의 단부로부터 150 m 이내에 있는 경우(그림 3.23)

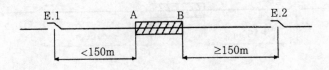

그림 3.23 부분적인 응력 해방(응력 해방 위치가 장대레일 끝에서 150m 이내)

- E.1과 B 점간에서 부분적인 응력 해방을 실시한다. ① 0 ℃ ≤ t_b < 22 ℃인 경우 : 유압 긴장기를 이용하여 제3.4.4항의 원리에 따라 실시한다(그림 3.24). ② 22 ℃ ≤ t_b ≤ 28 ℃인 경우 : 자연온도에서 제3.4.5항의 원리에 따라 실시한다(그림 3.25).
- 응력 해방작업 이후 : 제3.4.4(2)(다)항을 적용한다.

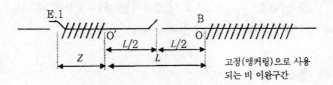

그림 3.24 유압 긴장기를 이용한 부분적인 응력 해방

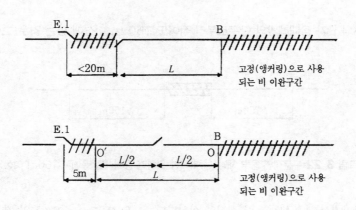

그림 3.25 자연온도에서 부분적인 응력 해방

(3) A와 B점이 장대레일 양끝에서 150m 이내에 있을 경우(그림 3.26)

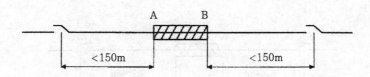

그림 3.26 부분적인 응력 해방(응력 해방 위치가 장대레일 끝에서 150m 이내)

- 장대레일 전체의 응력 해방을 실시한다. ① 0 ℃ ≤ t_o < 22 ℃인 경우 : 유압 긴장기를 이용하여 제3.4.4항의 원리에 따라 실시한다. ② 22 ℃ ≤ t_o ≤ 28 ℃인 경우 : 자연온도에서 제3.4.5항의 원리에 따라 실시한다.
- 응력 해방작업 이후 : 제3.4.4(2)(다)항을 적용한다.

3.4.9 50N/UIC 60 변화구간의 장대레일 응력 해방

(1) 0 ℃ ≤ t_o < 22 ℃인 경우, 유압 긴장기를 이용한 응력 해방
- 주어진 작업에서 응력을 해방하는 장대레일의 길이는 동일한 레일단면만을 가져야 한다.
- 제3.4.6항을 적용한다. 응력을 해방하려는 구간을 둘로 나누는 지점 O는 천이접속 용접부에 위치한다.
- 작업순서 : ① 가능한 한, 더 작은 횡단면을 가진 장대레일부터 응력 해방을 시작한다. ② L_1을 응력 해방할 때, 유간의 계산에 포함된 항 b와 길이 Z는 L_1의 레일 횡단면에 대하여 결정한다. ③ L_2를 응력 해방할 때, 유간의 계산에 포함된 항 b와 길이 Z는 L_2의 레일 횡단면에 대하여 결정한다. ④ 더 큰 횡단면을 가진 레일의 쪽에 대하여만 O 지점을 넘어 50 m에 걸쳐 체계적인 균질화를 종결한다.

(2) 22 ℃ ≤ t_o ≤ 28 ℃일 경우, 자연온도에서 응력 해방

제3.4.5항을 적용한다. 응력을 해방하려는 길이에 걸쳐 다른 두 레일 횡단면의 존재에 관하여 특별한 주의사항은 없다.

3.4.10 균질화

(1) 균질화의 기술

균질화의 목적은 응력이 바뀐 구간에서 평균값에 영향을 주지 않고 응력을 균질하게 하는 것이다. 이 작업은 장대레일의 절단을 필요로 하지 않는다. 이 작업은 처리하려고 하는 길이에 걸쳐 체결장치의 해체, 처리길이가 150 m보다 긴 경우에 레일 아래에 롤러의 설치, 레일에 진동 가하기, 그 다음에 다소간 일정한 온도에서 체결장치의 재 체결로 구성한다.

(2) 균질화의 조건

균질화의 수행에 필요한 조건은 다음과 같다. ① 궤도가 안정화되어야 한다. ② 균질화는 장대레일 끝의 150 m 이내에 접근하지 않아야 한다(레일의 온도가 t_o - 15 ℃ 이상인 경우에는 100 m). 즉, 장대레일의 중앙구간(부동구간)에서만 수행할 수 있다. ③ 균질화는 표 3.21에 주어진 온도 범위 내에서 시행하여야 한다(레일이 가열된 경우에는 냉각을 허용하여야 한다).

표 3.21 응력 균질화를 시행하기 위한 온도 범위

A의 위치	롤러에 설치 않음 AB < 150 m	롤러에 설치 AB ≥150 m
장대레일 단부로부터 150 m 이상 A B $d \geq 150m$	1 레일만 $(t_r - 25\ ℃) \sim t_r$ 2 레일 모두 $(t_r - 15\ ℃) \sim t_r$	$(t_r - 15\ ℃) \sim t_r$
장대레일 단부로부터 100 m와 150 m 사이 A B $100 \leq d \leq 150m$	$(t_r - 15\ ℃) \sim t_r$	

AB = 균질화 실시 구간

(3) 균질화의 시행

균질화는 열차운행을 중지하고 실시한다. ① 균질화하려는 길이에 걸쳐(장대레일을 절단하지 않고) 체결장치를 해체한다. ② 균질화하려는 길이가 150 m보다 긴 경우에는 레일 아래에 롤러를 설치한다 (10~15 침목마다 1개). ③ 레일의 변위를 방해하는 것이 없는지 점검한다(여전히 체결되어 있는 체결 장치, 레일 앵커, 용접 덧살 등). ④ 이완시킨 부분에 진동을 준다. ⑤ 체결장치를 다시 체결한다. ⑥ 열 차운행을 허용하기 전에 체결장치가 체결되어 있는지를 확인한다. ⑦ 장대레일의 관리대장을 최신의 것 으로 수정한다.

3.5 육성 용접

3.5.1 육성 용접의 기술

(1) 프로세스의 원리

'현장용접'의 프로세스는 ① 마모, 또는 사고의 손상에 기인하는 레일 주행표면의 레벨 차이를 금속의 덧붙임으로 정정, ② 손상, 또는 균열에 대한 긁어냄, 또는 파냄 작업 동안 제거된 금속의 덧붙임 등으로 이루어진다. 채움 금속은 전극 봉, 또는 와이어와 모재(바탕 금속)간의 전기 아크 가열의 작용 하에 용접 봉, 또는 와이어의 용융으로 얻어진다. 이것은 인력으로, 또는 기계적으로 충전(充塡)할 수 있으며 이들

두 방법 간의 선택은 작업의 양과 지역 조건에 좌우된다.

(2) 레일강의 예열

레일의 강재는 70급, 90급, 110급 등 세 가지 경도 등급으로 분류된다. 이들의 세 등급은 고온으로 가열된 후에 급속 냉각으로 경화함직하다(균열의 근원이 될 수 있는 경화조직의 형성물은 레일이 단단할 수록 더 있음직하다). 이 현상을 피하기 위해서는 수선하려고 하는 레일의 부분을 금속의 충전 이전에 350~400 ℃까지 예열하며 적당한 육성용접의 전체시간 동안을 통하여 온도를 유지한다. 예열 온도는 금속을 충전하기 직전에, 그리고 작업 동안 점검하여야 한다. 이 점검은 충전의 가장자리에서 50 mm 떨어진 주행표면에 대하여 온도를 나타내는 크레온을 사용하여 행한다.

110급은 저 합금 클래스의 강을 필요로 한다. 이 경우에, 380~400 ℃의 예열온도가 얻어질 때까지 충전을 시작하지 않는 것이 본질적이다. 더욱이, 모재의 조직변형 부분은 재가열(템퍼링)하여야 한다. 다음 층으로부터 가열기에 의하여 얻어진 이 템퍼링은 용입 층에 더하여 2층의 금속이 충전될 때까지 완료되지 않는다. 따라서, 110급 레일의 육성용접은 적어도 3층을 포함시킨다. 이 강 등급은 경화에 대단히 민감하므로 육성 용접되고 있는 부분이 절대 냉각을 허용하지 않음을 확인하면서 단일 작업시간에 충전을 한다.

(3) 용어

- 레일 단부 용접(끝 닳음 용접) : 이 작업은 레일 단부의 마모, 또는 타격 흔적을 정정하는 것이 목적이다. 이전 육성용접의 상태가 어떠한 손상도 없는 한, 이 작업을 몇 회 반복할 수 있다.
- 사용에 기인하는 손상의 육성용접에 의한 수리 : 이 작업은 ① 차륜 공전, ② 이질 물체에 의한 타격, ③ 설비의 설계에 고유한 국지적 마모, 또는 타격(크로싱의 외측 레일, 상호식 이음매에서 이음매 맞은 편의 레일)에 기인하는 주행표면에 대한 고저 틀림을 보수하는 것이 목적이다.
- 오목한, 또는 들쭉날쭉한 용접부의 육성 용접 : 이 작업은 전기, 또는 테르밋 용접부에 대한 어떠한 마모, 또는 타격이라도 정정하는 것이 목적이다.
- 육성용접의 반복 : 이 작업은 손상된 이전 육성용접(이 빠짐, 균열, 또는 얇은 조각으로 갈라짐)의 보수로 이루어진다. 이 작업은 건전한 모재까지 철저히 긁어내어 진행하여야 한다.

3.5.2 육성 용접의 작업 기준

(1) 사용의 제한

아크 용접은 레일, 분기기, 또는 신축이음매 등의 지지되지 않은 부분에 위치한 손상의 수리용으로는 금지된다. 마지막 초음파 검사 동안 탐지된 내부손상, 또는 수리할 수 없거나 수리계획이 없고 최소분류 O를 나타내고 있는 (이음매판 부위를 포함하여) 눈으로 탐지된 손상이 고려중인 수리의 가장 가까운 부분의 2 m 이내에 위치하는 경우에는 아크 용접이 금지된다.

(2) 레일 수리

작업의 추정 깊이가 레일 답면에 관하여 10 mm를 넘지 않는 것을 조건으로 다음의 손상만을 수리할 수 있다.

- 레일 중앙부 : ① 레일 단면에 대한 국부적인 압착(코드 223.1), ② 공전상(코드 225.1), ③ 레일 단면의 움푹 들어감(코드 301), ④ 육성 용접의 분리(코드 472).
- 테르밋 용접 축의 2 m 이내에서 수리가 고려되는 경우에는 용접부가 ① 단면의 횡 균열(코드 421), ② 핵심의 수평 균열(코드 422), ③ 주조 손상(균열, 기포 등)과 같은 눈에 보이는 손상을 나타내지 않는 것을 조건으로만 수리가 허가된다.
- 레일 단부(이음매 궤도의 경우) : ① 박편(코드 122), ② 압착(코드 123), ③ 공전상(코드 125.1), ④ 육성 용접의 분리(코드 472). 경제적인 이유 때문에 레일 갱신이 다음의 5년 이내에 계획되어 있다면 (절대적으로 필요하지 않는 한) 이들의 수리를 수행하지 않는 것이 권고된다.

(3) 용접부의 육성 용접

- 용접부의 육성 용접은 다음을 목적으로 하는 작업이다. ① 열을 받은 지역에서 전기, 또는 테르밋 용접으로 발생된 우묵한 곳의 채움, ② 마무리 손상(연마 휠, 가장자리 자국 등), 또는 용접부 바로 옆에 위치한 손상의 수선.
- 이 작업은 다음의 경우에 금지된다. ① 눈에 보이는 손상, 또는 초음파 탐상으로 검출된 손상이 나타나는 전기용접, ② 유형 421의 눈에 보이는 손상(단면의 횡 균열), 유형 422의 눈에 보이는 손상 (핵심의 수평균열), 또는 주조손상(균열, 기포 등)을 나타내는 테르밋 용접, ③ 용접 축 양쪽의 2 m 이내에서 마지막 초음파 탐상 동안 내부 손상이 탐지되거나 최소분류 O를 나타내고 아크용접으로 수리할 수 없는 식별가능한 손상이 탐지되는 경우.

(4) 염색 침투법의 원리

염색 침투 시험의 원리는 제3.5.7(2)항의 (가)와 (나)를 참조하라. 이 시험은 시험을 유효하게 하기 위하여 차가운 금속으로 수행하여야 한다(기술자가 금속에 걸쳐 손을 움직일 수 있을 때를 금속이 차가운 것으로 간주한다).

(5) 기술적 기준

아크 용접의 사용을 지배하는 기술적 기준에 관련하여 다음의 규칙을 적용하여야 한다.

(가) 레일 단부의 육성 용접(참고용)

보통 레일의 단부는 레벨링의 품질에 강하게 영향을 주고 높은 보수비로 이끄는 마모, 또는 오목함을 나타낼 수 있다. 레일 단부의 육성 용접 프로그램은 균일한 보강구간에서 레일 단부에 대한 고저 지거 측정의 50 %가 UIC 그룹 1~4의 선로에 대하여 0.8 mm, UIC 그룹 5~6의 선로에 대하여 1.2 mm와 같거나 큰 값을 나타내는 순간부터 시작하는 것을 고려할 수 있다. 그림 3.27에 나타낸 것처럼 500 mm

자를 사용하여 4 회의 측정을 수행한다.

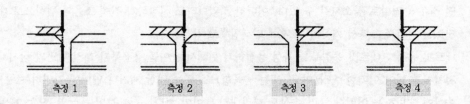

측정 1   측정 2   측정 3   측정 4

그림 3.27 레일 단부의 고저 지거의 측정

특정 구간의 레일 단부를 육성 용접하기로 일단 결정이 되면, 고저 지거가 상기에 명시된 최소레벨에 도달하지 않는 개소에 대하여 작업을 실시한다. 연마 공차(0 mm/+0.2 mm)를 고려하여 0.3 mm를 넘지 않는 손상이 있는 레일 단부는 육성 용접할 필요가 없다. 레일의 높이 차이에서 생기는 레일 답면의 수직 지거에 기인하여 상기에 기술한 측정을 수행할 수 없는 경우에 레일 높이의 차이가 1 mm를 넘지 않을 때는 낮은 쪽의 레일을 육성 용접할 수 있다. 더 높은 값에 대하여는 이음매 조립품을 검사하여야 한다. 코드 111, 112, 113, 121, 124, 132, 135 및 153의 손상을 나타내는 레일 단부를 육성 용접하는 것은 금지된다. 이 제한은 열처리 레일 단부에 영향을 주는 표면분리에 적용되지 않는다. 용접, 또는 접착하려는 레일 단부가 충분히 평평한 레일 답면에 허용되지 않는 마모, 또는 오목함을 나타내는 경우에는 용접이나 접착에 의하여 미리 육성 용접하여야 한다.

(나) 사용에 기인하는 표면 손상에 대한 육성 용접에 의한 수리

1) 외관 기준 : 모든 움푹 들어감과 박리는 다르게 명시되지 않는 한, 육성 용접으로 수리할 수 있다. 박리되지 않은 손상 지역은 레일 답면의 고저 차이가 0.7 mm를 넘지 않고 레일두부의 쪽에 눈에 보이는 어떠한 열화도 나타내지 않는 것을 조건으로 수리할 수 있다. 주행 답면의 축에 위치시킨 500 mm 자를 사용하여 측정한다.

2) 간격 기준 : 다음의 개소에서 2.0 m 이내에 위치한 어떠한 손상도 수리하는 것이 금지된다. "① 해체와 염색 침투 시험으로, 또는 초음파 탐상으로 당해 지역에 어떠한 균열도 없는 것이 입증되지 않는 경우에 이음매(접착, 또는 미 접착), ② 용접부가 지난 번의 검사에 의하여 건전하다고 인지되지 않는 경우에, 그리고 통과 톤수가 2백만 톤을 넘지 않은 것을 조건으로, 전기용접, ③ 3년 전 이내에 실시한 테르밋 용접. 또는 더 오래되었다면, 손상의 모니터링에서 어떠한 손상이라도 발생할 수 있거나 발생한 것을 나타내는 경우에, 테르밋 용접" 등. 2.00 m 치수는 수리하려는 손상의 축으로부터 "① 레일 단부, 또는 ② 용접의 축"까지 측정한다. 레일 답면에 주기적으로 영향을 주는 어떠한 움푹 패임이라도 감독 부서에 통지하여야 한다.

(다) 오목하거나 고저 차가 있는 용접부의 육성 용접

1) 이에 대한 작업 기준은 원칙적으로 레일 단부의 육성 용접에 적용할 수 있는 것과 동일하다. 그

러나, 이들이 요구하게 될 충전(充塡)의 중요성 때문에, 용접하기 이전에 일어날 수 있는 레일 단부의 아치형에서 생기는 고저차이의 정정에 육성 용접을 사용하여서는 안 된다. 이 결함은 어떤 경우에 연마로 감소시킬 수 있다. 어떠한 작업이라도 시작하기 전에 초음파 탐상으로 내부 건전도를 점검하고 나서 깨끗이 한 후에 염색침투로 점검한다.

  2) 테르밋 용접 : 테르밋 용접부를 육성 용접하기 위해서는 이들 용접부가 레일 답면의 국지화된 고저차이를 넘어 어떠한 손상(마모, 또는 움푹함)도, 또는 덧살 제거나 연마에 기인하는 우발적인 손상에 수반하는 어떠한 표면 손상도 나타내지 않아야 한다. 눈에 보이는 균열, 또는 레일의 가능한 내부 건전도에 의심이 가는 구멍을 나타내거나 움푹함이 작업상 부주의로 생긴 주조 손상의 결과인 용접부는 어떠한 환경 하에서도 아크 용접으로 수선하지 않아야 한다.

  3) 전기용접 : 육성 용접에 의한 수리는 레일 답면의 고저 차와 불완전한 공장 마무리에 기인하는 박리로 제한되어야 한다. 핵심에서 시작되거나 주변을 따라 벌어진(또는, 벌어지지 않은) 횡 균열을 나타내는 용접부는 아크 용접으로 수선하지 않아야 한다.

(라) 육성 용접의 재 작업

이들의 작업은 레일 단부에 위치하든지 레일 중앙부에 위치하든지 간에 코드 472 손상에만 적용한다.

3.5.3 육성 용접의 치수

(1) 제한사항

육성 용접 작업에 관하여는 다음과 같은 이유 때문에 어떤 한계를 준수하여야 한다. ① 레일에 작용하는 기계적인 응력, ② 작업 방법(제3.5.6~3.5.8항)에 기술된 방법을 지배하는 야금 상의 요구 조건, ③ 충족시킨 장치로 제공된 가능성, ④ 최상의 가격을 얻기 위한 조사 등

(2) 레일 단부에 대한 육성 용접

충전의 길이는 어떠한 환경 하에서도 60 mm 이상이어야 한다. 육성 용접은 원칙적으로 마지막 이음매 구멍의 수직선을 넘어가지 않아야 하며, 사용된 용접봉의 길이 때문에 320 mm의 최대 허용길이를 넘지 않아야 한다. 그러나, 레일 답면의 연속성을 보장하기 위하여 이 값을 넘어야 하는 경우에는 대응하는 제3.5.7항에 상술한 방법에 따라 연장한 육성 용접을 시행하여야 한다. 어떤 경우에는 유지된 레일 답면의 몫에 따른 연마가 충분할 것이다. 육성 용접의 폭은 레일두부 상부 단면의 회복을 허용하여야 한다.

(3) 표면손상과 움푹한 용접부의 육성 용접

이 유형의 수리에 대한 최소 길이는 120 mm이다. 최대 허용 길이는 용접봉의 길이 때문에 262 mm를 넘지 않아야 한다. 길다란 손상에 대해서는 대응하는 제3.5.7항에 상술한 절차를 적용하여 이 길이를 증가시킬 수 있다. 제한된 폭의 육성 용접은 수리하려는 손상이 레일두부의 가장자리 근처에 위치하는

경우에 레일두부 폭의 반에 대하여 시행할 수 있다.

(4) 육성 용접의 재 작업

오래된 충전물은 건전한 바탕금속(모재)을 얻기 위하여 신중하게 제거하여야 한다. 재 작업의 길이는 손상된 육성 용접의 길이보다 항상 더 커야 한다. 레일 단부에 대한 재 작업이든지, 레일 중앙부를 따른 260 mm에 대한 재 작업이든지 간에 길이가 320 mm를 넘어야 하며, 대응하는 제3.5.7항에 상술한 절차가 필수적이다.

(5) 기계용접

자동도구가 사용될 때에 충전물의 길이는 사용된 자동화의 행정 길이로 제한될 것이다.

3.5.4 서로 의존하는 궤도작업, 날씨와 장대레일의 조건, 접착 이음매 부근

(1) 상호 의존하는 궤도작업

아주 가까운 장래에 철거를 필요로 하거나 손상의 크기가 과도하게 비싼 육성 용접을 포함하게 되는 손상 레일은 용접을 하기 전에 철거하여야 한다. 궤도에서 육성 용접의 내구성은 최종 기하구조의 품질에 크게 좌우된다. 용접은 수행하려는 작업의 양쪽에 위치한 레일 답면의 선형에 관계되므로 용접이 정상의 위치에 있고, 품질을 떨어뜨리는 위치에 있지 않는 것이 중요하다.

분소장은 이 조건을 충족시키기 위하여 작업지역에서 어떠한 작업이라도 시작을 허용하기 전에 "① 손상재료의 제거, ② 기계적 조립품(체결장치, 이음매판 등)과 레벨링(면, 고저)의 검사(및 가능한 보수)"를 보장하여야 한다. 분소장은 이음매판을 해체하고 초음파검사를 하여 이음매에 균열이 없는 것을 확인하여야 한다. 작업의 완료 직후에 ① 작업지역의 레벨링을 체계적으로 검사하여 필요시 정정하고, ② 용접작업 동안 철거하거나 손상된 부품(슈, 절연 멈춤재 등)은 가능한 한 재빠르게 재 설치, 또는 교체하는 등의 작업을 시행하여야 한다. 접착되지 않아야 하는 이음매에 대하여 육성 용접을 수행하는 경우에는 육성 용접 후와 마무리 연마를 시작하기 전에 기름칠을 하여야 한다.

(2) 날씨 조건

용접자가 정상의 작업절차, 특히 예열, 장치의 보호, 충전결과 및 작업원의 안전에 관계되는 절차를 준수하는 데에 있어 날씨 조건(강우, 강풍, 강설 등)이 적합하지 않는 경우에는 용접작업을 중지하여야 한다.

(3) 접착 이음매 부근

접착 이음매에 사용하는 접착제는 80 ℃를 넘는 온도를 받을 때에 회복될 수 없게 열화된다. 이 이유 때문에, 접착 이음매판의 끝에서 150 mm 이내의 예열을 포함하는 어떠한 작업도 이음매가 접착에서 떼어지는 경우에 명시된 필요한 기술적, 안전 조치를 취할 때만 수행하여야 한다.

(4) 장대레일 궤도의 조건

이 작업은 작업 부류 1에 해당한다(제3.2.2(3)항 참조). 용접하기 전 레일의 예열은 그 예열이 어떤 온도를 넘어 수행되거나 어떤 수의 동시 수리, 또는 육성 용접에 관련될 때 장대레일의 안정성에 영향을 줄 수 있는 레일의 증가된 응력으로 귀착된다. 이 이유 때문에 다음의 규정을 준수하여야 한다.

- 최대 예열 온도는 예열된 부분의 어떠한 지점에서도 400°C를 넘지 않아야 한다.

- 요소 레일당, 그리고 40 m 구간당 1 회의 작업시간[1] 동안 수행할 수 있는[2] 수리 및(또는) 육성 용접의 수는 다음으로 제한되어야 한다. ① 안정된 궤도에 대하여 : ⓐ 레일 온도가 35 ℃ 이하인 경우에 3 회의 작업, ⓑ 레일 온도가 35 ℃를 넘고 40 ℃ 이하인 경우에 1 회의 작업, ⓒ 레일 온도가 40 ℃를 넘는 경우에 작업 금지, ② 안정되지 않은 궤도에 대하여 : ⓐ 레일 온도가 30 ℃ 이하인 경우에 1 회의 부분 작업만 시행, ⓑ 레일 온도가 30 ℃를 넘는 경우에 작업 금지.

- 레일 온도가 -5 ℃ 미만인 모든 경우에 육성 용접을 금지한다.

2 개의 아크 용접 수리가 2 레일에 대하여 서로 마주보고 계획된 경우는 다음에 따른다. 여기서, 그림 3.28에 나타난 것처럼 측정된 거리 d가 1 m 이하인 때를 두 작업이 서로 마주보고 있는 것으로 간주한다. ① 이들 2 작업을 동시에 취하는 것을 금지한다. ② 두 번째 작업은 ⓐ 첫 번째 충전의 대강의 연마, ⓑ 첫 번째 충전의 위치에서 100 ℃ 아래로 레일 저부의 냉각, ⓒ 첫 번째 작업에서 가열된 구간을 따라 위치한 체결장치와 절연재의 점검 및 필요시 교체 등의 후에만 취할 수 있다.

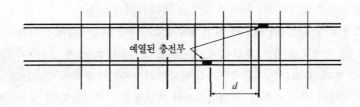

예열된 충전부

그림 3.28 마주보고 있는 아크 용접

콘크리트 침목의 체결시스템에 사용된 용해성 부재의 열화를 피하기 위해서는 가열구간에 위치한 체결장치를 철거하여야 한다. 레일-침목 체결장치를 철거할 때는 "① 1 회에 철거하는 체결장치의 수는 20 m 레일의 최대 슬라이딩 길이를 커버하는 침목들의 20 %로 제한하고, ② 외따로 있는 레일-침목 체결장치의 철거는 40 ℃에 이르기까지 특별한 조건이 없이 허가"하는 등의 규정을 준수한다.

---

[1] 작업시간은 하루 낮 전체(또는, 야간)에 상당한다. 단일 작업구간에서는 연속한 2 작업시간 사이에서 적어도 12시간이 경과하여야 한다.

[2] 인력으로 작업을 수행하든지, 용접 로봇을 사용하여 작업을 수행하든지 간에.

3.5.5 주행 조건

(1) 개요

시행되고 있는 육성 용접(예비연마, 금속충전 오차에 기인하는 움푹함) 위로 주행하는 차륜에 기인하여 발생된 동적 응력은 궤도에 손상을 주는 충격으로 귀착될 수 있다. 이것은 어떤 경우에 콘크리트 침목에서 균열의 발생이나 성장, 레벨링(면, 고저) 틀림의 진행 및 레일의 비틀림으로 귀착될 수 있다.

(2) 밴드 지지력

파손 레일[1]의 경우에 취하여야 하는 법정 보호조치의 점에서 보아 밴드(band) 지지력은 육성 용접 동안 작업현장이 열차운행을 방해하지 않고 시행됨을 항상 보장하여야 한다.

상기의 규정에 대한 예외로서, 육성 용접 전의 레일 그라인딩 깊이가 5 mm 이하이고 목침목만 관련되며 속도가 170 km/h를 넘지 않는 것을 조건으로 어떠한 특별한 조치도 필요로 함이 없이 밴드의 전체 지지 폭을 커버하는 틈이 허용될 것이다. 상기 조건을 충족시킬 수 없는 경우에는 ① 요구된 최소 지지력을 운행의 재개 전에 다시 확보하기 위하여 열차운행을 중지함, ② 또는, 최소 지지력이 항상 확보되도록 작업을 구성함이 필요할 것이다. 그러므로, 현장 작업을 개시하기 전에 작업 반장이 처리한 준비 직무의 4, 또는 5 주 동안 작업하려는 구간을 신중히 조사하고 육성 용접 전의 레일 그라인딩이 5 mm보다 큰 깊이로 귀착될 수 있는 곳을 확인하는 것이 필요 불가결하다. 적용하려는 방법은 지방 노동자와 함께 가장 좋은 작업 조건을 보장하도록 지역 조건에 따라 분소장과 협력하여 선택하여야 한다.

(3) 철근 콘크리트 침목이 부설된 궤도

철근 콘크리트 침목이 부설된 궤도에서는 ① 요구된 최소 지지력을 운행 재개 전에 다시 확보하기 위하여 열차의 운행을 중지하고, ② 또는, 최소 지지력이 항상 확보되도록 작업을 구성하는 것이 필수적이다. 열차가 120 km/h 이상의 속도로 운행되는 궤도에 대하여는 연마하여 거친 면을 제거하기 이전에 육성 용접 위로 열차가 주행하지 않아야 한다.

(4) 110급 강으로 만든 레일의 경우

충전물의 상당한 공차를 고려하여, 열차가 궤도 위로 주행하지 않는 기간 동안에 작업을 수행하여야 한다.

(5) 일반적인 주행 조건

---

[1] 레일이 2 토막(또는 그 이상)으로 분리되었을 때나 50 mm보다 큰 길이와 10 mm보다 큰 깊이의 단면 틈을 가졌을 때는 파손된 것으로 간주한다.

열차 속도가 200 km/h 이상인 고속선로에서는 표 3.22를 적용한다.

표 3.22 육성 용접에 대한 일반적인 주행 조건

레일 답면의 기하 구조적 변화의 종류	주행 조건
(가) 레일 답면의 우묵한 곳	
1) 작업 기간 중 최소 지지력이 보장 안됨	
모든 오목부에 대해 작업기간 중과 작업기간 이외	금지
2) 최소 지지력이 보장됨(오목부 ≤10 mm)	
작업기간 중	허용
작업시간 이외의 기간	금지
(나) 레일 답면 오차	
작업기간 중(오차 ≤ 5 mm/10 m)	허용
작업기간 중(오차 > 5 mm/10 m)	금지
작업기간 이외(오차 ≤ 5 mm/10 m)	허용
작업기간 이외(오차 > 5 mm/10 m)	금지

(6) 고속선로에 특유한 통과 요구 조건

- 열차 운행의 중지가 없이 작업 : ① 작업을 하고 있는 궤도에 대한 속도제한은 170 km/h 이하이다. ② 속도 170 km/h 이하의 속도에서 작업 요구 조건은 다음과 같다. 즉, 예비 연마에 명시된 깊이 d가 어떠하든지 간에, 그리고 10 mm의 최대에 이르기까지, 주행표면의 연속성은 그림 3.29 단면의 하나에 따라 유지되어야 한다.

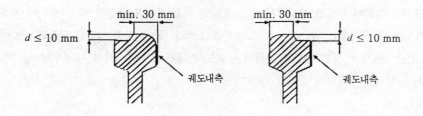

그림 3.29 육성 용접의 예비 연마

- 열차운행을 중지하는 작업 : ① 이 절차는 속도의 제한이 없이, 예비 연마 동안 처리하려는 깊이 d에 좌우되어 고속선로에서 필수적이다. ② $d ≤ 5$ mm : 전체의 주행표면을 연마할 수 있다. ③ 5 mm $< d ≤ 10$ mm : 연마의 시작 전에 상기의 절에 따른다. ④ 예외적인 경우에, 그리고 용접검사자의 동의를 받아 최대 연마깊이를 15 mm까지 증가시킬 수 있다.

3.5.6 육성 용접의 작업 계획

(1) 레일 손상에 관련되는 작업 계획

(가) 국부 타격자국(코드 220.5)

손상의 발달이 느리며 판단하기가 쉽다. 이 손상의 수리는 보수상 더 이상 허용되지 않을 때에 연간 계획에 포함하여야 한다.

(나) 공전 상(코드 225.1)

이 손상은 모든 경우에 아크용접에 의한 수리계획을 필요로 한다. 자갈자국을 스콰트(squats, 손상 227)로 오해하지 않아야 하며, 스콰트는 아크용접으로 수선할 수 없다.

(다) 우발적인 타박상(코드 301)

1) 이물질에 의한 주기적 벼림(브리넬 경화) : 균열로 발달하는 오목함만을 수리하여야한다. 수리 하려는 구간에 관한 결정은 이 유형의 손상에 대하여 적합한 모니터링의 틀 안에서 취하여야 한 다.

2) 자갈 홈집 : 열차의 차륜에 의한 자갈의 분쇄는 레일금속 주변의 크리프가 수반되고 때때로 전체 단면의 변형이 수반되는 주행표면의 상당한 정도의 벼림으로 이끈다. 주행표면의 가시적인 확장, 차륜이 통과함에 따라 국부화된 충격, 따라서 레벨링의 교란 징후가 있을 때는 자를 사용(가급적 이면 기록)하여 대단히 빠르게 변질의 본질을 결정하여야 한다. ① 금속의 크리프에 기인한 오버 후로우 : 이 경우에는 (가급적이면 안내된) 연마를 신속히 행한다면 연마를 충분히 끝낼 수가 있 다. ② 움푹 패임 : 제3.5.8항의 규정에 따라 아크용접에 의한 수리가 요구된다. ③ 레일 축의 기 울어짐 : 아크 용접에 의한 수리가 유효하지 않다.

3) 전기 아크용접 및 용강의 튀김 : 양쪽의 경우에 열차하중의 영향을 받아 손상에서 경화조직이 형 성되고 쉐링으로 열화된다. 이 전개는 비교적 늦으므로 보수를 연간계획에 포함시킨다.

4) 도구에 의한 손상 : 이 부류는 궤도보수 기계류의 부정확한 사용(기계류, 수송장치, 연마기 등의 취급)에 기인하는 손상을 포함한다. 이 손상은 금속의 국부적인 제거로 귀착되며, 레벨링을 교란 시키거나 파괴로 이끄는 손상을 일으킬 수 있다. 이 손상은 주행표면의 어디에 위치하는지에 따 라 아크 용접, 또는 똑바른 연마로 처리할 수 있다. 이 손상의 발달은 비교적 늦으며, 따라서 보 수를 연간 계획에 포함시킨다.

(2) 용접부의 육성 용접에 관련되는 작업계획

수직 선형의 틀림은 원칙적으로 궤도선형 그래픽 기록의 해석으로 검출된 레벨링에서 변화를 일으킨 다. 관련된 구간은 관련된 레벨 변화의 원인을 결정할 의도로 현장에서 추가로 조사하여야 한다. 이 작업 은 높은 수직 증폭을 가진 기록자를 사용하면, 크게 용이해진다. 조사 후에는 레벨의 변화를 "① 용접부 의 마모나 용접자국, ② 타박상, ③ 레일 축의 기울어짐 : 불안정을 일으키는 낮게 설정된 용접부, 높게 설정된 용접부, 용접하기 전에 이동하거나 뒤틀린 레일 단부" 등의 원인으로 귀착시킬 수 있다. 아크 용접에 의한 육성 용접은 마모, 타격자국, 및/또는 타박상을 나타내는 용접부의 경우에만 유효하다. 작업 계획은 연간 계획의 틀 안에서 요구하여야 한다.

3.5.7 육성 용접의 작업 과정

(1) 예비 연마

(가) 준수하여야 하는 단면

1) 종단면 : 예비 연마에서는 그림 3.30에 나타낸 것처럼 연마레벨과 주행표면간에 종 방향 천이접 속 구간을 만든다.

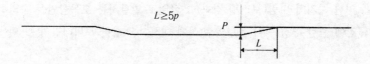

그림 3.30 예비 연마의 종단면

2) 횡단면 : 예비 연마에서는 그림 3.31에 나타낸 것처럼 세 유형의 단면 중에서 하나를 따른다. 적 용된 단면의 유형은 주로 ① 손상의 초기 폭, ② 손상의 깊이, ③ 레일의 주행표면에 대한 손상의 위치, ④ 열차가 작업현장을 통과하는 조건 등에 좌우된다.

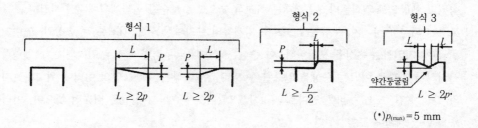

그림 3.31 예비 연마의 횡단면

3) 만들려는 단면 : 다음과 같이 예비 연마를 수행한다. ① 열차가 작업현장을 통과하는 조건에 따 른다. ② 종과 횡의 기울기 한계에 따른다. ③ 연마 구간의 범위를 최소화하도록 노력한다. ④ 금 속을 전충하는 작업자의 기능을 고려한다.

(나) 공전상을 포함한 타박상의 경우

1) 손상을 제거한다 : 연마구간의 범위를 최소화한 연마를 하여 손상을 제거한다(레일에 종 방향으로 적용하는 접선 연마기를 사용한다). 작업현장을 통과하는 조건에 따른다.

2) 손상이 제거되었는지 확인한다 : 연마표면의 육안검사에 의한다(필요 시, 염색 침투 시험).

3) 천이접속구간의 기울기를 만든다 : (가)항의 사양에 따른다.

4) 레일을 정돈한다 : 레일에 종 방향으로 적용하는 접선 연마기를 사용하여 천이접속구간 기울기 끝의 양쪽 20 mm에 걸쳐 주행표면을 가볍게 연마한다(그림 3.32). 만일 예외적으로, 연마부분의 총 길이가 60 mm 미만이라면, 연마를 60 mm까지 연장한다. 전체 연마 부분은 전충(塡充)구간을 형성한다.

5) 균열이 없는지를 점검한다 : 염색 침투 시험 항목을 참조한다.

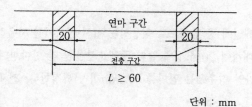

그림 3.32 타박상에 대한 예비 연마의 천이접속구간

(다) 마모, 또는 압착의 경우

1) 울퉁불퉁한 부분을 압착된 높이와 같게 연마한다 : 마모, 또는 압착된 구간 부근의 어떠한 잔류 응기라도 찾아내기 위하여 500 mm(또는, 요구에 따라 700 mm, 또는 1 m) 자를 사용한다.

2) 보수하려는 구간의 종 방향 한계를 결정한다 : 자의 중앙이 움푹한 곳의 중앙에 걸치도록, 처리하려는 구간에 걸쳐 레일의 주행표면에 대해 종 방향으로 자를 위치시킨다. 자를 레일두부의 전체 폭에 걸쳐 한 쪽에서 한 쪽까지 이동시킨다. 10/100 mm 틈새 게이지가 자 아래로 통과하는 구간의 범위를 나타내는, 레일 축에 수직인 선을 분필로 표시한다(그림 3.33).

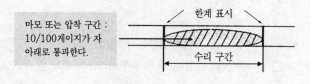

그림 3.33 마모에 대한 보수 구간의 종 방향 한계

3) 보수하려는 구간의 횡 방향 한계를 결정한다 : 보수하려는 구간의 횡 방향 한계는 일반적으로 레일의 가장자리이다. 그러나, 적어도 20 mm의 폭에 걸쳐 주행표면이 마모되지도 않고 압착되지도 않을 경우(10/100 게이지가 통과하지 않는다)에는 보수하려고 하는 구간의 폭을 제한할 수 있다. 그 때에 횡 방향 한계는 레일의 가장자리에 평행하다(그림 3.34).

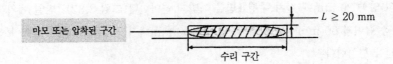

그림 3.34 마모에 대한 보수 구간의 횡 방향 한계

4) 레일을 정돈한다 : 레일에 종 방향으로 적용하는 접선 연마기를 사용하여, 보수하려는 구간에 걸쳐, 그리고 양쪽에 대하여 20 mm에 걸쳐 주행표면을 약간 연마한다. 예외적으로, 연마부분의 길이가 60 mm 미만인 경우에는 연마를 60 mm까지 확장한다. 전체 연마 부분은 전층 구간을 형성한다(그림 3.35).

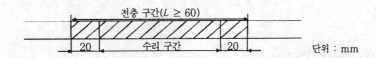

그림 3.35 전층 구간

5) 균열이 없는지를 점검한다. 제(2)항의 염색 침투 시험항목을 참조한다.

(2) 염색 침투 시험

(가) 목적

염색 침투 시험은 눈에 보이지 않거나, 도움을 받지 않은 육안검사로 관찰하기 어려운 표면에서 시작하는 손상(균열, 작은 구멍, 기공, 흠집, 함유물 등)을 검출하는 수단(방법)이다.

(나) 방법의 원리

염색 침투 시험은 다음으로 이루어진다. ① 적색 올가놀(organol)이라 부르는 적색 염색으로 착색된 침윤액체를 시험하려는 표면에 뿌린다. 이것이 염색 침투이다. 이 액체는 표면에서 시작한 손상 안으로 모세관 작용에 의하여 침투한다. ② 깨끗한 물로 씻어내고 닦아서 초과 용액을 제거한 후에 휘발성 용제의 활석 현탁액을 뿌린다. 이 작용제는 현상액이며, 백색 막을 형성한다. 착색 용액은 어떠한 손상으로부터도 스며 나와 백색 막을 물들이며, 따라서 손상을 나타낸다.

(다) 절차

1) 시험하려는 표면의 온도가 50 ℃ 이하인 것을 확인한다. 손바닥을 레일에 놓는 것이 가능하여야 하며, 그렇지 않으면 염색침투시험의 효과가 없다. 이것이 불가능한 경우에는 레일이 냉각되게 두거나 물로 냉각시켜야 한다. 후자의 경우에 기름이나 오물이 남지 않는 것을 확인하면서 젖은 표면을 닦아낸다.

2) 시험하려는 전체 표면에 걸쳐 침투제를 뿌린다.

3) 3분을 기다리고, 필요시에는 이 작업을 반복한다.

4) 표면을 깨끗한 물로 씻어내고 닦아낸다(깨끗한 린트-프리 천). 기름이나 오물이 남아 있지 않은지를 확인한다. 시험하려는 근처의 레일에 존재하는 기름으로 오염시키지 않도록 한다.

5) 현상액의 플라스크를 흔들고 표면에 작용제를 뿌린다. 이것은 플라스크 노즐과 레일간에 대략 20 cm의 간격을 유지시키면서 행한다. 얇고 균일한 침전이 되도록 주의한다. 유모성(柔毛性)의 침전을 피하면서 너무 차갑거나 부적당하게 흔들어진 작용제를 사용하지 않는다.

6) 레일을 시험하기 위하여 현상의 막을 건조시킨다(막이 백색으로 바뀐다). 검출된 손상은 흰색 바탕에 대하여 붉게 나타난다. 의심이 가는 경우에는 표면을 씻고 닦아낸 후에 두 번째 단계를 반복한다.

(3) 예열 절차

1) 예열 장비를 선택하고, 조정하여 연결한다 : 눈금이 있는 좋은 조건의 가열기를 사용한다. 필요시에는 수리하려는 레일단면에 따라 가열기를 조정한다.

2) 가열기를 레일에 위치시킨다 : 이 때 만들려고 하는 금속침전의 중앙에 가열기의 중앙이 일치하도록 위치시킨다.

3) 예열을 시작한다 : 실린더 출구의 가스압력을 1.5와 2.5 바(bar) 사이로 조정한다. 라이터만을 사용하여 예열버너를 점화한다. 가스압력과 공기-프로판 혼합물을 조정하여 지역 조건에 따라 필요시 가열을 최적화한다.

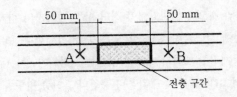

그림 3.36 전충 구간의 온도상승 모니터링

4) 온도의 상승을 모니터한다 : 그림 3.36과 같이 정한 A와 B 지점에서 ① 399 ℃ 열 가용성 로드, 또는 420 ℃ 열 크롬 로드, ② 고온계를 사용하여 모니터한다. 이 모니터링을 수행하기 위하

여 버너를 끈다.

5) 다음과 같을 때 예열을 중지한다. ① 열 가용성 로드가 녹는다. ② 열 크롬 로드가 변색된다. ③ 고온계가 400 ℃를 나타낸다.

6) 예열을 끝낸 직후에 금속의 전충을 시작하여야 한다.

(4) 본연의 육성 용접

(가) 300 mm 이하의 길이에 걸친 육성 용접

1) 첫 번째 비드(bead) 층의 형성 : ① 첫 번째 비드를 위치시키고, 준비작업 동안에 얻어진 횡단 면에 따라 그 후 비드의 연속순서를 결정한다. ② 이 목적을 위하여 깨끗이 한 20 mm 구간의 주행 면에서 처음의 비드를 시작한다. ③ 깨끗이 한 다른 20 mm 구간에서 다음의 비드를 향하 여 약간 이동시킨 패드(pad)로 첫 번째 비드를 끝낸다. ④ 이전 비드의 패드에 대한 그 후 비드 의 각각을 시작하고, 이와 같이 한 방향씩 교대로 비드를 전충(塡充)한다. ⑤ 깨끗이 한 구간에 서 "ⓐ 적당한 것이 남아 있는 한, 다음의 비드를 향하여, ⓑ 반대의 경우에, 이전의 비드를 향하 여" 소화(消火)패드를 약간 이동시킨다. ⑥ "ⓐ ⌐ 형의 마지막 비드를 전충하여 단일작업으로 (이 방법은 전충의 길이가 260 mm 이하인 때만 사용한다). 또는, ⓑ 전충된 마지막 비드에서 시작한 두 횡 비드를 전충하여" 벨트(belt)가 얻어지게 하면서 첫 번째 층(또는, 단일 층)의 완료 시에 두 줄의 크래터를 다시 녹인다.

2) 두 번째 층의 형성(또는, 다음의 층) : ① 첫 번째 층과 같은 요구 조건에 따른다. ② 벨트를 만 들지 않는다. ③ 다음과 같이 되도록 이전 층의 비드보다 더 짧은 길이에 걸쳐 비드를 전충시킨 다. ⓐ 크래터의 선이 주행표면보다 항상 더 높다(연마에 의하여 크래터가 완전히 제거될 수 있 도록). ⓑ 여분의 높이가 너무 크지 않다(열차가 통과할 때 충격의 제한).

(나) 300 mm 초과의 길이에 걸친 육성 용접

1) 긴 금속 전충을 위한 특별 절차 : ① 전극봉(용접봉)의 사용을 최소화하도록 시도하면서 금속 전 충을 몇 개의 구간으로 나눈다 : 이들 구간 각각의 길이는 어느 경우에도 300 mm를 넘지 않고 60 mm보다 작지 않아야 하며, 구간의 수는 가능한 한 적어야 한다. 둘 이상의 구간을 포함하는 금속 전충은 예외적인 것으로 남아있어야 하며 용접 검사자의 허가를 받아야 한다. ② 다음의 구 간으로 진행하기 전에 각 구간에 필요한 모든 층을 전충한다. ③ 연마를 이용하여 이전 구간의 비드 시점을 완전히 제거할 때까지 새로운 구간을 시작하지 않는다.

2) 긴 금속 전충의 형성 : ① 첫 번째 구간을 전충한다 : 전충 방향을 따르면서, 열차방향에 따른 궤 도구간 위쪽으로, ② 두 번째 구간을 전충한다 : 비드 층의 방향을 바꾸어서 열차방향에 따른 궤 도구간 아래쪽으로.

(다) 금속 전충으로 산출된 주행표면의 볼록부에 관련된 열차통과의 조건(초벌 연마 이전)

1) 열차의 운행금지가 없이 시행하는 작업 : ① 작업을 하고 있는 궤도에 대한 속도는 170 km/h 이하로 제한된다. ② 170 km/h 이하의 속도에서 다음의 작업 요구 조건을 적용할 수 있다. ⓐ

초벌 연마는 열차의 통과를 허용하도록 금속 전충 이후에 수행하여야 한다. ⓑ 초벌연마를 하지 않은 금속 전충의 통과가 예외적임을 궤도관리자가 권한을 준 현장조직이 보증하는 경우에만 용접 작업을 수행할 수 있다.

2) 열차운행을 금지하고 시행하는 작업 : 모든 금속 전충에 대하여 초벌 연마를 수행하여야 한다.

(5) 초벌 연마

(가) 연마 이유

초벌 연마는 레일두부 모서리를 포함하여 주행표면에 관한 전충물의 초과두께가 0.5 mm를 넘지 않는 값으로 줄이는 것으로 이루어진다. 따라서 그것은 마무리 연마까지 열차에 기인하는 충격의 동적 영향을 궤도재료의 정확한 거동에 양립할 수 있는 값으로 제한한다. 냉각의 완료 후에 정확한 마무리 연마에 알맞은 여유가 남아있도록, 초과두께가 0.3 mm 이하로 떨어지지 않도록 한다.

(나) 연마 시기와 방법

금속 전충 후에 즉시 면(面) 휠이나 접선 연마기를 사용하여 초벌연마를 시행한다. 양쪽에 대한 일부의 연마를 피하도록 특히 주의한다. 양쪽으로 적어도 10 cm를 더하여 금속 전충물에 걸치는 가장 짧은 자와 필러 게이지를 사용하여 초과두께를 점검한다. 아크 용접 현장의 열차통과 조건을 고려하면서 작업을 정한다.

(6) 마무리 연마

(가) 연마 이유

마무리 연마는 보수 후에 레일 두부의 최종 단면을 회복하는 것으로 이루어진다. 이 작업의 완료시 금속 전충물은 양쪽의 부분에 관하여 굽어진 표면을 포함하여 전체 폭과 길이에 걸쳐 0과 0.2 mm 사이의 초과두께 e를 가져야 한다.

(나) 연마시기와 방법

원칙적으로 금속을 전충한 다음 날 몇 회의 영업열차가 통과한 후에, 식은 압연 레일에 대하여 표면 휠 그라인더를 사용하여 마무리 연마를 수행한다. 어떤 현장 조직과의 일치를 위하여, 금속 전충후 많아야 5일 이내에 수행된다는 조건으로 이 작업을 연기할 수 있다. 양쪽에 대한 일부를 연마하지 않도록 특히 주의한다. 필러 게이지 및 금속 전충부와 양쪽에 대하여 적어도 10 cm를 더한 부분을 커버하는 가장 짧은 자를 사용하여 초과두께를 점검한다.

(다) 점검 동안 자의 위치

마무리 연마를 점검할 때는 다음과 같이 위치시킨다. ① 종 방향으로 : 자를 전충물의 중앙에 위치시켜야 한다. ② 횡 방향으로 : 자를 그림 3.37에 나타난 지점에 차례로 위치시켜야 한다.

(7) 용접자의 표시

다음에 의한다. ① 아크 용접에 의한 모든 레일 수리작업은 작업을 수행한 용접자를 표시하여야 한다.

② 검정훈련이 종료되고 검증의 수여 후에 각 용접자에 대한 마크가 할당된다. ③ 표시는 작업을 수행한 날짜와 함께 이 마크를 표시하는 것으로 이루어진다. 이것이 작업자 추정의 원리이다. ④ 높이 8, 또는 10 mm의 스탬프 펀치를 사용하여 작업을 한 달의 숫자, 작업을 한 해의 마지막 두자리 숫자, 용접자 마크{2 글자(지방 식별), 2 숫자(인력 펀치 번호)} 등의 순서로 구성되는 표시를 한다. ⑤ 이 마크를 표시한다 : 금속 전충의 레벨로 가이드 쪽의 맞은 편 레일두부의 쪽에 표시한다. ⑥ 수행한 작업에 잔류 손상이 있는 경우에는 끌로 표시를 삭제한다.

그림 3.37 마무리 연마 점검 시 자의 횡 방향 위치

3.5.8 자갈 자국

자갈 자국의 분류 기준은 그림 3.38, 처리 방법은 표 3.23에 따른다.

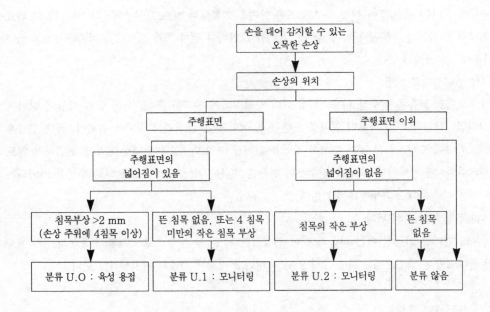

그림 3.38 자갈자국의 분류 기준과 처리방법

표 3.23 자갈자국의 처리방법

작업 1 (D 일) : 뜬 침목의 고정과 육성 용접 초벌 연마	
용접자	선로원
	① U.0 분류의 확인 ② 관찰된 평균 캔트에 따라 캔트 자를 이용하여 양쪽의 8 침목에 대한 면 틀림 점검 ③ 뜬 침목의 정정 (작업금지 기간을 벗어나서)
④ 0.50 m 자를 사용하여 육성 용접 길이의 결정 　(오목 부에 따라 결정된) 최소 길이 12 cm	
	⑤ 손상 양쪽 8 침목의 이완 　- 체결장치의 해체 　- 손상의 양쪽에 대한 레일 패드의 제거
⑥ 사전 연마 　- 염색침투 시험으로 어떠한 균열이라도 점검 　- 350~400 ℃로 예열	
⑦ 육성 용접 　- 초벌 연마 : 0.5 m 자로 재어서 0.2와 0.3 mm 사이의 잔류 초과 두께 　- 스탬핑(용접자 표시)	
	⑧ 냉각 후(레일에 손을 대어 점검) 설비의 재 설치와 염색침투 시험
작업 2 (D+1 일) : 미세 연마와 뜬 침목의 고정	
용접자	선로원
	① 침목 부상 조사 : 필요시 면 맞춤 점검 ② 필요시 뜬 침목의 정정
③ 미세 연마(0~0.05 mm 사이의 오차) 자 X　　X 레일 $0 \le X \le 0.05$ mm 　- 육성 용접부는 평면이어야 한다. ④ 염색침투 시험(균열탐지)	

3.6 테르밋 용접

3.6.1 테르밋 용접의 기술과 사용 제한

(1) 원리

레일 용접의 테르밋 프로세스는 알루미늄에 의한 산화철 환원의 높은 발열 반응을 이용한다. 처리하려는 레일에 유사한 특성을 갖는 강이 얻어지도록 합금 작용제(합금철)를 가해진 알루미늄 분말과 산화철의 혼합물은 차지(투입량)로서 알려진 것을 구성한다. 투입량의 점화 후에 도가니에서 생기는 반응으로 만들어지는 강과 알루미늄 산화물(알루미나, 또는 강옥)은 방출된 다량의 열에 의하여 용융된다. 강(7.80)과 알루미나(3.97) 비중의 차이 때문에 후자는 수 초 후에 강의 표면에 부유한다. 그 다음에 찬찬히 붓기에 의하여 두 요소가 분리된다. 혼합물은 용접하려는 레일 단부 주위의 몰드 안에서 주조된다. 고온 용강의 열(주조 흐름의 온도는 2,000 ℃에서 약간 아래에 있다)은 레일 단부를 녹이며 채움과 모재의 균질한 혼합물의 형성으로 귀착된다. 레일을 연결하는 이 혼합물은 완전히 냉각한 후에 응고된다. 테르밋 용접 프로세스는 Boutet 프로세스와 Delachaux 프로세스가 있으며 현재 후자가 이용되고 있다.

(2) 사용 분야

테르밋 용접은 모든 유형의 동일한 단면을 가진 모든 종류의 레일 용접에 사용할 수 있다. 다른 단면을 가진 레일들을 용접(중계레일 용접)하는 경우에는 "① 두 단면간의 최대 높이 차이 : 25 mm, ② 횡단면적의 비율(큰 단면의 면적으로 나눈 작은 단면의 면적) : 0.8~1" 등의 한계를 준수하여야 한다.

용접하려는 단면이 상기에 주어진 한계에 따르지 않는 경우에는 중간 단면의 레일을 사용하여야 한다. 궤도에서 중계레일의 용접은 제3.1.4항에 명시된 경우에만 허용된다. 테르밋 용접은 레일 응력 상태(인장)의 결과로서 양 쪽의 레일 수축에 기인하는 금속의 외견상 부족의 정정용으로 사용하여서는 안된다.

(3) 사용의 규칙

일반적으로 사용하는 용접유형은 제한된 짧은 시간의 예열 용접(LP)이다. 이 유형의 용접은 더 단순하고 저렴한 장치와 긴 시간의 예열 용접(AP)보다 더 짧은 설치시간을 필요로 한다. 그러나, 긴 시간의 예열 용접은 짧은 시간의 예열 용접장치를 이용할 수 없는 경우에 사용하여야 한다. 110급 합금강 레일은 야금 상의 이유 때문에 긴 시간의 예열 용접 프로세스로 용접하여야 한다(110급 레일이 70급, 또는 90급 레일에 용접되고 있을 때조차). 90급 투입량(charges)은 70급과 90급 레일의 용접에 사용하여야 한다. 110급 투입량은 110급 합금강 레일의 용접에 사용하여야 한다(110급 레일이 70급 또는 90급 레일에 용접되고 있을 때조차).

(4) 용접 사용의 제한 사항

용접 채움 금속이 용접하려는 레일의 강 등급에 항상 조화되는 것은 말할 필요도 없으며, 강 등급에 개의치 않고 같은 단면을 가지는 레일들의 용접에 관련되는 기술적 제한이 없다. 용접하려는 레일 단부의 2 m 이내에 ① 최근의 초음파 탐상 동안 검출된 내부손상, ② 또는, 최소 분류 O[1]로 귀착되는 눈에 보이는 손상 등이 존재하는 경우에는 테르밋 용접이 금지된다. 장대레일에서 레일의 수축으로 생기는 금속의 분명한 부족을 보충하는 일에 테르밋 용접을 사용하지 않아야 한다. 연속한 두 용접부(전기, 테르

---

[1] 테르밋 용접은 3개월 이내에 수리되는 것을 조건으로 하여 아크용접으로 수리할 수 있는 손상에 때때로 사용할 수 있다.

밋, 또는 전기와 테르밋)간, 또는 용접부와 레일 단부간에서는 7 m의 최소간격이 필수적이다. 그러므로, 이 규정을 준수하기 위하여 절단의 위치를 한정하여야 하며, 그것도 어떤 경우에는 고속선로에 요구된 최소 10 m 길이를 상당히 넘는 레일의 부설로 이끌 수 있다.

3.6.2 테르밋 용접에 의한 용접부의 교체

(1) 손상된 용접부의 수리

손상된 용접부(전기, 또는 테르밋)는 가능할 때는 언제나 단일 테르밋 용접으로 교체하여 수리한다. 손상이나 (몰드의 정확한 설치를 방해할 수 있는) 남아있는 오래된 테두리를 완전히 제거하기 위해서는 금속의 양에 따라 ① 보통의 틈을 가진 용접을 이용하든지, ② 궤도에 마련하려는 금속의 양이 보통의 틈을 가진 용접의 가능성을 초과할 때는 넓은 틈의 값을 가진 용접을 이용하여 수리하여야 한다.

(2) 넓은 틈 용접의 사용

단일 테르밋 용접으로 용접부(전기, 또는 테르밋 용접)를 수리할 때에 채울 수 있는 최대 틈은 제조자가 명시한 공차만큼 증가된 현재 용인된 가장 넓은 용접의 공칭 틈과 같아야 한다.[1] 상기에 나타낸 수리 이외의 경우에, 궤도에서 작업하는 동안 넓은 틈의 용접이 어떤 길이의 레일을 부설할 필요를 제거하는 것이 분명할 때는 넓은 틈의 용접을 사용할 수 있다. 지방 반장은 수리 용접부에 손상이 있는 경우에 그 수리가 어떤 길이의 레일부설을 포함할 필요가 있을 것임을 기억하여야 한다.

3.6.3 용접 시의 날씨 조건

(1) 우천 시의 용접

우천 시의 용접은 용접부의 손상 및 작업현장의 용접 기술자와 직원에 대한 위험(백열(白熱) 물질의 방사)으로 귀착될 수 있다. 이 이유 때문에 절대적으로 필요(필수의 공정, 열화된 경우의 수리)한 경우가 아니라면 우천 시에는 테르밋 용접을 피하여야 한다. 이들의 권고에도 불구하고 곤란한 날씨 조건(예를 들어, 간헐적인 비)에서 작업이 필요한 경우에 용접기술자는 다음의 규정을 준수하여야 한다. "① 용해하기 전 : 습기에 대하여 몰드, 도가니 및 산화 알루미늄(鋼玉) 트레이를 건조시킨다. ② 반응하는 동안과 용해 후 : 용융물(강, 산화 알루미늄)이 모든 그 외 습한 물질(진흙, 모래 등)의 물, 눈과 접촉하는 것을 방지한다. 산화 알루미늄 트레이는 알루미늄이 완전히 응고한 후에만 이동시켜야 한다." 즉, 그러한 조건에서 용접하는 것이 필요한 경우에는 용접 작용제와 작업현장의 효과적인 보호(특히, 슬래그 용기)를 이행하는 것이 본질적이다. 효과적인 보호를 마련할 수 없을 때(수단의 부족, 심한 강우, 폭풍우)는 용접을 착수하지 않거나 중지하여야 한다.

---

[1] 현재, 채울 수 있는 최대 틈은 70 mm(공칭 68 mm + 공차 2 mm)이다.

(2) 추운 날씨에서의 용접

낮은 온도는 용접에 대하여 다음과 같은 문제를 일으킬 수 있다. "① 야금 상의 문제 : 저온의 추운 조건은 용접으로 열의 영향을 받는 구간에서 레일 강을 무르게 한다. ② 절차상의 문제 : ⓐ 예열의 어려움 (너무 낮은 프로판 압력), ⓑ 밀폐의 어려움(반죽의 동결), ⓒ 작업자의 능률 감소" 등. 따라서, ① 합금 강, 또는 중(中) 합금강 레일(110급 레일강)은 레일온도(t)가 +5 ℃ 미만일 때, ② 기타 레일(70급 및 90급)은 레일온도(t)가 -5 ℃ 미만일 때에 용접이 금지된다. 그러한 조건 하에서 용접하는 것이 절대적으로 필요한 경우에는 ① 요구된 프로판 압력, ② 밀폐 반죽의 충분한 유연성, ③ 작업자에게 허용된 작업 시간과 도움의 증가 등을 얻기 위하여 필요한 모든 조치를 취하여야 한다.

(3) 장대레일의 용접

장대레일의 용접은 상기에 명시한 것 이외의 어떠한 요구 조건도 필요로 하지 않는다. 그러나, 용접작업에서 틈을 줄이기 위하여 유압 긴장기, 또는 가열장치의 사용을 필요로 하는 경우에는 제3.6.5항에 특별히 상술한 규정의 준수 하에서만 사용하여야 한다.

3.6.4 용접의 사용준비 및 용접부의 외관과 선형

(1) 용접의 사용준비

용접은 ① 구멍, 주조 손상, 피해 등과 같은 용해 지역에서 레일 답면의 불연속, ② 산화 알루미늄이나 모래의 함유, 수축 균열 등과 같은 주요한 손상, ③ 두부(boss)의 변형, ④ 레일의 단차, ⑤ 몰드의 단차 등과 같은 어떠한 손상도 나타내어서는 안 된다. 있음직한 손상은 그 크기를 평가하기 위하여 조사를 하고 닦아낸다. 용접의 품질에 의심이 가는 경우에는 가능한 한 재빠르게 교체하여야 한다. 용접 작업 동안 부수 사고나 이상으로 인하여 수행된 작업의 품질에 대해 용접기술자에게 의심이 생기게 하는 경우에는 검사 표시를 하고 ① 분소장과 ② 용접반장 등의 관련자에게 통지하여야 한다. 분소장은 구멍을 뚫지 않고 가능한 한 짧은 시간에 용접 결함부분에 이음매판을 대는 절차를 밟을 것이다. 이 절차는 10년 이내에 용접부의 교체를 필요로 한다.

(2) 용접부의 외관 : 기하구조의 점검
(가) 목적

기하구조의 점검은 조정과 마무리 연마의 품질을 확인하는 데에 목적이 있다. 기하구조의 점검은 1 m 자와 한 세트의 기계적 게이지를 이용하여 수행한다. 점검은 레일두부의 똑바르기(직진도 : 평면과 종단선형)와 종단선형의 기울기를 검사하는 것에 목적을 둔다.

(나) 평면에서 방향(라이닝)의 점검

이 점검은 그림 3.39에 나타낸 것처럼 레일두부의 궤간 쪽 측면에 대하여 수행하며, 값 "D_1"과 "D_2"의 값은 "D_1" ≤ 0.5 mm, "D_2" ≤ 1.0 mm의 한계 이내에 있어야 한다.

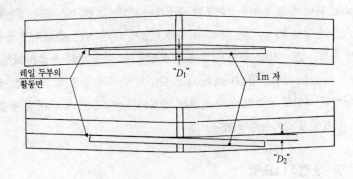

그림 3.39 용접부의 라이닝(줄, 방향) 점검

(다) 종단선형 점검

용접부는 오목하여서는 결코 안 된다. 그림 3.40에 나타낸 것처럼 측정하며, 지점 "D_3"의 값은 "D_3" ≤0.4 mm의 한계[1] 이내에 있어야 한다. 기울기에 대하여는 레일두부가 정렬된 상태에서 모든 있음직한 레일 저부의 단차가 레일의 종단선형 차이로부터 생기는 것들보다 크지 않음을 점검하라.

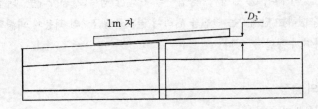

그림 3.40 용접부의 레벨링(면, 고저) 점검

(3) 선형의 양상 : 테르밋 용접에 관련된 특별지침

용접 축의 레일 답면에서 측정한 레일두부의 외부온도가 350°C 미만일 때만 용접부를 사용(열차의 주행, 또는 레일을 응력 해방하거나 교체할 때 유압긴장기의 사용을 통한 인장)하여야 한다. 게다가, 초벌 연마(허용오차 < 0.5 mm)를 하지 않았을 경우에는 열차의 운행을 허가하지 않아야 한다. 마무리 연마는 레일이 냉각되고 레일에 걸쳐 1회의 중량 열차가 통과한 후에만 수행하여야 한다. 350 ℃의 온도

---

[1] 이들 값은 새 레일, 또는 레일 단부를 다시 절단하고 아크 용접으로 육성 용접된 재사용 레일을 용접할 때 필수적이다. 이들 값은 레일 단부를 다시 절단하거나 육성 용접하지 않은 재사용 레일에 대하여 시행한 용접부를 검사할 때 적용할 수 있다. 후자의 경우와 용접부가 본선에 위치할 때에 (몇 개의 용접작업을 수행함에 의하여) 적용하려는 검사표준을 결정하는 것을 권고한다.

는 보통의 날씨 조건 하에서 충전재의 점화부터 측정하여 대략 ① 합금강, 또는 중(中)합금강의 레일에 대한 일반 예열(AP) 용접 : 40~45분, ② 기타 강의 레일에 대한 일반 예열(AP) 용접 : 30~35분, ③ 제한된 예열(LP) 용접 : 25~30분 등의 시간 후에 도달된다. 이들 강의 용접은 레일 복부의 양각 표시로 확인된다(제3.1.1(4)항 참조). 용접하려는 레일 단부의 준비와 조정 및 350 ℃ 냉각 시간을 포함하는 표준 레일의 제한된 예열형 용접의 실시 시간은 45분이다. 이 값은 일반 예열 용접과 분기기의 연결 용접에 대하여 약 15분만큼 증가시켜야 한다.

3.6.5 테르밋 용접의 요령

(1) 용접의 단계

테르밋 용접(LP형)의 실시에는 다음과 같은 2단계가 있다. 용접 시의 대기 조건에 관련된 특별한 양상은 제3.6.3항을 참조한다.

- 단계 1(본연의 용접) : ① 용접하려는 이음부의 준비, ② 몰드의 설치와 밀폐, 예열, 주조, ③ 주조 후 작업, ④ 냉각 → 단계 1은 단일의 열차운행 금지기간 내에 완료하여야 한다. 이 금지의 지속기간은 용접자가 작업을 하기 위하여 대략 45분(①과 ② 작업에 대하여 20분, ③과 ④ 작업에 대하여 25분)의 시간을 이용할 수 있기에 충분하여야 한다.

- 단계 2(완성) : ① 마무리, ② 검사 → 용접부의 완전한 냉각(가능하다면, 다음 날)과 적어도 2 열차의 통과 후에 수행하는 단계 2는 안전을 위하여 열차운행금지의 적용이 바람직할지라도 시각에 의한 경계보호를 하며 수행할 수 있다.

(2) 단계1 : 본연의 용접

(가) 용접하려는 이음부의 준비

이음부의 준비는 침목 간격의 조정과 도상의 하부굴착에 더하여 레일단면의 검사, 레일 끝의 잘라내기, 청소와 필요시 깔쭉깔쭉함(후로우)의 제거 및 용접 틈과 용접하려는 이음부 선형의 조정을 포함한다.

- 레일 단부의 검사 : 용접하려는 레일 단부 조건의 조치를 적용한다. 특별한 조치를 필요로 하는 특정한 상황은 그들에 대한 준비를 하지 않은 경우에 현장조직을 중단시킬 수 있다.

- 용접 틈 조정의 두 부류 : ① 표준의 틈 25±2 mm, ② 넓은 틈 68±2 mm. 용접 틈은 상기의 공차 이내에 있어야 하며, 용접될 때까지 그 틈을 유지하여야 한다. ① 너무 작은 틈은 레일 단부의 열등한 융해와 빠른 파손(접착)의 위험으로 귀착된다. ② 너무 넓은 틈은 주행표면에 대한 금속의 부족과 용접부의 파이프(균열)로 귀착된다. 유압긴장기와 가열 장비 사용지침의 준수는 이 틈의 안정성에서 중요한 요소이다.

- 선형 조정 : 용접자와 용접 보조자(궤도 보수반의 특별히 훈련된 직원)가 수행한 이 조정은 1/10 mm 정도의 정밀성을 필요로 하며, 마무리된 용접부의 선형품질을 얻기 위하여 중요한 요소이다.

용접 보조자의 능력은 이 작업에서 기본적으로 중요하다. 열등하게 조정된 용접부는 조정틀림이 작은 경우에만 연마하여 정정할 수 있다.

(나) 몰드의 설치 및 밀폐, 예열, 주조

1) 몰드의 설치와 밀폐 : 몰드는 용접자와 용접보조자가 설치하며, 용접 틈에 관하여 정확하게 중심을 맞추어야 한다(공차 ≤ 1 mm). 중심 맞추기의 틀림은 접합에 의한 파단의 위험을 초래한다.

2) 예열 : ① 예열의 목적은 ⓐ 레일/몰드/밀폐 반죽 전체의 건조, ⓑ 레일 단부의 용해에 필요한 열의 일부를 마련(불충분한 가열은 접합에 의한 파단의 위험을 초래한다) 등이다. ② ⓐ 버너의 조건과 위치 정하기, ⓑ 지속시간 : 5분, ⓒ 프로판 압력 : 3 바(±0.5 바) 등의 인자는 예열의 품질을 결정한다. 범위(2.5~3.5 바)를 벗어난 프로판 압력이 5분의 예열 시간 동안 관찰되는 경우에는(그 원인이 무엇이든지 간에) 몰드를 교체하고 반복된 예열을 완료하여야 한다.

3) 반응과 주조 : 반응은 자동 태핑(주입) 씌움 고리로 막고 캔버스로 씌운 내화재의 도가니에서 테르밋 용재의 점화로 시작된다. 도가니는 주기적으로 깨끗이 하고 사용하기 전에 오븐을 건조시키며, 주조 축이 몰드 축에 일치하도록 위치시켜야 한다. 열등한 유지, 오븐 건조의 부족, 도가니의 부정확한 위치설정은 용접 손상(기공, 접착, 슬래그 함유)의 원인이 될 수 있다. 도가니의 태핑(따름) 시간(용재의 점화부터 주조의 시작까지의 시간)은 14~25초의 범위 내에 있어야 한다. 이 범위를 벗어난 태핑은 다음과 같은 손상의 원인이 될 수 있다. ① 시기상조의 태핑 : ⓐ 완성되지 않은 반응 → 기공, 슬래그 함유, ⓑ 가만히 따르지 않은 금속의 주조 → 일반적으로 눈에 보이는 손상, ② 늦은 태핑 : 너무 냉각된 금속의 주조 → 주조 동안 흐름정지의 위험, 저온에서 닫힘의 존재, 접착에 의한 파단의 높은 위험

(다) 주조 후의 작업

1) 슬래그 용기의 제거 : 용접자가 수행하기에 위험한 작업이다. 습기가 있는 산화 알루미늄의 접촉은 폭발성이다.

2) 상부의 제거(공급헤드) : 금속의 응결에 따라 주조 후 3분과 7분 사이에 행한다. ① 너무 빠를 경우 = 누출의 위험, ② 너무 늦을 경우 = 덧살 제거의 어려움(금속이 너무 냉각).

3) 덧살 제거 : "① 몰드를 제거하고 청소 직후에 공급 헤드, ② 몰드의 나머지 철거 후에 돌출부" 등의 두 단계로 수행한다. 몰드를 제거하지 않은 용접부의 덧살 제거는 금지된다(용접부에 모래의 함유, 누출의 위험).

4) 초벌 연마 : 덧살을 제거한 후에 고온에서 실시한다. 이 작업은 주행표면과 안내표면에 대하여 초과금속 두께를 0.5 mm 이하의 값으로 줄이는 것이다. 이 작업은 열차가 통과하기 전에 완료하여야 한다. 주의사항 : 덧살만 제거한 상태의 용접부를 열차가 통과하는 것은 금지된다. 용접부와 궤도설비의 심한 기능 저하 및 차량 타이어에 대하여 상당한 피해의 위험이 있다.

(라) 냉각

이 단계에서는 바로 전에 주조한 금속이 충분한 강도를 얻지 못하는 동안, 즉 충분히 냉각되지 않는

한, '① 용접 선형의 저하(단면의 처짐), ② 용융 부위의 고온균열 발생'을 피하기 위하여 어떠한 강한 인장이나 휨 응력을 가하지 않는 것이 필수적이다.

(마) 필수적인 준수 사항

- 조정하는 동안에 설치한 쐐기를 철거하고 침목을 다시 고정하기 위하여 주조 후에 최소 15분의 시간이 필요하다.

- 사용을 개시하기 전에, 용접부가 충분히 냉각($t \leq 350$ ℃)될 수 있도록 주조 후에 대략 25분의 시간이 필요하다. ① 사용 개시 = 다음 세 경우 중 첫 번째 : ⓐ 재가열기, 또는 유압 긴장기의 철거에서 생기는 테르밋 용접부의 수축(traction), ⓑ 유압긴장기와 함께 테르밋 용접부의 수축, ⓒ 열차의 통과, ② 시기 상조의 사용개시 : ⓐ 용융 부위의 고열균열에 의한 파단의 위험, ⓑ 용접부 선형의 저하에 기인하는 빈번한 레벨링 정정.

(바) 절차의 변칙

용접을 할 때 절차상의 사고(불충분한 예열, 틈, 공차를 벗어난 태핑, 누출, 시기상조의 사용 개시 등)는 용접자가 용접 결함을 보고하고, 용접자의 스탬프 표시를 지우게 할 수 있다. 결점이 있는 용접은 항상 짧은 기간 내에 파단의 높은 위험을 가진다. 따라서, 그러한 상황이 보고되었을 때는 '① 궤도 현장 관리자는 가능한 한 빨리 용접부에 이음매판을 설치하고, ② 분소장은 10 일 이내의 교체를 준비하는' 등의 조치를 취하여야 한다.

(3) 단계 2 : 완성

(가) 마무리

마무리는 ① 마무리 연마, ② 용접부를 육안으로 검사할 수 있도록 저부 아래를 포함하는 용접부의 철저한 청소, ③ 용접 날짜와 용접자 확인번호를 나타낸 스탬프 확인 표시 등의 작업을 포함한다. 높은 정밀도(1/10 mm 정도)가 필요한 마무리 연마 작업은 용접 이음부가 최종 선형에서 안정화되도록 냉각된 용접부, 그리고 적어도 2 회의 무거운 열차 통과 후(가급적이면 주조 다음 날)에 수행하여야 한다. 야간에 용접을 한 경우에는 필요로 하는 정밀도를 얻도록 마무리 연마를 낮 동안에 수행하는 것이 권고된다. 더울 때의 마무리 연마는 그 후에 궤도의 레벨링 문제로 이끄는 용접부 선형 변화의 위험이 있다.

(나) 검사

1) 개요 : 모든 용접부는 용접자가 검사하여야 하며, 이 검사에는 ① 하도급자가 작업한 각 용접부의 승인 검사, ② 용접자가 행한 작업에 대하여 용접반장이나 분소장이 수행하는 샘플링 검사가 추가된다.

2) 절차 : 검사는 용접부의 외관과 선형에 관련된다. ① 육안 검사 : 용해 영역과 그 중간 근접부(저부 아래 포함)의 눈에 보이는 손상을 검출한다. ⓐ 체계적인 제거를 필요로 하는 손상 : 용접부의 미세 균열, 균열과 파이프, 레일 두부의 금속 부족, 저부 플랜지 전체를 포함하지 않은 용접, ⓑ 손상의 크기와 위치에 따라 제거를 필요로 할 수도 있는 손상(용접전문가가 결정) : 기공과 구멍, 모래, 또는 슬래그 함유, 용접부 직각틀림, 또는 뒤틀림, 양쪽 레일의 타박상, 기타, ②

선형 검사 : 이 검사는 1 m 자와 한 세트의 필러 게이지를 사용하여 레일의 주행표면(종단선형)과 안내표면(라이닝)에 대하여 수행한다.

3) 주의 : 선형 검사는 철저히 수행하여야 한다. 공차를 벗어난 용접은 나중에 레벨링의 문제, 또는 뒤틀림의 위험을 초래한다.

(4) 요점

상기에서는 현장에서 테르밋 용접을 함에 있어 상대적인 복잡성을 암시하였다. 이는 철저함과 정밀성을 필요로 하며 불안정한 환경이나 즉석의 시행(improvisation)에 대하여 낮은 공차를 갖는다. 용접자의 과업은 쉽지 않다. 용접자에게는 적합한 현장조직을 통하여 그의 계약을 완수할 수단이 주어져야 한다. "① 용접을 실시하는 시간을 포함하여 사용을 개시하기 전에 350 ℃로 냉각할 수 있게 하는 대략 45분의 작업시간, ② 유능하고 이용할 수 있는 조력자(help), ③ 대기 조건에 관련된 권고 사항의 준수, ④ 용접과 마무리 연마간의 충분한 기간" 등의 조건이 충족되는 경우에만, 정해진 품질목표를 달성할 수 있다.

3.7 초음파 탐상

3.7.1 초음파 탐상의 기술

(1) 초음파 탐상의 원리

초음파는 음향과 같은 유형이지만 인간의 청각 한계보다 더 높은 주파수의 진동으로 구성된다. 연속한 매체에서 직선의 파형 전파는 파형이 쉽게 전파되는 두 매체간의 인터페이스(예를 들어, 강(鋼), 물)에서 굴절되며 파형이 겨우 전파되는 매체의 인터페이스(예를 들어, 공기)에서 반사된다. 어떠한 내부 손상도 초음파의 전파를 방해하는 불연속의 성질을 갖고 있다. 이들의 불연속이 본질적으로 평면일 때, 검출하려는 손상의 유형에 특별히 적용된 각도로 그들의 반사 성질을 이용하는 압전기(壓電氣) 변환기를 사용하여 손상을 검출할 수 있다. 손상의 존재에 기인하는 초음파의 전파에서 차단을 사용하는 것이 가능하다(에코소멸 모드). 압전기 변환기는 전기펄스를 초음파로 변환하며 그 역도 마찬가지이다. 물론, 이들 방법은 파형의 전파가 다른 요인으로 교란되지 않을 때만 유효하다. 초음파는 접촉액체(물, 기름, 그리스 등)에 의하여 탐촉자와 레일간에서 전달된다. 변환기는 레일의 표면에 걸쳐 유지와 이동이 용이하도록 설계된 탐촉자라 부르는 유니트 안에 설치된다. 탐촉자는 초음파 장치에 전기적으로 연결되며, "① 송신 변환기에서 진동을 일으키도록 설계된, 전기클릭으로 제어되는 전기펄스 발생기, ② 수신 변환기로 수신한 펄스를 증폭하고 형성하도록 설계된 수신기, ③ 조작자에게 시험을 분명하게 표현하도록 설계된 디스플레이 시스템(음극선 튜브, 발광다이오드)" 등으로 구성된다.

(2) 파형 전파

초음파 파형은 균질한 매체에서 직선으로 전파된다. 레일의 초음파 탐상은 ① 재료의 진동 방향이 파형 전파의 방향과 평행한 종파(L), ② 재료의 진동 방향이 파형 전파의 방향에 직각인 횡파(T) 등 두 가지 유형의 파형을 이용한다. 레일 강에서 종파(L)의 속도는 5,850 m/s이며, 횡파(T)의 속도는 3,230 m/s이다.

3.7.2 탐상차를 이용한 탐상

(1) 탐상차를 이용한 연속 초음파 탐상 기술과 검출된 손상

탐상차는 기록장치가 설치되어 있으며 검출된 손상을 레일에 페인트를 칠하여 자동적으로 표시한다. 이들 차량의 기술적 특성, 탐상 작업 절차의 설명 및 차량이 통과할 때 지역본부의 역할을 이하에 기술한다. 탐상차의 연속 초음파 탐상은 검출된 손상의 개별적인 초음파 탐상이 항상 뒤따라야 한다. 후자는 탐상차에 의한 검출 일로부터 최대 3 작업일 이내에 지역본부 탐상 작업으로 현장에서 수행하여야 한다. 이 개별적인 탐상으로 확인할 수 있는 손상의 리스트와 지역본부 운영자가 나타내어야만 하는 손상의 종류는 제3.7.4항에서 예시한다.

(2) 연속 초음파 탐상차

(가) 기술 특성

1) 모니터링 시스템 : ① 터널에서의 손상을 제외하고 검출된 손상 위치에서 차량을 정거함이 없이 연속 탐상, ② 손상의 위치에서 레일에 자동적으로 황색 페인트를 뿌림, ③ 검출된 손상의 위치와 본질을 나타내는 컴퓨터화된 모니터링 보고서의 프린팅

2) 모니터링 주행간에서의 통과 속도 : 운반기의 중앙부를 올린 상태에서 120 km/h

(나) 탐상차의 순회 동안 지역본부의 역할

지역본부는 순회 시에 모든 모니터링 주행에 이용할 수 있는 다음의 직원을 배치하여야 한다.

1) 다음의 기능을 수행하기에 충분한 능력이 있는 지역본부 동반 직원 : ① 탐상차 통제자에게 탐상하려는 구간의 리스트를 인계한다. ② 수립된 이동과 모니터링 프로그램의 수행을 점검한다. ③ 지역본부 초음파 탐상 운영자와 지역본부에 탐상차 모니터링 보고서를 전달한다. ④ 긴급한 안전 조치를 필요로 하는 손상위치에서 탐상차가 정거하는 경우에는 명시된 안전조치를 취한다. ⑤ 접촉 물, 디젤 연료, 표시 페인트 및 필요시 작은 설비항목을 공급한다. ⑥ "ⓐ 공공도로에 쉽게 접근하고, 가능하다면 소음지역에서 멀리 떨어진 충분한 길이의 측선, ⓑ 220 V 단상 32 A 전기 접속구, ⓒ 표준 연결기가 설치된 물 공급 접속구와 0.5 l/s 이상의 흐름속도" 등으로 이루어지는 야간과 주말 개시 지점의 선택, ⑦ 순회 시에 다음 지역본부와의 조정.

2) 지역본부 탐상차 운영자 : 이 운영자는 다음의 직무를 가진다. ① 탐상차 통제자가 발행한 지침서에 따라 주초에 탐상차를 준비한다. ② 위치에 관련된 "ⓐ 탐상차에 대하여 궤도의 특별한 지

점의 위치 점검, ⓑ차량의 유지보수 작업에 참여, ⓒ 가열 설비의 모니터링, ⓓ 관내에서 탐상차에 동승 및 필요시 지역본부간 통과주행에 동승" 등의 작업을 수행한다.

3) 지역본부의 초음파 탐상 운영자는 탐상차가 검출한 손상에 대해 명시된 시간한계 이내에 개별적인 초음파 탐상을 수행할 책임이 있다.

3.7.3 경량기계를 이용한 탐상

(1) 경량기계를 이용한 초음파 탐상 기술과 검출된 결함

다음의 2 기계(첫 번째 것은 포터블이며, 두 번째 것은 궤도에서 들어낼 수 있다)는 지역본부 초음파 탐상 운영자가 보행속도로 움직인다. ① 모니터링 로드는 한 레일의 연속 탐상에 사용한다. ② 2 레일 모니터링 트롤리는 양쪽 레일에 대하여 연속된 동시의 탐상에 사용한다. 이들은 손상의 위치를 알려주는 소리 알람과 경고등이 설치되어 있다. 기술, 사용에 승인된 장비와 탐상 작업의 절차는 다음의 (2), (3)항에서 설명한다. 운영자는 알람이 울릴 때는 언제나 제3.7.4항에 따라 손상의 개별적인 탐상을 즉시 수행하여야 한다.

(2) 2-레일 모니터링 트롤리를 사용하는 연속 초음파 탐상 기술

(가) 사용 장비

1) 2-레일 트롤리 : 이 트롤리는 "① 차대 : ⓐ 1, 5 l 물탱크 : 2, ⓑ 12 V 배터리 : 1, ② 초음파 발생기 : 1, ③ C4V 4채널 전자 스위치 : 1, ④ 탐촉자 홀더 슈 : 2, ⑤ 3중(경사 : 70°, 수직 : 0°, 경사 : 70°) 탐촉차 : 2, ⑥ 개별적인 초음파 탐상을 위한 인력 2중(수직-경사) 탐촉자 : 1" 등으로 구성되어 있으며, 2-레일 트롤리의 중량은 정상작업상태에서 60 daN이다.

2) 접촉 : ① 2-레일 트롤리 자체에 대하여 : 비동결기—보통의 물, 동결기—변성 알코올이 추가된 물(부동액의 사용은 금지된다). ② 개별적인 초음파 탐상 작업에 대하여는 제3.7.4항을 참조하라.

(나) 장비의 0점 조정 : 탐상에 사용되는 장비는 매일 탐상을 시작할 때 0점 조정하여야 한다. 0점 조정은 다음의 작업을 포함한다.

1) 초음파 장치의 0점 조정
   - 탐지된 강의 깊이 : ① 장치의 "distance" 선택스위치를 "100 mm" 위치로 설정한다. ② 개별적인 시험 탐촉자를 C4V 스위치에 연결하고, C4V 스위치의 채널 선택 스위치를 "manual(수동)" 위치로 설정한다. ③ 초음파 장치 스크린의 구획 6에 대한 제3 에코와 함께 플라스틱 유리 게이지 블록에서 세 개의 에코를 얻어야 한다.
   - 민감도 : 초음파 유니트의 "gain dB" 스위치를 60 dB 위치에 설정한다.
2) C4V 스위치의 0점 조정
   - 수직 탐촉자의 0점 조정 : 채널 선택스위치를 대응하는 0° 위치에 설정하면서, 트롤리의 2 레일을 연속하여 0점 조정한다. ① 동력 : 초음파 장치의 전체스크린에서 피크 백 에코를 얻기

위하여 "gain" 전위차계를 조정한다. ② 알람 선택 위치와 폭 : "position"과 "width" 전위차계를 조정하여 알람 윈도우를 송신 에코와 백 에코 사이에 위치시킨다.

- 경사 탐촉자의 0점 조정 : 트롤리의 두 레일은 채널 선택스위치를 대응하는 "70°" 위치에 설정하면서, 연속하여 0점 조정한다. ① 동력 : a) 초음파 장치의 "distance" 선택 스위치를 "250 mm" 위치에 설정한다. b) 2 레일 트롤리를 전체 구멍에 걸쳐 위치시킨다. c) 진폭이 스크린의 반 높이로부터 전체 높이까지인 구멍을 얻기 위하여 C4V 스위치 70° 채널의 "gain" 전위차계를 조정한다. d) 초음파장치의 "distance" 선택 스위치를 100 mm 위치로 되돌린다. ② 알람 선택 위치와 폭 : "position"과 "width" 전위차계를 조정하여 알람 선택기를 송신 에코와 초음파 유니트 스크린의 9 구획 사이에 위치시킨다.

(다) 절차 : ① 탐상에 앞선 0점 조정 동안 정해진 설정을 항상 사용한다. ② 정상 열차 운행의 반대방향으로 레일을 탐상한다. ③ C4V 스위치의 채널 선택스위치를 "auto" 채널로 설정한다. ④ 탐촉차 홀더 슈를 레일 위로 내리고 접촉 물이 흐르기 시작하게 한다. ⑤ 수직모드에서 양쪽 레일에 백 에코가 존재하는지 자주 점검하면서 궤도를 따라 트롤리를 민다. ⑥ 경고등과 소리 알람이 울릴 때는 언제나 정지한다. ⑦ 손상을 확인하기 위하여 C4V 스위치의 채널 선택스위치를 경고등이 켜지는 채널로 설정한다. ⑧ 제3.7.4항에 기술된 것처럼 손상의 개별적인 탐상을 수행한다.

(라) 검출된 손상의 종류 : 검출된 손상은 개별적인 초음파 탐상 후에 평가한다(제3.7.4항 참조).

(3) 모니터링 로드를 사용하는 연속 초음파 탐상 기술

(가) 공인된 장비

1) 로드 : 로드는 ① 3중 탐촉자-홀더 슈 : 1, ② 물병이 달린 로드 축 : 1, ③ BP 77 3중(경사 : 65°, 수직 : 0°, 경사 : 65°) 탐촉자 : 1, ④ 초음파 장치 : 1, ⑤ 개별적인 초음파 탐상용 수동 2중 탐촉자(수직, 경사) : 1로 구성되어 있으며, 충분히 장치된 로드의 중량은 10 daN이다.

2) 연결 액 : 상기의 (2)항을 적용한다.

(나) 장비의 0점 조정 : 탐상에 사용하는 장비는 매일 탐상을 시작할 때 0점 조정하여야 한다. 0점 조정은 다음의 작업으로 구성된다.

1) 탐촉자 감도 : ① 레일의 저부에서 얻어진 세 개의 연속 수직 탐촉자 에코가 나타나도록 기계의 "prof" 전위차계를 조정한다(제3 에코를 스크린의 대략 8 구획에 위치시킨다). ② 볼트 구멍에서 에코를 얻도록 모니터링 로드를 이동시킨다. ③ 첫 번째 백 에코의 진폭을 전체 스크린으로 설정하도록 기계의 "gain" 전위차계를 조정한다. 볼트 구멍에서 경사 탐촉차로 얻어진 에코는 그 때에 스크린의 반 높이나 전체 스크린간의 진폭을 가져야 한다.

2) 탐측된 강의 깊이 : 처음의 백 에코가 스크린의 구획 6에 가도록 기계의 "prof" 전위차계를 조정한다.

3) 알람 선택기 : ① 위치와 폭 : 알람선택기가 송신에코와 백 에코 사이에 놓이도록 "position"과 "width" 전위차계를 조정한다. ② 트라이거 분계점 : 진폭 2 구획의 에코에 대하여 알람이 울리

기 시작하도록 "threshold" 전위차계를 조정한다.

(다) 절차 : ① 탐상에 앞선 0점 조정 동안 명시된 설정을 항상 사용한다. ② 정상 열차운행의 반대방향으로 레일을 탐상한다. 로드 휠의 플랜지를 레일의 외측에 접촉하도록 위치시킨다(동력차로부터 기름이 없는 쪽). ③ 수직 모드에서 레일에 백 에코가 존재하는지를 자주 점검하면서 레일을 따라 로드를 민다. ④ 경고등과 소리 알람이 울릴 때는 언제나 정지하고 제3.7.4항에 기술한 것처럼 손상의 개별적인 탐상을 수행한다.

(라) 검출된 손상의 종류 : 검출된 손상은 개별적인 초음파 탐상 후에 평가하여야 한다. 설명은 제3.7.4항에 주어진다.

3.7.4 개별적인 초음파 탐상 기술

(1) 개별적인 초음파 탐상과 시험 기술 및 검출된 손상

조작자는 이들의 기술에서 포터블 초음파 장치나 손으로 운반할 수 있는 하나 이상의 탐촉자를 사용한다. 연속 작업으로 이미 위치를 파악한 위치나 탐상이 예정된 특별 지점에서 손상을 검출하고 확인하기 위하여 탐촉자를 레일의 표면 위에서 손으로 이동시킨다. 탐상된 레일의 부분과 검출된 손상의 본질에 대하여 각종 기술을 적용한다. 사용된 기술과 공인 장비, 탐상 작업의 절차, 검출된 손상의 본질 및 손상의 경우에 나타내야 하는 손상 종류를 이 절에서 논의한다.

(2) 연속 탐상 검출 후의 개별 초음파 탐상 기술과 검출된 손상

(가) 사용 장비 : ① CRT 디스플레이 초음파 장치, ② 디지털 디스플레이 초음파 장치, ③ 게이지 블록(플라스틱 유리 실린더, 강 블록), ④ 연결 액{물과 가용성 오일의 혼합물, 기계 오일(재생 엔진 오일)}, ⑤ 레일 주행표면 손상의 조사 도구(0.50 m 자, 필러 게이지 세트)

(나) 장비의 0점 조정 : 탐상에 사용하는 장비는 매일 탐상을 시작할 때마다 0점 조정을 해야 한다. 0점 조정은 다음의 작업을 수반한다.

1) CRT 디스플레이 초음파 장치 ① 탐촉된 강의 깊이 : 첫 번째 수직 탐촉자 에코는 플라스틱 유리 게이지 블록을 사용하여 스크린의 2 구획에서 조절하고, 세 번째 에코는 스크린의 6 구획에서 조절한다. ② 경사 탐촉자 감도 : 경사 탐촉자가 있는 블록의 구멍 C에서 얻어진 에코의 진폭을 중앙 스크린에 대하여 조절한다. ③ 수직 탐촉자 감도 : 레일의 저부에서 얻어진 수직 탐촉자 에코(백 에코)의 진폭을 전체 스크린에 대하여 조절한다.

2) 디지털 디스플레이 초음파 장치 : 경사 탐촉자가 있는 블록의 구멍 C에 대한 다이오드 점등을 얻도록 장치의 감도를 조절한다.

(다) 절차 : ① 시험할 레일의 부분에 대한 육안 검사를 수행한다. ② 필요하다면, 레일의 주행표면을 사포로 청소한 후에 연결 액을 바른다. ③ 탐상에 앞선 0점 조정 동안에 정한 장비설정을 항상 사용한다. ④ 레일 주행표면의 종 축을 따라 탐촉자를 움직이면서, 수직 및 경사 탐지를 시행하고, 이어서 축의 양

쪽에서 15 mm 간격으로 축과 평행하게 두 개의 똑바른 선을 따라간다(경사 탐상을 하는 동안, 양 탐촉자의 방향 설정을 위해 이러한 작업이 필요하다). 이러한 작업은 최소한 외따로 있는 손상의 양 측면으로부터 1 m 이상 벗어나서 수행해야 한다.

(라) 탐지된 손상의 분류 : 탐지된 손상은 다음과 같다. ① 눈에 보이지 않는 손상 : 시험 보고서에 US(초음파) 표시를 한다. ② 눈에 보이는 손상 : 시험 보고서에 V(visible) 표시를 한다.

1) 수직 탐침에 의한 탐지 : ① 최소한 CRT 디스플레이 장치의 스크린 절반보다 큰 에코 및 디지털 디스플레이 장치에서 한 개의 수직 적색 다이오드의 점등을 나타내는 수직 탐침에 대한 레일 손상을 보고한다. ② 레일 두부의 수평 균열(112와 212.1), 균열이 레일 복부 전체로 교차되었을 때, 필렛부의 수평 균열(132.1과 2, 232.1과 2), 복부 균열의 수평성분과 같은 손상은 이 방법으로 확인할 수 있다.

2) 경사 탐침에 의한 탐지 : 최소한 다음과 같은 경사 탐침에 대한 레일 손상을 보고한다. ① 레일 두부에서 진행중인 횡단 균열(111과 211) : ⓐ CTR 디스플레이 장치에서 최소한 1분할 구역에 걸쳐 움직이는 스크린 절반보다 큰 에코, ⓑ 디지털 디스플레이 장치에서 최소한 1개의 경사 적색 다이오드의 점등. ② 레일 두부의 수평 및 횡단 균열(212.2) : 결함 111 및 211과 동일한 상태. ③ 육성용접의 횡단 균열(471) : 결함 111 및 211과 동일한 상태. ④ 전기 용접부의 횡단 균열(411) : 용접면을 포함하여 용접면으로부터 +10 cm와 -10 cm 사이의 전체 구역 이내 : ⓐ CTR 디스플레이 장치에서 최소한 7.5분할 구역을 벗어나 움직이는 스크린 절반보다 큰 에코. ⓑ 디지털 디스플레이 장치에서 최소한 4개의 경사 적색 다이오드의 점등. ⑤ 테르밋 용접부의 횡단 균열(421) : ⓐ 용해된 구간을 제외하고 용접부의 중앙 평면으로부터 +10 cm와 -10 cm 사이의 구간 : 손상 411과 같은 조건. ⓑ 용해된 구간은 레일표면에서 손상이 관측될 때만 보고한다(관측 보고서에 V로 표시). ⑥ 손상 411과 421은 단독 테르밋 용접에 의해 수선이 가능하도록, 용접부의 중앙면으로부터 손상의 중앙 면(정규열차 교통방향으로, 또는 단일궤도의 킬로미터 방향으로 +n, 만일 손상이 용접부의 중앙 면에 있다면 ±0을 표시)까지 +, 또는 -n(cm)의 거리를 또한 준다.

3) 명백한 손상에 대해 취해야 할 조치

- 공전상(2251) : 이러한 통상적인 메뉴얼에 의해 요구된 초음파 시험을 하는 동안, 공전상(2251)이 탐지되고 때에 알맞게 확인되면, 손상에 의해 초음파 신호가 발생한다 하더라도 손상이 아크 용접으로 수리가 가능한지 결정할 수 있도록 지시된 규정을 적용해야 한다. 만일 아 아크 용접으로 수리가 가능하다면, 탐상 작업자는 관측 보고서의 "observation(관찰 결과)" 난에 A(arc) 표시를 하여야 한다. ① 쉘형(shelled) 공전상은 아크 용접으로 수리가 가능하고, ② 비-쉘형(non-shelled) 공전상은 주행표면 높이에서 관련된 변화에 따라 아크 용접으로 수리할 수도 있는 점에 유의한다. 또한, 레일두부 측면에서 손상이 관측된다면, 탐상 작업자는 모니터링보고서 "observation" 난에 V 표시를 하여야 한다. 손상 등급은 분소장이 정의를 해석하여 결정하도록 어떠한 경우라도 모니터링 보고서에 나타내서는 안 된다.

- 주행표면의 타박상 흠(301) : 주행표면에 타박상(301)이 있는 경우에는 특별하게 취급한다.

(3) 레일 단부에 대한 개별 초음파 시험기술과 검출된 손상(이음매 궤도의 경우)

(가) 사용장비 : ① 초음파 장치, ② 이중 탐촉자(수직/경사), ③ 게이지 블록(플라스틱 유리 실린더, 강 블록), ④ 연결 액{물과 가용성 오일의 혼합물, 기계오일(재생 엔진 오일)}

(나) 장비의 0점 조정 : 탐상에 사용하는 장비는 탐상을 시작할 때마다, 매일 0점 조정을 해야 한다. 0점 조정은 다음과 같은 작업을 수반한다.

1) 수직 탐촉자 장비의 0점 조정 : ① 탐지된 강의 깊이 : 에코가 스크린의 분할구역 6에 있고, 플라스틱 유리 게이지 블록에서 3번의 에코, ② 감도 : 스크린 전체에서 피크 백 에코

2) 경사 탐촉자 장비의 0점 조정 : ① 탐지된 강의 깊이 : 상기 1)항의 ①이 수행 된 경우에 0점 조정이 된다. ② 감도 : 강 블록의 구멍 E에서 스크린 절반 진폭의 에코

(다) 절차 : 시험할 이음매에 대하여 전체 육안검사를 실시한다. 탐상에 앞선 0점 조정 동안에 정했던 장비설정을 항상 사용한다.

1) 시험할 부분의 준비 : 필요하다면, 사포를 이용하여 레일 주행표면을 청소하고, 이어서 시험할 이음매 길이 전체에 연결 액을 바른다. 그런 다음에 경사 탐촉자와 함께 수직 탐촉자로 탐지를 실시한다.

2) 수직 탐촉자 : 레일의 종 축과 종 축의 양 쪽에서 약 15 mm 옆에 있는 2 축을 따라서 탐촉자를 움직인다. 이러한 작업으로 '① 레일두부의 수평균열(112), ② 균열이 전체 레일복부를 가로지르는 필렛부의 수평균열(132), ③ 복부균열의 수평성분' 등과 같은 손상을 탐지할 수 있다.

3) 경사 탐촉자 : 레일의 종 축과 종 축의 양 쪽에서 약 5 mm 옆에 있는 2 축을 따라서 탐촉자를 움직인다. 양 방향으로 이러한 시험을 3 회 실시한다. 이러한 작업으로 다음과 같은 손상을 검출할 수 있다.

- 볼트 구멍 균열(135) : 각 볼트구멍의 위치에서 각 탐촉자 방향에 대하여 구멍의 모점(母点)으로부터 얻어지는 에코를 관측한다. 이 에코는 구멍 위로부터 수직으로 약 60 mm에 있는 35° 경사 탐촉자의 위험 지점인 스크린의 8 분할구획 근처에서 나타난다. 탐촉자를 중앙 위치의 양 측면으로 수 cm씩 움직인다. 만일 다른 에코가 중앙 위치의 한 쪽이나 다른 쪽으로 주(主) 에코와 근접하여 나타난다면, 손상 135가 존재하는 것으로 추정한다.

- 레일복부-두부 필렛의 수평 균열 (1321) : 레일 단부와 균열로 형성된 각도에 의해 발생하는 에코를 관측한다. 손상 에코는 레일 단부로부터 약 35~40 mm에 있는 35° 경사 탐촉자의 전송 지점인 5 분할구획 근처에서 나타난다. 이 에코는 탐촉자가 외측을 향하고 있을 때에 스크린의 4.5 구획 근처에서 나타나므로 레일두부의 측면과 레일 단부, 이음매 표면(fishing surfaces)이 교차하는 곳에서 에코를 오판하지 않도록 해야 한다.

(라) 탐지된 손상 종류

1) 비접착 이음매 : 에코가 나타나는 경우에는 이음매를 제거하여 이음매에 대한 육안검사를 실시

하여야 한다. 균열의 검출은 석유나 적색 오가놀을 사용한 염색 침투 시험으로 촉진된다. 레일복부의 양 측면도 탐상하여야 한다. 내부, 외부 및 중앙균열은 LI, LE, LM으로 기록한다. 명백한 길이의 가장 크게 나타난 균열은 손상 분류법을 고려한다.

2) 접착 이음매 : 접착된 이음매를 해체하는 것이 불가능하므로, 예상되는 균열의 수와 위치를 기록한다.

(4) 테르밋 용접부에 대한 초음파 시험 기술

(가) 공인 장비 : ① 초음파 장치, ② 이중 탐촉자(수직/경사), ③ 단일 탐촉자(경사), ④ 게이지 블록(플라스틱 유리 실린더, 강 블록), ⑤ 연결 액(중형 기계 오일, 중형 재생 엔진 오일), ⑥ 부속품(피막(합성 고무), 해머, 끌)

(나) 장비의 0점 조정 : 탐상에 사용하는 장비는 탐상을 시작할 때마다, 매일 0점 조정을 해야 한다. 0점 조정은 다음과 같은 작업을 수반한다.

1) 수직 탐촉자 장비의 0점 조정 : ① 탐지된 강의 깊이 : 에코가 스크린의 분할 구역 6에 있고, 플라스틱 유리 게이지 블록에서 3번의 에코, ② 감도 : 스크린 전체에서 최고 백 에코

2) 경사 탐촉자 장비의 0점 조정 : ① 탐지된 강의 깊이 : 상기 1)의 ①항이 수행된 경우에 0점 조정이 된다. ② 감도 : ⓐ A 1191 탐촉자 : 강 게이지 블록의 구멍 E에서 전체-스크린 진폭의 에코, ⓑ A 1232A/PM 탐촉자 : 프랑스의 경우에 강 게이지 블록의 구멍 E에서 전체-스크린 진폭의 에코. 그러나, 피막을 삽입하여야 한다.

(다) 절차

1) 준비 : 필요하다면, 사포를 사용하여 용접부의 주행표면을 청소한다. 용접으로 형성된 금속 덧살을 제거하기 위해 해머와 끌을 사용하여 용접부 양 측면에서 레일 복부와 저부를 청소한다. 이러한 작업을 할 때는 레일에 손상이 가지 않도록 주의한다. 선형 브러쉬나 사포를 사용하여 청소를 완료한다. 사포를 사용한 곳에 잔존하는 미세한 손상을 제거하기 위해서는 천을 사용하여 시험할 모든 부분을 닦아낸다. 이들 부분에 연결 액을 바른다. 탐상에 앞선 0점 조정 동안에 정했던 장비 설정을 항상 사용한다.

2) 수직 탐촉자 : 레일의 종 축과 종 축의 양 쪽에서 약 15 mm 옆에 있는 2 축을 따라서 탐촉자를 움직인다.

3) 경사 탐촉자 : ① 레일부두의 경사 탐촉자 : A 1191 탐촉자를 사용한다. 레일의 종 축과 종 축의 양 쪽에서 약 15 mm 옆에 있는 2 축을 따라서 탐촉자를 움직인다. 양 방향에서 탐촉자로 이러한 시험을 3번 실시한다. ② 레일복부 및 저부의 경사 탐촉자 : 1232 A/PM 탐촉자를 사용한다. 피막과 탐촉자 사이에 연결액체를 바르고, 피막을 위치시킨다. 레일 복부-두부 필렛으로부터 기본 돌출부의 끝 부분까지 레일의 종 축과 평행하게 일정 간격으로 탐촉자를 움직인다. 용접부의 양 측면에서 이 시험을 실시한다.

(라) 시험결과의 표현 : 검출된 각 이질적인 구조는 초음파 에코의 강도를 나타내는 코드와 용접부 체적에서도 위치에 의해 확인한다. 이 코드의 사용법은 테르밋 용접 기술자료 표에 기술되어 있다.

(5) 아크 용접 수리부의 초음파 시험 기술

(가) 사용장비 : ① 초음파 장치, ② 이중(수직/경사) 탐촉자, ③ 게이지 블록(플라스틱 유리 실린더, 강 블록), ④ 연결액체{물과 가용성 오일의 혼합물, 기계 오일(또는, 재생 엔진 오일)}

(나) 장비의 0점 조정 : 탐상에 사용하는 장비는 탐상을 시작할 때마다, 매일 0점 조정을 해야 한다. 0점 조정은 다음과 같은 작업으로 이루어진다.

1) 수직 탐촉자 장비의 0점 조정 : ① 탐지된 강의 깊이 : 에코가 스크린의 분할 구역 6에 있고, 플라스틱 유리 게이지 블록에서 3개의 에코, ② 감도 : 스크린 전체에서 최고 백 에코

2) 경사 탐촉자 장비의 0점 조정 : ① 탐지된 강의 깊이 : 상기 1)의 ①항이 수행된 경우에 0점 조정이 된다. ② 감도 : 프랑스의 경우에 게이지 블록의 구멍 E에서 스크린 전체 진폭의 에코

(다) 절차

1) 준비 : 연마자국의 소멸 여부를 확인하기 위해 레일 주행표면을 시험한다. 필요하다면, 사포를 사용하여 레일 주행표면을 청소하고, 이어서 전체 수리 부분을 시험하기 위하여 연결 액을 바른다. 그런 다음에 수직 탐촉자로 경사 탐촉자와 함께 검출을 시행하며, 이 때는 탐상에 앞선 0점 조정 동안에 정했던 장비 설정치를 항상 사용한다.

2) 수직 탐촉자 : 레일의 종 축과 종 축의 양 쪽에서 약 15 mm 옆에 있는 2 축을 따라서 탐촉자를 움직인다.

3) 경사 탐촉자 : 레일의 종 축과 종 축의 양 측면에서 약 15 mm 옆에 있는 2 축을 따라 탐촉자를 움직인다. 탐촉자의 양 방향으로 이러한 시험을 3 회 실시한다.

(라) 시험결과의 분류 : 횡단 손상에 대응하여 에코가 발생한 각 수리 부분은 데이터 표에다 사용에 기인한 표면 손상의 육성용접을 위한 요청으로 보고하여야 한다.

3.8 연마

3.8.1 기준과 원리

(1) 레일 표면의 손상

다음의 표면 손상은 빈번히 발생하며 연마로 교정할 수 있다.

- 단파장 레일 파상 마모(SRC) : 이 유형의 손상은 주로 곡선의 내측 레일에서 발생하며 교통과 함께 발달하고 곡률의 반경이 감소함에 비례하여 증가한다. SRC가 발생하였을 때 레일 횡단면의 변형(레일이 평평해지며, 오목하게 조차 된다)을 수반한다. ① 3~7 cm 사이의 파장을 가진 대단히 짧은 파상 마모, ② 7~25 cm 사이의 파장을 가진 단파장 파상 마모[1], ③ 0.30~0.60 m 사이의

---

[1] 대부분의 레일 시스템에 대한 레일 파상 마모의 정정은 일반적으로 짧은 파상 마모 손상에 관련된다.

파장을 가진 중간 파상 마모, ④ 0.60 m를 넘는 파장을 가진 장파장 파상 마모 등과 같은 여러 가지 유형의 레일 파상 마모가 발생할 수 있다.

- ① 차륜과 레일 사이에서 도상자갈의 분쇄, ② 작업을 수행할 때 생긴 미세 활주 홈집 등에 의하여 발생된 활주 홈집
- 용접 기하구조의 결함 ① 오목한 결함 : 테르밋 용접부는 일반적으로 오목해지는 경향이 있다. ② 높이 결함 : 전기 용접부는 일반적으로 높게 남아 있다(수직 방향에서 종단선형의 길이에 따른 제작 공차는 0~+0.2 mm이다).
- 각종 유형의 우발 사고로 생긴 레일에 대한 우발적인 움푹 들어감 : 차량은 건널목에서 충격을 준다, 등.

(2) 레일 표면 손상의 영향

부정확한 레일 답면 기하구조는 다음의 결과를 줄 것이다. ① 환경 : ⓐ 과도한 소음으로 인한 공해, ⓑ 진동(승차감, 인접하여 있는 건물에 대한 공해), ② 차량 : 차량마모의 가속, ③ 궤도 : ⓐ 품질 저하와 궤도선형 틀림의 가중, ⓑ 체결장치와 기타 장치의 이완, ⓒ 침목 등 궤도재료의 손상, ⓓ 레일손상의 발달 가속 등

(3) 교정 연마의 기준

그림 3.41에 의한다.

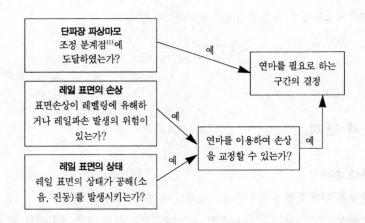

(1) 분계점은 다음과 같다
- UIC 그룹 1~3의 선로와 170 km/h 이상의 선로(모든 그룹)에 대하여 : 0.05 mm
- 기타 선로에 대하여 : 0.10 mm

그림 3.41 교정 연마의 기준

(4) 연마 프로그램의 준비

(가) 일반적인 원리 : ① 주간의 작업시간을 최대화한다. ② 지리적으로 단일 영역에 위치한 모든 구간을 처리한다(되는 대로의 작업진로를 피한다). ③ 작업에 필요한 시간을 과소 평가하지 않는다(작업이 착수된 구간을 완료하여야 하는 시간). ④ 가능한 만큼 매일 추가 구간을 준비한다.

 - 교정 연마에 대하여 : ① 곡선에서는 전장에 걸쳐 작업한다. ② 결함 값이 낮을 때조차 계획을 세워 작업한다. ③ 최소 연마 길이 : 200 m

(나) 소요 작업시간의 계산

1) 시간의 계산 : 작업 시간은 "① 연마 시간 : 4~5 km/h(연마장비의 성능에 따라 변동), ② 예방 연마 : 45 분/km (0.30 mm 금속을 제거하기 위하여 3 주행), ③ 교정 연마 : ⓐ 형상의 다시 다듬기(2~4/5 주행) : 30~60 분/km, ⓑ 단파장 파상 연마(주행당 약 0.10 mm) : km · 주행당 15 분" 등에 기초하여 계산할 수 있다.

2) 소요 작업시간의 계산 : 레일 연마 열차의 작업시간은 스파크 분[1]으로 측정하며, 이 시간을 최대화하여야 한다. 작업준비와 이동에 소요된 시간은 생산적이지 않다. 작업횟수는 적지만 의미 있는 작업시간을 얻기에 충분한 길이의 작업간격을 정하도록 가능한 한 추구하여야 한다.

3.8.2 예비작업과 승인 검사

(1) 예비 작업

연마는 궤도 유지관리 작업에 통합되어야 한다. ① 레벨링이 열등한 경우에는 기계 탬핑을 적용하여야 한다(연마하기 전 50만 톤 미만). ② 레일이 깊은 표면손상(0.50 mm 이상)을 나타내는 경우에는 레일을 연마하기 전에 육성 용접하여야 한다.

(2) 연마 작업의 승인 검사

연마 작업에는 다음의 품질 기준을 적용한다. ① 레일 길이에 따른 종단선형 : 작업을 종료하였을 때에 길이 λ에 걸쳐 레일 축에서 측정한 모든 잔류 손상의 크기 a는 ⓐ $\lambda \leq 0.10$ m인 경우 : $a \leq 1/100$ mm, ⓑ 0.10 m $< \lambda \leq 1.00$ m인 경우 : $a \leq 10^{-4}\lambda$ mm이어야 한다. ② 단면 형상 : 작업의 종료 시에 레일 두부 상부의 단면 형상은 ± 0.3 mm의 공차를 가진 이론적인 형상이다. ③ 표면 : 작업종료 시에 표면의 폭은 레일의 수직 축에서 ± 15 mm에 위치한 부분을 제외하고는 5 mm를 넘지 않아야 한다. ④ 거칠기(조도) : 작업의 종료 시에 연마 부분의 거칠기 R_a(중선에 관하여 거칠기 차이의 산술 평균)는 10 μm 미만이어야 한다. ⑤ 색상 : 작업의 종료 시에 연마 부분은 어떠한 청색의 징후도 나타나지 않아야 한다.

---

[1] 스파크 시간 : 연마작업 시간(레일에 접촉한 연마 차륜)

3.9 레일과 장대레일의 비정상 상황 시의 대처방법

3.9.1 레일의 검사

(1) 검사 목적과 절손의 모니터링

레일의 검사는 "① 임시 이음매판의 올바른 상태, 특히 이음매 클램프(또는, 볼트)의 조임 상태, ② 전철화 선로, 또는 궤도회로가 있는 선로에서 파단의 경우에 임시 연결의 올바른 상태" 등을 점검하기 위하여, 그리고 필요시 다음과 같은 경우에 초기에 부과된 임시 속도제한의 감소를 결정하기 위하여 필요한 지시를 받은 선로원이 수행한다. ① 절손 틈의 폭이 정해진 분계점을 넘어 증가한다. ② 궤도 선형(또는, 그 구성요소의 보전)의 틀림(열화)이 인지될 정도로 진행한다. ③ 기존의 손상(절손, 또는 균열)으로부터, 또는 임시수리 부분으로부터 2 m 이내에서 절손으로 발달함직한 또 다른 손상이 나타난다.

(2) 검사 빈도

이 검사는 다음과 같을 수 있다. ① 연속적 : 이것은 검사에 책임이 있는 선로원의 단독 업무이다. ② 일반 매뉴얼에 정한 빈도로 : 이 경우에 검사에 책임이 있는 선로원은 각각의 경우에 대하여 적어도 한 열차의 통과 동안에 손상의 거동과 이음매판 이음매의 거동을 관찰하여야 한다. ③ 정기적 : 빈도는 분소 장이 지역 조건에 따라 정하며, 적어도 정상적으로 예정된 검사의 빈도와 같아야 한다.

3.9.2 레일의 절손

(1) 주행궤도의 레일 절손과 용접부 절손 시(분기기 포함)에 현장의 첫 번째 선로원이 취하여야 하는 조치

– 열차운행을 중지시킨다. 그 후에 다음의 조치를 취한다.

– 다음과 같이 경우에 따라서 열차를 서행시키거나 운행을 계속 금지시킨다. ① 경우 1 : 이음매로부터 2 m 이상에서 발생한 틈의 폭이 30 mm 미만인 횡 절손의 경우에는 40 km/h의 속도로 열차의 통과를 허용한다. ② 경우 2 : "ⓐ 30 mm < 틈의 폭(L) ≤ 60 mm인 모든 횡 절손, ⓑ 이음매부에서 2 m 이내에서 발생한 갭의 길이가 30 mm 미만인 횡 절손으로서 절손이 저부와 복부로 제한된 경우" 등에서는 10 km/h의 속도로 열차의 통행을 허용한다. ③ 경우 3 : "ⓐ 깊이가 10 mm이고 공백의 길이(L)가 60mm를 넘는 파손, ⓑ 다수의 절손 및 합성의 손상" 등의 경우에는 열차의 운행을 계속 중지시킨다.

– 분소장이나 선로반장에게 통지한다.

– 전철화 선로, 또는 궤도회로가 있는 선로에서는 가능한 한 곧바로 적합하게 연결한다.

– 그 위치에서 선로반장, 또는 분소장이 도착할 때까지 기다리면서 절손부를 모니터한다. 절손부는 더

악화되어 속도제한을 더욱 낮출 필요가 있을 수도 있다.

(2) 선로반장이 취하여야 하는 조치

(가) 경우 1 : 이음매로부터 2 m 이상에서 발생한 틈의 폭이 30 mm 미만인 횡 절손의 경우에 선로반장이 취하여야 하는 조치 → 첫 번째 선로원이 취한 조치가 상기의 제(1)항에 주어진 요구 조건에 따르는지 점검하고 필요시 그것을 교정한 다음에 그림 3.42의 조치를 취한다.

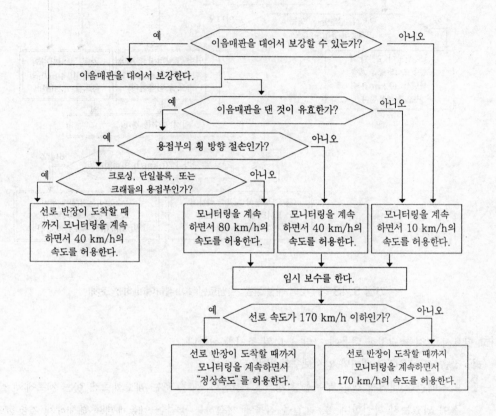

그림 3.42 경우 1의 레일 절손 시 선로반장이 취하여야 하는 조치

(나) 경우 2 : 틈의 폭이 30 mm $< L \leq$ 60 mm인 모든 횡 절손 및 이음매로부터 2 m 이내에 발생한 갭의 길이가 30 mm 미만인 횡 절손으로서 절손이 저부와 복부로 제한된 경우에 선로반장이 취하여야 하는 조치 → 첫 번째 선로원이 취한 조치가 상기의 제(1)항에 주어진 요구 조건에 따르는지 점검하고, 필요시 그것을 교정한 다음에 그림 3.43의 조치를 취한다.

(다) 경우 3 : 공백이 60 mm를 넘는 파손 및 다수의 절손과 합성의 손상인 경우에 선로반장이 취하여야 하는 조치 → 첫 번째 선로원이 취한 조치가 상기의 제(1)항에 주어진 요구 조건에 따르는지 점검

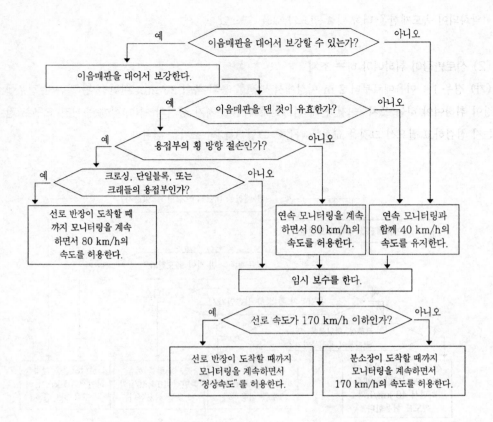

그림 3.43 경우 2의 레일 절손 시 선로반장이 취하여야 하는 조치

하고 필요시 그것을 교정한 다음에 그림 3.44의 조치를 취한다.

　(라) 절손 시 이음매판 대기와 임시보수의 방법

　　1) 이음매판을 대어서 절손 부분을 보강 : ① 전철화 선로, 또는 궤도회로가 있는 선로에서 임시연결이 되었는지 확인한다. ② 레일을 침목에 체결하는 방법을 이음매판의 위치에서 적용한다. ③ 관련된(궤도회로가 설치된) 구간에 보통의 6공 이음매판을 이용할 수 있는 경우에는 절연 라이너와 함께 6공 이음매판을 사용한다(또는, 용접부 절손의 경우에는 특수 이음매판. 이 경우에, 큰 단부는 가급적이면 절손부의 종점 쪽으로 설치한다). ④ 궤도 안쪽의 나사를 조이면서, 절손의 양쪽에 위치시킨 적어도 세 개의 C 클램프를 사용하여 이음매판을 고정한다. ⑤ C 클램프를 설치하는 것이 불가능할 때는 절손의 양쪽으로 레일에 구멍을 뚫어 적어도 세 개의 볼트로 이음매판을 고정한다.

　　2) 이음매판을 댄 보강의 효과 : 이음매판을 댄 보강이 유효하다고 간주하기 위해서는 다음과 같아야 한다. ① 절손된 레일의 다른 부분이 수직과 횡 방향으로 어떠한 상대적인 이동도 하지 않도록 방지하여야 한다(유효한 것으로 간주할 수 없는 보강의 예 : 텅레일의 UIC 60D간 용접부

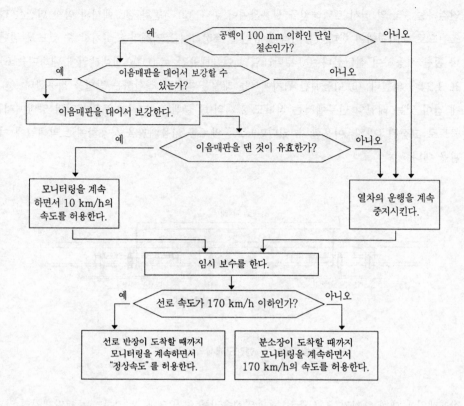

그림 3.44 경우 3의 레일 절손 시 선로반장이 취하여야 하는 조치

파단의 경우에 명기된 것. 그것은 수직과 횡 방향 이동을 충분히 방지하지 않는다). ② 이음매판 로부터 2 m 이내에 X급이나 S급(제3.9.3(1)항 참조)의 눈에 보이거나 이미 현저한 어떠한 다른 손상도 없어야 한다.

3) 연속 모니터링 : 모니터링에 책임이 있는 선로원은 제3.9.1(1)항을 수행한다.

4) 주행궤도에서의 임시수리 : 임시수리는 레일, 또는 용접 손상부를 제거하여, 유사하게 마모하고 양단에 뚫은 세 구멍이 있는 같은 단면의 임시 토막레일을 삽입하는 것으로 이루어진다(그림 3.45).

① 사용하려는 임시 토막레일의 길이(L)는 다음 조건에 따라야 한다. ⓐ L은 고속선로에 대하여 3.90 m 이상이다. ⓑ L이 4 m 미만일 경우에는 토막 레일이 적어도 6 침목만큼 지지되어야 한다. ⓒ 토막레일의 양단은 용접부로부터 2 m, 또는 이음매로부터 4 m 이상(나머지의 토막이 적어도 6 침목만큼 지지되는 경우에는 예외적으로 3.30 m), 그리고 X급 손상에서는 2 m 이상에 위치하여야 한다. ② 절손 부분이 접착절연 이음매로부터 4 m 이내에 위치하고 있을 때는 이음매볼트로 강하게 조인 6공 이음매판과 절연라이너가 있는 절연이음매를 중앙지점에서

연결하는 8 m의 임시 토막레일을 사용하여야 한다. ③ 전철화 선로에서의 임시 연결은 명시된 조건으로 설치하여야 한다. ④ 이음매 유간을 조정하여 토막레일을 설치할 수 있도록 절단기계나 톱을 사용하여 절단한다. ⓐ 토막레일의 이음매유간 = 0, ⓑ 장대레일에 대하여는 6)항의 표 3.24에 의한다. ⑤ 이음매판 위치에서는 레일을 침목에 결합하는 방법을 적용한다. ⑥ 궤도에 남아 있는 레일의 단부에서는 적어도 2 개의 C 클램프, 그리고 토막레일의 양단에서는 세 볼트로 고정된 (만일, 이용할 수 있다면) 보통의 6공 이음매판을 사용하여 토막레일에 이음매판을 댄다.

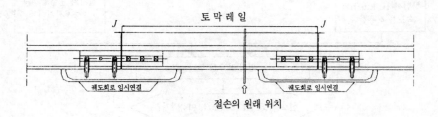

그림 3.45 주행궤도에서의 임시수리

5) 장대레일에 대한 추가의 요구 조건 : ① 임시수리를 하기 전에, 철거하려는 토막레일의 양단 50 m에 걸쳐 체결장치의 조임 정도를 점검하고 필요시에는 다시 조인다. ② 철거된 토막레일은 현장에 남겨 둔다.

6) 장대레일과 임시 토막레일간에 설정하는 신축 유간(표 3.24)

(3) 손상 시에 분소 검사자가 취하여야 하는 조치

- 모든 경우에 다음과 같이 조치한다. ① 현장으로 즉시 출동한다. ② 절손 부분을 검사하고 첫 번째 선로원과 선로반장이 행한 조치가 적합한지 검토한다. ③ 수행하여야 하는 모니터링을 결정한다.

- 주행궤도 레일의 절손과 모든 용접부의 절손(고정 크로싱, 또는 크레들의 용접을 제외한 분기기 포함) : ① 영구 수리는 절손 다음의 야간 동안에 수행하여야 하며, 적어도 이것이 가능한 한은 그렇다. 170 km/h의 열차속도 제한은 영구수리가 완료될 때까지 유지되어야 한다. ② 영구 수리 동안에 철거하는 레일의 길이는 다음을 고려하여야 한다. ⓐ 절손을 발생시킨 손상의 길이. 레일 저부의 종 방향 균열의 경우에는 요소레일 전체를 제거하여야 한다(게다가, 같은 양각 표시가 있는 레일들을 탐상하여야 한다). ⓑ 궤도에 부설할 수 있는 10 m의 토막레일 최소 길이. 용접간, 또는 용접과 이음매간 거리는 5 m 이상이어야 한다. ⓒ 이전에 확인된 다른 손상의 존재. 가능한 경우에는 철거가 예정된 구간의 양쪽 2 m를 초음과 탐상하여야 한다. ③ 가능한 모든 경우에 테르밋 용접으로 영

표 3.24 장대레일과 임시 토막레일간에 설정하는 신축 유간(그림 3.45)

임시수리 시의 레일 온도(t ℃)	각 이음매에 마련하는 신축 유간(J mm)			비고
	겨울철(11월~2월) $J = 15 - t/2$	환절기(3월~4월, 10월) $J = 20 - t/2$	여름철(5월~9월) $J = 30 - t/2$	
≤ - 14	22			지하 궤도에서는 모든 경우에 겨울철에 해당되는 값을 적용한다.
- 12	21			
- 10	20			
- 8	19			
- 6	18			
- 4	17	22		
- 2	16	21		
0	15	20		
2	14	19		
4	13	18		
6	12	17		
8	11	16		
10	10	15		
12	9	14		
14	8	13		
16	7	12	22	
18	6	11	21	
20	5	10	20	
22	4	9	19	
24	3	8	18	
26	2	7	17	
28	1	6	16	
30	0	5	15	
32		4	14	
34		3	13	
36		2	12	
38		1	11	
40		0	10	
42			9	
44			8	
46			7	
48			6	
50			5	
52			4	
54			3	
56			2	
58			1	
60			0	

구 수리를 한다. 용접은 (보수 중의 추운 기간 동안에 일상의 모니터링을 하면서) 절손후 적어도 5일 이내에 행하여야 한다. ④ 텅레일의 선단이나 후단 힐 부분에 대한 용접부 절손의 수리는 명시된 조건 하에서 수행하여야 한다.

- 정상 속도의 회복 : 정상 속도는 일반적인 궤도선형과 안정성의 조건이 정상속도를 허용하는 것을 조건으로 하여 영구 수리 후에 분소 검사자가 회복시킬 수 있다. ① 전철화 선로를 영구 수리하기 전

의 임시 연결은 명시된 조건에 적합하여야 한다. ② 영구 수리 후에 권고를 적용하여 궤도회로의 작동을 보장하여야 한다. ③ 장대레일 영구수리의 각종 경우에 적용하려는 절차와 수단은 한정된다. ④ 아직 연속 초음파 시험을 시행하지 않은 새 레일로 부설된 궤도의 영구수리는 "새" 레일이나 "새" 토막 레일로 수행하여야 한다.

3.9.3 레일의 균열과 손상

(1) 분류
(가) 취하여야 하는 조치
균열과 손상은 취하여야 하는 조치를 결정하도록 분류한다. 이 분류는 ① 본래의 손상, ② 레일에서의 손상 위치, ③ 손상의 크기와 수 등에 따른다. 이 분류는 초음파 탐상 운영자가 권고할 때조차도 항상 선로반장이 정하여야 한다.

1) E급 : E급은 파단으로 이끌지 않는 손상이며, 따라서 안전에 영향을 주지 않는 손상 및 확실한 균열로 발달하지 않은 손상을 말한다. 이들 손상의 영향을 받은 레일은 작업관리자의 동의에 따라 선로반장의 주도로 작업대장(선로점검기록부)에 포함시켜서 모니터하며, 통합시설관리시스템에 등록하여 관리하여야 한다.

2) O급 : O급은 손상이 파단으로 이끌 수 있지만, 손상 발달의 정도가 이음매판을 대는 보강이 없이도 궤도에서 유지할 수 있을 정도인 균열만을 말한다. 이 분류를 적용할 수 있는 손상의 유형을 이하에 명기한다. 선로반장은 모든 손상을 O급 레일대장(레일결함점검기록부)에 기재하며, 분소의 O급 레일파일에 포함시킨다. 그러나, 손상이 반복될 때에는 제한하는 거리표의 표시와 함께 관련된 구간당 하나의 대장만을 작성한다(동일 단면과 동일 등급). 이들의 손상은 예정된 정기검사 동안과 어떤 명시된 손상의 특별검사에서 모니터하며, 통합시설관리시스템에 등록하여 관리한다. 어떤 균열은 교통 조건에 따라 발달하지 않는 것으로 나타날 수 있다. 이 경우에 중요 선로에서 6 년 후, 기타 선로에서 9 년 후에 발달이 일어나지 않을 때는 O급 분류를 E급으로 교체하여야 한다.

3) 단일 X급 균열 : X급은 발달의 정도가 중기(X_1)이든지 단기(X_2)에 파단으로 이끌 수 있는 균열에 적용된다. 이 분류를 적용할 수 있는 손상과 취하여야 하는 조치를 이하에 명기한다. X급의 손상으로 분류되자마자 이음매판을 대는 보강을 곧바로 수행하여야 한다. 선로반장은 모든 X급 결함에 대하여 X급 분류 날짜를 기재하는 '개별레일제거대장'에 기입하고 분소의 X급 레일파일에 삽입한다. 제거의 일련번호와 날짜는 실제로 손상이 제거될 때까지 기입하지 않는다. 예정된 정기검사 동안과 어떤 명기된 손상의 특별 검사 시에 이들의 손상을 모니터한다.

4) 다수의 X급 균열
   – 주행궤도의 레일과 분기기 레일의 유지된 부분(고정부) : 레일 2 m마다(용접부나 이음매가 포함되거나 않든지 간에)의 개별 X급 균열의 수에 따라 다음의 분류를 한다. ① "ⓐ 2, 또는 3

개의 X_1 균열, ⓑ 1개의 X_2 균열 + 1개의 X_1 균열"의 경우에는 X_2급으로 분류한다. ② "ⓐ 4개 이상의 X_1 균열, ⓑ 1개의 X_2 균열 + 2개 이상의 X_1 균열, ⓒ 2개 이상의 X_2 균열"의 경우에는 S급으로 분류한다.

- 분기기 레일의 유지되지 않는 부분(활동부) : 전체의 유지되지 않은 부분(활동부)에 대하여는 그 길이가 어떠하든지 간에 동일한 상위 레벨의 분류를 적용한다.

5) S급 : S급은 촉박한 절손이나 다합의 절손이 우려되는 균열, 즉 레일이 짧은 시간 내에 복잡한 절손으로 발전될 소지가 있는 균열에 적용하며, 이 손상이 발견되면 즉시 레일 교환 등의 조치를 하여야 한다. 손상의 발견 시에 레일교환 작업이 완료되기 전까지는 다음의 조치를 하여야 한다. ① S급 구간에 대하여는 40 km/h의 임시 속도제한을 부과하여야 한다. ② 균열 위치에 이음매 판을 대는 보강을 하여야 한다. ③ 이 보강을 하는 것이 불가능한 경우에는 10 km/h의 임시속도제한을 부과하여야 한다. ④ 연속하여 모니터링을 실시하여야 한다.

6) 수리 : ① 수리의 기한은 한정되어 있다. 이들의 기한은 최대 값이며, 보강의 가능성, 균열의 크기 및 무엇보다도 파단의 경우에 교통에 대한 결과에 따라 적용하여야 한다. ② 임시 수리의 이행은 X급 분류의 경우에 예외적이어야 한다. ③ X급이나 S급 레일의 영구수리는 절손과 같은 조건 하에서 토막레일(또는, 아마도 하나의 표준레일)을 사용하거나 테르밋 용접으로 행한다. ④ 초음파 탐상을 시행할 때는 영구수리가 예정된 날짜 이전의 짧은 기간에 행하여야 한다(최대 유효기간은 3개월이다). 이 경우에 레일의 분류를 확인하든지 변경한다. ⑤ 주행 궤도에 위치한 (주행표면의) E급이나 O급 손상에 대하여, 그리고 분기기나 신축이음매 레일의 유지된 부분(고정부)에서는 아크용접을 이용한 수리가 바람직하다. ⑥ 텅레일이나 기본레일 끝의 손상에 대하여는 다음과 같이 수리한다. ⓐ 텅레일과 기본레일 조립품을 교체하여 보수한다. ⓑ 텅레일과 기본레일 조립품의 끝을 잘라내고 용접하여 수리하는 것이 좋다.

(나) 균열의 분류와 취하여야 하는 조치

1) 분류의 원리 : ① 파단으로 이끌 수 있는 손상만을 O, X, 또는 S로 분류한다. ② 더 높은 위험을 가지는, 유지되지 않는 부분(활동부)은 쉽게 탐지할 수 있는 초기 단계와 천천히 발달하는 손상을 제외하고 더 엄한 분류가 주어진다. ③ 레일 단부에서 측정할 수 있는 균열은 특별 분류를 한다. ④ 레일 중앙부와 용접부에서 손상의 유형에 따라 가능한 분류를 표 3.25에 나타낸다. 이 분류는 평가할 수 있는 균열에 대한 초음파 탐상의 결과에 좌우될 수 있다. 분류는 (가)항과 같이 초음파 탐상의 경우에서조차 항상 선로반장이 결정한다. 조작자는 단지 분류를 권고하는 반면에 선로반장은 손상의 환경을 고려한다(최고 속도, 궤도 선형, 특히 2 m 이내에 있는 기타 손상).

2) 레일 중간부와 용접부에서 균열에 대한 최소 분류와 모니터링 규칙(표 3.25~3.30) : 유지된 부분(고정부)과 주행 궤도에서 일반적인 방법은 연마, 또는 아크 용접을 이용한 공전 상의 보수이다.

표 3.25 가능한 분류

위 치	손상의 정의	코드 번호	초음과 탐상으로 검출 가능		관련된 표	표 3.26~3.30에 포함되지 않는 손상 상황에 따른 최소 분류	
			연속	수동		분기기의 유지되지 않는 부분(활동부) 및 신축이음매	유지된 부분(고정부), 또는 주행궤도
레일두부	횡 방향 균열	211	●	●	표 3.29		
	레일 중간부의 수평 균열	212 1	●	●	표 3.27		
	횡 방향 성분이 있는 수평 균열	212 2	●	●	표 3.29		
	종 방향 수직 균열	213	●	●	표 3.26		
	쉘링(shelling, 黑裂)	222 2		●	표 3.29		
	헤드 체킹(head-checking)	222 3		●	표 3.29		
	공전 상	225		●	별표1		
	스콰트(squats)	227		●	표 3.30		
복부	복부–두부 필렛(상수부)의 수평 균열	232 1		●	표 3.27		
	복부–저부 필렛(하수부)의 수평 균열	232 2		●	표 3.27		
	종 방향 수직 균열 (파이프)	233		●		X_1	O
	이음매판 구멍 이외에서 균열	235		●	표 3.28		
	비스듬한 균열	236		●	표 3.28		
저부	경사지역의 횡 방향 균열	251		●		S	X_2
	종 방향 수직 균열	253		●		S	S
전체 단면	우발적인 타박상	301		●		O	O
	의도되지 않은 기계 가공	302		●		X_2	X_1
용접부 및 육성 용접부	전기 용접 : 단면의 횡 방향 균열	411	●	●	표 3.29		X_1
	전기 용접 : 복부의 수평 균열	412		●	표 3.27		
	테르밋 용접 : 단면의 횡 방향 균열	421		●	표 3.29		X_1
	테르밋 용접 : 복부의 수평 균열	422		●	표 3.27	X_2	
	육성 용접의 횡 방향 균열	471	●	●	표 3.29		X_1
	궤도회로 전기 연결의 횡 방향 균열	481		●	표 3.29		

표 3.26 코드 213 : 눈에 보이는 균열, 또는 초음파로 검출되고 측정된 균열

구분(L : 균열 길이)		유지된 부분(고정부)과 주행 궤도
눈에 보이지 않는 손상 (US 탐상으로 검출된 손상)	$L \leq 50\ mm$	분류 않음
	$50 < L \leq 100\ mm$	O
	$L > 100\ mm$	X_1
눈에 보이는 손상	주행 면의 처짐	
	주행 면, 또는 복부–두부 필렛에 발생한 균열	X_2

표 3.27 코드 212 1, 232, 412, 422 : 눈에 보이는, 또는 초음파로 검출되고 측정된 수평균열

균열 길이 (L)	유지된 부분(고정부)과 주행 궤도
L ≤ 50 ㎜	O
50 < L ≤ 100 ㎜	O
100 < L ≤ 200 ㎜	X_1
L > 200 ㎜	X_2

표 3.28 코드 235, 236 : 눈에 보이는 비스듬한 균열[1]

균열 길이 (L)	유지된 부분(고정부)과 주행 궤도
L ≤ 20 ㎜	O
20 < L ≤ 30 ㎜	O
30 < L ≤ 50 ㎜	X_1
L > 50 ㎜	X_2

[1] 균열을 초음파로 탐지할 수 있더라도, 분류 기준은 눈에 보이는 균열의 부분에 관련된다.

표 3.29 코드 211, 212 2[1], 222 2, 222 3, 411 1, 421 3, 471, 481 1 :
초음파로만 크기를 측정할 수 있거나 레일 두부에서 이미 보이는 횡 균열

구분	균열 높이	균열 깊이 D	유지된 부분(고정부)과 주행 궤도
초음파로 검출된 균열	≤ 5 ㎜	-	분류 않음[2]
	> 5 ㎜	D ≤ 15 mm	O
		15 < D ≤ 25 mm	X_1
		D > 25 mm	X_2
눈에 보이는 횡 방향 균열			

[1] 212 2 손상에 대해, 눈에 보이는 수평 균열은 212 1 손상과 동일한 분류가 적용된다. 이 분류들 중에서 가장 엄격한 분류를 적용하여야 한다.
[2] 222 2, 222 3 손상의 초음파 탐상에서 "분류 않음" 항목은 선로반장이 O급의 유지로 이끈다.

별표1. 코드 225 : 초음파로만 크기를 측정할 수 있거나, 레일 두부의 한쪽에서 이미 눈에 보이는 횡 방향균열 → 유지된 부분(고정부)과 주행궤도에서 보통의 절차는 연마, 또는 아크용접으로 공전상을 수리하는 것이다.

표 3.30 코드 227 : 초음파로만 크기를 측정할 수 있거나, 레일 두부의 한쪽에서 이미 눈에 보이는 횡과 수평 균열

구분	수평 균열의 길이	횡 방향 균열의 깊이 D	유지된 부분(고정부)과 주행 궤도
초음파로 검출된 균열	≤ 80 ㎜	$D \leq 10$ mm	분류 않음[1]
		$10 < D \leq 15$ mm	O
		$15 < D \leq 25$ mm	X_1
		$D > 25$ mm	X_2
	> 80 ㎜	$D \leq 15$ mm	X_1
		$D > 15$ mm	X_2
눈에 보이는 횡 방향 균열			

[1] 227 손상의 초음파 탐상에서 "분류 않음" 항목은 선로반장이 O급의 유지로 이끈다.

(2) 취하여야 하는 조치

(가) 조치

1) 손상의 발견 시 : 외따로 있는 균열은 페인트를 이용하여 "① 손상부를 덮지 않게 가능한 한 근접하여 균열이 돋보이게 하고, ② 궤도의 외측에 면한 쪽의 레일 복부에 분류를 표시하는" 등으로 가능한 한, 신속히 표시하여야 한다. 초음파 탐상 동안에 발견된 어떠한 균열의 위치도 조작자가 표시한다.

2) 보수 후 : ① 레일철거대장을 작성하기 위한 절차, ② 샘플링의 조건과 실험실 송부 등의 사항을 시행한다. 더욱이, 궤도에서 철거한 주행궤도 설비의 기술적 분류와 표시에 대한 규칙을 정한다.

(나) 레일 중간부와 용접부의 X급 손상에 대하여 취하여야 하는 조치

그림 3.46을 적용한다.

(다) 균열 : 이음매판을 이용한 X급이나 S급 손상의 보강 방법

1) 궤도 회로가 설치된 선로의 임시연결 : 제3.9.2(2)(라)1)항의 ②~⑤를 적용한다. 균열의 양쪽에 구멍을 뚫고 적어도 세 구멍을 사용하여 이음매판을 고정하는 경우에는 이음매판을 제거하여 그 구멍을 모니터하여야 한다.

2) 이음매판에 의한 보강의 효과 : 제3.9.2(2)(라)2)항을 적용한다. 이음매판으로부터 2 m 이내에 X급이나 S급 균열이 없다는 것(不在)을 3개월 이내에 시작한 초음파 검사로 확인하여야 한다.

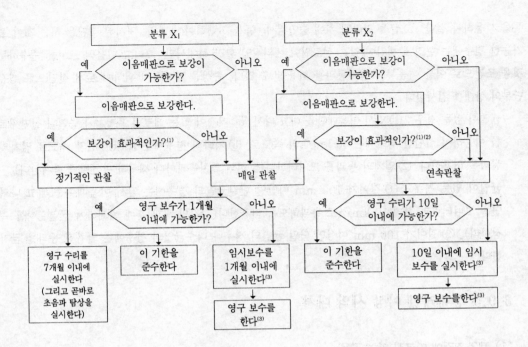

(1) 이음매판으로부터 2 m 이내에 X급이나 S급 균열이 없는 것(不在)을 3개월 이내에 시작하는 초음파 탐상으로 확인하여야 한다.

(2) X₂급 분류가 2 m 이내로 분리된 두 개의 개별 X₁급이 존재하는 결과일 경우에는 보강이 각 균열에 대하여 절손됨직한 레일의 여러 부분의 어떠한 상대적인 수직과 횡 이동이라도 방지한다면 보강을 유효한 것으로 간주할 수 있다.

(3) 이들의 수리는 절손에 대하여 명시된 조건 하에서 행하여야 한다.

주 : 나타낸 기한의 시작 일은 분류 날짜이다.

그림 3.46 레일 중간부와 용접부의 X급 손상에 대하여 취하여야 하는 조치

3.9.4 레일 교체 중의 이상 및 토치를 이용한 레일 절단

(1) 레일 교체 중의 이상

보수가 완료되면 열차운행을 정상 속도로 허용할 수 있다. 레일의 온도가 "① 동일한 열차운행 금지기간 동안 양쪽을 용접하는 것이 불가능할 경우에는 양쪽을 용접하기 이전, ② 상기의 경우에 명시된 응력 해방이나 응력 균질화 이전"에 45 ℃ 이상에 도달하는 경우에는 100 km/h의 속도제한을 부과하여야한다. 레일에 대하여 철거된 금속과 같은 양의 금속을 교체하는 주의를 준수하지 않은 경우에는 부분적인 응력 해방을 수행하여야 한다.

(2) 토치를 이용한 레일 절단

토치로 절단하여 생긴 레일 단부는 결코 그대로 이음매판을 대거나 용접하지 않아야 한다. 이 단부는 이음매판을 대거나 용접을 하기 전에 "① 레일 단부 당 적어도 25 mm의 길이에 걸쳐 절단 기계나 동력

톱을 사용하여 절단, ② 끝을 잘라낸 후에 승인검사" 등을 시행하여야 한다. 명시된 절단을 하는 것이 불가능한 경우에는 현장에 책임이 있는 선로원이 예외적인 환경 하에서만, 그리고 다음의 조치를 준수하는 것을 조건으로 이들 이음부의 열차통과를 허용할 수 있다. 손상을 탐지하기 위하여 토치 절단으로 생긴 단부의 상태를 검사한다.

- 균열이 없는 경우 : ① 임시 이음매판을 대고 나서 "ⓐ 자격이 있는 테르밋 용접자가 승인된 절단세트를 이용하여 절단한 경우에는 40 km/h의 속도로, ⓑ 기타의 경우에는 10 km/h의 속도로" 열차의 통과를 허용한다. ② 열차의 통과를 모니터한다(5 회의 열차통과마다 해체하여 균열를 탐지한다).
- 균열이 있는 경우 : ① 길이가 100 mm 미만인 단일균열의 경우에는 임시 이음매판을 대고 나서 연속 모니터링과 함께 10 km/h로 통과하도록 허용한다(각각의 통과 후에 해체하여 균열길이를 측정한다). ② 길이가 100 mm 이상인 단일 균열의 경우나 다수균열의 경우에는 열차의 통과를 금지한다.

3.9.5 장대레일 이상 시의 대처

(1) 제2 조건에 따르지 않는 경우

유효작업 동안 제2 조건에 정한 온도 하한을 초과함직한 온도증가가 관찰되는 경우에는 즉시 작업을 중지하여야 한다. 온도가 제2 조건에 정한 온도한계 아래로 떨어지지 않는 한, 도상이 변화되는 모든 경우(양로, 이동, 하부굴착 등)에는 현장에 걸쳐 적어도 1 회의 압착이동이 통과한 이후가 될 때까지 작업이 진행되고 있는 궤도의 속도제한을 40 km/h, 인근 궤도의 속도제한은 100 km/h로 감소시킨다.

(2) 현장의 첫 번째 선로원

장대레일을 포함하는 사고는 '① 레일의 절손과 손상, ② 신축이음매의 절손과 손상, ③ 궤도 좌굴, ④ 레일의 부분적인 과열' 등과 같은 주요 부류의 하나로 분류된다. 안전에 영향을 줌직한 장대레일 사고의 모든 경우에 그들을 발견한 선로원은 즉시 속도제한을 부과하거나, 열차 운행을 중지시켜야 한다. 선로원은 그 다음에 분소장에게 통지한다. 분소장은 즉시 현장으로 가서 적절한 안전조치가 취해졌는지를 점검하여야 한다. 정상 채널을 통하여 각종 관리레벨을 신속하게 통지한다. 좌굴된 경우에는 조사의 결과를 기다리지 않고 가능한 한 곧바로 관할 부서에 통지하여야 한다.

3.9.6 장대레일 궤도의 좌굴과 우발적인 과열

(1) 통보하여야 하는 정보

궤도의 좌굴, 또는 뜬 침목 확장의 급속한 발달을 발견하였을 경우에, 특히 온도가 높을 때는 불안정한 구간의 상당한 앞에서 서행을 시작하도록 지체 없이 열차를 서행시키거나 중지시키고 분소장에게 통고하여야 한다. 분소장은 좌굴에 관한 통보를 받자마자 소장에게 좌굴을 보고하고 즉시 현장으로 가야 한다. 사무소장, 또는 사무소장의 대리인은 가능한 한 곧바로 분소장과 만나서 사고가 발생된 상태의 중요한 검사를 수행하고 정상적인 열차운행의 회복에 필요한 모든 조치를 취하여야 한다. 열차운행 회복의 지연을 피하기 위하여 좌굴을 즉시 조치하여야 한다. 몇 개의 대표적인 사진을 찍고 심한 경우(예를 들어, 탈선을 야기한 손상)에는 가능하다면 항공사진을 촬영하여야 한다.

좌굴의 축소작업을 시작하기 전에 ① 좌굴된 구간의 평면과 단면(좌굴 양쪽의 15 m에 걸쳐 1 m마다 측정한 20 m 현에 대한 종거, 캔트, 부상), ② 좌굴된 구간에서 300 m 이내에 위치한 신축이음매의 유간, ③ 레일 온도, ④ 체결장치의 상태와 도상단면, ⑤ 상대적인 레일/침목간 슬립(복진)과 침목/도상간 슬립(복진) 등의 정보를 대단히 신속하게 기록하여야 한다. 이 데이터가 일단 기록되면 아래의 제(2)항에 주어진 지침을 고려하면서 좌굴의 축소작업을 한다.

'차량'의 원인을 배제할 수 없는 경우에는 가능한 한 곧바로 차량 부서에 통보하여야 한다. 이전의 열차가 정상 상태로 통과하였는지를 점검하고 좌굴 위쪽의 궤도에 대하여 연장된 궤도검사를 수행하여야 하며, 결점이 있는 열차에 기인한 손상에 대하여 체결장치를 점검하고 레일의 뒤틀림을 점검하여야 한다. 분소장은 가능한 모든 원인을 조사한 후 3일 이내에 정보보고서를 작성하여 관할 부서에 제출한다.

(2) 좌굴의 축소작업
(가) 부류 2 작업을 최근(1 주의 최소와 함께 안정화 시간의 3배에 해당하는 기간)에 수행한 경우
1) 좌굴이 2 cm 이하인 경우(15 m 길이의 현을 사용하여 측정) : ① 열차의 통과를 10 km/h로 허용한다. ② 레일온도가 참조온도 아래로 떨어질 때까지 기다린 후에 궤도를 제자리로 되돌리고 경량 개별 탬퍼를 사용하여 궤도를 레벨링하고 라이닝한다. 그 다음에, ⓐ 좌굴이 장대레일 끝에서 150 m 이상에 위치하는 경우에는 양쪽에 대하여 50 m에 걸쳐 체결장치를 풀어 응력 균질화를 시행한다. ⓑ 좌굴이 장대레일 끝에서 150 m 이내에 위치하는 경우에는 좌굴된 길이에만 걸쳐 체결장치를 풀어 다시 체결하고, 양쪽에 대하여 적어도 50 m에 걸쳐 체결장치의 체결상태를 점검한다. 양쪽의 경우에, 체결장치를 풀었을 때 레일이 뒤틀리지 않는 것을 확인한다. ③ 좌굴 구간에 도상자갈을 충분히 살포한다. 그 다음에 속도제한을 100 km/h로 올린다. ④ 궤도의 거동을 모니터한다. ⓐ 좌굴이 다시 발생되는 경향이 없는 경우에는 라이닝 후에 안정화가 일단 완료되면 정상속도를 회복하고 며칠 동안 이 구간을 모니터한다. ⓑ 좌굴이 다시 발생되는 경향이 있고 뒤틀린 레일의 존재가 있음직 한 경우에는 좌굴의 전체길이에 걸쳐 레일을 교체한다. 속도제한기간 동안 선형틀림이 나타나지 않은 경우에는 라이닝 후의 안정화가 일단 종료되면 정상속도를 회복한다. 이전에 응력 해방을 하지 않은 경우에는 적어도 부분적으로 가능한 한 곧바로 장대레일의 응력을 해방한다.
2) 좌굴이 2 cm를 넘는 경우(15 m 길이의 현을 사용하여 측정) : ① 저속으로 열차통행을 허용할 수 없는 경우에는 궤도를 제자리로 되돌리기 위하여 레일온도가 참조온도 이하로 떨어질 때까지

기다린다. ② 좌굴이 너무 큰 경우에는 좌굴의 중앙부에서 레일을 절단한다. 초과길이를 제거하여 궤도를 제자리로 되돌리고 클램프를 사용하여 임시로 연결한다. 그 다음에 좌굴의 전장에 걸쳐 체결장치를 해체하여 다시 조인다. 좌굴된 구간을 레벨링, 라이닝하고 도상을 충분히 살포하며, 속도제한을 100 km/h의 최대까지 올린다. ③ 궤도의 거동을 모니터한다. ④ 좌굴의 전장에 걸쳐 레일을 교체하고, 레벨링과 라이닝을 한다. ⑤ 추정한 원인이 레일 똑바르기(직진도)나 용접 손상인 경우에는 손상부에 중심을 두어 12 cm 토막을 제거한다. 그 다음에 좌굴, 또는 손상의 중앙부로부터 6 cm를 자른다. ⑥ 레벨링과 라이닝 다음의 안정화 후에 가능한 한 곧바로 좌굴의 양쪽에 대하여 150 m에 위치한 2 지점간에서 부분적인 응력 해방을 수행한다. ⑦ 열차속도제한 기간 중에 선형(줄, 방향) 틀림이 발생하지 않는 것을 조건으로 정상 속도제한을 회복시킨다.

(나) 부류 2작업을 최근에 시행하지 않은 경우

좌굴의 크기가 어떠하든지 간에 상기의 절에 나타낸 절차를 따른다(그 때에 뒤틀린 레일의 가능성을 배제할 수 없으므로 좌굴 길이에 걸친 레일의 교체가 필수적이다). 변형의 원인을 결정하고 확인하는 것이 불가능한 경우에는 작업을 일단 완료한 후에 적어도 1주일 동안 100 km/h의 최대 속도제한을 유지하면서, 보수된 구간을 지리적, 기후 조건에 따라 관할 부서가 명시한 어떤 기간 동안 특별한 모니터링을 하여야 한다.

(3) 장대레일의 우발적인 과열

장대레일 과열의 경우에는 장대레일의 안정성 조건을 변경시킬 만큼 큰 참조온도의 변화를 짐작할 수 있다. 그러므로, 과열된 구간(또는, 400 m 이내만큼 분리되어 연속한 구간)과 양쪽의 150 m를 포함하는 길이에 걸쳐 가능한 한 신속하게 부분적인 응력 해방을 실시하여야 한다. 부분적인 온도 응력 해방 전에 레일온도가 "① 궤도가 안정화된 경우에는 45 ℃, ② 보수작업 후에 궤도가 안정화되지 않은 경우에는 20 ℃"의 값에 도달하는 경우에는 100 km/h의 속도제한과 연속한 모니터링을 적용하여야 한다. 취하여야 하는 조치(그대로의 상태, 관찰, 제거 등)를 결정하기 위하여 레일전문가의 동의 하에 관련된 레일에 대한 브리넬 경도를 측정한다. 어떠한 크기의 줄(방향)틀림이라도 탐지되는 경우에는 상기의 제3.9.5항과 제3.9.6(1), (2)항을 전체적으로 적용하여야 한다. 줄(방향)틀림이 없는 콘크리트 침목 구간에서 레일패드와 체결장치가 훼손되지 않은 사실에 의하여 과열이 작은 것으로 확인되는 경우에는 가열된 구간 양쪽의 100 m에 걸친 응력 균질화로 충분하다.

3.9.7 장대레일 응력 해방 동안의 곤란

(1) 유압 잭을 이용한 응력 해방
(가) 인장 후에 얻은 틈이 용접작업에 허용된 틈보다 작은 경우

1) 경우 1 : 사용된 유압 긴장기가 컨트롤된 인장력의 해방을 허용하는 경우 → 값 s(mm)가 얻어

질 때까지 인장력을 줄인 다음에 용접을 한다.

2) 경우 2 : 사용된 유압 긴장기가 컨트롤된 인장력의 해방을 허용하지 않는 경우 → ① 고정(앵커링)구간의 길이 Z보다 크거나 같은 길이에 걸쳐 틈의 양쪽 체결장치를 체결한다. ② 유압 긴장기의 인장을 해방한다. ③ 유압 긴장기를 사용하여 틈을 값 s(mm)로 조정한다. ④ 용접을 한다. ⑤ 용접부가 냉각된 후에 용접부의 양쪽 50 m에 걸쳐 균질화하여 작업을 완료한다.

(나) 연속한 표시 사이에서 측정한 실제 신장이 이론적 신장한계를 벗어나 있는 경우

1) 경우 1 : 결점이 국부로 제한되고 위쪽과 아래쪽 궤도에서 측정한 신장이 이론적 신장한계 이내에 있는 경우 → 롤러를 철거하기 전에, 결점이 있는 구간과 양쪽의 두 50 m 구간에 걸쳐 기계적 망치나 고무 메를 사용하여 타격한다.

2) 경우 2 : 고정(앵커링)구간 쪽의 첫 번째 표시에서 측정한 신장이 최소 이론적 신장보다 작은 반면에 유압 긴장기 쪽의 마지막 표시에서 측정한 신장이 최대 이론적 신장보다 큰 경우 → 이 결점은 롤러 위에 놓인 길이에 걸친 높은 마찰의 존재(부정확한 진동, 여전히 체결되어 있는 체결장치, 레일의 신장을 방해하는 용접 덧살, 작은 반경의 곡선부분 등)에서 생긴다. 마찰의 원인을 확인하여 제거하여야 한다. 그 다음에 레일이 다시 0 응력에 이르게 하면서 응력 해방을 반복한다.

3) 경우 3 : 응력 해방 길이의 절반에 대한 $\Delta\lambda_{mean} = \dfrac{\text{마지막 표시에서 측정된 변위(mm)}}{50 \text{ m 간격의 수}}$ 이 이론적 신장한계를 벗어날 정도로 마지막 표시에서 얻은 신장이 틈의 양쪽에 대하여 대단히 다른 경우 → 이것은 틈의 한쪽에 대한 마찰이 다른 쪽에 대한 것보다 큰 것을 의미한다(다른 진동, 다른 궤도선형 등). 마찰의 원인을 확인하여 제거하여야 한다. 그 다음에 레일이 다시 0 응력으로 되게 하면서 응력해방을 반복한다. 필요시에는 절단부의 양쪽에 대한 궤도선형이 균형을 잡도록 응력을 해방하려는 구간을 몇 개의 구간으로 나눈다.

(2) 자연 온도에서 응력 해방

- 0 응력이 되게 한 후에 t_o가 22 ℃ 미만인 경우 : (제3.4.4항에 따라) 유압 긴장기를 사용한다.
- 0 응력이 되게 한 후에 t_o가 28 ℃보다 큰 경우 : 제3.4.5항을 계속 적용한다. 그 때는 이 응력 해방을 임시인 것으로 간주한다. 제3.4.2항에 주어진 온도 조건에서 응력 해방을 다시 수행한다.
- 응력 해방 온도의 계산 값 t_λ이 22 ℃ 미만인 경우 : 응력 해방을 수행한 것으로 고려하지 않는다. 제3.4.2항에 주어진 온도 조건 하에서 가능한 한 곧바로 관련된 장대레일 구간을 다시 응력 해방하여야 한다.
- 응력 해방 온도의 계산 값 t_λ이 28 ℃보다 큰 경우 : 이 때는 응력 해방이 임시인 것으로 간주한다. 제3.4.2항에 주어진 온도 조건 하에서 응력 해방을 다시 수행한다.

3.9.8 육성 용접의 대처 및 용접 절차상의 하자

(1) 육성 용접의 대처

- 개요 : 예비연마 동안 금속제거에 허용된 깊이 한계(현장에 대한 작업 조건의 함수로서)에 도달하였을 때는 손상이 제거되지 않을 수도 있다. 그 때는 제거되지 않은 손상부에 대하여 임시 육성 용접을 한다. 제거되지 않은 손상부에 대한 임시 육성 용접의 경우에는 충전물의 야금 품질이 보장되지 않고 보수한 부분의 급속한 열화의 위험이 있기 때문에, 특별한 절차를 적용하여야 한다.

- 레일의 예방연마 동안에 잔류 손상에 직면할 때 용접자가 취할 조치 : ① 아크 용접으로 육성 용접을 수행한다. ② 용접자 표시를 한다. ③ 구멍을 뚫지 않고 이음매판을 대어 가능한 한, 곧바로 보강한다. ④ 궤도에 남아있는 손상을 궤도 팀의 감독자(또는 그의 대리인)에게 통보한다(용역 보수의 경우). ⑤ 작업예정 보고서와 일상 보고서에 결과를 기록한다. 궤도 팀의 감독자(또는, 그의 대리인)는 10 일의 한계 이내에 궤도에 남아있는 손상을 포함하는 레일요소의 교체를 계획하여야 한다.

- 제거되지 않은 손상부에 근접한 레일에 대하여 기타 보수를 하는 경우에 용접자가 취할 조치 : 궤도 팀의 감독자(또는, 그의 대리인)나 용접검사자의 의견이 제시될 때까지 이들의 수리를 실시하지 않는다.

(2) 용접 절차상의 하자

권고를 준수하지 않으면, 다음의 특징적인 손상의 출현으로 이끈다. 여기서, 손상의 원인을 함께 나타낸다.

- 단면의 불완전한 용해 : ① 불충분한 예열, ② (용접 범위를 벗어난) 너무 작은 용접 틈, ③ 불충분하게 중심을 맞춘 몰드, ④ 비스듬한 절단, ⑤ 늦은 태핑(용강 주입), ⑥ 불충분한 단부 청소

- 레일 두부의 불충분한 채움 : ① (용접범위를 벗어난) 너무 넓은 용접 틈, ② 부적합한 충전재, ③ 누출

- 레일 두부의 파이핑 : 상기의 손상과 같은 원인

- 복부 균열 : ① 안내가 없이 토치 절단, ② 결점이 있는 조절기 값으로 행한 토치 절단(기계적 파손이나 굳어짐 현상), ③ 레일 단부의 검사 동안 탐지되지 않은 균열.

- 슬래그 함유 : ① 시기 상조의 태핑(용강 주입), ② 부정확하게 설치되거나 결여된 씌움 고리, ③ 불충분하게 중심을 맞춘 도가니, ④ 부적합한 충전재

- 모래 함유 : ① 몰드를 조립할 때 주의 부족, ② 버너를 철거할 때 몰드의 손상, ③ 과도한 예열

- 구멍 : ① 표면에 전개되는 큰 구멍 : 젖은 몰드, ② 표면에 뚫린 작은 구멍이나 주행면의 작은 흑색 원형의 반점 : 습기가 있는 도가니, ③ 레일 저부 아래 덧살 주위의 기공 : 부정확하게 위치하였거나 과다한 양이 첨가된 내화 접착제

- 금속 박피(剝皮, pick-up) : ① 레일 두부에 대하여 : 너무 고온일 때 용접부의 덧살 제거, 덧살을

제거하기 전에 청소하지 않은 두부, ② 레일 저부에 대하여 : 고온 초벌의 처리가 없이 덧살의 냉간 제거

- 고온 균열 : 용접부가 냉각되기 전에 열차가 용접부를 통과
- 용접부의 처짐 : ① 용접부가 냉각되기 전에 열차가 용접부를 통과, ② 잭이나 받침대가 사용되었을 때, 덧살 제거 전의 불충분한 추가 고정

3.10 레일과 장대레일 변화의 모니터 방법

3.10.1 카드식 레일 색인시스템

(1) 적용 범위

이 항목은 고속선로 레일파일의 관리에 관련된 모든 특별 요구 조건에 적용하며, "① 파일의 목적, ② 작성 동안 적용된 규칙과 원리, ③ 개정과 레일표시 변경 파일의 작성 규칙, ④ 레일 파일에서 작성된 문서와 이용할 수 있는 정보" 등에 관한 사항을 규정한다.

(2) 파일의 목적

파일의 본질적인 목적은 안전에 관련된다. 결함이 의심되는 레일을 즉각적이고 신뢰할 수 있게 조사하도록 야금 특성과 함께 레일의 각 위치를 항상 알 수 있어야 한다. 파일은 향후 고속의 교통 하에서 레일의 거동을 조사하기 위한 도구를 구성할 것이다.

(3) 파일의 구성 원리와 규칙

(가) 일반 원리

각 보수작업 후에 파일을 정확하게 개정할 수 있도록 각각의 레일을 모호함이 없이 확인 표시하여야 하며, 이 확인 표시는 레일의 부설과 철거 사이에 변경되지 않아야 한다. 그러므로, 레일에 표시된 개개의 확인표시가 필수적이다. 따라서, 확인 표시된 모든 레일은 레일의 금속정보 및 부설정보와 함께 컴퓨터 메모리에 저장한다. 선로레일 특성의 각각의 부분적인 변경은 파일이 언제라도 현장 상황을 정확히 묘사하도록하는 개정의 주체이다. 이 개정은 관찰된 손상과 제거 파일의 작성이 수반된다. 이 파일은 파일 구성요소 중의 하나를 기초로 하여 언제라도 조사할 수 있다. 이하에서는 프랑스 철도의 예를 설명한다.

(나) 레일의 확인 표시와 마킹

궤도의 km 표에 표시된 각 킬로미터 이내에서 각 요소레일(일반적인 경우에 25 m 제품의 레일)에 대하여 (궤도의 어느 위치이든지 킬로미터의 방향과 함께 증가하는) 일련번호가 할당된다. 일부 변경을 고려하기 위하여 추가색인이 마련된다. 이 일련번호와 색인은 스프링 클립으로 레일에 고정된 표시판의

형으로 레일에 표시된다.

   (다) 확인 표시의 특별한 경우

   1) 응력 해방 용접부의 존재 : 응력 해방 용접부가 요소 레일을 두 부분(이들 두 부분은 같은 야금 특성을 가지고 있다)으로 나누는 경우에 두 요소의 각각은 같은 일련 번호를 가지지만 다른 색인(킬로미터 방향으로 1과 2)이 할당된다.

   2) 레일번호 부여의 관례 : 궤도 1과 2에 대하여 상기에 언급된 원리가 유효하다. T_1/T_2나 T_2/T_1 크로스오버의 경우에 궤도에 대한 km의 방향에서 만나는 첫 번째 분기기의 선단 지점이 궤도 1에 있고 궤도 2에 대하여 역으로 있다면, 분기 궤도(분기선)상의 레일은 궤도 1처럼 고려한다.

   (라) 선로를 사용하기 전의 파일 개정

   표시판은 응력 해방 후에 가능한 한, 곧바로 레일에 설치한다. 그러므로, 파일의 개정을 필요로 하는 보수 레일토막은 선로가 상업운전에 들어가기 전에 삽입한다. 향후 조사의 왜곡을 피하기 위하여 이들의 개정은 운영중인 선로의 정규 유지보수로부터 생기는 일부 변경 작업과 구분된다. 다음의 경우들을 리스트로 나타낸다. ① 요소레일의 앞쪽 끝에 토막 레일의 삽입 : 토막레일에는 색인 "X"가 주어진다. ② 요소레일의 중간부에 토막 레일의 삽입 : ⓐ 토막 레일에는 색인 "Y"가 주어진다. ⓑ 최초 레일의 두 부분은 색인 1과 2가 주어진다. ③ 요소레일의 뒤쪽 끝에 토막 레일의 삽입 : 토막 레일에는 색인 "Z"가 주어진다. ④ 요소레일의 완전한 교체 : 새 레일에는 "T"가 주어진다.

   (4) 개정 파일의 작성 규칙(번호 부여의 변경)

   – 일반 원리 : 레일에 대한 각각의 작업(전체 교체나 부분 교체, 또는 수리)에 관하여는 현장의 번호부여 변경과 동시에 파일을 작성하며, 명시된 조건에 따라 전달되어야 한다. 번호부여 규칙 : ① 추가된 토막 레일은 알파벳 순서(A, B, 등)로 시작하는 문자로 색인을 단다. ② 최초 레일의 분리 부분은 용접수리 토막이 삽입되는 경우를 제외하고 각 작업 시에 숫자(01 02, 등)로 색인을 단다.

   – 각종 개정의 경우에 대한 설명 : ① 연속한 일련의 레일 제거 : 연속한 일련의 레일 제거의 여러 경우에 관련표를 작성하고 관할 부서에 전달한다. ② 파일의 전달 : 궤도에서 번호부여의 원인으로 되는 보수작업 직후에는 현장에서 표시판을 붙여야 하며 해당되는 파일을 기재한다. 이 파일은 (본 관리에 대한 사본과 분소 관리레벨에서 유지된 사본과 함께) 관할 부서에 즉시 제출하여야 한다. 채택하는 개정 절차에 의심이 가는 경우에는 관할 부서에 문의한다.

   (5) 이용할 수 있는 정보 문서의 작성

   안정된 작업을 위하여 계획된 파일은 관할 부서에 간단히 전화로 요청하여 언제라도 이용할 수 있다. 파일에 포함된 어떠한 정보(레일번호, 용접공장, 길이, 제강공장, 양각, 또는 음각 표시)라도 종류(소트)키나 선택키로서 사용할 수 있다. 각 분소의 레일 리스트는 분소장이 사용하도록 프린트한다. 이 리스트는 소정의 정보(레일표시, 용접공장 등)를 가진 선로의 모든 레일을 포함한다. 이 리스트의 발행주기는 일정하지 않으며 파일에서 행해진 변경의 빈도와 크기에 좌우된다. 분소장은 두 발행 사이에서 최신의 것으로 개정할 수 있다. 필요에 따라 기타 보고서를 작성할 수 있다(예를 들어, 철거 상황).

3.10.2 레일마모의 측정

(1) 원리

다음과 같이 4개의 품질레벨을 정의한다. ① 품질레벨 TV(목표 기준, target value) : 이 기준은 궤도유지보수작업 시에 목표로 하는 품질이다. 레일이 다음의 검사주기까지 보수가 없이 지속할 수 있어야 한다. ② 품질레벨 WV(주의 기준, warning value) : 이 기준은 여전히 허용되지만, 관찰이 필요하거나 계획 보수가 필요하다. ③ 품질레벨 AV(보수 기준, action value) : 이 품질레벨은 열등한 품질에 해당하며, 짧은 기간내의 정정 보수작업이 필요하다. ④ 품질레벨 SV(속도제한 기준, speed reduction value) : 정상의 열차교통을 허용할 수 없다.

(2) 레일 두부 마모 기준(UIC 60 레일)

고속 선로에 적용할 수 있는 UIC 60 레일 두부 마모의 품질레벨은 표 3.31, 이에 대한 용어의 정의와 측정 방법은 표 3.32에 나타낸 것과 같다.

(3) 부식에 의한 레일-복부 두께 감소의 기준(UIC 60 레일)

고속 선로에 적용할 수 있는 UIC 60 레일에서 부식에 의한 레일-복부 두께 감소의 품질레벨은 표 3.33, 이에 대한 용어의 정의와 측정 방법은 표 3.34에 나타낸다.

표 3.31 고속선로에 적용할 수 있는 레일 두부 마모의 품질레벨(용어는 표 3.32 참조)

품질수준	독특한 파라미터와 취하여야 하는 조치	U 한계 값 (mm)	추가 측정
목표 기준 (TV)	선로의 유형에 좌우되는 부설시 U의 최대 값	5.2	- 레일 두부 마모 변화의 육안 관찰 - 필요시 샘플링에 의한 U_V와 U_L 측정
주의 기준 (WV)	U의 값이 10 m 이상에 걸쳐 한계 값을 넘을 때는 레일마모의 국지적 발달에 좌우되는 빈도로 U_V와 U_L를 체계적으로 측정한다.	11	- 마모의 변화를 모니터하기 위하여 사용된 문서의 작성 - U_L가 8 mm를 넘는 경우에는 레일/게이지 2 접촉을 시험한다. 접촉이 200 mm 이상에 걸쳐 마커선 아래에 위치하는 경우에는 3일 이내에 레일을 철거하고 조정하는 동안 레일두부의 궤간 측면에 기름칠을 한다.
보수 기준 (AV)	U값이 10 m 이상에 걸쳐 한계 값을 넘을 때는 레일의 교체를 준비한다.	13	마모의 국지적 발달에 좌우되는 빈도로 U_V와 U_L의 체계적인 측정과 게이지 점검을 계속한다.
속도제한 기준(SV)	U값이 10 m 이상에 걸쳐 한계를 초과할 때는 레일이 교체될 때까지, 40 km/h의 속도제한(속도가 40 km/h 이하인 구간은 20 km/h)을 부과하여야 한다.	14	마모의 국지적 발달에 좌우되는 빈도로 게이지 2 점검을 계속한다.

표 3.32 레일 두부 마모에 대한 용어의 정의와 측정 방법

파라미터	정의	검사	측정 방법
M (kg/m)	새 레일의 단위 길이당 중량		새 레일의 도면 참조
두부 총 마모 U (mm)	$U = U_L + 0.6\,U_V$	관련된 등균일 구간에서 U의 좋은 표현에 충분한 측점의 수를 선택하여 U_V와 U_L를 측정한다.	
두부 횡 마모 U_L (mm)	주행표면 아래 15 mm에서 측정한 새 레일두부(공칭 값)와 마모레일 두부간의 폭 차이		캘리퍼스 게이지
두부 수직 마모 U_V (mm)	새 레일두부(공칭 값)와 침목간의 레일 중심선에서 측정한 마모레일 두부간의 높이 차		캘리퍼스 게이지나 공인된 초음파 두께 측정장치
레일/게이지 2 접촉	게이지 2는 새 타이어를 나타낸다. 레일과의 타이어 접촉은 일반적으로 게이지의 마커선 위에 위치한다.	U_L이 상당한 구간($U_L \rangle$ 8 mm)에서 점검한다.	게이지 2가 붙은 측정 자

표 3.33 고속선로에 적용할 수 있는 부식에 의한 레일-복부 두께 감소의 품질레벨(용어는 표 3.34 참조)

품질수준	특징적인 파라미터와 취하여야 하는 조치	R_W 한계 값 (mm)	추가 측정
목표 기준 (TV)	선로의 유형에 따른 부설시 R_W의 최대 값	2	- 복부 두께 감소 변화의 육안 관찰 - 필요시 샘플링에 의한 T 측정
주의 기준 (WV)	R_W 값이 한계 값을 초과할 때는 복부두께 감소의 국지적 발달에 좌우되는 빈도로 체계적으로 레일을 측정한다.	5	R_W 변화를 모니터하기 위하여 사용한 문서의 작성
보수 기준 (AV)	R_W 값이 한계 값을 초과할 때는 레일의 교체를 예정한다.	6	R_W 감소의 국지적 발달에 따른 빈도로 R_W 감소의 체계적인 측정을 계속한다.
속도제한 기준(SV)	R_W 값이 한계값을 넘을 때는 레일이 교체될 때까지 40 km/h의 속도제한(속도가 40 km/h 이하인 구간에서는 20 km/h)을 부과하여야 한다.	7	

표 3.34 부식에 의한 레일-복부 두께 감소에 대한 용어의 정의와 측정 방법

파라미터	정의	검사	측정 방법
T (mm)	이음매판볼트 구멍축의 높이에서 새 레일 복부의 공칭 두께		새 레일의 도면 참조
T' (mm)	이음매판볼트 구멍축의 높이에서 측정한 레일복부의 실제 두께	관련된 등균일 구간에서 R_W의 좋은 표현에 충분한 측점의 수를 선택하여 T 측정	캘리퍼스 게이지
R_W (mm)	R_W = 복부 두께의 감소 $R_W = T - T'$		

(4) 노치, 또는 부식에 의한 레일 저부 단면 감소의 표준(UIC 60 레일)

고속선로에 적용할 수 있는 UIC 60 레일에서 노치, 또는 부식에 의한 레일저부 단면감소의 품질레벨은 표 3.35, 이에 대한 용어의 정의와 측정 방법은 표 3.36에 나타낸다.

표 3.35 고속선로에 적용할 수 있는 노치, 또는 부식에 의한 레일 저부 단면 감소의 품질레벨(용어는 표 3.36 참조)

품질레벨	독특한 파라미터와 취하여야 하는 조치	표시 유형에 좌우되는 R_B의 한계 값(mm)					추가 측정
		A	B	C,D	E	B+E	
목표 기준 (TV)	선로의 유형에 따른 부설시 R_B의 최대 값	3	2.5	2	1	4	- 레일저부 손상 변화의 육안 관찰 - 필요시 샘플링에 의한 R_B 측정
주의 기준 (WV)	R_B 값이 한계 값을 넘을 때는 레일 저부 두께 감소의 국지적 발달에 좌우되는 빈도로 체계적으로 레일을 측정한다.	4	4	3	2.5	5	레일저부 손상 변화를 모니터하기 위하여 사용된 문서의 작성
보수 기준 (AV)	R_B 값이 한계 값을 넘을 때는 레일의 교체를 예정한다.	5	5	4	3	6	레일저부 손상의 국지적 발달에 좌우되는 빈도로 R_B의 체계적인 측정을 계속한다.
속도제한 기준(SV)	R_B 값이 한계값을 넘을 때는 레일이 교체될 때까지 40 km/h의(속도가 40 km/h인 구간에서는 20 km/h)의 속도제한을 부과한다.	6	6	6	6	7	

표 3.36 노치, 또는 부식에 의한 레일 저부 단면 감소에 대한 용어의 정의와 측정 방법

파라미터(mm)	정의	검사	측정 방법
A	레일 저부 플랜지 상부의 필렛 옆쪽에 대한 클립의 자국	관련된 균일한 구간에서 R_B를 잘 나타내는 간격을 선택하여 R_B를 측정한다.	깊이 게이지, 또는 자국의 유형에 적용된 탬플릿. E형 자국에 대한 초음파 높이 측정 장치(개별적, 또는 연속적인 측정)
B	레일 저부 플랜지 상부의 가장자리 쪽에 대한 클립의 자국		
C	저부 끝 부분의 자국		
D	저부 바닥 가장자리에 대한 체결장치 숄더의 자국		
E	저부 하면부의 자국(특히, 부식의 경우)		
R_B	레일 저부 손상의 깊이		

3.10.3 레일의 초음파 탐상

레일과 용접부의 점검은 짧은 기간 안에 주행하중 하에서 절손으로 이끌지도 모르는 내부 피로손상을 탐지하고 위치를 파악하기 위하여, 그리고 또한 그러한 사고를 방지하려는 관점에서 필요하다(측정방법은 제3.7절 참조). 중요한 선로에 대하여는 경년과 지지된 통과 톤수 기준을 기초로 하여 정립한 상세한 프로그램에 따라 이 목적으로 궤도를 시험하는 특수 기계류를 사용한다. 시험의 주기는 레일의 품질에도 좌우되며, 레일의 품질은 야금의 프로세스와 공장검사를 통하여 계속하여 개량되고 있다. 기계류의 감도는 궤도에 남아있는 손상이 손상 전파 법칙에 따라 다음의 검사 전에 일어남직한 레일의 파단이 되는 크기에 도달하지 않게 될 정도로 설정한 최소 값보다 더 큰 크기의 모든 손상을 탐지하도록 조정된다. 기계는 전자기와 초음파 프로세스를 사용하여 기록된 손상을 탐지하고 현장에서 손상의 위치를 파악하며 손상의 본질과 심각하기의 정도를 결정한다. 슬라이딩 탐촉자 기술을 이용하는 기계는 40 km/h의 속도로 작업할 수 있다. 새로운 검사 차에서는 수령된 정보를 손상의 본질표시 확인과 함께 차상 컴퓨터로 프로세스하고 저장한다. 분기기의 검사는 전적으로 수(手)작업이며 텅레일과 기본레일, 구성레일과 이음매

레일 단부에 관련된다. 분기기에서 기계 가공한 레일의 검사는 통과 톤수가 많은 선로에서 절대적으로 필수적이며, 그 이유는 파단이 열차운행에 상당한 영향을 주기 때문이다. 탐상 설비가 내장된 특수차량의 사용이 정당화되지 않는 하급 선로에서는 "① 검사 차, 또는 트레일러에 설치된 장비(20 km/h), ② (예를 들어, 재사용 레일을 다시 사용하기 전에 시험하기 위하여) 인력으로 이동시키는 트롤리에 설치된 2레일 검사장치, ③ 궤도특성을 검사하고 손상의 정확한 위치를 확인하기 위하여 단순한 디스플레이를 가진 포터블 기구" 등과 같이 경비가 적게 드는 해결방법을 사용할 수 있다.

3.10.4 레일의 기록

(1) 레일의 표면 상태

레일 주행표면의 상태, 특히 파상 마모의 탐지와 기록은 자체추진 특수 기계로도 수행한다. 손상은 전자기 신호를 발생시키는 기계적 검측차로 검출한다(제2.1.4(6)항 참조). 신호는 전자장치로 필터되고 적분된다. 얻어진 기록은 각 레일에 대한 손상의 크기와 파장의 특징적인 값을 준다. 이들의 기록은 연마로 처리하려는 궤도구간의 정밀한 확인을 위하여 사용한다. 이들의 작업은 흔히 레벨링을 보충하며 중량의 광산교통과 과밀한 도시교통(동일 유형의 빈번한 열차)에 사용되는 궤도에서 절대적으로 필요하다. 이들의 교통유형은 (불충분하게 확인된 원인이 포함된) 그러한 손상의 출현을 조장하며 면 틀림의 진행을 가속시킨다.

(2) 궤도 레벨링에 대한 연마의 효과
(가) 탬핑의 완성으로서의 연마

궤도 선형의 복구는 현대적 탬퍼(멀티플 타이 탬퍼)로 수행하며, 이 탬퍼는 절대 참조기선을 사용할 때 3과 25 m(또는, 그 이상) 사이의 파장을 가진 틀림을 정정한다. 이에 반하여 3 m보다 짧은 파장에 대하여는 기계적 탬핑이 실용적으로 효과가 없다. 이들의 틀림은 높은 동하중의 근원이며 궤도선형의 그 후 틀림 진행에 기여한다. 단파장 선형 틀림을 일으키는 대부분의 레일표면 손상은 연마로 제거할 수 있다. 따라서, 연마는 궤도선형의 개량과 틀림진행 속도의 감소를 마련하며 탬핑을 완성하는 작업이다.

(나) 선형 개량

선형의 불충분한 품질이 주로 레일 표면결함과 특히 단파장 파상 마모에 기인하는 경우에는 현장의 레일연마만이 그러한 상황의 개선을 마련한다. 이하의 예는 탬핑 + 연마로 얻어진 개량을 나타낸다.

(다) 궤도 선형틀림 진행속도의 감소

연마는 두 보수 작업간에서 주기의 증가에도 기여할 수 있다. 이 기여는 ① 궤도도상 구조의 더 좋은 품질, ② 단파장 손상의 더 많은 비율, ③ 궤도선형의 더 높은 틀림진행 속도 등에서 더 중요하다.

(라) 고속선로의 예

탬핑 작업의 빈도가 높은 고속선로의 구간에서 탬핑 + 연마작업은 50 %에 이를 만큼 궤도 틀림진행을 감소시킨다.

3.10.5 레일 수명의 확률적 접근법

(1) 레일 수명의 확률론적 접근법

레일이 지지하는 하중이 더 클수록 보수하여야 하는 손상과 절손의 빈도가 증가하며, 레일을 교체하는 것이 더 경제적으로 되어 가는 시점이 온다. 확률분포를 사용하는 레일철거의 통계분석은 궤도에 대한 레일 모집단의 나머지 수명을 평가하는 데도 사용한다. 철도망으로부터의 경험은 이른바 웨블(Weibull) 분포가 레일파손의 표현에 좋은 수학모델이라는 것을 나타내었다.

웨블 분포 함수는 $F(x) = P(X \leq x)$, $F(t) = 1 - e^{-(t/\eta)^\beta}$의 형을 가진다. 여기서,

- 확률 밀도 : $f(x) = \dfrac{df(x)}{d(x)}$ $f(t) = \dfrac{\beta}{\eta^\beta} t^{(\beta-1)} e^{-(t/\eta)^\beta}$

- 파손 율 : $h(x) = \dfrac{f(x)}{1-F(x)}$ $h(t) = \dfrac{\beta}{\eta^\beta} t^{(\beta-1)}$

- 누적 파손 율 함수 : $H(x) = h(x)dx$ $H(t) = (t/\eta)^\beta$

  β : 형상 파라미터(레일에 대하여 $\beta = 3$), η : 분포의 스케일 계수

웨블 분포는 곡선을 선형화하고 결과의 해석을 용이하게 하기 위하여 대수-대수 좌표 상에 나타낸다. 어떤 누적 통과 톤수에서 실제 파손율의 지식은 웨블 선의 기울기를 결정하고 파손의 누적 퍼센트가 레일 교체를 경제적으로 정당화할 수 있는 것으로 고려되는 분계 점에 도달하는 누적 통과 톤수를 평가하기 위하여 사용한다.

(2) 균일한 구간에서 철거의 예측

일반적인 분포가 모든 레일에 대하여 설명하므로($\beta = 3$을 가진 웨블), 균일한 궤도 구간(같은 단면, 같은 해에 부설, 같은 통과 톤수)은 전체 모 집단의 대표 샘플조사로 간주할 수 있다. (특수한 부설이나 보수의 경우를 배제하는) 이들 샘플은 원칙적으로 구간의 품질에 따라 변화하는 모수 η만을 가지고 동일한 철거 분포에 따라야 한다. 이미 어떤 통과 톤수를 지지한 구간에 대하여 철거곡선이 시작된 경우에는 미리 정한 주기 이내에 필요하게 될 철거의 아이디어를 주도록 외삽법으로 추정할 수 있다. 외삽법은 다음에 기술하는 어떤 조건들을 수행한다.

(3) 그래프를 사용하는 실용적인 방법

그래프를 사용하는 실용적인 방법은 다음에 의한다. ① 횡 좌표를 따라 t(여기서는 백만 톤)의 값을 표시한다. 종 좌표는 누적 퍼센트 교체의 눈금을 나타낸다(그림 3.47). ② 일상의 통과 톤수가 그 동안에 변화할 수 있는 사실을 고려하면서 궤도가 부설된 이후 각 연도에 지지한 통과 톤수를 계산한다. ③ 통과 톤수를 1년 이상으로 나누어지는 구획(충분한 시점을 얻도록 적어도 4, 또는 5구획)으로 나눈다. ④ 각각의 이들 구획의 범위 내에서 구간의 레일 수에 관한 철거의 비율(P = 구획에서 철거의 수 / 구간에서 레일의 수)을 계산한다. ⑤ 그래프 용지에 점을 도시할 수 있도록 이들 퍼센트의 누적 값을 계산한다. ⑥ 점들을 통하여 가장 적당한 직선을 그린다.

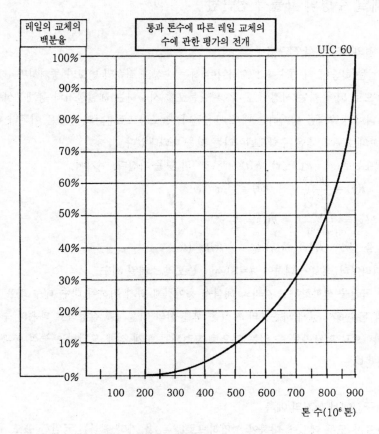

그림 3.47 그래프를 이용한 레일 수명의 예측

(4) 결과의 해석에 관한 규정

　도시된 선은 '미지'로 남아있는 실제 분포의 파라미터 η와 β의 점 추정(즉, 선택된 샘플에 관련된)만을 마련한다는 것을 알아야 한다. 이 추정은 구간이 더 길고 그리고/또는 지지된 통과 톤수가 더 높을수록 더 좋다. 그러나, 그것이 더 좋더라도 실제 문제로서 신뢰구간이 그것에 관련되어야 하기 때문에 통계적 평가는 수학적 신뢰에 비교될 수 없다. 그러므로, 조사 후 10년 동안 개개 레일에 발생하는 철거 수량의 예측에 의문이 없지만 오히려 몇 년에 걸친 경향의 예측에 의문이 있다. 이들 조건 하에서 조사된 구간이 충분히 길고(200~300 레일), 통과 톤수가 충분히 많으며(2억 5천만 톤), 얻어진 점들이 충분히 선형이라면 다음의 3년에 걸쳐 철거의 퍼센트를 합리적으로 추정할 수 있다.

3.10.6 장대레일의 관리대장과 장대레일 파일

(1) 장대레일의 관리대장(현장 작업 완료의 확인)

장대레일의 부설에 관련된 여러 가지 절차의 정확한 실행은 '장대레일 관리대장'이라 알려진 문서의 작성으로 이루어진다. 이 문서는 장대레일의 실제 작업 파라미터에 대하여 가장 정확하고 가능한 정보를 기록하는 것이 목적이다. 이 문서는 다음의 네 조건이 충족될 때 분소장이 작성한다. ① 규정 도상 단면을 준수한다. ② 적용할 수 있는 규칙에 따라 장대레일의 응력을 해방하였다. ③ 추가의 레벨링을 수행하였다. ④ 추가의 레벨링 후에 궤도를 안정화하였다.

표 3.37 주행 궤도 장대레일 안정화 카드

	안정화	콘크리트 침목	기타 침목
멀티플 타이탬퍼를 제외한 모든 부류 2의 작업	블로잉(blowing)에 의하거나 경량 레벨링 탬퍼, 또는 탬핑 바를 사용하는 레벨링. 15 mm 이하의 충분한 지점간의 리프팅 및 20 mm 이하의 이정	… 일	… 일
	블로잉에 의하거나 경량 탬퍼, 또는 탬핑 바를 사용하는 레벨링. 15 mm 이상, 20 mm 이하의 양로 및/또는 20 mm 이상 40 mm 미만의 이정. 기타의 부류 2작업	… 일	… 일
멀티플 타이탬퍼를 이용한 레벨링 작업	DTS 작업이 없이 50 mm 이하의 높은 점간 리프팅과 20 mm 이하의 이정	… 일	… 일
	DTS 작업을 하는 50 mm 이하의 높은 점간 리프팅과 20 mm 이하의 이정	… 일	… 일
	DTS 작업이 없이 없이 50 mm 이상의 높은 점간 리프팅과 20 mm 이상의 이정	… 일	… 일
	DTS작업을 하는 50 mm 이상의 높은 점간 리프팅과 20 mm 이상의 이정	… 일	… 일

표 3.38 주행 궤도 장대레일 구간의 작업온도 기준카드

주행궤도		해당 구간의 응력 해방 온도(℃)	작업 가능온도 범위(℃)		장대레일의 중간부 (부동구간) 연장 (신축이음이 있는 경우)	안정화 기간 (DTS 미사용시) (일)
장대레일 번호	위치 (시, 종점)		MTT로 높은 지점에서 ≤20 mm의 양로와 높은 지점 사이에서 ≤50 mm의 양로, 폭 ≤40 mm의 방향 맞춤 작업	장대레일 안정화에 영향을 주는 좌 항 이외의 작업		
①	②	③	④	⑤	⑥	⑦
	~					
	~					
	~					
	~					
	~					
	~					
	~					
	~					

※ 1. 장대레일에 연결된 분기기 전후 100 m 구간의 응력 해방 온도는 20 ℃로 본다.
　 2. MTT : 멀티플 타이 탬퍼. 3. DTS : 동적 궤도 안정기

(2) 장대레일 폴더
장대레일이 부설된 궤도 구간의 선로반장은 각 장대레일, 또는 장대레일 부분에 대하여 보수작업을 수

행할 수 있는 레일 온도조건이 기록된 장대레일 폴더(folder)를 갖고 있다. 이 폴더는 선로반장이 작성하고 최신의 것으로 갱신한다. 안정화는 표 3.37, 주행 궤도 작업온도 기준카드는 표 3.38, 장대레일에 연결된 분기기 등에 대한 등가온도 한계는 표 3.39에 나타낸다.

표 3.39 장대레일에 연결된 분기기 등에 대한 등가온도 한계

스위치 타이 탬퍼 또는 멀티플 타이 탬퍼를 이용하지 않는 부류 2 작업	직선과 반경 1,200 m 이상의 곡선	10 ℃/25 ℃
	반경 1,200 m 미만의 곡선	10 ℃/25 ℃
길이 5 m 미만에 걸친 레벨조정과 2 cm 이상의 리프팅을 필요로 하지 않는 기타작업은 온도가 0 ℃ 이하로 떨어지지 않는 한, 10 ℃ 아래에서 수행할 수 있다.		
스위치 타이 탬퍼 또는 멀티플 타이 탬터를 이용하는 탬핑	직선과 반경 1,200 m 이상의 곡선	5 ℃/35 ℃
	반경 1,200 m 미만의 곡선	5 ℃/30 ℃

(3) 중요 권고 사항

중요 권고 사항은 다음과 같다. ① 선로반장의 지시가 없이는 장대레일, 또는 장대레일에 연결된 분기기의 보수를 수행하지 않는다. ② 정해진 금지 사항(리프팅, 하부굴착, 체결장치의 해체 등)을 준수한다. ③ 레일온도가 "ⓐ 유효작업(현장의 개시부터 궤도의 복구까지 기간 : 체결, 도상단면 고르기, 압밀 등) 동안 온도 상한의 초과, ⓑ 안정화 동안 45 ℃의 초과나 온도 상한을 20 ℃ 이상만큼 초과하는" 상태일 때는 명시된 안전 조치(작업의 중지, 속도제한 등)를 적용한다.

3.10.7 육성 용접과 용접의 모니터링

(1) 육성 용접의 모니터링

(가) 아크 육성용접의 점검

용접반장과 용접 검사자는 샘플링에 의하여 작업의 품질을 점검한다. 그들은 전충된 비드(용접부)에 균열이 없는 것을 확인하기 위하여 염색침투 시험을 실시하고 마무리 연마의 기하 구조적 품질을 점검하여야 한다. 이들의 각종 점검은 검사를 수행한 사람이 용접자 마킹 근처에 검사자 표시의 형으로 나타낸다. 더욱이, 용접 검사자는 4 분기마다 각 용접자별로 사용에 기인한 표면손상, 불완전하게 채워진 용접부나 육성용접 재(再)작업에 대하여 20 개의 육성용접 초음파 시험을 착수하여야 한다.

(나) 일상의 보고서

각 용접 팀 및 수행된 모든 작업에 대한 일상 보고서는 "① 작업 진행의 모니터링, ② 프로그램 일정을 유지하고 사용하기 위한 본질적인 정보 제공" 등의 목적을 위하여 작성하여야 한다.

(다) 기술 데이터 문서 : 표면손상 수리 요구서 서식의 사용

컴퓨터화된 프로세싱을 위하여 계획된 이들 문서는 매 주말에 용접 검사자에게 송부하여야 한다. 용접 검사자는 이들 문서를 매월 입력하고, 분소별, 선로 등급별(예를들어,UIC 그룹별)로 "① 처리한 레일의

수, ② 수리한 (사용에 기인한) 표면손상의 수, ③ 제거되지 않은 깊은 균열을 포함하는 육성 용접 레일의 수" 등에 대한 월간 및 당일까지의 연간 총계를 나타내는 월간보고서를 출력한다. 마찬가지로 월간으로 작성한 또 다른 보고서는 각 용접자 표시에 대하여 초음파 탐상으로 검출된 손상을 포함하는 육성 용접과 수리의 월간 및 당일까지의 연간 누적수량을 나타낸다. 어떠한 용접자에 대하여도 1/4분기 동안 초음파 탐상을 한 육성 용접이 10 %보다 많은 손상을 포함하는 것으로 나타나는 경우에 용접 검사자는 20 개의 다른 육성 용접의 초음파 탐상을 착수하여야 한다. 손상을 포함하는 육성 용접의 비율이 다시 10 %를 넘는 경우에 용접 검사자는 용접자에게 근무 의무를 벗어나서 재교육 강습에 등록하도록 요구한다.

(2) 용접의 모니터링

(가) 프로그램 스케줄(P.S.)의 목적

Y-1년의 연말에 Y년의 프로그램 스케줄을 작성하는 목적은 다음과 같다. ① 전체 구역에 대해 예측한 테르밋 용접 작업 및 아크용접에 의한 레일과 크로싱 수리 작업을 나타낸다. ② 이 작업의 수행에 필요한 시간을 추정한다. ③ 전체 인력 수요를 추정한다. ④ 이용할 수 있는 인력과 이들의 수요를 비교한다. ⑤ 이용할 수 있는 인력과 회사, 또는 선로반에서 요구한 잠재적인 보충을 고려하면서, 필요시 작업 스케줄을 수정하여 사무소의 연간 프로그램을 준비한다. ⑥ 예상 작업 스케줄을 완성하며, 이 때에 "ⓐ 어떤 작업에 이용할 수 있는 규정, 또는 기술적 제한, ⓑ 분소 레벨에서 수행(설비의 정기 분해보수, 레벨링 등)하거나, 또는 사무소 레벨에서 예정(궤도갱신, 레일갱신, 연마, 초음파 탐상 순회 등)한 기타 보수작업에 대한 기한, ⓒ 열차운행 금지의 선택, ⓓ 특화된 설비의 유효 기간(예를 들어, 와이어 용접 장치)" 등을 고려한다. ⑦ 관련 분소장이 자체 프로그램 스케줄에 필요한 도움과 보호시간을 포함시킬 수 있게 한다. 프로그램 스케줄의 조사는 연중에 작업의 진행을 모니터하고 (프로그램과 인력의 관점에서) 어떠한 작업상의 지체라도 탐지하여 필요시에 요구된 조정작업을 시행할 수 있게 한다. 이 문서는 연말에 프로그램의 실행과 얻어진 결과(비율)에 관하여 모든 유용한 정보를 얻을 가능성을 마련한다. 그것에서 습득한 교훈은 다음의 연도를 준비하고 현장의 구성을 개선하는데 사용한다.

(나) 연간 활동의 평가서

활동의 평가서는 연말에 작성하여야 한다. 이 평가서는 "① 노동 시간의 할당과 작업량의 면에서 예정된 작업과 행한 작업간의 비교, ② 지난 연도와 비교하여 얻어진 결과의 변화" 등과 같은 주 요소를 포함하여야 한다. 기록된 평가서는 상세히 분석하여야 한다. 변칙을 교정하기 위한 해법을 정의하고 다가오는 해에 대한 용접 팀의 유효성을 개선하기 위하여 관찰된 변칙의 원인을 확인하여야 한다. 각 년도에 대한 최초 프로그램과 결과를 이 특별사항에 책임이 있는 관할 부서에 통지하여야 한다. 이 정보는 결과보고서로 전달하며, "① 최초 예측에 대하여 : Y년도의 1월 15일, ② Y년도의 결과에 대하여 : Y+1년도의 2월 15일" 등의 시기에 제출하여야 한다.

(3) 용접프로그램 스케줄의 평균 할당 시간

표 3.40에 의한다.

표 3.40 용접프로그램 스케줄의 평균 할당 시간(시간과 1/100 시간)

구분			정상 조건	탐지작업
아크용접	레일 단부의 육성 용접	레일이음매	2.0	3.0
	사용에 기인한 표면손상의 수리	단일체	2.2	3.2
	불안전하게 채워진 용접부의 육성 용접	단일체	2.0	3.0
테르밋 용접[1]	주행궤도 레일의 수리	테르밋 용접	3.0	
	주행궤도 레일의 연속작업	테르밋 용접	1.5	
기타 작업	레일 단부와 용접부의 연마만 수행	단일체	0.5	1.5
	접착 이음매의 설치	단일체	4.0	8.0

[1] 기본적인 시간은 용접자 2명의 팀에 유효하다. 이들의 시간은 현장구성이 선로반 직원이 지원하는 용접자 1명의 개입(조정)만을 허용하는 경우에는 0.7로 곱하여야 한다.

제4장 체결장치의 관리

4.1 체결장치의 기능과 기술 시방서

4.1.1 기능 및 적용

레일 체결장치는 레일을 침목에 고정하는 부재로서 레일에 가해지는 열차하중을 침목에 전달하고 궤간을 확보함과 동시에 하중 및 진동에 저항하여야 한다. 경부고속철도의 레일 체결장치에는 '① 자갈도상구간에서는 팬드롤 e클립(시험선 구간)과 팬드롤 패스트(fast)클립(기타 구간), ② 콘크리트 도상구간에는 보슬로 클립, ③ 분기기에는 팬드롤 e클립'을 적용하였다. 팬드롤 e클립 체결장치는 지난 30여 년간 사용하여 우수한 성능이 입증되었으며 체결과 해체를 하는데 있어 주로 소형도구를 이용하여 인력으로 작업을 한다. 팬드롤 패스트(fast)클립 체결장치는 팬드롤 e클립의 성능을 유지하면서 기계화 작업이 용이하도록 개발되었으며 향후 유지관리비를 절감하고 효율적으로 관리하기 위하여 채택하였다. 보슬로 체결장치는 콘크리트 궤도의 구조를 독일에서 사용하고 있는 레다-디비닥 방식으로 채택함에 따라 이 시스템에서 사용하는 보슬로 체결장치를 선택하였다. 보슬로 체결장치는 콘크리트 궤도에서 고저와 방향의 조정이 가능하고 레일 패드 외에 방진패드가 추가되어 있는 것이 특징이다.

4.1.2 팬드롤(e-clip형, fast-clip형) 체결장치의 기술 시방서

(1) 재료

체결장치의 제작에 사용되는 모든 재료는 규정된 시험을 실시하여 품질의 적합 여부를 확인한 후에 사용하고 시험성적서 등을 기록으로 남겨두어야 한다. 재료와 품질의 기준은 다음과 같다. ① 클립의 제조에 사용되는 소재의 재질은 KS D 3701의 SPS 4, 또는 원 제조회사가 승인한 강종에 적합하여야 하며 완제품의 경도는 HRC 44~48의 범위이어야 한다. ② 절연블록의 제조에 사용되는 재료는 열안정성 고점도 나일론 66을 사용하여야 하여야 하며 소재와 제품의 물리적 성질은 표 4.1의 조건에 적합해야 한다. ③ 레일 패드의 재료는 천연고무, 또는 합성고무를 주성분으로 한 흑색 가황 고무로 한다. 재생고무를 사용해서는 안되며 제품의 물리적 성질은 표 4.2의 조건에 적합하여야 한다. ④ 클립걸이(숄더)의 재료는 KS D 4302 2종, 또는 동등 이상의 것을 사용해야 한다.

표 4.1 팬드롤 절연블록의 물리적 성질

구분	시험 항목	기준치
제품	인장 강도	850 kgf/cm² 이상 (상온 건조)
	신율	80 % 이상 (상온 건조)
	경도	Shore Durometer "D" 75 이상
소재	밀도	1.135~1.145 g/cm³ (건조 상태)
	용융 점	250~260 ℃
	전기 고유 저항	함수율 0 %에서 최저 2×10¹²Ωcm
		함수율 1.2 %에서 최저 2×10⁷Ωcm

표 4.2 팬드롤 레일 패드의 물리적 성질

시험 항목		기준치
인장 강도	노화 전	170 kgf/cm² 이상
	노화 후	135 kgf/cm² 이상
신장율	노화 전	300 % 이상
	노화 후	200 % 이상
압축 영구 변형률	노화 시험1	30 % 이하
	노화 시험2	20 % 이하
경도		Shore "A" 65 ~ 75
정적 스프링 계수		80~120 kN/mm
전기 저항		1×10⁸ Ωcm 이상

(2) 검사

(가) 검사 방식 및 수준 : ① 겉모양과 치수 검사는 본 규격에 의거하여 시행하고 납품 수량의 0.5 %를 임의 추출하여 검사한다. ② 겉모양 검사 : 각 부품은 표면이 매끈하고 그 질이 균등해야 하며 비틀림, 요철, 균열 등의 결함이 없어야 한다.

(나) 치수 검사 : ① 각 제품의 치수와 각도 등은 설계도면에 의거하여 검사하되 열간 성형 및 열처리로 인한 변형 등 외형 치수의 측정이 곤란한 제품은 소정의 표준 블록 게이지, 또는 특수 측정 게이지로 측정한다. ② 특히 중요한 하중점 높이의 측정은 다이얼 게이지로 측정하여야 한다. ③ 측정 기구는 제작

자 설비를 이용할 수 있으며, 특히 그 정밀성을 고려하여 클립용 표준 블록 게이지나 하중점 높이 게이지는 원 제작회사에서 제작된 것이나 인증을 받은 것으로 실시하여야 한다. ④ 클립걸이의 표면검사는 육안검사로 하되, 공급자는 중요 치수의 중점관리를 위하여 두부 게이지 및 GO NO 게이지를 제작하여 검사하여야 한다. ⑤ 어떠한 부품을 조합하더라도 레일에 체결된 상태와 동일한 조건대로 설치하여 틀림량을 측정할 경우에 궤도공사 마무리 기준의 허용한도 범위 이내이어야 한다.

(다) 합격 품질 수준 : 검사 결과, 전수가 본 규격에 적합할 경우에 합격으로 한다.

(3) 시험의 종류

(가) 클립 : ① 소재 시험 : ⓐ 기계적 성질, ⓑ 화학분석, ② 제품 시험 : ⓐ 경도, ⓑ 체결력, ⓒ 피로

(나) 절연블록 : ① 소재 시험 : ⓐ 밀도, ⓑ 용융점, ⓒ 전기저항, ② 제품 시험 : ⓐ 인장강도, ⓑ 신율, ⓒ 경도

(다) 레일 패드의 제품 시험 : ① 인장강도, ② 압축강도, ③ 경도, ④ 스프링계수, ⑤ 전기저항

(라) 클립 걸이의 제품 시험 : ① 물리적 성질, ② 경도

(4) 시험 방법

(가) 클립 : ① 소재의 기계적 시험은 KS B 0801의 4호 시편으로 KS B 0802에 의한다. ② 소재의 화학분석 시험은 KS D 1801, 1802, 1804에 의거하여 시행한다. ③ 소재 시험은 소재 제조업체의 출고장(mill sheet)을 확인하여 본 규격에 적합할 경우에는 시험을 생략한다. 다만, 출고장이 없을 경우에는 시험을 시행하여야 한다. ④ 제품의 경도 시험은 KS B 0806에 의거하여 완제품으로 시행한다. ⑤ 체결력 시험은 제품이 레일에 체결된 상태와 동일한 조건대로 체결할 수 있는 하중 시험기로 실시하며 체결력이 900~1,100 kgf의 범위 내에 있어야 한다. ⑥ 시험은 제품 생산일을 기준으로 생산 순서별로 각 50,000 개를 1 로트로 하여 3 개씩 추출하여 시행한다. 검사 수량이 30,000 개 미만일 경우에는 2 개씩, 20,000 개 미만일 경우에는 1 개씩 추출하여 시행하며, 시험설비가 없을 경우에는 제작자 설비를 이용할 수 있다. ⑦ 제품의 피로시험은 레일에 체결된 상태와 동일한 조건에서 ±0.25 mm 이상의 파장으로 5,000,000 회의 진동을 주어 시험하며, 이 때에 제품이 절손되어서는 안 된다. 피로시험은 제품 100,000 개에 1 개씩 임의로 추출하여 시행한다.

(나) 절연블록 : ① 소재시험 : 소재시험은 소재 제조업체의 출고장(mill sheet)을 확인하여 본 규격에 적합할 경우에는 시험을 생략한다. 다만, 출고장이 없을 경우에는 시험을 시행하여야 한다. ② 제품시험 : 인장과 신율은 KS M 3006의 아령형 1호 시편으로 50 mm/min의 속도로 시행하고 경도시험은 ASTM 2240의 Shore Durometer D형에 의거하여 시행한다. ③ 시험은 제품 생산일을 기준으로 생산 순서별로 각 50,000 개를 1 로트로 하여 3 개씩 추출하여 시행한다. 다만, 검사 수량이 30,000 개 미만일 경우에는 2 개씩, 20,000 개 미만일 경우에는 1 개씩 추출하여 시행한다.

(다) 레일 패드

1) 시험의 일반 조건 : 시험은 20~30 ℃의 실온에서 시행하여야 하며 시료는 가황한 후에 24시간

이상 경과한 것으로 시편은 적어도 2시간 이상으로 필요 조건의 실온 중에 보관하여야 한다.

2) 인장 시험 : 인장 시험은 KS M 6518(가황 고무의 물리적 시험방법)에 따라 인장시험과 공기가열 노화시험에 따르고 다음의 조건에서 노화 전과 노화 후의 인장강도 및 신율을 측정한다. ① 시편은 KS M 6518에 의한 아령형 3호형을 사용한다. ② 인장강도와 신율의 측정값은 산술평균값으로 한다.

3) 압축 시험 : 압축 시험은 다음의 2 가지 조건에서 시험한다. ① 시편을 70 ℃에서 25 % 압축한 채로 22 시간 가열한 후에 30 분간 실온(23 ℃)에 방치한 후에 측정한다. ② 시편을 23 ℃에서 70 시간 동안 25 % 압축한 후에 30 분간 실온(23 ℃)에 방치한 후에 측정한다.

4) 경도 시험 : 경도시험은 KS M 6518에 의한 Shore A 경도시험을 한다.

5) 시험은 제품 생산일을 기준으로 생산 순서별로 각 패드 50,000 개, 또는 그 단수를 1 로트로 하여 표 4.3과 같이 시료를 채취하여 시험한다. 다만, 인장강도와 압축 시험은 검사 수량이 30,000 개 미만일 경우에 시료와 시편 수를 2 개, 20,000 개 미만일 경우는 각 1 개씩 추출하여 시행한다.

표 4.3 팬드롤 레일 패드의 시료와 시편 채취 기준

시험 항목		시료(패드 수)	시편의 개수
인장 강도		3	3
압축 시험	노화 시험 1	3	3
	노화 시험 2	3	3
경도		1	1

6) 정적 스프링계수 시험 : 정적 스프링계수 시험은 제(5)항의 시험방법으로 실시하며, 그 특성상 패드 100,000 개를 1 로트로 하여 1 개를 시험한다.

7) 전기저항 시험 : ASTM 257, 또는 BS 903 Part C2에 의거하여 시행하되, 시험 조건은 ① 시험 전압 : 직류 100 V , ② 전압 지속 시간 : 60 초, ③ 전극(원주) 직경 : 50 mm 이상, ④ 원주와 원통 간격 : 5 mm 이상 등이다. 전기저항 시험은 제품생산 일을 기준으로 생산된 순서별로 각 50,000 개를 1 로트로 하여 1 로트당 3 개씩 추출하여 시행한다. 다만, 검사 수량이 30,000 개 미만일 경우에는 2 개, 20,000 개 미만일 경우는 각각 1 개씩 추출하여 시행하며 시험 설비가 없을 경우에는 제작자 설비를 이용할 수 있다.

(라) 클립걸이 : ① 제품 생산일을 기준으로 생산 순서별로 각 50,000 개를 1 로트로 하여 1 로트당 제품과 같은 조건으로 만들어진 시료를 3 개씩 채취하여 물리적 성질 시험은 KS B 0801 4호 시편으로 KS B 0802에 의거하여 시행하고, 경도시험은 KS B 5524, KS B 0805에 의거하여 시행한다. ② 제품의 특성상 검사수량이 50,000 개 미만이라 하더라도 시료를 3 개 채취하여 시행한다.

(마) 결점과 불량의 분류 : 시험 결과가 본 규격에 적합하지 않는 경우에는 그 해당 로트를 전부 불합

격으로 한다. 다만, 불합격된 시험항목에 대하여는 1 회에 한하여 재시험을 할 수 있다. 이 때의 시편 수는 첫 번째의 2 배수로 한다.

(5) 레일 패드의 정적 스프링계수 시험방법(그림 4.1)

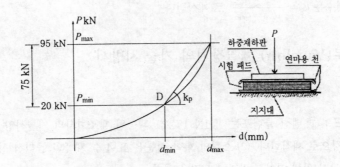

그림 4.1 레일 패드의 정적 스프링 계수의 반응곡선과 시험장치

- 레일 패드의 정적 스프링 계수는 $(20\pm1) \sim (95\pm1)$ kN 범위의 수직력으로 레일 패드에서 측정한 할선(secant) 스프링 계수이다.
- 레일 저부의 공칭 폭의 동일한 폭의 하중 재하 판을 통하여 패드에 하중을 가한다. 하중 재하 판은 반대(종) 방향을 따라 패드의 양쪽으로 패드 길이보다 최소 1 cm 더 길게 내도록 한다.
- 패드를 단단한 수평 기초 판에 올려놓고 연마용 천이나 샌드페이퍼(연마 면이 패드로 향함)를 사용하여 각각 저부의 기초 판과 상부의 하중 재하 판을 분리시킨다. 연마용 천의 거칠기는 $45 \sim 100$ μm, 또는 이와 거의 동등해야 한다. 이 연마용 천은 변위 측정기들의 정확한 위치를 조정할 수 있게 레일 패드가 완전히 덮이도록 자른다.
- 측정 오차(정밀도)는 변위의 경우에 0.01 mm, 힘의 경우에 0.1 kN으로 한다.
- 하중 재하 판의 수직 변위는 종 방향으로 레일 패드의 끝, 횡 방향으로 하중 재하 판의 횡 방향 모서리로부터 10 mm 떨어진 곳에 4 개의 측정기를 설치하여 측정하며, 측정기의 설치 오차는 ±2 mm 이다. 아래에 기술된 시험 순서에 따라 4 번의 측정을 연속해서 수행한다. 첫 번째 측정값은 버린다. 나머지 세 번의 측정 사이클마다 하중증가 단계 동안 각각의 변위 측정기의 힘과 변위를 연속해서 기록한다.
- 시험과 측정의 순서 : ① 하중 재하기에 상부의 하중 재하 판을 설치한다. ② 변위 측정기를 제로로 맞춘다. ③ $(0\pm1) \sim (95\pm1)$ kN 범위의 힘 P를 (50 ± 5) kN/분의 속도로 가한다. ④ 하중을 (0 ± 1) kN까지 제거한다. ⑤ 5분을 기다린다. ⑥ 단계 ②에서 단계 ⑤까지를 3 회 반복하여 수행한다.
- 각 측정 주기에 대하여 다음의 데이터를 기록한다. ① $d_{\min,i}$: i 번째 주기에서 20 kN에 가장 근접한 최소 하중 $P_{\min,i}$에서 4 개의 변위 측정기로 측정한 변위량의 평균값. ② $d_{\max,i}$: i번째 주기에서 95

kN에 가장 근접한 최대 하중 $P_{max,i}$에서 4 개의 변위 측정기로 측정한 변위량의 평균값

- 마지막 3 번의 시험에 대한 힘(force)과 변위 값을 평균한다. ① 마지막 3 번의 최소 변위량 평균값 : $d_{min} = \dfrac{\sum_i d_{min,i}}{3}$, ② 마지막 3 번의 최대 변위량 평균값 : $d_{max} = \dfrac{\sum_i d_{max,i}}{3}$, ③ 마지막 3 번의 최소 하중 평균값 : $P_{min} = \dfrac{\sum_i P_{min,i}}{3}$, ④ 마지막 3 번의 최대 하중 평균값 : $P_{max} = \dfrac{\sum_i P_{max,i}}{3}$

- 정적 스프링 계수는 $k_{st} = \dfrac{P_{max} - P_{min}}{d_{max} - d_{min}}$ 로 계산한다.

4.1.3 보슬로(Vossloh) 체결장치의 기술 시방서

(1) 재료

(가) 텐션 클램프 : ① 텐션 클램프는 'DIN 17221' 과 '원 제조회사의 기술사양'에 따라 제조하며 열간 압연 스프링 강으로 제작한다. ② 소재의 화학 성분은 표 4.4, 제품의 물리적 성질은 표 4.5와 같다. ③ 부식을 방지하기 위해 역청질 락카나 도장을 한다.

표 4.4 보슬로 텐션클램프 원재료의 화학 성분(%)

구분	C	Si	Mn	S	P
최소	0.35	1.5	0.5	-	-
최대	0.42	1.8	0.8	0.030	0.030

표 4.5 보슬로 텐션클램프 제품의 물리적 성질

구분	물리적 성질
경도 시험	H_v(비커스 경도 값) = 400~460 (DIN EN ISO 6507)
스프링 처짐 량	10 kN의 인장력에서 13 mm 이상

(나) 스파이크나사와 와셔 : ① 스파이크나사는 UIC 864-1의 최신 개정판에 언급된 재질로 만들며, DIN EN 20898 T1과 UIC 864-1 비경화 규정에 따른다. ② 소재의 물리적 성질은 표 4.6과 같다. 여기서, 일반 구간은 일반의 콘크리트 궤도 구간을 말하며, 완충 구간은 제6.4절에서 설명하는 자갈궤도와 콘크리트 궤도간의 접속구간을 말한다. ③ 사전에 조립하는 와셔의 재료는 DIN 1624에 따르며, 냉간 압연 재료의 인장 강도는 590~740 N/mm² 이다.

(다) 가이드플레이트 : ① 가이드플레이트는 30 %의 유리섬유 보강이 된 polyamide 6이나 6.6으로 제조하며, 광원과 자외선에 의한 손상을 입지 않도록 안정되어야 한다. ② 물리적 성질은 표 4.7과 같다.

(라) 레일 패드 : ① 레일 패드의 재료는 에틸렌 비닐 아세테이트(EVA)이며, 비닐 아세테이트(VA) 함유량이 12 %를 초과하지 않아야 한다. ② 재료의 물리적 성질은 표 4.8과 같다. ③ 레일 패드는 내수

표 4.6 보슬로 스파이크나사의 물리적 성질

구분		물리적 성질	물리적 성질
인장강도	일반 구간용	최소 500 N/mm²	DIN EN 20898 T1, UIC 864-1
	완충 구간용	최소 400 N/mm²	
연신 율	일반 구간용	최소 20 %	
	완충 구간용	최소 22 %	
항복 점	일반 구간용	최소 300 N/mm²	
	완충 구간용	최소 240 N/mm²	

표 4.7 보슬로 가이드 플레이트의 물리적 성질

인장 강도	110 N/mm² 이상 (DIN EN ISO 527-2)
연신율	3 % 이상 (DIN EN ISO 527-2)
충격 강도	40 kJ/m² 이상 (DIN EN ISO 179)
밀도	1.35~1.45 g/cm² (DIN 53479)
전기고유저항	10⁸ Ω cm 이상 (DIN IEC 93/DIN IEC 167)
전단 계수	1500 N/mm² 초과 (DIN EN ISO 6721)

표 4.8 보슬로 레일 패드의 물리적 성질

구분	물리적 성질	비고
연신율	최소 700 % (DIN EN 527-2)	일반 구간용
쇼어 경도	32~47(DIN 53505)	일반 구간과 완충 구간용
흑연 함유량	1~1.5 % (DIN ISO 1133)	
유동성 지수	MFR 190/2.16 값이 5.2 g/10 min 이하(DIN ISO 1133)	
밀도	0.950 g/cm³ (DIN 53479)	
인장강도	최소 17 N/mm² (DIN EN ISO 527-2)	
항복강도	최소 6.5 N/mm² (DIN EN ISO 527-2)	
전기저항	10⁸ Ω cm 이상 (DIN IEC 93/DIN IEC 167)	

성, 내후성, 내구성이 있어야 하며, 물, 유제, 동결 등에 대한 저항력을 가지고 있어야 한다.

(마) 매립전 : 매립전은 고밀도 폴리에틸렌(HDPE, high density polyethylene)으로 제작하며, 물리적 성질은 표 4.9와 같다.

(바) 베이스플레이트 : 베이스플레이트는 DIN 59200, EN 10025, DIN 7168의 규격에 명시된 재질로 만들며, 물리적 성질은 표 4.10과 같다.

(사) 방진패드 : ① 방진패드의 재질은 폴리우레탄이며, 물리적 성질은 표 4.11과 같다. ② 패드는 내수성, 내후성, 내구성이 있어야 하며, 물, 유제, 동결 등에 대한 저항력을 가지고 있어야 한다.

(아) T-헤드(head) 볼트 너트와 조립와셔

1) 재료 : T-헤드 볼트와 너트는 DIN EN 20898 T1 규격의 재질로 만들며, 제조사의 기술사양서와 도면으로 제작한다. 물리적 성질은 표 4.12와 같다.

표 4.9 보슬로 매립전의 물리적 성질

구분	물리적 성질	비고
쇼어 경도	65 (DIN 53505)	
유동성 지수	(MFR 190/2.16)값이 2.3g/10 min 이하(DIN ISO 1133)	
밀도	0.950 g/cm³(DIN 53479)	일반 구간과
인장 강도	35 N/mm² (DIN EN ISO 527-2) 실내온도 20°C	완충 구간용
인발력	최소 75 kN	
전기 저항	$10^{15}\,\Omega\,cm$ 이상(DIN IEC 93 / 167)	

표 4.10 보슬로 베이스플레이트의 물리적 성질(두께 16 mm 이하 기준)

구분	물리적 성질	비고
인장강도	410 N/mm² 이하	일반 구간과
파단 연신율	20 % 이하	완충 구간용
항복강도	275 N/mm² 이하	

표 4.11 보슬로 방진패드의 물리적 특성

시험 항목	물리적 성질	비고
정적 스프링 계수	20~50 kN/mm	
영구압축변형률	15 % 미만	DIN 53572
전기 저항	$10^8\,\Omega\,cm$ 이상	

표 4.12 보슬로 T-헤드(head) 볼트와 너트의 물리적 성질

항목	기준치	비고
인장강도(볼트)	최소 400 N/mm²	
경도(너트)	H_v(비커스 경도) = 146~302	

2) 조립 와셔 : ① 와셔의 재료는 DIN 1624에 따른 St 2K60 내지 DIN EN 10025의 St 44-2 K60, 혹은 St 52-2 K60에 따른다. 냉간 압연 재료의 인장강도는 590~740 N/mm²이다. ②

조립 와셔의 치수 : 도면, 혹은 DIN 522c에서의 허용치수에 따라 제작한다. ③ 조립 와셔의 표면 : 성능에 영향을 줄만한 크랙과 손상이 없어야 하며 표면을 도장 처리한다.

(자) 코일스프링 와셔 : ① 재료 : 코일 스프링 와셔는 DIN 17221 규격의 38 Si 7 재질로 만들며, 제작사의 기술사양서와 도면에 따라 제작한다. ② 원재료의 화학적 성분은 텐션 클램프와 같다. ③ 코일 스프링 와셔의 물리적 성질은 표 4.13과 같다.

표 4.13 보슬로 코일스프링 와셔의 물리적 성질

항목	H_v(비커스 경도 값) 기준치	비고
경도	430~515	DIN EN ISO 6507

(2) 검사와 시험 일반

다음에 의한다. ① 검사와 시험은 본 규격에 의하며, 시험은 공인시험기관, 또는 동등 이상의 기관에 의뢰하는 것을 원칙으로 한다. ② 공인 시험기관에서의 시험이 불가능하거나, 공급자가 전문 제작업체로서 시험에 필요한 설비가 갖추어져 있을 경우에는 자체시험을 시행할 수 있다. ③ 공급자는 적용이 가능한 법규와 기준뿐만 아니라 규격에서 요구된 작업장(제작소) 검사와 작업장 시험을 준수하여야 하며 그에 대한 책임을 져야 한다. 또한, 공급자는 상기 시험의 수행에 필요한 설비를 갖추어야 한다. ④ 공급자는 본 규격에서 요구한 시험과 검사에 대한 기록을 하고 보고서를 제출하여야 한다. 이 기록과 보고서는 각각의 시험 직후나 검사 직후에 준비하여야 하며 물품을 납품하기 전에 감독자에게 제출하여야 한다. ⑤ 공급자는 각 제품과 함께 출고장(mill sheet)을 제출하여야 한다.

(3) 검사

(가) 검사 방식 및 수준 : ① 겉모양과 치수 검사는 각 부품별로 10,000 개를 1 로트로 하여 30 개를 임의 추출하여 검사한다. ② 겉모양 검사는 시방서에 의거하여 시행하고 치수 검사는 설계 도면에 의거하여 시행하되 길이, 폭, 두께, 및 구멍의 위치 등 품질에 관련이 있는 모든 치수들과 표면 상태를 검사하여야 한다.

(나) 치수 검사 : 제4.1.2(2)(나)항의 ①~③ 및 ⑤를 적용한다.

(다) 최종검사 : 제조사의 검사성적서 상의 기록치수와 도면 및 품질 보증서 상의 허용 공차를 비교하여 검사한다.

(라) 합격 품질수준 : 검사 결과, 전수가 본 규격에 적합할 때 합격으로 한다.

(4) 시험의 종류

- 텐션 클램프의 시험 : ① 소재의 화학분석, ② 제품의 경도
- 스파이크 나사의 소재시험 : ① 인장강도 , ② 연신율, ③ 항복점

- 가이드 플레이트의 소재시험 : ① 인장강도, ② 연신율, ③ 충격강도, ④ 밀도, ⑤ 전단계수
- 레일 패드의 시험 : ① 제품의 쇼어 경도, ② 소재 : ⓐ 연신율, ⓑ 흑연함유량, ⓒ 유동성지수, ⓓ 밀도, ⓔ 인장강도, ⓕ 항복강도
- 매립전의 시험 : ① 소재 : ⓐ 쇼어 경도, ⓑ 유동성지수, ⓒ 밀도, ⓓ 인장강도, ② 제품의 인발 강도
- 베이스 플레이트의 소재시험 : ① 인장강도, ② 파단 연신율, ③ 항복강도
- 방진패드의 시험 : ① 소재의 인장강도, ② 제품의 압축영구변형률
- T-헤드(head) 볼트/너트의 소재시험 : ① 인장강도, ② 경도
- 코일스프링 와셔의 제품시험 : 경도

(5) 시험

(가) 텐션 클램프 : ① 텐션 클램프 소재의 화학분석시험은 DIN 17221, 경도시험은 DIN EN ISO 6507의 규정에 따른다. ② 시험은 제품 생산일을 기준으로 생산순서별로 50,000 개를 1 로트로 하여 3 개씩 추출하여 시행한다. 또한, 검사수량이 30,000 개 미만일 경우에는 2 개씩, 20,000 개 미만일 경우에는 1 개씩 추출하여 시행하며, 만약 국내시험이 어려울 경우에는 국외시험기관에 의뢰하여 시험하고 시험장비가 없을 경우에는 제작사의 설비를 이용하여 시험할 수 있다.

(나) 스파이크나사와 와셔 : ① 스파이크 나사 소재의 인장강도, 연신율 및 항복점에 대한 시험은 DIN EN 20898에 의한다. ② 스파이크나사와 와셔(인장강도)의 소재시험은 소재 제조업체의 출고검사증(mill sheet)을 확인하여 시방서에 적합할 경우에는 시험을 생략한다. 다만, 출고검사증이 없을 경우에는 시험을 시행하여야 한다. ③ 시험은 제품생산 일을 기준으로 생산순서별로 각 50,000 개를 1 로트로 하여 1 로트당 3 개씩 추출하여 시행한다. 또한, 검사수량이 30,000 개 미만일 경우에는 2 개씩, 20,000 개 미만일 경우에는 1 개씩 추출하여 시행한다.

(다) 가이드 플레이트 : ① 인장강도와 신율의 시험은 DIN EN ISO 527-2에 의한다. ② 충격강도 시험은 DIN EN ISO 179에 의한다. ③ 밀도 시험은 DIN 53479에 의한다. ④ 소재시험은 소재 제조업체의 출고검사증(mill sheet)을 확인하여 시방서에 적합할 경우에는 시험을 생략한다. 다만, 출고장이 없을 경우에는 시험을 시행하여야 한다. ⑤ 시험은 제품생산 일을 기준으로 생산순서별로 각 50,000 개를 1 로트로 하여 1 로트당 3 개씩 추출하여 시행한다.

(라) 레일 패드 : ① 밀도시험은 DIN 53479에 의거하여 시행한다. 결과는 mg/mm³ 단위로 표시한다. ② 제품의 경도 시험은 DIN 53505에 의거하여 실온에서 시험한다. ③ 인장강도와 신율에 대한 시험은 DIN EN ISO 527-2에 의한다. ④ 소재시험은 소재 제조업체의 출고검사증(mill sheet)을 확인하여 시방서에 적합할 경우에는 시험을 생략한다. 다만, 출고검사증이 없을 경우에는 시험을 시행하여야 한다. ⑤ 시험은 제품 생산일을 기준으로 생산된 순서별로 각 50,000 개를 1 로트로 하여 1 로트당 3개씩의 제품을 추출하여 시행한다.

(마) 매립전(UIC 60 레일, 일반구간용) : ① 밀도는 DIN 53479에 따라 시험한다. ② 쇼어 경도시험은 DIN 53505에 따라 시험한다. ③ 소재시험은 소재 제조업체의 출고검사증(mill sheet)을 확인하

여 시방서에 적합할 경우에는 시험을 생략한다. 다만, 출고검사증이 없을 경우에는 시험을 시행하여야 한다. ④ 시험은 제품생산 일을 기준으로 생산순서별로 각 50,000 개를 1 로트로 하여 1 로트당 3 개씩의 제품을 추출하여 시행한다.

(바) 베이스플레이트 : ① 소재의 인장강도, 항복강도, 파단 연신율 시험은 제조업체의 출고검사증(mill sheet)을 확인하여 본 규격에 적합할 경우에는 시험을 생략한다. 다만, 출고검사증이 없을 경우에는 시험을 시행하여야 한다. ② 시험은 제품생산 일을 기준으로 생산순서별로 각 50,000 개를 1 로트로 하여 1 로트당 3 개씩의 제품을 추출하여 시행한다.

(사) 방진패드(UIC 60 레일, 일반구간용)

1) 정적 스프링계수의 시험방법은 제4.1.2(5)항을 적용하며, 시험의 특성상 패드 100,000 개를 1 로트로 하여 1 로트당 2 개를 시험한다.

2) 인장과 신율의 시험은 DIN 53455, KS M 6518에 의거한다. ① 시편은 3 개로 하되 DIN 53571의 A형, 또는 B형으로 한다. ② 노화시험은 시편을 70 ± 1 ℃에서 96 시간 연속하여 촉진 노화시킨 후에 실온에서 방치하여 16~96 시간 이내에 시험한다. ③ 인장강도와 신율의 측정값은 산술 평균값으로 한다.

3) 압축영구 변형률시험은 DIN 53572, KS M 6518에 의거하여 다음의 조건으로 시험한다. ① 시편은 50,000 개를 1 로트로 하여 원판에서 가로 25 ± 1mm, 세로 25 ± 1 mm인 사각형 시편 1 개를 채취한다. 패드에 홈이 있을 경우에는 1 개의 홈이 가로/세로가 균형이 되도록 한다. 또한, 패드에 구멍이 있는 경우에는 사각형 시편의 일부에 결손부가 있어도 무방하다. ② 시편 두께의 50 %까지 압축한 상태에서 23 ± 1 ℃에서 70 시간 동안 유지한 다음에 압축을 풀고 30분 이내에 두께를 측정한다. ③ 측정은 시편의 중앙 1점에서 측정한다. ④ 압축영구 변형률은 $C = \frac{t_0 - t_1}{t_0} \times 100$으로 계산한다. 여기서, C는 압축 영구 줄음률 (%), t_0는 시편의 처음 두께 (mm), t_1은 압축된 시편의 두께 (mm)이다.

4) 소재시험은 소재 제조업체의 출고검사증(mill sheet)을 확인하여 본 규격에 적합할 경우에는 시험을 생략할 수 있다. 다만, 출고검사증이 없을 경우에는 시험을 시행하여야 한다.

5) 시험은 제품생산 일을 기준으로 생산순서별로 각 50,000 개를 1 로트로 하여 1 로트당 3 개씩 제품을 추출하여 시행한다.

4.2 체결장치의 유지관리 방법

4.2.1 유지보수 작업기구와 사용

(1) 팬드롤형 e클립용 기구와 사용

- 팬풀러 훅 게이지 : 게이지 곡선부를 훅 안쪽에 놓는다. 게이지는 팬풀러를 고정시키거나 풀어놓는

훅을 이용하여 사용할 수 있다. 훅과 볼트의 교체가 가능하다.
- 팬셋터(Pansetter) : 이 도구는 절연재를 올바른 위치에 용이하게 부설할 수 있도록 레일 저부와 팬드롤 삽입구(Pandrol housing) 사이에 정확한 갭을 남겨두면서 레일을 밀어 움직인다.
- 클립의 기계화 설치 : 팬드롤 체결장치는 기계를 이용하여 클립을 설치할 수 있다. ① 팬드라이버 (Pandriver) Mk1은 한 개의 레일 좌면에 양 쪽의 클립을 설치하는 수동 조작 겸 장비이다. 기계 는 반대쪽 주행 레일에 내민 받침대(outrigger)를 이용하여 균형을 잡고, 3명의 인원이 궤도 밖으로 옮길 수 있다. Mk1 기계는 분당 12 개의 레일 좌면에 클립을 부설한다. ② 팬드라이버 (Pandriver) MkV 기계는 궤도에 설치된 자체 추진 기계이며, 한 개의 침목에 미리 올려놓은 4 개의 클립을 모두 동시에 부설한다. MkV는 또한 클립을 해체하며, 체결과 해체 속도는 분 당 12~15 침목이다.

(2) 팬드롤형 패스트(fast) 클립용 기구와 사용
- 기계기구 : 클립을 체결하거나 빼낼 때는 동력을 이용한 기계를 사용하여 작업효율을 높일 수 있다. 수동으로 체결하거나 빼내는 기구를 사용할 수도 있다. 패스트 클립은 일반적으로 침목제작 공장에 서 침목에 사전 조립한 상태로 현장으로 운반하여 사용하므로 현장작업을 줄일 수 있다. 사전조립은 레일 패드, 상부 절연블록, 측면 절연블록을 설치하고, 기구를 사용하여 클립을 1/2만 끼운다.
- 기계기구의 종류와 사용방법 : ① 인스텔러 : 클립을 체결하는 기구이며, 인스텔러를 숄더에 걸고 몸쪽으로 당긴다. ② 엑스텔러 : 클립을 빼는 기구이며, 엑스텔러를 체결장치에 끼운 후에 몸쪽으로 당기면 클립이 빠진다.

(3) 보슬로 클립용 기구와 작업
- 기계기구 : 보슬로 체결장치는 각 부속을 차례로 조립하고 토크렌치를 사용하여 나사스파이크를 일 정한 힘으로 조여 주면 된다. ① 수동 토크렌치 : 토크렌치에 계기가 부착되어 있어야 한다. ② 자동 토크렌치 : 전동기가 부착되어 있어 궤도를 주행하면서 1 조의 체결장치, 또는 1 침목 전체의 체결 장치를 동시에 조여 주는 장비로서 주행은 작업원이 밀고 다니면서 작업할 수 있다.
- 매립전의 그리스 주입 : 매립전에 이물질이 들어가지 않도록 마개로 막아서 운반하고 보관하여야 한 다. 보슬로 체결장치는 클립과 레일이 직접 접촉하므로 그대로는 절연성능이 보장되지 않는다. 따라 서, 나사스파이크를 체결하기 전에 반드시 그리스를 넣어(구멍 당 15~20 g) 절연성능을 확보하고 스파이크에 녹이 스는 것을 방지하여야 한다. 재설정 등으로 체결장치를 해체하였을 경우에는 그리 스를 보충해 주어야 한다.
- 체결장치의 체결 : 보슬로 체결장치는 침목에 가(假)조립한 상태로 현장에 운반하여 본(本)조립을 할 수 있다. 가조립은 필수적인 사항이 아니나 침목의 운반 시에 클립을 걸이로 사용하면 편리하 다. 가 조립은 50 N·m 이상의 힘으로 조여야 한다. 본조립은 200 N·m의 힘으로 체결하여야 한다.

- 체결장치를 이용한 선형 조정 : 보슬로 체결장치는 콘크리트 궤도에 부설하기 때문에 궤도선형 틀림의 조정은 체결장치로만 가능하다. 연직 방향은 +56 mm/-4 mm, 수평방향은 ±5 mm까지 조정이 가능하다. 연직 방향의 조정은 레일 패드, 쉼플레이트 등의 두께가 다른 것을 사용하고(제 6.4.4.(1)항 참조), 수평방향은 가이드플레이트의 폭이 다른 것을 사용하여 행한다. 궤도상태를 파악하여 선형조정에 필요한 일정량의 가이드플레이트, 쉼플레이트 및 레일 패드(표 4.14) 등을 사전에 확보하고 있어야 한다.

표 4.14 콘크리트 궤도의 선형 조정을 위한 보슬로 체결장치의 부품　　　단위 : mm

구분	사용 부품	기본 치수	부품 규격의 범위	비고
고저 조정	레일 패드	두께 : 6	두께 : -4~+6	기본 치수에서 규격 부품의 범위까지 mm 단위로 다양한 부품이 있으며, 선형 틀림에 따라 이들을 다양하게 조합하여 조정한다.
	쉼 플레이트	미설치	두께 : +5~+25	
궤간(방향) 조정	가이드 플레이트	폭 : 28	폭 : -5~+5	

4.2.2 체결과 해체 방법

클립의 체결과 해체는 수동기구, 또는 자동기계를 사용하며, 기계기구의 사용방법은 간단하다. 체결장치의 종류에 따라 사용하는 부속을 익힐 필요가 있고 순서에 따라 부속을 배열하고 지정된 기구를 사용하여 체결장치에 손상을 주지 않아야 한다. 예를 들어, e클립 또는 패스트(fast)클립을 체결하거나 해체할 때에 해머로 타격을 가하여서는 안 된다. 보슬로 체결장치는 토크렌치의 토크를 확인하는 것이 중요하다.

(1) 클립 체결
(가) e클립 : ① 훅을 위쪽 구멍에 놓고 핀을 고정시킨다. ② 클립의 레그 부분(leg of clip)을 삽입구(housing)에 넣는다. ③ 숄더 삽입구(shoulder housing) 상부에 지지되는 팬풀러 샤프트로 클립의 아치 전방에 훅을 놓으며, 훅의 부리(lip)가 클립 아치 전방 아래에 있도록 한다. ④ 팬풀러(Panpuller)의 상부 쪽에 양손을 얹고 팬풀러 뒤쪽에서 안전하고 자연스런 자세를 취하여, 가슴 쪽으로 강하게 잡아당긴다. ⑤ 클립의 후방 아치(clips rear arch)와 숄더 삽입구(shoulder housing) 사이에 4 mm의 갭을 갖도록 클립을 뒤로 당긴다.

(나) 패스트(fast)클립
- 침목에 사전조립 : ① 레일 패드, 간격재 블록을 차례로 끼운다. ② 기구를 사용하여 클립을 1/2까지 밀어 끼운다.
- 침목을 교환할 때 : ① 체결장치를 사전 조립한 침목을 레일과 직각이 되도록 삽입한다. ② 침목과 레일이 밀착되도록 한다. 가급적 체결기계에 밀착기능이 있는 것을 사용하는 것이 좋다. 밀착되지

않은 상태에서는 클립을 밀어 넣는 과정에서 토우블록이 깨지거나 손상을 입을 수 있다.

- 체결장치의 교환 : ① 클립이 완전히 빠질 수 있도록 엑스텔러로 조정한다. ② 엑스텔러를 사용하여 클립을 레일 바깥쪽으로 당겨 풀어낸다. ③ 레일을 교환한 후에 인스텔러를 사용하여 클립을 가 조립한다. ④ 인스텔러를 사용하여 완전히 밀착될 때까지 레일 쪽으로 당긴다.

(다) 보슬로 클립

- 침목에 사전조립 : ① 가이드플레이트, 방진패드, 베이스플레이트, 레일 패드를 차례로 끼운다. ② 매립전의 구멍에 그리스를 1/2 정도가 되도록 채운다. ③ 클립(클램프)을 1/2 홈에 맞게 올려놓고 나사스파이크를 돌려 조인다. 이 때 조이는 힘은 50 N · m이다. ④ 사전조립이 없이 현장에서 바로 본 조립을 해도 된다.

- 본 조립 : ① 가 조립된 나사스파이크를 빼내어 구멍에 그리스를 보충한다. ② 가이드플레이트 홈에 정확히 맞추어 계기가 부착된 토크렌치로 조인다. ③ 조이는 힘이 200 N · m가 될 때까지 조여야 한다. ④ 수동 토크렌치를 사용할 경우에는 2인 1조로 체결장치 좌우를 동시에 조여야 한다. ⑤ 자동토크렌치는 200 N · m로 조정되어 있어야 한다. ⑥ 재설정 시에도 나사스파이크를 완전히 풀어 빼내고 매립전 구멍에 그리스를 보충한다.

(2) 클립의 해체

(가) e 클립 : ① 아래쪽 구멍에 훅(hook)을 놓고 핀으로 고정한다. ② 숄더 삽입구의 상부 끝에 세워져 있는 팬풀러 전방 바깥쪽에, 클립의 레그 부분(leg of the clip)의 바로 위쪽에 훅을 놓는다. ③ 팬풀러(Panpuller)의 상부 쪽에 양 두 손을 얹고 팬풀러 뒤쪽에서 안전하고 자연스런 자세를 취하여, 가슴 쪽에서부터 강하고 확실히 밀어 제친다.

(나) 패스트(fast) 클립 : ① 클립해체 기구인 엑스텔러를 사용하여 클립을 뺄 수 있다. ② 장대레일 재설정, 레일교환 등 대규모 작업일 때에는 자동기계를 사용하여 작업능률을 높일 수 있다. ③ 레일교환이나 장대레일을 재설정할 경우에는 완전히 빼내지 않는다.

(다) 보슬로 클립 : ① 보슬로 체결장치를 해체하는 데는 체결에 쓰이는 기구 외에 일반 스패너로 해체할 수 있다. ② 기구는 작업의 종류에 따라 능률적으로 할 수 있는 기구를 선택하면 된다. ③ 레일 교환이나 장대레일을 재설정할 경우에는 나사스파이크를 풀고 클립을 손으로 홈까지 밀어놓는다.

4.2.3 분기 침목용 매립전의 보수방법

(1) 개요

콘크리트 분기 침목의 스파이크는 300±20 N · m의 힘으로 조여야 한다. 이 범위를 벗어나 과도한 힘으로 조일 경우에는 매립전의 나사 산이 파손되어 제 기능을 잃게 된다. 이 항에서는 매립전의 나사 산이 파손되었을 때의 보수방법을 제시한다. 여기서는 간혹 파손될 수도 있는 플라스틱 피복(지름 22 mm)의 보수를 위해 다음 항에 계속해서 작업과정을 명시하였다. 침목의 간섭이 없이 실행될 수 있을 만큼 작업방법이 간단하다. 보수는 피복의 파손된 홈을 홈이 파져 있는 또 다른 플라스틱 피복으로 대체하는 것이며, 이 피복은 나사와 동일한 지름 규격으로 되어 있다. 명시된 보수과정은 1/20 경사의 레일이 적용된 모든 침목에 사용한다. 이 보수 과정은 1/20 경사용 천공장비가 필요치 않은 수직레일의 경우에도 확대 적용할 수 있다. 이 보수 작업은 분기 침목 체결장치의 한 매립전에서는 한 번만 실행할 수 있다.

(2) 소요 장비

- 1/20으로 경사를 줄 수 있는 궤도 천공장비
- 보수장비의 한 그룹은 다음을 포함한다 : ① 1 개의 종단 평형 천공용 심 24.5 mm, ② 1 개의 천공용 고정장치, ③ 1 개의 좌 방향 핸들, ④ 1 세트의 홈 파기용 스크류, ⑤ 1 개의 암나사 홈 파기용 접속 보조 봉(좌 방향 핸들에 조립), ⑥ 홈이 파져있는 대체용 플라스틱 피복(지름 22 mm)

(3) 작업방법

다음에 의한다. ① 선로 위에 천공 장비의 설치, ② 파손된 피복 및 나사 분리, ③ 나사 입구에서 천공용 심과 고정장치의 조립 : 천공용 심의 단면이 고정장치를 벗어나서는 안 된다. ④ 피복의 테두리 쇠 위에서 고정장치의 중심 잡기, ⑤ 천공기를 평행상태로 조정 : 지지대에 있는 볼트로 동력 관을 레일과 평행상태로 조정/유지한다. ⑥ 1/20 경사, 또는 콘크리트 침목에 따라 주어진 다른 경사에 대한 천공기의 자동조절 : 트롤리의 경사진 양 끝 중 어느 한쪽으로 천공기를 이동시키면서 1/20 의 경사도가 주어진다. ⑦ 천공 깊이 조절 : 천공용 심의 끝을 붙이면서 침목의 평평한 표면에 천공기를 올린다. 피복 22-115의 경우에는 $X=112$ mm, 피복 22-130의 경우에는 $X=125$ mm의 정해진 깊이로 천공 깊이를 조정한 후에 슬리브 위의 차단 고리로 고정시킨다. ⑧ 기계와 천공기 작동 : 종종 금속 잔여물을 제거하기 위해 천공용 심을 뺀다. ⑨ 한 그룹의 보수 장비에 구비된 홈 파기용 스크류 2 개로 암나사 홈파기 : 좌 방향 핸들을 사용할 때는 레일에 걸리지 않도록 준비된 접속 보조 봉을 연결시킨다. 첫 번째 통과를 위해 N.1 홈파기를 사용한다. 플라스틱 피복 중심에 조심스럽게 끼운다. 마감 통과를 위해 N.3 홈파기를 사용한다. 홈파기 작업을 하는 동안에는 처음부터 끝까지, 지나친 힘으로 인한 피복 내부 훼손이 없도록 주의를 기울인다. ⑩ 잔여 금속물의 제거 : 홈파기 작업으로 생긴 금속 잔여물을 제거한다. ⑪ 이 작업은 홈파기 장비를 사용할 때마다 실시된다. ⑫ 이로써 피복은 보수되었으며, 스크류 재조립이 가능하다. ⑬ 스크류의 최종 체결에 필요한 최소한의 힘으로 스크류를 조여준다. ⑭ 대체용 플라스틱 피복을 수동으로 나사 조이기를 한다.

4.2.4 이상 시의 대처방법 및 육안 검사

(1) 팬드롤 레일 체결장치

팬드롤 레일 체결장치(e2007형, 패스트 클립)의 이상 시의 대처방법을 표 4.15~4.18에 나타낸다.

(2) 보슬로 레일 체결장치

보슬로 레일 체결장치의 이상 시의 대처방법은 표 4.19~4.24에 제시한 것과 같으며, 레일 패드는 제 4.4.1항의 표 4.18을 적용하되, 패드 두께가 마모로 인하여 4 mm 미만으로 감소되었다면 교체를 고려한다.

표 4.15 팬드롤 주조 숄더 이상 시의 대처방법

육안으로 점검할 때 관찰하는 사항	취해야 할 조치
손상된 숄더 두부	레일이 여전히 횡과 수직으로 구속되어 있는 경우에 숄더 두부가 빠져 있는 경우처럼 처리를 하지 않는다면, 다음의 육안 평가 동안 모니터한다.
몹시 부식된 숄더	추가의 부식 방지 코팅을 고려한다.
숄더 탈락	인접 콘크리트가 손상되지 않았다면 숄더 축(shoulders stem)을 천공하여 새 숄더의 접착을 고려한다.

표 4.16 팬드롤 레일클립(e2007형, 패스트) 이상 시의 대처방법

육안으로 점검할 때 관찰하는 사항	취해야 할 조치
완전히 체결되지 않은 클립	클립을 완전히 제 위치로 당긴다.
클립 누락	클립 삽입
(외력으로) 손상된 클립	클립 교체
몹시 부식된 클립	부식 보호 코팅을 가진 클립으로의 교체를 고려한다.
깨어진 클립	클립 교체

표 4.17 팬드롤 유리강화 나일론 절연재 이상 시의 대처방법

육안으로 점검할 때 관찰하는 사항	취해야 할 조치
마모된 절연재	절연재의 상부나 측면의 두께가 마모로 인하여 4 mm 미만으로 줄었거나 궤간이 영향을 받는다면 교체를 고려한다.
깨어진 절연재	절연재 교체
탈락된 절연재	절연재 설치

표 4.18 레일 패드 이상 시의 대처방법

육안으로 점검할 때 관찰하는 사항	취해야 할 조치
이동된 패드	레일 저부 부분의 75 % 이하가 패드에 머물러 있다면 재배치나 교체를 고려한다.
마모된 패드	패드 두께가 마모로 인하여 7 mm 미만으로 감소되었다면 교체를 고려한다.
탈락된 패드	패드 설치

표 4.19 보슬로 매립전 이상 시의 대처방법

육안으로 점검할 때 관찰하는 사항	취해야 할 조치
스파이크가 200 N · m 이하에서 빠져 나올 때	임시조치로 스파이크에 실을 감아 조인다. 영구조치는 빠진 매립전과 같다.
깨어진 매립전	PC 침목이 손상되지 않았다면 침목을 천공을 하여 새 매립전을 접착시키는 것을 고려한다.
빠진 매립전	위와 같다.

표 4.20 보슬로 텐션 클램프 이상 시의 대처방법

육안으로 점검할 때 관찰하는 사항	취해야 할 조치
완전히 체결되지 않은 클램프	스파이크를 조인다.
클램프 누락	클램프 삽입
(외력으로) 손상된 클램프	클램프 교체
몹시 부식된 클램프	부식 보호 코팅된 클램프로의 교체를 고려한다.
깨어진 클램프	클램프 교체

표 4.21 보슬로 가이드플레이트 이상 시의 대처방법

육안으로 점검할 때 관찰하는 사항	취해야 할 조치
마모된 가이드플레이트	마모가 되어 궤간이 영향을 받는다면 교체를 고려한다.
깨어진 가이드플레이트	가이드플레이트 교체
변형된 가이드플레이트	가이드플레이트 교체

표 4.22 보슬로 베이스플레이트 이상 시의 대처방법

육안으로 점검할 때 관찰하는 사항	취해야 할 조치
궤도의 고저, 또는 수평이 맞지 않을 때	두께에 맞는 베이스플레이트로 교체한다.
변형된 베이스플레이트	베이스플레이트 교체

표 4.23 보슬로 방진 패드 이상 시의 대처방법

육안으로 점검할 때 관찰하는 사항	취해야 할 조치
찢겨진 패드	구멍이 찢겨져 제 위치에서 벗어나 있다면 교체한다.
압축된 패드	패드 두께가 마모로 인하여 4 mm 미만으로 감소되었다면 교체한다.
탈락된 패드	패드 삽입

표 4.24 보슬로 나사 스파이크 이상 시의 대처방법

육안으로 점검할 때 관찰하는 사항	취해야 할 조치
나사산이 부식되었을 때	스파이크 교체
두부가 부러졌거나 문드러졌을 때	스파이크 교체
탈락된 스파이크	스파이크 설치

(3) 체결장치의 육안 검사

자갈궤도에 사용하는 팬드롤 체결장치(e클립 시스템, 패스트(fast) 클립 시스템), 콘크리트 궤도에 사용하는 보슬로 체결장치는 모두 우수한 성능을 보여 주고 있다. 그러나, 레일 체결장치에 직접 관계되지 않는 극도의 과도한 조건 하에서 부적절한 궤도 유지보수 장비의 사용으로 인하여 만족스럽지 않은 어떤 손상이 일어날 수 있다. 3개월 주기로 육안 검사를 하여 사용 성능(service performance)이나 우발적인 손상에 관한 징후(good indication)를 사정할 수 있다. 육안 검사는 레일 좌면부의 모든 구성 요소(rail seat components)를 포함해야 하고, 사출 성형이 되었거나 마모된 절연재, 또는 마모된 패드가 표시된 검사 구간은 레일 좌면부의 면밀한 점검을 필요로 하며, 권고 사항은 이러한 구성물의 작은 시편을 12개월에 한 번씩 검사하는 것이다. 부분 손상, 부식, 또는 누락된 구성물의 교체는 긴급하지 않으며 궤도를 유지보수하는 적절한 시간까지 늦출 수 있다.

제5장 침목의 관리

5.1 침목의 기술과 일반사항

5.1.1 원리

현대적인 궤도에서는 콘크리트 침목의 장점 때문에 목침목 대신에 콘크리트 침목을 부설하고 있다. 궤도의 횡 강도가 더 크며, 보수를 하지 않아도 레일 체결력이 양호하게 유지됨이 입증되었고, 수명은 대략 40~50년이나 된다(더 엄밀히 말하자면, 콘크리트 침목의 수명은 수백만 톤을 운반한 레일의 수명과 같이 평가되는 반면에 교통에 의한 영향을 상대적으로 적게 받는 목침목은 수년으로 평가된다). 콘크리트 침목은 축중 17 톤으로 운행되는 고속선로에서뿐만 아니라 축중 20 톤, 또는 그 이상으로 운행되는 일반 선로에 모두 사용된다. 콘크리트 침목은 탄성 체결장치를 설치할 수 있도록 설계되었다.

각종 콘크리트 침목의 형식은 다음과 같이 구분된다.

- 기하구조 : ① 경부고속철도 1 단계 구간(광명~대구)에서 사용하는 모노 블록 콘크리트 침목은 프리스트레스트 콘크리트(자갈궤도용은 프리-텐션, 콘크리트 궤도용은 포스트-텐션 방식)로 제작한다(상세한 내용은 '선로공학' 참조). ② 프랑스의 자갈 궤도에서 사용하는 투윈 블록 콘크리트 침목은 일반의 철근콘크리트로 만든다. 경부고속철도 2 단계 구간(대구~부산)에 채용할 예정인 레다-2000 콘크리트 궤도에서도 투윈 블록의 철근콘크리트 침목을 이용할 예정이다.

- 침목의 레일 체결장치 체결 방식 : 경부고속철도(광명~대구)에는 다음과 같은 방식을 이용하였다. ① 자갈도상용 침목에는 팬드롤 e클립(천안~대전), 팬드롤 패스트(fast) 클립(기타 구간)과 같이 코일스프링을 숄더에 삽입하여 체결하는 방식, ② 콘크리트도상용 침목은 침목 내에 매설된 플라스틱제의 매립전에 스크류식 특수 볼트(스파이크 나사)로 텐션 클램프를 체결하는 방식(보슬로 체결장치).

5.1.2 자갈궤도용 PC 침목의 기술 시방서

(1) 원재료의 검사와 시험

① PC 침목의 제작에 소요되는 재료의 선정시험과 관리시험은 상세한 품질시험 항목, 시험방법, 합격 기준(acceptance criteria)에 관하여 문서화된 절차서를 작성하여 감독자의 승인을 받아 시행한다. ② 직접 시험이 곤란한 시험항목의 경우는 공인된 시험기관에 의뢰하여 시험 성적서를 제출받아 감독자의 확인을 받는다.

(2) 시멘트시험

3개월 이상 보관, 또는 품질에 이상이 생겼다고 판단되는 시멘트는 사용하기 전에 KS L 5210에 규정된 품질시험을 실시하여 적합 여부를 확인한다.

(3) 골재시험

① 알카리 골재반응에 의한 PC 침목의 성능저하를 방지하기 위해 골재의 잠재 반응성 시험을 실시하여 품질을 확인한 후에 사용한다. ② 골재의 생산지가 변경되거나 품질이 변동되는 경우에는 반드시 시험을 실시하여 적합 여부를 확인한다.

(4) 혼화제

① 혼화제는 사용하기 전에 품질, 성능, 화학성분 등에 대하여 시험한다. ② 장기간 보관, 이물질 혼입 및 기타 사유에 의해 변질 가능성이 있는 혼화 재료는 반드시 시험하여 품질을 확인한 후에 사용한다. ③ AE제, 감수제, AE 감수제는 KS F 2560에 적합하고, 또한 유동화제와 병용할 경우에는 유동화 콘크리트에 나쁜 영향을 미치지 않아야 한다.

(5) 제작 설비와 시험설비의 검사

① PC 침목의 제작설비는 재료의 계량, 혼합, 비비기, 타설, 다지기, 양생, 제품의 운반 및 적치까지의 전(全)공정이 PC침목의 제작과 요구 성능에 부합되는 설비로서 제작하기 전에 기계의 성능, 고장 등의 이상 유무에 대하여 검사한다. ② 품질관리 요원은 제작 중에 각 설비와 공정에 대하여 적정여부를 검사 · 확인한다.

(6) 콘크리트 압축강도의 시험

① 콘크리트의 압축강도 시험은 KS F 2405(콘크리트 압축강도 시험방법)에 의거하며, 공시체의 제작은 KS F 2404 (콘크리트 압축강도용 공시체 제작방법)에 의한다. ② 콘크리트 압축강도 시험용 공시체는 매일 생산 시에 타설하는 배치 중의 콘크리트로 원주형 공시체 ($\varnothing 100 \times 200$ mm) 9 개를 제작하며, 프리스트레스 도입시기 결정을 위한 압축강도 시험은 PC 침목과 동일한 조건으로 제작하여 양생한

공시체 6 개중 각 3 개로 실시하여야 한다. 다만, 설계기준 강도를 확인하는 경우에는 표준양생으로 공시체를 양생시킨다. ③ 재령 28일 압축강도 시험결과, 시편 3 개의 시험치가 설계기준강도의 85 % 이상, 3 개 시험치의 평균치가 설계기준강도 이상이면 합격으로 하며, 그렇지 않은 경우에는 그 배치의 콘크리트로 제작한 PC 침목을 모두 불합격으로 처리한다.

(7) 공기량 검사
콘크리트 타설 장소에서 시험하며 1일 1 회 이상, 그리고 배합 변경 시마다 실시한다.

(8) 콘크리트 중의 염화물 함유량 검사
① 타설 전의 굳지 않은 콘크리트(fresh concrete)에 대하여 검사하며, 굳지 않는 콘크리트의 염소 이온농도와 시방배합의 단위수량을 곱하여서 구한다. 염화물량 측정시험의 빈도는 매일 타설하는 콘크리트마다 1 회 이상, 배합 변경 시마다 실시한다. ② 염소 이온농도를 측정하는 염분함유량 측정기를 사용할 때는 영점을 확인한 후에 사용한다.

(9) 프리스트레싱의 관리와 검사
① PC 침목에 도입하는 프리스트레스 하중은 규정치를 준수하며 자동기록장치로 기록한다. ② PS 강재의 긴장은 배치되는 모든 강선이 균일하도록 실시하며, 과대 긴장, 또는 과소 긴장되지 않도록 한다. ③ PS 강재의 긴장작업은 감독자의 입회 하에 실시하여 확인을 받는다. ④ 프리스트레스는 콘크리트가 소정의 강도에 달한 후에 도입하며, 감독자의 승인을 받아 실시한다.

(10) 완제품의 외관검사
① PC 침목은 표면이 매끈하고 그 질이 치밀하며 비틀림, 요철, 표면불량, 균열 등의 결함이 없어야 한다. PC 침목의 육안검사는 전수검사로 한다. ② PC 침목은 레일 좌면이 평활하고 비틀림이 없어야 한다.

(11) PC 침목의 형상과 치수의 검사
① PC 침목의 형상과 치수는 설계 도면에 의한다. ② PC 침목의 치수는 표 5.1에 명시된 허용오차 내에 있어야 하며, 검사는 전수검사로 한다. ③ PC 침목의 레일 좌면 폭은 도면에서 정한 허용오차 내에 있어야 하며, 검사는 전수검사로 한다. ④ 정확을 요하는 레일 게이지, 숄더간 간격, 레일 좌면 경사도, 조립 시의 레일 좌면 폭 등은 측정기구를 제작하여 감독자의 승인을 받은 후에 검사한다. ⑤ 침목 치수의 불량, 겉모양의 불량, 숄더 및 부속장치의 위치불량에 대해서는 모두 불합격으로 처리한다.

표 5.1 자갈궤도용 PC 침목 치수의 허용오차　　　　단위 : mm

기호(그림 5.1)	항목	허용오차	비고
L	침목 전장	±10	
b_1	침목 상면 폭	±3	
b_2	침목 저부 폭	±3	
h_1, h_2, h_3	침목 단부, 레일 좌면, 중앙부 높이	+5, −2	
E	외측 숄더간 거리	+2, −1	
d_1, d_2	레일 좌면 중심에서 단부까지 길이	±10	
i	레일 좌면 경사	1 : 19~1 : 21	
G	궤간	±2	E와 i 고려

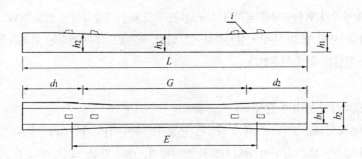

그림 5.1 자갈궤도용 PC 침목의 치수(표 5.1 관련)

(12) 휨 강도 시험

PC 침목의 휨 강도는 다음의 재하 방법에 의해 실시하며 기준 하중 하에서 유해한 균열이 일어나지 않아야 한다.

(가) PC 침목 레일 직하부의 휨 강도 시험방법(그림 5.2)

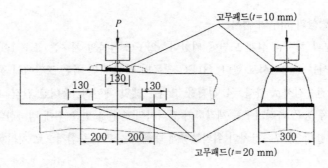

단위 : mm

그림 5.2 자갈궤도용 PC 침목 레일 직하부의 휨 강도 시험

1) 시험 조건 : ① 하중기 : 하중범위 고려, ② 하중 전달 판(편심 방지용) : ⓐ 침목 상면 부분 : 경도계수 50 이상의 10 mm 탄성패드, ⓑ 침목 하면 부분 : 경도계수 50 이상의 20 mm 탄성패드(크기 130 mm, 300 mm), ③ 하중지지 조건 : 거리(레일 직하부 중심에서 좌, 우로 200 mm 간격) 등을 확인

2) 시험과정 : ① 시험은 정위(＋모멘트) 상태로 좌, 우 1 번씩 시험을 실시한다. 다만, 시험에 사용하여 균열이 발생한 침목은 사용할 수 없다. ② 재하 속도는 충격을 주지 않도록 일정한 속도로 계속하여 가한다. ③ 최초하중 12 tonf에서 재하한 후에 매 2 tonf 단위로 하중을 가하며, 각 단계마다 최소한 1분간 재하한 후에 균열발생 여부를 검사한다. ④ 미세한 균열을 확인할 수 있는 장비로 매 단계마다 균열발생 여부를 확인한다.

3) 시험결과 : P.C 침목 직하부의 휨 강도 시험은 22.625 tonf의 하중 재하 시까지 아주 미세한 균열도 없어야 합격으로 한다.

(나) PC 침목 중앙부의 휨 강도 시험방법(그림 5.3)

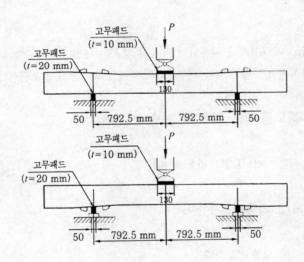

그림 5.3 자갈궤도용 PC 침목 중앙부의 휨 강도 시험

1) 시험 조건 : (가)항의 1)과 동일, 다만 ③의 하중지지 조건은 "거리(직하부 중심에서 좌, 우로 e(레일 좌면간 거리)/2 간격) 등을 확인"으로 변경

2) 시험과정 : (가)항의 2)와 동일하게 적용한다. 다만, ①에서 "정위(＋모멘트) 상태로 좌, 우 1번씩"을 "정위(＋모멘트)와 반위(-모멘트) 상태로 각각"으로 변경하고, 세 번째 사항은 "③ 최초 하중 1.2 tonf에서 재하한 후 매 0.25 tonf 단위로 하중을 가하며, 각 단계마다 최소한 2 분간 재하한 후 균열발생 여부를 검사한다"로 변경하여 시행한다.

3) 시험결과 : P.C침목 중앙부 휨 강도의 시험결과는 균열이 최초 강선 저면에 도달하는 시점의 하

중이 정위(+)모멘트 하중 작용 시에 2.1 tonf 이상, 반위(-)모멘트 하중 작용 시에 4.2 tonf 이상이어야 한다.

(다) 시험 요령 : ① 휨 강도 시험은 1일 타설한 침목 전체를 1 조로 하여 각 조마다 침목 1 정을 무작위(random)로 추출하여 1 회 실시한다. ② 1 개의 시료에 대한 시험에서 불합격한 경우에는 동일 조에서 5 개의 시료를 무작위로 추출하여 재시험한 후에 5 개가 모두 합격된 경우에 한하여 해당 조를 합격으로 하며, 그렇지 않은 경우에는 해당 조를 모두 불합격으로 처리한다. ③ 휨 강도 시험결과, 유해한 균열이 있거나 파괴된 침목의 해당 조는 모두 불합격으로 한다. ④ 시험에 불합격한 경우는 제작공정 전체에 대한 검토와 품질개선 방안을 수립하여 감독자의 승인을 받은 후에 생산을 개시한다.

(13) 불합격품의 처리

불합격으로 판정된 침목은 각각에 대하여 지워지지 않는 식별표시를 하고 부적합처리절차서의 부적합 처리요건에 따라 식별, 격리하여 오용되지 않도록 조치한다.

(14) PC 침목의 출하

패스트 클립(fast-clip) 체결장치를 이용하는 침목의 경우는 체결장치를 PC 침목에 사전 조립하여 납품하며, 운반과 상하차시에 침목에서 해체되어 분리되지 않도록 견고하게 조립한다.

5.1.3 콘크리트 궤도용 PC 침목의 기술 시방서

(1) 원재료의 검사와 시험 : 제5.1.2(1)항을 적용한다.

(2) 시멘트 시험 : 제5.1.2(2)항을 적용한다.

(3) 골재시험 : 제5.1.2(3)항을 적용한다.

(4) 혼화제 : 제5.1.2(4)항을 적용한다.

(5) 제작 설비와 시험설비의 검사 : 제5.1.2(5)항을 적용한다.

(6) 콘크리트 압축강도의 시험 : 제5.1.2(6)항을 적용한다.

(7) 공기량 검사 : 제5.1.2(7)항을 적용한다.

(8) 콘크리트중의 염화물 함유량 검사 : 제5.1.2(8)항을 적용한다.

(9) 프리스트레싱의 관리와 검사 : 제5.1.2(9)항을 적용하되, ②의 '강선'을 '강봉'으로 수정하여 ③으로 하고, ③, ④를 ④, ⑤로 하며, ②를 다음과 같이 추가한다. "② 프리스트레스를 도입한지 3일 후에 감독자가 임의로 지정하는 침목에 대하여 강봉에 존재하는 프리스트레스량을 확인하여 전체 프리스트레스량에 도달되지 못할 경우에는 다시 긴장한다. 프리스트레스의 확인은 작업 일마다 3 개 이상 실시한다."

(10) 완제품의 외관검사 : 제5.1.2(10)항을 적용한다.

(11) PC 침목의 형상과 치수의 검사 : 제5.1.2(11)항을 적용하되, ②의 '표 5.1'을 '표 5.2'로, ④, ⑤의 '숄더'를 '매립전'으로 각각 수정하여 적용한다.

표 5.2 콘크리트 궤도용 PC 침목 치수의 허용오차

검사 항목	허용오차	비고
침목의 길이	+4 mm, -2 mm	
단면 외형치수(상면 폭)	±3 mm	
레일 좌면의 경사	1 : 19~1 : 21	
바닥의 폭	+3, -1 mm	
궤간 폭	±2 mm	
인서트 홈 위치	±2 mm 이하	
PC 강봉 위치	±2 mm 이하	
좌우레일 설치 면의 비틀림	0.7 mm 이하(레일직하 1,510/100 mm)	

(12) 휨 강도 시험 : 제5.1.2(12)항을 적용하되 (가)의 '그림 5.2'와 (나)의 '그림 5.3'을 각각 '그림 5.4'와 '그림 5.5'로 수정하여 적용한다.

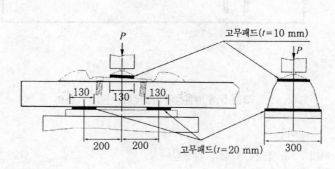

단위 : mm

그림 5.4 콘크리트 궤도용 PC 침목 레일 직하부의 휨 강도 시험

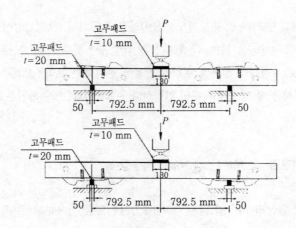

그림 5.5 콘크리트 궤도용 PC 침목 레일 직하부의 휨 강도 시험

(13) 매립전 인발 강도의 시험 : PC 침목 매립전의 인발 강도 시험은 다음의 재하 방법으로 실시하며, 3 tonf에서 균열이 없어야 하고 5 tonf까지 견디어야 한다.
- 매립전 인발 강도 시험방법(그림 5.6) : ① 시험 설비 : ⓐ 인발기, ⓑ 스틸 바(steel bar), ⓒ 지지대, ② 하중지지 조건 : 거리(하중 중심에서 좌, 우로 20 cm 간격) 등을 확인
- 시험 요령 : 제5.1.2(12)(다)항을 적용하되, 첫 번째와 세 번째 사항의 '휨 강도 시험'을 '인발 강도 시험'으로 변경하여 적용한다.

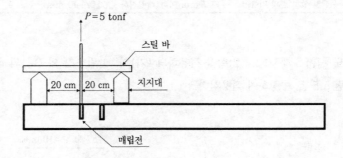

그림 5.6 매립전의 임발 강도 시험

(14) 불합격품의 처리 : 제5.1.2(13)항을 적용한다.

(15) PC 침목의 출하 : 보슬로형 체결장치를 PC 침목에 사전 조립하여 납품하며, 운반과 상하차시

에 침목에서 해체되어 분리되지 않도록 견고하게 조립한다.

5.1.4 분기기와 신축이음매용 PC 침목의 기술 시방서

(1) 원재료의 검사와 시험, (2) 시멘트 시험, (3) 골재시험, (4) 혼화제, (5) 제작 설비 및 시험 설비의 검사, (6) 콘크리트 압축강도시험, (7) 공기량 검사, (8) 콘크리트중의 염화물 함유량 검사, (9) 프리스트레싱의 관리 및 검사, (10) 완제품의 외관검사 등은 제5.1.2항의 관련 시험항목을 적용한다.

(11) PC 침목 형상과 치수의 검사
  1) PC 침목의 형상 및 치수는 관련 도면에 의한다.
  2) PC 침목의 치수는 다음에 명시된 허용오차 내에 있어야 하며, 검사는 전수검사로 한다. ① 침목 외형 치수 : ⓐ 길이 : ±10 mm, ⓑ 폭 : ±5 mm, ⓒ 두께 : ±5 mm, ② 좌면 요철 : 체결 장치 매립부로부터 50 mm 외각 부분(그림 5.7에서 빗금을 친 부분)의 요철은 0.5 mm 이하이어야 한다. ③ 체결장치 매립부 위치의 허용오차(그림 5.8) : ⓐ 동일 좌면에서의 체결장치 매립부간 거리 : ±0.5 mm, ⓑ 다른 좌면과의 체결장치 매립부간 거리 : ±1 mm, ④ 직선도 : 4 m 길이의 침목 기준으로 처짐의 양(그림 5.9) : ±1 mm 이내

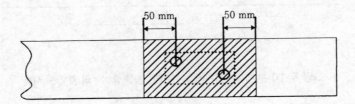

그림 5.7 좌면 요철의 측정 범위

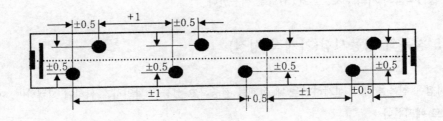

그림 5.8 체결장치 매립부 위치의 측정

3) 이외의 치수는 제5.1.2(11)항 중에서 마지막 3 가지의 항목(③, ④, ⑤)을 적용한다.

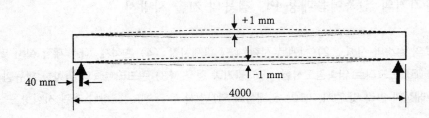

그림 5.9 직선도 측정

(12) **휨 강도 시험** : 제5.1.2(12)항을 적용하되 (나)의 '그림 5.3' 을 '그림 5.10' 으로 수정하여 적용한다.

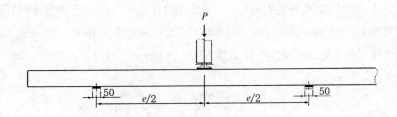

그림 5.10 분기기와 신축이음매용 PC 침목 중앙부의 휨 강도 시험

(13) **매립전의 인발 강도 시험** : 제5.1.3(13)항을 적용한다. 다만, 분기기 1 틀당(신축이음은 1조당) 1 개 인서트의 인발 시험을 실시한다.

(14) **불합격품의 처리** : 제5.1.2(13)항을 적용한다.

5.1.5 침목의 성능시험(기계적 성질)

이 시험은 침목을 새로 설계하였을 때 설계를 검증하고 성능을 확인하기 위하여 시행하며, 여기서는 참고적으로 예시한다.

(1) 레일 직하부 단면의 동 하중 시험

(가) 시험 조건

이 시험은 발주자가 지정한 실험실에서 실시한다. 이 시험은 제작 후에 적어도 28 일, 최고 42 일 이내에 그림 5.11의 배치에 따라 침목 2 개의 각 단부에 실시하는 반복 하중 하의 휨 시험(bending test)이다.

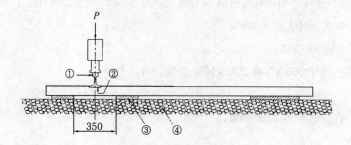

P : 250 회/분의 동 하중, ① UIC 60 레일, ② 일반 레일 패드, ③ 고정 지지대(rigid support)
④ 시험 하에서 다음의 탄성을 가진 탄성매트 : 50 kN 하중 하에서 초기 변위가 적어도 3 mm이며 50 kN과 최대하중 P kN간의 동 하중 하에서 0.5~1 mm의 변위이어야 한다. 반복하중은 최저 50 kN에서 최고 P kN 사이에서 작용하며 각 하중단계에서 5,000 회 반복한다.

그림 5.11 레일 직하부 동 하중 시험의 배치

(나) 시험 절차

그림 5.12에 나타낸 것과 같은 일련의 하중단계에서는 충분한 관찰시간과 균열 측정을 통해 각 단계별로 나누어 시험한다. 하중의 각 단계 종료 시점에서는 그 하중을 유지한 상태로 시험단면을 관찰하여 균열 발생여부를 확인하며, 그 폭과 전개상태를 기록한 후에 하중을 제거하고 균열의 잔류 폭을 측정하

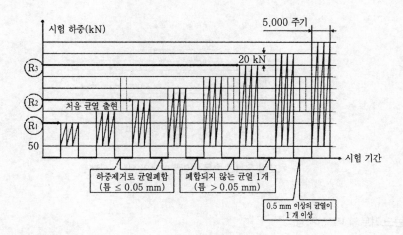

그림 5.12 직하부 동 하중 시험의 하중단계

여 기록한다(균열 폭의 측정은 소요 정밀도를 갖는 기기를 사용한다). 이렇게 하여 다음 값을 결정한다.

- 1 단계 : R_1은 하중 하에서 0.01 mm 이하의 최초 균열이 발생하는 단계
- 2 단계 : R_2는 하중을 제거하였을 때 원상으로 폐합되지 않는 균열이 최소한 1 개 이상인 단계(하중을 제거할 때에 균열 폭이 0.05 mm를 초과하는 균열)
- 3 단계 : R_3은 하중제거 시에 0.5 mm 이상인 개소가 1 개소 이상으로 되는 단계(균열 폭이 1 mm 이상으로 될 때까지 시험을 계속한다)
  - 레일 직하부 단면의 강도
- R_2와 R_3 단계는 각각 200 kN과 320 kN의 값을 가져야 한다.

(2) 침목 중앙부 단면의 휨 강도 시험

(가) 개요

이하의 (나)항에 기술된 시험 조건에서 하중 P_C를 가하였을 때 양(+)의 휨 모멘트, 또는 음(-)의 휨 모멘트 하에서 인장 표면에 가장 가까운 PC 강선의 높이까지 균열이 도달하지 않아야 한다.

$$P_C = 4\,M_C/(e - u) \qquad |M_{C+}| = 0.5\,|M_{C-}|$$

$$M_{C-} = 14.4 \text{ kN} \cdot \text{m}, \quad M_{C+} = 7.2 \text{ kN} \cdot \text{m}, \quad P_{C-} = 42 \text{ kN}, \quad P_{C+} = 21 \text{ kN}$$

여기서, $e = 1.525$ m, $u = 0.150$ m

(나) 시험 조건

시험은 발주자가 지정한 실험실에서 실시하여야 한다. 이 시험은 정적 휨 강도 시험으로서 제작 후 2 8일 이상, 42 일 이내의 침목에 대하여 그림 5.13, 5.14와 같이 정 모멘트 2 개, 부모멘트 2 개를 실시한다. 고무 패드는 침목 폭과 같은 폭이고, 두께는 15 mm이며, 경도는 50 DIDC 이상의 것이어야 한다.

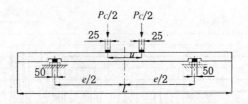

L : 침목 길이, e : 레일 좌면 중심선간 거리

그림 5.13 침목 중앙부에서의 부(-) 모멘트

(3) 콘크리트의 마모 저항

이 시험의 목적은 침목 수명의 상당한 기간 동안 도상에 묻힌 침목에 대한 차축의 작용을 모의실험하여 질량의 손실을 평가하기 위한 것이다.

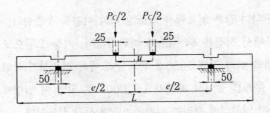

L : 침목 길이, e : 레일 좌면 중심선간 거리

그림 5.14 침목 중앙부에서의 정(+) 모멘트

(가) 시험 조건

시험은 적절한 시험 조건과 장비를 마련하여 발주처가 동의한 시험소에서 수행한다. 시험순서는 침목 주위의 도상단면 형상을 모의실험하기 위하여 충분한 양으로 최소 두께 200 mm의 궤도자갈에 묻힌 완전한 침목에 대하여 수행한다. 레일 단면형상과 체결장치에 의하여 침목에 가해지는 그림 5.15의 진동장치(단일 방향성 진동기)로 침목에 힘을 가한다. 진동장치(vibrogir)로 가해지는 힘은 50 Hz의 주파수와 함께 각 레일 좌면부에 대하여 42.5 kN과 -2.5kN 사이에서 변화한다. 시험은 결과에 대한 강우의 어떠한 영향이라도 피하기 위하여 비를 피하는 건물에서 수행한다.

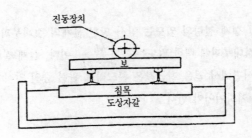

그림 5.15 침목 마모 시험

(나) 시험의 순서와 요구 조건

침목은 비를 피할 수 있는 시험소에서 최소 14일 이상 건조된 것이어야 하고, 시험 전에 무게를 달아야 한다. 힘은 200시간 동안 가한다. 시험 후에 침목의 무게를 다시 달아야 하며, 이 때 질량의 손실은 3 % 미만이어야 한다.

(4) 유공성 시험
콘크리트의 유공성은 아래의 규칙에 따라 정한다.
(가) 시편 준비

코어를 채취하거나 절단하여 같은 침목에서 최소 2 개의 시편을 추출한다. 시편은 실린더, 입방 모양, 기둥 모양이다. 코어 표본에서 직경은 44 mm가 바람직하다. 기둥 모양으로 절단한 시편의 크기는 약 50 mm이다. 표본은 시험을 하기 전에 105±2 ℃의 온도에서 건조시켜 불변의 질량으로 만든다. 1 시간 간격을 두고 2 시편의 무게를 달아서 차이가 1/1,000으로 되면 이 질량에 도달하게 된다. 일반적으로, 이 질량에 도달하기까지 열처리에 걸리는 시간은 약 48 시간 정도이다.

(나) 절차

불변의 질량 M_1(단위 : g)까지 건조시킨 후에 시편을 용기에 담아 24 시간 동안 물에 반쯤 담가 둔다. 15~20 ℃의 시험실 온도에서 시편 상면으로부터 5 mm 위까지 오도록 용기에 수돗물을 채운다(최소 15분 이상이 걸릴 수 있도록 최대한 천천히 물을 붓는다). 48 시간 동안 시편을 물에 담가둔다. 물에 잠긴 표본의 물에서 질량 M_2(단위 : g)를 측정한다(정수 무게). 시편은 헝겊이나 축축한 샤무아 가죽으로 신속하게 건조시키고 물에 젖은 시편의 질량 M_3(단위 : g)을 측정한다.

(다) 결과

- 유공성 : 유공성은 외관상의 부피에서 개방 공극이 차지하는 공간의 비율로 정한다. 공극이 차지하는 공간은 $M_3 - M_1$을 통해 구할 수 있다. 20 ℃에서 물의 밀도는 대략 1과 동일하다. 절대부피는 $M_1 - M_2$를 통해 구할 수 있다. 따라서, 외관상의 부피는 공극이 차지하는 공간의 부피＋절대 부피, 또는 $M_3 - M_2$이다. 유공성은 공극의 부피가 외관상 차지하는 공간의 비율로 표시한다.
  $$\frac{M_3 - M_1}{M_3 - M_2} \times 100$$

- 실제 질량의 밀도 : 실제 질량의 밀도는 앞서 말한 물체의 절대부피에 대한 건조된 시편의 부피 비율로 표시한다. 절대부피에 대한 밀도는 $\frac{M_1}{M_1 - M_2}$ 이다. 실제 질량의 밀도는 $\frac{M_1}{M_3 - M_2}$ 으로 정의한다. 2 개의 시편에서 얻은 평균값은 콘크리트 관련 승인 양식에 기록해야 한다. 유공성 시험의 결과는 12 % 이하이어야 한다.

(5) 절연시험

절연시험의 목적은 전기저항을 낮출 수도 있는 극단적인 날씨 조건에 노출되었을 때에 사용되는 체결장치의 전기저항(ohm)을 평가하고 1 개의 침목에 대한 저항을 1 km당의 최소 저항에 관련시켜 제시된 체결시스템을 궤도회로의 작동 조건 하에서의 평가와 비교하고자 하는 것이다. 그림 5.16의 시험장치를 가지고 완전 건조상태의 침목에 갑작스러운 폭우가 내리는 상황을 재현할 수 있도록 침목에 물을 뿌려준다. 비가 내리는 시점에서는 체결 면과 침목의 표면으로 인해 보통 몇 분간 강수가 오염된다. 따라서, 이 오염의 영향을 표현하는 보정계수를 사용하여 정의된 물 전도율에 대한 시편의 전기 저항을 계산한다. 동시 시험의 경우에는 각 침목을 다른 것들(연속 레일 한 개를 여러 개의 침목들 위에 놓는 것이 아니다)과는 독립된 2 개의 레일구간에 설치한다. 측정은 연속적으로 수행하고 그 결과를 직접 기록한다. 전기 시험을 하는 측정 장치는 그림 5.17에 나타낸 것과 같다. 20 V와 40 V 사이의 전압과 함께 50 Hz, 또는 60 Hz의 교류를 사용한다. 수돗물을 사용하며 물의 전도율에 따라 보정 계수를 적용한다. 이 보정계수는 그림 5.18의 곡선으로 나타낸다.

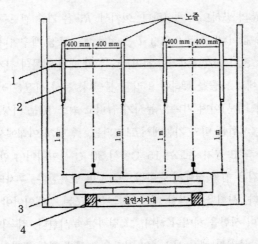

① 시험대상인 하나, 또는 여러 개의 침목에 대하여 종 방향으로 이동할 수 있는 살포 램프
② 4 개의 분사 노즐 : ⓐ 살포 깔때기 : 100°~125°, ⓑ 압력 : 1 daN/cm², ⓒ ø : 3.6 mm
　　ⓓ 흐름율 : 각 분사 노즐당 분당 8 리터
③ 침목 간격과 같은 길이의 해당하는 2 개의 레일이 시험할 체결장치로 체결된 완전한 침목
④ 바닥과 침목 사이에 설치한 두께 50 mm 이상의 절연 받침대

그림 5.16 전기저항 시험장치

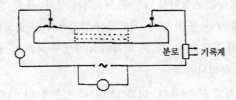

그림 5.17 전기저항-전기 측정장치

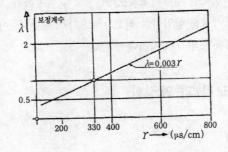

그림 5.18 전기저항-물 전도율의 기능을 나타내는 저항보정 곡선

전기 저항은 $R_{330} = \lambda \cdot R_\lambda$의 공식으로 계산한다. 여기서, R_{330}은 기준 전도율($\gamma = 330~\mu s/cm$) 상태에서 침목의 보정된 전기저항 값이다. $\lambda = 0.003~\gamma$은 적용하는 보정 계수이다. 시험에 사용하는 물의 전도율은 140 $\mu s/cm < \lambda <$ 800 $\mu s/cm$이어야 하며, R_r는 이 때의 침목의 전기저항 값(단위 : Ω)이다.

분사율은 10 Mpa 압력에서 노즐을 통하여 8 리터/분이다. 분사 시간은 적어도 2분(베이스 플레이트가 있는 체결장치의 경우에 10분)이며 기록은 분사가 끝나고 최소 10분 이상으로 한다. 수온은 10 ℃에서 25 ℃ 사이이어야 한다. 시험은 비와 가뭄에서 보호되는, 즉 덮개 아래에서 시행되어야 한다. 시험실은 정상적으로 환기 처리가 되고 공기 온도는 15 ℃에서 30 ℃ 사이이어야 한다. 시험은 다른 3 개의 침목에서 적어도 3 회, 또는 같은 침목 상에서 순차적으로 3 번 반복한다. 후자의 경우에 시험 시간 간격을 적어도 24 시간 두어야 한다. 시험을 시작할 때는 침목이 건조된 상태이어야 한다. 새 침목으로 시험하는 경우에는 사전에 스프레이 시험을 하여야 하며, 그 결과는 무시한다. 각 시험마다의 결과치는 시험 중에 관찰된 최소 저항치이다. 측정한 체결 시스템의 저항은 3 차례 시험 결과의 산술 평균이다. 시험 결과 간의 차이가 매우 큰 경우에는 추가의 시험이 필요할 수도 있다. 이렇게 구한 침목의 전기저항 값은 궤도연장에 대한 평균 전기저항 값 $R_L = R_{330} \cdot p$로 치환한다. 여기서, R_L은 궤도연장에 대한 평균 전기저항 값 (단위 : Ω · km), R_{330}은 침목의 평균 저항 값(보정 값)이며, p는 궤도의 침목 배치 간격이다(단위 : m).

5.1.6 운송, 취급 및 저장

- 침목 운송 : 콘크리트 침목은 손상되지 않도록 신중하게 상차, 운송, 및 하화를 한다. 현장까지 공급하는 침목은 원칙적으로 생산 공장, 또는 기지에서 현장까지 평 화차(무개 화차)로 직송한다. 침목의 적재층 간은 체결장치 부분을 보호하기 위하여 자갈도상 용은 두께 6 cm, 콘크리트도상 용은 7 cm 이상의 각재를 끼워 분리시킨다.
- 침목 취급 : 각종 취급 작업 도중(특히, 하화 할 때)에 침목을 던지는 것은 금지되며, 가능한 한 취급장비를 사용한다. 취급 작업 중에는 다음에 유의한다. ① 침목을 던지는 것을 금지한다. ② 갑작스러운 취급은 피한다. ③ 체결장치가 상하는 것을 피하도록 특별히 주의한다. 수동 취급의 예외적인 경우로서 침목들을 강하게 조일 필요가 없는 경우에는 보편적인 목침목용 집게를 사용할 수 있다.
- 침목 저장 : 기지에서는 침목을 평평하고 안정된 장소에 적치하되, 체결장치의 종류에 따라 6 cm, 또는 7 cm 두께의 목재 각재를 삽입하여 최고 15 층까지 쌓는다. 이 각재들은 레일 직하부에 놓는다. 부설현장에서는 침목을 노반 가장자리에 쌓는다.

5.1.7 침목의 부설(교환)과 안정화

(1) 콘크리트 침목의 간격

본선의 모든 구간에는 콘크리트 침목만을 사용한다. 자갈궤도에서 사용하는 콘크리트 침목(e클립용, 패스트 클립 체결장치 이용)의 간격은 60 cm 간격이며, 콘크리트 궤도에서 사용하는 콘크리트 침목(보슬로형 체결장치 이용)의 간격은 65 cm 간격이다.

(2) 콘크리트 침목의 부설과 교환

콘크리트 침목은 중량이 무거우므로, 예외적인 경우를 제외하고는 기계적 방식(기계 작업)으로 부설한다. 침목의 부설과 교환 시의 주의사항은 다음과 같다.

- 연속적 부설 시 : ① 침목 지지면(도상 면, 또는 궤도기반)은 열차의 통과에 따라 침목에 손상을 주지 않도록 평평하게 한다. ② 균일한 궤간을 확보할 수 있도록 레일을 부설하기 전에 침목을 정확하게 줄 맞춤을 한다. ③ 레일을 부설할 때는 체결장치를 손상시키지 않도록 주의하여야 한다.
- 비연속적 부설 시 : ① 침목 교환기(tie replacement machine)에는 콘크리트 침목에 적합한 집게 장치(gripping device)를 장착한다. 이 장치는 콘크리트가 부서지는 것을 막기 위해 침목의 중간쯤에서 집어야 한다. ② 교환 침목은 최초의 열차가 통과하기 전에 주의 깊게 고정하여야 한다.

(3) 안정화
제6.1.3(4)항을 적용한다.

5.2 유지보수의 조건과 방법 및 철거 침목의 분류

5.2.1 유지보수 작업의 분류와 수행 조건

- 개론 : 콘크리트 침목에 대해서는 특별히 어떤 보수계획을 세울 필요가 없다. 훼손을 예방하기 위해서는 다음의 작업이 필요하다. ① 고저 맞춤작업은 침목의 중앙부가 다져지지 않도록 시행해야 한다. ② 레일에 현저한 파상 마모가 있는 구간은 레일을 연마하여야 한다.
- 유지보수 작업의 분류 : 선로 분소장은 유지보수 작업을 주도하는 책임자이다. 이 유지보수 작업은 선로반 직원에게 구체적인 지침서의 주제가 되어야 한다. 장대레일 구간에서는 특히 대수롭지 않은 결함을 교정하기 위해 작업을 반복하는 것을 피해야 한다. 마찬가지로 고저 맞춤을 제외하고는 궤도의 일시적인 이완를 초래하는 모든 작업들을 모으는 것이 편리하다. 유지보수 작업은 그 작업이 장대레일의 안정에 영향을 미치지 않는 작업부류 1과 영향을 미치는 작업부류 2로 분류한다(제1.6.2(1)항 참조).
- 유지 보수 작업의 수행 조건 : 제1.6.2(2)항과 제2.7.1(1)항을 적용한다.

5.2.2 침목의 유지보수 기준

(1) 원리와 중점

침목의 유지보수 기준은 제3.10.2(1)항에서 설명한 것처럼 4가지의 품질등급으로 규정된다. 표준은 궤도보수 품질 기준선에 대한 기초를 형성한다. 기준들은 취해야 할 조치를 더 정확하게 평가할 수 있게 하며, 또한 그 원인과 비정상의 탐지 및 조사를 편리하게 하고, 그 상태와 비정상의 심각성을 감안하여 적합한 정정 작업을 할 수 있게 한다. 경고 값(WV) 및 작업개시 값(AV)과 같은 분류는 보수작업에 특정한 시간 제한을 적용시킴으로써 보수 작업계획 선택을 용이하게 한다. 속도제한 값(SV)은 각 파라미터에 대해 특별히 규정된 임시 속도제한(TSR)으로 나타내며, 실질적인 안전 값으로 된다. 또한, 이 값은 사고 후, 또는 유지보수를 위해 각 상황에 적합한 방법을 적용시킬 수 있도록 해야 한다. 모든 작업(사고복구 후, 또는 보수 작업) 시의 확보 기준치인 목표 값(TV)의 복원은 시설물의 수명을 연장시키며 자체의 특성과 요구된 품질레벨을 감안하여 보다 나은 보수관리 방법을 제공하여야 한다.

(2) 고속선로 본선의 궤간 기준
(가) 파라미터의 정의(표 5.3~5.5)

표 5.3 궤간의 파라미터

표기	정의	점검	측정 수단
G_{min}	최소 궤간 : 해당 궤도 구간에서의 최소 궤간 값	일정한 궤간의 구간이나 궤간 변화구간의 모든 지점에서	보통 : 궤도 검측 기록(Rec) 추가적 : 게이지 자(GR)
G_{max}	최대 궤간 : 해당 궤도 구간에서 최대 궤간 값		보통 : Rec, 추가적 : GR
G_{mean}	평균 궤간 : 100 m 구간에 걸쳐 궤간의 산술 평균값	일정한 궤간 구간에서만	보통 : Rec, 예외적 : GR

표 5.4 구간의 정의

정의	설명
일정한 궤간의 구간 : 100 m 이상의 궤도 구간에서 평균 궤간(G_{mean})이 일정하다.	이러한 구간에서는 평균 기록이 일정하며 기준선에 평행하다.
궤간 변화구간 : 평균 궤간이 일정하지 않은 구간이다.	이러한 구간에서의 기록은 일정하지도 기준선에 평행하지도 않다. 완화곡선이나 궤간 변화구간에서의 관리는 단지 G_{min}과 G_{max}를 확인하는데 있다. 작업을 시행하고 있을 때에 침목간의 궤간 차이가 2 mm를 초과하지 않도록 하여야 한다.

표 5.5 측정 수단의 정의

표기	정의	설명
Rec	궤도 검측차의 기록	G_{min}과 G_{max} 값은 척도 1/5,000의 기록에서 적어도 0.4 mm에 걸쳐 관찰하여야 한다.
GR	게이지 자	G_{min}과 G_{max} 값은 적어도 2 m 간격에 걸쳐 관찰하여야 한다. (Rec와 비교하기 위하여) 궤도상의 하중 결여를 고려하도록 측정치를 2 mm만큼 증가시켜야 한다.

(나) 품질수준의 정의(표 5.6~5.8)

표 5.6 궤간의 목표 값(TV) 기준

품질 레벨	필요한 값	파라미터 분계값(mm)	설명
목표 값 (T.V)	신설궤도	G_{min} 1,433, G_{max} 1,440 $G_{mean}(-) \geq 1,434$ $G_{mean}(+) \leq 1,438$	목표 값(T.V)이 확보되지 않으면 다음의 조치를 취한다. - 신설 궤도 : 구간의 수령 전에 궤간을 적합시켜야 한다. - 보수 작업 후 : 다음의 확인 전에 이 구간이 목표 값(WV), 작업
	기타 작업	G_{min} 1,432, G_{max} 1,440 $G_{mean}(-) \geq 1,435$ $G_{mean}(+) \leq 1,445$	개시 값(AV)이나 속도제한 값(SV)에 이르지 않는 것을 확보하기 위해 궤도 검측차 기록으로 궤간을 매년 확인한다

표 5.7 궤간의 속도제한 값(SV) 기준

품질 수준	속도제한을 필요로 하는 값	파라미터 분계값(mm)	속도제한은 체결장치에 관한 표준을 준수 하는지에 따라 적용
속도 제한 값 (SV)	SV = 230 km/h(TVM 430의 경우) SV = 220 km/h(기타의 경우)	$1,426 \leq G_{min} < 1,428$ $1,428 \leq G_{mean} < 1,431$	옆 난의 두 조건 중(최소 궤간, 평균 궤간) 하나만으로도 속도제한을 부과하는데 충분하다
	SV = 170 km/h	$1,422 \leq G_{min} < 1,426$ $1,462 \leq G_{max} < 1,470$	옆 난의 두 조건 중(최소 궤간, 최대 궤간) 하나만으로도 속도제한을 부과하는데 충분하다.
	SV < 170 km/h 이하 참조(*)	$G_{min} < 1,422$, $G_{max} > 1,470$ $G_{mean} < 1,428$, 혹은 $G_{mean} > 1,455$	옆 난의 세 가지 조건 중(최소 궤간, 최대 궤간, 평균 궤간)에 한 개만 있어도 속도제한을 부과하는데 충분하다.

(*) 만일 $1,424 \leq G_{mean} < 1,428$ 또는 만일 $1,455 < G_{mean} \leq 1,467$이라면 속도 = 80 km/h
만일 $1,422 \leq G_{mean} < 1,424$ 또는 만일 $1,467 < G_{mean} \leq 1,472$
　　$1,420 \leq G_{min} < 1,424$ 또는 만일 $1,470 < G_{mean} \leq 1,472$이라면 속도 = 40 km/h
만일 $G_{mean} < 1,422$ 또는 만일 $G_{mean} > 1,472$
$G_{min} < 1,420$ 또는 만일 $G_{max} > 1,472$이라면 열차운행의 중지

표 5.8 궤간의 경고 값(WV)과 작업개시 값(AV) 기준

품질 수준	특성과 취해야 하는 작업	분계 값(mm)	설명
경고 값 (WV)	경고 값(WV)으로 분류를 필요로 하는 값 : 옆 난의 조건 중 어느 한 개라도 해당되는 경우	$1,430 \leq G_{min} < 1,432$ $1,440 < G_{max} \leq 1,455$ $1,433 \leq G_{mean} < 1,434$ $1,438 < G_{mean} \leq 1,453$	작업개시 값(AV)이 속도제한 값(SV) 분계점에 이르지 않음을 확실히 하기 위해 궤간 검사를 더 수행하여야 한다. 검사는 G_{max}에 대해서 6개월 동안 유효하며 G_{min}과 G_{mean}에 대해서는 1년 동안 유효하다.
작업개시 값 (AV)	분소장이 분류한 날로부터 3개월의 기간 이내에 보수를 필요로 하는 값 (전체적으로나 부분적) : 옆 난의 조건중 단 하나의 경우에도 이 분류에 속한다.	$G_{min} < 1,430$ $G_{max} > 1,445$ $G_{mean} < 1,433$ $G_{mean} > 1,453$	최종 기한(deadline)을 지킬 수 없다면, 기간 만기 전에 속도제한 값(SV)에 이르지 않음을 확실히 하기 위해 그 이상의 궤간 점검을 하여야 한다. 이 검사는 G_{max}에 대해 3개월 동안, G_{min}과 G_{mean}에 대해 1년 동안 유효하다.

(3) 체결(고정)의 기준

(가) 평저 레일 궤도에서 부류(A) 침목 단부의 정의

평저 레일 궤도에서 부류(A) 침목 단부란 레일의 같은 쪽에 위치한 체결장치가 더 이상 레일의 좌굴이나 횡압에 견디지 못하는 침목 단부를 말한다. ① 깨졌거나 탈락된 클립(또는, 나사스파이크, 텐션 클램프 등), ② 깨졌거나 탈락된 숄더(또는, 매립전 등), ③ 레일의 횡 버팀대로서 더 이상 역할을 못하는 비효과적인 절연블록(또는, 가이드플레이트 등), ④ 더 이상 레일 횡 저항 기능을 하지 못하는 무력한 클립(I) 등. 이 부류(A)는 레일의 같은 쪽에 대하여 절손되었거나 누락된 체결장치를 가진 침목이 2 개 이상 연속되어 있을 때에만 중요하다.

(나) 품질 수준의 정의(표 5.9, 5.10)

표 5.9 체결(앵커)의 속도제한 값(SV) 기준

연속한 부류(A) 침목단부의 수량	< 5	5	6	> 6
속도제한	정상 속도(*)	$S = 40$ km/h(*)		열차운행중지, 또는 $S = 20$ km/h(*)

(*) 궤간 기준에 따라 적용

표 5.10 체결(앵커)의 경고 값(WV)과 작업개시 값(AV) 기준

품질수준	특징적 파라미터 및 취해야 할 작업	연속한 부류 A 침목의 수에 의한 분계 점	추가적인 조치
경고 값 (WV)	Y+1 년에 계획된 작업이 요구되는 (A) 범주의 연속 침목 단부의 수량	$A = 2$	주기적인 관리 점검 동안 작업개시 값(AV)이나 속도제한 값(SV)에 이르지 않도록 확실히 한다.
작업개시 값 (AV)	72 시간 내에 체결장치 상태의 정정이 요구되는 (A) 부류의 연속 침목 단부의 수량	$A = 3~4$	후자의 경우에 최종적인 보수는 3개월 이내에 실행되어야 한다. 주기적인 점검 동안, 속도제한 값(SV)에 이르지 않도록 확실히 한다.

5.2.3 침목의 교환과 조건

(1) 침목 교환

콘크리트 침목은 가능한 한, 기계 작업으로 궤도에 부설한다. 인력부설은 콘크리트 침목의 중량 때문에 취급이 곤란하므로 예외적으로만 이루어진다. 부설, 다짐, 궤간 설정의 작업은 주의가 필요하다. 특히, 궤도를 다지기 전과 도상작업을 하기 전에 체결장치를 조이며, 침목을 횡 방향으로 약간 이동하도록 하는 작업의 분배 등이 그러하다. 콘크리트 침목을 부설한 궤도는 최초 열차가 통과하기 전에 약간 양로하여야 한다. 궤도는 압축과 진동으로 작동하는 기계적 탬퍼를 사용하든지 삽 채움 작업이나, 또는 고이기(pinning)로 궤도를 양로할 수도 있다. 콘크리트 침목의 궤도 부설은 특별한 도상단면의 사용을 필요로 한다. 특히, 도상이 프리스트레스트 콘크리트 침목의 중앙부를 지지하거나 침목 양단부만을 지지하여서는 안 된다. 침목의 교환은 부류 2 작업으로서 이의 조건은 다음의 제(2), (3)항을 적용한다.

(2) 보수작업 동안의 교환 조건

(가) 이 작업은 '부류 2 작업'의 일부를 형성한다.

사용하려는 방법은 어떤 경우에도 궤도의 양로를 필요로 해서는 안 된다. 이 이유 때문에, 교환할 침목의 양쪽 방향에 위치한 3 침목의 체결장치 풀기가 허용된다. 같은 작업 동안에 5 침목당 1 침목 이상이나 10 침목당 2 침목 이상을 교환해서는 안 된다. 두 번째 경우에, 하부굴착이 침목 사이의 중간으로 국한될 때는 연속하여 2 침목을 교환할 수도 있다. 침목 간격 재조정 작업 동안에 궤도의 길이방향으로 그 폭의 절반 이상이 이설된 침목은 궤도 이완의 관점에서 볼 때, 교환된 침목으로 간주한다. 여러 가지 작업이 필요한 경우에는 각 작업의 실행중간에 안정화가 이루어져야 한다.

(나) 금지 기간을 벗어나서 작업을 실시한 경우

부분적인 동적 안정화 작업이 없이 작업을 실시할 수 있다. 최초열차의 통과 전에 규정단면을 복구하고 궤도 선형을 검사하여야 한다. 속도가 170 km/h로 제한된 최초 열차(적어도 고속철도 열차 1 편성의 중량에 상당하는)의 통과 후에는 안정화하는 동안 제5.2.1항의 3번째 사항을 적용하는 것을 조건으로 후속열차부터는 정상 속도로 복원할 수 있다.

(다) 예외적인 경우로서, 금지 기간 동안에 작업을 시행한 경우(첫 번째 조건을 준수하지 않은 경우)

콘크리트 침목의 교환은 멀티플 타이 탬퍼의 작업과 부분적인 동적 안정화 작업을 한 후에 열차운행을 하며, 열차운행 개시 전에 규정단면을 복구하고 궤도틀림을 검사한다. 고속열차 편성과 동등한 중량의 최초열차를 170 km/h로 통과시킨 후에 후속열차부터 속도를 원상으로 회복할 수 있다. 10 회의 열차가 통과하기 전에 레일온도가 45 ℃ 이상 초과해서는 안되며, 그러하지 않은 경우에는 100 km/h 이하로 감속한다.

(3) 연속한 침목 교환의 조건

침목을 연속하여 교환하는 작업을 수행하는 현장은 '주요 현장'으로 취급한다.

(가) 60 km/h로 통과한 하급기존궤도를 하부 굴착하는 현장

1) 주간에 실시하는 작업에서 준수해야 하는 조건

- 11월 6일~2월 15일 : 현장에 대해 별다른 조건 없이

- 2월 16일~5월 14일 및 9월 16일~11월 15일 : 레일온도가 강하하고 있을 때 궤도를 이완시킨다.

- 5월 15일~9월 15일 : 최초 영업열차는 오후 5:30 이후에 현장을 통과한다.

2) 다음의 조건이 준수된다면 60 km/h의 속도로 현장 궤도의 이완이 허용된다.

- 기존 궤도의 레일과 도상작업의 조건 : 필요하다면, 3.2.1항의 요구 조건에 따라 기존 궤도의 장대레일을 절단해야 한다. 하부 굴착된 궤도의 침목 단부는 정확하게 자갈로 채운다.

- 새 궤도레일, 도상 조건 : 레일 단면이 무엇이든지 간에 곡선 반경은 표 5.11에 주어진 값에 동등하거나 커야 한다. 부설 도면에 명시된 단면을 얻기 위해 필요한 자갈량을 사용하여 궤도에 자갈을 살포 정리한다. 이완 전에 침목간 공간을 채우고 도상 어깨 폭이 적어도 0.30 m가

될 수 있도록 이 자갈을 충분히 고루 분포시킨다.

표 5.11 콘크리트 침목의 연속 교환에 대한 곡선 반경 조건

교환 후에 부분적인 동적 안정화(DTS)작업이나 양로를 하지 않은 경우	교환 후에 적어도 80 mm만큼의 양로와 이완 전에 부분적인 동적 안정화 작업
450 m	300 m

- 온도 조건 : 속도를 100 km/h(혹은, 120 km/h)로 올리기 위한 제3.2.2(1), (2)항의 조건이 충족되지 않는 한, 궤도 이완에 대하여 취하는 조치를 관찰된 Δt 값[1]이나 도달된 레일 온도에 따라 표 5.12에 나타낸다.

표 5.12 궤도의 이완에 대하여 Δt 값[1]이나 도달된 레일 온도에 따라 취하는 조치

콘크리트 침목		아래 한계를 초과하지 않는 경우에 지속적인 모니터링[2]	
교환 후[3]에 양로, 또는 부분적인 동적 안정화 작업을 안할 경우	교환 후[3]에 적어도 80 mm의 양로 및 이완 전에 부분적인 동적 안정화 작업	Δt[1]	레일 온도
$R \geq 650$ m		35 ℃	45 ℃
650 m $> R \geq 450$ m	450 m $> R \geq 300$ m	30 ℃	45 ℃

[1] Δt : 현재 레일 온도와 장대레일을 체결하였을 때의 가장 낮은 온도간의 차이
[2] 궤도의 지속적인 감시 관리는 레일의 온도 조건(Δt와 레일 온도)에 정해진 한계 치를 더 이상 초과하지 않을 때까지 수행한다. 만일, 선형 변칙상태의 전개가 관찰된다면, 많아야 40 km/h의 임시속도제한을 한다.
[3] 혹은, 장대레일을 절단하지 않고 실시하는 도상 교환(BR)의 경우에 하부굴착 후

- 기존 및 새 궤도의 선형 조건과 램프 설정 조건(장대레일로 부설한 궤도에 특유하지 않은 조건) : 현장 책임자는 다음의 사항을 이행한다. "① 많아야 60 km/h의 속도제한 하에 수행하는 작업에 적용할 수 있는 규정에 궤도 선형이 부합하는지를 정기적으로 점검한다. 의심이 가는 경우에는 운전실에서 가속도를 측정하며, 여기서 얻은 상대적인 수직가속도 값은 3.5 m/s², 상대적인 횡 가속도 값은 2.0 m/s²를 초과해서는 안 된다. ② 궤도의 이완 후에, 필요하다면 특히 현장 휴무 전날에 열차 후미에 승차하여 선로를 검사한다." 램프 구간에 자갈을 살포하고 다진다.

(나) 작업실시를 위해 준수하여야 할 조건들

1) 준수 조건

- 주간 : ① 2월 16일에서 5월 14일까지 및 9월 16일에서 11월 15일까지 : 레일온도가 상승하는 동안에는 궤도이완의 우려가 있는지 검토한다. ② 5월 15일에서 9월 15일까지 : 오후 5:30 이전에 처음 영업 열차의 현장을 통과하여야 할 때는 주의한다.
- 야간 : 모든 주기에 대하여 현장의 특성 없이

2) 다음 조건이 준수된다면 60 km/h 속도에서 현장 궤도의 이완이 허용된다.

- 기존 궤도의 레일과 도상작업의 조건 : ① 필요하다면, 제3.2.1항의 요구 조건에 따라 기존 궤도의 장대레일을 절단한다. ② 하부 굴착한 궤도의 침목 단부는 정확히 궤도자갈을 보충한다. ③ 체결장치의 해체는 새 궤도가 부설되는 날까지 실시해서는 안 된다.

- 교환되지 않은 기존 궤도와 교환된 궤도와의 연결 : 새 궤도가 콘크리트 침목에 이미 부설된 궤도의 적어도 50 m의 길이에 연결되지 않는다면, 교환된 궤도와 교환되지 않은 기존궤도 사이의 천이접속은 복수이음매를 가진 임시 신축장치(2×9)로 연결하며, 이 임시 신축장치는 장대레일을 응력 해방할 때까지 존치시킨다(제3.2.1항의 규정에 따라 철거).

- 새 궤도레일, 선형 및 도상 조건 : 레일 단면이 무엇이든지 간에, 곡선 반경은 표 5.13에 주어진 값과 동등하거나 커야 한다. 부설 도면에 명시된 단면을 얻기 위해 필요한 자갈량을 사용하여 궤도에 자갈을 살포 정리한다. 이완 전에 침목간 공간을 채우고 도상 어깨 폭이 적어도 0.30 m가 될 수 있도록 이 자갈을 충분히 고루 분포시킨다.

표 5.13 궤도 이완에 대한 곡선 반경 조건

콘크리트 침목		기타 침목
교환 후에 부분적인 동적 안정화나 양보를 하지 않은 경우	교환 후에 적어도 80 mm 만큼의 양로 및 이완 전에 부분적인 동적 안정화를 한 경우	
1,200 m	300 m	허용되지 않음

- 온도 조건 : 속도를 100(혹은, 120) km/h로 상승시키기 위한 조건이 충족되지 않는 한, 궤도 이완에 대하여 취하는 조치를 관찰된 Δt 값[1]이나 도달된 레일 온도에 따라 표 5.14에 나타낸다.

표 5.14 Δt[1] 값이나 도달된 레일 온도에 따라 궤도 이완에 대하여 취하는 조치

콘크리트 침목		아래 한계를 초과하지 않는다면 지속적인 감시 관리[2]		Δt[1]을 초과한다면, 최대 110 m 레일로 장대레일을 절단[3]하거나 40 km/h로 속도제한
교환 후에 부분적인 동적 안정화 작업이나 또는 양로를 하지 않는 경우	교환 후에 적어도 80 mm 만큼의 양로 및 이완 전에 부분적인 동적 안정화 작업을 하는 경우	Δt[1]	레일 온도	Δt[1]
$R \geq 1200$ m	1200 m > $R \geq 650$ m	45 ℃	55 ℃	
	650 m > $R \geq 450$ m	35 ℃	45 ℃	40 ℃
	450 m > $R \geq 300$ m	30 ℃	45 ℃	35 ℃

[1] Δt : 현재 레일 온도와 장대레일을 체결하였을 때의 가장 낮은 온도간의 차이
[2] 궤도의 지속적인 감시 관리는 레일의 온도 조건(Δt와 레일 온도)에 정해진 한계 치를 더 이상 초과하지 않을 때까지 수행한다. 만일, 선형 변칙상태의 전개가 관찰된다면, 많아야 40 km/h의 임시속도제한을 한다.
[3] 한계 Δt의 초과에 관련된 요소 레일만을 절단할 필요가 있다.

- 기존궤도와 새 궤도의 선형 조건 : 현장 책임자는 (가)항 2)의 마지막 항목 중 " " 내에 있는 ①, ②의 사항을 이행한다. 램프 구간에 자갈을 살포하고 다진다. 새 궤도를 양로하고 안정화시킨 경우에는 안정기(stabilizer)의 기록을 사용하여 궤도 이완 전에 궤도선형을 점검한다.

5.2.4 철거된 침목의 기술적 분류

(1) 기술적 분류(TC)

콘크리트 침목은 철거하기 전에 궤도 부서 책임자로부터 조언을 받아 사무소의 분류전문가가 궤도에서 분류하고 표시하든지(500 m 이상 대규모 철거의 경우), 아니면 철거 후에 분소장이 분류하고 표시(소규모 철거의 경우)한다.

(2) 분류의 기준

- 허용되는 결함 : ① 레일 아래의 틈이 없는 가늘고 짧은 균열, 그것은 전체 바닥 면에 걸칠 수도 있지만 침목 바닥에서 40 mm 이상으로 측면에 퍼지지 않아야 한다. ② 단면 전체를 포함하지 않는 침목 중앙 부분의 횡 균열, ③ 체결장치의 부근과 레일 좌면의 틈이 없는 아주 가늘고 짧은 균열, ④ 철근이 노출되지 않는 상태의 상부와 측면 깨짐
- 허용되지 않는 결함 : ① 레일 좌면에 영향을 미치는 깨짐, ② 클립을 설치하는 자리(recess)나 혹은 절연블록 버팀대 부분의 깨짐, ③ 철근을 노출시키는 깨짐, ④ 콘크리트 균열로 인한 깨짐(콘크리트의 파열), ⑤ 침목의 수평 균열, ⑥ 길이방향의 수직 균열, ⑦ 횡단면 전체에 영향을 미치고 허용 결함 한계를 초과하는 횡 균열, ⑧ 레일 좌면의 마모(노출된 강선)

5.2.5 침목의 유지보수 작업방법

(1) 뜬 침목의 감지 및 측정

(가) 작업 조건의 파악

뜬 침목(안정성 결함)의 감지와 측정은 삽 채움(troweling)에 의한 모든 고저 맞춤 작업 전에 평면성 틀림 값을 결정하기 위해 필요하다.

(나) 절차

- 콘크리트 침목용 고무 코팅 강구가 있는 로드(Ø 140 mm×1,000 mm, 중량 8.2 kg, 일명 뜬 침목 확인 봉)를 사용하여 뜬 침목을 감지한다. ① 모든 침목 단부를 조사한다. ② 궤도 안쪽의 침목 위에 선다. ③ 강구는 궤도 바깥쪽에서 가능한 한, 레일 저부에 가깝게 30~40 cm 높이에서 자유로이 떨어뜨려야 한다. ④ 강구가 침목에 떨어질 때의 반발력과 소리를 확인한다.
- 일련의 양끝에서 처음의 하중 지지 침목 단부에 표시하는 ⟨ ⟩ 표시로 테두리를 붙여 일련의 뜬 침목

단부를 분필로 표시한다. 부상을 측정하여야 하는 침목에 "① 1~5 개가 연속한 뜬 침목 단부에 대해서는 1 개나 2 개, ② 6~10 개가 연속한 뜬 침목 단부에 대해서는 2 개나 3 개"의 빈도로 +자 표시를 한다.

- 설치 : ① 레일 저부의 부상을 측정하기 위하여 표시가 된 침목에 되도록 가깝게 측침(pin)이나 처짐 게이지 자(deflection gage), ② 혹은, 표시된 각 침목에 부상 측정기(dansometer).
- 열차가 통과한 후, 부상 값(mm)을 파악하여 대응하는 침목 단부에 그것을 적어놓는다 : 값을 분배한다.

(2) 충격으로 손상된 콘크리트 침목의 보수

충격(탈선, 취급)에 기인한 콘크리트 파손은 합성 수지로 강화한 시멘트 모르터를 사용하여 보수해야 한다. ① 모르터를 칠하기 전에 노출된 철근 처리를 위한 제품과 ② 컨시스턴스(consistency)가 침목 형상을 복구할 수 있게 하는 독특한 모르터 제품 등의 두 가지 제품이 추천된다.

5.3 침목 문제의 대처 방법과 모니터링

5.3.1 침목 문제의 대처 방법

(1) 장대 레일의 두 가지 규정 조건 중 한 가지를 준수하지 않는 경우
(가) 유지보수 작업의 분류
작업 부류 1은 장대레일의 안정에 영향을 미치지 않는 작업이며, 침목에 대하여 "① 체결장치 조임 상태의 확인, ② 체결장치의 조이기" 등의 작업만을 포함한다. 작업 부류 2는 장대레일 안정성을 일시적으로 감소시키는 모든 작업을 포함하며, 부류 1에 해당하지 않는 작업이다.
(나) 유지보수 작업의 실행 조건과 이들 조건 중에 적어도 한 가지를 준수하지 않는 경우의 처리방법 : 제2.7.1항을 적용한다.

(2) 침목 교환
침목 교환작업은 부류 2 작업이며, 제5.2.3(2), (3)항의 조건을 적용한다.

5.3.2 체결장치와 궤간의 점검

(1) 체결장치와 조임 상태
- 평저 레일 궤도에서 (A)급으로 분류된 침목 단부의 정의는 제5.2.2(3)(가)항을 적용한다.
- 체결 상태의 정의에 관한 기준(표 5.15)

- 체결장치의 속도제한 값(SV) 기준은 제5.2.2(3)(나)항을 적용한다.

표 5.15 체결상태의 정의

정확하게 체결된 체결장치(E)	충분히 체결되지 않은 체결장치(S)	무력한 상태(I)
부품의 상태가 양호하고 정상적으로 체결된 상태	지지면의 마모가 심하며, 체결력의 감소를 나타내면서 레일 저부에 닿는 클립	탈락하였거나, 또는 어떠한 체결력도 가해지지 않는 체결장치

(2) 고속선로 주행선의 궤간 기준

- 파라미터, 적용 구간, 측정 수단 등은 제5.2.2(2)(가)항을 적용한다.
- 궤간의 속도제한 값(S.V) 기준은 제5.2.2(2)(나)항을 적용한다.

(3) 탈선으로 인한 손상의 보수

- 보수 가능한 콘크리트 파손 : 콘크리트가 부스러지고 침목 단부의 철근이 노출되어 재생이 필요한 침목은 불안정한 부분을 해머로 제거하고 합성 수지로 강화한 시멘트 모르터를 사용하여 재생시킨다 (제5.2.5(2)항 참조).
- 침목의 파손 : 철거나 보수를 하기 전에, 관할 부서 기술자의 현장 검사를 요구하여야 한다.

5.3.3 침목 상태 변화의 모니터링

(1) 모니터링

정기 선로 순회점검의 주기와 절차는 제1.6.2(2)항에 의한다. 침목은 그 지역 관리자가 수행하는 정규 선로순회 점검과정 동안 관찰한다. 궤도의 두 선형 검측 사이에서 관찰된 궤간의 큰 변화는 일련의 결함이 있는 체결장치나 침목을 나타낸다. 그러한 경우에는 즉시 이 구간에 대하여 정밀 점검을 하여야 한다.

(2) 침목 보증 기간 : 침목 보증 기간 동안의 특별한 조치

콘크리트 침목은 일반적으로 모든 제작 결함에 대해 납품 일로부터는 5년 동안, 또는 궤도공사 준공일로부터 3년 동안 보증된다(실제의 적용은 해당 철도회사의 규정에 따른다). 납품업자는 이 보증 기간 동안 궤도에서 침목을 철거해야 하는 결함이 있는 것으로 보고된 모든 침목을 무료로 교환해야 한다. 또한, 사무소(region)는 그들 자체 현장에 관하여 침목 공급자의 동의 하에 다음 문서를 작성해야 한다. ① 침목 부설 후 즉시 : 부설된 침목의 수량과 경우에 따라서는 제작 결함을 가진 침목의 수량을 기록한 부설 보고서, ② 보증 기간 동안 : 부설 보고서 작성 후에 발견된 결함과 제작 결함에 대한 결함 보고서, ③ 보증 기간 만기일 전에 : 보증 만기 보고서 등. 위의 보고서가 유보를 포함하는 경우에는 사본 1부를 관할 부서에 송부하여야 한다. 제작방법에 고유하고 준 체계적 방법으로 생긴 눈에 보이는 결함은 결함으로 간주하지 않는다. 따라서, 보선 분소(local departments)는 보증 기간 동안에 상기 규정의 적용을 위해 새로 부설한 침목에 특별한 주의를 기울여야 한다.

제6장 도상의 관리

6.1 자갈도상의 이해

6.1.1 개요

(1) 자갈도상의 효과 및 안정성

자갈도상은 침목을 종 방향과 횡 방향으로 고정하며, 장대레일이 부설된 궤도의 안정성에 있어 결정적인 요소이다. 따라서, 자갈도상에 영향을 미치는 어떠한 작업(자갈도상 압밀도의 감소, 자갈도상 단면의 변경 등)도 실행 시에 특별한 주의를 취하는 것이 필요하다. 담당 관리자는 다음을 항상 명심하여야 한다. ① 표준의 자갈도상 단면을 유지하여야 한다. ② 최근에 부설되거나 보수된 궤도는 점차적으로만 그 최종적인 안정성을 획득한다. ③ 궤도의 양로나 이동을 필요로 하는 어떠한 작업도 비록 그것이 소규모의 작업일지라도 일정 기간 동안 현저한 다짐 이완를 야기한다. 이 이유 때문에 규정된 온도 조건이 충족되지 않는 경우에 속도제한이 없이는 그러한 작업이 엄격히 금지된다.

궤도 선형의 유지보수는 대부분 도상의 거동에 관련되며, 도상의 주요한 역할은 침목의 종, 횡, 및 수직 방향의 이동을 저지하는 것이다. 다른 궤도재료들과는 달리 궤도자갈의 강도는 궤도자갈이 부설된 이후에, 또는 모든 정정 작업 후에 통과된 교통에 크게 좌우된다. 강도는 낮지만 비교적 잘 확정된 초기 값에서 시작하여 열차의 작용 하에서 대략 초기 값의 두 배 정도인 한계 치에 이를 때까지 증가한다. 어떤 경우에는 정상 속도로의 운행을 가능하게 하기 위하여 새로운 도상, 또는 개량된 도상의 초기 강도를 증대시키는 것이 필요 불가결하다. 최소 통과 톤수와 최소 기간이라는 이중 조건이 충족될 때는 적절한 강도가 획득되었다고 간주한다. 이 이중 조건이 완료될 때 안정화가 이루어진다. 밸러스트 콤팩터나 동적 궤도 안정기의 사용은 부분적으로 도상의 초기 강도를 증가시키며, 따라서 어떤 조건 하에서 안정화에 소요되는 시간을 단축시킨다.

(2) 자갈도상의 기능

자갈도상은 다음의 주요 기능을 갖는다. ① 차량이 가한 하중을 노반으로의 전달과 분산, ② 유동 성질을 통한 진동의 감쇠(궤도자갈의 마찰로 인한 진동 에너지의 소산), ③ 종 방향과 횡 방향에서 침목의 고정, ④ 강우의 신속한 배수. 게다가, 다짐-줄 맞춤으로 궤도선형을 정정할 수 있게 하며, 이것은 최소한의 도상 품질과 두께를 필요로 한다.

6.1.2 자갈도상의 두께

(1) 개요

고속철도 노선 상에서는 그 진동 감쇠용량을 개선하기 위하여 자갈도상 층의 두께를 크게 하고 있으며, 제1.9.7항에 명시된 자갈도상의 단면을 항상 유지하여야만 한다. 강화된 단면의 유지보수에 특별히 주의하여야 하며, 여러 가지 원인(레벨링, 클리닝 등)으로 변화가 발생한 구간에서는 지체 없이 원(原) 단면을 복구하여야 한다.

(2) 일반적인 경우

고속철도에서 궤도나 자갈도상의 갱신, 시설의 개량, 또는 궤도의 신설 시에 확보하여야 하는 정상적 도상의 표준 두께는 레일 좌면부의 침목 아래에서 측정하여 0.35 m(특별한 경우에는 0.30 m) 이상이어야 한다. 도상부설의 최적두께는 궤도의 종 방향 단면을 검토할 때에 노반과 시공 기면의 기타 성분들의 품질에 따라서 결정된다. 특히, 배수불량의 이유로 노반을 개량할 필요가 있는 구간에서는 ① 기계적 탬핑에 의한 궤도의 일반적 양로를 다루는 표준작업 안내서의 사항, ② 노반의 질 향상을 다루는 표준작업 안내서의 사항 등에 관한 조치들을 적용하여야 한다.

(3) 철도 교량과 터널 인버트의 특수한 경우

굴착 체인의 통과를 허용하도록 자갈 교량에 마련되어야 하는 교량 방호벽과 침목간 도상의 치수 및 이들 구조물의 방수막을 손상시킴을 방지하기 위하여 권고된 하부굴착 깊이는 특별 안내서에 주어진다. 이들 치수는 터널 인버트에도 적용할 수 있다. 고속 철도($S > 220$ km/h)의 노선 상에서 침목 아래의 표준 자갈도상 두께는 원칙적으로 0.35 m이다. 철도 교량에서의 자갈도상 두께는 궤도 부서장의 승인 없이 궤도 유지보수 작업 중에, 또는 기타 다른 형태의 작업 중에 0.05 m 이상 증가되지 않아야 한다. 갱신 후에는 표준 두께로 복구하여야 한다.

6.1.3 자갈도상 작업의 조건

(1) 개요

분소장은 유지보수 작업의 개시에 책임이 있다. 이 작업들은 선로원에게 지속적인 상세한 지침의 과제이어야 한다. 장대레일 조정의 증가를 피하여야 하며, 특히 별로 중요하지 않은 틀림을 수정하는 것이 그러하다. 마찬가지로, 레벨링(면 맞춤)을 제외하고 궤도의 일시적인 압밀 이완을 초래하는 모든 작업들을 모으는 것이 편리하다

(2) 유지보수 작업의 분류와 수행 조건

보수작업은 장대레일의 안정성에 영향을 주는지의 여부에 따라서 제1.6.2(1)항과 같이 두 부류로 분류하여 제2.7.1(1)항을 적용한다.

(3) 궤도자갈의 사용

고속철도에 사용하는 궤도자갈은 입경(粒徑)이 22.4~63 mm인 경석(硬石)의 깬 자갈로서 채석장에서 생산하며, 제6.2절에 언급한 표준을 만족하여야 한다. 자갈도상 층의 품질(재료의 경도, 도상 층의 두께)이 궤도 레벨링(면 맞춤) 보수의 지속기간을 결정하는 것으로 알려져 있다. 다짐기계를 사용하기 때문에 도상 층의 유지보수를 위한 주요 기준은 도상의 다짐성(tampability)이다. 이는 다짐이 필요한 구간의 오염 정도에 좌우되며, 이러한 오염은 대부분 마모와 충격에 의한 궤도자갈의 훼손 현상에 기인한다. 얻어진 경험은 열차의 속도와 열차하중의 동적 효과가 궤도자갈의 작용에서와 궤도자갈의 파손 속도에서 중요한 역할을 한다는 것을 보여준다. 따라서, 고속철도 노선(HSL)은 아주 높은 품질(경도, 청결)의 궤도자갈을 요구한다.

(4) 정기 순회점검

정기 순회점검의 주기와 절차는 제1.4.2(2)항에 의한다.

6.2 궤도자갈의 특성

6.2.1 궤도자갈의 승인

(1) 석산(石山)의 승인

궤도자갈의 공급자는 납품에 앞서 그 석산에 대해 승인을 받아야 한다. 공급자는 이러한 목적을 위하여 석산의 지질학적 검토와 더불어 신청한 암석에 대한 암석학적 분석을 구매자에게 제공한다. 또한, 궤도자갈 생산자는 생산설비, 세척설비, 시험·검사설비, 운반설비 등과 같은 고속철도 궤도자갈 표준규격에 맞는 자갈을 생산할 수 있는 설비를 갖추어야 한다.

(2) 깬 자갈(碎石)의 승인

수급인이 공급하는 궤도자갈은 계약서와 시방서 품질조건에 적합하여야 한다. 깬 자갈의 승인은 구

매자의 주무부서가 교부하며, 이 표준에 적합한 제품을 준비하기 위하여 석산의 고유한 품질에 더하여 공급자의 적격여부를 확인한다. 공급자는 이를 위하여 공인 시험기관이 교부한 재료의 분석 증명서와 시험 증명서, 특히 석산의 총 경도계수 D_{RG}(경도계수 D_{ri}의 연간 평균값)를 결정하기 위하여 그 전년도 내에 수행한 데발 시험, 로스앤젤레스 시험에 관한 성적서를 제출한다. 궤도자갈의 강도는 "① 데발 시험(Deval test) : 시험기준에 따라서 결정된 마모에 대한 저항성, ② 로스앤젤레스 시험 : 시험기준에 따라서 결정된 인성"을 고려하여 규정한다(제6.2.3(2)항 참조). 그림 6.1에 주어진 도표는 데발(고속철도는 습윤 데발 시험을 이용) 값과 로스앤젤레스 값에서 추출된 각 견본의 동시적인 경도계수 D_{ri}를 결정하는데 사용한다.

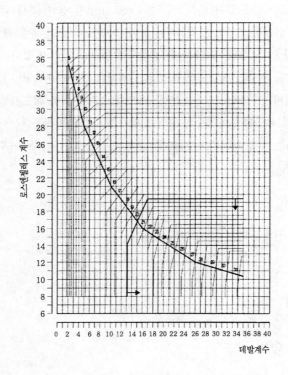

로스앤젤레스 계수

데발계수

※ 마모·경도계수 20 이상이라 함은 LA계수와 Deval계수가 만나는 점이 굵은 선의 안쪽(즉 화살표의 방향)에 있을 때를 말한다.

그림 6.1 궤도자갈의 마모·경도계수(D_{ri})

한 채석장의 년간 총 경도계수 D_{RG}는 도상 샘플들의 경도계수 D_{ri}를 통계 처리하여 결정한다. 궤도자갈을 승인받기 위한 채석장은 20보다 낮은 D_{RG} 지수가 있어서는 안 된다. 깬 자갈은 도상 공급용으로 인가를 받은 채석장에서만 공급되기 때문에 깬 자갈에 대하여는 특수한 경도시험을 필요로 하지 않는다. 게다가, 발주자는 승인 시험의 결과와 재료를 사용할 도착지 현장에 따라서 채석장에서 필요로 하는 재료를 한정하는 권한을 갖는다. 또한, 준수하여야만 하는 최소한의 경도를 부과할 권한도 갖는다. 고속철도(HSL)와 일반 선로에 사용하는 D_{RG} 값을 표 6.1에 요약한다.

표 6.1 총 경도계수 D_{RG}

구분		최소한의 D_{RG}
고속 철도 노선		20
일반선로	갱환	17
	보수	16

6.2.2 궤도자갈의 특성과 기술규격

(1) 재료의 원석(原石)과 구성

궤도자갈은 석회질과 충적토로 된 재료들을 제외한 커다란 암석을 깨어서 만든다. 암석들은 모든 연암층을 제외하면서, 그리고 모든 불순물, 채석장의 표토, 먼지, 흙 찌꺼기, 모래 및 기타 이 물질을 제거하면서 채석장의 건전한 층에서 추출한다.

(2) 재료의 크기 입도

자갈 크기는 22.4~63 mm의 사각형 그물눈 시험 체로 검사한다. 입도 시험은 약 25 kg의 건조 시료를 계량하여 표 6.2의 체를 통과시켜 남은 양의 중량 백분율로 표시하며, 시료는 105±5 ℃의 온도에서 중량의 변화가 없을 때까지 충분히 건조시킨 것을 이용한다. 궤도자갈의 입도 범위를 표 6.2에 나타낸다.

표 6.2 궤도자갈의 입도

최대 호칭치수(mm)	22.4(d_{min} : 0.63d)	31.5(d)	40	50(D)	63(D_{max} : 1.25D)
표준 망체 통과중량의 백분율(%)	3 이하 현장수송 후 5 이하	0~20	36~61	70~100	100

(3) 재료의 형상(입경)

도상의 깬 자갈 성분은 날카로운 모서리를 갖춘 다면체의 형태를 띤다. 자갈의 세장비(세장도, 細長度)와 편평도(片平度) 두께는 아래의 사양에 일치하여야 한다.

- 세장도(길쭉한 길이) : 그림 6.2에 주어진 테스트 게이지의 크기 L 값은 표 6.3에 나타내며, 세장도가 7 % 이하이어야 한다.
- 편평도(넓적한 두께) : 전체적인 편평도 계수 A를 적용하며, 표 6.4와 같은 홈이 있는 격자(사각형

망체의 틈 G)로 체질을 하여 표 6.4와 같이 12 % 이하이어야 한다.

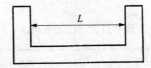

그림 6.2 세장도 측정 게이지

표 6.3 세장도 측정 게이지 크기와 세장도의 허용 한계

재료	D	D 최대	L	정상적인 허용 한계
궤도자갈	50 mm	63 mm	92 mm	50 mm 체에 남는 시료 중에서 길이가 L인 재료들의 상대적인 무게는 50 mm 체를 통과한 입자의 중량으로 나누어 7 %를 초과해서는 안 된다.

표 6.4 편평도 측정 체의 치수와 편평도의 허용 한계

입도 범위 d/D(mm)	체의 치수 G(mm)	보통의 허용 한계(%)
50~63	31.5	입도 범위별 시료가 편석 검사 체의 해당 치수를 통과하는 입자의 중량합과 시료 전체중량의 비(A)는 12 % 이하이어야 한다.
40~50	25	
31.5~40	20	
22.4~31.5	16	

(4) 균질성

푸석 돌, 또는 풍화암 성분의 비율은 2 %를 넘지 않아야 한다.

(5) 청결도

재료는 모래, 먼지, 흙 찌꺼기 및 기타 이물질이 없어야 한다. 건조된 시료 5 kg 이상을 계량하여 0.063 mm 체 위에 0.5 mm 체를 얹은 한 벌의 체 위에서 물로 씻어 굵은 입자와 잔 입자를 완전히 분

표 6.5 청결도 기준

체 치수	잔 입자 함유율	비고
0.063 mm	0.5 % 이하	CEN규정, KS F 2511 참조
0.5 mm	1.0 % 이하	

리시키고 각 체에 남는 시료를 건조시켜 잔 입자의 함유비율을 계산하여 0.063 mm 체의 경우에 0.5 % 이하, 0.5 mm 체의 경우에 1.0 % 이하이어야 한다. 세척 후의 궤도자갈 청결도는 표 6.5의 기준에 적합해야 하며, 세척하지 않은 자갈의 석분 및 불순물 함유량은 2 % 이하이어야 한다.

(6) 경도 시험

경도 시험(도상용 데발 시험과 로스앤젤레스 시험)은 기술된 절차에 따라서 공급자와 구매자가 공동으로 추출한 생산 재료의 대표 견본에 대해서 수행한다. 공급자, 또는 정식으로 지명된 그의 대리인이 없다고 해서 채취 작업을 무효로 할 수 없다. 생산된 자갈은 표 6.6에 주어진 최소 값 이상의 경도계수 D_{ri}를 가져야 한다. 그러나, D_{RG} 값이 처음에 명시된 값보다 낮게 될 정도로 이 D_{ri}가 총 경도계수 D_{RG}값을 감소시키지 않아야 한다.

표 6.6 경도계수 D_{ri}

구분		최소한의 D_{ri}
고속 철도 노선		20
일반선로	갱환	15
	보수	14

6.2.3 궤도자갈의 기술 시방서

(1) 원석(原石)의 품질 및 기준

- 원석은 파쇄 후에 거의 정방형의 형상이 얻어질 수 있어야 하며 마모저항과 경도가 크고 조직이 치밀하여야 한다.
- 원석은 궤도자갈을 생산하기 전에 적합 여부를 판정하여야 하며, 시방서에 규정한 물리적 성질에 적합하여야 한다.

(2) 물리적 성질

고속철도용 궤도자갈의 물리적 성질(마모, 경도) 기준은 다음의 시험방법에 따라 습식 데발 시험과 로스앤젤레스시험을 실시하여 두 가지 시험결과를 상관관계 도표(그림 6.1)에 도시하여 그 마모 경도계수가 20 이상이어야 한다.

(가) 로스앤젤레스(Los Angeles) 시험방법

1) 시험의 목적 : 이 시험은 열차 주행으로 발생되는 반복/충격 하중에 대한 궤도자갈의 파쇄 저항 성능을 로스앤젤레스 시험기로 판정하는 것을 목적으로 한다.
2) 시험용 기구 : ① 시료 분취기와 저울(칭량 5 kg 이상, 감도 0.1 g), ② 로스앤젤레스 시험기 :

양단이 밀폐된 강제 원통형(내경 710 mm, 안쪽 길이 510 mm)으로 돌가루가 새어나오지 않도록 뚜껑을 볼트로 조여서 닫을 수 있어야 하며, 원통 안의 선반 위치는 두 입구까지의 거리가 1,270 mm 이상이어야 한다. ③ 표준 체 : KS A 5101, NF X 11-504에 규정된 표준 체에 준하며, 규격이 일치하여야 한다. ④ 철구(鐵球) : 지름 약 47±1 mm, 무게 420~445 g의 주철, 또는 강철로 만든 철구의 수는 12 개로 하고 전 중량은 5,280±150 g으로 한다.

3) 시료준비 및 시험

- 시료의 준비 : ① 시료는 ⓐ 25~40 mm : 3,000±20 g, ⓑ 40~50 mm : 2,000±10 g의 비율로서 합계 5,000±5 g을 체 가름하여 준비한다. ② 골재를 깨끗이 씻은 다음에 105±5 ℃ 온도로 항량이 될 때까지 건조시킨다. ③ 시험 골재의 건조 후에 무게를 0.1 g의 정밀도로 계량한다.

- 마모시험 : ① 시료와 철구를 함께 시험기의 원통 속에 넣은 다음에 뚜껑을 닫고 볼트로 조인다. ② 시험기를 30~33 회/분으로 1,000 회전시킨다. ③ 시료를 시험기에서 꺼내어 1.6 mm 체로 체 가름한다. ④ 1.6 mm 체에 남는 시료를 깨끗이 물로 씻어 105±5 ℃의 온도로 항량이 될 때까지 건조시켜 0.1 g까지 측정한다. ⑤ 시험의 결과는 다음 식으로 계산한다.

$$LA\ 계수(\%) = \frac{시험\ 전의\ 시료의\ 무게(g)\ -\ 시험\ 후의\ 시료의\ 무게(g)}{시험\ 전의\ 시료의\ 무게(g)} \times 100$$

$$= \frac{m}{M} \times 100$$

여기서, M : 시험 전의 중량, m : 1.6 mm 이하의 입자 질량

4) 주의사항 : ① 정확하게 검교정된 시험기구와 장비를 사용하여야 한다. ② 시료를 정확히 계량하여야 한다. ③ 시험을 종료한 후에 시험기에서 시료를 꺼낼 때에 시료가 유실되거나, 세척 시에 유실되지 않도록 유의해야 한다. ④ 시험의 결과는 소수점 첫째 자리에서 반올림한다.

(나) 데발 시험에 의한 마모시험 방법

1) 시험목적 : 이 시험은 열차 주행으로 발생되는 반복하중에 대한 궤도자갈의 마모 저항성을 습식 데발 시험기(wet Deval testing machine)로 판정하는 것을 목적으로 한다.

2) 시험용 기구 : ① 데발 시험기 : 데발 시험기는 지름 200±1 mm, 높이 34±2 mm의 밑면이 막힌 주철제 원통이 수평 회전축과 32±2°의 각을 이루어 부착되어 있으며, 원통의 입구와 뚜껑 사이에 틈새가 없이 체결할 수 있는 강제 뚜껑을 부착한다. ② 저울 : 0.1 g 이상의 정밀도를 가진 것이어야 한다. ③ 표준 체 : KS A 5101, NF X 11-504에 규정된 표준 체에 준하며, 규격이 일치하여야 한다.

3) 시료준비 및 시험

- 시료준비 : ① 체 가름한 25~50 mm 사이의 궤도자갈 15 kg 중에서 채취하되 ⓐ 25~40 mm : 4,200±30 g, ⓑ 40~50 mm : 2,800±20 g의 비율로서 합계 7,000±5 g을 준비한다. ② 시료를 물로 씻은 후에 105±5 ℃로 항량이 될 때까지 건조시켜, 1 시간 간격으로 측정

한 무게의 차이가 0.1 g를 초과하지 않아야 한다.

- 마모시험 : ① 건조한 시료는 0.1 g까지 무게를 측정한다. ② 원통에 궤도자갈을 투입하고 원통을 수평으로 유지시킨 후에 물이 흘러 넘칠 때까지 부어 습식 데발 시험을 실시하며, 30~33 회/분의 회전수로 10,000 회전시킨다. ③ 원통에서 시료를 꺼내어 1.6 mm 체로 체 가름한다. ④ 체에 남은 시료를 세척한 후에 105±5 ℃ 온도의 항량이 될 때까지 건조시켜 0.1 g까지 무게를 측정한다. ⑤ 시험의 결과는 데발 계수 $= \dfrac{2,800}{m}$ 으로 계산한다. 여기서, m : 1.6 mm 이하의 입자 중량

4) 주의사항 : 상기의 (가) 4)항을 적용한다.

(3) 입도
- 궤도자갈은 대·소립이 적당하게 혼합된 것으로서 입도는 표준 망체를 통과하는 중량의 백분율로 나타내며, 입도 범위는 상기의 표 6.2와 같고 그림 6.3의 입도 분포 곡선 내에 들어야 한다.

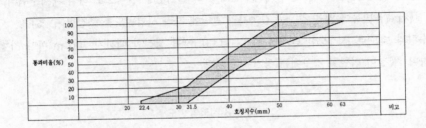

그림 6.3 궤도자갈 입도 분포곡선

- 입도 시험은 약 25 kg의 건조 시료를 계량하여 22.4, 31.5, 40, 50, 63 mm 체를 통과시켜 남은 양을 중량 백분율로 표시하며 건조 시료란 세척 후 105±5 ℃의 온도에서 중량의 변화가 없을 때까지 충분히 건조한 시료를 말한다.

(4) 청결도
제6.2.2(5)항을 적용한다.

(5) 입형 및 형상
- 궤도자갈은 능각이 풍부하고 각 면이 거의 균등한 입방체, 혹은 다면체의 입형이어야 한다.
- 세장 입자의 함유량은 입도 시험 후에 50 mm 체에 남는 시료 중에서 세장석 검사기를 이용하여 최대 길이가 92 mm를 초과하는 입자의 중량을 50 mm체를 통과한 입자의 중량으로 나누어 7 % 이하이어야 한다(표 6.7).

- 궤도자갈 입자의 형상(편평 입자)은 표 6.4와 같이 입도 범위별 편석 검사 체의 해당 치수를 통과하는 입자의 중량 합이 12 % 이하이어야 한다. 편평석 시험방법은 다음에 의한다. 입도 시험 후에 각 체에 남는 시료를 수작업으로 입도 범위별 자갈형상(편평석)을 판정한다. 편평 입자는 각 입도별 체가름(표 6.4) 후의 잔류시료에 대하여 편석 검사기로 통과시켜 입자를 분리하고 잔류시료의 중량을 칭량하여 비율로 판정한다.

표 6.7 세장 입자의 구분과 기준

시료 입경(mm)	길이(mm)	허용 기준	비고
50 이상	92	7 % 이하	입도 시험 후

(6) 시험의 빈도

- 품질시험의 빈도는 표 6.8과 같이 계약수량에 따라 실시함을 원칙으로 하되 채취부위의 변경, 원석의 석질(石質) 변동이 있을 경우는 감독자의 판단에 따라 시험빈도를 조정할 수 있다.
- 계약수량과 별도로 초기생산 단계에서는 10,000 m³를 생산할 때까지 700 m³마다 시험을 추가로 실시하며, 품질이 적합할 경우에는 상기에 준한다.

표 6.8 시험의 빈도

계약량(P) (m³)	P > 200,000	200,000 > P > 100,000	100,000 > P > 50,000	50,000 > P
시험빈도(해당 m³마다)	3,000	2,000	1,500	1,000

(7) 시료의 채취

시험용 시료의 채취는 감독자와 생산자가 공동 입회 하에 실시하되 채집장소를 정확히 명시하고 단일 형태의 시료를 채취하여야 하며 다음에 의한다(제6.2.5항 참조). ① 야적장의 경우 : 야적장 수 개소에서 균등하게 표층부분을 제거하고 일정 깊이에서 채취한다. ② 호퍼의 경우 : 토출구 부근의 것을 일정량 배출시킨 후에 일정 간격으로 고르게 채취한다. ③ 화차 등에 적재한 상태의 경우 : 상면의 수 개소에서 표층을 제거하고 채취한다. ④ 벨트컨베이어의 경우 : 컨베이어의 궤도자갈이 이동하는 도중에 일정 간격을 두어 채취한다. ⑤ 채취된 시료를 4분법, 또는 시료 분취기로 시험 항목에 필요한 양을 구분하여 채취한다. ⑥ 청결도 시험용 시료의 경우에 화차적재 직전에 실시한다.

(8) 시료의 양

시험에 사용하는 시료의 양은 약 50 kg으로 하며 청결도 시험용 시료는 별도로 약 5 kg을 채취하여 즉시 밀봉한다.

(9) 시험결과의 처리

– 시험결과, 어떠한 항목이라도 불합격이 되면 재시험을 실시하고 재시험에도 불합격 판정 시에는 해당 석산의 궤도자갈 생산을 잠정적으로 중단시킬 수 있다.

– 시험결과, 불합격 판정 시에는 전문기관에 의뢰하거나 자체적으로 석산에 대한 정밀검사를 시행하고 석산으로 부적합하다고 판정될 경우에는 해당 석산에 대하여 고속철도 궤도자갈의 납품을 중지시킬 수 있다.

6.2.4 궤도자갈의 품질관리

(1) 공급자에 의한 품질관리

공급자는 상기의 항들에 부합하는 재료만을 공급하도록 절대적으로 책임지며, 이 때문에 공급자가 적합하다고 생각하는 모든 방법으로 그러한 재료의 품질을 지속적으로 감시한다. 샘플은 채석장이나 적치장에서 제6.2.3(7)항 및 제6.2.5항과 같이 취한다. 이러한 점검 중에 수행된 시험의 결과는 샘플링 날짜로부터 최대 1주일 이내에 구매자가 받아서 그것을 사용할 수 있도록 구매자에게 알린다. 표 6.9~6.13과 같은 형식의 시험 보고서를 구매자에게 송부한다. 구매자가 수령한 보고서만이 고려된다. 고속철도 선로부류에 대하여 공급자가 수행하는 점검의 최소 빈도는 이 절에서 명시한 기술 시방서의 각 항목을 취급하는 공급 일자마다 하나의 완전한 점검으로 수행한다.

표 6.9 입도 시험 보고서

체 크기(mm)	잔류 량(g)	누적 잔류량(g) ②	잔류율(%) ③ ③=((②/①)×100	통과율(%) ④ ④=(100 - ③)	허용범위(%)
63					100
50					70~100
40					36~61
31.5					0~20
22.4					0~3
계	①	-	-	-	-

- 건조된 시료 약 25 kg을 계량하여 22.4, 31.5, 40, 50, 63 mm 사각 망체를 통과시켜 남은 량을 중량 백분율로 표시한다.

표 6.10 청결도 시험 보고서(기준 : 0.5 mm 통과율 1.0 이하, 0.063 mm 통과율 0.5 이하)

입도 범위 (mm)	시험 전 건조중량(g)	시험 후 잔류중량(g)		통과중량(g)		통과율(%)	
		0.5 mm	0.063 mm	0.5 mm	0.063 mm	0.5 mm	0.063 mm
63~22.4	①	②	③	④=①-②	⑤=①-(②+③)	(④/①)×100	(⑤/①)×100

- 건조된 시료 약 5 kg을 정확히 계량하여 물로 씻어 굵은 입자와 잔 입자를 완전히 분리시켜 세척수와 잔 입자를 0.063 mm 체 위에 0.5 mm 체를 얹은 한 벌의 체 위에 부어 분리시키고 나서, 씻은 시료와 각 체에 남는 시료의 량으로부터 잔 입자의 함유 비율을 계산한다.

표 6.11 편평도 시험 보고서(기준 : 입자 총 중량의 12 % 이하)

구분	입도 범위(mm)		시료중량(g) ①	체 치수 (mm)	잔류중량(g) ②	통과중량(%) ③=(②/①)	편평률(%) ⑤=(③/④)×100
	통과	잔류					
편평 입자	63	50		31.5			
	50	40		25.0			
	40	31.5		20.0			
	31.5	22.4		16.0			
합 계			④	-	-	-	

- 편평도 계수 A(편평률) = (통과 중량/시료 총 중량)×100
- 입도 시험 후에 각 체에 남는 시료를 수작업으로 입도 범위별로 자갈 형상(편평석)을 판정한다. 편평 입자는 각 입도별 체 가름 후의 잔류시료에 대하여 편석 검사기로 통과시켜 입자를 분리하고 잔류 시료의 중량을 칭량하여 비율로 판정한다.

표 6.12 세장 입자 시험 보고서(기준 : 입자 총 중량의 7 % 이하)

50 mm 체에 남은 중량(g)	최대 길이 92 mm를 초과하는 입자의 중량(g)	세장율(%)
①	②	③=(①/②)×100

- (최대 길이 92 mm를 초과하는 입자의 중량/50 mm 체에 남은 중량)×100
- 입도 시험 후에 50 mm 이상의 체에 남는 시료 중에서 세장석 검사기를 이용하여 길이가 92 mm이상인 입자의 중량을 측정하여 이 중량과 50 mm 체를 통과한 입자의 중량 비로서 판정한다.

표 6.13 궤도자갈 마모시험 보고서(기준 : 마모경도계수 20 이상)

로스앤젤레스	시험 전의 건조중량(g)	규격(mm)	중량(g)	비고
		25~40		
		40~50		
		계	①	
	시험 후 건조중량(g)		②	
데발	시험 전의 건조중량(g)	규격(mm)	중량(g)	비고
		25~40		
		40~50		
		계	①	
	시험 후 건조중량(g)		②	

L.A 계수 = (①-②)/① ×100, Deval 계수 = 2800/(①-②)

- 궤도자갈의 물리적 성질(마모, 경도)기준은 습식 데발 시험과 로스앤젤레스 시험을 실시하여 두 시험결과를 그림 6.1의 상관관계 도표에 도시하여 그 마모경도계수가 20 이상이어야 한다.

(2) 구매자에 의한 품질 감시

구매자에게서 권한을 부여받은 대리인은 이 절에 규정된 조건에 따라 무작위 방식으로 이 문서에 대한 적합성을 점검한다. 만일 결과가 합치하지 않는다면 특정한 조치를 취한다. 게다가, 만일 아래에 나타낸 한계 치의 하나를 초과하였다면, 완성 재료는 용인되지 않으며 특정한 조치를 취한다.

- 기계적 강도 : 표 6.1(총 마모경도계수)을 적용한다.
- 자갈 입도 : 표 6.2(궤도자갈의 입도) 및 그림 6.3(궤도자갈 입도 분포곡선)을 적용한다.
- 형상 : 필수적인 한계 값을 표 6.14에 나타낸다. 또한, 표 6.7(편평 입자 함유율 기준), 표 6.8(세장 입자의 구분과 기준)을 적용한다.

표 6.14 궤도자갈 형상의 한계

확인의 성질	허용 값
세장도(검사 형판의 길이 L = 92 mm)	L보다 큰 길이의 재료에 대한 재료의 상대적인 질량은 7 % 이하이어야 한다.
전체 편평도 계수 A의 측정	전체 편평도 계수 A는 12 % 이하이어야 한다.

- 청결도 : 표 6.5(청결도 기준)을 적용한다.
ㅇ 구매자가 수행하는 적합성 점검의 빈도 : 구매자는 상기 시방서의 각각을 다루는 완전한 점검을 무작위로 해마다 적어도 4 회 불시에 수행한다.

(3) 점검 절차
(가) 기계적 강도
점검은 오직 "① 공인 시험기관, 또는 ② 공급자에 의한 품질 조사의 범위 내에서 골재의 표준규격에 상술한 절차에 따라 시험의 정확한 실행에 적합하고 필수적인 여러 기구들을 갖추었다는 조건 하에 기타의 시험실(이러한 시험실은 구매자의 요청에 의한 크로스 시험 절차의 대상으로 될 수 있다)"에서만 수행한다.

(나) 입도, 형상, 청정도
이들의 점검은 실험실에서 기계적 강도를 시험할 때 수행한다. 시험은 ① 재료 입도의 점검, ② 재료 형상의 점검, ③ 재료의 균질성에 대한 시각적 점검, ④ 재료 청결도의 점검 등으로 이루어진다.

(다) 점검 보고서
이들 점검의 각각은 궤도자갈 점검 보고서의 대상이 된다. 이 보고서는 계약 당사자의 각각에게 배포된다. 시험 결과에 관하여 분쟁이 있을 경우에는 공급자와 구매자의 입회 하에 재시험을 할 수 있다. 궤도자갈 점검 보고서는 표 6.9~6.13에 의한다.

(4) 적합성 점검 결과의 속행
(가) 실험 결과의 분석 방법
기계적 강도(로스앤젤레스 파쇄 저항과 데발 마모 저항), 입도 및 형상의 적합성 시험 결과에 대한 분석 방법의 선택은 ① 개별적으로 부적합성을 고려하거나, ② 또는, 규정에 의거하여 공급 계약서 상에서 구매자가 표현한 요구에 따라 공급자가 제안하거나 구매자가 행한다. 적합성 시험의 결과는 시방 준수를 위하여 일 건씩 분석한다.

(나) 적합성 점검을 개별적으로 고려

구매자가 점검한 결과, 시험(기계적 강도, 입도, 형상, 청결도) 중의 하나가 규정 한계를 벗어난 경우에는 똑 같은 샘플에 대해서 반복시험을 수행한다. 만일 이것이 첫 번째 시험의 결과를 확인한다면 공급자가 비용을 부담한다. 계약 조항도 적용할 수 있다.

(다) 적합성 시험 결과의 고려

프랑스에서 이용하는 규정 값 V는 ① 마모 저항(데발)과 파쇄 저항(로스앤젤레스), ② 입도, ③ 형상 등에 대하여 정의한 것이다. 또한, 시험 방법의 불확실성과 관련된 U의 값은 ① 입도, 편평도 계수 및 로스앤젤레스 충격에 의한 파쇄 저항 시험(LA), ② 적용된 데발(micro-Deval) 마모 저항 시험($U = 2$), ③ 세장도(細長度) 점검($U = 3$) 등에 관련된다. 불확실성 한계 U 이내로 명시된 값 V를 넘는 결과의 백분율이 10에서 15 사이인 경우에는 계약 조항을 적용할 수 있다. 만일 백분율이 15를 넘는다면 다음 항의 규정들을 적용할 수 있다.

(라) 구입 중지

만일, 이 문서의 요구조건에 대한 적합성을 점검한 결과, 공급된 재료가 한계를 넘는 것으로 나타난다면, 구매자는 즉시 두 번째의 점검에 착수한다. 만일 두 번째의 점검 결과가 첫 번째 점검의 결과를 확인하였다면, 구매자는 이 문서의 기준에 맞는 재료의 품질로 복귀하도록 기타 다른 실험을 통해 보장받을 때까지 구입을 중지한다. 게다가, 계약 조항을 적용할 수도 있다. 시방서 한계의 반복된 초과는 구매자의 요구조건에 적합한 재료의 품질로 복귀함을 보장받을 때까지 구입의 중지나 공급자 승인의 박탈로 이끈다.

6.2.5 자갈시료의 추출을 위한 필요 조건

(1) 목적과 범위

궤도자갈 시험시료 추출의 목적은 재료의 모든 품질 변화를 포함하는 한정된 양의 재료 검토를 위하여 대표적인 시료를 얻기 위함이다. 시료의 정확한 추출은 신뢰할 수 있는 시험결과를 얻기 위한 전제 조건이다. 아래의 필요 조건들은 산지나 사용 현장에서 추출한 깬 자갈의 시료에 적용한다.

(2) 재료 샘플링(표본 추출)

(가) 재료 샘플의 정의

샘플은 가능한 한, 운송된 재료나 운송할 재료에 대하여 대표적이어야 한다. 이를 위한 표본(채취한 수량은 의심스러울 경우에 연속하여 두 번째 시험을 할 수 있도록 충분하여야 한다)은 채석장이나 적치 장소에서 취한다(제6.2.3(7)항 참조). ① 화차에 적재하거나, 또는 적치장에 적치하기 전에 컨베이어벨트에서 추출, ② 또는, 자갈 더미에서 추출(적치 장소, 또는 트럭에서 지상에 하화한 것 중에서), ③ 또는, 강우로 인한 재료의 분리와 씻김을 피하기 위하여 화차 적재 후에 가능한 한 빨리 화차의 바디 패널 (화차의 측판)로부터 0.50 m 이상 떨어진 지점에서 다섯 군데로 일정하게 나누어진 지점에서 화차로부터 추출.

구매자가 시행하는 시험용으로 똑같은 시료를 채취한다. 공급자가 입회하지 않았다고 해서 이러한 샘플링을 무효로 할 수 없다. 필요시, 이들의 여러 샘플링 방식을 결합할 수 있다. 대표 시료는 모암 시료, 또는 취해진 시료들에서 마련한다.

(나) 목적지

구매자가 요청한 적합성 검사용으로 채취한 시료는 그 구매자 책임 하에 국가공인 시험기관으로 운반한다(공식적으로 결과를 발표할 때까지 똑같은 시료를 실험실에 보관한다). 추가 시험은 구매자 측의 자격 있는 대리인이 수행할 수 있다. 구매자는 이러한 상황에서 채취 시료들을 공급자 측 대표자의 입회 하에 시험용으로, 또는 현장에서의 사용을 위해서, 또는 시험실 등으로 송부하기 위하여 이용할 수 있다.

(3) 시험시료별 재료의 유형과 양

(가) 개별 시험시료

개별 시험시료는 추출하려는 재료에서 취한다. 개별 시험시료는 충분한 양으로 여러 장소에서 규칙적인 간격을 두고 취하여야 한다. 시료는 양적으로 비슷해야 하고 각 추출 지점에서의 재료 품질이 반영되어야 한다. 하나의 개별 시험시료에서 재료의 최소량은 25 kg이다.

(나) 전체적인 시험시료

전체적인 시험시료는 모든 개별 시험시료를 합하고 적당한 방법으로 이들을 완전히 섞음으로써 얻어진다.

(다) 실험실 시험시료

실험실 시험시료는 검사를 위해 실험실로 송부한다. 이 실험실 시험시료는 전체 시료와 동일하든지 요구된 최소 중량을 상당히 초과할 때에 전체 시료에서 덜어서 구한다. 여러 개의 실험실 시험시료가 필요할 때는 충분히 큰 전체 시료를 나누어서 마련하여야 한다. 재료의 최소 양은 계획된 시험에 좌우된다. 50 kg의 최소량은 입도, 자갈의 형상, 암석학적 특성 및 불순물의 확인에 충분하다. 로스앤젤레스와 데발 값을 결정하는 경우에는 적어도 150 kg이 필요하다.

(라) 분석 시험시료

분석 시험시료는 실험실 시험시료가 너무 클 때나 시험을 수행하기 위하여 여러 개의 실험실 시험시료가 필요할 때에 실험실 시험시료를 축소하거나 분할하여 마련한다.

(4) 시험시료 추출의 원칙과 그 법적인 면

시험시료의 정확한 추출은 신뢰할 수 있는 시험 결과를 얻기 위한 전제 조건이다. 부정확한 추출은 시간의 낭비일 뿐만 아니라 시험에도 부적당하다. 따라서, 시험시료를 추출하는 자는 추출의 목적과 방법을 숙지하여야 한다. 궤도자갈은 운송과 중간 저장 중에 그 균일성을 잃는 경향이 있다. 시료 추출 시에 이러한 요인을 고려하여야 한다. 재료의 평균적인 성질을 특징짓는데 시험시료를 이용하는 경우에는 세립자의 제거가 권고된다. 시험시료를 특히 철도차량이나 궤도에서 취할 때를 제외하고, 예를 들어 도로 메운 지반, 저장기지 및 자갈무더기에서 취할 때 실험실 시험시료의 획득은 더 어렵고 주의를 크게 요한다. 품질 점검 결과가 법적 가치를 가져야 하는 경우에는 시험시료를 당사자의 참석 하에 취하여야 한다. 절차는 보고서의 주제이거나 시험시료의 근원과 그 정확한 추출에 대한 공식적인 증명에 이르게 하여야 한다.

다른 시험시료를 장차 법적으로 유효한 품질 검사용으로 취하는 경우에는 이 시료들을 봉인하여야 한다. 중재의 경우에는 보통 세 개의 시험시료가 필요하다. 첫 번째는 중재자를 위한 것이고, 두 번째 것은 공급자가 이용할 수 있으며, 세 번째의 것은 만일의 경우를 위하여 중재 분석용으로 원위치에서 봉인을 한다. 관계된 당사자중 일방이 인정한 시험 기관에 의한 시료 검토의 경우에는 보통 단일 시험실 시험시료만으로 충분하다.

(5) 시험시료의 추출
(가) 적재운송 컨베이어 벨트에서 정지 시에 시험시료의 추출
전체 시험시료용으로 요구된 재료 양의 적어도 10 배의 양이 벨트에 고르게 분포되어야 한다. 그 때에 컨베이어에서 동일 간격으로 시료를 추출한다(다소간 똑같은 크기로서 적어도 5 개의 개별 시험시료). 필요한 시료는 같은 폭의 구간 전체에서 추출하여야 한다(이동 방향에 관하여 수직으로). 컨베이어 벨트를 가로질러 횡으로 위치한 금속 분리 판은 개별적인 시료들을 남아있는 재료에서 분리시킨다. 재료들이 미끄러지면서 분리를 초래할 수 있는 급경사의 벨트에서는 시험시료를 추출하지 않아야 한다.
(나) 궤도에서 시험시료의 추출
완전한 시험시료를 얻기 위해서는 균일한 외관의 자갈도상에서 두 침목간 간격에 해당하는 양을 추출하도록 삽을 이용한다. 균일하지 않은 외관의 자갈도상인 경우에는 시료를 채취하는 침목 사이를 손대지 않고 남아있는 침목간 두 공간만큼 언제나 분리시키는 방식으로 적어도 세 침목간 간격에 해당하는 양을 추출하여야 한다. 시공 기면이나 하부 층을 손상시키지 않도록 하기 위해서, 그리고 그들의 일부를 추출하지 않도록 하기 위하여 침목간 사이를 처리할 때 주의를 기울여야 한다.
(다) 저장품에서 시험시료의 추출
다음의 절차는 저장품에서 궤도자갈 시험시료를 추출하는 경우에 적용하여야 한다. 더미 전체에 걸쳐서 최소 6 곳의 서로 다른 장소에서 손(手)삽, 버켓, 또는 쇼벨을 이용하여 다른 높이에서 거의 같은 크기의 시험시료들을 추출한다.
(라) 화차, 사일로, 또는 이동 컨베이어에서 시험시료의 추출
자체 하역 화차에서 추출하는 시험시료는 양쪽에 손잡이를 갖춘 박스를 사용하여 컨베이어 벨트로부터의 하화 지점에서 추출한다. 박스의 높이는 적어도 그 폭이나 직경의 2/3이어야 한다. 큰 자갈에는 삽의 사용이 엄격히 금지되는데, 왜냐하면 큰 조각들이 빠져나갈 수 있기 때문이다. 박스의 바닥면적이 하화 반경의 너비보다 더 작을 때는 배출 반경의 전체 너비에 걸쳐 고른 운동으로 움직이게 된다. 시험시료

는 전체 화차의 내용물에 대해 대표적이어야 한다.

사일로, 또는 움직이는 컨베이어로부터 시험시료를 추출하는 경우에는 같은 절차를 적용할 수 있다. 하역장의 배출 지점에서 샘플링을 할 수 없는 경우는 예외적으로 벨트 자체에서 진행 방향과 반대 방향으로 바깥쪽에서 중심 쪽으로 특정 시간 간격으로 시험시료를 추출할 수 있다. 현장에서는 자갈화차를 우선 반쯤 하역한 다음에 시험시료를 화차에서 추출한다. 생산 현장에서나 발송 역에서 만일 혼합이 분리되지 않고 화차가 장거리를 운행하지 않았다고 보증이 되는 경우에는 화차에서도 시험시료를 추출할 수 있다. 적어도 5 개의 시험시료를 추출하여야 한다.

(6) 시험시료의 나누기

시험시료의 나누기는 4등분법을 사용하여 다음과 같이 수행하여야 한다. 시험시료는 단단하고 청결한 바닥, 되도록 이면 금속판 위에서 (그렇지 않으면, 콘크리트 슬래브, 타일, 또는 빈 화차 바닥 등의 위에서) 충분히 혼합한다. 재료는 삽을 사용하여 원뿔형으로 만든다. 원뿔을 평평하게 하고 2 개의 직경을 이용하여 직각으로 네 부분으로 나눈다. 그 다음에 대각선으로 마주 놓인 두 개의 1/4 재료를 제거하고 남아있는 두 개의 1/4을 섞는다. 요구되는 양을 확보할 때까지 이 공정을 반복한다.

두 개의 유사한 시험시료를 주어진 일정량의 재료에서 구하여야 하는 경우에 4등분법을 이용하는 시료의 분할은 시료의 나누기와 같은 방식으로 행한다. 그러나, 나누기의 과정에서 대각선으로 마주하게 놓인 처음 두 1/4을 제거하는 동안일지라도, 분할을 위해 이들 1/4을 합한 후 섞어서 두 번째 시료로 사용한다.

(7) 표시 및 발송

각 시험시료는 특수한 방식으로 표시하여야 하며 다음의 정보가 주어져야 한다. ① 대표자, ② 시료의 성질, 상품명, ③ 공급자와 샘플링 지역, ④ 시험시료의 추출 지점과 날짜, ⑤ 샘플링 유형의 기록, ⑥ 샘플링을 행한 사람의 이름과 직위, ⑦ 공급자의 발송 역 등. 시료는 방진(防塵) 나무상자나 자루에 넣어 운송한다.

6.3 자갈도상의 유지보수

6.3.1 자갈도상의 갱신(B.R.)

(1) 궤도의 하부굴착

자갈도상의 갱신(B.R.)작업을 수행하는 현장은 '주요 현장'으로 취급한다. 하부굴착 (undercutting)은 철도 회사가 명시한 깊이와 횡 구배로 바닥의 전체 폭에 걸쳐 수행하여야 한다. 궤도가 곡선인 곳에서는 낮은 레일이 보도 쪽에 있든지 궤도 사이에 있든지 간에 보통 궤도의 바깥쪽에 배수를 마련하여야 한다. 하층의 경사는 완전히 경사지게 하여야 한다. 노반의 보전과 궤도 기면의 보호구조(보통 배수로 알려진)가 유지되어야 한다. 기계적인 도상 하부굴착 동안 시설물의 파손을 피하기 위하여 모든 필요한 주의를 취하여야 한다. 도상의 하부굴착이 침목 저부 밑으로 진행될 때는 다음의 조치들을 취하여야 한다. ① 구 도상 층의 전체 높이에 걸쳐 굴착(이러한 요구조건은 침목 갱신이 포함되는 작업의 경우에 침목의 아래 부분에서만 하부굴착을 수행할 때 조차도 마찬가지로 유효하다), ② 일시적인 다짐과 명시된 값을 준수하여 올림과 내림의 기울기 및 캔트의 설정과 함께 시공 기면에 대해서, 또는 하층 경사에 대해서 궤도의 점차적인 낮추기 등.

(2) 하부굴착의 주요 현장
제5.2.3(3)항을 적용한다.

6.3.2 궤도자갈의 살포

궤도가 갱신된 직후의 충분한 궤도자갈 살포를 보장하기 위하여 충분한 양의 자갈을 공급하여야 한다(필요시, 예비열차에 적재된 자갈 이용). 특히, 현장이 휴무인 하루 전이나 여러 날 전(또는, 늦어도 휴무 첫째 날 아침)에 새롭게 부설된 궤도나, 또는 아직 정리되지 않은 궤도에는 자갈을 살포하여야 한다. 이유가 무엇이든지 간에 자갈살포가 차단작업 시간의 끝(부설할 때이거나 양로 작업 후이거나)까지 궤도의 횡 유지를 보장하기에 불충분한 경우와 온도가 부설 온도를 초과함직한 위험이 있는 경우(야간에 수행된 작업의 대부분의 경우)에는, 이러한 위험을 접하게 되는 낮 기간 동안 ① 현장에 걸쳐 많아야 40 km/h의 속도제한 유지, ② 이웃 궤도, 또는 관련된 구간의 레벨에서 100 km/h의 일시적인 속도제한, ③ 감시 강화 등의 조치들을 적용하여야 한다.

6.3.3 자갈도상의 클리닝

(1) 개요
자갈도상은 ① 노반의 통풍, ② 물의 신속한 배수와 증발, ③ 궤도 회로의 절연 등을 할 수 있도록 건전하고 투과성이 있어야 한다. 자갈도상이 오염되면 클리닝을 한다. 이것은 분소장의 제안으로 행하는 예외적인 작업이다

(2) 자갈도상의 오염
(가) 정의
자갈도상에 미세 물질이 추가된 것을 자갈도상의 '오염' 이라 부른다. 자갈도상 오염은 다음과 같이 정의된다. "기술 시방서에 따른 세립자의 허용 비율보다 많은 세립자의 비율(총 시료중량의 %로 측정)을 '오염' 으로 간주한다. '세립자' 는 시방서에서 허용된 최소 입경보다 더 작은 입자를 말한다."

도상 층에서 미세재료의 백분율은 평소의 실행에 따라서 육안으로, 또는 도상에서 추출된 시료의 체가름으로 결정된다. 체가름한 오래된 도상자갈 시료의 결과를 비교하기 위하여, 도상 오염은 "전체 시료에 대한 22.4 mm 사각망 체를 통과한 시료의 중량 비(%)"로 정의한다. '세립'이란 0.5 mm보다 더 작은 미립자로 정의된다. 일반적인 품질의 도상에서 세립자가 많을수록 도상이 더 오염되며, 따라서 품질은 더욱 떨어지게 된다. 세립자는 ① 배수, ② 오염, ③ 충격의 탄성적 흡수, ④ 횡 저항력 등의 특성에 부정적인 영향을 준다.

(나) 자갈도상의 오염

자갈도상은 궤도에서 채취한 표본의 입자크기 분석에서 22.4 mm 체를 통과한 양이 30 % 이상일 때는 자갈 치기를 하거나 갱신해야 한다.

(다) 입자 크기의 분석

궤도에서 시료를 채취하여 22.4 mm의 사각망 체로 친다. 이 체를 통과한 백분율을 계산한다. 입자 크기는 체의 번호(mm)로서 정의된다. 입자 크기의 분포 곡선(그림 6.4의 예)을 작성하기 위해서는 0.5 mm, 22.4 mm, 63 mm의 체를 사용하여야만 한다.

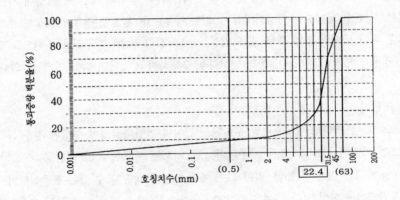

그림 6.4 입자 크기의 분포 곡선

(3) 적어도 50 m의 간격을 둔 짧은 길이(최대 20 m)로 제한된 침목 사이의 클리닝

클리닝 작업은 가능한 한 더위가 지나간 후, 평균 기온이 떨어질 때인 가을로 계획하여야 한다. 이 작업은 부류 2 작업의 일부를 이룬다. 따라서, 이 부류 2 작업의 수행 조건을 철저히 준수하여야 하며, '① 5월 1일에서 9월 30일 사이와 ② 장대레일 관리대장에서 규정한 온도 한계를 벗어나는 경우'는 작업이 금지된다. 그러나, 다음의 조건들이 준수되는 경우에는 속도의 제한이 없이 작업을 수행할 수 있다. ① 클리닝은 어떠한 침목 직하부의 굴착도 포함하지 않아야 한다. ② 하부굴착 깊이는 침목 저면을 기준으로 5 cm 이내로 제한하여야 한다. ③ 하부굴착은 "ⓐ 2 이상으로 연속한 침목 사이와 ⓑ 최대 길이 20 m에 걸쳐 20 % 이상의 침목 사이"를 동시에 관련시키지 않아야 한다. ④ 전압(展壓, 압밀)은 정상적으로 170 km/h의 속도로 운행되는 열차로 행해진다. ⑤ 규정 도상단면은 첫 번째 열차의 통행 전에 복구

하여야 한다. ⑥ 다음의 클리닝 작업 전에 장대레일 관리대장에 명기된 바와 같이 안정화를 위해 기다린다. 장대레일 관리대장과 온도계가 삽입된 토막 레일을 준비한다.

(4) 침목 직하부의 굴착을 포함하는 자갈도상 클리닝
(가) 침목 직하부의 굴착을 수반하는 자갈도상 클리닝

이 작업은 오직 다음의 조건을 준수하는 경우에만 장대레일을 절단하지 않고 시행할 수 있다. ① 작업은 금지 기간을 벗어나서 야간에 기온 분포가 t_r~$(t_r - 25)$ ℃의 범위 내에 있을 때 수행하여야 한다(t_r : 장대레일을 설정했을 때의 온도). ② 좌우의 양 레일을 동시에 처리하여야 한다. ③ 하부굴착의 깊이는 침목 바닥 아래에서 0.20 m를 초과하지 않아야 한다. ④ 작업은 최대 길이 20 m의 구간에 적용하여야 하며, 막 처리된 지역에서 50 m 못 되게 떨어진 또 다른 새로운 지역의 클리닝은 이 구간의 안정화 후에 착수하여야 한다.

(나) 작업 자체의 순서

1) 야간 : ① 구간의 하부굴착, ② 포크(forks)를 사용하여 침목 아래의 자갈삽입에 의한 일시적인 면 맞춤, ③ 도상자갈의 살포, ④ 첫 번째 멀티플 타이 탬퍼의 작업 주행(상대 기선), ⑤ 안정화 작업(그 구간을 동적으로 안정화시킬 수 있는 경우), ⑥ 필요할 경우에 도상의 추가, ⑦ 두 번째 멀티플 타이 탬퍼의 작업 주행(절대 기선), ⑧ 안정화 작업(그 구간을 동적으로 안정화시킬 수 있는 경우), ⑨ 안정기(또는, 동적 안정화를 수행하지 않았다면 다짐 기계)에 의한 궤도 선형의 기록

2) 이완 조건

가) 오로지, 콘크리트 침목으로만 부설된 구간이며 안정화작업이 수행된 경우 : 속도는 다음의 조건 하에서 170 km/h로 제한된다. "① 기록된 궤도선형 값(레벨링, 캔트의 차이(수평), 3 m에 걸친 평면성 틀림, 라이닝)이 재래 노선에 적용할 수 있는 표준선형의 목표 값(TV) 품질레벨에 합치한다. ② 속도가 220 km/h 이하인 노선에 대한 규정 도상단면에 따른다." 레일의 온도는 10 회의 고속 열차가 통과하기 전에 45 ℃를 넘지 않아야 한다. 그렇지 않으면, 고작 100 km/h의 속도로 제한하여야 한다.

나) 구간이 콘크리트 침목 만으로 부설되어 있지 않고, 또 안정화 작업도 하지 않은 경우 : 속도는 상기 가)항의 ①, ②의 조건 하에서 안정화 동안 최대 100 km/h로 제한된다. 안정화가 확보되고 궤도 선형이 점검되었을 때는 170 km/h까지 속도를 증가시킬 수 있다.

3) 170 km/h의 속도로 최소 하루 동안의 열차 운행 후 : ① 높은 지점의 양로를 10 mm로 제한하면서 최종 다짐을 한다. ② 최종적인 도상 단면을 복구한다. ③ 첫 번째 열차를 통과시키기 전에 궤도 선형을 점검하여야 한다.

4) 속도가 170 km/h로 제한되는 (최소한 고속열차 1 편성의 중량에 상응하는) 첫 번째 열차의 통과 후 : 최종적인 다짐작업 후의 안정화 동안에 제6.1.3항의 규칙을 적용하는 조건으로 다음의 열차에 대하여는 정상 속도를 복구할 수 있다.

상기의 조건들에 완전히 합치하지 않는 어떠한 클리닝 작업도 도상 갱신과 같은 것으로 이해되어야 하며, 따라서 이러한 형태의 현장에 특수한 규칙을 적용하여야 한다.

6.3.4 속도제한이 있는 궤도 레벨링

(1) 하부굴착 방법에 의존하는 첫 번째 양로 작업

(가) 인력으로 하부 굴착을 하는 경우

부여된 속도로 열차통과를 허용하도록 규정 값에 따라서 궤도를 양로하여야 한다. 양로는 포크나 경량의 개별 다지기 기계를 사용하여 수행하여야 한다. 궤도자갈은 하나 이상의 층으로 침목 아래로 넣어야 한다. 각 층에 추가된 자갈도상의 두께는 대략 0.08 m에서 0.10 m이어야 하며, 0.15 m를 넘지 않아야 한다. 이러한 작업은 널빤지와 블록이 있는 경우에 이의 제거도 포함된다. 이것의 목적은 열차가 통과할 때 침하가 균등하게 되도록 균등한 지지를 확보하고자 하는 데에 있다. 각 작업 공정의 마무리 전까지 면틀림과 줄 틀림을 정정하여야 한다.

(나) 기계적인 하부굴착의 경우

체로 친 자갈의 부설은 자갈의 신중한 살포와 함께 첫 번째 양로를 구성한다. 단 한번의 작업이 행해지더라도 면 틀림과 줄 틀림을 즉시 정정하여야 한다. 클리닝을 하지 않고 하부굴착을 하는 경우에 이 첫 번째 양로는 자갈을 보충한 후에 인력으로 시행하여야 한다. 불완전한 레벨링(면 맞춤)과 라이닝(줄 맞춤)은 되도록 빨리, 그리고 모든 경우에 열차운행의 개시 전에 규정 값에 합치하도록 정정하여야 한다.

(2) 두 번째 양로

(가) 두 번째 양로의 개요

두 번째 양로 작업은 속도제한의 값을 더 높이기 위해서 시행한다. 앞으로의 침하를 고려하면서 직선 궤도와 곡선 궤도 양쪽 모두에 명시된 레벨로 궤도를 맞추며, 다시 줄 맞춤을 한다. 두 번째 양로는 ① 핸드 타이 탬퍼, ② 또는, 멀티플 타이 탬퍼를 사용하여 행할 수 있다. 궤도와 도상의 갱신이나 도상만의 갱신을 위한 다짐은 고성능의 자동 레벨링 다짐-줄 맞춤 기계(멀티플 타이 탬퍼)로 각 다짐 횟수마다 두께 8 cm를 넘지 않도록 하면서 각 다짐 횟수 중간에 자갈을 보충해 가며 수행하여야 한다. 이러한 다짐 횟수는 가능한 한 그 사이에 적어도 1 열차를 통과시킴으로써 분리된다.

두 번째 양로는 마지막 다짐이 수행된 직후에 점검한다. 점검의 목적은 작업 후의 궤도가 규정된 속도로 안전하게, 그리고 만족할 만한 승차감을 주면서 열차를 운행할 수 있는 허용 선형특성을 갖고 있는지의 여부를 확인하는 것이다. 명시된 약정에 의해서, 다짐-줄 맞춤 기계(멀티플 타이 탬퍼)의 조작자, 단독 탬퍼(핸드 타이 탬퍼)의 경우에 탬퍼 조작자, 또는 현장 반장은 즉시의 점검을 위한 계약자의 대리인으로 간주된다(도급공사 시). 계약 회사의 자격이 있는 어떠한 다른 대리인이라도 부재 시에는 계약 회사가 필요한 권한을 상기에 언급된 자에게 위임할 것을 약속한다. 비록 두 번째 양로와 줄 맞춤의 품질에 대한 즉각적인 점검의 결과가 만족스럽더라도 마지막 작업 주행 후까지는 임시 속도제한을 상승시킬 수 없다.

(나) 횡 레벨링(수평)과 평면성 틀림

즉시의 점검은 표 6.15에 주어진 한계를 초과하지 않았다는 것을 확인할 수 있어야 한다. 수행된 작업의 유효성과 모든 재(再)작업의 필요성은 작업 진전에 따라서 평가하며 다음에 기초한다. "① 궤도의 육안 점검, ② 캔트 기록 그래프 양상의 모니터링. 그것은 비연속성일 수 있다. ③ 자와 수준기를 사용하는 캔트의 측정 : 자를 이용하는 측정은 보통 행해지지 않는다. 그러나, 기록 그래프의 양상이 평면성 틀림의 실재를 추정할 수 있는 캔트의 급작스러운 변화나 허용한계를 벗어나서 규칙 바른 캔트 값을 나타내는 곳의 측정은 5 침목마다 행하여야 한다. ④ 계약 회사의 대표자가 유용하다고 판정한 경우에는 매 작업 공정의 마지막에 자와 수준기를 이용한 점검으로 보충한 캔트 기록 그래프의 전체 검사."

표 6.15 두 번째 양로에서 횡 레벨링(수평)과 평면성 틀림의 한계

점검의 성격	한계	비고
규정 값과 현재 값 사이에서 횡 레벨링의 편차	3 mm	예외적으로, 4 mm
3 m의 길이에 걸쳐 적용하는 각 완화곡선에 특유한 캔트 변화의 공제 후의 평면성 틀림, 또는 캔트의 변화	2 mm / 3 m	예외적으로, 3 mm/3 m

(다) 종 방향 레벨링(면, 고저)

수행된 작업의 품질과 모든 재작업의 필요성은 작업이 진전됨에 따라서 평가하며 본질적으로 시각적인 점검에 기초한다. 궤도 평면의 실제 위치와 두 개의 연속하는 높은 점을 연결하는 이상적인 선 사이의 수직 편차는 작아야 한다. 의심이나 분쟁이 있는 경우의 측정은 조준기와 수준 표척을 사용하여 행하여야 한다. 25~30 m 만큼 떨어진 높은 점 사이에서 이렇게 측정한 우묵함의 깊이는 6 mm보다 작거나 같아야 한다.

(라) 줄(방향) 맞춤(lining)

즉각적인 점검은 다음을 포함한다.

- 확정된 표지에 관하여 궤도 위치의 확인. 이러한 확인은 포물선을 이루는 완화 곡선 내에서는 규칙적으로, 반경이 일정한 원곡선과 직선 궤도에서는 샘플링으로 수행한다. 궤도의 위치는 줄 맞춤 후에 표지와 기준선 사이의 거리와 사전에 결정된 이론적인 거리간의 차이가 5 mm보다 작거나 같을 때에 허용할 수 있다고 판정한다.

- 작업 중이거나 작업 직후, 다른 열차의 통행 전에 기록 그래프의 검사. 줄맞춤은 이 기록에 근거하여 "직선 궤도 및 반경이 500 m 이상인 곡선에서 ＝ 7 mm"로 정의된 이론적인 종거에 비하여 10 m 현에 대한 종거가 허용오차 이내에 있다면 허용될 수 있다고 판단한다.

- 줄 맞춤 품질의 육안 평가. 시공 회사의 지역 대표는 이 품질에 관하여 의심이 가는 경우나 계약자의 대리인과 분쟁이 있는 경우에는 10 m의 현을 사용하여 요구된 길이에 걸쳐 종거를 측정한다.

그 다음에, 기준선에 대한 줄의 위치가 어떠하든지 간에 만일 종거가 이론 종거에 관하여 규정된 허용오차 이내에 있다면 줄 맞춤을 허용할 수 있다고 판정한다.

즉각적인 점검은 다음의 경우에 상기에 기술된 것과 같은(분명히, 기록의 검사를 제외한) 작업을 포함한다. ① 수작업 현장, ② 멀티플 타이 탬퍼에 설치된 기록 장치의 고장(그럼에도 불구하고 기록을 수행하여야 하며, 수리 후 가능한 한 빨리, 늦어도 48 시간 이내에 확인하여야 한다), ③ 회사가 명시한 일자까지 기록계, 또는 기록 장치의 필수적인 설비에 대하여 일시적으로 같은 한계를 적용할 수 있다.

작업을 한 지역 전체에 걸쳐 5 침목마다 횡 레벨링(수평)과 평면성 틀림을 측정한다. 만일, 상기 한계를 초과한다면 유효한 길이에 걸쳐 재(再)작업을 즉시 수행하여야 한다. 그러나, 만일 열차의 안전과 승차감이 절충되지 않았다고 분소장, 또는 그의 대리인이 간주하는 경우에 작업연기의 조치가 현장의 작업을 위해 이익이 될 때는 이 재작업을 그 다음 날로 미룰 수도 있다. 이 재작업의 비용은 항상 계약자의 부담이다.

(3) 정돈

궤도의 정돈은 두 번째 양로의 진행을 따라야 한다. 궤도자갈의 하화와 고르기를 할 때는 기계적인 다짐 동안에 침목의 훼손을 피하기 위하여 침목이 눈에 보이게 하여야 한다.

(4) 참고사항

– 라이닝과 레벨링 작업이 수행된 후의 두 번째 주행
– 자갈도상 단면의 형성

필요할 경우에 라이닝과 레벨링, 혹은 궤도안정화가 이루어진 두 번째 주행 후에는 표 6.16~6.18에 언급된 170 km/h의 속도 이하인 유지보수 표준을 적용한다. 이 표준 값은 100 km/h 이하의 속도에 대한 경고 기준(WV)이 고려된 일부 결함과 함께 130 km/h의 속도로 운행을 허용할 수 있는 유지보수 작업 후의 목표 기준(TV)을 적용한다.

표 6.16 시속 170 km/h 이하인 경우의 레벨링 유지보수 표준 값

유지보수 기준	작업특성	최대 속도(km/h)	한계 값(mm)
목표 값(TV)	유지보수 작업 후	130 이하	5 이하
경고 값(WV)	자연적 결함 및 조정된 레벨링 값 포함	80 초과, 100 이하	11 이상, 17 미만

표 6.17 시속 170 km/h 이하인 경우의 라이닝 유지보수 표준 값

유지보수 기준	작업특성	최대 속도(km/h)	한계 값(mm)
목표 값(TV)	유지보수 작업 후	130 이하	5 이하
경고 값(WV)	자연적 결함 및 조정된 레벨링 값 포함	80 초과, 100 이하	12 이상, 14 미만

표 6.18 시속 170 km/h 이하인 경우의 수평, 평면성(뒤틀림) 유지보수 표준 값

유지보수 기준	작업특성	최대 속도 (km/h)	한계 값(mm)		캔트 틀림
			독립오차(mm)		
			3 m 뒤틀림	10 m 기선	
목표 값(TV)	유지보수 작업 후	130 이하	4.5 이하	7 이하	4 미만
경고 값(WV)	자연적 결함 및 조정된 레벨링 값 포함	80 초과, 100 이하	9 초과, 12 이하	10 초과, 14 이하	10 초과, 20 이하

6.3.5 최종 다짐과 안정화

(1) 최종다짐

자갈도상을 계속적이고 광범위하게 사용하는 경우의 최종 다짐은 다음에 의한다. 이 경우에 공인 고성능 다짐 중장비(멀티플 타이 탬퍼)를 이용한 최종 다짐은 두 번째 양로 후에 철도회사가 규정한 최대 간격을 두고 3 주일을 넘지 않아야 하는 기간 이내에 수행한다. 이 최종 다짐은 모든 속도제한의 상승과 완전한 승인을 허용케 하는 궤도의 신중한 줄 맞춤을 보장한다. 장대레일은 원칙적으로 최종 다짐을 하기 전에 축력을 해방한다. 더운 계절 동안 높은 온도일 때는 최종 다짐을 하기 전에 응력을 해방하는 것을 금지한다. ① 열차의 속도는 제6.1.3항에 정한 장대레일에 관한 조건들이 준수될 때만 증가시킬 수 있다. ② 레벨링에 관한 부분적인 허용은 최종 다짐 후에 수행하며, 궤간, 줄 맞춤, 체결장치의 체결 및 신축이음매의 조정에 관한 추가적인 허용은 체결장치의 최종적인 체결이 뒤따르는 장대레일의 후속 축력 해방 후까지는 수행하지 않으며, 온도 조건이 이들의 작업을 가능케 하자마자 수행한다.

(2) 안정화

막 부설되었거나 갱신, 또는 작업의 영향을 받은 궤도는 그 최종적인 강도를 갖지 못하고 부분적인 강도만을 갖고 있을 뿐이다. 이러한 궤도는 압밀 이완, 또는 불안정하다고 한다. 강도는 열차 하중 하에서 점진적으로 증가한다. 이러한 증가는 초기에는 급하고 차차 완만한 일정한 지수 곡선을 따른다. 궤도의 최종적인 강도는 통과 톤수가 약 50만 톤에 이르러서야 회복하게 된다. 그러나, 통과 톤수가 10만 톤이면 궤도가 그 최종적인 강도의 90 %를 회복한다. 궤도의 안정화는 장대레일이 부설된 궤도의 안정성을 보장하기 위해 필요한 자갈도상 강도의 조건을 한정한다. 자갈도상 강도의 조건은 다음의 네 가지 인자에 좌우된다. ① 궤도의 압밀 이완으로 귀착되는 작업의 성질(예를 들어, 이정 작업이나 삽 채움 작업은 다짐보다도 훨씬 더 큰 범위로 압밀을 이완시킨다), ② 궤도의 유형(궤도구조), ③ 운반된 통과 톤수, ④ 인위적인 압밀 방법이 사용되었는지의 여부 : 압밀은 궤도에 수직 정 하중과 25~45 Hz 주파수의 동 하중을 동시에 가하는 안정기(stabilizer)라고 하는 기계를 사용하여 인위적으로 가속시킬 수 있다.

그러나, 궤도구조와 작업유형이 여러 가지인 경우에는 바람직한 강도 값을 완전히 만회하지 못한다. 안정기의 사용은 유일하게 공인된 인위적인 압밀 공정이며 "부분적인 동적 안정화(partial dynamic stabilization)"로 알려져 있다(이전에는 "동적 안정화"라고 불렸다). 안정화는 실제적으로 제1.6.2항

의 표 1.5에 규정된 것과 마찬가지로 궤도 침목의 형태에 따라, 그리고 수행된 작업의 성격에 따라 기간 및 수행된 톤수라는 이중 조건이 충족될 때 얻어지는 것으로 간주한다.

6.3.6 자갈도상 문제의 처리방법

(1) 장대레일에 명시한 두 가지 조건 중에서 하나가 일치하지 않는 경우

(가) 유지보수 작업의 분류

유지보수 작업은 제1.6.2(1)항과 같이 장대레일의 안정성에 영향을 미치느냐 않느냐에 따라서 두 가지 부류로 나눈다. 부류 1은 장대레일의 안정성에 영향을 미치지 않는 작업으로 이루어진다. 도상단면을 복구하기 위한 자갈보충을 제외하고 자갈도상에 관련된 대부분의 작업(특히, 클리닝)은 부류 2에 속한다. 부류 2는 장대레일의 안정성을 일시적으로 감소시키는 모든 작업으로 이루어진다. 즉, 부류 1에 포함되지 않는 모든 작업을 의미한다.

(나) 유지보수 작업의 수행을 좌우하는 조건 : 제2.7.1(1)항을 적용한다.

(다) 이러한 조건들 중 적어도 하나가 합치하지 않을 때 취하여야 할 대책 : 제2.7.1(2)항을 적용한다.

(2) 궤도자갈 공급의 예외적인 조치

만일, 정기적인 단기간의 납품 여건에서 공급자가 책임질 수 없는 우발적인 원인(악천후, 물이나 전기 공급의 뜻하지 않은 중단 등)으로 인해 시방서에 완전히 부합되는 재료의 공급이 불가능하다면 공급자는 즉시 구매자에게 이를 통보하여야 한다. 구매자는 그러한 경우에 예외적인 조치로서 예정된 강제적인 조치를 적용하지 않고 인도를 수락할 수 있으며 공급자에게 이러한 결정을 서면으로 확인하여야 한다.

6.4 자갈궤도와 콘크리트 궤도 접속구간의 관리

6.4.1 접속구간의 이해

고속선로의 일반적인 궤도구조를 자갈궤도로 하고 장대터널 구간의 궤도구조를 콘크리트 궤도로 부설하는 경우에 터널 시·종점부에는 노반의 접속구간(콘크리트 노반~강화노반)과 궤도의 접속구간(콘크리트 궤도~자갈궤도)이 생기며, 열차가 이 구간을 통과하는 경우에 구조물간의 강성차이로 인하여 충격력이 발생하여 승차감이 저하하고 궤도틀림을 유발할 수 있으므로 이러한 접속구간에 대해서는 ① 보강레일의 설치, ② 궤도자갈의 고결, ③ 탄성패드(방진 패드)에 의한 완충처리, ④ 콘크리트 궤도구조의 단부 보강과 하부철근 배치, ⑤ 기타(종점부에 선로 횡 배수로의 설치) 등의 조치를 취하여 강성의 변화를 최소화시킨다. 상기와 같은 조치가 취해진 접속구간은 세심한 관리가 요구되며 열차가 주행 할 때에 추가의 동적 힘이 발생되지 않도록 레일 용접부(테르밋 용접 등)와 기타 특수설비를 설치하여서는 안 된

다. 접속구간의 궤도부설 시에는 콘크리트노반(터널구간)과 강화노반(토공구간)의 접속지점이 콘크리트 궤도와 자갈궤도간의 접속지점과 일치되지 않도록 시공하여야 하며 접속구간의 강성변화를 최소화하기 위하여 콘크리트 궤도와 자갈궤도 사이에 콘크리트노반 위의 자갈궤도(완충구간) 구조로 부설하여야 한다. 그림 6.5는 접속구간의 개요를 나타낸다.

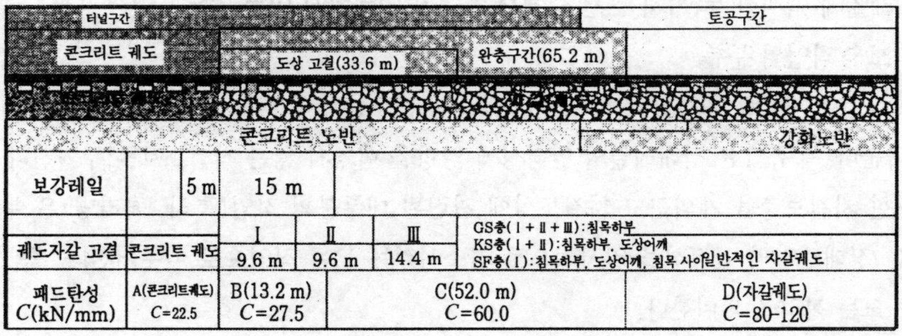

터널구간						토공구간	
콘크리트 궤도		도상 고결(33.6 m)		완충구간(65.2 m)			
콘크리트 노반						강화노반	
보강레일	5 m	15 m					
궤도자갈 고결	콘크리트 궤도	I 9.6 m	II 9.6 m	III 14.4 m	GS층(I+II+III):침목하부 KS층(I+II):침목하부, 도상어깨 SF층(I):침목하부, 도상어깨, 침목 사이일반적인 자갈궤도		
패드탄성 C(kN/mm)	A(콘크리트궤도) C=22.5	B(13.2 m) C=27.5		C(52.0 m) C=60.0		D(자갈궤도) C=80-120	

비고
I : GS층(침목하부) + KS층(도상어깨) + SF층(침목 사이)의 고결
II : GS층(침목하부) + KS층(도상어깨)의 고결
III : GS층(침목하부)의 고결

그림 6.5 접속구간의 개요도

6.4.2 접속구간의 작업 조건

(1) 보강레일 설치

콘크리트 궤도와 자갈궤도 사이의 접속구간에서 균등한 하중분배가 이루어지도록 보강레일을 설치하여 궤도의 강성을 강화시키고 콘크리트 궤도와 자갈궤도 사이의 급격한 탄성변화를 저감시켜야 한다. 보강레일(L=20 m)은 콘크리트 궤도에 5 m, 자갈궤도에 15 m가 걸치도록 부설하며, 이를 위해서는 일반 침목과는 달리 2 개의 주행 레일과 2 개의 보강레일 등 4 개의 레일을 체결할 수 있는 침목(일명, B형 침목. 침목 자체의 구조는 콘크리트 궤도용 침목(일명 A형 침목)과 동일)을 이용한다.

(2) 도상자갈의 고결

접속구간에서 자갈도상을 고결시키는 것은 자갈궤도 구조의 침하 현상을 줄이는데 매우 효과적인 방법이다. 콘크리트 궤도에서 자갈궤도로 변경되는 접속부분에는 콘크리트 궤도의 강성에서 점차적으로 자갈궤도구조로 궤도의 강성으로 줄어들도록 다음과 같이 고결시킨다. 고결제 살포의 표준은 그림 6.6과 같다.

- 새 궤도의 경우 : 궤광을 조립하지 않은 상태에서 침목 아래에 궤도자갈을 60 mm 두께로 살포하여

다진 후에 1차 고결제를 살포하며 완성궤도를 만든 다음에 2차 고결제를 살포한다. 고결 길이는 전단면 고결이 9.6 m, 저면과 측면 고결이 9.6 m, 저면 고결이 14.4 m 등 33.6 m이다(그림 6.5 참조).

- 새 궤도와 기존 궤도의 경우 : 궤광을 조립한 상태에서 침목 하면까지 궤도자갈을 제거한 후에 1차 고결제를 살포하고 완성 궤도를 만든 다음에 2차 고결제 살포한다. 고결 길이는 전단면 고결이 9.6 m, 저면 및 측면 고결이 24 m 등 33.6 m이다.

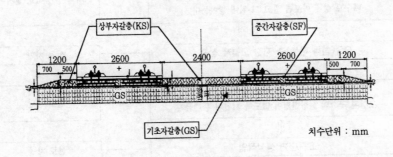

그림 6.6 고결제 살포 표준도

(3) 탄성 패드에 의한 완충처리

콘크리트 궤도와 자갈궤도가 접속하는 약 65.2 m 구간의 자갈궤도에 대하여는 콘크리트 궤도용 침목을 연장 설치하여 완충구간을 만든다. 이 완충구간에서 콘크리트 궤도의 탄성 패드(방진 패드) 강성(22.5 kN/mm)과 자갈궤도의 탄성 패드(레일 패드) 강성(80~120 kN/mm) 간의 차이를 점차 완화시키기 위하여 27.5 kN/mm 강성의 탄성 패드를 13.2 m, 60 kN/mm 강성의 탄성 패드를 52 m만큼 부설하여 강성이 변화되도록 설치한다.

(4) 콘크리트 궤도 단부 보강 및 하부철근 배치

콘크리트 도상의 단부가 장대레일과 비슷하게 온도에 따른 신축작용을 하고 있으므로 콘크리트 도상(트러프와 채움 콘크리트)의 단부에는 지지 층의 버팀목(end bearing) 역할을 하는 동시에 온도변화로 인해 길이가 늘어나는 것을 막기 위해 철근으로 보강한다. 또한, 콘크리트 궤도 시·종점부의 100 m 구간에는 트러프 내의 철근을 보강하여 시공하며, 횡 철근 중간을 절단하여 접속, 절연한다.

(5) 기타(종점부 선로 횡 배수로 설치 등)

지하 장대터널구간은 집수정으로 물을 유도하도록 종단 구배를 주고 측면 배수로를 선로양측에 설치한다.

6.4.3 접속구간의 고결 작업방법

(1) 작업 흐름

접속부 고결제 시공 작업의 흐름은 그림 6.7과 같다.

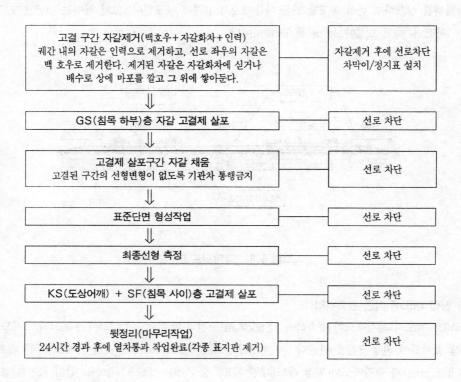

그림 6.7 접속부 고결제 시공의 작업 흐름

(2) 준비작업

준비작업은 다음에 의한다. ① 시공 전에 필요한 장비, 재료 등을 확인하고 공사열차를 편성한다. ② 백 호우와 인력으로 침목 바닥과 측면 및 침목 사이의 자갈을 침목 하면까지 제거한다. ③ 자갈을 제거한 후에 적정한 침목의 위치와 도상두께를 유지하고, 적절한 궤도 선형을 유지한다. ④ 숙련된 전문가가 적절한 조건과 비율로 고결제를 혼합하며, 시공 중에 작업이 중단되는 경우가 없도록 한다. ⑤ 작업자는 고결제가 피부에 직접 닿지 않도록 주의하며, 장갑, 안경 등 적정한 보호장구를 착용하고 작업한다.

(3) 본 작업

본 작업은 다음에 의한다. ① 고속철도 궤도공사 표준 시방서에 제시한 선형기준과 다짐방법으로 시행한다. ② 도상 고결제 살포는 대기온도 +5~+40 ℃ 사이에 시공하는 것이 유리하며, 경화시간은 온도가 낮을수록 많은 시간이 소요된다. ③ 준비 작업 시에는 점착력을 높일 수 있도록 이물질, 모래, 불순물 등을 제거하여야 하며, 고결제는 접착반응이 우수하여 궤도자갈이 젖은 상태, 또는 저온에서도 시공이 가능하다(다만, 저온에서 젖은 궤도자갈에 살포할 때에 궤도자갈의 표면에 백색으로 변화하는 현상을 볼 수 있으나, 다소 재료의 사용량이 증가하지만 성능에는 지장이 없다). ④ 궤도자갈 표면에 고결제가 고르게 잘 스며들 수 있도록 하며, 레일과 체결 장치에 고결제를 흘리거나 묻지 않도록 주의한다. ⑤ 온도변화에 따른 고결제 소요량은 표 6.19에 나타낸 것과 같다. ⑥ 자갈도상 궤도와 콘크리트 도상 궤도가 접속하는 완충구간의 시공 시에는 (4)항과 같은 단계에 걸쳐 시공토록 하며, 완충구간 길이는 약 30 m 이상으로 한다.

표 6.19 온도변화에 따른 고결제 소요량

온도변화(℃)	20 이상	10 이상	10~7 이상	7~5 이상	비고
궤도자갈 면적당 소요량(kg/m²)	7	8	10	12	

(4) 자갈 고결 작업절차(그림 6.8)

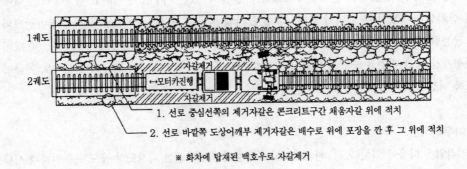

1. 선로 중심선쪽의 제거자갈은 콘크리트구간 채움자갈 위에 적치
2. 선로 바깥쪽 도상어깨부 제거자갈은 배수로 위에 포장을 깐 후 그 위에 적치

※ 화차에 탑재된 백호우로 자갈제거

그림 6.8 자갈 고결의 시공

(가) 고결 구간(GS(침목 하부)층, $L=33.6$ m)에 대해 백 호우와 인력으로 상층부의 자갈제거(선로차단) : ① 자갈제거 작업 시에 선로중심 방향의 자갈은 백 호우로 화차에 적재하여 화차를 이동시켜서 콘크리트 구간의 채움 자갈 위에 내려서 쌓아둔다. ② 배수로 방향의 자갈은 배수로 위에 포장재를 펼쳐서 자갈을 쌓아둔다. ③ 궤간 내의 자갈은 인력으로 제거한다. ④ 자갈을 제거한 후에 자갈면을 정리한다(침목 하단). ⑤ 종점부의 자갈을 제거한 후에 시점부로 이동하여 종점부와 동일하게 자갈을 제거한다.

(나) GS층($L=33.6$ m)의 고결제 살포(선로차단) : ① 선로의 차단 후에 고결 장비를 이동시켜 고결제를 살포한다. ② 인접선의 장비이동 시는 전차선과 타 공사의 차량이 통과한 후에 작업을 한다(관련 부서 협조). ③ 완전 경화 전에도 상부 자갈을 다시 살포할 수 있다.

(다) KS(도상 어깨)층+SF(침목 사이)층의 고결 구간에 자갈을 채우고 정리(KS층 19.2 m, SF층 9.6 m) : ① GS층의 자갈 고결을 위해 제거된 자갈을 원상복구하고 뒷정리와 청소를 한다. ② 종점부의 자갈을 채운 후에 시점부로 이동하여 종점부와 동일하게 자갈을 채운다. ③ (라)항의 고결제 살포작업을 동시에 시행한다.

(라) KS층+SF층의 고결제 살포(KS층 19.2 m, SF층 9.6 m) : ① KS층+SF층의 고결 구간에 자갈을 채우고 정리를 완료한 후에 고결제를 살포한다. ② 선로 차단 후에 고결 장비를 이동시켜 고결제를 살포한다. ③ KS층+SF층의 고결제 살포 시에는 침목과 자갈이 서로 잘 접착하도록 살포기를 침목 밑으로 삽입하여 2 액 혼합제를 살포한다.

(5) 살포장비

살포장비는 다음에 의한다. ① 본 장비는 에폭시와 경화제를 혼합하여 고결제를 살포하는 장비로서 최적의 성능을 보장하도록 필수적인 장비와 기능을 갖추어야 한다. ② 컴퓨터 제어기능에 의한 유량의 자동조절 기능과 고결제 혼합 시의 제조결함이 2 % 미만이 되도록 배합정확도를 확보하여 제조할 수 있어야 하며, 부적합할 때는 자동으로 차단할 수 있는 기능요건을 갖추어야 한다. ③ 지속적인 재료의 혼합 생산과 공급이 가능하고, 송진제와 경화제 등 2 액의 혼합비와 합성을 위하여 자동온도 조절기능을 가진 장비를 사용한다. ④ 살포작업 전·후에 재료를 가열할 수 있는 기능을 구비하고 정·동적 상태에서 혼합 시의 신뢰성을 확보할 수 있어야 한다. ⑤ 살포 작업 시에는 평평한 분사노즐을 사용하여 안개와 같은 형상의 균등한 재료 분사 기능 요건을 갖추고 분사압력이 2~4 바(bar) 이상이어야 한다. ⑥ 장비 취급 시에 일정기간 동안 작업을 중단할 때는 혼합, 예열된 재료가 장비 내에서 반응하여 분사노즐 등이 막히지 않도록 적절한 조치를 한다.

(6) 마무리작업

마무리작업은 다음에 의한다. ① 완성궤도의 준공검사 허용기준은 자갈도상 궤도와 동일하게 시행한다. ② 고결 작업이 완료되면 레일 두부 면과 체결장치 등에 묻은 고결제 등의 이물질을 깨끗이 청소한다.

6.4.4 접속구간의 유지보수 방법

(1) 궤도 처짐의 유지보수방법

- 접속구간 : ① 양로량이 -4~56 mm인 경우에 양로량에 따라서 표 6.20~6.22에 나타낸 것과 같이 조정하며, 소요되는 자재는 ⓐ 방진 패드(기존의 방진 패드에 추가하여 사용), ⓑ 베이스플레이트(기존의 베이스플레이트에 추가하여 사용), ⓒ 레일 패드(기존 레일 패드의 두께를 조정), ⓓ 나사스파이크(기존의 나사스파이크 길이를 조정하여 사용) 등이다. ② 양로량이 57 mm 이상일 경우는 특수한 경우로서 고결제를 재시공하여야 한다.

- 접속구간과 인접한 자갈궤도의 양로작업 : ① 접속구간과 인접한 자갈궤도의 양로작업은 고결제 살

표 6.20 양로량이 -4~6 mm인 경우에 두께를 조정한 레일 패드의 사용

양로량(mm)	레일 패드 (두께를 조정한 패드 사용)	나사스파이크(mm) (표준 길이)	비고
+6	1×12 mm	230	품질시험은 고속철도 자재 시방서에 의함
+5	1×11 mm	230	
+4	1×10 mm	230	
+3	1×9 mm	230	
+2	1×8 mm	230	
+1	1×7 mm	230	
0 (표준)	1×6 mm	230	
-1	1×5 mm	230	
-2	1×4 mm	230	
-3	1×3 mm	230	
-4	1×2 mm	230	

표 6.21 양로량이 -7~26 mm인 경우의 조정(방진 패드의 추가 및 레일 패드의 두께 조정)

양로량(mm)	방진 패드 (추가)	레일 패드 (두께를 조정한 패드 사용)	나사스파이크(mm) (표준 길이 및 길이 조정)	비고
+26	2×10 mm	1×12 mm	240	
+25	2×10 mm	1×11 mm	240	
+24	2×10 mm	1×10 mm	240	품질시험은 고속철도 자재 시방 서에 의함
+23	2×10 mm	1×9 mm	240	
+22	2×10 mm	1×8 mm	240	
+21	2×10 mm	1×7 mm	240	
+20	2×10 mm		240	
+19	1×10 mm+1×6 mm	1×9 mm	240	
+18	1×10 mm+1×6 mm	1×8 mm	240	
+17	1×10 mm+1×6 mm	1×7 mm	240	
+16	1×10 mm	1×12 mm	230	
+15	1×10 mm	1×11 mm	230	
+14	1×10 mm	1×10 mm	230	
+13	1×10 mm	1×9 mm	230	
+12	1×10 mm	1×8 mm	230	
+11	1×10 mm	1×7 mm	230	
+10	1×10 mm		230	
+9	1×6 mm	1× 9 mm	230	
+8	1×6 mm	1×8 mm	230	
+7	1×6 mm	1×7 mm	230	

포구간의 궤도에 영향을 주지 않도록 주의하여 작업한다. ② 접속구간으로부터 30 m까지는 인력으

로 다진다. ③ 다짐작업 후에 정정된 구간의 레일면 높이가 접속부의 레일면 높이를 초과하여서는
안 된다.

표 6.22 양로량이 27~56 mm인 경우의 조정(방진 패드, 베이스플레이트 및 레일 패드를 조합)

양로량(mm)	방진 패드(추가)	베이스플레이트 (추가)	레일 패드 (두께 조정)	나사스파이크(mm) (길이 조정)	신호
+56	3×10mm	1×20mm	1×12mm	270	품질시험은
+55	3×10mm	1×20mm	1×11mm	270	고속철도 자재
+54	3×10mm	1×20mm	1×10mm	270	시방서에 의함
+53	3×10mm	1×20mm	1×9mm	270	
+52	2×10mm+1×6mm	1×20mm	1×12mm	270	
+51	2×10mm+1×6mm	1×20mm	1×11mm	270	
+50	2×10mm+1×6mm	1×20mm	1×10mm	270	
+49	2×10mm+1×6mm	1×20mm	1×9mm	270	
+48	2×10mm+1×6mm	1×20mm	1×8mm	270	
+47	2×10mm+1×6mm	1×20mm	1×7mm	270	
+46	2×10mm	1×20mm	1×12mm	260	
+45	2×10mm	1×20mm	1×11mm	260	
+44	2×10mm	1×20mm	1×10mm	260	
+43	2×10mm	1×20mm	1×9mm	260	
+42	1×10mm+1×6mm	1×20mm	1×12mm	260	
+41	1×10mm+1×6mm	1×20mm	1×11mm	260	
+40	1×10mm+1×6mm	1×20mm	1×10mm	260	
+39	1×10mm+1×6mm	1×20mm	1×9mm	260	
+38	1×10mm+1×6mm	1×20mm	1×8mm	260	
+37	1×10mm+1×6mm	1×20mm	1×7mm	260	
+36	1×10mm	1×20mm	1×12mm	250	
+35	1×10mm	1×20mm	1×11mm	250	
+34	1×10mm	1×20mm	1×10mm	250	
+33	1×10mm	1×20mm	1×9mm	250	
+32	1×10mm	1×20mm	1×8mm	250	
+31	1×10mm	1×20mm	1×7mm	250	
+30	1×10mm	1×20mm	1×6mm	250	
+29	1×10mm	1×20mm	1×5mm	250	
+28	1×10mm	1×20mm	1×4mm	250	
+27	1×10mm	1×20mm	1×3mm	250	

(2) 기타 유의사항

고결제 시공구간은 도상의 고결제 시공부분과 침목에 손상을 주지 않도록 주의하여야 하고 레일표면
도 관리를 하여야 한다.

6.4.5 접속구간의 모니터링

(1) 접속구간의 궤도 처짐량 측정
(가) 침목 부상의 감지 및 측정 : 제5.2.5(1)(나)항을 적용한다.
(나) 레일 두부의 고저 측정 : ① 옵틱(고저측정기구)을 이용하여 고저측정 : 매 침목마다의 높이를
뜬 침목의 측정 당일에 측정, ② 궤도 검측차 운행 : 접속구간 전후의 궤도틀림 측정

(2) 레일 두부의 양로량 결정
- 상기의 제(1)항에서 (가)항의 침목 부상 값과 (나)항의 옵틱으로 측정한 높이의 합으로 접속구간의
  양로량 결정
- 접속구간의 전후를 측정하여 고저 정정 개소와 연장 파악

6.5 콘크리트 도상의 보수

콘크리트 도상이 다음의 사항에 해당하는 경우에는 상태에 따라 적절한 보수를 시행하고 내역을 통합
시설관리시스템에 등록 관리하여야 한다. ① 침목과 콘크리트 도상이 분리되어 유동이 있을 때, ② 콘크
리트 균열의 폭이 0.5 mm 이상일 때, 다만 우수의 영향을 받는 구간은 균열 폭이 0.3 mm 이상이고 철
근 피복까지 발달되었을 때, ③ 기타 콘크리트의 수명을 단축시킬 우려가 있는 결함이 발생하였을 때.
콘크리트 궤도의 선형은 제4.2.1(3)(라)항과 같이 체결장치를 이용하여 조정하며, 표 4.14와 같이 선
형틀림의 크기에 따라 각 부품을 다양하게 조합하여 조정한다. 필요시에는 제6.4.4(1)항의 적용을 검토
한다.

제7장 분기기의 관리

7.1 분기기의 일반개념

분기기에 사용하는 기술 용어는 분기기의 선형과 구조에서 일상적으로 이용하는 용어를 묘사하는 전문용어의 정의가 필요하게 된다. 분기기는 분기기의 설계도(용어 6.10)에 의하여 특징을 짓는다. 분기기의 이름은 일반적으로 이 다이어그램상의 직선궤도에 대한 것이다. 분기기는 분기기 부설도(용어 6.11)에 의하여 상세하게 정의되며, 이 분기기 부설도는 별도 도면으로 포인트, 크로싱, 또는 다이아몬드 크로싱의 조립도를 적용하며 중간의 궤도 부재를 리스트로 나타낸다. 분기기는 구조가 복잡하고 사용하는 부품의 수가 많다. 이 장에 기술된 내용은 이해를 돕기 위하여 프랑스의 예를 들기도 하였으나 경부고속철도에 부설된 분기기에 적용하기가 곤란한 내용도 일부 포함되어 있음을 상기하여야 한다.

7.1.1 선형

(1) 편개 분기기(용어 2.10~2.11)

편개 분기기는 그 기본형에서 선로의 속도로 통과할 수 있어야 하는 기준선(직선궤도)이라 알려진 직선노선 및 원곡선이나 포물선 완화곡선 선형의 선택된 반경에 따라 속도가 허용되는 분기선(분기궤도)이라 알려진 분기노선을 가진다. 용어 '기준선'과 '분기선'은 분기기가 직선, 또는 곡선 궤도로 부설되는지 여부에 따라 사용한다. 분기기의 공칭 속도는 분기기의 기본형, 즉 직선 궤도에 부설되고 캔트가 없는 분기기에서 분기선에 대한 허용 통과 속도이다. 그러므로, 분기기의 범위는 운영의 필요에 따라 분기선에 요구된 속도의 범위에 대응한다. 분기기의 설계 탄젠트에 의한 분기기의 확인은 분기선의 속도가 이 탄젠트에 관련되지 않고 곡률의 반경에 관련된다는 점을 사용자가 잊지 않게 하여야 한다.

(2) 포인트

(가) 포인트(용어 4.10과 5.10)

분기선의 선형은 기준선 선형에 접선(탄젠트)이거나 할선(시컨트)이다. 그들의 교점에서 선형에 의하여 형성되는 각을 입사각(용어 5.113)이라 한다. 그러므로, 분기기는 ① 분기기 입구에서의 허용 캔트 부족에 따라 공칭 속도를 결정하는 분기선의 반경, ② 접선선형, 또는 결과로서 입사각(switch angle)을 가진 분기기의 할선 선형에 의하여 특징을 짓는다.

(나) 할선(시컨트) 선형(용어 5.101)

할선 선형에서 분기선의 관련 선형은 입사각을 갖고서 기준선의 관련 선형과 교차한다. 입사각의 영향을 받지 않는 기준선이 유리하다. 통례의 입사각은 1°, 25′, 18″이다. 차량이 곡선을 잘 돌아갈 수 있도록 분기선의 반경이 기준선보다 더 넓은 궤간을 필요로 할 때, 할선 선형은 기준선에 대하여 어떠한 영향이라도 주지 않고 분기선에 대한 궤간 확장을 제공하는 장점을 가진다. 해법은 분기선의 궤간만 확장하도록 곡선 텅레일과 곡선 기본레일의 정점(vertex)을 차감 계산하는 것이다. 할선 선형은 접선 선형보다 분기기를 더 짧게 할 수 있다.

(다) 접선(탄젠트) 선형(용어 5.102)

접선 선형에서 분기선의 관련 선형은 기준선의 관련 선형에 접선이다. 분기선의 곡선 반경이 기준선과 같은 궤간을 유지하면서 모든 차량의 정상 통과를 가능하게 할 때는 접선 선형을 적용할 수 있다. 그것은 텅레일의 길이를 증가시키지만 어택 각(용어 5.114)을 줄이므로 분기기 입구에서의 승차감을 개선시킨다.

(라) 편개 포인트와 양개(대칭) 포인트

할선 선형이 있는 양개(대칭) 분기기에서 전용의 구조 특징에 대응하는 제한은 없다. 할선 선형의 포인트에서 전용의 구조 특징은 입사각이 2 방향 사이에서 동일하게 나뉘는 양개(대칭) 분기기를 구성하기 위하여 사용한다. 궤도의 반경은 일반적으로 대응하는 편개 분기기 반경의 2배이다.

(3) 크로싱

(가) 크로싱(용어 4.20과 5.20)

크로싱은 직선(용어 4.202), 오목 곡선(용어 4.203) 또는 볼록 곡선(용어 4.204)일 수 있다. 주어진 분기 각도에서 직선 크로싱의 사용은 곡선 크로싱의 사용보다 분기기를 더 짧게 한다. 그러나, 곡선 크로싱은 주어진 설계 다이어그램에서 분기선의 반경을 개량한다. 크로스오버에서는 직선 크로싱이 곡선과 반향 곡선 간의 직선을 길게 한다. 플렌지 웨이의 폭은 1,435 mm의 궤간에 대하여 43 mm이지만, 47 mm, 50 mm인 분기기도 있다. 특히, 크로싱이 작은 반경의 곡선에 위치할 때는 크로싱이 윙 레일의 접촉 굴곡부를 결합할 수도 있다.

(나) 가드레일

고정 크로싱의 가드레일은 차륜이 결선부(용어 5.306)를 통과할 때 차륜을 안내하고 1,391 ± 0.5 mm로 구조에 설치한 경로(채널) 구간(용어 5.213)에 의하여 노스(포인트 레일)를 보호한다. 깔때기 모양의 입구(용어 5.214)는 1,380±3 mm로 설정하고 변곡점의 입구는 1,370±3 mm로 설정한다. 가드레일은 분기기를 대향으로 통과하든지 배향으로 통과하든지 간에 차축이 어떻게 놓이는가와 차륜의 마모정도 및 선단 보호 값에 좌우되어 복귀정도에 대한 변화의 근원일 수도 있다. 가동 노스(포인트 레일)에서 가드레일은 정상 상태로는 활동하지 않으며 1,385(+0, -2) mm에 설정한다. 그것은 가동 노스(포인트 레일)가 비틀릴 때 차륜의 상승을 피하기 위하여 저속운행 시에만 작용하는 안전 가드레일이다.

(4) 분기기에서 레일-차륜 접촉
(가) 차륜

영업중인 차량에는 여러 가지의 차륜 단면이 사용된다. 경부고속철도에서 사용되는 차륜 단면의 주요 치수를 그림 7.1에 나타낸다. 플랜지의 마모 형상은 단일 치수 q_R로 아주 정확하게 정의할 수 있으며, 그것은 궤도 평면의 아래로 10 mm에 위치한 플랜지의 접촉면에 대한 지점과 플랜지 상부 위 2 mm에 위치한 지점간의 가로지르는 거리이다. q_R의 최소값은 6.5 mm이다(그림 7.2 참조).

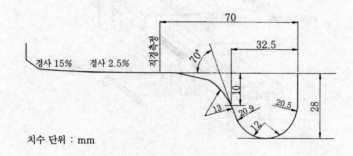

치수 단위 : mm

그림 7.1 차륜 단면

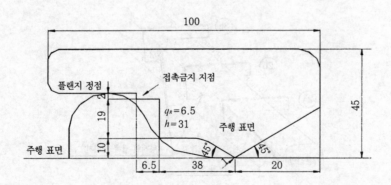

치수 단위 : mm

그림 7.2 높이 31 mm의 플랜지에 대한 q_R

(나) 텅레일과 크로싱

텅레일과 크로싱의 측면은 첨단의 낮춤 구간에서 25 %의 기울기를 가진다.

(다) 레일-차륜 접촉

차륜에 의한 텅레일 앞부분 맞물림의 경우에, 만일 차륜 플랜지가 열린 텅레일이나 손상된 텅레일에 직면하고 기본레일의 상부와 측면이 심하게 마모되었거나(제7.7.3(3)항 참조), 또는 손상되고 부적합하게 보호된 마모된 크로싱 첨단에 직면한다면, 마모된 플랜지만이 가드레일에 맞물릴 수 있다.

그림 7.3에 나타낸 것처럼 텅레일 첨단이나 텅레일의 구간에 위치한 마모 차륜 플랜지를 묘사하는 텅레일 마모 점검 자의 게이지 1은 앞부분 맞물림의 위험을 평가하기 위하여 사용할 수 있다. 3 mm 필러 게이지는 텅레일의 있음직한 열림을 묘사할 수 있다.

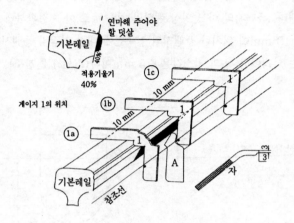

그림 7.3 측정 위치

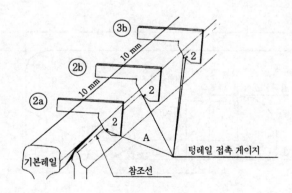

그림 7.4 텅레일 마모 점검 자의 게이지 2

첨단 통과 후의 상황은 측면 맞물림의 하나이다. 이런 경우에 그것은 마모되거나 이가 빠진 텅레일 위에 올라타는 경향이 있는 낮은 높이의 새로운, 또는 중간 정도로 마모된 플랜지이다. 텅 레일 점검 자는 새로운 플랜지를 묘사하는 게이지 2(그림 7.4)를 가진다. 그것은 텅레일의 첨단 이후에 곡선 외방 분기기의 곡선 텅레일, 또는 직선 텅레일의 마모를 체크하기 위하여 사용한다.

7.1.2 기술

(1) 포인트(용어 4.10과 5.10)

기본레일은 특수단면의 레일이나 본선용 레일(UIC 60 분기기)을 이용할 수 있다. 경부고속철도는 분기기의 텅레일에 UIC 60D 레일(복부가 두껍고 높이가 낮음)만 사용하고 있다. 외국에서 수년간 사용된 텅레일은 두꺼운 복부(일반적으로 28 mm, 또는 30 mm)를 갖고 있으며, 기본레일과 같은 높이, 또는 더 낮은 높이일 수도 있다. 텅레일의 형상은 텅레일의 실제 첨단을 횡 방향으로 벌충하도록 하고(첨단 안전), 텅레일 단면이 충분히 두꺼울 때만 텅레일의 주행 면이 하중을 지지하도록 설계되어 왔다. 사용된 구조의 원리는 힐 부분에 연결된 탄성 텅레일이다. 탄성은 레일 저부 두께를 감소시켜서 얻을 수 있으며, 또는 본래대로 일 수 있다. 기본레일에 고정된 멈춤쇠는(용어 4.134) 텅레일을 지지한다. 도면에 주어진 멈춤쇠 길이는 이론적이다. 실제 문제로서 멈춤쇠는 레일제작 공차 때문에 텅레일과 기본레일에 대하여 조정된다. 포인트의 자유 통과 플랜지 웨이(용어 5.107)는 텅레일과 기본레일 구간에서 가장 좁은 구간이다. 그것은 열린 텅레일에 차륜의 충격을 주지 않도록 차륜 플랜지의 자유 통과를 허용하여야 한다. 정확한 자유 통과 플랜지 웨이는 첨단 열림 및 한정된 작동 행정과 함께 연결 봉과 작동 지점의 위치를 선택함에 의하여 구해진다.

(2) 크로싱(용어 4.20과 5.20)

(가) 크로싱

일반철도의 크로싱은 일반적으로 고정 크로싱이며 일체형(용어 4.210)이거나 조립형(용어 4.211)이다. 고속 분기기에는 노스 가동 크로싱(용어 4.212)을 사용한다. 고정 크로싱에서는 노스가 대칭이고 그 측면은 일반 레일 단면으로의 천이 접속부 때문에 25 %의 기울기를 가진다. 고형체 망간 크로싱의 윙레일 주행 면은 12.5 %의 기울기로 올려져 있다. 이것은 차륜이 윙레일에서 크로싱 노스로 바꿔 탈 때 차륜 통과의 품질을 개선한다. 체결장치는 직접형, 또는 간접형일 수 있다. 간접 체결장치는 점차적으로 직접 체결장치로 대체되고 있다. 작은 분기 각도를 가진 분기기는 노스 가동 크로싱을 이용한다. 레일을 조립하여 만든 이 노스는 크래들 안에서 횡으로 움직인다.

(나) 가드레일

크로싱의 가드레일은 U 69 단면으로 만든다. 이 레일은 외측 레일에 독립적이며 가드레일 지지장치로 침목의 상면에 고정된다.

(3) 중요 치수의 측정

분기기의 중요 치수는 주행표면 아래 14 mm에 위치한 기계가공 참조표면(용어 0-15)에 대하여 측정한다. 분기기 자는 이 목적으로 사용하지만 기계 가공한 구간의 궤간은 끝이 25 %로 경사지고 궤간을 직접 판독할 수 있도록 눈금을 새긴 자로만 측정할 수 있다.

(4) 확인

각 분기기는 확인용 제조자 명판을 공장에서 부착한다. 분기기의 명판은 일반적으로 크로싱 노스를 지지하는 분기침목에 붙어있고 다이아몬드 크로싱의 명판은 중앙부의 분기 침목에 붙어있다. 포인트의 반쪽 세트는 일반적으로 다음의 요구 조건에 따라 확인된다. ① 야금 확인 양각 : 기계 가공된 각 레일은 양각 표시가 있다. ② 제조 양각 : 각 포인트 반쪽 세트의 기본레일은 반쪽 부속품을 확인하는 명판을 가진다. 이 명판은 ⓐ 공급자 공장의 명칭이나 심벌 마크, ⓑ 반쪽 부속품의 유형과 번호, ⓒ 제작 년도, ⓓ 만일 적용할 수 있다면 휘는 범위 등을 표시하여야 한다. 경부고속철도는 크로싱의 모든 주조를 식별이 용이하도록 ① 제작자 약호, ② 공단 약호, ③ 제작년월(연도는 두 자리), ④ 적용 레일단면 및 크로싱의 각도, ⑤ 각 주강품에 대한 개체 번호 등을 양각상태로 표시하고 있으며, 표시의 위치 및 배열상태는 승인용 제출도면에 표기한다.

(5) 노스 가동 크로싱

노스 가동조작 기계장치의 원리는 포인트의 것과 유사하다. 노스 가동조작 연동장치에서 봉의 조정은 제7.6절에 논의한다.

(6) 포인트 쇄정

포인트 쇄정은 열차가 통과할 때 텅레일의 비정상적인 어떠한 이동도 방지하도록 설계된다. 그것은 분기기가 열차를 어느 방향으로 통과시키는가에 따라 다르다. "① 첨단에서 힐 부로 이동하는 열차(대향 포인트), ② 힐 부에서 첨단으로 이동하는 열차(배향 포인트) : ⓐ 텅레일의 이동이 없이, ⓑ 텅레일의 이동으로." 사용하는 장치는 대향 방향에서 포인트의 통과 속도에도 좌우된다. 전기로 작동하는 포인트에는 다음의 장치가 사용된다.

- 참고적으로, 40 km/h 이하의 속도에서는 다음의 세 조건을 충족시키는 것을 조건으로 기계 장치 자체로 쇄정하기에 충분하다. ① 기계 장치가 단지 ⓐ 블로킹된 전기 포인트 작동 기계 장치, ⓑ 블로킹 장치가 설치되고 2,000 daN의 인장력에 견디는 기계 장치 등 2 유형의 하나이다. ② 포인트의 침목 위, 또는 이들 침목에 견고하게 연결된 프레임 위에 기계장치가 설치된다. ③ 기계장치가 작동 봉으로 직접, 또는 크랭크를 통하여 연결된다.
- 40 km/h 이상의 속도에서는 설사 기계장치가 사용된다 하더라도, 하우징 슬라이드 플레이트 록 (housing-slide plate lock)으로 포인트를 쇄정하여야 한다.

영구적으로 설치된 포인트 쇄정의 조건과 포인트 쇄정의 작동 및 분기기 임시 쇄정(또는, 해정)은 제 7.6절에서 기술한다.

(7) 가열

포인트와 노스 가동 크로싱에서는 ① 전기 가열이나 ② 가스 가열 등의 두 가지 가열 시스템을 사용할수 있으며 적용하여야 하는 시스템과 장치의 선택은 제7.3.1(3)항에서 기술한다. 경부고속철도는 전기 가열 시스템을 이용한다(제1.6.7(8)항 참조).

7.1.3 용어

(1) 일반 사항

0-00―일반사항

0-10 주행레일 : 차륜 타이어를 지지하고 내측, 또는 외측의 안내를 마련하는 궤도의 모든 유효 부분. 복선궤도에서 궤도간의 공간에 대한 레일 위치에 따라 한 레일은 외측이며, 다른 레일은 안쪽이다.

0-11 주행표면 : 경사지거나 평평한 레일의 상면

0-12 안내측면 : 차륜 플랜지에 의하여 차축의 내측, 또는 외측(크로싱에서 가드레일의 경우)의 안내를 마련하는 수직, 또는 경사진 횡 방향 표면

0-13 궤도표면 : 궤도 중심선에 직각을 이루고 2 주행표면에 접선인 직선의 이동으로 정의된 표면

0-131 궤도평면 : 궤도표면을 한 평면으로 축소하였을 때 상기에 정의한 표면

0-14 궤간 : 궤도평면 아래 14 mm 지역에서 두 레일 두부의 안내 측면간의 최소 간격

0-15 기계가공 참조표면 : 궤도표면에 평행하고 궤도표면 아래로 12 mm와 14 mm 간에 위치한 표면(따라야 하는 모든 주요 치수는 이 면에 대하여 측정한다)

0-151 기계가공 참조평면 : 상기 표면을 한 평면으로 축소하였을 때 상기에 정의된 표면

0-16 참조선 : 주행레일, 또는 기계가공 참조표면에 대한 안내 측면의 실제, 또는 가상의 선형

0-17 침목 간격 : 레일 아래 침목의 배치간격

(2) 분류

1-00―분류

1-10 분기기(광의) : 분기하거나 교차하는 여러 노선으로부터 선택된 노선에 대하여 궤도의 연속성이 확보될 수 있게 하는 장치. 확대 해석하면, 다른 기능(궤도의 자유 신축, 차량의 탈선, 또는 제동 등)을 제공하고 단일 노선에 삽입된 장치는 분기기로 분류된다.

1-20 분기기(협의) : 보통의 분기선로를 가지는 2, 또는 그 이상의 노선을 따라 차량이 통과할 수 있게 하는 분기기

1-30 다이아몬드 크로싱 : 서로간에 가로지르는 노선을 따라 차량이 통과할 수 있게 하는 분기기

1-60 탈선 분기기 : 클리어런스 지점 앞에서 본선을 보호하기 위하여 차량이 탈선될 수 있게 하는 분기기

(3) 본연의 분기기

2-00—본연의 분기기

2-10 단일(單一) 분기기 : 두 노선을 갖는 Y 형상의 분기기이다. 단일 분기기는 다음 중의 하나일 수 있다.

2-11 편개 분기기 : 노선의 하나가 직선이고 다른 노선이 분기하는 경우이다. 노선이 곡선으로 부설 되느냐 아니냐에 따라 기본형의 직선 노선은 기준선 궤도이고 분기되는 노선은 분기선 궤도이 다. 분기선의 방향에 따라 ① 우 분기기(그림 7.5)와 ② 좌 분기기(그림 7.6)로 구분한다.

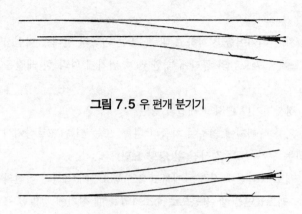

그림 7.5 우 편개 분기기

그림 7.6 좌 편개 분기기

2-12 양개(대칭)분기기 : 두 노선이 보통의 분기선로에서 대칭으로 갈라지는 경우이다.

그러므로, 단일 분기기는 R(우), L(좌), Sym(대칭, 양개)의 기호로 특징지어 진다. 분기, 또는 대칭은 포인트의 선형으로부터 생긴다.

2-20 복(複) 분기기 : 보통의 분기를 가진 3지(枝) 분기기이다.

2-40 다이아몬드 크로싱(DC) : 두 노선이 교차하는 분기기(그림 7.7)

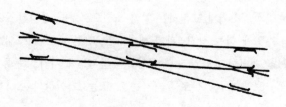

그림 7.7 다이아몬드 크로싱

2-50 슬립 크로싱 : 노선이 교차하고 연결될 수 있는 크로싱. 슬립 크로싱은 다음의 하나일 수 있다.

2-51 싱글 슬립 크로싱(SSC) : 교차하는 노선이 단일 연결을 가지는 경우(그림 7.8)

2-51 더블 슬립 크로싱(DSC) : 교차하는 노선이 두 연결을 가지는 경우(그림 7.9)

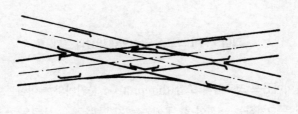

그림 7.8 싱글 슬립 크로싱

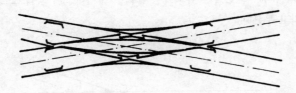

그림 7.9 더블 슬립 크로싱

(4) 분기기의 조합

3-00—분기기의 조합

3-10 크로스 오버 : 한 점에 모이지 않는 2 본선을 연결하기 위하여 사용된 2 편개 분기기의 결합
(그림 7.10)

2 분기기의 분기는 일반적으로 같은 방향에 있다. 그러나, 속력을 내어 통과하는 크로스 오버
를 가진 곡선상 노선의 어떤 경우에는 그들이 그림 7.11에 나타낸 것처럼 반대 방향의 분기를
가질 수 있다.

3-101 우, 또는 좌 : 크로스 오버는 본 노선에서 우측으로 분기하느냐 좌측으로 분기하느냐에 따라
서 우, 또는 좌일 수 있다.

그림 7.10 크로스 오버(같은 방향의 분기)

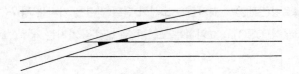

그림 7.11 크로스 오버(반대 방향의 분기)

3-20 분기기와 다이아몬드 크로싱의 조합(diagonal) : 분기기와 다이아몬드 크로싱, 또는 슬립 크로싱의 조합은 교차하는 노선이 한 곳에 모이지 않는 본 노선들을 가로지르고 이들의 노선을 부분적으로, 또는 완전히 상호 연결할 수 있게 한다(그림 7.12).

3-201 우, 또는 좌 : 분기기와 다이아몬드 크로싱의 조합(diagonal)은 본 노선의 하나에 위치한 관찰자가 교차하는 노선을 바라보아 우측으로 분기하느냐 좌측으로 분기하느냐에 따라 R, 또는 L이라고 부른다.

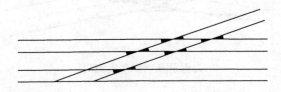

그림 7.12 분기기와 다이아몬드 크로싱의 조합(diagonal)

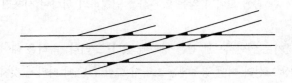

그림 7.13 중계선(junction)

3-30 중계선(junction) : 분기하는 두 노선이 2 본선에서 분기할 수 있게 하는 1 크로싱과 2 분기기의 조합이다(그림 7.13).

3-31 우, 또는 좌 분기기 : 중계선은 분기노선이 최초의 본 노선에서 우측으로 벗어나느냐 좌측으로 벗어나느냐에 따라 R, 또는 L일 수 있다.

(5) 분기기의 구성요소

(가) 편개 포인트(표 7.1, 그림 7.14)

표 7.1 편개 포인트(그림 7.14 관련)

①	4-101	포인트 좌 반쪽 세트	12	4-135	슬라이드 체어(slide chair)
②	4-101	포인트 우 반쪽 세트	13	4-137	요크가 있는 조 클립(jaw clip with yoke)
3	4-102	좌 직선 기본레일	14	4-138	게이지 로드(gage rod)
4	4-102	우 곡선 기본레일	15	4-138	돌기가 있는 게이지 로드
5	4-103	좌 곡선 텅레일	16	4-139	포인트 전환장치, 또는 복식 작동장치
6	4-103	우 직선 텅레일	17	4-140	플레이트
7	4-132	곡선 텅레일 간격재(spacer)	18		포인트 플레이트(switch plate)
8	4-132	직선 텅레일 간격재(spacer)	19		조작봉
9	4-133	곡선 텅레일 간격재-이음매판	20	4-1351	슬라이드 플레이트(활주판)
11	4-134	멈춤쇠(stop)	21	4-136	텅레일 체어(switch rail chair)
			22	4-1361	텅레일 플레이트(switch rail plate)

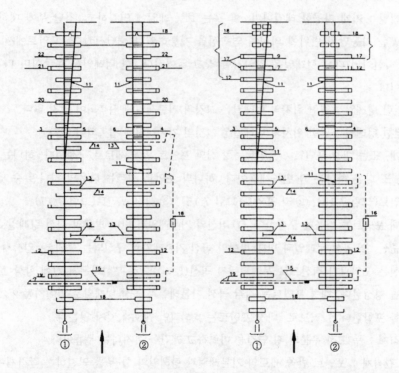

텅레일 첨단을 향하여 궤도 중심에 위치한 관찰자에 대하여 좌측에 위치한 텅레일과 기본레일은 좌측 텅레일과 좌측 기본레일이라 하고, 우측에 위치한 것은 각각 우측이라 한다.

그림 7.14 편개 포인트(표 7.1 관련)

4-00—분기기의 구성요소

4-10 포인트 : 분기의 시점에서 2, 또는 3 분기 노선의 어느 것이라도 연속성을 마련하는 분기기의

부분이며 다음의 하나일 수 있다. ① 재래식 : 포인트가 불변의 궤간으로 텅레일(4-124)을 연결하는 경우는 재래식이라 한다. ② 반 독립식 : 포인트가 가변성 궤간으로 반-독립 텅레일(4-125)을 연결하는 경우는 반-독립식이라 한다

4-101 포인트 반쪽 세트 : 하나의 기본레일과 그 텅레일의 조합을 말한다. 이것은 텅레일 첨단을 향하여 궤도 중심에 위치한 관찰자의 우측에 위치하느냐, 좌측에 위치하느냐에 따라 우측, 또는 좌측이라 한다.

4-102 기본레일 : 열린 위치에서 기준선 레일, 또는 분기선 레일 레벨의 연속성을 마련하는 기계 가공한 레일이다. 기본레일의 기계 가공한 부분은 텅레일의 닫힌 위치에 대한 지지물로서 작용하며 이 텅레일이 연결되는 레일의 연속성을 마련한다. 기본레일은 직선, 또는 굽힘 각을 가지거나 가지지 않은 곡선이다. 기본레일은 포인트 우 반쪽 세트를 형성하느냐, 좌측의 것을 형성하느냐에 따라 우측, 또는 좌측이라 한다.

4-103 텅레일 : 기계 가공한 레일이며, 힐 부는 보통 레일에 연결하고, 첨단 부에 대하여는 기계 가공한 가동단의 변위에 의하여 연속성을 제공하거나 중단시킨다. 포인트에서 한 텅레일은 직선이며 다른 텅레일은 입사각을 갖고 굽어진다. 한 텅레일은 우측이며 다른 것은 좌측이다.

4-1031 열린 텅레일 : 열린 위치의 텅레일은 그것의 기본레일에 접촉되어 있지 않다.

4-1032 닫힌 텅레일 : 닫힌 위치의 텅레일은 그것의 기본레일에 접촉되어 있다.

4-120 편개, 또는 대칭 포인트 : 포인트는 2 개의 포인트 반쪽 세트로 구성된다. 하나는 우 반쪽세트, 또 다른 하나는 좌 반쪽세트이다. 하나의 포인트 세트는 다음의 하나일 수 있다. ① 우 포인트(그림 7.15), ② 좌 포인트(그림 7.16), ③ 대칭 포인트(그림 7.17)

편개 포인트는 다음을 포함한다. ① 직선의 기본레일과 반대 방향의 직선 텅레일로 구성되는 기준선, ② 곡선 텅레일과 반대 방향의 곡선 기본레일로 구성되는 분기선. 입사각이 없는 기준선은 포인트가 직선으로 부설되든지 곡선(5-40)으로 부설되든지 간에 항상 호의적인 궤도를 형성한다. 대칭 포인트는 각각 곡선 기본레일과 곡선 텅레일로 얻어지는 2 개의 대칭분기를 포함한다. 그러므로, 대칭 포인트는 호의적인 궤도를 갖지 않는다.

4-131 간격재 : 두 고정 부분의 횡 연결을 마련하고 궤간을 유지하는 부품이다.

4-132 힐 간격재 : 포인트 반쪽 세트의 기본레일과 텅레일의 힐 부를 연결하는 간격재이다. 이 간

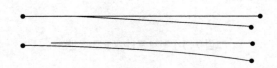

그림 7.15 우 편개 포인트

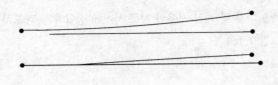

그림 7.16 좌 편개 포인트

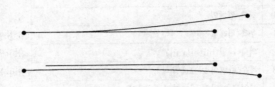

그림 7.17 대칭 포인트

격재는 곡선 텅레일의 힐 간격재, 또는 직선 텅레일의 힐 간격재이며, 그것이 좌, 우측의 어느 쪽 포인트 반쪽 세트에 포함되는지에 따라 좌측, 또는 우측이라 한다.

4-133 간격재 이음매판 : 특수 힐 간격재는 또한 기본레일의 힐 부, 또는 텅레일의 힐 부에 이음매판을 댄다. 이 유형의 간격재는 작은 각도의 분기기, 또는 슬립 크로싱의 포인트에만 사용된다.

4-134 멈춤쇠 : 닫힌 위치에서 관련된 텅레일을 지지하도록 기본레일에 고정한 부품이다.

4-135 슬라이드 체어 : 슬라이드 체어는 그곳에 고정된 기본레일을 지지하고 텅레일 저부가 미끄러지는 수평 테이블을 포함하는 부품이다.

4-1351 슬라이드 플레이트(활주 판, 상판) : 기본레일이 놓이고 텅레일 저부가 미끄러지는 수평 테이블을 포함하는 부품이다.

4-136 텅레일 체어 : 텅레일 체어는 그곳에 고정된 기본레일을 지지하고 텅레일을 정착하는 부품이다.

4-1361 텅레일 플레이트 : 기본레일이 놓이고 텅레일을 정착하는 부품이다.

4-137 조(jaw) 클립 : 텅레일에 고정되어, 두 텅레일을 연결하는 게이지 로드를 받도록 설계된 부품이다.

4-138 게이지 로드 : 주어진 포인트의 두 텅레일을 연결하고 그들이 작동될 수 있게 하는 부품이다. 이 연결은 불변, 또는 가변성 게이지일 수 있다.

4-139 포인트 전환 장치 : 긴 텅레일(작은 각)을 가진 포인트에 사용되는 장치이며 텅레일 열림과 함께 충분한 플랜지 웨이를 보장하도록 힐 부를 향하여 작동력의 부분이 확실하게 분포되도록 설계한다.

4-140 플레이트(상판) : 몇 몇 레일 저부와 침목 사이에 삽입하는 분포 부품이다.

(나) 크로싱(표 7.2, 그림 7.18)

표 7.2 크로싱(그림 7.18 관련)

①	4-210	일체형 크로싱	
②	4-211	조립 크로싱	
3	4-220	노스	
4	4-221	좌측 윙레일	실제 첨단의 화살표 방향을 향하여 위치한 관찰자에 대하여 좌측에 위치한 모든 부품, 또는 레일을 좌측이라 하고 우측에 위치한 모든 부품, 또는 레일을 우측이라 한다.
5	4-221	우측 윙레일	
6	4-222	외측 레일(outer rail)	
7	4-223	특수 단면의 가드레일	
8	4-223	레일로 제작한 가드레일 (예외적)	
9	4-224	가드레일 지지 재(guard rail support)	
10	4-225	연결 간격재	
11	4-226	간격재	
12	4-140	플레이트	
13	4-335	클립 멈춤쇠(clip-stop)	
14	4-141	간접 체결장치(indirect fastening)	

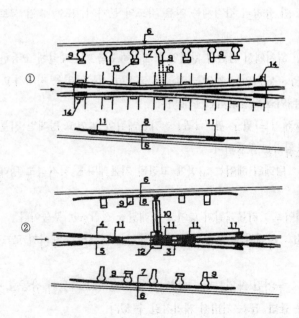

그림 7.18 크로싱(표 7.2 관련)

4-00—분기기의 구성요소

4-20 크로싱부 : 맞은편 레일간의 교차점에서 교차하는 두 노선의 연속성을 확보하며, 크로싱, 두
  외측레일, 두 가드레일 및 만일 필요하다면 연결 간격재로 구성하는 분기기의 부분이다.

4-201 크로싱, 또는 단일 크로싱 : 분기기, 또는 다이아몬드 크로싱에서 맞은편 2 레일의 교차를
  보장하는 조립품이며 단일 포인트레일(노스)을 포함한다.

4-202 직선 크로싱 : 두 레일이 직선이다(그림 7.19).

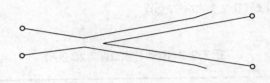

그림 7.19

4-203 보통 곡선 크로싱, 우측 크로싱, 좌측 크로싱, 대칭 크로싱 : 한 레일은 직선이고, 다른 레일
  은 오목한 곡선이다. 크로싱은 크로싱 첨단을 바라볼 때 곡선 레일의 중심이 우측에 위치하
  는지 좌측에 위치하는지에 따라(2-11참조) 우측, 또는 좌측이다.

4-210 일체형 크로싱 : 주조하여 제작하거나 레일, 단조, 또는 주강 부품과 같은 부재를 용접하여
  제작한 크로싱이다.

4-211 조립 크로싱 : 레일 부재와 단조, 또는 주조 부품으로 제작한 크로싱이며 간격재와 볼트를
  사용하여 조립한다.

4-212 가동부가 있는 크로싱 : 가동부가 있는 크로싱이며 가동부가 형성한 방향으로 주행 표면을
  제공한다.

4-2121 노스 가동 크로싱 : 노스가 형성하는 방향으로 주행의 연속성을 마련하는 크로싱이다.

4-220 노스(포인트 레일) : 크로싱의 중앙부

4-221 윙 레일 : 크로싱에서 노스의 외측에 있는 레일이다.

4-222 외측 레일 : 크로싱부에서 외측의 주행궤도 레일이다. 이 레일은 다음일 수 있다. ① 중간부
  까지 보통, ② 크로싱부의 길이에서 삭정, ③ 분기기 후단까지, 그리고 부설이나 절연의 경
  우에 좌우하여 또 다른 분기기에 대한 천이 접속부까지 보통.

4-223 가드레일 : 크로싱 결선부의 통과에 대하여 차축을 안내하는 레일, 또는 특수 단면

4-224 가드레일 지지재 : 가드레일을 지지하는 부품이다.

4-225 연결 간격재 : 크로싱을 가드레일에 연결하고 크로싱에 관하여 가드레일의 정확한 위치를
  확보하는 부품이다.

4-226 게이지 간격재 : 조립 크로싱에서 조립된 부재를 연결하는 부품이다.

4-227 플렌지웨이 간격재 : 가드레일과 외측레일을 연결하는 부품이다.

(다) 중간 궤도

4-00—분기기의 구성요소

4-40 중간 궤도 : 분기기에 통합된 주행 궤도의 요소

(6) 분기기의 선형

5-00—분기기의 선형

5.10 포인트(4-10 참조)(표 7.3, 그림 7.20)

표 7.3 포인트의 선형(그림 7.20 관련)

1	5-103	곡선 시점(curve origins)	8	5-113	입사각(switch angle)
2	5-104	포인트 선단 이음매(P.E.J.)	9	5-121	기본레일 굽힘(stock rail bend)
3	5-105	텅레일 첨단(T.S.)	10	5-122	텅레일 행정(switch rail travel)
4	5-106	텅레일 힐(switch rail heel)	11	5-133	낮춤(lowering)
5	5-107	자유통과 플랜지웨이	12	5-134	얇게 함(thinning)
6	5-111	텅레일 정점(switch rail vertex)	13	5-137	첨단 열림(point opening)
7	5-112	포인트 행정(point travel)	14	5-138	작동 열림(operation opening)

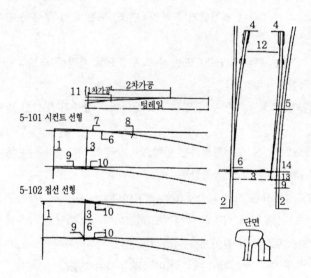

그림 7.20 포인트의 선형(표 7.3 관련)

5-101 할선(시컨트) 선형 : 분기선의 참조 선형이 입사각으로 기준선의 선형을 가로지른다.

5-102 접선(탄젠트) 선형 : 분기선의 참조 선형이 기준선의 선형에 접선이다.

5-103 곡선 시점 : 반경이 기준선에 직각을 이루며, 대칭 포인트에서는 반경이 대칭축에 직각을 이룬다.

5-104 포인트 선단 이음매 : 텅레일 첨단부근에서 기본레일의 끝

5-105 텅레일 첨단(TS) : 텅레일의 가동단

5-106 힐 : 텅레일의 고정단

5-107 텅레일 자유 통과 플랜지웨이 : 포인트에서 열린 텅레일과 인접 기본레일 사이에서 얻어진 최소 치수. 이 치수는 고려된 지점에서 실제 궤간과 1,380 mm(최소 차축)간의 차이를 계산하여 구한 값보다 항상 크거나 동등하여야 한다.

5-110 곡선 텅레일을 가진 포인트의 반쪽 세트(4-101 참조)

5-111 텅레일 정점(SRV) : 곡선 텅레일에서 분기선과 기준선에 대한 참조선의 이론 교점을 말한다.

5-112 포인트 행정(travel) : 텅레일의 정점과 첨단간의 곡선 텅레일의 뾰족한 끝 부분이다(시컨트 선형).

5-113 입사 각 : 텅레일 참조선과 직선궤도(기준선) 참조선의 교차각이다.

5-114 어택 각 : 포인트 선형과 차륜 방향의 교차 각이다.

5-120 직선 텅레일을 가진 포인트의 반쪽 세트(4-101 참조)

5-121 기본레일 굽힘 : 기본레일의 참조선과 직선궤도(기준선)의 참조선을 연결할 수 있게 하는 곡선 기본레일의 각도이다.

5-122 텅레일 행정 : 참조선에 관한 텅레일의 뾰족한 끝의 행정(travel)이다.

5-130 기계가공 : 텅레일 두부의 삭정

5-131 주행 패스(pass) : 텅레일에서 기본레일과의 접촉측면에 대한 레일 부두의 횡 삭정

5-132 그루브(홈) 패스 : 기본레일에서 텅레일과의 접촉 측면에 대해 레일 두부 아래의 삭정

5-133 낮춤(lowering) : 텅레일의 첨단을 향하여 주행표면의 점차적인 삭정

5-134 얇게 함(thinning) : 텅레일의 굽힘을 촉진하기 위하여 텅레일 힐에서 복부와 저부를 노치 형상으로 삭정하는 것을 말한다.

5-135 비틀음 : 경사진 레일에 이음매판을 댈 수 있도록 텅레일 단면의 비틀음

5-136 작동 열림 : 첫 번째 로드에서 텅레일의 이동 값

5-137 첨단 열림 : 텅레일의 가동단에서의 이동 값

5-138 작동-행정 : 텅레일의 한쪽 선단에서 다른 쪽 선단까지 텅레일을 움직이기 위한 첫 번째 로드의 이동량(displacement)

5-20 보통 크로싱부(4-20 참조)

5-201 크로싱 각 : 기준선과 분기선이 형성하는 각도(그림 7.21)

5-202 이론 교점 (TP) : 크로싱에서 참조선의 이론적인 교차 지점(그림 7.22)

5-203 수학적 교점(MP) : 크로싱의 참조선에 대하여 투영한 크로싱 각의 정점(그림 7.22)

5-204 실제 크로싱 교점(AP) : 기계가공 참조평면에서 크로싱의 실제 시점(그림 7.22)

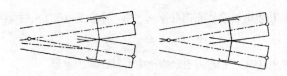

그림 7.21 크로싱 각

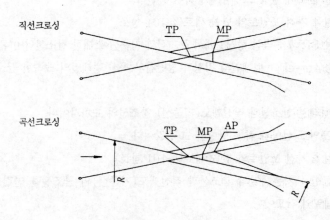

그림 7.22 크로싱의 교점

5-210 크로싱 입장 : 윙레일 쪽

5-211 크로싱 퇴장, 또는 힐 : 노스 쪽

5-212 플랜지 웨이 : 윙레일, 또는 가드레일의 측면과 관련 주행 레일간의 거리

5-213 경로(channel) : 폭이 일정한 플랜지 웨이의 유효 부분

5-214 깔때기 형상 : 폭이 가변인 플랜지 웨이의 유효 부분

5-215 호의적인 입구를 가진 가드레일 : 여러 기울기를 가진 깔때기 모양의 가드레일

5-216 버트(butt) : 가드레일, 또는 윙레일의 단부의 비활동 부분

5-217 노스(포인트 레일) 보호 치수 : 가드레일의 안내 측면과 가드레일이 보호하는 노스간의 치수

5-218 자유 통과 치수 : 가드레일의 안내 측면과 윙레일 간의 치수

(7) 문서

6-00—문서

6-10 설계도 : 중심선 방법을 사용하여 현장에서 조사하고 위치를 선정하는데 이용하는 분기기의
      특징을 나타내는 도면

6-11 부설도 : 분기기를 정확하게 정의하는 도면. 이 도면은 조립에 사용한다. 이것은 조립도를 리스트로 나타내는 명세서를 가진다.

6-20 조립도 : 포인트 도면, 크로싱 도면, 다이아몬드 프로퍼(K자 크로싱) 도면

6-30 기계가공도면(상세도) : 이 도면은 다음을 포함한다. ① 좌측과 우측의 곡선 및 직선 텅레일 도면, ② 좌측과 우측의 곡선 및 직선 기본레일의 도면, ③ 포인트 반쪽 세트 도면(만일, 필요하다면), ④ 크로싱부의 도면(작업 도면), ⑤ 작은 항목의 도면 등

6-40 검사 표 : 분기기의 주요 이론적 치수와 공장 조립품에서 얻어진 실제 치수를 기록하는 표

7.1.4 기술 시방서

(1) 제작 허용치수

- 제작기준 : 분기기의 제작기준은 표 7.4와 같다.
- 허용치수 : 조립공장에서 분기기를 검사할 때 하중을 재하하지 않은 정적인 상태에서, 각 부분의 허용오차는 제작시방기준에 의하되, 명기되지 않은 부분은 표 7.5를 표준으로 한다.

표 7.4 제작 기준　　　　　단위 : mm

구분		일반용	고속용	비고
궤간		1,435		
침목 간격		표준 600		
백 게이지		1,393±3	1,377±2	
플렌지웨이 폭	크로싱부	47	65	
	가드레일부	42	58	
포인트 개폐 간격		140	115	

표 7.5 제작 허용오차　　　　　단위 : mm

구분	허용오차(mm)	비고
궤간	±2	크로싱부 포함
수평	±2	
고저	±2	단위길이 10 m에 대하여
방향	±2	단위길이 10 m에 대하여
침목 간격틀림	±10	콘크리트 침목 사용
가드레일 플렌지웨이	±2	일반용 분기기는 ±3
백 게이지	±2	일반용 분기기는 ±3

(2) 포인트

① 레일의 삭정면과 각 부속품의 표면은 매끈하고 사용상 유해한 균열, 홈 등의 결함이 없어야 하며, 단조자국이나 꼬임, 구부러짐 등이 없어야 한다. ② 포인트는 C.C 로킹(carter-coolissient clamp-locking) 장치의 부착에 지장이 없어야 한다.

(3) 크로싱

(가) 치수 허용 공차

– 제작을 위한 치수 허용 공차는 승인도면에 제시되어야 한다.

– 제작 시방서에 별도로 명기되지 않은 경우에는 아래 기준에 의한다.

- 몸체부 : ① 전장 : ±5 mm, ② 전고 : 최대 3 mm 이내, ③ 저부 폭 : 2 mm(베이스 플레이트 취부 시), 3 mm(베이스플레이트 미 취부 시), ④ 플렌지 웨이 폭 : ±1 mm, ⑤ 표면 평활도 : 1 mm, ⑥ 볼트구멍 및 나사스파이크 구멍의 직경 : 최대 2 mm 이내
- 끝 부분(이음매 체결부위) : ① 레일 두부 높이 : 2 mm, ② 이음매 체결높이 : 2 mm, ③ 전체높이 : 2 mm, ④ 레일두부 폭 : 주행부 1 mm, 궤간 외측 2 mm, ⑤ 저부 폭 : 2 mm, ⑥ 복부의 두께 : 2 mm

(나) 검사와 시험의 준비

검사와 시험의 준비는 다음에 의한다. ① 주강품은 적재가 가능한 형태로 납품 준비하고, 페인트나 파우더 등을 칠하여서는 안되며, 기계 가공 면은 방청유를 도포한다. ② 검사는 치수, 외관, 화학시험, 낙중 시험 및 비파괴 검사(방사선 투과)를 한다.

(다) 화학분석 시험

화학분석 시험은 다음에 의한다. ① 계약자는 주조품에 대하여 제작자 공장에서 화학분석시험을 시행하고 시험 성적서를 제출한다. ② 시편의 채취는 매 용탕 주입시에 제품과 분리하여 주입하되 감독자의 입회 하에 실시한다. ③ 시편의 제작은 각 용탕마다 30×30×50 mm의 규격으로 3 개를 제작하여 1 회씩 시험하며, 시편의 보관은 발주처 1 개, 제작자 2 개로 한다. 다만, 1 회에 한하여 재시험할 수 있으며, 이 경우에는 제작사가 보관한 시편 1 개를 사용한다. 수입품에 대하여는 성적서로 대치할 수 있다. ④ 화학성분의 필요 조건은 표 7.6과 같다.

표 7.6 화학성분

C	Mn	Si	S	P	비고
0.95~1.3	11.5~14	0.65 미만	0.03 미만	0.04 미만	단위 : %

(라) 낙중 시험

낙중 시험은 다음에 의한다. ① 낙중 시험은 주조 공정이 종료되기 전에 실시한다. ② 시편은 30×30

mm(허용치 ±1 mm), 길이 200 mm로 4 개를 준비하여 2 개는 보통의 시험에 사용하고 2 개는 예비 시편으로 사용한다. 시편은 각 주조단계에서 각 용탕마다 동시에 주조한 것으로 열처리 후에 채취하여 감독자가 표시한다. ③ 낙중 시험의 시편에 대한 제작치수의 허용치가 설계도에 표기되어야 한다. ④ 낙중 시편은 가공되지 않은 봉으로서 1 mm를 초과하지 않는 범위 내에서 모 따기를 할 수 있다. ⑤ 감독자의 입회 하에 낙중 시험을 하며, 낙중 시험을 실시하기 전에 시편의 한 면에 U형(반경 1.5 mm, 깊이 1.5 mm) 홈을 가공한다. ⑥ 시편은 끝이 뾰족한 2 개의 지지대(간격 160 mm 유지) 위에 수평으로 놓되, 시편의 중앙에 만들어진 홈이 아래 방향을 향하도록 하여 50 kgf의 중량물이 높이 3 m에서 자유 낙하하였을 때 견딜 수 있어야 한다. 시편에 낙하되는 50 kgf 중량물의 시편 접촉부분은 반경 50 mm의 곡면을 가진다. ⑦ 시편은 3 회의 낙중에 견딜 수 있어야 하며, 이 때 발생할 수 있는 균열허용은 7 mm를 초과할 수 없다. ⑧ 각 주강품이 2 회의 낙중 시험에 합격하여야 해당 주강품을 합격으로 한다. 다만, 1 회에 한하여 재시험을 할 수 있으며 이 때의 시편은 미리 준비된 여유분 2 개로 한다. ⑨ 주강품은 이 시방서에 규정한 모든 조건을 만족할 때 합격으로 한다. ⑩ 치수와 외관의 검사는 사전에 승인된 게이지와 검사방법으로 실시하되, 규정된 허용치수 이내가 되도록 한다.

(마) 비파괴 시험(γ-선 방사선 투과시험)

방사선 투과시험은 다음에 의한다. ① 본 시험은 주조 후의 상태에서 실시하며, 제작수량 전량에 대하여 시행한다. ② 방사선의 투과 방향과 필름의 위치는 제조자의 방법에 의하되, 사전에 발주처의 승인을 받는다. ③ 검사방법은 KS D 0227에 따르고, 판정은 표 7.7과 같다.

표 7.7 결함등급의 판정

결함의 등급	판정	비고
1~4급	합격	
5~6급	불합격	

(바) 망간 크래들과 레일용접부위의 시험절차와 방법

1) 시편제작 : 레일형상으로 가공된 길이 550~600 mm 정도의 망간 크래들과 동일한 길이의 레일을 승인된 방법으로 용접한다. 다만, 망간 크레들의 시편은 제작수량 20 틀을 1 로트로 하여 로트당 2 개를 별도 주형에 주조하는 방식으로 채취하여 제작한다.

2) 굽힘 시험 : 시편을 1 m 간격의 지지대에 놓은 상태에서 프레스로 중앙부를 눌러서 18 mm 이상의 처짐이 발생하였을 때에 균열이 없어야 한다. 이 때 시편에 접촉되는 부분은 폭 60 mm로 하되, 양쪽 모서리는 반경 10 mm의 곡선을 가져야 한다. 다만, 시험결과가 기준에 미달될 경우에는 1 회에 한하여 재시험을 실시할 수 있다.

3) 현미경 조직시험 : 각 해당 면을 질산부식 처리한 후에 다음과 같은 조직이 유해할 정도로 나타나지 않아야 한다. ① 전체부위 : 미세 균열, ② 망간 크래들 : 입자 사이의 석출물, 또는 침전물

이나 입자 내부의 침상조직, ③ 레일 : 마르텐사이트 조직 등

(사) 수입품에 대한 검사와 시험 : 제작자가 제출하는 검사·시험성적서로 대치할 수 있다.

(4) 외관과 조립검사

외관과 조립검사는 다음에 의한다. ① 계약자는 납품수량 전량에 대하여 승인도면과 관련규정에 의거하여 외관과 치수검사를 시행한다. ② 조립검사는 기종별로 납품수량 10조, 또는 그 단수를 1로트로 하여 제작공장에서 실시하며, 각 부위의 허용기준치는 상기의 항들에 의한다. ③ 검사용 장비는 표 7.8과 같다.

표 7.8 분기기의 검사와 시험장비

설비명		시험 항목	규격
초음파 탐상기		· 레일 단조부와 주강품의 내부 결합 측정	· 주파수범위 : 0.3~20 MHz, 4 MHz · 캘리브레이션 범위 : min 0~2.5 mm · 음(sound) 속도 : 1,000~9,900 m/s · 게인(gain) : 0~110 dB
경도계		· 텅레일과 주강품의 표면경도 측정	· 쇼어 경도(Shore hardness)
궤간 자		· 궤간 측정	· 표준 궤간용
게이지류	한계 게이지	· 주요 부위 치수의 허용치 확인	· 재질 : SK5 · 두께 : 2.5 mm · 측정부위 : 텅레일, 망간 크로싱, 단조부 등
	피치(pitch) 게이지	· 나사간격 측정	· 1.0~10 mm
	높이(height) 게이지	· 높이 측정	· 300 mm
	반경(radius) 게이지	· 곡선부위 지름 측정	· $R = 1.0~23$ mm
	틈새 게이지	· 틈새 측정	· 0.02~1.0 mm
	다이얼 게이지	· 정밀치수 측정	· 0.01~10 mm
표준조도 시편		· 가공표면 거칠기의 측정	· 평삭, 선삭용
로드 셀(load cell)		· 포인트부 전환력의 측정	· 1 tonf(인장, 압축용)
자분 탐상기		· 텅레일과 주강품의 표면 결합 측정	· 모델 : Handy Magma · 갭 간격 : 0.286 104 Gs · 최대 극간 거리 : 0.42 m · 리프팅 동력 : AC 4.5 kgf 이상

(5) 시험

시험은 다음에 의한다. ① 시험의 분류 : 분기기에 조립되는 주요 부품(망간 크로싱, 레일절연 이음매, 침목은 제외)의 시험은 화학분석시험과 기계적 성질시험으로 구분한다. ② 시험방법 : 시편은 품질과 성능시험, 또는 그 단수를 1로트로 하여 주요 부품(레일, 베이스플레이트, 체결장치 등 역학적 거동을 하는 재료)에 대하여 KS 규정에 의거하여 시험한다.

(6) 접착절연 이음매의 검사와 시험

- 형상 치수 : 형상치수는 발주처의 도면에 의하고 허용오차는 표 7.9에 의한다.

- 외관 : 제품의 겉모양은 평활해야 하고 유해한 홈, 균열, 공동(空洞) 및 비틀림이 없어야 한다.
- 인장저항력 : 제품 50개마다 1개를 선정하여 70 tonf으로 인장하였을 때에 이상이 없어야 한다. 다만, 제품으로 시험이 곤란한 경우에는 표준시편을 제작하여 시험할 수 있으며, 시편의 인장강도 시험결과는 상온에서 180 kgf/cm² 이상이어야 한다.
- 절연 저항력 : 레일과 레일 및 이음매판과 레일 사이의 절연상태를 500 V로 측정하여 전기저항이 10,000 Ω이상이어야 한다.

표 7.9 접착절연 이음매의 허용오차

항목	허용오차(mm)
길이	±10.0
레일 두부 상면에서 고저 오차(접착부를 중심으로 전후 1 m 거리)	±0.1
레일 두부 상면에서 방향 오차(접착부를 중심으로 전후 1 m 거리)	±0.3
접착부의 두부 상면 및 두부측면에서의 단면 비틀림 오차	±0.1

7.2 UIC 60-60D 분기기

이 절의 목적은 UIC 60 레일보다 낮은 높이와 단위길이 당 69.8 kg/m 중량을 가진 60D 텅레일에 관련된 UIC 60 단면의 기본레일로 특징을 짓는 UIC 60-60D 분기기의 선형, 기술 및 사용 조건을 명기하기 위한 것이다. UIC 60-60D 분기기는 ① 중간 궤도에 대한 체결장치의 유형 : 경사진 플레이트, ② 끝(힐 부)에서 약 3.34 m만큼 연장된 포인트, ③ 침목의 연속적인 넘버링, ④ 끝(힐 부)에서 대략 약 3.34 m만큼 연장된 가동 노스 등의 특징을 갖고 있다.

7.2.1 UIC 60-60D 분기기의 선형

(1) 선형 명칭

UIC 60-60D 분기기는 원 곡선, 또는 포물선 접선(탄젠트) 선형의 포인트를 이용한다. 원 곡선 선형 분기기의 설계 코탄젠트(여접), 또는 탄젠트(접선)의 명칭은 크로싱부의 후단에서 구한다. 노스 가동 크로싱을 가진 UIC 60/46 (tan 0.0218) 포물선 선형 분기기의 명칭은 이론적인 크로싱 교점에서 결정된다. 본선의 곡선 반경은 80 km/h, 90 km/h, 130 km/h, 170 km/h에 부합할 수 있도록 한정된다. 더욱이, 탄젠트 선형은 더 긴 포인트로 이끈다.

(2) 공칭 속도

공칭 속도는 캔트가 없이 직선궤도에 부설된 분기기의 분기선에 대한 통과 속도이다(표 7.10).

표 7.10 고속 분기기의 공칭 속도

분기기 명칭	분기궤도의 반경	허용속도(km/h)
분기기 UIC 60/46(tan 0.0218)	$R = 3,550$ m → ∞	170
분기기 UIC 60/26(tan 0.0372)	$R = 2,500$ m	130
분기기 UIC 60/18.5(tan 0.0541)	$R = 1,200$ m	90

7.2.2 UIC 60-60D 분기기의 기술

(1) 포인트

(가) 포인트의 일반적인 특징

분기기의 유형이 무엇이든지 간에 텅레일은 첨단 부분에서 힐 부분까지 ① 포인트 선단 이음매에서 실제 텅레일 첨단까지, ② 텅레일 가동부(슬라이드 체어와 멈춤쇠가 있는 부분), ③ 텅레일 고정부(힐 베이스플레이트가 있는 고정부분), ④ 리드부까지 텅레일 천이 접속구간(힐 베이스플레이트) 등 4 개의 구성부분으로 분류할 수 있다. 침목의 넘버링에 따른 포인트의 이들 네 구성 부분의 색인은 요약 표(표 7.11)에 주어져 있다. ① 기본레일 : 포인트의 기본레일(UIC 60)은 한 토막으로 구성되며 텅레일과 1 조를 이룬다. ② 텅레일 : ⓐ 주행 면은 1/20로 경사진 기계가공 구간을 제외하고 수평이다. ⓑ 텅레일 복부나 저부의 얇게 함(thinning)이 없이 힐 부분에서 고정한다.

표 7.11 포인트 부분의 침목 번호

분기기종별	침목 번호			
	①포인트 선단 이음매~실제 텅레일 첨단	②텅레일 가동부	③텅레일 고정부	④리드부까지 텅레일 천이 접속
tan 0.0218, 1/46	2~3	4~60	61~73	73~84
tan 0.0385, 1/26	2~3	4~53	54~60	60~72
tan 0.0541, 1/18	2~3	4~39	40~44	44~51

(나) 60D 포인트의 특성

- 기본레일 : UIC 60 레일로 만든 기본레일은 1/20의 기울기로 부설한다. 그것은 완전한 저부를 유지한다. 텅레일/기본레일의 접촉 영역은 기계가공한다.

- 텅레일 : 60D 레일로 만든 텅레일은 수직으로 부설한다. UIC 60D 레일 단면과 UIC 60 레일 단면간의 천이 접속은 공장에서 단조 가공한다. 조정된 멈춤쇠의 제조에 대하여 압연과 기계가공 공차를 고려할 수 있도록 텅레일과 기본레일을 공장에서 조립한다.[1] UIC 60 레일과 60D 레일

[1] 그러나, 그들은 재료 주문서에 다르게 명기하지 않는 한 분해되어 운반된다(광명-대전간은 분기기가 조립된 상태로 전체 분기기를 3등분하여 운반).

간의 높이 차이는 특수한 두 레벨의 체어와 플레이트가 제작되어야 함을 의미한다.

(2) 중간부

중간부는 팬드롤 체결장치를 적용하는 경사진 베이스플레이트가 부설된 UIC 60 레일로 구성된다 (그림 7.23). ① 제1레벨 침목/플레이트(상판) : 스크류와 이중 스프링 와셔로 구성, ② 제2레벨 레일/플레이트(상판) : 팬드롤 클립과 절연블록으로 구성. 접착절연 이음매는 분기선의 중간부에 포함된다.

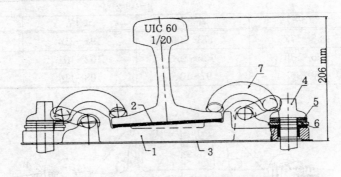

번호	명 칭	번호	명 칭	번호	명 칭
1	베이스플레이트	4	침목 스크류	7	절연와셔
2	레일 패드	5	스프링와셔	8	팬드롤 클립
3	절연패드	6	평판와셔		

그림 7.23 분기기 중간부분의 레일 체결장치

(3) 크로싱

(가) 노스 가동 크로싱부

여기서는 60D형 분기기를 설명한다. ① 가동 노스(포인트 레일) : 가동 노스는 1/46과 1/26의 경우에 망간 크래들에 들어가는 60D 레일로 만든 노스 레일(point rail)과 중첩레일(splice rail)로 구성되며, 1/18.5는 노스 레일, 중첩레일, 신축이음레일로 되어 있다. ② 크래들 : 이중 크래들은 프랑스의 A 61형 분기기에서 사용하며, 볼트로 연결하고 접착한 C 피스로 연결된 2 개의 망간부로 구성한다. 단일 크래들은 우리 나라의 고속 분기기에서 사용하며 레일 강으로 만든 하나의 부분으로 구성하는 스테인리스 강 인서트로 공장에서 용접된 하나의 주조 망간부로 구성한다.

크로싱부는 4 개의 부분으로 분할한다(이들의 부분은 예이며, 관련 분기기의 파일을 참조하는 것이 본질이다). F 46번 분기기를 기준으로 설명하면 ① 크로싱 입구[1] : 크로싱에서 첫 번째 60S 313 베이

---

[1] 망간 크래들에는 스테인리스 강 인서트로 전기 용접된 레일이 설비되어 있다.

스 플레이트~가동부의 실제 첨단, ② 크로싱 가동부 : 가동부의 실제 첨단~마지막 멈춤쇠(distance block), ③ 크로싱 고정부 : 마지막 멈춤쇠 이후 침목~60S 313 베이스플레이트 이전 침목, ④ 크로싱 출구 : 60S 313 베이스플레이트~분기기 끝 부분의 장침목까지 등이다. 각 분기기에 대하여 침목 번호 매김에 따른 크로싱의 이들 네 가지 구성 부분의 색인(indexing)을 아래의 요약 표(표 7.12)에 나타내며, 구성부품의 종류는 그림 7.24와 같다.

표 7.12 크로싱 부분의 침목 번호

구분	침목 번호			
	입구부	가동부	고정부	출구부
1/46	158~172	173~190	191~214	215~244
1/26	126~135	136~151	152~161	162~180
1/18.5	90~96	97~107	108~114	115~127

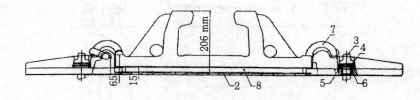

번호	명 칭	번호	명 칭	번호	명 칭
1	크래들 체결장치	4	스프링와셔	7	팬드롤 클립
2	절연패드	5	평 와셔	8	가열 판
3	침목 스크류 나사	6	절연체		

그림 7.24 가동 노스부 크래들

예를 들어, U 69 가드레일의 경우에는 비활동적이며 안전 가드레일로서 작동한다. 가드레일은 1,370 mm의 균형 치수와 함께 1,377 mm(- 2, + 2 mm)로 고정된다. 가동부 작동 봉은 침목에 볼트로 연결한 대응하는 침목 베드에 부설된 플레이트와 앵글 피스로 보호된다.

(나) 고정 노스 크로싱(참고용)

고정 노스 크로싱은 망간 강으로 만든 일체형 곡선 크로싱을 가진다. 가드레일은 활동적이며 1,370 mm의 균형치수와 함께 1,393 mm로 고정된다.

(4) 전체 제원

경부고속철도에서 사용하는 고속 분기기는 PC 침목을 이용하며, 분기기 전체의 일반적인 제원은 표 7.13, 그림 7.25와 같다.

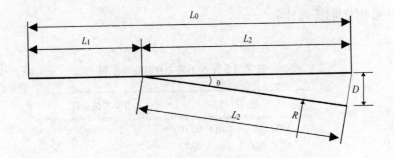

그림 7.25 분기기의 제원(표 7.13 관련)

표 7.13 분기기의 제원(그림 7.25 관련)   (길이 단위 : mm)

번호	L_0	L_1	L_2	D	θ	R	속도(km/m)
18.5	67,973	32,774	35,199	1,901	3° 05′ 38.61″	1,200,717.5	90
26	91,953	45,412	46,541	1,732.5	2° 07′ 58.60″	2,500,717.5	130
46	154,224	45,105	109,119	2,500	1° 18′ 46.07″	3,550,000 + 클로소이드	170

7.2.3 UIC 60-60D 분기기에 대한 일반 지식

(1) 텅레일 작동 힘과 열림

(가) 포인트

공장과 임시 조립에서 포인트의 작동 힘은 표 7.14에 주어진 값에 부합되어야 한다. 사용중인 분기기에 대하여는 최대 값의 20 % 힘 증가가 허용된다. UIC 60-60D 분기기의 포인트는 115 mm의 행정을 가지며, 멀티 엑튜에이터 연동장치가 설치되어 있다.

표 7.14 포인트의 작동 힘

분기기 명칭	평평하게 설치된 분기기의 작동 힘(daN)	
	연결볼트로 쇄정하지 않았거나 쇄정(독립적으로)	클램프 록으로 쇄정(종속적으로)
UIC 60/46, tan 0.0218	-	275~280
UIC 60/26, tan 0.0372	310~370	-
UIC 60/18.5, tan 0.0486	220~280	230~250

(나) 노스 가동 크로싱

노스 가동 크로싱의 작동 힘은 표 7.15에 주어진 값에 부합되어야 한다. 가동 노스(포인트 레일)는

115 mm의 행정(行程)을 가진다.

표 7.15 노스 가동 크로싱의 작동 힘

분기기 명칭	작동 힘(daN)
UIC 60/46, tan 0.0218	150~160
UIC 60/26, tan 0.0372	-
UIC 60/18.5, tan 0.0486	180~200

(2) 쇄정(록킹)

노스 가동 크로싱의 분기기는 ① 포인트에 대하여 M형 클램프 쇄정 장치, ② 가동 노스에 대하여 PM 형 쇄정 장치가 항상 설치되며, 기타 분기기는 ① M형 클램프 쇄정 장치, ② tan ≥ 0.0476(UIC 60/21)의 경우에 아마도 연동장치 볼트를 설치할 수 있다.

(3) 가열(히팅)

(가) 사용하려는 시스템과 장치의 선택에 대한 가이드 라인

가열하려는 텅레일의 지정, 가열 시스템의 선택 및 가장 좋은 경제적 조건에서 사용하기 위한 장치의 선택은 특히 다음의 요인들을 고려하여 취하여야 한다. ① 설치 위치의 기후 조건. 예를 들어, 일반적인 상황은 50 시간의 평균 연간 지속 기간에 대하여 가열 장치의 사용을 요구한다고 고려할 수 있다. 물론 이 평균은 어떤 위치, 특히 산악 선로에 위치한 곳에서는 적용할 수 없다. ② 가열 장치를 작동시키고 감시하기 위하여 이용할 수 있는 인력, ③ 신호소(스위치 타워), 또는 선로반의 기지로부터 포인트까지의 거리, 포인트의 분산, 포인트까지 접근의 용이성, 또는 포인트 설치 지역에 있는 인력에 대하여 있을지도 모르는 위험. 예를 들어, 선로반의 기지에서 수 km 떨어진 분기기의 작은 그룹에 대하여 실린더에서 가스를 공급하는 현장 점화 히터를 명기하는 것은 타당하지 않을 것이다. 만일 열차의 빈도 때문에 분기기에 접근하는 것이 어렵거나 위험하다면, 선로반 근처의 분기기에 대하여도 마찬가지이다. ④ 현장에서 이용할 수 있는 동력이나, 동력 공급, 또는 분배를 위하여 설치하여야 하는 장치의 크기

(나) 특징

노스 가동 크로싱의 분기기는 "① 포인트는 선형 엘레먼트를 이용하여, ② 가동 노스는 슬라이드 플레이트(상판) 아래의 엘레먼트"를 이용하여 항상 전기적(제1.6.7(8)항 참조)으로 가열된다. 기타의 분기기는 전기, 또는 가스로 가열할 수 있다.

(4) 고정화(제7.6.3항 참조)

(가) 영구적으로 설치된 장치에 의한 고정화

포인트의 고정화 조건은 ① 열차가 첨단에서 힐로 통과하는 속도(대향 포인트), ② 힐에서 첨단 방향

으로 통과하는 열차 주행의 가능성(배향 포인트)에 좌우된다.

1) 배향 통과 불가 포인트 : 이 유형의 포인트에 대한 고정화 조건은 다음에 좌우된다. ① 방향{통과궤도(기준선), 또는 분기궤도(분기선)}과 통과 속도, ② 작동형식, ③ 전동장치의 길이(만일 레버와 포인트 간, 또는 아마도 레버와 작동 블로킹 장치간의 리지드(rigid) 전동 장치의 길이가 7 m 이하라면, 작동이 국지적이라 한다. 기타의 경우에는 원격으로 고려한다). 고정화 조건은 "① 본선에 부설된 분기기, 또는 상용(常用) 궤도에 부설되고 본선의 보호에 포함되는 분기기, ② 상용 궤도에 부설되고 본선 궤도의 보호에 포함되지 않는 분기기"에 관련되는지에 따라 달라질 수도 있다.

2) 배향 통과 가능 분기기 : 이 유형의 포인트에 대한 고정화 조건은 '① 텅레일의 길이(9 m보다 길거나 9 m 이하), ② 그들이 본선에 위치한 포인트에 관련되는지, 또는 상용 궤도에 관련되는지의 여부'에 따라 다르다.

(나) 임시 고정화

임시 고정화는 제7.10.4항에 정한 조건 하에서 수행하여야 한다.

7.3 분기기의 부설 조건, 인수, 조립 및 부설과 교환

7.3.1 부설 조건의 일반사항

이 절의 목적은 ① 명시된 요구에 대응하는 분기기의 선형을 한정하기 위하여 준수하여야 하는 조건을 기술하며, ② 기술적 요소를 명시하고 공장과 분기기 부설 현장에서 분기기의 부설에 필요한 문서와 도면을 작성하기 위한 것이다. 이 절에 기술된 선형과 부설 규정은 예를 들어 "① UIC부류 3 교통으로 220 km/h 이하의 속도, ② UIC부류 2 교통으로 220 km/h 이하의 속도"로 통과하는 선로에 적용할 수 있다. 신선의 분기기는 신선의 선형에 적용하는 표준이 명시되므로 그들은 각 프로젝트의 정황에서 결정하여야 한다. 그러나, 기존 선로에 신선을 연결하는 분기기는 이 절에서 고려한다. 분기기 유형의 선택은 통과 속도로 결정된다.

(1) 분기기의 공칭 속도

분기기의 분기선에 완화곡선(무한의 반경에서 유한의 반경으로 변화)이 없는 경우에 이 분기선을 사용하는 열차의 승차감은 완화곡선의 부재(不在)에 기인하는 캔트 부족의 급격한 변화에 의하여, 그리고 경우에 따라서는 입사각의 존재에 기인하여 방해를 받는다. 이들의 방해를 제한하는 공칭 속도는 일반적으로 80과 100 mm 사이에 있는 분기기 지점의 캔트 부족 불연속 값 때문에 한정된다. 따라서, 분기기의 공칭 속도는 직선궤도(그러므로, 캔트가 없는)에 부설되고 어떠한 선형 불연속도 없는 단일 분기기의 분기선을 통과할 때 만족스러운 승차감을 제공하는 속도이다. 이것은 '기본 분기기'로서 알려져 있다.

기본 분기기의 공칭 속도는 분기기의 유형에 따라 각 분기기에 대해 주어진다.

(2) 부설 탄젠트

분기기는 일반적으로 일상의 사용에서 분기기의 두 노선으로 형성되고 크로싱의 끝(힐 부)에서, 그리고 다이아몬드 크로싱(DC)과 슬립 크로싱(SC)에 대해 다이아몬드 크로싱의 중심에서 측정(포물선 완화곡선을 가진 UIC 60 분기기는 제외)한 각도의 탄젠트로 정의된다. 이 부설 탄젠트는 단지 분기기의 건설을 위하여 정의한 기하 구조적 및 기술적 선택의 결과이다.

(3) 검토

- 개별적인 검토 : 기본 분기기를 변화시키는 부설 조건은 필요에 적응시킨 분기기(곡선 분기기, 크로스 오버, 그룹 분기기 등)의 제조에 필요한 도면의 작성으로 이끈다. 이들 도면은 개별적인 검토로 정의된다.
- 특별 검토 : 특별 검토라는 용어는 정규도에 포함되지 않는 분기기(특수 크로싱, 3 레일을 가진 분기기 등)의 설계도면에 관계한다.

(4) 궤도 중심간을 제한하는 클리어런스와 궤도 중심간격

- 복선 노반 : 궤도 중심간격은 모든 곡선 반경과 캔트에 대하여 5.00 m이다.
- 차량접촉한계 지점, 또는 클리어런스 지점 : 열차가 분기기 선로 중 하나의 연장 부분에 정지하여 있고 다른 궤도를 열차가 200 km/h 이상의 속도로 주행함직한 경우에 정지 열차는 궤도 중심 간격이 4.00 m인 지점에서 떨어져서 정지하여야 한다.

(5) 분기기의 선택에 대한 선형의 영향

(가) 할선(시컨트) 분기기

할선 분기기는 정의에 따라 텅레일에 입사각을 갖고 있다. 이 입사각은 차량이 분기선을 통과할 때 충격을 발생시킨다. 기준선은 직선 구간에 부설되든지 곡선구간에 부설되든지 간에 항상 상용 선로이다. 따라서, 외방 곡선에서 분기선이 기준선보다 큰 곡률 반경을 가졌을 때조차 분기기의 공칭 속도보다 더 높은 속도로 주행할 수 없다. 입사각이 양 분기선간으로 나뉘는 양개(대칭) 분기기는 어떤 문제를 해결하기 위하여 사용할 수 있다. 그럼에도 불구하고, 본선상에서 양개 분기기의 사용은 권고되지 않는다.

(나) 접선(탄젠트) 분기기

접선 분기기는 정의에 따라 입사각을 갖지 않는다. 따라서, 우선권이 주어진 분기선로의 양단부에서 선형이 정확한 천이 접속을 갖는다는 조건으로 분기기의 선택은 할선 선형의 경우보다 속도에 대하여 영향을 적게 갖는다(허용 천이접속 곡선과 접선각(ΔD)의 존재). 100 km/h 이상의 속도로 통과하는 중계선(junction)에 대하여 더 좋은 승차감을 위해서는 할선선형 분기기보다 접선선형 분기기의 사용이 바람직하다.

(6) 분기 선로와 주행 선로간의 천이 접속

분기기는 직선궤도에 부설하는 것이 일반적이다. 분기선을 배향 방향으로 통과할 때에 캔트 부족 불연속의 수를 줄이기 위하여 분기선의 속도가 100 km/h 이상인 어떠한 새로운 상황에 대하여도 분기선의 곡선이 같은 방향에서 점진적인 완화곡선으로 연속되는 것이 권고된다. 이 조건은 170 km/h 이상의 속도에 대하여 필수적이다. 이들의 배치는 주행 선로에 적용할 수 있는 캔트 변화와 캔트 부족의 규정에 따른다. 그러나, 100 km/h 이하의 속도에서 불연속이 불가피할 경우에는 가장 빠른 이동에 대하여 계산된 '① 공칭 제한 값(분기기에 특유한 값), ② 분기기의 특정한 값이 100 mm 미만인 경우에 예외적인 제한 값으로 관할 부서의 승인 후에 100 mm'의 값을 천이 접속부에서 사용한다. 40 km/h 미만의 속도(S)에서 마련하여야 하는 천이 접속부의 최소거리에서 ① 공칭 제한 값은 $S/2$ (m), ② 예외적 제한 값은 $S/2.5$ (m)이다. 여기서, S는 분기선에서 취하는 가장 빠른 이동 속도 (km/h)이다.

(7) 전형적인 크로스 오버

전형적인 크로스 오버는 평행한 두 궤도 사이에서 동일한 방향과 동일한 각도로 부설된 두 분기기로 구성된다. 이들 분기기는 직선궤도에서 동일 평면에 부설하여야 한다. 같은 탄젠트 값을 가진 분기기들로 이루어진 크로스 오버는 그들의 궤도 중심 간격으로 정해진다. 궤도 중심 간격이 짧고 원 곡선 선형을 가진 크로스 오버(가장 빈번한 경우)는 크로스 오버 중간부에서 거의 순간적인 곡률 방향의 변화가 있으며, 이것은 열차가 그 곳을 통과할 때 승차감의 문제를 발생시킨다. 이 상황에서 캔트 부족의 변화 속도를 제한하는 것은 일반적으로 허용 승차감 레벨을 얻을 수 있게 한다. 따라서, 원곡선 선형의 분기기는 중계선(junction)과 크로스 오버에서 같은 속도를 허용하는 일이 드물다. 이것은 일반적으로 궤도 중심 간격이 큰 각각의 분기기를 따로따로 부설된 것으로 고려할 수 있게 하는 곳에서만 가능하다. 캔트가 없는 직선상의 크로스 오버의 통과 속도는 ① UIC 60/46 : 170 km/h, ② UIC 60/26 : 130 km/h, ③ UIC 60/18 : 90 km/h, ④ UIC 60/15 : 80 km/h이다. 궤도 중심간격의 값은 분기기의 특성과 기술로 부과한 최소 치수이다. 실제로 적용하는 궤도 중심 간격은 선로의 특성, 또는 장애물의 존재로 부과될 수 있다.

(8) 종단선형에 관련된 문제

분기기는 구배 변화구간을 피하여 부설하는 것이 권고된다. 만일, 절대적으로 필요하다면, 소정의 분기기(tan > 0.0372만)에 대하여 분기기의 중심부(리드 부분)만을 이들 구간에 부설할 수도 있다. 포인트, 크로싱 및 다이아몬드 크로싱은 구배가 일정한 곳에만 부설할 수 있다. 슬립 크로싱은 어떠한 경우에도 구배 변화구간에 부설할 수 없다. 게다가, tan > 0.0372(UIC 60/26)의 분기기 후단과 가장 가까운 구배 변화(또는, 불연속) 간의 최소 거리는 가능한 한 100 m 이상이어야 한다.

7.3.2 분기기 군(群)

(1) 선단이 다른 분기기의 후단을 향하여 부설된 분기기

- 쇄정하지 않는 분기기와 클램프 록으로 쇄정된 분기기 : 상판(슬라이드플레이트)의 치수, 준수하려는 침목 단부의 길이 및 클램프 록의 치수는 크로싱의 후단에서 레일간의 간격에 좌우되는 부설 조건을 필요로 한다.

(2) 레일

- 연장된 기본레일 : 포인트, 또는 포인트 반쪽 세트는 연장된 기본레일로 인수하여야 한다. 이들 기본레일은 분기기 군에 짧은 레일을 삽입하는 것을 피하기 위하여 사용된다.
- 연장된 크로싱부의 외측 레일 : 절연 유간이 규정치(다음의 (3)항 참조)에 따르는 것을 조건으로 하여 두 크로싱부가 서로의 후단을 마주 보고 부설될 때에 연장된 크로싱부 외측 레일을 사용할 수 있다.
- 단면 천이 접속 레일 : 양쪽 궤도와 같은 레일 단면을 가지지 않는 분기기는 중계레일로 연결하여야 한다.

(3) 절연 어긋남

절연 어긋남은 각 레일에 대하여 서로로부터 두 절연 이음매 지거간 궤도의 구간이다. 절연 어긋남의 존재는 궤도 회로가 차축을 검출하지 않는 원인이 될 수 있다. 그림 7.26은 이의 예이다. 발견되는 어떠한 절연 어긋남이라도 제거하도록 시도하여야 하며, 또는 그들을 허용치로 줄이도록 시도하여야 한다.

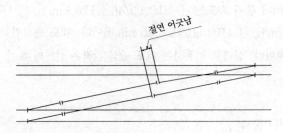

그림 7.26 크로스오버의 절연 어긋남

7.3.3 분기기의 인수

(1) 인수 검사를 위한 수령

이 항은 분기기의 인수에 대하여 예로서 설명하는 것으로서 상세한 내용에 있어서는 추가의 검토가 필요하며 제7.1.4항과 모순이 있는 경우에는 제7.1.4항을 우선 적용한다. 분기기는 궤도 평면의 레벨링과 라이닝이 2 mm 이내에 드는지를 확인하기 위하여 콘크리트 받침으로 적합하게 수평을 맞춘 지역에서 승인 검사를 위하여 제출 받는다. 인수하려는 분기기 부재, 분기기, 또는 분기기 조립품은 항상 완전히 조립하여, 즉 모든 금속 부재는 체결장치로 콘크리트 침목에 부설하여 제출 받는다.

(2) 인수 절차

인수는 ① 조립품(콘크리트 부품, 강제 부품, 조립품, 표기)의 품질에 대한 예비 검사, ② 구성 요소, 또는 조립품 특성의 측정을 포함하는 선형 검사 등의 두 가지 유형의 검사로 구성된다.

(가) 예비 검사

예비 검사의 목적은 조립품이 표준 절차에 따라서 수행되었는지 확인하고 모든 도면과 시방서를 준수하였는지를 확인하기 위한 것이다. 이 검사는 특히 다음에 관련된다.

1) 침목 : 명기된 목록의 위치에 따라야 하며, 기술 시방서를 충족시켜야 한다.

2) 강제 : 도면에 명기된 값을 확인하여야 하는 레일, 텅레일, 크로싱 및 기타 부품의 검사

3) 조립품 : 이 검사는 포인트와 같은 분기기의 하위-조립품에 관련된다. ① 볼트 조립품은 쇄정되어야 한다. ② 굵은 나사못은 보통으로 조여야 하며 휘지 않아야 한다.

4) 표기(마킹) : 표기 조건은 검사표에 명기된다. 분기기는 경우에 따라 하나나 2 이상의 기준선을 갖는다. 이들의 선을 검사할 때는 침목과 강제 부품의 표기를 검사한다. 예를 들어, ① 침목은 보통의 부설에 있어 분기기의 상세도에 명기된 표기를 한다. ② 레일을 침목에 정확하게 부설할 수 있도록 통상적으로 체결장치의 반대편에 페인트로 표시한다. ③ 굽힘 레일, 부품 및 크로싱은 기준선 성분에 대한 굽힘의 방향을 나타내도록 페인트로 표시한다. ④ 포인트는 조립 상태로 인수한다.

(나) 선형의 검사

선형의 검사는 "① 레일 길이의 측정, ② 이음매에 남아 있어야 하는 활동 값의 측정, ③ 궤도 특징에서 처짐 측정과 함께 현을 사용하여 라이닝 점검, ④ 궤간, 가드레일 횡 설정, 가드레일 설정, 또는 균형 치수 및 캔트 변화 측정" 등의 작업으로 구성되며, 참조로서 용어 설명에서 정의한 '참조선(0-16)'과 '주행표면(0-11)'을 취하여 행한다. 치수와 공차는 검사표와 이 정보가 필요한 도면에 명기된다.

1) 분기기 구성요소 검사

　- 포인트 : 부품의 인수는 개별 검사의 대상이다. ① 이음매, 또는 구멍의 축은 5 mm 이내로 직각이어야 한다. ② 포인트의 실제 첨단이 정확하게 위치하는 것(축에서 ±2 mm)을 육안으로 검사하기 위하여 특히 장대레일에 부설되는 기본레일에서 직경 26 mm로 뚫은 구멍을 사용한다. ③ 기준선과 분기선의 공칭 궤간에 대한 허용 공차는 ±0.5 mm이다.

　- 크로싱 : 이음매는 5 mm 이내로 직각이어야 하며, 검사는 ① 궤간(±1 mm), ② 가드레일 횡 설정(1.393±0.5 mm), ③ 가드레일의 높임(최대 값은 궤도 평면 위에서 60 mm를 넘지 않아야 한다) 등의 검사로 제한된다. 가동 크로싱에서 외측 레일의 위치는 작동과의 적합성을

보장하도록 점검하여야 한다.

- 중간부 : 중간부 레일은 곡선 반경이 200 m 미만일 때 굴곡시켜야 한다.

2) 분기기 전체 : 기선을 점검하고 부설도에 따라서, 그리고 분기기에 관련하는 특별 설비로 곡선과 크로싱의 선형을 점검하여야 한다. 총 부설 길이는 캘리브레이션이 점검된 측정 체인, 또는 테이프 자를 사용하여 검사하여야 한다. 모든 곡선은 조립도에 주어진 탄젠트와 기선에 기초한 XY 좌표에 의하여 현과 게이지, 또는 눈금자를 이용하여 검사한다. "① 길이는 50 m당 (-5, 0) mm, ② 포인트, 연결 및 크로싱의 틀림은 $L \leq 6$ m일 때 ± 1 mm, $L > 6$ m일 때 ± 2 mm"의 공차에 응하여야 한다.

3) 분기기 조립품의 검사 : 조립품의 검사는 측정 체인, 또는 테이프 자를 사용하여 축에 대한 삼각 측량으로 선형을 체크하는 것으로 제한한다. 공차는 ① 길이에 대하여 50 m당 (-5, 0) mm, ② 궤도 중심선간 거리에 대하여 (0, +5) mm이다. 반대의 경우에, 링크(link)는 처음의 인수에 대하여 충분히 조립하여 제출한다. 링크는 그 다음에 10에 1의 최대 빈도로, 또는 사전 제작을 이용하는 제조자에 대하여 1년에 한번 제출된다.

(3) 포인트 작동

포인트에 관련하는 상기에 명기한 검사에 추가하여 눈금자를 사용하여 다음 사항을 검사하여야 한다. ① 어떠한 지침이 주어지더라도 포인트 컨트롤의 행정이 가능한 한, 도면에 주어진 공칭 값[공차(0, +1) mm]에 가까워야 한다. ② 어떠한 지침이 주어지더라도 각 다분할 컨트롤의 행정이 가능한 한, 도면에 주어진 공칭 값(공차 0, +1 mm)에 가까워야 한다.

(4) 인수 보고서

공장장은 각 분기기에 대하여 새로운 분기기 검사표를 기입하고 서명하여야 하며, 도면을 포함하여야 한다. 민간 회사가 제작한 분기기는 철도 회사의 자격 있는 부서가 검사한다. 철도 회사의 공장에서 제작한 분기기는 공장 검사부가 검사한다. 인수를 위하여 제출 받은 분기기의 구성요소, 또는 완전한 분기기에 대하여 실제로 측정한 치수만을 검사표의 실제 값 난에 공장장이 기록한다. 만일, 예외적인 경우에 인수가 취해지지 않았다면 이들의 난을 임시 조립품에 대하여 측정한 값으로 분소장이 기입하며, 그 동안에 관찰된 변칙은 공급 공장에 즉시 통보하여야 한다. 분소장이 분기기를 취급, 조립 및 부설을 하는 동안에 명기된 요구 조건에 응할 수 있게 하도록 분기기 검사표와 만일 요구된다면 설계도, 부설도 및 분기기 가공 도면을 분소장에게 송부한다.

7.3.4 텅레일 설비와 가동 노스의 조립품 인수 검사

(1) 개요

완성된 포인트를 인수할 때는 포인트를 침목에 설치하여 제출 받아야 한다. "① 선형에 대하여 명기된 위치에서 침목에 고정한 기본레일, ② 이음부는 5 mm 이내로 직각이어야 한다. ③ 포인트 선단 이음매와 텅레일의 실제 첨단의 지거를 나타내는 기본레일과 텅레일의 첨단기본레일의 26 mm구멍 축은 텅레일의 실제 첨단을 나타낸다. 허용 공차는 ±2 mm이다." 모든 경우에 다음의 검사를 하여야 한다.

(2) 부품의 예비 검사

다음의 요구 조건에 응하여야 한다. ① 볼트의 죄임 상태, ② 간격재, 클립, 체어, 멈춤쇠 및 고정 클립의 정확한 조립, ③ 부품간의 직접 접촉. 도면에 나타낸 것을 제외하고 어떠한 부류의 쐐기, 또는 필러 스트립(filler strip)의 사용도 금지된다.

(3) 텅레일과 노스 가동부 밀착의 검사

각 포인트 반쪽 세트에서 텅레일은 스프링의 도움이 없이 기본레일에 대하여 제 위치에서 밀착되어야 한다(최대 열림 1 mm). 가동부는 중앙 위치에서 제자리에 있어야 한다. 크로싱의 노스는 윙 레일의 접촉 위치에 밀착된다.

(4) 참조선의 검사

각 조립품의 검사는 해당 조립품의 세로 좌표에 상당하는 템플릿(그림 7.27)을 사용하여 검사한다. 두 힐 블록 각각의 맞은 편에, 그리고 고정 앵커링 지점을 마주 보고 있는 텅레일 힐, 또는 기본레일 힐에 위치하여 참조 기초로서 기계 가공한 마스터 모형을 사용하여 사정한다. 세로 좌표에 대한 허용 공차는 0, +1 mm이다.

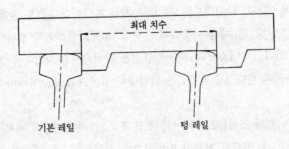

그림 7.27 참조선의 검사

7.3.5 UIC 60-60D 분기기의 조립

(1) 침목의 넘버링과 위치

침목은 선단에서 후단으로 차례차례 번호를 매긴다. 침목 번호 1은 첫 번째 상판이 있는 침목이다.

분기 침목의 표시판은 분기기의 방향이 어떠하든 침목의 좌측 단부에 공장에서 고정시킨다. 표시판은 분기기의 유형과 침목의 일련 번호를 표시한다. 경부고속철도용 분기기의 침목은 기준선과 분기선이 만드는 이등분선에 직각이 되도록 배치한다. 정확하게 조립하기 위하여 중요한 요소인 침목 간격은 보통 600 mm이다. 참고적으로 프랑스의 경우에는 다음과 같다. 원 곡선 선형의 분기기에서는 침목을 부채꼴로 배치하고, 좌, 또는 우 분기기에 사용할 수 있다. 다만, 통과궤도(기준선)에 수직인 포인트의 컨트롤 연동장치 지역에서는 예외로 한다. 포물선 완화 분기기(UIC 60/46, tan 0.0218)에서는 침목이 항상 통과궤도(기준선)에 대하여 직각을 이룬다. 선형의 좌표와 침목 간격은 시방서의 도면에 주어진다.

(2) 포인트의 조립

포인트의 조립은 몇 가지 주의를 요한다. 1/20(기본레일의 좌면에서 기본레일의 정상 위치)의 경사로 세팅한 체어 상의 기본레일 조립은 UIC 60-60D 포인트의 정확한 조립을 위한 요점이다.

(3) 기본레일의 조립

기본레일의 조립은 다음에 의한다. ① 기본레일을 상판에 위치 설정함에 있어 어떠한 문제라도 피하도록 기본레일의 전단과 후단의 베이스플레이트에서 외측 나사못을 철거한다. ② 실제 텅레일 표시 구멍(ø26, 이전에는 ø18)을 참조로서 사용하여 기본레일을 같은 종 방향 위치에 배치시킨다. ③ 1/20로 경사진 상판 표면에 강, 또는 고무 타이패드가 정확하게 놓였는지 확인한다. ④ 기본레일은 예를 들어 다음의 (가), (나)와 같이 2 단계로 고정한다.

(가) 1 단계 : 다음과 같이 슬라이드 체어의 조립. ① 기본레일의 저부가 좌면에 충분히 자리잡고 있는지를 검사한다. ② 복부에 슬라이드 체어 멈춤쇠를 고정하는 볼트가 풀려 있는지와 자유롭게 움직이는지를 검사한다. ③ 전체 저부가 타이패드에 위치하는지를 확인한다. ④ 두 슬라이드 체어 클립을 저부에 위치시키고 적합하게 조인다. ⑤ 자를 사용하여 외측에 대한 기본레일의 경사(1/20)를 검사한다. ⑥ 복부에 대하여 멈춤쇠를 민다. ⑦ 멈춤쇠의 후단에 클립을 위치시키고 적합하게 조인다. "ⓐ 너트는 스크류에 대하여 충분히 맞물려야 한다. ⓑ 남아있는 죄임량이 적어도 3 mm이어야 한다." 등을 확인한다. ⑧ 복부의 볼트를 조인다.

(나) 2 단계 : 플레이트의 조립(모든 체어의 조립 후). ① 기본레일의 저부가 그 좌면에 충분히 자리잡고 있는지를 검사한다. ② 전체의 저부가 타이패드에 위치하는지를 확인한다. ③ 2 클립을 저부에 관하여 위치시키고 적합하게 조인다.

(4) 텅레일의 조립

텅레일의 조립은 다음에 의한다. ① 텅레일을 위치시킨다. 텅레일의 첨단은 기본레일의 실제 텅레일 첨단 참조 ø26 구멍(±2 mm)의 축에 위치하여야 한다. ② 멈춤쇠 위치의 검사(멈춤쇠의 어떠한 회전도 궤간 감소로 이끌 수 있으며, 텅레일의 정확한 밀착을 방해할 수 있다), ③ 텅레일을 전체 길이에 따라 밀착시킨다. ④ 기본레일을 향하여 텅레일을 이동시키도록 나사못 클램프를 사용하여 끼워 넣는다(잭의 사용은 금지된다). ⑤ 텅레일 저부에 대하여 2 체결장치 클립을 설치하고 정상적으로 체결한다. ⑥ 플레이트와 체어에 대하여 체결장치의 e클립으로 체결한다.

다중 엑튜에이터를 연결하기에 앞서 텅레일이 충분히 밀착되는지를 확인하면서 멈춤쇠를 포함하여 포인트의 모든 연동장치가 붙은 포인트의 궤간을 검사한다. 공장에서 1 mm 이내로 이론적 치수에 응하여 포인트를 조립할 수 있을지라도, 포인트의 궤간이 이론적 궤간을 포함하는 4 mm의 분기기내 최대 궤간 차이 내에 남아 있어야 하는 것을 용인한다. 분기기내의 최대 궤간차 1 mm로부터 약간의 선단부 이탈은 허용될 수 있다. 연속하는 침목간의 차이는 1 mm를 넘지 않아야 한다. 그러나, 연동장치 지역의 궤간은 다중 엑튜에이터의 정확한 조정을 허용하도록 이론적 궤간에 관한 범위(-1 mm, +3 mm) 내에 있어야 한다. 침목 간격은 그 후의 작동 문제를 피하기 위하여 신중하게 응하여야 한다(포크 러그(돌기)와 침목간의 클리어런스 : 스윙레버 보정기와 실제 포인트 첨단 간의 러그(돌기)에 대하여 30 mm, 기타에 대하여 20 mm).

(5) 가동 크로싱의 조립

노스 가동 크로싱의 크래들 구성요소들은 C-링크를 이용하여 조립한다. 이들 C-링크는 크래들에 관하여 조정되고 표시된다. 선형(직선, 또는 곡선)이 어떠하든 크래들 구성 요소의 위치는 탬플릿을 사용하여 점검한다. 노스 가동 크로싱은 포인트와 같이 다중 엑튜에이터가 붙어 있다. 외측 레일은 작동 봉을 안내하는 러그(돌기)를 수용하기 위하여 구멍을 뚫는다. 러그와 함께 가동 노스 러그를 정렬하여야 한다. 로드가 정확하게 작동할 수 있도록 하기 위해서는 외측 크로싱 레일의 중앙 러그의 저부와 로드 사이에는 평형 온도에서 클리어런스를 남겨 두어야 한다.

(6) 분기기 조립

통과궤도(기준선)의 레일과 분기궤도(분기선)의 레일은 절단 공차 이내의 정확한 길이로 인수하여야 한다.

7.3.6 콘크리트 침목에 UIC 60 분기기의 부설

여기서는 참고적으로 궤도 현장의 분기기 조립장에서 분기기를 조립하여 부설하는 경우에 대하여 설명한다.

(1) 준비 작업

1) 하화와 조립 장소의 결정. 실용적인 이유 때문에 만일 가능하다면 이들 두 작업은 동일 장소를 사용하여야 한다. 그것은 출발 방식에 따라 선택하여야 한다. 이 지역은 분기기 전체를 조립하기 위하여 충분히 길고 넓어야 한다.

2) 조립장의 준비 : ① 조립장은 레일과 침목을 사용하여 준비한다. 이들은 각각 헌 레일과 헌 침목을 사용할 수 있다. ② 조립장은 평평하고 안정되어야 한다. ③ 조립장은 침목 위치 표시를

가진다. 표시는 매 10 표시마다 넘버링을 가지고 외측 레일 저부에 대한 위치 치수에 따라 적용한다. 넘버링은 정해진 순서대로 침목이 하화되지 않았을 때에 침목을 정확한 위치에 배치하기 위하여 사용된다.

3) 확인과 페인트 표시. 표시를 보기가 어려운 경우에는 번호에 의하여 침목을 확인하고 표시한다. 이 작업은 침목을 인수하였을 때 시행하고, 침목은 자동차로 수송한다.

4) 콘크리트 침목의 배치 : 분기기는 실용적인 이유 때문에 ① 포인트, ② 중간부 + 4.400 m 침목까지의 크로싱 등으로 분리된 2 부분으로 조립할 수 있다. 침목의 배치는 다음에 따른다. ① 침목의 방향(양쪽에 표시가 있는 침목의 화살표 각인)은 분기기 선단을 가리켜야 한다. 한쪽에만 나타낸 표시(모터를 설치하는 침목을 제외한 포인트부)는 통과궤도(기준선)에 위치하여야 한다. ② 침목 넘버링과 조립장에서 마련된 표시로 침목 간격의 대강의 정렬, ③ 통과궤도의 외측 레일에 대한 타이플레이트의 구멍을 참조로서 사용하여 중간 궤도 + 크로싱부 침목의 육안 횡 정렬. 포인트부의 정렬을 위해서는 체어, 또는 텅레일 플레이트 구멍에 대한 지거를 고려하여야 한다.

5) 적재된 설비의 적합성 검사(공장에서 인수한 반쪽 설비를 분해해서는 안 된다)

6) 궤도 평면과 콘크리트 침목간에 특수 블록의 설치. 두 부분 각각의 처음과 마지막 침목 및 각 이음매의 두 침목 양쪽에 대하여 침목 아래에 블록을 삽입한다(이것은 설비와 레일이 일단 부설되면 삽입된 침목의 변위를 쉽게 하기 위한 것이다).

7) 와셔와 절연 부싱의 조립 순서와 방향에 따라 모든 콘크리트 침목 체결장치의 조립. 박스에 체결장치의 보관. 특수 체결장치는 틀림의 위험을 피하기 위하여 타이플레이트와 함께 저장한다.

8) 크로싱 아래의 절연패드(타이 플레이트, 크로싱 플레이트, 간접 체결장치 지지용)와 9 mm 타이패드(레일 패드)의 부설(타이플레이트와 크로싱 지역의 플레이트의 패드 두께에 유의한다. 필요하다면, 크로싱 도면 참조). 크로싱 아래 9 mm 타이패드는 간접 체결장치에서 크로싱의 정확한 치수로 정돈되어 있다. 그러므로, 타이 패드는 타이패드가 위치하는 침목의 번호를 가진다.

9) 크로싱 아래 9 mm 타이패드의 접착

10) 타이 플레이트, 크로싱 플레이트, 간접 체결 지지의 부설(타이플레이트의 1/20 경사가 정확한 위치에 있는지 확인하라)

11) 래그 볼트를 사용하는 분기기의 경우에 '① 분기궤도의 사용하지 않는 가드레일 지지(짧은 가드레일이 이 궤도에 사용되는 경우), ② 텅레일 쇄정 설비, ③ 가동 노스가 없는 분기기에 대한 체어 멈춤쇠(체어 멈춤쇠 뒤에 위치한 구멍), ④ 로드 스위치 스탠드 크랭크' 등의 구멍을 제외하고 모든 침목에서 캡의 제거. 만일, 래그 볼트를 삽입하기 전에 강우나 먼지로 채워질 위험이 있다면 실용적인 이유 때문에 단계 8 직전에 캡을 제거하는 것이 바람직하다.

12) 중간부 + 크로싱부의 전체에 대한 최종 체결을 위하여 몇 바퀴 돌리게 남겨두면서 래그 볼트의 삽입(이 작업에 대하여 슬리브 안에 아무것도 없는 것을 확인하고 나서 볼트를 삽입하고 기계로 체결하기 전에 손으로 두 세 바퀴 돌려서 조인다).

13) 정확한 조정이 없이 크로싱의 배치

14) 레일과 부품의 부설. 중간 궤도와 크로싱의 외측 레일은 공장에서 표시한다. 이들 레일에 대한 저부 외측의 이러한 표시는 그 후에 정확한 침목 간격을 설정할 수 있게 한다(침목은 이 지역에서 기준선과 분기선의 2등분선에 직각으로 부설한다).

(2) 첫 번째 부분의 조정 : 포인트

15) 치수 X(제7.7.3(2)항 참조)와 직각도의 검사(기본레일 두부에 있는 선을 이용하여 치수 X의 구멍 축을 표시한다. 통과궤도(기준선)에 직각자를 놓고 포인트의 다른 쪽 표시에 관하여 조정한다).

(가) 포인트 단부의 2 침목에 대하여

16) 정확한 종 방향 위치의 설정. 위치 치수는 실제 포인트 선단에 관하여 2 외측레일 저부에 주어진다.

17) 타이플레이트, 또는 관련된 플레이트의 레벨을 맞추기 위하여 목재 쐐기의 들어올림. 만일 분기기가 클램프 록으로 쇄정되고 영업중인 궤도에서 조립된다면, 쐐기는 클램프 록이 조립되는 침목 번호 3에 대하여 충분히 두껍게 하여야 한다.

18) 조정과 최종 조임 : ① 동시에 시행하는 이들 두 작업은 특수 콘크리트 분기기 자를 사용하여 분기궤도의 외측 레일을 조정하기 위하여 주어진 세로 좌표에 먼저 따르고, 그 다음에 다른 두 레일을 조정하기 위하여 궤간에 따른다. ② 궤도에 응하여만 하는 이 최종 조임을 위하여, 만일 필요하다면 레일 저부와 타이플레이트, 또는 플레이트 슐더 간의 활동이 사용될 수 있도록 침목에 조립된 체결장치, 또는 클립 이음을 조정하는 것이 강하게 권고된다. 체어에서 세로 좌표에 대하여 유일하게 가능한 활동은 체어에 뚫은 구멍과 부품 사이이다. ③ 래그 볼트는 "ⓐ 25 m.daN까지 조임과 ⓑ 30 m.daN으로 설정한 토크 렌치를 사용하는 최종 조임" 등의 두 단계로 조인다.

19) 횡 방향 블로킹(선택적)

(나) 포인트의 나머지에 대하여

20) 레일 레벨을 맞추기 위하여 목재 쐐기로 (대략 4, 또는 5의 모든 침목) 침목을 들어올림

21) 다른 궤도 설비의 조정과 최종 조임(절차 18의 각각의 세 단계)

22) 들어올린 침목에 대한 선의 현으로 통과궤도(기준선) 외측 레일의 줄맞춤

23) 모든 다른 침목을 들어 올려 작은 설비 항목의 최종 조임. 단계 20에 명기된 침목의 조정 후에 궤간이 공차 한계 내에 있어야 한다.

24) 궤도 치수의 검사

25) 설비의 조립(조(jaw)클립, 로드 등)

(3) 두 번째 부분의 조정 : 중간부 + 크로싱(크로싱은 4.4 m의 침목까지 고려하고 포함한다)

26) 중간부 궤도의 시점에서 두 외측 레일의 직각도 맞추기

(가) 중간부의 두 단부 침목에 대하여

27) ① 표시를 이용하여 이들 침목의 배치(단계 14 참조). 침목의 중심선은 양 외측 레일에 부합되어야 한다. ② 만일, 분기기가 단일 부분에서 조립된다면, 이들 두 단부 침목의 종 방향 위치는 실제 텅레일에 관하여 점검할 수 있다. 이것은 분기기를 검사하고 외측 레일의 표시가 정확한지의 점검을 제공한다. 그렇지 않으면, 선택된 두 침목의 정확한 위치는 그들만의 치수를 공제하여 구한다.

28) 레일의 레벨을 맞추기 위하여 목재 쐐기로 들어 올림

29) 횡 방향 블로킹(선택적)

30) 단계 18의 각각의 세 절차에 따라 타이플레이트의 조정과 최종 조임

31) 크로싱의 정확한 종 방향 위치 설정을 위하여 자로 잰다. 이 치수는 (윙 레일 측면의 3 개의 펀치 마크로 확인된) 크로싱 반 인치 지점으로부터 실제 노스 첨단까지 취한다. 절연 멈춤쇠를 고정한다.

(나) 두 번째 부분의 나머지에 대하여

32) 표시를 사용하여 모든 침목의 위치 설정(단계 14 참조). 침목의 중앙선은 양 외측 레일 상의 표시와 부합하여야 한다.

33) 레일의 높이를 맞추기 위하여 목재 쐐기로 침목(4, 또는 5의 모든 침목)을 들어 올림

34) 타이플레이트, 플레이트 및 간접 체결장치 지지의 조정과 최종 조임(단계 18의 각각의 세 절차 참조)

35) 들어 올린 이들의 침목에서 현을 이용하여 통과궤도(기준선) 외측 레일의 줄맞춤

36) 목재 쐐기를 사용하여 모든 외측 레일을 들어 올리고 작은 설비를 최종적으로 조인다(조임 절차 : 단계 18의 세 번째 항목 참조). 단계 33에 명기된 침목의 조정 후에 침목에 대한 궤간이 공차 한계 내에 있어야 한다.

37) 가드레일 지지물의 부설과 설치

38) 가드레일의 위치 설정 : 크로싱 도면에 주어진 가드레일 종 방향 위치의 치수는 가이드일 뿐이다. 가드레일을 가드레일 지지물의 직사각형 홈에 부합되게 하여 가드레일의 위치를 설정한다(높은 정밀도를 요하는 이 작업은 가드레일 지역에서 침목 간격과 침목의 2등분선 직각 배치가 신중하게 행하여짐을 촉진한다). 만일 두 구멍을 정렬할 수 없다면, 침목을 종 방향으로 약간 이동시킨다.

39) 가드레일 조립 치수에 부합하도록 가드레일 지지물의 최종 조임

40) 궤도 검사

41) 짧은(보통) 침목 위에 타이플레이트의 조립(만일 필요하다면, 궤간 치수는 체결장치를 고정할 때 레일 저부와 타이플레이트 숄더간의 활동으로 조정된다).

7.3.7 분기기의 부설 또는 교환 방법

분기기의 부설, 또는 교환 방법은 표 7.16에 의한다.

표 7.16 분기기의 부설, 또는 교환 방법

부설단계		작업	비고
일반적인 경우	변형 방법		
1		임시 신축이음매로 장대레일을 중단시킨다	새로운, 또는 교환하려는 분기기 위치의 양단에 임시 신축이음매를 설치한다.
	1	장대레일을 절단한다.	주행 궤도(또는, 교환하려는 분기기)가 분기기의 통과궤도(기준선)와 그 후단 레일보다 약간 더 짧게 되도록 절단하고 분기가 설치될 수 있도록 레일을 철거한다.
2	2	도상 위에 분기기를 부설한다.	부설, 또는 교환된 분기기가 최종 레벨에서 8 cm 낮게 되도록 부설한다.
3	3	- 적당한 부설 후에 궤도가 60 km/h, 또는 40 km/h로 사용되도록 되돌릴 수 있다. - 궤도를 60 km/h의 사용으로 되돌리기 위하여 규정 도상 단면의 복구와 함께 중장비, 또는 국지적 탬핑으로 면을 맞추어야 한다. - 궤도를 40 km/h의 사용으로 되돌리기 위하여 적어도 차단을 하고 천이접속 램프를 두어야 한다.	- 콘크리트 침목에 부설된 분기기에 대하여는 스위치 타이 탬퍼로 레벨링을 시행하여야 한다. - 60 km/h의 사용으로 되돌리기 위하여 국지적 탬핑으로 레벨링을 수행한다면 작업 열차에 의하여, 또는 40 km/h로 최초의 영업 개시 열차에 의한 압밀을 필요로 한다. 이 압밀 후에 선형을 측정하고 필요시 작업을 한다.
4	4	만일, 규정 도상 단면의 복구가 사전에 행하여지지 않는다면, 이 작업과 함께 분기기의 면 맞춤을 한다.	
	5	특별한 예방 조치 없이 주행 궤도에 용접한다.	만일 분기기가 tan ≥ 0.11을 가진다면, 그리고 안정화 기간이 4일보다 길지 않다면, 분기기는 많아야 (15 - $t/2$)의 분기기 양단 이음매로 궤도에 연결할 수 있다.
5	6	선형을 측정하고 필요시(중장비, 또는 국지적 탬핑으로) 재 작업을 한 다음에 적어도 1회의 영업 개시 열차 통과 후에 속도제한을 100 km/h로 증가시킬 수 있다.	분기기 선형은 정상 속도에서 분기기 규정에 명기한 기준을 충족시켜야 한다.
6	7	100 km/h까지 증가시킨 다음에 레벨링을 하고 나서 안정화를 기다린다.	
7		만일 가능하다면, 분기기를 장대레일에 연결한다(임시 신축이음매의 설치를 조건으로 연결 전에 정상 속도를 회복할 수 있다).	제7.9절에 나타낸 것처럼
	8	장대레일에 영구 연결을 실시한다(또는, 온도 조건이 충족되지 않는다면 임시 연결).	제7.9절에 나타낸 것처럼
8	9	중장비(스위치 타이 탬퍼)로 최종 다짐을 수행한다(높은 점간의 리프팅은 50 mm이어야 하며 이동은 20 mm이어야 한다).	
8	9	최종 탬핑 후, 또는 선형 재작업 후 안정화를 기다린다.	
9	10	정상 속도로 회복시킨다(또는, $S > 170$ km/h의 선로에 대하여 170 km/h).	

7.4 분기기의 유지보수 체제

7.4.1 유지보수체제의 일반 지식

(1) 개론

분기기는 분기기가 연결되는 궤도와는 상당히 다른 조건 하에서 피로를 받기 쉽다. 2, 또는 그 이상의 연속한 분기기는 그들의 여러 노선에 대한 교통과 속도에 따라 다르게 거동할 수도 있다. 분기기를 모니터하여 유지보수하지 않을 경우에는 승객의 승차감에 해롭게 되는 운동에 대한 큰 몫의 근원이 된다. 보수작업은 가장 경제적인 해법을 추구하면서 가장 좋은 승차감을 확보하고 만족스러운 안전 조건 하에서 설비의 좋은 보존을 확보하도록 수행하여야 한다.

(2) 보수에 관련된 분기기의 분류
(가) 갱신이 예정된 분기기

이들 분기기의 갱신은 5년 주기의 프로그램으로 정하며, 여기서 연간 개정은 Y+3년의 정확한 프로그램의 정의와 일치한다. 갱신 작업(침목 교환, 레일 교환 등)은 가능한 한, 양 단부에서 궤도의 주요 보수작업과 조화시켜야 한다.

(나) 갱신이 예정되지 않은 분기기

이들 분기기는 경제적인 요인과 기술적인 요인으로 엄격히 정당화되는 특별한 경우, 그 중에서도 점진적인 현대화를 경험하고 있는 가장 중요한 선로에서 장대레일의 연결이 예상되는 경우를 제외하고 보통은 새로운 분기기로 교체하지 않는다. 이들 분기기의 유지보수는 모든 침목의 총 갱신비가 장기간 동안 필요하지 않도록 침목이 보수 한계에 도달함에 따라 침목을 교체하는 것으로 구성하는 '연속 침목' 베드방법에 따라 행하여진다. 이음부는 유지비를 제한하기 위하여 기술적 조건이 허용되는 한은 용접하여야 한다.

(3) 유지보수를 위한 분기기의 분류

유럽에서는 분기기를 ① 클래스 1 : UIC 그룹 1~4 선로의 분기기, 또는 선로 구간, ② 클래스 2 : UIC 그룹 5~6 및 최고 열차속도 > 100 km/h에서 UIC 그룹 7AV, 8AV, 9AV 선로의 분기기, 또는 선로 구간, ③ 클래스 3 : 최고 열차속도 < 100 km/h에서 UIC 그룹 7AV, 8AV, 9AV 선로의 분기기, 또는 선로 구간 등의 3 가지 클래스로 구분한다. 고속선로 본선상의 분기기와 연결 궤도는 유지보수 클래스 1에 속한다.

(4) 유지보수 작업의 분류

장대레일에 연결된 분기기, 또는 동등 품에 대한 유지보수 작업은 2 종류로 분류되며 장대레일과 같은 작업 조건을 필요로 한다. 부류 1 작업은 분기기 안정성을 변화시키지 않는다(제1.6.2(1)(가)항 참조). 부류 2 작업은 일시적으로 분기기의 안정성을 감소시킨다. 이 작업은 예를 들어 콘크리트 침목의 교체, 또는 레벨링과 같은 작업을 포함한다.

7.4.2 유지보수의 조건

(1) 장대레일, 또는 동등한 것에 연결된 분기기

장대레일, 또는 동등한 것에 연결된 분기기에는 '① 장대레일에 연결된 분기기의 그룹, 또는 개별적으로 연결된 분기기, ② 장대레일에 연결되지 않았지만, 장대레일에 연결된 분기기에 이어진 분기기, ③ 장대레일에 연결되지 않았지만, 모든 단부에 신축이음매를 필요로 하는 개별적으로 부설된 용접 분기기, ④ 장대레일에 연결되지 않았지만, 모든 단부에 신축이음매를 필요로 하는 용접 분기기의 그룹' 을 포함한다. 부류 1과 2 유지보수 작업의 분류 및 작업과 안정화 조건은 제1.6.2항의 규정을 적용한다.

(2) 170 km/h 이상의 속도로 통과하는 분기기에 대한 부류 1 작업의 시행

부류 1 작업은 연중 0 ℃와 50 ℃ 사이에서 허용된다(참고적으로 목침목 분기기에서 레일 앵커가 설치되어 있는 경우에는 어떠한 앵커위치 재설정도 20 ℃와 30 ℃ 사이에서 실시한다). 가드레일을 교체할 때에는 열차 운행을 중지하여야 한다.

(3) 170 km/h 이상의 속도로 통과하는 분기기에 대한 부류 2 작업의 시행

현장 책임자는 최초의 통과 열차가 170 km/h 이상으로 주행하지 않는다는 확증을 받을 때까지는 이 작업을 착수할 수 없다. 부류 2 작업은 다음의 두 조건을 충족시킬 경우에 착수할 수 있다.
- 조건 1 : 유효작업은 5월 1일부터 9월 30일까지 한정된 혹서기 금지기간 이외의 기간에 행하여야 한다. 유효작업은 현장의 개시부터 궤도가 완전히 복구(체결장치의 죄임, 도상단면)되고 궤도가 적어도 1 회의 중량 운전으로 다져질 때까지의 기간 동안 행한 작업이다. 안정화는 금지기간의 시작 전에 얻어야 한다.
- 조건 2 : 분기기의 보수 작업은 표 7.17에 주어진 온도 한계 이내에서 행하여야 한다.

표 7.17 분기기 보수 작업의 온도 한계

작업 종류와 조건		온도 한계
STT 다짐작업을 제외한 부류 2 작업	직선 및 곡선 반경 $R \geq 1200$ m	10~25 ℃
	곡선 반경 $R < 1200$ m	10~20 ℃
길이 5 m 미만의 레벨링 작업과 2 cm 이상의 양로를 필요로 하지 않는 기타 작업은 0 ℃ 미만으로 떨어짐이 없이 10 ℃ 이하에서 행할 수 있다.		
STT를 이용한 다짐작업	직선 및 곡선 반경 $R \geq 1200$ m	5~35 ℃
	곡선 반경 $R < 1200$ m	5~30 ℃

※ 고려하여야 하는 참조 온도는 임의로 20 ℃로 정했다.

분기기의 양로, 또는 하부굴착을 포함하지 않은 작업(압밀 및 포인트 부분, 레일, 크로싱, 접착절연 이음매 등의 교체)에 대하여는 제2 조건만을 준수할 필요가 있다.

(4) 부류 2 작업의 특별 작업 조건
- 체결장치 풀기 : 전체로서 침목 80 %의 체결장치가 잘 체결되어 있는 경우에는 2 개의 연속한 침목

을 이완시킬 수도 있다. 5 개중 하나 이상의 체결장치 해체는 금지된다.

- 하부굴착을 필요로 하는 작업 : 모든 자갈도상 클리닝은 적어도 50 m의 간격에서 짧은 길이(최대 20 m)로 제한된다. 클리닝 작업은 가능한 한 더운 기간 이후 평균 온도가 감소되는 가을철로 계획하여야 한다. 다음의 추가 조건이 또한 적용된다(제6.3.3(3) 항 참조). ① 클리닝 작업은 어떠한 침목 직하부굴착도 포함하지 않아야 한다. ② 하부굴착 깊이는 침목 저면 아래 5 cm로 제한된다. ③ 하부 굴착은 '@ 2 연속한 침목 사이, ⓑ 최대 길이 20 m에 걸쳐 20 % 이상의 침목 사이' 의 작업을 동시에 포함하지 않아야 한다. ④ 완전한 자갈 정리는 열차가 170 km/h 이상의 속도로 통과하기 전에 행하여야 한다.

7.4.3 유지보수에 관련하는 검사 등 일반적인 방식

유지보수는 ① 설비와 조립품의 상태, ② 선형(레벨링과 라이닝)의 두 양상을 커버한다. 설비의 유지보수는 ① 검사(DV : 상세 검사, SCV : 안전 보존의 검사)(주기는 교통과 분기기의 사용 경과 연수에 좌우된다)와 ② 작업(작업은 검사결과에 따라 수행한다) 등에 기초한다.

(1) 상세 검사(DV)
(가) 개요
부설 후부터 예정된 교환 일에 앞서 3 년 전까지의 모든 필요한 검사와 작업은 설비를 좋은 조건으로 유지하고 만족스러운 승차감을 마련하기 위하여 수행한다. 설비의 유지보수는 예정된 교환 일에 앞선 3 년부터는 엄밀하게 필요한 작업으로 제한하여야 한다.

(나) 상세 검사(DV)의 주기
이들의 검사는 "① 클래스 1 검사(주기 3 년)를 수행하는 분기기의 경년(사용횟수) : 6 년, 9 년, 12 년, 15 년, 18 년, 21 년 … 사이클의 계속, ② 예정된 갱신일 R 이전의 3 년으로 제한된 작업을 수행하는 분기기의 경년 : R-3, R-2, R-1" 등의 주기로 수행한다. 분기기의 구성 요소 중에서 하나의 갱신은 년도 0(교환의 년도)을 바꾸지 않는다. 작업 부담을 고르게 하기 위하여 지리적인 분석이 필요할 때에 첫 번째 조사의 년도는 2 년만큼 앞당기거나 뒤로 미룰 수 있다. 사이클은 이 처음의 출발을 고려하면서 뒤이어 응한다. 상기의 분기기 경년(사용횟수)에 따른 검사의 해는 정보가 획득되는 해이며 설비에 대한 작업은 다음의 년도 동안 수행된다. 이 정보의 획득은 주행 궤도와는 대조적으로 샘플링으로 수행하지 않고 유지보수 작업의 수행에 필요한 인력과 장비를 사정하기 위하여 재료 조건의 조사 진행으로 이루어진다. 이들 조사 동안 기록하여야 하는 정보는 분소장이 그 다음에 공개하여야 하는 유지보수표의 주제이다.

(다) 상세 검사 다음의 작업
분기기에서 취하여야 하는 작업은 표 7.18과 같다. 이들 작업의 목적은 다음과 같다. ① 조립품의 구성 요소가 좋은 조건에 있고 기하 구조적 특성이 유지되도록 확보한다. ② 관찰된 틀림을 교정한다. ③ 설비의 정상 작동을 확보한다.

표 7.18 상세 검사 다음의 작업

사용 기호 : P – 필수 검사·결과에 좌우되는 교정 작업, O – 사전 검사 없이 실시하는 작업

	기본적인 작업	유지보수	비고
① 준비작업	- 분기기의 적합성	P	
	- 표시(마킹), 말뚝[1]	P	[1] 만일 있다면
	- 선형	P	
	- 사전 고저 정정[2]	P	[2] 필요 시
	- 체결장치 및 볼트 조임	P	
	- 치수 기록	P	
② 분기기의 금속 부품	- 첨단 끝 이음매의 직각 정도	P	
	- 금속 부의 교체	O	
	- 이음부 및 체결장치 유지보수	O	
③ 포인트	- 조작력	P	
	- 텅레일 후단 및 멈춤쇠의 세로 좌표	P	
	- 기울기	P	
	- 선형- 궤간	P	
	- 침목교체-도상 압밀	O	
	- 연동장치 유지보수	P	
④ 크로싱부	- 선형-궤간	P	
	- 노스 가동 크로싱 크래들의 위치 설정	P	
	- 궤도 평면의 상대적 레벨	P	
	- 침목교체 자갈 압밀	O	
	- 가드레일의 레벨	P	
	- 가드레일 백 게이지와 정렬	P	
	- 노스 가동 크로싱의 크래들에 대한 노스의 밀착	P	
	- 멈춤쇠 유간 및 조작력	P	
⑤ 실제통과(크로싱)	- 가드레일 백 게이지의 자유통과	P	
	- 침목교체, 자갈 압밀	O	
⑥ 분기기의 중간부	- 선형 및 궤간	P	
	- 궤도 평면의 상대적 레벨	P	
	- 침목 교체, 자갈 압밀	O	
⑦ DC의 중간부, 또는 SC의 포인트에서[3]	- 선형 및 궤간	P	[3] 기준선이 있는 경우에 기준선을 먼저 처리
	- 궤도 평면의 상대적 레벨	P	
	- 침목 교체, 자갈 압밀	O	
⑧ 크로싱부 또는 크로스오버의 출구	- 주행 궤도의 천이 접속구간 선형 및 궤간[4]	P	[4] 기존 침목의 간격이 흔히 비정상이다.
	- 궤도 평면의 상대적 레벨	P	
	- 침목 교체, 자갈 압밀	O	
⑨ 마무리	- 도상단면(레벨링 후에 행하는 작업)	P	[6] 해당 치수들은 유지보수 기록지의 2, 3페이지에 기록한다.
	- 구해진 치수의 기록[5]	O	

(2) 안전-보존의 검사

(가) 안전-보존 검사(SCV)의 주기

안전-보존 검사는 조건이 열차 안전이나 설비 보존에 관련되는 분기기 요소의 정기 검사로 구성된다. 모든 분기기에 관련되는 이들 검사의 본질과 주기를 표 7.19에 정의한다. 각각의 분기기에서 안전-보존 검사는 가능한 한, 상세 검사와 동시에 실시한다.

표 7.19 안전-보존 검사(SCV)의 주기

점검 사항		이론적 주기	비고
1) 체계적인 검사 및 필요시 안전치수의 정정		6 개월	
2) 포인트의 상세 검사	a) 모든 텅레일과 기본레일	1 년	
	b) 텅레일 힐 부	1 년	
	c) 포인트 반쪽세트의 마모검사	1 년	
3) 치수 X(제7.7.3(2)항 참조)의 검사와 필요시 교정		봄 가을	4월 15일~5월 15일 10월 1일~10월 10일
4) 장대레일에 연결한 분기기, 또는 용접 분기기의 분기궤도에 대한 첫 번째 이음매판 이음매의 검사와 교정		1 년	
5) 체결장치의 검사와 교정		1 년	
6) 노스 가동 크로싱의 노스와 기본레일 시험		1 년	
7) 노스 가동 크로싱의 조 클립 고정나사의 검사		정기검사시	

(나) 안전-보존 검사 다음의 작업

이들의 작업은 검사 결과에 따라 결정한다. 이들 작업의 목적은 설비의 정상 작동과 설비의 양호한 보존을 보장하도록 표 7.20~7.22에 주어진 공차 이내로 각종 치수, 또는 값을 복구하기 위한 것이다.

표 7.20 안전 치수

① 포인트 - 재래식 : 작동 지점에서 열림에 대한 공차 - 반 독립식 　· 작동 지점에서 감소된 열림 　· 작동 지점에서 열림	이론적 치수 0, +3 mm(분기기 및 쇄정 장치, 또는 배향 고정되어 있는 분기기) 75 mm 0, +3 mm 이론적 치수 0, +3 mm
② 크로싱부 - 가드레일 횡 설정(백 게이지)	최소 1,393 mm

표 7.21 유지보수에 포함된 기타 치수(궤간)

기준선 및 $S \geq 60$ km/h의 분기선			$S < 60$ km/h의 분기선		
궤간의 극한 한계[1]	회랑지대의 폭[2]	침목간 최대 변화	궤간의 극한 한계 값	회랑지대의 폭	침목간 최대 변화
1,432[3]~ 1,445 mm	5 mm	2 mm	1,432~ 1,465 mm	없음	급격한 변화 없음

[1] 포인트와 노스 가동 크로싱에서 UIC 60 분기기의 작동 봉에 관련된 구역에서 극한의 궤간 한계는 1,434~1,438 mm이다.
[2] 선택된 회랑지대의 폭은 이론적 부설 궤간을 포함하지 않는다. tan 0.085의 분기기에 대한 궤간 측정 고정 점의 궤간은 분기기의 각 구성 부분(포인트, 중간부, 크로싱)으로 제한된다. tan 0.085의 분기기에 대한 회랑지대의 폭은 분기기 전장에 적용한다.
[3] 1,432 mm의 이론적 궤간으로 부설된 분기기에 대하여 1,430 mm

표 7.22 기타의 유지보수 관련 치수(계속)

① 포인트	
- 전단 끝 이음매의 어긋남(이음매판 사용 분기기)	
· 쇄정되거나 배향 블로킹(통과차단장치)이 설치된 포인트	10 mm
· 높게 허용된 클램프 록으로 쇄정된 포인트	25 mm
· 기타 포인트	결과로서 작동이 방해를 받을 때
- 25mm 구멍으로 나타낸 기본레일의 어긋남(용접분기기, 또는 장대레일 연결 분기기)	그 허용오차를 허용하면서 치수 X(제7.7.3(2)항 참조)를 얻을 수 없는 경우에만 정정
- 기본레일과 텅레일간 마모의 차이	4 mm, 예외적으로 측선 분기기에 대하여 6 mm
- 연속한 두 멈춤쇠간 활동의 차이	2 mm
- 처음과 마지막 멈춤쇠에서 허용된 최대 활동	2 mm
- 열린 텅레일 가드레일 횡 설정	1,380 mm
- 기본레일의 기울기 틀림	필요시만 정정(예, UIC 60-60D 분기기의 체결장치, 또는 선형가열요소 마모)
② 크로싱과 다이아몬드 크로싱	
- 크로싱 가드레일 횡 설정(백 게이지)	1,393 mm 공차 3, +3 mm
- 노스 가동 크로싱의 안전 가드레일의 위치 치수	1,377 mm 공차 -2, +2 mm
- 가드레일 균형	이론적 치수에 관하여 허용오차 3 mm
- 가드레일 높이	이론적 치수에 대하여 -2, +10 mm
- 크로싱 대각선간의 차이	≤ 20 mm
③ 중간부	
- 분기궤도의 중간(텅레일 힐 부와 크로싱 입구 사이)에서 처짐의 공차	
· 통과 속도 ≥ 60 km/h	±2 mm
· 통과 속도 < 60 km/h	-10 mm, +5 mm

(3) 기타 작업

주요 기타 작업은 다음과 같다. "① 각종 검사, 또는 가속도 측정 동안의 관찰 후에 시작하는 작업. 이들의 경우에는 관찰 직후에 작업을 수행하여야 한다. ② 각종 검사 동안의 발견으로 필요하게 된 재료의 특별한 교체, ③ 아크 용접에 의한 레일과 크로싱의 보수, ④ 텅레일의 예방 연마와 후로우 삭정."

7.4.4 유지보수의 기준

(1) 개요

(가) 선형의 유지보수(제7.8절 참조)

분기기 선형의 유지보수는 주행궤도와 같이 일반적으로 기계화 탬핑-라이닝 중장비(스위치 타이 탬퍼)로 수행한다. 어떠한 연속적인 작업도 분기기의 양단에서 50 m 이상에 걸쳐 연장하여 실시한다. 분기기의 특별 요구 조건은 분기기 전장과 적어도 양단 50 m에 걸쳐 준수하여야 하며, 모든 안정화 구배는 이 구간 밖에서 형성하고 있다. 레벨링의 부분적인 재 작업은 원칙적으로 기계적 탬퍼를 사용하여 행한다. 예외적인 경우에는 소형 탬퍼를 사용하여 행하며, 그 다음에 잭을 사용하여 수행하는 라이닝이 뒤따른다. 분기기의 작동을 점검하기 위하여 스위치박스(전동기)로부터의 작동시험이 필요하다. 이들의 점검이나 조정은 작업기간이 끝나기 이전에 수행하여야 한다.

(나) 노스 가동 크로싱에 대한 라이닝의 특징

라이닝은 말뚝을 참조하여 수행한다. 그러나, 정확한 한계를 얻는데 어려움이 발생한다면, 게이지 자를 사용하여 크래들의 라이닝을 점검하는 것이 필요하다.

(다) 기준 값의 정의(제2.1.5항 참조)

1) 목표 값(TV, 목표기준) : 분기기의 보수작업 후에 도달하여야 하는 값이며, 부설 시에 고려해야 하는 값과 공차는 구조 도면과 분기기 문서에 주어진다. 유지보수 시에 도달하는 것이 바람직한 목표 값은 AV와 같은 특별한 수단 없이 다음의 예정된 유지보수 사이클에 도달할 수 있게 하여야 하는 값이다.

2) 경고 값(WV, 주의 기준) : AV에 도달하는 것을 피하기 위하여 고려할 수 있는 모니터링, 또는 예정된 작업의 범위를 넘는 값이다.

3) 작업 개시 값(AV, 보수기준) : SV에 도달하거나 열차의 정시운행을 손상시키지 않도록 하기 위하여 행하여야만 하는 작업의 범위를 넘는 값이다.

4) 속도제한 값(SV, 속도제한기준) : 안전을 보장하기 위하여 속도제한을 부과, 또는 운행을 중단하여야 하는 값이다. 이 값은 사실상 취득하여야 하는 작업의 적용과 작업 값의 분류에 특유한 추가 수단을 포함한다.

(2) 체결장치의 유효성
(가) 기준의 정의(표 7.23)

표 7.23 체결장치의 유효성 기준의 정의

체결장치의 유형	정확히 체결된 체결장치(E)		불충분하게 체결된 체결장치(S)	무력한 체결장치(I)
	새로 부설(지지와 체결장치)	재사용 부설 또는 유지보수 작업 후		
팬드롤 클립(콘크리트)	완전하게 끼워진 클립	완전하게 끼워진 클립	절연부록의 파손, 또는 패드의 탈락	클립 탈락 또는 이완
간접 체결, 2차 레벨 (타이플레이트/레일)	상기 참조	상기 참조	상기 참조	상기 참조
1차 레벨(분기 침목 /타이플레이트)	타이플레이트와 접촉하여 체결된 나사 스파이크, 또는 2중 스프링 록 와셔의 3 접촉을 만드는 나사 스파이크 (토크 값 30 m.daN)	타이플레이트에 접촉하고 25 m.daN 토크 적용 하에서 22.5° 이상을 회전하지 않는 나사 스파이크, 또는 2중 스프링 록 와셔의 3점 접촉을 만드는 나사 스파이크	이완되지는 않았지만 25 m.daN 토크의 적용 하에 22.5° 이상을 회전하는 나사 스파이크, 또는 2중 스프링 록 와셔 이완	나사 스파이크 탈락, 파손 또는 이완

(나) 부류A 지지 단부(앵커링)의 정의

부류A 지지 단부는 레일의 같은 쪽에 위치한 체결장치가 더 이상 좌굴에 저항하지 않거나, 또는 이 레일에 대하여 횡 방향 멈춤쇠로서 작용하지 않는 연속적인 침목 단부이다. ① 앵커 설비(클립, 또는 나사 스파이크)의 파손이나 탈락, ② 레일에 대하여 멈춤쇠로서 작용하지 않는 무력한 슈, 또는 클립, 숄더, ③ 절연블록 등의 파손, 또는 탈락.

(다) 분기기 부품의 품질레벨(표 7.24, 표 7.25)

체결 분포의 점에서 균일한 구간으로 다루기 위하여 포인트와 분기기의 나머지 구간(중간부, 크로싱 및 크로싱 출구)으로 나누어 퍼센트를 계산한다. 분기기는 가장 좋지 않게 계산된 값에 따라 분류한다.

표 7.24 분기기 부품의 품질레벨

품질 레벨	특징적인 파라미터와 취하여야 할 작업	레일마다와 분기기 부품당 적용할 수 있는 (E), (I) 및 $(S+I)$의 비율[1] 및 부류 (A) 지지 단부의 수에 좌우하는 경계 값	추가 수단
목표 기준 (TV)	달성하여야 하는 (E)와 (I)의 값 - 새로운 재료로 부설 시	$E = 100\%$	목표 값이 달성되지 않는 경우 - 부설 시에는 인수 전에 궤도가 항상 적합 상태에 있어야 한다. - 유지보수 작업 후의 체결장치 유효성은 다음의 정기 점검 전에 AV, 또는 SV에 도달하지 않도록 하기 위하여 정기 점검의 중간사이클에서 점검하여야 한다.
	- 재사용 재료로 부설 시, 또는 체결장치에 대한 유지보수 작업 후	- 1차 레벨 체결장치 ($S>40$ km/h) $E \geq 90\%$ 와 $I \leq 5\%$ - 2차 레벨 체결장치 $E=100\%$	
주의 기준 (WV)[1]	1) 예정된 작업을 필요로 하는 $(S+I)$의 값	$20\% < S + I \leq 30\%$	
	2) 예정된 작업을 필요로 하는 (A)의 값	$A = 2$	
보수 기준 (AV)[2]	1) (I)와 $(S+I)$의 값 : 이것은 3개월의 권고 기간 내에 체결장치의 완전한, 또는 부분적인 수리를 필요로 한다.	$S + I > 30\%$ 만일, $I > 30\%$이라면 다음의 표 7.25 참조	가) $(S+I)$의 비율이 40%를 넘는 경우에는 목 침목에 부설된 장대레일에 연결된 분기기, 또는 동등 품에서는 설비가 민감한 구간으로 분류한다. 또한, 레일온도가 45 ℃를 초과할 것 같을 때는 속도를 100 km/h로 제한한다. 만일, 체결직후에 (I)의 비율이 SV분류를 요구하지 않는다면 제한속도를 올릴 수 있다. 나) 작업 미결정 시 : SV 경계점에 달하지 않는 것을 확인한다.
	2) (A)의 값 : 이것은 가능한 즉시 정정을 필요로 한다.	$A = 3$, 또는 4	AV 레벨은 간격재 수선, 또는 적합 시까지 일상의 모니터링으로 귀착된다. 두 번째의 경우에는 3개월 이내에 영구 수선을 하여야 한다.
속도제한 기준(SV)	즉시 속도제한을 필요로 하는 (I)의 퍼센트 값 또는 (A)의 수	다음의 표 7.25 참조	SV 분류는 취하여야 하는 작업의 사실상의 적용과 AV 부류에 특유한 추가 수단을 포함한다.

[1] 간접 체결장치인 경우의 값은 각 체결장치 레벨에 대하여 분리하여 결정하여야 한다.
[2] $S > 40$ km/h에 대해서만

(3) 금속 부품의 교체

기본레일의 횡 마모는 표 7.26, 텅레일의 횡 마모는 표 7.27, 노치는 표 7.28을 각각 적용한다. 텅레일의 기계 가공하지 않은 부분의 횡 마모는 레일의 마모 표준(제3.10.2항)을 적용한다. 텅레일과 기본레일간 수직 마모의 차이(Δw)는 표 7.29를 적용한다. 텅레일 멈춤쇠(switch rail stops)에서 두 개의 연속적인 멈춤쇠간 활동(plays)의 차에 대한 공차는 명기하지 않지만, 멈춤쇠와 텅레일 복부간의 활동, 특히 컨트롤러를 가진 레벨은 가능한 한 작아야 한다(≤ 1.5 mm).

표 7.25 속도제한 값(SV)의 해석 보조표

노선의 속도 (km/h)	노선의 선형 R(m)	레일당과 분기기 부품 당 무력한 체결장치(I)의 퍼센트에 따른 속도제한 값[1]					연속하는 (A) 지지 단부의 수에 따른 속도제한 값		
		30%	35/40	45/50	66	> 66%	<5	5 6	>6
$S > 170$	모든 R	공칭 속도	$S170$	$S100$	$S40$	정지, 또는 $S20$[2]	공칭 속도	$S40$	정지, 또는 $S20$[2]
40<S≤170	$R > 1000$	공칭 속도		$S100$	$S40$	정지, 또는 $S20$[2]	공칭 속도	$S40$	정지, 또는 $S20$[2]
	550<R≤1000	공칭 속도		$S100$	$S40$	정지, 또는 $S20$[2]	공칭 속도	$S40$	정지, 또는 $S20$[2]
	200<R≤550	공칭 속도	$S100$		$S40$	정지, 또는 $S20$[2]	공칭 속도	$S40$	정지, 또는 $S20$[2]
	$R ≤ 200$	공칭 속도		$S40$		정지, 또는 $S20$[2]	공칭 속도	$S40$	정지, 또는 $S20$[2]
$S ≤ 40$	모든 R	공칭 속도				정지, 또는 $S20$[2]	공칭 속도	정지, 또는 $S20$[2]	

[1] 간접 체결장치인 경우의 제한 값은 각 체결장치 레벨에 대하여 분리하여 결정하여야 한다.
[2] $S20$은 궤간에 관련하는 표준을 준수할 것을 필요로 한다.
주 : 주어진 속도 값은 최대 값이며, 만일 필요하다면, 측정된 궤간 값 및/또는 압밀 손실의 위험에 따라 줄일 수 있다.

표 7.26 기본레일의 횡 마모 관리 기준

값	분계점	취하여야 할 조치	비고
목표 기준(TV)	$P > 3$ mm	없음	P = 마커 슬롯(표시 구멍)에서 기본레일과 게이지 1간 포인트의 실제 첨단으로부터 10 mm에서 측정한 활동
주의 기준(WV)	없음(AV 참조)		
보수 기준(AV)	$0 < P ≤ 3$ mm	마모된 기본레일을 포함하는 닫힌 포인트 반쪽 세트에 의하여 주어진 노선을 금지한다.	
속도제한 기준(SV)	$P = 0$		

표 7.27 텅레일의 횡 마모 관리 기준

값	분계 점	취하여야 할 조치	비고
목표 기준 (TV)	·마커(표시)슬롯 위에서 게이지 2와 텅레일의 접촉 ·텅레일 측면 경사 ≥ 60°		
주의 기준 (WV)	·마커(표시)슬롯 위에서 게이지 2와 텅레일의 접촉 ·텅레일 측면 경사 < 60°	40 mm의 높이에 걸쳐 적어도 60° 경사를 회복하도록 측면을 연마한다.	
보수 기준 (AV)	마커(표시)슬롯 위아래에서 동시에 게이지 2와 텅레일의 접촉	반쪽 텅레일의 교체	포인트 반쪽 세트 교체의 연기 : 텅레일 측면은 40 mm 높이에 걸쳐 적어도 60°의 경사를 회복하도록 연마하여야 한다.
속도제한 기준 (SV)	마커(표시)슬롯 아래에서 게이지 2의 지점과 텅레일의 접촉	마모된 텅레일을 포함하는 닫힌 포인트 반쪽 세트에 의하여 주어진 노선을 금지한다	

표 7.28 노치의 관리 기준

값	분계점	취하여야 할 조치	비고
목표 기준 (TV)	새로운 포인트 반쪽 세트에는 노치가 없어야 한다.		
주의 기준 (WV)	마커(표시)슬롯 위에서(노치에서) 게이지 2와 텅레일의 접촉 점, 또는 200 mm 이하의 길이에서 마커(표시)슬롯 아래에서(노치에서) 게이지 2와 텅레일의 접촉	노치 가장자리를 제거하기 위하여 적어도 60°로 텅레일 측면의 경사를 연마한다.	
보수 기준 (AV)	없음(SV 참조)	없음	
속도제한 기준 (SV)	200 mm 이상의 길이에 걸쳐 마커(표시)슬롯 아래에서(노치에서) 게이지 2의 지점과 텅레일의 접촉	노치를 포함하는 닫힌 포인트 반쪽 세트에 의하여 주어진 노선은 금지한다.	포인트 반쪽 세트의 긴급 교체 동안에 노치의 가장 자리를 제거하기 위하여 텅레일 측면 경사를 적어도 60°로 연마한 후에 교통을 재개할 수 있다.

표 7.29 텅레일과 기본레일간 수직 마모 차이(Δw)의 관리 기준

값	분계점		취하여야 할 조치	비고
목표 기준(TV)	$\Delta w \leq 1.2$ mm			새 레일 높이의 공차는 0.6 mm이다.
주의 기준 (WV)	육안 검사에서 Δw가 분명하게 눈에 보이자 마자 즉시		체계적으로 Δw 측정	- 측정 주기는 Δw의 국지적 변화에 따라 정해진다. - Δw의 변화를 모니터링하기 위한 문서작성
보수 기준 (AV)	최소 교통을 가진 노선의 통과 속도	언제	텅레일보다 더 마모된 기본레일을 포함하는 포인트 반쪽 세트를 교체한다.	- 기본레일의 현저한 마모만이 포인트 반쪽 세트의 교체로 이끈다. - 텅레일이 기본레일보다 더 마모되었을 때에 기본레일 주행표면의 연마를 고려할 수 있다.
	40 km/h 이상	$\Delta w > 4$ mm		
	40 km/h 이하	$\Delta w > 5$ mm		
속도제한 기준 (SV)	$\Delta w > 5$ mm일 경우		운행 빈도가 적은 노선에서는 40 km/h의 속도제한 (SR)을 적용한다.	
	$\Delta w > 6$ mm일 경우		- 정지	

(4) 텅레일의 밀착(벌어짐)

표 7.30을 적용한다.

표 7.30 텅레일의 밀착(벌어짐) O의 관리 기준

값	텅레일의 벌어짐 O	
	제한 값	취하여야 할 조치
목표 기준(TV)	$O < 1$ mm	
속도제한 기준(SV)	$O < 5$ mm	운행 중지

(5) 가드레일

(가) 가드레일의 높이(표 7.31)

표 7.31 가드레일 높이의 관리 기준

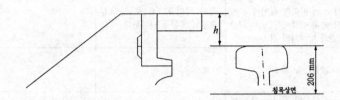

구분	한계 값	취하여야 할 조치
목표 기준(TV)	부설 : h = 이론적 $h-2$ mm, +5 mm 유지보수 : h = 이론적 $h-2$ mm, +10 mm	이론적 $h=13$ mm
보수 기준(AV)	$0 < h < +10$ mm 또는 $+18$ mm $< h < +23$ mm	SV에 도달하지 않는 것을 보장하도록 모니터링
속도제한 기준(SV)	$h < 0$ mm, 또는 $h \geq 80$ mm	열차운행 중지

(나) 가드레일의 횡 설정(lateral setting, 백 게이지)

측정된 값이 열차의 통과 동안 가드레일의 가능한 변위를 허용하여야 한다(표 7.32).

표 7.32 가드레일의 횡 설정의 관리 기준

값	한계 값	취하여야 할 조치
보수 기준(AV)	1,375 > C, 또는 C > 1,379 mm(가동)	SV에 도달하지 않는 것을 보장하도록 모니터링

(다) 가드레일 배치 치수(노스 가동 크로싱)

노스 가동 크로싱에서 안전 가드레일의 허용오차 : + 2 mm/- 2 mm

(6) 궤간

제2.1.5항의 표 2.2를 적용한다.

(7) 안내 측면의 횡적 부적합

안내 측면의 횡적 부적합은 ① 가동 노스가 밀착하였을 때, ② 접착절연 이음매에서 특히 유의하여야 하며, 표 7.33의 한계를 적용한다.

표 7.33 안내 측면의 횡적 부적합

M = 가장 높은 레일 주행평면 아래 10 mm에서 측정한 횡적 부적합(현에 의한 상대적인 측정이 아닌 절대 줄 틀림)의 값

값	한계 값	취하여야 할 조치
목표 기준 (TV)	새로운 분기기 $M = 0$ 유지보수 $M \leq 2$ mm	
속도제한 기준 (SV)	3 mm $< M \leq 4$ mm 4 mm $< M \leq 5$ mm 5 mm $< M$	60 km/h 10 km/h 열차운행 중지

(8) 평면성 틀림

표 7.34를 적용한다.

표 7.34 분기기의 평면성 틀림 관리 기준

g_3 = mm/m으로 표현된 3 m에 걸친 평면성 틀림의 값

값	평면성 틀림 g_3 값	취하여야 할 조치
목표 기준(TV)	분기기 전장과 분기기 양쪽 5 m에 걸쳐 $g_3 \leq 1$ (각 선형 천이 접속에 특유한 캔트의 공제 후)	
주의 기준(WV)	없음	
보수 기준(AV)	분기기 전체와 분기기 양단부로부터 5 m에서 $2.3 \leq g_3 < 5$	72 시간 이내에
속도제한 기준(SV)	분기기 전장과 분기기 양쪽 5 m에 걸쳐 $5 \leq g_3 < 7$ $7 \leq g_3 < 10$ $10 \leq g_3 < 11$ $g_3 \geq 11$	연속 모니터링과 함께 속도제한 170 km/h * 80 km/h 10 km/h 운행 중지

* 경부고속철도에 사용하는 신호시스템인 TVM 430이 설치된 궤도

(9) 종단선형(고저, 면 맞춤)과 방향(줄 맞춤)

본선 궤도의 표준을 적용한다(제2.1.5항 참조).

7.4.5 분기기의 초음파 검사 및 겨울철 준비

(1) 분기기의 초음파 검사

초음파 검사는 고속 선로의 본선, 측선 및 연결 궤도에 위치한 모든 분기기에 적용한다. 구성 레일과 접착절연 이음매 단부에 대한 최초의 초음파 검사는 선로가 영업에 들어가기 전에 수행하며, 그 후의 검사는 매년 수행한다.

(2) 분기기의 겨울철 준비(안전설비의 유지보수)

- 선로원 책임하의 작업 : ① 가동요소 작동지역의 청소 및 청소의 검사, ② 포인트 후단의 눈에 보이지 않는 부분(작동 동안 커버를 벗기지 않는 부분)의 청소와 기름칠하기
- 전기 부서 직원 책임 하의 작업 : ① 전기 히터 설비 등의 작동에 관한 검사

7.5 접착절연 이음매

7.5.1 접착절연 이음매에 대한 일반 지식

(1) 해설

(가) 일반 특성

장대레일에 주로 사용되는 접착절연 이음매는 절연 이음매와 함께 에폭시 레진으로 레일에 접착하고 고장력 볼트로 견고하게 체결하는 6공의 특수 이음매를 갖고 있다. 볼트는 레일 복부의 절연 부쉬로 레일과 절연된다. 접착절연 이음매의 검사와 시험은 제 7.1.4(6)항을 적용한다.

(나) 절착 이음매의 간결한 설명

1) 사용 설비의 설명 : 1,000 내지 1,400 kN의 종 방향 압축력, 또는 인장력에 대한 접착절연 이음매의 저항력은 유간 폭에 어떠한 변화의 발생도 없이 접착절연 이음매를 장대레일에 결합할 수 있게 한다.

2) 레일-볼트-이음매판 : 레일은 완벽하게 직선이어야 하며 사전에 초음파를 사용하여 검사하여야 한다. 통상적으로 900A급의 레일을 사용한다. 만일 지역 조건이 열처리 레일을 필요로 한다면, 요구대로 사용할 수 있다. 이음매판은 특별 제조 공차와 함께 레일의 형상에 적합하도록 설계된다. 고장력 볼트는 약 40 m.daN의 토크를 가진다. 레일 단면이 어떠하든 접착절연 이음매에서 주요 치수는 ① 레일 구멍의 직경이 25 mm, ② 이음매볼트의 직경이 18 mm, ③ 이음매판 구멍의 직경이 22 mm이다.

3) 접착 : 접착력이 있는 에폭시 수지를 사용한다.

4) 절연 삽입물 : 사용하는 절연 삽입물은 두께가 1.5 mm이며, 주입 처리한 섬유로 만든다.

5) 유리(섬유) : 두께 0.4 mm의 광폭 메쉬 섬유 유리는 이음매 볼트를 죄었을 때 접착력의 고른 분포를 보장할 목적으로 삽입물의 양쪽(레일과 이음매판)에 배치한다.

6) 절연 부품 : 절연 부쉬와 확장된 단부 포스트는 승인된 열 가소성의 재료로 만든다.

(2) 취급

접착절연 이음매에 대해 조심하여야 할 것은 분기기 부품의 취급에 대하여 권고된 것과 같다. 특히 접착절연 이음매를 포함하는 토막레일은 접착절연 이음매의 보존에 해롭게 되는 상당한 처짐이 생기지 않

아야 한다. 마지막으로, 연장된 단면에 대한 손상을 피하여야 한다.

(3) 침목 간격

접착절연 이음매 부근에서 콘크리트 침목의 간격은 표 7.35에 의한다.

표 7.35 이음매부근에서 콘크리트 침목의 간격

구분	A(mm)	B(mm)	C(mm)	D(mm)	E(mm)
F8	600	600	360	600	600
F8(외)	600	564	360	600	600
F10	554	554	360	577	577
F12	600	600	360	600	600
F18.5	600	600	360	600	600

※ 표에서 $A \sim E$의 기호는 이음매 위치의 침목 간격을 C로 하고, 여기서 양옆의 침목 간격을 각각 B, C, 그 앞과 뒤를 A, E로 함.
  즉 C를 중앙으로 하여 $A \sim E$의 순으로 배치

(4) 도상 단면

장대레일이 부설된 본선에서 접착절연 이음매 양쪽의 20 m에 걸친 자갈도상은 일반적인 경우에 콘크리트 침목의 부설을 위하여 강화되어야 한다. 모든 경우에 절연 레일에 연결되든지 아니든지 간에 용접된 분기기의 양쪽 50 m에 걸쳐 보강한다.

7.5.2 접착절연 이음매의 부설

(1) 일반 원리

- 통과 하중을 받는 접착절연 이음매의 피로는 블로킹에 크게 좌우된다. 그러므로, 작업하는 동안 임시 토막레일을 사용하고 궤도를 정확하게 면 맞춤을 하고 블로킹하였을 때만 최종의 토막레일을 설치하는 것이 바람직하다. 만일 접착절연 이음매가 궤도에 직접 부설되었다면, 접착절연 이음매의 양쪽으로 적어도 6 개의 침목에 걸쳐 궤도를 신중하게 면 맞춤하고 블로킹을 한 후까지 최종 열차가 통과하는 것을 허용해서는 안 된다.
- 임시 이음매는 연결 토막레일과 가급적 35와 45 m.daN 사이로 조인 ø18의 볼트를 사용하여 단단하게 조인 부품을 가진 절연 이음매로 구성하여 설치할 수 있다. 그럼에도 불구하고, 임시 토막레일은 가능한 한 곧바로 접착절연 이음매를 통합하는 최종 토막레일로 교체하여야 하며, 임시 이음매의 거동을 모니터하여야 한다.
- 접착절연 이음매를 가열해서는 안 된다. 그러므로, 가열 장치의 버너는 이들 이음매를 통과하는 때를 최소화하기 위하여 스위치를 끄거나 줄이어야 한다. 두 번째의 경우에는 열 절연 금속막 재킷으로 이음매를 보호하여야 한다.

이들의 원리는 신축이음매에 설치된 접착절연 이음매에도 적용할 수 있다.

(2) 중요 사항

접착절연 이음매를 기존의 장대레일에 연결할 때는 가능한 한, 응력 균질화가 수행될 때까지 양쪽의 장대레일에 의하여 접착절연 이음매에 발생된 힘을 제거하여야 한다. 이 목적을 위하여 다음을 수행하여야 한다. ① 온도가 너무 낮을 때(5 ℃)는 접착절연 이음매의 부설을 피하여야 한다. ② 2차 용접을 행하기 전에 값 s mm로 틈을 되돌리기 위해서는 접착절연 이음매를 가열하지 않도록 유의하면서 용접 양쪽의 약 50 m 길이에 걸쳐 레일을 균등하게 가열하거나 유압 긴장기를 사용한다. ③ 응력 균질화를 지체없이 수행한다.

7.5.3 궤도상에서 접착절연 이음매의 조립

(1) 방법 1
(가) 크로싱 부근
접착절연 이음매는 대칭의 5공 이음매판(2 볼트는 크로싱 단부, 3 볼트는 레일 단부)으로 만든다.

1) 레일의 구멍 뚫기 : 두 기존구멍의 직경을 25 mm로 증가시켜야 한다. 25 mm 직경의 세 번째 구멍도 뚫어야 한다. 구멍 열림은 균열 개소를 피하기 위하여 90 °원추형 구멍 커터로 구멍의 위쪽을 넓혀야 한다.

2) 레일과 이음매의 면 다듬기 : 접착 작용제를 바르려는 레일과 이음매판의 표면은 철저하게 면 다듬기를 하여야 한다. 이들은 산화, 또는 그리스의 흔적이 없어야 한다. ① 레일은 200 mm 직경의 페틀링(fettling) 휠과 70 mm의 컵(cup) 휠을 사용하여 면 다듬기를 한다. 클리닝은 벨트 사포 기계로 완료한다. ② 특수 이음매판은 숏 블라스트를 한다. 만일 접착용제를 바르려는 표면에 산화의 흔적이 보인다면, 사포기계를 사용하여 제거한다. 만일, 레일이 이음매판 지역에 양각 표시를 갖고 있다면, 초과 두께를 제거하도록 연마한다.

3) 접착 작용제의 준비 : 염기 합성 수지가 경화촉진제와 혼합되자 마자 곧바로 합성 수지 등의 중합이 시작되는 것으로 가정하여야 한다. 중합에 필요한 시간은 대기 온도에 따라 변한다. 그러므로, 합성수지 경화촉진제의 혼합은 이음매를 막 접착하려고 할 때까지 준비하여서는 안 된다. 혼합은 항상 완전한 통의 함유물을 사용하여 행하여야 한다. 경화 촉진제(흰색)를 담는 통에 염기(검정 색)를 따른다. 혼합이 완전하여야 한다. 온도가 15 ℃ 미만일 때는 절연이음매를 조립하지 않는 것이 권고된다. 합성수지의 경화 시간을 표 7.36에 나타낸다.

4) 피부 보호 : 유리섬유와 접착 작용제의 사용은 피부 자극을 일으킬 수 있다. 그러므로, 다음 사항을 준수하는 것이 필수적이며, 엄밀한 피부 위생 관리를 적용하여야 한다. ① 이들 재료와 접촉하는 신체의 부위(주로 손)를 보호한다. ② 피부에 붙은 재료를 떼어낸다. 클리닝 합성제와 액체 글리세린 비누를 사용한다. ③ 특수 비누 중화 산성, 또는 알카리성 재료를 사용하여

씻는다.

표 7.36 합성수지의 경화 시간

온도(℃)	20	50	80	100
경화 시간(h)	24~30	8~10	6	2

5) 이음매판에 접착 작용제 바르기 : 각 이음매판에 대하여 레일과 접촉하는 내부면과 2 마무리 표면에 '① 주걱, 또는 흙손으로 칠한 접착 합성제의 엷은 도장, ② 유리섬유, ③ 조립식 인서트, ④ 인서트에 대한 접착 작용제의 엷은 도장' 등의 합성제를 계속하여 바른다. 유리섬유는 주름을 피하기 위하여 신중하게 위치시켜서 펴야 한다. 볼트용 구멍은 볼트 설치의 어려움을 피하기 위하여 이음매판과 인서트의 것에 정확하게 일치하여야 한다. 접착 작용제는 특수 접착 도장 롤러를 사용하여 유리섬유에 침투하도록 한다.

6) 레일에 접착 작용제 바르기 : 접착 작용제의 도장은 이음매판을 설치하기 전에 이음매판과 접촉하는 레일의 모든 부분에 바른다. 접착제의 엷은 도장은 단부 포스트와 접촉하는 2 레일의 단면에 바른다.

7) 설치 : 절연 부싱은 이음매판 이전에 설치한다. 핀과 볼트를 삽입할 때는 부싱이 변위하지 않도록 주의하여야 한다.

8) 볼트 조이기 : 각각의 볼트는 이음매판이 레일에 견고하게 죄여지고 이음매판의 각종 구성 요소가 정확하게 위치할 때까지 우선 조인다. 토크렌치는 볼트의 그 다음 조이기에 사용한다. 각 볼트는 우선 20 m·daN으로 돌린다. 그 후 죄임 토크의 약 80 %의 값이 도달될 때까지 10 m·daN의 단계로 계속한다. 직경 18 mm 볼트에 대한 42 m·daN까지의 최종 죄임은 접착 작용제가 굳기 시작할 때까지 즉, 컨시스턴시에서 약간 더 두껍게 되어갈 때까지 늦춘다. 이것은 대략 15 내지 20 분을 요한다. 각 단계에서의 죄임은 두 개의 중앙 볼트를 먼저 죄이고 그 다음에 단부의 볼트, 최종적으로 중간의 볼트를 죄여서 전체 이음매판에 걸쳐 분산시킨다.

9) 이음매 마무리 : 이음매가 완성되었을 때는 '① 레일 두부 측면에 대한 균열의 탐지를 용이하게 하기 위하여 볼트 죄임에 기인한 접착작용제 밀려나옴의 신중한 제거, ② 이음매판 두부, 이음매판 저부 및 이음매판 양단의 이음매판 복부 조인트에서 접착 작용제 사면의 형성' 등의 마무리 작업을 수행한다.

10) 접착 후에 이음매판의 인위적인 가열 : 마무리가 완료되었을 때, 접착된 이음매의 온도가 80 ℃와 100 ℃ 사이에 이르도록 평평한, 또는 방사의 프로판 패널을 이용하여 이음매를 가열한다. 이 가열의 목적은 접합 합성 수지의 중합을 활성화하기 위한 것이다. 이음매판을 댄 이음매를 충분히 긴 시간 동안 요구된 온도로 계속 유지하여야 한다. 이음매의 완료 시에 열차이동을 다시 시작할 수도 있으며, 가열을 열차 상간에 수행한다.

11) 재료 획득 : 한 이음매는 ① 특수 Ⅱ형 5공 이음매판 한 쌍, ② 5공 절연 인서트 한 쌍, ③ 5공 이음매판에 대한 유리섬유 4 토막, ④ 고장력 볼트 5 개, ⑤ 단부 포스트 1 개, ⑥ Ⅱ형 절연 부 싱 3 개, ⑦ 절연 부싱 2 개, ⑧ 합성 수지 1 통, 350 g, ⑨ 경화 촉진제 1 통, 350 g의 재료를 필요로 한다.

(나) 2 기본레일 힐 부 사이의 2 레일간 텅레일에서

접착절연 레일은 6공 이음매판을 사용하여 조립한다. 그러므로, 레일에 뚫은 구멍은 25 mm의 직경을 가진다. 볼트는 절연 부싱으로 설치된 고장력 볼트이다.

(2) 방법 2

이하에 기술하는 방법은 선행의 조립에 어떤 방법을 사용하였던지 간에 최초의 설치, 또는 수선의 모든 경우에 적용할 수 있다.

(가) 이음매와 부품의 설명

이 유형의 접착절연 이음매의 조립에는 ① 4, 5, 또는 6공의 특수 이음매판 2 개, ② 길이 940 mm의 나이론 바 4 개 및 두께 3 mm의 나이론 패드 8 개, ③ 중앙부 주위에 절연 쉬스 관이 있고 와셔와 너트가 붙은 22×160 HS 스터드 4, 5, 또는 6 개, ④ 특수 2성분 접착 작용제 1 회분, ⑤ 얇게 한 돌출부가 있는 단부 포스트 11 개와 흰색 폴리마이드 1 개 등의 부품이 필요하다. UIC 60 단면의 레일용으로 특수 이음매판을 제조한다. 조립에 사용된 작용제의 목적은 ① 이음매판을 레일에 접착, ② 이음매판에 전기적 절연을 마련, ③ 스터드에 인장 응력이 가해질 수 있게 하는 것 등이다. 3 mm의 일정한 두께로 이음매판과 레일간에 인서트를 형성한다. 나이론 바와 패드는 조립품에 대하여 3 mm의 틈으로 한정한다. 바는 처음의 조임 동안 마무리 표면에 붙여서 위치시키고 접착 작용제가 완전히 경화될 때까지 이음매가 열차의 통과에 견딜 수 있음을 보장하여야 한다. 마지막으로, 그들은 이음매에 물이 들어가는 것을 방지한다.

(나) 부품의 보관

2 성분 접착 작용제는 햇빛을 피하여 건조하고 시원한 곳(온도 ≤ 25 ℃)에 보관하여야 한다. 접합 작용제의 저장 기한은 최적의 보관 조건 하에서 제조 일로부터 8개월이다. 이음매판과 볼트는 덮개를 씌워 보관하여야 한다. 스터드는 햇빛을 피하여야 한다.

(다) 궤도상에서 접착절연 이음매의 조립

1) 개요 : 접착은 -5 ℃~+30 ℃간의 레일온도에서 행할 수 있다. 접착 작용제 성분의 중합 가열이 없이 대기 온도에서 이루어진다. 레일온도가 +30 ℃ 이상일 때에는 만족스러운 조건에서 이음매를 조립하는 것이 더 이상 가능하지 않을 정도의 빠른 속도로 접착 작용제의 경화가 계속된다. 역으로, 레일온도가 +15 ℃ 이하이거나, 또는 습기가 있는 날씨일 때는 +25 ℃를 넘지 않도록 주의하면서 토치를 사용하여 가열, 또는 건조시켜야 한다. 사용하려는 접착 성분의 온도는 너무 낮지 않아야 한다. 대략 +15 ℃의 온도가 권고된다. 비가 올 경우에는 작업을 시작하지 않아야 하며 효과적으로 보호할 수 없다면 작업을 중지하여야만 한다. 정확하게 면 맞춤을 하고 차

단을 하며, 단부가 "① 레일간의 마모 차이 ≤ 1 mm, ② 0.50 m 자를 이용하여 측정한 단부 마모 ≤ 5/10 mm, ③ 이음매판을 대는 표면의 마모 ≤ 10/10 mm"의 한계에 응하는 이음매판을 접착하여야 한다. 만일, 이들의 공차를 초과한다면 단부를 육성 용접하거나 접착 전에 부품을 교체하여야 한다. 직경 22 mm의 절연 스터드는 공칭 직경 23 mm의 이음매판을 대는 구멍에 삽입한다. 그러나, 만일 기존 구멍의 직경이 25 mm이라면 특별 수단을 취할 필요는 없다.

2) 레일과 이음매판의 준비

- 접착 작용제를 바르려는 면의 다듬기 : 접착 작용제를 바르려는 레일과 이음매판 표면의 철저한 면 다듬기가 필수적이며, 광택이 있는 표면을 산출하기 위한 시도가 없이 연마나 샌드페이퍼로 닦는다. 그러므로, 벨트 사포 기계의 사용은 권고되지 않는다. 그 다음에, 이음매판의 우묵한 곳과 이음매판 자체를 아세톤, 또는 또 다른 휘발성 솔벤트를 사용하여 깨끗이 한다. 산화의 흔적이나 그리스가 남아 있지 않아야 하며 금속 조각이 없어야 한다.

- 이음매의 조정 : 이음매 틈은 5 mm이어야 하며, 접착된 이음매에 대하여 0일 수 있다. 후자의 경우에는 스터드의 절연부를 제거할 수 있다. 접착절연 이음매에 대하여는 레일을 달굼(가열)에 의하여 단부 포스트가 설치될 때의 이음매 틈을 설치하는 것이 타당하다.

- 이음매판의 준비 : 바와 패드는 상업적으로 이용할 수 있는 접착제를 사용하여 이음매판에 접착한다. 바는 일반적으로 가장 큰 이음매판과 동등한 940 mm의 단일 길이로 공급된다. 다른 이음매판에 대하여는 필요한 대로 바를 자른다. 조립과 접착 작용제의 경화 동안 레일 복부에 평행하게 이음매판을 유지하기 위하여 각 이음매판에 대하여 4 개의 패드를 접착제로 붙인다. 패드가 없어졌다면 3 mm의 얇은 패드를 바 조각으로 만들 수 있다.

3) 이음매 접착과 조립 : 이 작업은 중지되어서는 안 되며 어떠한 재(再)작업도 이음매의 거동을 손상시킬 위험이 있다. 이음매의 완성에 필요한 시간은 30 분이다. 완전하게 평평하고 똑바른 이음매가 산출되도록 보장하기 위하여 레일 단부의 높이와 선형은 블록으로 조정하여야 한다. 그러나, 높은 이음매의 형성을 피하여야 하며 레일 저부가 손상되지 않도록 주의하여야 한다. 그 다음에, 작업의 시작부터 이음매판을 정확하게 접촉시키고, 나이론 바를 전체 길이에 걸쳐 일정한 조립 압력으로 지지하며, 접착 작용제가 충분히 경화될 때까지 이음매판을 정확한 위치에서 유지시켜야 한다. 접착촉진제가 빠르게 경화함에 따라 이음매를 급속히 조립하여야 한다. 이 이유 때문에 이음매판과 스터드를 사용하여 조립하기 전에 구멍 뚫기의 정확성을 점검하여야 하며, 설치가 준비된 두 이음매판 및 스터트와 필요한 도구는 그 다음에 도달 범위 내에, 그리고 접합하려는 레일 단부들의 양쪽에 위치시킨다. 각 통의 재료는 혼합용으로 준비된 기구를 사용하여 혼합하며, 더 이상 어떠한 가루의 흔적도 없을 때까지 계속한다. 비율은 요구된 정확한 양에 따라 결정하며, 작용제를 모두 사용하여야 한다. 그 다음에 두 사람이(각 이음매판에 대하여 한 사람) 이음매를 조립하며, 다음의 작업을 신속하게 동시에 실시한다. ① 주걱을 사용하여 이음매판의 우묵한 곳에 접착 작용제(이음매판당 한 통)를 살포한다. ② 만일 필요하다면, 가이드 로드를 사용하여 이음매판을 위치시킨다. ③ 이음매판 구멍에 스터트를 삽입하고 손으로 약간 조인다. ④

접착 작용제의 넘침을 제한하도록 클램프를 사용하여 이음매판에 임시 완충제를 고정시킨다. ⑤ 이음매판의 외측 면간에 조립치수 C를 확보하기 위하여 번갈아 가며 너트를 조인다.

모든 경우에 있어 C = 2T + t +(2×3 mm)이다. 여기서, C : 조립 치수, T : 이음매판의 두께, t : 레일 복부의 두께이다. 40 mm의 표준 이음매판 두께와 함께 UIC 60 레일에 대한 이 치수는 103 mm이다. 그 다음에, 모든 단부 포스트를 제거하고 완전한 주행표면을 얻기 위하여 이음매를 연마한다. 연마 및 블록과 클램프의 철거 후에 열차 교통을 허용할 수 있다. 이음매판에서 밀려나온 어떠한 접착 작용제도 주걱을 사용하여 제거한다. 아세톤, 또는 다른 솔벤트를 사용하는 이음매의 클리닝은 금지된다. 도구를 지체 없이 깨끗이 한다. 임시 완충제는 접착 작용제가 충분히 중합하였을 때 철거한다.

(라) 최종 조이기

접착하고 나서 대략 24 시간 후에 토크렌치를 사용하여 모든 너트를 조여야 한다(6공 이음매에 12개의 너트). 1 주일의 끝에 접착할 수 있게 하기 위하여 운반된 하중이 10만 톤을 넘지 않는 한, 예외적인 경우에 이 시간 간격을 연장할 수 있다. 이음매는 최종 조이기를 할 때까지 장대레일에 연결할 수 없다.

(마) 이 유형의 접착절연 이음매, 또는 접착 이음의 조립에 필요한 도구와 설비

조립에 필요한 도구와 설비는 다음과 같다. ① 온도가 +15 ℃ 아래이거나, 또는 습도가 높은 날씨일 경우에 레일과 이음매판을 가열하기 위한 히터, 토치, 또는 버너, ② 이음매판의 면을 고르고 조립한 후에 이음매판을 연마하기 위한 똑바른 컵 휠, ③ 복부와 마무리 표면을 고르기 위한 디스크 그라인더. 망간 크로싱과 분기기에서 도달하기 어려운 기타 위치에 대하여는 적합한 도구를 사용하여야 한다. ④ 이음매판 구멍의 면을 고르기 위한 천공 그라인더. ⑤ 나이론 바와 패드를 이음매판에 접착시키기 위한 접착 튜브, ⑥ 아세톤, 또는 기타 솔벤트. 적어도 두 개의 부러쉬, 및 도구를 깨끗이 하기 위한 용기, ⑦ 이음매의 정확한 위치를 설정하기 위하여 필요한 장비, ⑧ 접착 작용제의 두 성분을 혼합하기 위하여 필요한 장비. 회전 속도는 낮아야 한다(약 500 rpm). 모터 축, 또는 연성 커플링에 감속 기어가 붙은 전기 드릴, 또는 그라인더를 사용할 수 있다. ⑨ 접착 작용제를 레일 단부에 칠하기 위한 칼 2 개, ⑩ 각각의 이음매 단부에서 임시 완충제로서 사용되는 대략 5 cm 길이의 목재 이음매 단면 8 개. 접착 작용제의 접착을 방지하고 그들의 클리닝을 촉진하기 위하여 실리콘으로 그들을 칠하는 것이 좋다. ⑪ 조이기 동안 적소에 이들 완충제를 유지하기 위한 클램프 2 개, ⑫ 이음매 유형에 대응하는 라이닝 치수를 얻기 위한 템플릿, 또는 캘리퍼스, ⑬ 36 mm 토크 렌치(접착절연 이음매를 조립하고 나서 24 시간 후에 너트를 70 m.daN으로 조인다), ⑭ 체결장치와 이음매의 활동을 조정하고 해체와 조립을 하도록 당기기 위하여 사용하는 도구.

7.5.4 손상된 접착절연 이음매의 수선

분기기에 위치한 접착절연 이음매의 절연은 "① 힘의 요구 조건에 조화하여 두 레일 요소간에 6공 이음매판이 있는 접착 절연 이음매에 대하여, ② (구조에 의하여 전기적으로 서로 연결된) 모든 이음매판과 토막레일 간의 절연을 측정함에 의하여 분기기 크로싱에서 5공 이음매판이 있는 접착 절연 이음매에 대하여" 검사한다. 분기기의 손상된 접착절연 이음매는 참고적으로 예를 들어 다음과 같이 수선한다.

(1) 크로싱의 접착절연 이음매

만일 크로싱이 좋은 조건에 있다면, 접착절연 이음매가 손상되었다고 해서 바로 교체하지 않아야 한다. 그러한 경우의 절차는 다음과 같다(그림 7.28).

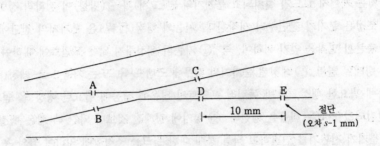

그림 7.28 크로싱 접착절연 이음매의 수선

- 접착절연 이음매 A, B 및 C : 장대레일에 연결되지 않은 이들 이음매는 궤도상에서 직접 해체하고 다시 설치할 수 있다. 그들은 슬립이 5 mm보다 크지 않는 한, 슬립에 대하여 교체하지 않아야 한다. 재 설치한 접착절연 이음매는 적어도 2 시간 동안 프레스를 사용하여 밀착을 유지하여야 한다.
- 접착절연 이음매 D : 이음매는 장대레일에 연결되며, 그러므로 열 응력에 기인하여 강한 힘을 받을 수 있다. 슬립이 2 mm보다 크지 않는 한, 슬립에 대하여 교체하지 않아야 한다. 수선은 중합작용과 접착 수지의 완전한 경화 이전에 접착 이음매에 대한 인장력의 작용을 피하기 위하여 이음매에서 대략 10 m 떨어진 E에서 레일을 절단한 후에만 수선하여야 한다. 절단은 금속의 양($s - 1$)이 제거되도록 행한다. 접착 이음매의 수선이 완료되었을 때, 적어도 48 시간 동안 이음매판과 C 클램프를 사용하여 틈을 강화하여야 한다. 틈이 값 s로 줄어들었을 때 통상의 주의를 하여 용접한다.

(2) 포인트 선단의 접착절연 이음매

포인트 선단의 손상된 접착절연 이음매는 크로싱의 접착절연 이음매 D에 대하여 상기에 기술한 것과 같은 절차를 적용하여 궤도상에서 수선한다.

(3) 외측 레일에 대한 접착절연 이음매

교체할 접착절연 이음매를 지정하고 손상된 장대레일 요소의 교체와 같은 절차를 이용한다.

7.6 포인트 연동장치와 가동 노스 록

7.6.1 연동장치의 조정

연동장치는 게이지 로드가 설치되고 분기기의 면(고저)과 줄(방향)이 정확히 정렬되었을 때만 조정할 수 있다. 조정은 분기기 전단부터 시작한다. 처음의 행정(行程)은 분기기의 전단에서 기본레일에 대한 텅레일의 충분한 밀착을 얻기 위하여, 즉 "① 기존의 쇄정하지 않은 포인트에 대하여 처음의 게이지 로드(T₁)에서 텅레일 열림, ② 쇄정된 분기기의 경우에 크램프 록, 또는 가동 노스 쇄정(쇄정부의 겹침)의 정확한 작동에 필요한 행정, ③ 반 독립식 포인트의 경우에 작동에 필요한 행정"을 얻기 위하여 필요하다. 행정이 결정되었을 때는 다음을 행한다. ① 상기에 정해진 것보다 약간 더 짧은 행정을 분기기 전환기에 준다. ② 분기기 전환기를 연결하고 작동 봉에 대한 링크를 조정함에 의하여 좌와 우 이동을 균형시킨다. ③ 연결되지 않은 전동 장치의 나머지에 처음의 두 엑튜에이터를 연결한다. ④ 클램프를 사용하여 힐 부에서 텅레일 이동을 도운 다음에 제2 엑튜에이터에서 우, 또는 좌 이동을 수행하고 텅레일과 기본레일 간의 활동을 측정한다. ⑤ 반대 이동을 실시하고 같은 방법으로 활동을 측정한다. ⑥ 링크를 이용하여 두 레버를 연결하는 전달 연동장치 구성요소의 길이를 조정하여 양쪽의 활동을 균형시킨다. ⑦ 제2와 제3의 레버를 연결하는 전달 연동장치의 구성 요소를 설치하고 제3 레버에서 상기에 기술한 것과 같은 방법으로 속행한다. ⑧ 마지막 레버에 대하여 같은 작업을 하나 하나 반복한다. ⑨ 분기기 전환기를 정상 행정으로 설정하고 분기기의 양 위치에 대하여 텅레일 전체 길이를 따라 텅레일이 적합하게 밀착되는지를 검사한다.

7.6.2 분기기의 균형 잡기

(1) 개론
수평으로 부설된 분기기는 양쪽에서 다소간 동일한 작동 힘을 가져야 한다. 캔트가 있는 분기기는 작동 힘이 불균형하며, 캔트가 클수록 작동 힘이 크게 된다. 이하에서는 참고적으로 분기기의 균형 장치 등에 대하여 소개한다.

(2) 분기기의 균형 장치
분기기의 균형 장치는 다음으로 이루어져 있다. ① 침목에 체결하기 위하여 사용하는 양쪽에 세 개의 굵은 나사못 구멍을 가진 지지대, ② 핀으로 U형 링크를 수용하는 고정부와 38 mm 렌치를 사용하여 스프링을 죄는 육각부로 구성하는 두 개의 부싱으로 안내되는 피스톤, ③ 2 개의 스프링, ④ 두께 20

mm의 와셔. 스프링을 초기에 20 mm만큼 조여주는 이 와셔는 철거할 수 있다. 스프링의 최대 유효 압축량은 와셔가 있을 때는 105 mm, 와셔가 없을 때는 125 mm이다.

(3) 분기기 균형 장치의 설치 조건

분기기 균형 장치(T.B.D.)는 다음과 같이 조립한다. 캔트를 붙여서 부설된 분기기는 다음과 같은 경우에 분기기 균형 장치를 설치한다. ① 표준 설치 : 상부 텅레일의 밀착을 위한 작동 힘이 330 daN 이상일 때, ② 반-독립식, 배향 가능, 역으로 할 수 없는 설치 : 텅레일의 중력에 기인하여 불균형 힘이 30 dN 이상일 때. 이 장치는 번호가 표 7.37에 주어지는 작동 지점에 설치하며, 기존의 연결 로드를 추가의 러그가 제공된 기하 구조적 특성 관계의 로드로 대체한다.

표 7.37 UIC 60 분기기 균형 장치의 설치 위치

분기기	UIC 60/15 tan 0.0654	UIC 60/26 tan 0.0372	UIC 60/46 tan 0.0218
일반조립	T7	T8 과 T10	T8 과 T11

(4) 균형 장치의 설치

여기에서 참고적으로 소개하는 균형 장치는 가장 불리한 방향에서 즉, 캔트 상에 있는 분기기에서 하부 위치로부터 상부 위치까지 텅레일의 이동을 돕도록 작동되어야 한다. 균형 장치는 다중 액튜에이터에 연결된 마지막 게이지 로드에 설치한다. 이 로드는 패널에서 로드의 위치에 따라 전단이든지 후단을 향하여, 포인트의 높은 지점을 향하여 위치한 돌기를 가진다. 다음의 작업을 수행하여야 한다. ① 대략 60 mm인 최대 잠재 조정을 남기도록 균형 장치의 나사를 낸 부분에 충분히 자리잡은 균형 장치에 게이지 로드 돌기를 연결하는 핀에 링크를 고정시킨다. ② 닫힌 상부 텅레일로, 그리고 반 독립식 분기기의 경우에 게이지 로드로 게이지 로드에 평행한 본체에 장치를 연결하고 위치시킨다. ③ 각각의 목 침목에 2 개의 ∅23/1115 래그 볼트로 장치를 고정한다.

(5) 균형 장치의 조정

좌측에서 우측으로와 우측에서 좌측으로의 작동 힘은 균형 장치의 설치 전에 측정한다. 균형 힘에 의하여 스프링에 적용하여야 하는 압축은 다음을 결정하여야 한다. ① 두 힘간의 차이를 계산하고 텅레일에서 마련하려는 추가의 값을 주도록 차이를 2로 나눈다. ② 힐 부분의 작동 행정에 대한 선단의 열림 행정의 비율로 구해진 값을 곱한다. 결과는 균형 장치가 텅레일에 가하여야 하는 힘이다. ③ 텅레일의 높은 지점에서 요구된 힘을 얻는데 필요한 스프링 압축 값을 결정한다.

이 압축의 값은 장치 설계의 결과, 포인트의 낮은 지점의 스프링에 의한 복귀 영향을 최소화하기 위하여 균형 장치에서 행정의 반만큼 줄여야 한다. 만일 균형 장치에서 작동 행정의 추가 후에 구해진 값이 스프링의 최대 압축(105, 또는 125 mm, 상기의 제(2)항 참조)보다 더 크다면, 2 개의 균형 장치를 사

용하여야 한다. 이 압축은 38 mm 렌치를 사용하여 피스톤의 육각형 부분을 돌려서 얻는다. 이것은 장치에 대한 참조 점, 예를 들어 6각형 부분의 가장자리와 지지의 외측 가장자리를 취하여 측정할 수 있다. 그것은 약 60 mm의 조정 범위를 초과할 수 없다. ① 링크에 대한 록 너트를 조인다. ② 오른쪽에서 왼쪽, 그리고 왼쪽에서 오른쪽으로 얻어진 작동 힘을 검사한다. ③ 결과에 따라서 스프링 압축을 증가시키거나 감소시켜서 균형을 정교하게 조정할 수 있다. 만일, 두 개의 균형 장치가 필요하다면, 구하려는 추가의 힘은 두 장치간에서 다소간 반반씩 분포하여야 한다.

7.6.3 포인트의 고정화(영구 쇄정)

(1) $S \leq 40$ km/h의 배향 통과 불가 포인트 : 조정된 기계장치에 의한 전기적 작동

(가) 일반적인 경우

기계장치는 다음의 세 조건이 충족되는 한은 혼자 힘으로 포인트를 고정하기에 충분하다. ① 기계장치가 부류 1, 또는 하위 부류 2a에 있다(제7.4.1(3)항 참조). ② 기계장치는 포인트의 침목 상에, 또는 이들 침목에 견고하게 부착된 프레임 상에 설치한다. ③ 기계장치를 포인트에 연결한다. ⓐ 80 mm를 넘지 않는 지거로 3 m 이하의 길이를 가진 작동 로드에 직접 의하거나, ⓑ 또는, 포인트에 고정된 프레임 상에 설치된 벨 크랭크에 의한다. 작동 로드의 길이는 3 m 이하이고 기계장치에 벨 크랭크를 연결하는 로드의 최대 길이는 7 m이어야 한다. 이들 2 로드의 어느 것도 80 mm보다 큰 지거를 가지지 않는다.

(나) 특별한 경우

상기에 정한 조건을 충족시킬 수 없을 경우는 쇄정이 불필요할지라도 포인트를 클램프 록으로 고정화하여야 한다. 기계 장치는 포인트가 부류 1, 또는 2a에 있어야 하는 경우인 다중 액튜에이터가 있는 클램프 록을 가지지 않는 한, 부류 1, 또는 부류 2에 있을 수 있다(제7.4.1(3)항 참조).

(2) $S > 40$ km/h의 큰 배향 통과 불가 포인트 : 전기 기계 장치에 의한 작동

사용되는 기계 장치가 부류 1에 있든지 2에 있든지 간에 클램프 록으로 포인트를 고정화하여야 한다.

(3) 반전이 없는 배향 통과 가능 포인트

(가) 이동 속도가 40 km/h 이하인 대향 포인트

- 포인트가 9 m보다 긴 탄성 텅레일을 가지고 있는 경우 : 탄성 로드로 구동된 복귀(리턴)는 포인트를 유지하기에 충분하다.

- 포인트가 9 m 이하의 탄성 텅레일을 가지고 있는 경우 : 곡선 텅레일(또는, 만일 대칭(양개) 분기기라면 텅레일들)은 록킹 플레이트, 또는 배향 가능 록킹 장치로 고정화시켜야 한다. 후자는 교통의 중요성, 또는 탈선의 중대성이 정당화되었을 때 사용한다(예를 들어, 분류, 또는 도착 조차장의 선단에 있는 포인트, 인화물, 또는 위험한 화물을 수송하는 차량이 통과하는 포인트).

대향 방향으로 통과하고 탄성 텅레일이 9 m 미만의 길이를 가진 배향 통과 가능 포인트의 분기궤도

(편개 분기기), 또는 분기궤도들(양개 분기기)에 대한 공격적인 차량의 통과는 사실상 선단의 부분적인 열림으로 귀착되는 닫힌 텅레일의 변위를 초래할 위험이 있다. 이 현상은 탈선을 일으킬 수 있다. 공격적인 차량(동력 차, 또는 부수 차)은 특히, 보기 회전이 제한되는 차량, 또는 타이트한 연결을 가지고 주행하는 보기 또는 2축을 가진 차량을 포함하며, 포인트 앞의 선형이 굴곡되었을 때 특히 그러하다.

(나) 이동 속도가 40 km/h보다 큰 대향 포인트

40 km/h보다 큰 속도로 대향 방향으로 통과하는 위치의 포인트는 쇄정되어야 한다. 포인트는 "① 로드 록, ② 일반적으로 단선상의 측선 포인트를 고정하기 위하여 사용하는 배향 록"으로 쇄정한다. 후자는 40 km/h보다 큰 속도를 취하는 방향으로만 위치한 포인트를 배향 통과할 수 있게 한다.

7.6.4 가동 노스 록의 작동

(1) 작동 원리

레버-록킹 암 조립품은 가동 노스의 변위에 평행한 평면에서 회전과 병진 운동에 의하여 움직인다. 록킹 레버는 좌측 암의 헤드에 의하여 쇄정되고 우측 암의 헤드에 의하여 블로킹된 가동 노스와 좌측 롤러 플런저에 의하여 안정화된다. 레버-록킹 암 조립품에 의하여 크로싱에 대하여 밀착을 유지한다. 레버 암의 헤드는 좌측 프레임의 쇄정 부분에 맞물린다. 록킹 레버와 열림 암의 포크는 노스에 접촉하여 있고 그것의 열림과 그것의 쳄쇠 채움을 마주보게 한다. 록킹 피스는 레버 암의 헤드에 의하여 완전히 커버된다. 록킹 레버의 두 번째 암의 헤드는 우측 프레임의 쳄쇄 위치에 있다. 레버-록킹 암 조립품은 중앙 암에 연결된 작동 봉에 의하여 그것의 쇄정 위치에서 유지된다. 안정장치의 롤러 플런저는 작용하지 않게 된다.

(2) 가동 노스 록의 작동은 3단계로 구성된다.

(가) 1단계 : 중앙 암에 대한 작용과 록킹 레버의 회전에 의한 해정과 상쇄

암의 헤드는 그것의 활주부가 오른쪽 프레임의 홈통 측면에 의하여 정지될 때까지 록킹 피스로부터의 한쪽, 블로킹 캠버로부터의 다른 쪽을 동시에 해방한다. 록킹 레버의 회전 중에 왼쪽 롤러 플런저의 스프링은 중앙 암의 삭정부에 의하여 압축된다. 이러한 압축은 해정 이동의 절반과 3/4간에 적용된다.

(나) 2 단계 : 병진 운동

레버-록킹 암 조립품의 포크로 횡으로 유지된 가동 노스는 반대 방향으로 향하여 구동된다. 병진하는 동안 암 헤드의 활주부는 오른쪽 프레임의 홈통에 대응하는 측면에서 미끄러지고, 왼쪽 롤러 플런저가 해방되며, 오른쪽의 롤러 플런저는 압축된다.

(다) 3 단계 : 우측에 대한 쇄정과 블로킹

가동 노스의 병진 운동 끝에서 암의 헤드는 록킹 쳄버의 전방에 하나, 그리고 블로킹 쳄버의 전방에 또 다른 하나를 위치시킨다. 운동의 연속성은 한쪽 암 헤드를 쇄정 위치로, 그리고 또 다른 하나는 블로킹 위치로 가져가는 록킹 레버의 회전을 일으킨다. 오른쪽 롤러 플런저는 쇄정 이동의 1/4과 절반 사이에서 중앙 암의 삭정부(컷아웃)에 의하여 해방된다.

7.6.5 가동 노스 록의 조립과 조정

(1) 조립

가동 노스 록의 조립은 다음에 의한다. ① 커버가 있는 완전한 프레임 세트의 구성 부품을 분리시킨다. ② 후단을 향하여 기계 장치를 놓으면서 목재 록 지지재를 대강 위치시킨다. ③ 레버-록킹 암 조립품의 통과를 허용하도록 가동 노스 끝의 위쪽 궤도에 위치한 침목 상면을 깨끗이 한다. ④ 가동 노스를 중간 행정(mid travel)에 위치시킨다. ⑤ 가이드 플레이트와 베이스 플레이트를 설치한다. ⑥ 사전에 그리스를 바른 가동 노스의 끝에 레버-록킹 암 조립품을 맞물리며, 따라서 조립품의 세 포크에 의하여 횡 방향으로 유지된다. ⑦ 가이드의 구멍을 크래들의 구멍에 일치하도록 하면서 전방과 후방 가이드를 위치시킨다. 스프링 록 와셔가 붙은 래그 볼트를 맞물리고 부분적으로 조인다. ⑧ 가이드를 이 목적을 의도한 부품에 넣으면서 한 프레임을 설치하고 그것을 베이스플레이트 상에 2 개의 스크류를 손으로 조여 고정한다. ⑨ 같은 방법으로 두 번째 프레임을 위치시킨다.

(2) 조정
(가) 쇄정(록) 조정

프레임을 고정하기 위하여 사용된 크래들의 두 평행한 면 사이의 간격은 498 mm이다. 베이스 플레이트에 설치한 프레임의 두 고정 면간의 간격은 503 mm이다. 이 간격 차이는 기계가공 공차에서 생기는 크래들에서와 록킹 아셈브리의 대칭 틀림을 록킹 아셈브리의 횡 조정으로 정정할 수 있게 한다. 조정은 프레임과 크래들 간에 삽입되는 적합한 쐐기를 더하여 행한다. 설치된 아셈브리를 이용하여 다음을 행한다. ① 2 볼트를 사용하여 크래들에 좌측 프레임을 고정한다. ② 가동 노스가 휘지 않도록 주의하면서, 가동 노스를 좌측에 밀착시키고 록 부분에 겹치는 록킹 레버의 헤드로 기계 장치를 쇄정한다. ③ 록 부분과 레버 헤드간의 활동을 측정한다. ④ 좌측 프레임과 크래들간에 삽입하는 쐐기의 두께를 얻기 위해 이 치수에서 0.5 mm를 뺀다. ⑤ 좌측 프레임을 크래들에 고정하는 볼트를 철거한다. ⑥ 2 볼트를 사용하여 크래들에 우측 프레임을 고정한다. ⑦ 노스가 휘지 않도록 주의하면서 노스를 우측에 밀착시키고 록 부분에 겹치는 록킹 레버 암의 두부로 기계장치를 쇄정한다. ⑧ 좌측 프레임과 같은 절차로 쐐기의 두께를 결정한다. ⑨ 한쪽에 대응하는 쐐기를 설치하고 프레임을 크래들에 고정한다. ⑩ 다른 한쪽에 대응하는 쐐기를 설치하고 베이스 플레이트에서 고정 스크류를 철거하여 프레임을 크래들에 고정한다. 만일, 충분한 활동(play)이 있다면, 베이스플레이트에 프레임을 고정하는 스크류를 작동부분의 끝에 다시 설치한다. ⑪ 노스의 끝에서, 베이스 플레이트의 모서리로부터 궤도 위쪽으로 대략 10 mm에 목재 피스의 수직면을 위치시킨다. ⑫ 래그 볼트를 조여서 가이드를 막는다. ⑬ 베이스 플레이트에 기름칠을 한다. ⑭ 양쪽에 대한 쇄정과 행정 작업은 안정화가 통과할 때를 제외하고 어떠한 특정한 힘도 없이 수행되어야 한다. ⑮ 쇄정부의 재 작업은 어떠한 경우에도 허용되지 않는다. ⑯ 조정할 준비가 된 컨트롤러 피스톤을 설치한다. ⑰ 커버를 고정한다.

(나) 작동 로드의 이동 : 181±1 mm

작동 로드는 두 쇄정 부분이 겹치게 하기 위하여 이론적인 주행을 나타내는 66±1 mm만큼 증가된 록킹 레버(115 mm)로 노스 레벨의 병진 운동에 필요한 이동과 같은 이동이 주어져야 한다.

(다) 작동 로드의 조정

전기 포인트작동 기계장치의 암에 다중 액튜에이터의 상쇄 레버를 연결하는 작동 봉의 길이는 쇄정 부분에 대한 록킹레버 두 암의 각 헤드의 맞물림이 록의 이동 피스톤 끝의 각각에 대하여 다소간 동일한 방식이어야 한다.

7.6.6 가동 노스 록의 분해

(1) 분해 절차

참고적으로, 가동 노스 록의 분해는 다음과 같은 절차를 밟는다. ① 4 침목 상의 가동 노스 크래들의 탄성 체결장치를 푼다. ② 프레임을 고정하는 래그 볼트를 푼다. ③ 크래들을 고정하는 래그 볼트를 푼다. ④ 크래들 위에다 프레임을 고정하는 볼트를 푼다. ⑤ 만일 필요하다면, 베이스 플레이트에다 프레임을 고정하는 볼트를 철거한다. ⑥ 록킹 아셈브리를 풀기 위하여 후단 끝에서 록 이웃의 패널에 위치한 잭을 이용하여 크래들을 2 내지 3 mm 들어 올린다. ⑦ 제7.6.5(1)항에 설명한 조립작업을 역으로 하여 분해를 진행한다.

(2) 안정 장치

만일 롤러가 마모되었거나 파손되었다면 롤러 플런저를 교체하여야 한다. 안정 장치는 다음과 같이 조립과 분해를 한다. ① 록킹 탭을 고정하는 2 개의 스크류를 돌려 뺀다. ② 록킹 탭을 철거한다. ③ 2 개의 플런저에 압력을 가하여 2 개의 스프링을 뒤로 돌린다. ④ 새로운 플런저의 설치. 각기 하나의 피스톤은 상부 부분상의 홈과 전방 가이드의 스크류에 의하여 결정된다. ⑤ 스프링에 그리스를 칠하고 설치한다. ⑥ 록킹 탭을 설치한다. ⑦ 와셔를 설치하고 2 개의 스크류로 록킹 탭을 고정한다. ⑧ 견고하게 조인다. ⑨ 인력으로 압력을 뒤쪽으로 가하여 플런저가 옳게 작동하는지를 검사하고 플런저의 초기 위치로 복귀하는지를 관찰한다. 안정 장치는 이동 피스톤 단부의 하나에서 레버-록킹 암 아셈브리로 교체하여야 한다.

7.7 분기기 설비의 유지보수

7.7.1 준비 작업

(1) 말뚝

말뚝의 유지관리는 적합한 말뚝이 존재하는 경우에 특별한 특징의 좌표와 함께 틀림을 조사할 수 있고, 필요시에 10 m마다 정정할 수 있도록 노반에 박힌 말뚝이 좋은 조건에 있는 것을 보장하고 표판이 말뚝에 설치되어 있도록 보장하는 것이 목적이다. 직선상의 분기기에서 말뚝이 필요한 것으로 인정되면, 분기기 전장과 양단에서 대략 30 m에 걸쳐 10 m 간격으로 표시를 한다.

(2) 리이닝 선형

위의 요구조건에 따라 말뚝과 마킹의 검사와 필요한 모든 정정을 한 후에 분기기의 예비 라이닝을 실시하고 필요시에 분기기의 방향을 조정한다. 중요한 분기기의 경우에 크로싱이 분리되기 전에는 크로싱에서 필요한 모든 정정을 행할 수 없다. 그러므로, 분기기를 연결하기 전에 크로싱의 위치를 점검하고 필요시에 그것을 정정할 필요가 있다.

(3) 체결장치의 조이기와 탄성

다음에 의한다. ① 조이기 : 체결장치의 조임은 크로싱 출구의 침목을 포함하여 전체 분기기에 관련된다. ② 2중 스프링 록 와셔가 있는 체결장치 : 3 접촉이 되지 않는 2중 스프링 록 와셔가 있는 볼트를 다시 조인다. 조이기는 3 접촉이 되자마자 곧바로 중지하여야 한다. 조여진 와셔의 높이는 대략 15 mm이다. ③ 탄성 : 분기기 체결장치의 탄성에 대하여는 점검하지 않는다.

(4) 측정 치수와 유지보수 표의 기록

다음의 파라미터를 측정하고 유지보수 표에 기록하여야 한다. ① 침목 2 개마다의 궤간과 이음매 침목에서의 궤간, ② 고정 노스 크로싱에 대한 가드레일의 횡 설정(백 게이지), ③ 열린 포인트 가드레일의 횡 설정(백 게이지), ④ 노스 가동 크로싱이 있는 UIC 60 분기기의 안전 가드레일의 배치 설정, ⑤ 가드레일 균형의 설정, ⑥ 참조 레일의 처짐, ⑦ 텅레일 힐 부의 좌표, ⑧ 텅레일과 기본레일의 상대 위치(치수 X) (제7.7.3(2)항 참조), ⑨ 작동 장치에서의 틈(gap) : 이 치수는 다음의 가), 나)와 같이 측정한다.

> 가) 단일 작동장치의 분기기 : 처음의 로드 T1(록이 없는 분기기에서)에 대한, 또는 그 위치(다른 분기기에서)에 대한 레벨에서 작동 장치의 틈을 측정한다. 즉, 실제 포인트 첨단에서 490 mm에서 측정한다(UIC 60-60D 분기기).
>
> 나) 다수 작동 장치의 분기기 : ⓐ 처음의 작동 장치에 대하여는 상기에 주어진 정의를 적용한다. ⓑ 다른 작동 장치에 대하여는 대응하는 작동장치 봉의 레벨에서 작동장치의 틈을 측정한다. 게다가, 작동장치의 레벨에서의 밀착 결함도 또한 기록하여야 한다.

(5) tan 0.0218 (1/46) 분기기의 고유한 특징

포인트와 노스 가동 크로싱 작동 봉의 지역에서 분기기 자를 이용하여 궤간을 측정한다. 다른 부분에서는 궤도선형 검측 기록이 궤간 측정의 필요성을 보일 때만 궤간을 측정한다.

7.7.2 금속 부품의 분해 검사

(1) 포인트 단부 이음매의 직각 맞추기

장대레일에 연결, 또는 용접되거나 임의의 클램프 록이 설치된 분기기에서 기본레일의 직각도는 제 7.7.3(2)항에 정의된 치수 X가 유지보수 공차 내로 유지될 수 없는 경우에만 정정한다. 이 정정은 대단히 예외적인 환경에서만 행하여야 한다.

(2) 금속 부품의 교체

(가) 포인트

분기기에서 뒤틀린 텅레일과 기본레일은 항상 교체한다. 텅레일, 또는 기본레일의 교체가 필요할 때는 공장에서 조립된 완전한 포인트 반쪽 세트를 사용하여야 한다. 철거의 기타 주요 원인은 다음과 같다. ① 제7.7.3(3)항에 정한 검사 후에 텅레일과 기본레일의 횡 마모, 또는 텅레일에 대한 손상(치핑), ② 텅레일, 또는 기본레일의 기계 가공하지 않은 부분의 횡 마모가 레일 두부 아래의 필렛에 도달하였을 때, 또는 경사 각이 한정된 한계를 초과할 때, ③ 텅레일과 기본레일간의 수직 마모차이가 4 mm를 넘을 때, ④ 마무리 표면의 균열이 테르밋 용접, 또는 토막 레일의 삽입에 의한 수선의 용량을 넘을 때, ⑤ 열린 포인트 가드레일의 횡 설정(백 게이지) 연동장치, 또는 궤간의 정정에도 불구하고 1,380 mm보다 클 때, ⑥ 철거로 이끄는 기타의 손상. 그러나, 그것은 탐지된다. ⑦ 비정상의 작동력으로 귀착되는 경우에 슬라이드 체어의 노치. 포인트 부품의 갱신, 교체, 또는 연마 후에는 레일 두부의 활동 측면과 상부 필렛에 기름칠을 하여야 한다.

(나) 크로싱과 다이아몬드 크로싱

주조 망간강(HADFIELD 강) 크로싱 철거의 주된 원인은 제7.7.4항에서 설명한다. "① 주행표면의 국지적 마모(단부, 첨단 주위의 지역), ② 균열, 배터링, 쉐링과 같은 국지적 손상, ③ 안전 설정에 대하여 더 이상 허용하지 않는 플랜지의 마모" 등을 나타내는 크로싱은 아크 용접과 연마로 수선할 수 있다. 직접 체결장치를 가진 크로싱을 간접 체결장치를 가진 크로싱으로 교체할 때, 슬립 지지의 저면은 크로싱의 타이패드와 같은 평면에 놓여야 한다. 이 지지는 크로싱이 굴곡되든지 아니든지 간에 이 패드의 저부에 관하여 활동이 없이 설치되어야 한다. 가드레일은 그 마모가 10 mm를 초과할 때 교체한다. 이 작업을 행하였을 때 보통의 가드레일은 운동 조건을 개선하기 위하여 속도가 100 km/h 이상인 경우에 긴 가드레일로 교체하여야한다.

(다) 기타 금속 부품

기계 가공하지 않은 레일은 주행궤도의 레일과 같은 관련 규정에 따라 교체한다.

7.7.3 포인트 작업

(1) 포인트 작업

(가) 작동 힘

작동 힘은 제7.2.3항에 주어진 최대 값을 넘지 않아야 한다. 이들 힘에서 변칙이 관찰되었을 때는 그 원인을 조사하여야 한다. 가능한 원인은 다음을 포함한다. ① 슬라이드 체어의 부적당한 기름칠, ② 포인트 반쪽 세트의 영구 변형, ③ 불완전한 힐 블록, ④ 너무 긴 멈춤쇠, ⑤ 록킹, 또는 블로킹 기계 장치에서 각종 부품의 마모, ⑥ 첨단에서와 각 작동 장치에 대한 레벨에서 텅레일의 부적합한 밀착, ⑦ 작동 장치에서 틈과 이동의 변칙, ⑧ 다수 작동 장치의 완벽하지 않은 조정, ⑨ 게이지 로드와 포인트 로드의 부적절한 조정, ⑩ 궤간, 또는 경사의 변칙적인 변화, ⑪ 포인트의 라이닝 틀림, ⑫ 포인트 단부 이음매에 대한 비뚤어짐, ⑬ 슬라이딩 체어의 노치, ⑭ 열린 포인트 가드레일의 횡 설정(백 게이지) > 1.375 mm.

(나) 텅레일 힐 부와 레일 멈춤쇠의 좌표

1) 텅레일 힐 부에서의 좌표(UIC 60-60D 이외의 분기기) : 복부에 충분히 자리잡은 힐 블록에는 어떠한 마모도 없어야 하며 정정할 사항도 없어야 한다. 그러나, 포인트 반쪽 세트의 힐 부분에서의 좌표 값은 변칙 작동력, 또는 줄 틀림을 피하기 위하여 주어진 값에서 2 mm 이상 벗어나지 않아야 한다. 이들의 치수는 ① 힐 블록의 유형, ② 제조 치수, ③ 용접 분기기, 또는 장대레일에 연결된 분기기의 경우에 변칙적인 힘의 결과로서 힐 블록의 변형에 관련되는 변칙이 없는 것을 보장하도록 점검하여야 한다. 적용하는 교정은 힐 블록의 교체, 연마 및 필요 시 쐐기(심)의 삽입이다. 장대레일에 연결된 분기기에 대한 힐 블록 변형의 경우에는 힐 블록을 확장된 구멍이 있는 힐 블록으로 교체하여야 한다.

2) UIC 60-60D, tan 0.0218 분기기의 좌표 : 이론 치수로의 복구는 궤도선형 측정결과가 복구의 필요성을 나타낼 때만 수행한다.

3) 레일 멈춤쇠 : 연속한 2 멈춤쇠간 활동의 차이가 적용되지 않지만, 멈춤쇠와 텅레일간의 활동은 특히, 컨트롤러에 대한 레벨에서 가능한 한 작아야 한다(≤ 1.5 mm).

(다) 경사

경사 틀림을 정정할 필요가 있을 때는, 다음과 같은 조치를 취하여야 한다. ① 두 부분의 위치가 뒤바뀐 체어를 관련 지역의 한 토막 체어로 교환한다. ② 가열되지 않은 지역에서 기존의 탄성 타이패드를 금속 타이패드로 치환한다. ③ 팬드롤 클립의 체결이 충분히 유지되는지를 확인한다.

(라) 연동장치의 유지보수(로드와 패드)

1) 텅레일의 밀착, 작동 장치에 대한 유간 및 이동 레벨 : 궤간에 대한 허용 공차의 결과로서, 특히 기본레일에 대한 텅레일의 정확한 밀착을 보장하기 위하여 두 상세 검사 사이에서 작동 장치에 대한 유간 및/또는 이동 레벨을 정정하는 것이 필요할 수 있다. 이 경우에 만일 연동장치 이음매가 좋은 조건에 있다면 유간을 변경시키고 필요시 이동을 조정하기 위하여 조(jaw) 클립간에 쐐기를 삽입하여 초과 궤간을 보상하는 것이 필요하다. 그러나, 각 조 클립 아래의·쐐기가 2 개를 넘지 않아야 한다. 쐐기는 선로반 직원이 붙여야 한다. 쇄정된 분기기, 또는 배향 가능 블로킹이 설치된 분기기에 대하여는 분소장으로부터 전문가를 지원받는 것이 필수이다. 모든 경우에 재래식 포인트의 분기기 작동 장치에서의 틈에 대하여 0 mm, +3 mm의 공차를 준수하여야 한다. 게이지 로드의 교체는 다음과 같을 때 필요하다. ① 만일 게이지 로드가 작동장치의 레벨에 위치

한다면, 영구 로드를 제작하는 동안에 조정 가능 게이지 로드를 사용할 수 있는 선로원이 작업을 수행한다. ② 만일 게이지 로드가 작동 장치의 레벨에 위치하지 않는다면, 분소장(또는, 분소장이 지정한 선로반장)은 조정 가능 게이지 로드를 설치할 수 있다. 영구 로드는 전문 인력이 제작하여 그들이 설치하든지, 또는 전문 관리자의 감독 하에 선로원이 설치한다. 영구 로드는 모든 경우에 가능한 한, 곧바로 설치하여야만 한다. 분소장은 포인트의 모든 탄성 이음매를 주기적으로 검사하여야 하며, 필요시에는 전문가 팀으로 하여금 교체하게 한다.

2) 열린 포인트 가드레일 설정 : 만일, 탄성 이음매의 변칙 마모, 또는 텅레일의 바깥쪽 면에 현저한 마찰 흔적이 있거나 포인트의 통과 중에 흔들림이 느껴진다면, 열린 포인트 가드레일의 횡 설정(치수 P)을 조사하여야 한다. 그것의 최대 값은 1,375 mm이다. 이 치수는 ① 최대 값을 찾으면서 특수 분기기 자를 이용하거나, ② 궤간을 측정하고 그것에서 플랜지 웨이를 공제함에 의하여($P = E - O$) 결정한다. 1,375 mm보다 큰 열린 포인트 가드레일 횡 설정이 있음직한 이유는 ① 부정확한 궤간, ② 부속품(텅레일, 또는 기본레일)의 변형, ③ 작동 장치에서 불충분한 틈 등이다. 만일, 궤간의 정정과 작동 장치에서의 틈을 정정한 후에 이상이 지속되면, 부속품의 교체를 고려하기 전에 게이지 로드의 길이를 점검하여야 한다.

(2) 온도 함수로서 기본레일에 대한 텅레일의 위치 설정(치수 X)

(가) 정의

기본레일에 대한 텅레일의 위치 설정은 기본레일에 뚫은 직경 26 mm 구멍의 축에 관한 실제 텅레일 첨단의 상대적인 위치를 나타낸다. 이 직경 26 mm 구멍의 축은 연간 온도의 변화에 기인하는 텅레일 첨단 변위의 중간 위치를 나타낸다. 직경 26 mm 구멍의 축과 실제 텅레일 첨단간의 거리는 치수 X라 한다. 이 치수는 레일온도와 연중의 시기에 좌우된다. 치수 X는 직경 26 mm 구멍의 축이 텅레일 첨단과 텅레일 힐 부분 사이에 위치할 때를 양(+)으로 한다(즉, 텅레일의 첨단이 직경 26 mm의 구멍에서 분기기 선단쪽으로 있으면 +, 후단쪽으로 있으면 -로 한다).

(나) 치수 X 값의 개요

치수 X(단위 : mm)의 계산에는 $X = L/100(t - 20) + C$의 일반적인 식을 사용한다. 여기서, L은 텅레일의 길이(m), t는 자연의 레일온도($\degree$C), C는 정정 계수(mm)이다. 치수 X를 결정하기 위해서는 ① 새 분기기의 설치, ② 유지보수 동안 부속품의 교체, ③ 안전관리 검사 등 세 가지 경우를 고려하여야 한다. 이들 세 가지의 경우에 치수 X에 주어지는 값과 적용의 분야가 다르다.

(다) 새 분기기의 부설

새로 부설된 모든 분기기는 기본레일에 관한 실제 텅레일 첨단의 정확한 위치 설정에 관련되며, 치수 X를 따라야 한다. 그 값은 정정 계수 C_l이 적용되는 $X = L/100 (t - 20) + C_l$의 일반 공식으로 주어진다. 여기서, X 단위 : mm, L 단위 : m, C_l의 단위 : mm. 치수 X는 중간부를 응력 해방할 때 설정하는 대단히 긴 UIC 60-60D 분기기(1/46, tan 0.0218)를 제외하고 부설 시에 설정한다. 정정 계수 C_l을 표 7.38에 나타낸다.

표 7.38 정정 계수 C_1

연중 주(7일) 번호	정정 계수 C_1 (단위 mm)					
	응력 해방 온도*					
	20 ℃	22 ℃	25 ℃	28 ℃	30 ℃	32 ℃
1/11	2.5	3.0	3.5	4.0	4.0	4.5
12/14	3	3.5	4.0	4.5	4.5	5.0
15/17	3.5	4.0	4.5	5.0	5.0	5.5
18/19	4.0	4.5	5.0	5.5	5.5	6.0
20/21	4.5	5.0	5.5	6.0	6.0	6.5
22/24	5	5.5	6.0	6.5	6.5	7.0
25/36	5.5	6.0	6.5	7.0	7.0	7.5
37/39	5	5.5	6.0	6.5	6.5	7.0
40/42	4.5	5.0	5.5	6.0	6.0	6.5
43/44	4	4.5	5.0	5.5	5.5	6.0
45/46	3.5	4.0	4.5	5.0	5.0	5.5
47/50	3	3.5	4.0	4.5	4.5	5.0
51/52	2.5	3.0	3.5	4.0	4.0	4.5

* 만일 분기기를 부설할 때 치수 X를 설정한다면, 20℃ 난에 있는 정정 요소 C_1을 사용한다.

(라) 유지보수 작업 중 부품 교체

치수 X를 사용하는 기본레일에 관한 실제 텅레일 첨단의 위치는 ① 장대레일에 연결, ② 용접, ③ 텅레일 힐 부분의 용접에 관련되며, 클램프 록을 가진 분기기에만 관련된다. 모든 경우에, 철거된 부속품의 위치에 새 부속품을 배치하여 제 자리에서 부속품을 직각으로 맞추어서 교체한다. 치수 X 값은 $X = L/100 \, (t - 20) + C_2$의 식으로 주어진다. 여기서, X 단위 : mm, L 단위 : m, C_2의 단위 : mm. 정정 계수 C_2는 표 7.39에 나타낸다.

표 7.39 정정 계수 C_2

연중 주(7일) 번호	정정 계수 C_2 (단위 mm)					
	응력 해방 온도*					
	20 ℃	22 ℃	25 ℃	28 ℃	30 ℃	32 ℃
1/11	-1.5	-1.0	-0.5	0.0	0.0	0.5
12/14	-1.0	-0.5	0.0	0.5	0.5	1.0
15/17	-0.5	0.0	0.5	1.0	1.0	1.5
18/19	0.0	0.5	1.0	1.5	1.5	2.0
20/21	0.5	1.0	1.5	2.0	2.0	2.5
22/24	1.0	1.5	2.0	2.5	2.5	3.0
25/36	1.5	2.0	2.5	3.0	3.0	3.5
37/39	1.0	1.5	2.0	2.5	2.5	3.0
40/42	0.5	1.0	1.5	2.0	2.0	2.5
43/44	0.0	0.5	1.0	1.5	1.5	2.0
45/46	-0.5	0.0	0.5	1.0	1.0	1.5
47/50	-1.0	-0.5	0.0	0.5	0.5	1.0
51/52	-1.5	-1.0	-0.5	0.0	0.0	0.5

* 중간부가 응력 해방되지 않는 분기기(UIC 60-60D 1/46, tan 0.0218 제외)에 대하여 고려하는 응력 해방 온도는 20 ℃로 한정된다.

(마) 안전관리 검사

치수 $X^{(1)}$의 검사는 ① 장대레일에 연결, ② 용접, ③ 텅레일 힐 부분의 용접 등에 관련되며, 클램프 록이 있는 분기기에만 관련된다. 고려할 치수 X의 이론 값은 $X_{th} = 0.58 (t - 20) + C_2$ (단위 X_{th} : mm, C_2 : mm)의 값으로 주어진다. 여기서, t는 (라)항과 같은 때의 레일온도이다. 정정 계수 C_2는 (라)항의 표 7.39에 주어져 있다. UIC 60-60D 분기기에 대한 X의 허용 값(여름의 최대와 겨울철의 최소)은 표 7.40에 주어져 있다. 겨울에는 분기기를 히팅하지 않을 때에 치수 X를 측정하여야 한다.

표 7.40 UIC 60-60D 분기기의 안전관리검사 시 X의 허용 값

분기기 유형	극한값	
	여름에 측정한 $X \leq$	겨울에 측정한 $X \leq$
tan 1/46~1/18.5	$X_{th} + 8$ mm	$X_{th} - 8$ mm
tan 1/10~1/8	$X_{th} + 12$ mm	$X_{th} - 8$ mm

(바) 검사 절차

1) UIC 60-60D 분기기 : 봄철에는 4월 15일에서 5월 15일 사이에, 가을철에는 10월 1일에서 15일 사이에 치수 X를 검사한다.

2) 기타 분기기 : 치수 X를 3년마다 검사한다.

3) 절차 : ① 치수 X의 측정값을 작업 표에 기록한다. 공차를 벗어난 값은 밑줄을 친다. ② 만일, 상기에 명기한 측정 동안에 공차를 넘는 치수가 관찰된다면, "ⓐ 여름철에는 6월 15일부터 30 ℃가 넘는 온도에서, ⓑ 겨울철에는 12월 1일부터 5 ℃ 미만의 온도에서" 두 번째 검사를 수행한다. ③ 두 번째 검사에서 치수 X가 공차를 넘지 않는 것으로 나타나면, 아무런 조치도 취할 필요가 없다. ④ 치수 X가 허용오차 간격을 넘는다면, 가능한 한 빨리 'ⓐ 여름에는 40 ℃가 넘는 온도에서, ⓑ 겨울에는 0 ℃ 미만의 온도에서' 세 번째 검사를 실시한다. ⑤ 모든 온도 측정은 정오경에 행하여야 한다.

4) 텅레일 조정 : 만일, 상기에 명기된 세 번째 점검이 이전의 두 점검을 동일하게 확인한다면, (마)항에 정한 기준에 따라 치수 X를 조정하여야 한다. 그 다음에, 텅레일을 종 방향으로 변위시킴에 의하여 치수 X를 구한다.

(3) 포인트의 마모 검사

(가) 일반 관찰

포인트는 사용 중에 텅레일과 기본레일에 영향을 미치는 횡 마모, 또는 텅레일에 영향을 주는 사용상(使用傷, 이 빠짐)을 나타낼 수 있다. 사용 중에 관련된 해당 포인트의 반쪽 세트를 유지하는지의 여부

---

(1) 치수 X는 록 작동 암 열림의 축과 텅레일에 이 암을 고정시키는 볼트 축간의 간격을 측정하여 한정할 수 있다.

를 결정하기 위하여 검사용 자를 사용하여 마모를 점검하여야 한다(제7.1.1(4)항 참조).

  1) 기본레일의 마모 : 횡 마모가 너무 심한 경우에는 이것이 마모 한계($q_r = 6.5$)에서 차륜 플랜지에 의한 혼들림(jogging)이 없이 포인트 첨단의 허용 열림의 가능성을 줄인다. 이 마모는 (다)항 "기본레일의 마모를 점검하기 위하여 수행하는 검사"에 기술된 방법에 따라 (마모 차륜 플랜지의 맞물림을 나타내는) 게이지 1과 (허용 열림을 나타내는) 3 mm 필러 게이지를 사용하여 점검한다.

  2) 텅레일의 횡 마모, 또는 사용상(使用傷) : 횡 마모는 레일 두부의 주행 사면(slope)에서 차륜 플랜지의 흔적(mark)으로 나타나며 텅레일 상부에서의 손상은 이 빠짐으로 나타난다. 이들의 손상은 텅레일에 대한 새로운, 또는 마모가 적은 차륜 플랜지의 리프팅을 촉진할 수 있다. 마모의 정도는 (라)항의 "텅레일 횡 마모, 또는 사용상(使用傷)을 점검하기 위하여 수행하는 검사"에 기술된 방법에 따라 게이지 2를 사용하여 점검한다.

  (나) 검사용 자

포인트 검사용 자는 한쪽 끝에 2 개의 게이지가 있다. ① 게이지 1은 마모 한계($q_r = 6.5$)에서의 차륜 플랜지를 나타낸다. ② 게이지 2는 새로운 차륜 플랜지($q_r = 11$)를 나타낸다.

  (다) 기본레일의 마모를 점검하기 위하여 수행하는 검사

  1) 게이지 1(그림 7.3 참조)과 3 mm 필러 게이지의 사용 : 이 게이지는 모든 포인트에서 곡선 텅레일의 실제 포인트 첨단의 지역에 적용한다.

  2) 절차 : 게이지 1을 사용하기 전에 측정 부위를 청소한다. 텅레일 첨단의 전방 10 mm 위치에서부터 텅레일 첨단 뒤쪽으로 10 mm의 위치까지 게이지를 움직이면서 게이지를 댄다. 게이지는 이러한 이동 동안에 텅레일의 첨단에서 텅레일에 접촉할 수 있거나 접하지 않을 수 있다.

  (라) 텅레일의 횡 마모, 또는 사용상(使用傷)을 점검하기 위하여 행하는 검사

  1) 게이지 2(그림 7.4 참조)의 사용 : 게이지 2는 삭정 지역의 모든 직선, 또는 곡선 텅레일에 적용하여야 한다. 선(線)은 차륜 플랜지와 텅레일 간의 위험한 접촉 지역의 경계를 구분한다. 게이지는 표시선 위에서 텅레일과 접촉하여야 한다. 게다가, 텅레일의 측면은 약 40 mm에 걸쳐 연마 템플릿(60°)의 기울기보다 크거나 같아야 한다.

  2) 절차 : 게이지 2를 사용하기 전에 걸쭉 걸쭉한 것(후로우)을 제거한다. ① 텅레일의 횡 마모 : 20 cm마다 게이지 2를 적용하여 삭정 지역의 텅레일 마모를 검사한다. 만일, 마모 기울기와 수평에 의해 형성된 각도(60°)를 측정하기 어렵다면, 연마 템플릿을 사용한다. ② 텅레일의 사용상(使用傷)(이 빠짐) : 이가 빠진 부분의 전체 길이에 걸쳐 이 빠짐 레벨에 관한 표시선의 위치를 조사하기 위하여 게이지 2를 사용한다. 마모 기울기와 수평이 형성하는 각도(60°)를 측정하기 어려운 경우에는 연마 템플릿을 사용한다.

(4) 멈춤쇠와 텅레일간 유간 측정용 게이지

멈춤쇠와 텅레일간 유간 측정용 게이지의 사용 절차는 다음과 같다(그림 7.29). ① 텅레일이 기본레

일에 정확히 밀착하는지를 확인한다. ② A쪽에서 외견상의 유간에 대략 대응하는 두께를 얻기 위하여 필요한 수의 쉼(쐐기)을 끼운다. ③ 게이지 끝을 수평으로 취한다 : ⓐ A에서는 멈춤쇠의 상부 윙에 대한 레벨, ⓑ B에서는 멈춤쇠의 저부 윙에 대한 레벨. 만일, 게이지가 들어가지 않거나 너무 큰 유간을 나타낸다면, 최소 유간 A, 또는 B에 가장 밀접한 두께가 얻어질 때까지 측면에 붙은 쉼의 수를 조정한다. 이 두께가 사용하려는 유간 값이다.

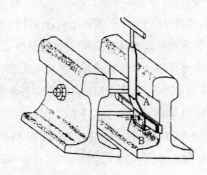

그림 7.29 멈춤쇠와 텅레일간 유간 측정용 게이지

7.7.4 크로싱 작업

(1) 크로싱 작업

(가) 선형-궤간

궤간 정정은 예비 라이닝 작업 동안에 크로싱의 방향을 맞춤에 따라, 규정된 한계를 고려하면서 외측 레일에 대하여 수행한다. 정확한 곡선반경으로 굽히지 않았거나 곡선반경이 작은 본선에 위치한 크로싱의 경우에 외측 레일의 선형은 일반 곡선으로 유지되어야 한다.

(나) 노스 가동 크로싱 크래들의 위치 선정

이 작업은 부설 시에 시행한다.

(다) 주행표면의 상대 레벨

이것은 통과궤도에 대한 분기궤도의 횡 레벨링(수평틀림)의 정확한 정정에 관련된다. 이 정정은 ① 캔트 초과나 부족, 또는 허용 한계에 가까운 틀림, ② 침목의 변형에 의한 횡 레벨링 틀림(수평 틀림)의 경우에만 취해야 한다.

(라) 세 요소의 크래들을 가진 노스 가동 크로싱-크래들 요소간 이음부에서 수직 불연속의 정정

참고적으로, 1 세대 크래들의 조립품은 다음과 같이 개량하여야 한다. 침목의 만족스러운 안정을 회복하기 위하여 신중한 레벨링을 한 후에 크래들과 침목 사이에 특수 금속 쉼(쐐기)을 설치한다. 이 쉼의 목적은 상판의 레벨링을 회복하기 위한 것이다. 그것은 침목의 수직 변형도 어느 정도까지 보상한다. 틀림의 크기에 좌우하여 관련 이음매의 양쪽에 대하여 필요한 수의 침목에 쉼을 설치하는 것이 유용할 수 있다. 쉼을 끼워서 얻어진 결과의 확인 후에 C피스 핫 클램프를 부설하기 전에 조립품 피스 핫 클램프를 채운다. 2 세대 크래들에서는 부설하기 전에 조립품 C피스 핫클램프를 채워서 구성요소를 조립한다. 그럼에도 불구하고, 특히, 1 세대 크래들을 2 세대 크래들로 교체할 때 침목의 종 방향 변형을 보상하기 위하여 특수 쉼을 사용하는 것이 필요할 수도 있다.

(마) 노스 가동 크로싱 tan 1/46의 구성 요소 PM1-PM2-PM3 간의 개량된 이음매의 기술 자료

1) 목적 : 여기서 참고적으로 소개하는 이 기술 자료는 이음매의 더 좋은 거동에 기여하도록 연결 C피스와 크래들 간의 유간을 제거하고 크래들 단부 간에 충분한 클램핑 힘이 생기게 하는 것이 목적인 쉼을 설치하기 위하여 실시하는 방법과 사용하는 도구를 설명한다.

2) 준비 조건 : ① 시행한 쉼 끼우기는 PM1/PM2 크래들 이음매에서 0.5 mm보다 큰 궤도 평면의 부적합이 남아 있어서는 안 된다. ② 크래들 단부가 접촉하기에 충분한 온도이어야 한다.

3) 부설 원리 : 위의 조건이 만족되면 한 세트의 필러 게이지를 사용하여 C 피스와 크래들 구성 요소간의 활동을 신중히 측정한다. 그 다음에 C 피스의 볼트를 푼다. 작업의 최종 단계는 미리 정한 쉼이 자유롭게 삽입될 수 있을 때까지 C 피스를 균등하게 가열하는 것으로 구성된다. 쉼의 튀어 나온 부분은 아래로 굽힌다.

4) 특별한 주의 : ① 쉼을 끼워 넣기 전에, 다각형 선에 부설된 크래들 구성 요소간의 각도 벌림은 얇은 금속 조각을 사용하여 유지하여야 한다. ② 가열하는 동안에 C 피스의 온도가 100 ℃를 넘어서는 결코 안 된다.

5) 필요 도구와 장비 : ① 필러 게이지 1 세트 (길이 150 mm), ② 가스 실린더가 붙은 가열 토치 2 개, ③ 연결 C피스 볼트를 풀기 위한 27 mm 렌치 1 개, ④ 연결 C피스 볼트를 풀기 위한 38 mm 렌치 1 개, ⑤ 유간 조정용 쉼(두께 0.5, 0.8, 1, 및 2 mm)

6) 실제 배치 : 각종 측정과 설치된 쉼의 두께는 작업을 모니터할 수 있도록 하고 쉼의 조정이 필요할 경우에 필요한 정보를 이용할 수 있도록 하기 위하여 기록지에 기록하여야 한다.

(바) 가드레일 레벨 : 외측 레일에 대한 이론 높이 값은 UIC 60 분기기에 대해여 13 mm, 유지보수 공차는 -2, +10 mm이다.

(사) 크로싱 노스 보호 가드레일 정렬

1) 크로싱 가드레일의 횡 설정(백 게이지) : 이 치수의 이론 값은 1,393 mm(-3, +3 mm)이다. 최소값 1,390 mm는 항상 준수되어야만 하는 '안전' 설정 값이다. 공차가 초과될 때는 이 설정을 가능하다면 공칭 값으로 복구하여야 한다. 주어진 지지에 대한 쉼 레벨의 총 두께는 9 mm를 넘지 않아야 한다. 사용된 쉼의 수는 예외적인 경우에 2, 또는 3 개로 제한되어야 한다.

2) 가드레일의 균형 설정 : 균형을 조사하여야 하며, 필요시에는 이론적 치수에 관한 차이가 3 mm를 넘지 않도록 정정하여야 한다.

3) 가드레일 정렬(그림 7.30) : 경로 BC와 가드레일 입구 벌림의 직선성은 승차감에서 중요한 요소이다. 경로(channel) BC 지역은 일정한 폭(1,393 mm, -3, +3)을 가져야 한다. 입구 벌

림은 균등하여야 한다. 분기기가 직선궤도에 있는 경우에 AB와 CD 구간은 직선이다. 분기기가 곡선에 붙어 있는 경우에, 그리고 긴 가드레일이 사용된 경우에만 AB와 CD 구간을 분기기의 곡선 반경으로 구부린다. 입구 벌림은 가드레일 변칙 마모의 경우에만, 또는 후속의 각도가 승차감을 저하시키는 경우에만 정정하여야 한다.

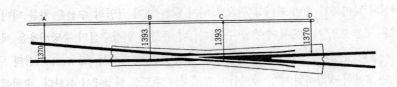

그림 7.30 크로싱 가드레일 정렬

(아) 노스 가동 크로싱의 크래들에 대한 노스의 밀착-멈춤쇠의 활동과 작동 힘

크래들, 또는 멈춤쇠에 대한 노스의 열등한 밀착(密着)이 관찰되는 경우나 변칙 힘이 요구되는 경우에는 전기 부서의 직원과 함께 조사를 하고 변칙을 정정하여야 한다.

(2) 현장에서 크로싱의 수선

(가) 개요

망간강 크로싱의 어떠한 현장 수선도 분소장이 미리 작성한 기록 표에 따라야 한다. 현장 수선은 기록 표에 기록한 ① 육성 용접이 없이 후로우(flow) 삭정과 연마, ② 주행 표면의 육성 용접, ③ 플랜지의 육성 용접, ④ 주행 표면손상의 수선, ⑤ 균열의 보수(예외적), ⑥ 육성 용접으로, 또는 육성 용접이 없이 잘못 정렬된 노스의 연마 등과 같은 작업을 포함할 수 있다. 하자보수 보증 하의 크로싱에 대하여 스테인리스강 비즈(beads)의 침전과는 다른 어떠한 작업도 원칙적으로 관련 부서의 동의를 받아야만 한다. 해체하지 않은 접착 이음매에 포함된 레일 단부의 육성 용접은 금지된다. 사전 궤도작업(체결장치의 조이기, 레벨링, 이음매 보수 등)이 행하여진 경우에만 좋은 조건 하에서 보수할 수 있다. 분소장이 정식으로 기입하고 날짜를 기록하여 서명한 기록표가 궤도 작업이 효과적으로 행하여졌음을 나타내고 작업이 행하여진 날짜를 나타내는 경우에만 용접자가 수선을 할 수 있다.

(나) 주행 표면손상의 육성 용접과 수선

주행표면(국부적 마모, 배터링)의 육성 용접과 손상(쉐링, 표면박리, 균열 등)의 수선은 아크 용접으로 행한다. 이 작업은 기술적, 경제적 이유 때문에 15 mm의 예측된 준비연마의 최대 깊이한계 내에서만 궤도에서 취한다. 이 한계 내에서 여러 크기의 현장수선 충당비용은 예측된 작업비용 및 크로싱 사용의 유형과 조건에 따라 사정한다. 반대로, 반복되고 정당화되지 않은 작업을 피하기 위하여 유간 지역의 배터링과 국지적 마모의 육성 용접은 최소한의 레벨 차이가 4 mm라는 조건에서만 취한다.

주행표면의 손상은 서서히 변한다. 이들의 보수는 아주 급한 것이 아니며, 용접 팀을 합리적으로 고용할 수 있는 프로그램에 포함한다. 이들의 손상이 상당히 더 변하고 파손 보고서를 정당화할 때 주무부서가 취한 보수 결정은 때때로 프로그램 밖의 작업을 필요로 할 수도 있다. 보증 하의 크로싱에 대한 파손보고서의 작성은 모든 경우에 관련 부서가 공급자에게 어떠한 클레임이라도 제출하기 위하여 본질적이다. 이 경우에 부서의 결정 후 3 개월 이내에 수선을 수행하여야 한다.

(다) 균열 보수

15 mm 이상의 깊이까지 준비 연마를 필요로 하지 않는 초기 균열의 수선은 차륜 타이어 지지 용량 기준을 준수하는 조건으로 궤도에서 수행할 수 있다. 이 유형의 현장수선의 충당비용은 예측된 작업 비용 및 크로싱 사용의 유형과 조건에 따라 사정한다. 주행표면 아래에서 15 mm 이상의 두께로 발생된 균열들의 보수는 충분히 정당화될 때만 궤도설비 부서장의 주도로 현장에서 취한다. 수선에 대한 결정은 관련 부서의 동의 하에 손상 보고서를 바탕으로 취해지며, 원칙적으로 횡 균열만 관련된다.

(라) 잘못 정렬된 노스의 수선

크로싱과 다이아몬드 크로싱의 노스는 ① 부적당한 가드레일 횡 설정(백 게이지)의 결과로서, ② 기울어진 차축, 또는 뒤틀린 차륜의 작용 하에서, ③ 후속의 사고(탈선, 질질 끌리는 물체 등) 등으로 잘못 정렬될 수 있다. 분소장은 모든 작업 전에 가드레일 횡 설정(백 게이지)과 자유통과 치수를 조사하여야 한다. 노선에서 관찰되고 분명히 차량의 결함에 기인하는 일련의 줄 틀림의 경우에 분소장은 지체 없이 결함이 있는 차량을 조사하기 위한 검토를 착수한다. 잘못 정렬된 노스는 일반적으로 필요시에 육성 용접과 함께 연마를 이용하여 현장에서 수선할 수 있다. 잘못 정렬된 노스의 수선은 원칙적으로 사무소에서 발의한다. 균열로 귀착되는 줄 틀림은 파손 보고서 기록표의 주제이어야 한다. 상당한 줄 틀림의 경우에 안전 치수가 더 이상 준수되지 않고 현장 수선이 불가능할 때는 즉시의 철거 결정이 필요할 수도 있다.

7.7.5 중간부와 크로싱 출구 및 마무리 작업

(1) 중간부 작업
- 선형 : 통과궤도(기준선)와 분기궤도(분기선)의 어떠한 선형 틀림도 궤도선형의 검측 기록에 따라 분석하여야 한다.
- 궤도 평면의 상대적인 레벨 : 크로싱에 관하여 기술한 방법을 적용할 수 있다. 이 경우에 중간부 궤도의 안쪽 레일은 크로싱의 레일과 동등한 것으로 고려된다.

(2) 크로싱 출구의 작업
- 주행 궤도까지 천이 접속 구간의 선형과 궤간 : 크로싱 출구, 또는 크로스오버의 침목 간격은 선형 틀림이 2 mm 이상일 때만 정정한다. 궤간 변화구간은 침목 당 1 mm의 비율로 완성하여야 한다.
- 궤도 평면의 상대적인 레벨 : 크로싱에 대한 것과 같다.

(3) 마무리 작업

- 도상단면 : 작업의 완성 시에 도상 단면이 제6.1.2항의 요구조건에 합치하는지 확인한다.
- 얻어진 치수 기록 : 선로반장은 작업의 완성에 대하여 유지보수 기록표에 기록한다. 그 다음에, 기록표를 분소장에게 제출하고, 분소장은 수행한 작업의 품질을 검사한다. 분소장은 소비된 시간의 정보를 받고 그의 코멘트를 기록하며, 필요시에는 불충분한 작업을 수정하도록 지시한다.

7.7.6 유지보수의 치수

(1) 치수 표(유지보수에 포함된 치수들)

분기기 전체의 궤간은 표 7.41과 같다. 포인트의 유지보수에서 ① 슬라이드 체어와 플레이트의 노치는 1 mm 이하, ② 작동 보조 장치의 노치는 1 mm 이하로 관리하고, ③ 다수의 작동 장치가 있는 포인트의 열린 포인트 가드레일 횡 설정은 1,383 mm 이하이다. 크로싱의 유지보수 치수는 다음과 같다. "노스 가동 크로싱의 안전 가드레일의 선형 설정의 ① 공칭 값은 1,377 mm, ② 공차는 +2 mm, -2 mm"이다.

표 7.41 분기기 전체 궤간의 유지보수 치수   단위 : mm

분기기	기준선과 분기선			비고
	궤간 한계	회랑지대의 폭	침목간의 최대 변화	
작동 로드로 연결된 구간의 포인트와 노스 가동 크로싱	1,434~1,438	-	1	
상기 이외	1,432~1,442	4	1	

(2) 치수의 측정

(가) 측정의 본질(그림 7.31)

검사용 자는 ① 크로싱 가드레일의 횡 설정(백 게이지), ② 플렌지 웨이의 치수, ③ 크로싱 가드레일의 균형 설정, ④ 다이아몬드 크로싱에서 가드레일 사이의 통과 치수, ⑤ 다이아몬드 크로싱에서 가드레일의 횡 설정(백 게이지)(이 측정을 위해서는 가동 철제 자를 검사용 자의 저부에 부착한다) 등의 치수를 측정하기 위하여 사용한다. 검사용 자는 특히 포인트의 기계 가공 부분에서 궤간의 측정에 사용할 수 있다. 그러나, 어떤 자는 개선된 단부와 이것을 직접 측정할 수 있게 하는 스케일을 가지고 있다.

(나) 크로싱의 가드레일 횡 설정(백 게이지) 측정

가동(可動) 자는 이 측정에서 사용하지 않는다. 자의 축은 실제 노스 첨단—위치 ①에서 180 mm에 위치시킨다. 단부의 표면은 가드레일의 표면 (a)에 접촉시킨다. 단부의 끝은 유사하게 크로싱 노스의 표면 (b)에 접촉시킨다. 측정된 치수는 횡 설정(백 게이지) 스케일로 읽는다.

(다) 플렌지웨이 치수의 측정

가동 자는 이 측정에서 사용하지 않는다. 자의 축은 플렌지웨이의 치수를 측정하기로 되어 있는 지점—위치 ②에서 궤도 중심선에 수직으로 위치시킨다. 단부의 끝은 주행레일의 표면 (f)에 접촉시킨다.

탐촉자의 방풍 유지 요소는 가드레일 표면 (a)에 접촉시킨다. 측정된 치수는 플랜지 웨이 스케일로 읽는다.

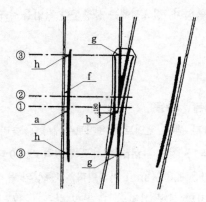

그림 7.31 크로싱의 치수 측정

(라) 크로싱 가드레일 균형 설정의 측정

가동 자는 이 측정에서 사용하지 않는다. 자의 축은 플랜지 웨이 입구—위치 ③의 레벨에서 궤도 중심선에 직각으로 위치시킨다. 단부의 표면은 가드레일의 활동표면 (h)에 접촉시킨다. 단부의 표면은 반대쪽 레일의 활동표면 (g)에 접촉시킨다. 측정된 치수는 횡 설정(백 게이지) 스케일로 읽는다.

(마) 포인트와 크로싱에서 궤간의 측정

이 측정은 개선된 자만을 사용하여 행할 수 있다. 가동 자는 이 측정에서 사용하지 않는다. 자의 축은 궤간을 측정하려고 하는 지점에서 궤도 중심선에 직각으로 놓는다. 측정된 치수는 궤간 스케일로 읽는다.

7.8 분기기 선형의 유지보수

7.8.1 선형 유지보수의 방식

어떠한 레벨링-라이닝 작업이라도 각종 구성 요소의 조립품 검사와 필요시의 정정이 선행되어야 한다. 분기기 선형의 전형적인 유지보수는 기술적 조건이 허용되는 모든 경우에 스위치 타이 탬퍼를 사용하여 행한다(제7.4.4(1)항 참조). 그 밖의 경우에는 개인용 국지적 탬퍼를 사용하여 행한다. 이 방법은 주로 부분적인 레벨링에 사용한다.

(1) 레벨링

분기기의 레벨링은 주행 궤도보다 더 빠르게 틀림이 진행하며 작업이 더 빈번하게 필요하게 된다. 작업은 분기기와 부근 전체의 레벨링, 또는 부분적인 재 작업으로 구성된다. 정정하려는 틀림이 상당하고 분기기의 전체로 확장되어 있을 때, 또는 분기기의 지지 표면이 대단히 단단하게 되고 더 이상 내구성이 있는 복구 작업을 허용하지 않을 때는 전체 레벨링을 수행하여야 한다. 레벨링의 부분적인 복구 작업은 국지적인 틀림(예를 들어, 이음매 처짐, 크로싱 노스 아래의 부유(浮遊)[1])에 관련된다. 적시에 작업을 수행하는 경우에는 균등한 승차감을 유지하는 경제적인 해법을 만들어낸다.

(2) 라이닝

분기기의 정확한 라이닝은 특히 고속으로 주행하는 선로에서 승차감의 중요한 인자이다. 어떠한 레벨링 작업도 반드시 분기기 부근의 신중한 라이닝이 뒤따라야 한다. 스위치 타이 탬퍼를 사용하는 경우에는 라이닝과 레벨링을 동시에 행한다. 개인용 국지적 탬퍼를 사용하는 경우에는 라이닝을 레벨링과 같은 날자에 행한다. 각종 작업 방법은 이 절의 다음 항들에서 설명한다. 이 작업은 설비(부품)의 유지보수에 연결되지 않는다. 연간 레벨링 프로그램은 궤도선형 검측 기록과 설비에 대한 작업의 중요성을 기초로 하여 정해진다. 도상의 조건 및 설비의 본질과 조건이 허용될 때는 탬퍼-라이너를 사용하여 레벨링과 라이닝을 행한다. 이 기술의 사용 가능성은 만일 필요하다면 도상에 분기기를 부설하여 확인하여야 한다.

7.8.2 스위치 타이 탬퍼의 작업 조건

(1) DTS로 안정화시킬 수 없는 고속선로를 스위치 타이 탬퍼로 작업한 지역(분기기, 신축이음매 등)

이 작업은 혹서기의 금지 기간을 벗어나서 시행한다. 기계화 다짐 작업은 다음의 조건 하에서 행할 수 있다. ① 높은 지점간의 양로 량은 1 주행 당 50 mm 미만이어야 하며, 횡 이동량도 20 mm 미만이어야 한다. ② 램프(작업 구배)는 침목 당 0.25 mm(4 침목당 1 mm) 이하의 기울기로 하여야 한다. ③ (적어도 고속 열차 1편성의 중량을 가진) 첫 번째 열차는 170 km/h보다 높은 속도로 현장을 통과하지 않아야 한다. ④ 다음의 열차는 레일온도가 45 ℃를 넘음직한 날의 기간 동안 80 km/h의 속도제한을 적용하는 것을 조건으로 정상 속도가 허용된다. 이들의 조치는 안정화 동안 적용할 수 있다.

(2) 혹서기 금지기간 동안 예외적인 경우에 행하는 작업(조건 1을 준수하지 않는 경우)

이 기간에 기계화 탬핑 작업을 수행할 필요가 있는 경우에는 관할 부서의 동의가 필요하다. 속도는 적어도 24 시간 동안 연속하여, 그리고, 그 후에 레일온도가 "① 10 ℃ 이상에서 조건 2로 허용된 작업 범위 상한, ② 또는, 45 ℃" 등의 온도를 초과함직한 날의 기간 동안 안정화가 완료될 때까지 80 km/h로 제한된다.

---

[1] 크로싱 노스 아래 부유의 복구 작업은 솟아오름을 피하는 방법으로 행하여야 한다.

7.8.3 핸드 타이 탬퍼를 이용한 분기기의 선형 보수

(1) 마지막의 긴 침목을 양로하지 않고 핸드 타이 탬퍼를 사용하는 분기기의 국지적 틀림의 레벨링 목적, 안전, 작업 조건, 인력, 도구 등은 표 7.42에 의한다.

표 7.42 핸드 타이 탬퍼를 이용한 분기기의 국지적 틀림의 레벨링

1) 목적	국지적 지역에 걸쳐 통과궤도와 분기궤도의 고저 틀림과 수평 틀림의 정정
2) 안전	양 궤도에 대하여 열차 운행을 중단하고 작업한다.
3) 작업 조건	- 장대레일에 관련되는 요구 조건과 특히 부류 1의 유지보수 작업을 완전히 적용할 수 있으며, 또한 다음의 조건을 포함한다. ① 사용된 절차는 틀림을 정정하기 위하여 필요한 값보다 많게 궤도의 양로를 필요로 하지 않아야 한다. ② 처음의 주행은 170 km/h보다 큰 속도로 작업 지역을 통과하지 않아야 한다(고속열차). ③ 정상 속도는 최초 주행의 통과와 궤도 레벨링 검사 후에 회복할 수 있다. - 다음에 대하여 기계적 탬핑도 적용할 수 있다. ① 분기기의 레벨링과 라이닝 작업에 대한 최소 온도는 +10 ℃이다. ② 5 m의 최대 길이로 제한된 탬핑 작업만을 0 ℃와 10 ℃사이에서 수행할 수 있다.
4) 인력(안전 요원 제외)	- 최소 6 인의 궤도 작업자
5) 도구	① 국지적 탬퍼 1 대, ② 크랭크 작동 잭 9 개, ③ 표척이 달린 조준기 1 개, ④ 볼 로드(ball rod) 1 개, ⑤ 캔트 자 1 개, ⑥ 레벨 1 개, ⑦ 온도계와 함께 구멍을 뚫은 UIC 60 토막레일 1 개, ⑧ 석묵(석필), ⑨ 포크, 비타(곡괭이)

(2) 국지적 지역에 대한 면 맞춤 준비방법

다음에 의한다. ① 통과궤도(기준선)의 양 레일과 분기궤도(분기선)의 외측레일에 대한 지역 끝의 높은 지점을 확인한다. ② 양단에서 10 m를 더한 전체 지역에 걸쳐 통과궤도와 분기궤도의 수평을 결정한다. 주어진 침목에 대한 통과궤도 수평과 분기궤도 수평간의 차이가 3 mm보다 큰 경우에는 추가의 타이패드를 레일과 침목 사이에 끼운다(4 레일의 횡 레벨(수평)의 정정에 관한 방법 참조). ③ 다음과 같이 높은 지점을 올바른 레벨링 지점으로 전환한다(그림 7.32). ⓐ 끝의 높은 지점에서 통과궤도(기준선)의 수평을 측정한다. ⓑ 통과궤도에 대하여 높은 지점을 올바른 지점으로 전환한다(높은 지점을 올바른 지점으로 전환하기 위해서는 이론적 수평을 얻도록 시도하지 않지만, 오히려 분기기의 처리하지 않은 부분에 연결할 수 있는 수평을 선택한다). 간격에 유의한다. ⓒ 통과궤도의 크로싱 레일과 분기궤도의 외측레일간의 거리를 측정한다. ④ 분기궤도의 외부 레일 위의 고저 변화 값을 계산한다.

$$변화값 = \frac{통과궤도의\ 캔트\ 변화\ \times\ 레일간\ 거리}{1.50\ m}$$

⑤ 분기궤도 외측레일의 올바른 지점을 결정하기 위하여 통과궤도 크로싱 레일의 올바른 지점에 이 변화를 더하거나 뺀다(그림 7.33). 예 : 부분 A의 계산 4 + (3 × 0.5)/1.5 = 5, 부분 B의 계산 0 - (2 × 1.80)/1.5 = - 2. 음의 값이 얻어지는 경우에 "관련 부분 + 간격"의 올바른 지점의 수를 증가시킨다. ⑥ 크로싱 레일과 분기궤도의 외측레일에 대한 6 침목의 최대 간격에서 잭의 위치를 표시한다. ⑦ 3 레일에 대한 올바른 지점간의 잭 위치에서 0보다 크거나 같은 값이 얻어지는지를 확인한다(그림 7.34).

그럼에도 불구하고, 음의 값(적색)이 얻어지는 경우에는 처리하려는 지역의 모든 올바른 지점을 "가장 큰 음의 값 + 간격"만큼 증가시킨다. 모든 올바른 지점을 이 값만큼 증가시킨다. ⑧ 참조레일은 크로싱 레일을 취한다.

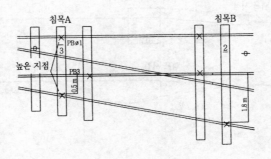

그림 7.32 높은 지점의 올바른 레벨링 지점 전환

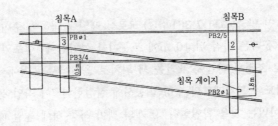

그림 7.33 레벨의 변화

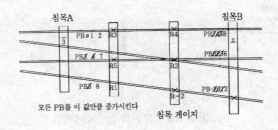

그림 7.34 리프팅 값의 확인

(3) 램프가 있는 국지적 다짐의 경우

- 높이 변화램프(침목당 1/4 mm)의 길이를 결정하고 잭 위치를 표시한다.

- 다짐 표시를 할 때 참조레일에 대한 조준을 겹쳐지게 하면서 올바른 지점에서 올바른 지점까지의 조

준은 각 올바른 지점에서 요구된 리프팅을 얻기 위하여 적어도 10 m만큼 연장하여야 한다.(그림 7.35)

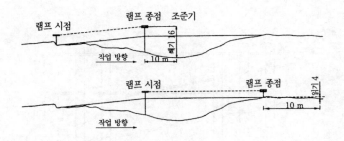

그림 7.35 램프가 있는 국지적 다짐

○ 면 맞춤 절차

- 현장 시작 램프의 면 맞춤(그림 7.36) : ① 크로싱 레일에 대하여 준비 동안 결정된 쐐기(shim)로 램프의 끝에서 올바른 지점 뒤 10 m에 조준기를 설치한다. 램프의 시점에 표척을 놓고 조준기를 표척의 0으로 조정한 다음에 표척을 잭 위치로 옮기어서 표척에서 0이 읽어질 때까지 들어올린다. ② 통과궤도와 분기궤도의 수평을 동시에 설정한다. 이 작업 동안 크로싱 레일이 요구된 리프팅 높이에 남아있는 것을 확인한다. 9 개의 잭이 하중 하에 놓일 때까지 다짐을 시작하지 않는다.

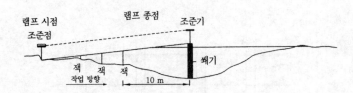

그림 7.36 현장 시작 램프의 면 맞춤

- 국지적 지역의 면 맞춤(그림 7.37) : ① 최종 높이까지 들어올린 램프 끝 올바른 지점과 함께 이 지점에 표척을 위치시킨다. 준비 동안 결정한 쐐기로 다음의 올바른 지점을 건너 10 m에 조준기를 설치하고 표척에 대하여 0까지 조준기를 조정한다. 표척을 잭의 위치로 옮기고 표척에서 0이 읽어질 때까지 들어올린다. ② 통과궤도와 분기궤도의 수평을 동시에 설정한다. 이 작업 동안 크로싱 레일이 요구된 리프팅 높이에 남아있는지를 확인한다.

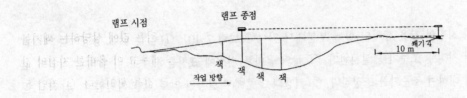

그림 7.37 국지적 지역의 면 맞춤

- 현장 끝 램프의 면 맞춤(그림 7.38, 7.39) : ① 최종 높이로 들어올린 램프 끝의 올바른 지점과 함께 이 지점에 표척을 위치시킨다. 램프의 끝에 조준기를 설치하고 표척에 대하여 0으로 조준기를 조준한다. 적어도 10 침목만큼 조준을 연장하고 읽은 값을 레일 저부에 기록한다. ② 상기에서 정한 쐐기로 램프 전방 10 침목에 조준기를 설치하고 램프 끝 표척의 올바른 지점에 대하여 조준기를 조정한다. 표척을 잭의 위치로 옮기고 표척에 대하여 0이 읽어질 때까지 들어올린다. ③ 통과궤도와 분기궤도의 수평을 동시에 설정한다. 이 작업 동안 크로싱 레일이 요구된 리프팅 높이에 남아있는지를 확인한다.

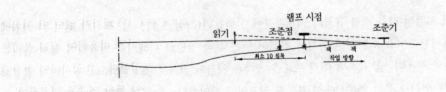

그림 7.38 현장 끝 램프의 면 맞춤(1)

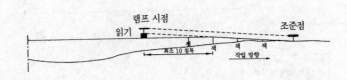

그림 7.39 현장 끝 램프의 면 맞춤(2)

(4) 램프가 없는 다짐의 경우(올바른 지점 0에서 올바른 지점 0까지)

작업 동안 조준기의 리프팅을 피하기 위하여 조준기를 처리하려고 하는 지역에서 멀리 이동시켜야 한다. 이 작업을 행하기 위하여 처리된 지역으로부터 적어도 10 침목의 지점에 대한 값을 읽어서 레일 저부에 적는다.

- 경우 1 : 이 지점의 값을 표척의 흰색 부분에서 읽는다(그림 7.40). ① 읽은 값에 상당하는 쐐기를 이용하여 이 지점에 조준기를 설치한다. ② 끝의 올바른 지점에 표척을 세우고 이 올바른 지점의 값에서 표척에 대하여 조준기를 조정한다. ③ 처음의 조준에서 결정된 양로 값을 확인한다. ④ 작업 동안 조준을 잘못하여 조정을 버려야 하는 경우에 신뢰할 수 있는 참조를 가질 수 있도록 처리된 지역으로부터 적어도 10 침목에 대한 값을 읽어 레일 저부에 값을 적는다. ⑤ 작업 동안 표척에 대하여 0이 읽어질 때까지 참조레벨을 들어올린다.

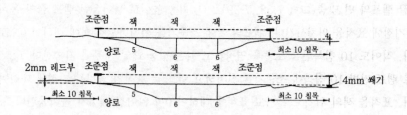

그림 7.40 램프가 없는 다짐의 경우(표척의 흰색 부분에서 값을 읽은 경우)

- 경우 2 : 이 지점의 값을 레벨 표척의 적색부분에서 읽는다(그림 7.41). ① 쐐기가 없이 이 지점에 조준기를 설치한다. ② 조준 하에서 현재 적색의 읽은 값에 상당하는 쐐기를 이용하여 끝의 올바른 지점에 표척을 세운다. ③ 표척에 대한 조준을 올바른 지점의 값으로 조정한다. ④ 상기에서 결정된 쐐기를 유지하면서 처음의 조준선에서 결정된 리프팅을 확인한다. ⑤ 작업 동안 조준을 잘못하여 조정을 버려야 하는 경우에 신뢰할 수 있는 참조를 가질 수 있도록 표척 아래에 상기에 결정한 쐐기를

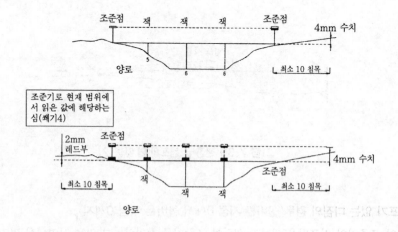

그림 7.41 램프가 없는 다짐의 경우(표척의 붉은 색 부분에서 값을 읽은 경우)

유지하면서 처리된 지역으로부터 적어도 10 침목에 대한 값을 읽어서 레일 저부에 값을 적는다. ⑥ 작업 동안 상기에 결정한 쐐기(4 mm 쐐기)를 유지하면서 레벨 표척에 대하여 0이 읽어질 때까지 참조레일을 들어올린다.

- 면 맞춤 절차 : ① 참조레일에 대한 잭의 위치에 표척을 세우고 표척에 대하여 0이 읽어질 때까지 들어올린다. ② 다른 레일에 대하여 요구된 수평이 얻어질 때까지 들어올린다. 6 개의 잭이 하중 하에서 설치될 때까지 다짐을 시작하지 않는다.

- 다짐의 진행(그림 7.42) : ① 처음의 2 구간을 다진다. ② 3 번째 구간을 다지기 전에 후방의 2 잭을 옮기고 4 번째 구간을 들어올린다. ③ 4 번째 구간을 다지기 전에 후방의 2 잭을 옮기고 5 번째 구간을 들어올린다. ④ 다음의 구간에 대하여 ②와 ③과 같이 진행한다.

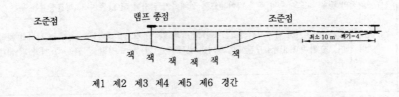

그림 7.42 다짐의 진행

7.8.4 분기기 4 레일의 수평 정정

(1) 분기기 4 레일의 수평 정정
목적, 작업 조건, 소요 인력 및 소요 도구 등은 표 7.43과 같다.

(2) 쐐기 두께 사정(그림 7.43)
 1) 처리하려고 하는 구간에 대하여 분기기의 외측 레일에 쐐기가 있는 각 침목에서 현을 당긴다.
 2) 안쪽 레일에 대하여 현 아래의 틈을 잰다.
 3) 각 레일의 아래에 설치하려는 타이패드의 값을 사정하고, 고려된 레일에 대한 현 아래의 틈과 3, 또는 4 레일의 하나에 대하여 가장 작은 틈간의 차이를 계산한다. "현 아래 틈 − 가장 작은 틈 = 쐐기 두께"

(3) 쐐기 삽입 절차(그림 7.44)
 4) 체결장치를 풀기 전에 각 침목에서 통과궤도와 분기궤도의 궤간을 측정한다.
 5) 체결장치의 풀기 규정에 따라 쐐기 삽입을 진행한다.
 6) 한 번의 작업기간에 전체구간의 쐐기를 삽입할 수 없는 경우에는 침목마다 1 mm의 쐐기 변화구

간을 만든다.

7) 작업의 완료 시에는 통과궤도와 분기궤도의 궤간을 확인한다.

8) 통과궤도와 분기궤도의 수평을 확인한다.

표 7.43 분기기 4 레일의 수평 정정

1) 목적	추가의 타이패드를 사용하는 섬을 끼워서 침목의 휨 틀림을 정정한다.
2) 안전	양 궤도의 열차 운행을 중지하고 작업한다.
3) 작업 조건	① 이 작업은 부류 2의 작업이다. ② "ⓐ 혹서기 금지 기간 동안과 ⓑ 장대레일 규정에서 정한 온도 한계의 범위"를 넘어 작업하는 것을 금지한다. ③ 이완 규정에 따른다 : 연속한 2 침목, 또는 20 m의 최대 길이에 걸쳐 침목의 20 % 이상의 체결장치를 동시에 푸는 것을 금지한다. ④ 예외적인 경우 : 많은 수의 추가 타이패드를 설치하기 위하여 더 많은 수의 체결장치를 푸는 것이 유용할 수도 있다. ⑤ 그러나, 다음의 조건이 필수적이다. ⓐ 작업은 t_r(장대레일 설정온도)과 $t_r - 15$ ℃ 사이의 레일온도에서 행하여야 한다. ⓑ 최대 100 m 구간에서 제거된 침목 수는 20 m에 걸친 침목(6~7 침목)의 최대 20 %로 제한되어야 한다.
4) 인력	선로원 3인
5) 도구	① 레벨이 붙은 캔트자 1 개, ② 분기기 자 1 개, ③ 동일 두께(20, 또는 25 mm)의 섬 2 개, ④ 줄자 1 개, ⑤ 굵은 나사못 드라이버 1 개, ⑥ 잭 1 개, ⑦ 주걱 1 개, ⑧ 굵은 나사못 렌치 1 개, ⑨ 쵸크, ⑩ 포크, 곡괭이, ⑪ 나이론 줄 1 개

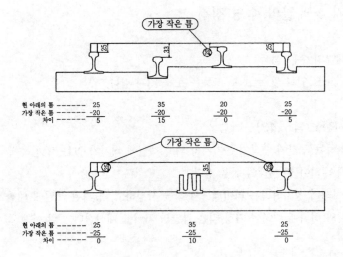

그림 7.43 쐐기 두께의 사정

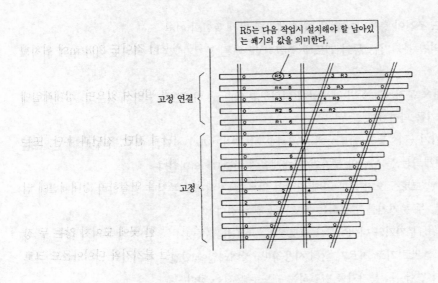

그림 7.44 쐐기 삽입 절차

7.9 분기기와 장대레일의 연결 및 부품의 교체

7.9.1 분기기의 장대레일 연결

(1) 개요

고속철도에서 궤도중심간격이 표준인 크로스 오버는 모두 용접되고 장대레일에 연결된다. 분기, 또는 측선에 대한 입구의 경우에, 만일 분기기의 분기궤도(분기선)에 연결된 궤도가 장대레일이라면 tan ≤ 0.0336(1/29)일 때만 분기기에 용접할 수 있다. 특별한 연결의 경우에, 특히 분기기가 토목 구조물의 가동 단에서 100 m 미만에 위치할 때는 시험을 위하여 관련 부서에 의견을 제시하여야 한다. 일시적 상황(장대레일에 연결되지 않은 분기기, 작업)에서는 분기기의 양단에 임시의 여러 신축이음매를 가져야 한다.

(2) 정의

○ **장대레일 연결** : 이 용어는 분기기를 용접하여 장대레일에 영구적으로 연결하는 것을 포함한 모든 작업을 말한다. 이 작업은 분기기 및 분기기 양단의 궤도가 안정화되었을 때만 행할 수 있다. 연결절차는 다음과 같다. ① 분기기 양단에서 적어도 100 m에 걸쳐 온도 t_0에서 제로(0) 응력으로 장대레일 응력의 감소, ② 22 ℃ ≤ t_0 ≤ 28 ℃에서 장대레일의 응력 해방 : ⓐ 레일온도가 22 ℃ 이하일 때는 유압식 긴 장기를 이용하여 레일을 인장한 후에, ⓑ 자연의 레일온도가 22 ℃와 28 ℃ 사이에 있을 때는 이 온도에서, ③ 본연의 분기기와 장대레일 연결 : 분기기에 대하여 새로 응력을 해방한 장대레일의 연결

○ 임시 연결 : 온도 조건이 충족되지 않을 때에 제한된 기간 동안의 연결

○ **외딴 분기기** : 외딴 분기기는 동일 궤도에 연결된 또 다른 분기기로부터 적어도 200 m에 위치한 분기기이다.

○ **연속 분기기** : 연속 분기기는 동일 궤도상에 위치하고 200 m 미만으로 떨어져 있으며, 장대레일에 연결된 2 이상의 분기기를 의미한다.

○ **분기기 군** : 분기기 군은 동일 궤도상에 위치하고 각 분기기끼리 전단과 전단, 전단과 후단, 또는 후단과 후단이 직접 연결되는 둘 이상의 분기기(장대레일에 연결)를 의미한다.

○ **장대레일에 연결된 크로스 오버** : 한 곳에 모이지 않는 두 장대레일 본선을 연결하며 장대레일에 연결된 두 분기기의 결합. 두 분기기를 연결하는 궤도는 용접을 한다.

○ **장대레일에 연결된 '분기기와 다이아몬드 크로싱의 결합(diagonal)'** : 한 곳에 모이지 않는 두 장대레일 본선을 횡단 노선으로 가로 지르기 위해 사용하며, 장대레일에 연결된 분기기와 다이아몬드 크로싱, 또는 슬립 크로싱의 결합. 두 분기기를 연결하는 궤도는 용접을 한다.

(3) 장대레일 연결 작업이 필요한 경우

다음과 같이 장대레일에 (신축이음매가 없이) 용접으로 직접 연결하는 분기기에 대하여는 장대레일 연결 작업이 필요하다. "① 장대레일을 부설(침목 교환, 레일 교환)할 때 연결하려는 이미 제자리에 있는 용접 분기기, ② 기존 장대레일에 용접 분기기의 부설, ③ 장대레일에 이미 연결된 분기기의 갱신, ④ 시초에 모든 단부에 신축이음매가 있는 용접 분기기." 다음과 같이 응력이 교란된 모든 분기기에 대하여는 재(再)연결 작업(전체, 또는 부분적으로)이 필요하다. ① 온도 t_0와 응력 해방된 레일의 단면에 따라 결정된 앵커링(체결, 고정) 길이 Z보다 작은 분기기로부터의 거리에 O, 또는 O′가 위치한 한쪽 단부를 응력 해방(기호는 제3.4절과 그림 7.45 참조), ② 연결된 분기기로부터 100 m 미만의 임시 장대레일 단부를 생기게 하는 작업(사전 검토의 과제이어야 하는 상황), ③ 불가항력의 이유 때문에 수선 절차에 부적합(크로싱, 포인트 반쪽 세트의 교체), ④ 부수 사건(뒤틀림, 우연히 일어나는 과열).

(4) 장대레일 연결에 필요한 조건

(가) 사전 조건

1) 분기기 : ① 분기기내 용접과 '치수 X'의 설정, ② 목표 값(TV) 품질 레벨에서 체결장치의 유효성 확인, ③ 접착절연 이음매, 또는 접착 이음매의 설치, ④ 도상 단면의 확인, ⑤ 힐 단부는 현행의 배치, 또는 용접 크로스 오버의 분기선에 따라 장대레일의 연속성을 마련하지 않는 기본레일을 정착시키기 위하여 사용한 길이를 용접한다. ⑥ 정확한 분기기의 선형(분기기는 스위치 타이 탬퍼로 영구적으로 레벨링하고 라이닝하여야 한다), ⑦ 요구된 분기기의 안정화

2) 분기기 끝의 주행 궤도 : 제3.4.2항을 적용한다.

(나) 장대레일에 연결하기 위한 레일온도 (t_0)의 조건

장대레일 연결 작업은 레일의 온도가 표 7.44의 범위 내에 있다고 예상되는 연중기간으로 예정하여야 한다.

표 7.44 분기기를 장대레일에 연결하기 위한 레일온도(t_o)의 조건

경우 1	외딴 분기기, 또는 적어도 8 m만큼 서로로부터 떨어진 연속 분기기, $15\,℃(^*) \le t_o \le 28\,℃$		
	$15\,℃(^*) \le t_o < 22\,℃$	$22\,℃ \le t_o \le 28\,℃$	
	유압식 긴장기를 사용하여 연결 작업을 한다.	자연의 레일온도에서 연결 작업을 한다.	
경우 2	8 m 미만으로 떨어진 연속 분기기(분기기 간에 유압 긴장기의 설치가 불가능하지만 절단과 용접이 가능하다)		
	장대레일 단부, $15\,℃(^*) \le t_o \le 28\,℃$		분기기 사이, $20\,℃(^*) \le t_o \le 28\,℃$
	$15\,℃(^*) \le t_o < 22\,℃$	$22\,℃ \le t_o \le 28\,℃$	
	유압식 긴장기를 사용하여 연결 작업을 한다.	자연의 레일온도에서 연결 작업을 한다.	자연의 레일온도에서 연결 작업을 한다.
경우 3	분기기 군(일반적인 경우), $20\,℃ \le t_o \le 28\,℃$		
	$20\,℃ \le t_o < 22\,℃$	$22\,℃ \le t_o \le 28\,℃$	
	유압식 긴장기를 사용하여 연결 작업을 한다.	자연의 레일온도에서 연결 작업을 한다.	
경우 4	분기기 군(두 분기기가 후단끼리 연결되고 총 길이가 100 m인 특수한 경우), $15\,℃ \le t_o \le 28\,℃$		
	$15\,℃ \le t_o < 22\,℃$	$22\,℃ \le t_o \le 28\,℃$	
	유압식 긴장기를 사용하여 연결 작업을 한다.	자연의 레일온도에서 연결 작업을 한다.	

(*) 만일 선택된 기간에도 불구하고 온도가 15 ℃ 미만으로 떨어진다면, 단부에서 장대레일과 다른 단면의 분기기 및 분기기에서 100
m 미만에 위치한 천이접속 용접을 가진 분기기와 장대레일 연결의 경우를 제외하고, 레일온도가 10 ℃ 이상으로 남아 있는
경우에는 그럼에도 불구하고 영속하는 장대레일 연결 작업을 고려한다.

주 : 위의 모든 경우에, 만일 요구된 온도 조건이 적합하지 않을 때는 임시 연결 작업을 수행하여야 한다.

(다) 장대레일에 연결하기 위하여 응력을 해방하여야 하는 분기기 끝의 장대레일 길이(L) (그림 7.45)

- 경우 1 : 분기기 양단의 장대레일이 이미 응력 해방되어 있고 임시 용접으로 분기기에 연결되어
있는 경우 → $L_{min} = 100$ m, $L_{max} = \dfrac{R^{(1)} + 100}{2}$, 600 m를 넘지 않게 한다.

- 경우 2 : 분기기 양단의 장대레일이 이미 응력이 해방되어 있고 클램프와 이음매판으로 분기기에
임시로 연결되어 있는 경우 → $L_{min} = 150$ m, $L_{max} = \dfrac{R^{(1)} + 100}{2}$, 600 m를 넘지 않게 한다.

- 경우 3 : 단부에서 장대레일의 응력 해방 동안 연결된 장대레일 → $L_{max} = \dfrac{R^{(1)} + 100}{2}$, 600 m를
넘지 않게 한다.

- 경우 4 : 초기에 단부에서 신축이음매(EJ), 또는 다중-이음매 장치를 가졌으나 신축이음매(EJ)

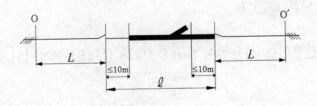

그림 7.45 장대레일 연결을 위하여 응력을 해방하여야 하는 분기기 단부의 장대레일 길이(L)

---

(1) 응력을 해방하려는 길이에 걸친 최소 곡선 반경

의 철거 후, 장대레일에 연결한 분기기 → O와 O′는 이전의 EJ(또는, 다중 이음매 장치의 경우에 이음매 J1)의 축을 넘어 적어도 150 m에 위치하여야 한다.

(5) 장대레일 연결 작업 현장의 준비
1) 현장의 분류 : 대응하는 작업 표를 선택하기 위하여 상기에 주어진 장대레일 연결의 경우에 따라 현장을 분류한다.
2) 작업 방법의 선택 : 분기기의 부설 조건(외딴 분기기, 연속 분기기, 크로스 오버의 분기기, 다른 레일 단면을 가진 분기기)에 따라 작업방법을 선택한다.
3) 연중 가장 적절한 시기의 선택 : 부설에 따른 주어진 온도 조건을 충족시키도록 연중 가장 적절한 시기를 선택한다.
4) 장대레일 길이의 결정 : 장대레일에 연결하는 동안에 응력을 해방하여야 하는 장대레일 길이를 결정한다.
5) 각종 작업계획의 수립 : ① 위의 단계 1)에서 선택한 작업방법에 주어진 지시 사항, ② 위의 단계 2)에서 선택한 작업방법에 주어진 지시 사항, ③ 요구 조건에 순응하는 온도, ④ 이용할 수 있는 작업 시간의 길이, ⑤ 상기의 4) 단계에서 결정한 응력을 해방하려는 길이 등의 사항을 고려하여 각종 작업계획을 수립한다.
6) 장대레일 연결에 필요한 조건이 확보될 것인지 확인(위 참조)
7) 장대레일 연결 온도의 기록 : ① 토막 레일, ② 만일 필요하다면, 응력 해방 온도가 연결 온도 이하일 경우에 폭이 넓은 용접부에 대한 채움재 등의 공급을 조정하기 위하여 장대레일을 분기기에 연결할 때의 온도를 기록한다.
8) 현장 구성의 정의 : 작업 표에 따라 현장 구성을 정의한다.
9) 응력 해방을 위한 특수 장비의 준비 : ① 유압식 긴장기, ② 궤도 온도계용 토막 레일, ③ 롤러, ④ 레일에 진동을 가하기 위한 장비
10) 레일에 고정된 설비의 가능한 철거를 위한 준비
11) 응력 해방에 책임이 있는 궤도공의 지정
12) 장대레일 연결 표의 사용

7.9.2 유압 긴장기를 사용하여 tan 0.0218 (1/46) 분기기의 장대레일에 연결

(1) 개요
유압 긴장기를 사용하여 tan 0.0218 (1/46) 분기기를 장대레일에 연결할 때는 다음에 의한다. ① 응력을 해방하려는 분기기와 궤도 부분은 도상을 살포하고 면 맞춤을 하여 안정화시켜야 한다. ② 포인트, 크로싱 및 가동 노스 작동 로드를 포함하는 크로싱부 외측레일의 지역은 응력을 해방하지 않는다. ③ 응력 해방은 중간궤도 안쪽 레일 앵커링의 과도한 하중을 피하기 위하여 15°C 이상의 레일온도에서만 수

행하여야 한다. ④ 이하의 방법은 적어도 2 개의 유압 긴장기(이하에서는 '잭' 으로 표현)를 필요로 한다. ⑤ 사용하려는 용어 b, 또는 $b/2$(앵커링 지역의 끝에서 궤광의 변위)는 표 7.45에 주어진다. ⑥ 0 응력의 설정은 레일의 절단, 체결장치의 풀기, 레일 아래에 롤러의 설치 및 진동으로 구성된다. ⑦ 다음의 (2)항에 주어진 작업 순서에 따라야 한다. 그러나, 작업(가)와 (나)는 역으로 할 수 있다.

표 7.45 앵커링 지역의 끝에서 궤광의 변위

레일온도 t_0 (℃)	10	11	12	13	14	15	16	17	18	19	20
b (mm)	8	7	6	5	4	3	3	2	2	1	1
$b/2$ (mm)	4	4	3	3	2	2	2	1	1	1	0

(2) 분기선 또는 측선의 입구(그림 7.46)

(가) 포인트 끝에서 장대레일 150 m의 응력 해방(양 레일을 동시에 응력을 해방한다) : ① 지점 O_1과 O_2를 넘어 35 m의 앵커링(고정 구간) 지역 Z를 구성한다. ② 1과 2(분기기의 첨단)에 잭을 설치한다. ③ 1과 2를 절단한다. ④ 길이 L_1을 0(제로) 응력으로 설정한다. ⑤ 1과 2에서 $0.0105 \times L_1 \times (25 - t_0) + (s - 1) + b/2 + 21/200(25 - t_0)$의 틈(유간, mm)을 벌린다. ⑥ $s + 21/200(25 - t_0)$의 값까지 틈(mm)을 줄인다. ⑦ 틈을 s(mm)로 줄여서 용접하고 볼트로 고정시킨다.

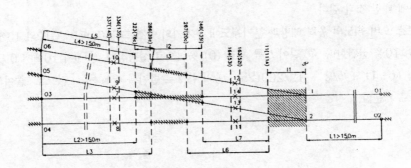

그림 7.46 유압 긴장기를 이용한 분기선 또는 측선의 장대레일 연결

(나) 분기기 후단에서 장대레일의 응력 해방

1) 통과궤도(기준선)(양 레일을 동시 처리) : ① O_3과 O_4 지점을 넘어 35 m의 앵커링(고정 구간) 지역 Z를 구성한다. ② 7과 8에 잭을 설치한다. ③ 7과 8을 절단한다. ④ 길이 L_2와 L_3을 0(제로) 응력이 되게 한다. ⑤ 7에서 $0.0105 \times L_2 \times (25 - t_0) + (s - 1) + b/2 + 21/200(25 - t_0)$의 틈을 벌린다. ⑥ 8에서 $0.0105 \times L_3 \times (25 - t_0) + (s - 1) + b$의 틈을 벌린다. ⑦ 틈을 값 s

로 줄여서 용접하고 나사못 볼트를 채운다.

2) 분기궤도(분기선)(양 레일을 동시 처리) ① O_5와 O_6지점을 넘어 35 m의 앵커링(고정 구간) 지역 Z를 구성한다. ② 9와 10에 잭을 설치한다. ③ 9와 10을 절단한다. ④ 길이 L_4와 L_5를 0(제로) 응력이 되게 한다. ⑤ 9에서 $0.0105 \times L_4 \times (25 - t_o) + (s - 1) + b/2 + 12/200(25 - t_o)$의 틈을 벌린다. ⑥ 10에서 $0.0105 \times L_5 \times (25 - t_o) + (s - 1) + b$의 틈을 벌린다. ⑦ 틈을 값 s로 줄여서 용접하고 나사못 볼트를 채운다.

(다) 중간부(리드부) 궤도의 응력 해방

1) 안쪽 레일(양 레일을 동시에 처리한다) : ① 13과 14에 잭을 설치한다. ② 13과 14를 절단한다. ③ 길이 L_7을 제로(0) 응력이 되게 설정한다. ④ 만일 필요하다면, 치수 X를 조정한다. ⑤ 13과 14에서 $0.0105 \times L_7 \times (25 - t_o) + (s - 1) + (11 + 12)/200(25 - t_o)$의 틈으로 벌린다. ⑥ 틈을 s 값으로 줄여서 용접하고 나사못 볼트로 채운다.

2) 외측 레일(양 레일을 동시에 처리한다) : ① 11과 12에 잭을 설치한다. ② 11과 12를 절단한다. ③ 길이 L_6을 제로(0) 응력으로 설정한다. ④ 11과 12에서 $0.0105 \times L_6 \times (25 - t_o) + (s - 1) + b/2 + 11/200(25 - t_o)$의 틈으로 벌린다. ⑤ 틈을 s 값으로 줄여서 용접하고 나사못 볼트로 채운다.

(3) 크로스 오버

(가) 통과궤도(기준선)에 각 분기기의 연결 및 중간부 궤도의 응력 해방 : 방법은 분기기, 또는 측선 입구 분기기에 대한 것과 같다.

(나) 크로스 오버 궤도의 응력 해방과 분기궤도에 분기기의 연결(그림 7.47) : ① 9와 10에 잭을 설치한다. ② 9와 10을 절단한다. ③ 길이 L_4를 제로 (0) 응력으로 설정한다. ④ 9와 10에서 $0.0105 \times L_4 \times (25 - t_o) + (s - 1) + b/2 + 12/200(25 - t_o)$의 틈으로 벌린다. ⑤ 틈을 s 값으로 줄여서 용접하고 나사못 볼트로 채운다.

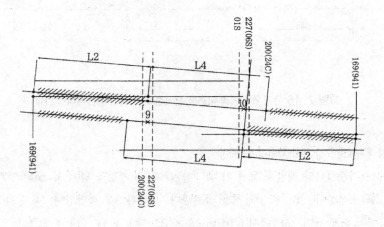

그림 7.47 유압 긴장기를 이용한 크로스 오버의 장대레일 연결

7.9.3 자연 온도에서 tan 0.0218 (1/46) 분기기의 장대레일에 연결

(1) 개요

제7.9.2(1)항의 ①, ② 및 ⑥을 적용한다. 응력 해방은 22 ℃와 28 ℃ 사이의 안정된 온도에서만 시행하여야 한다.

(2) 분기선, 또는 측선의 입구(그림 7.48)

다음에 의한다. ① 주행 궤도는 분기기의 양단에서 150 m에 이르기까지 응력을 해방하여야 한다. ② 1, 2–3, 4, 5, 6–7, 8, 9, 10에서 절단한다. ③ 레일 단부를 풀어 놓는다. ④ 1~A_1, 2~A_2, 3~B_1, 4~C_1, 5~C_2, 6~B_2, 7~D_1, 8~D_2, 9~E_1, 10~E_2의 길이를 22 ℃ ≤ t_0 ≤ 28 ℃에서 0 응력으로 설정한다. ⑤ 치수 X를 조정한다. ⑥ 1–2–3–4–5–6–7–8–9–10 끝에서 요구된 용접 틈 s를 설정한다. ⑦ 체결장치를 조이고 용접한다.

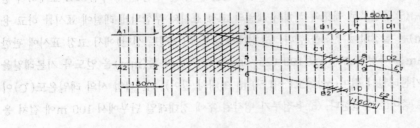

그림 7.48 자연 온도에서 분기선, 또는 측선 입구의 장대레일에 연결

(3) 크로스 오버(그림 7.49)

다음에 의한다. ① 통과궤도와 6~B_2, 4~C_1, 11~H_2, 13~G_2 지점 사이의 분기궤도에 대하여 상기

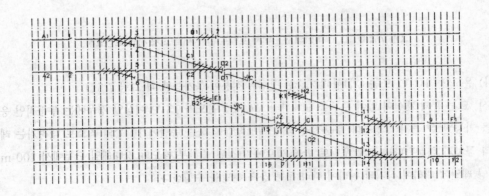

그림 7.49 자연 온도에서 크로스 오버의 장대레일에 연결

에 설명한 것처럼 작업한다. ② 지점 E_1 J_2 및 D_1 K_1 사이에서 ⓐ 각 레일을 절단한다. ⓑ 22 ℃ ≤ t_0 ≤ 28 ℃에서 응력이 0이 되게 설정한다. ⓒ 요구된 용접 틈 s를 설정한다. ⓓ 체결장치를 조이고 용접한다.

7.9.4 tan 0.0218(1/46) 분기기의 교체

(1) 포인트 반쪽 세트의 교체
전체의 포인트 반쪽 세트를 교체하여야 한다.
(가) 온도 ≥ 10 ℃일 때(그림 7.50)
다음에 의한다. ① 포인트의 전단과 후단에서 기본레일의 접속 용접부를 넘어 1.5 m에서와 텅레일의 고정 단부를 건너 1.5 m에서 고정 표시를 한다. ② 체결장치가 유효하게 조여졌는지를 확인하고, 교체되는 설비 뒤쪽에 있는 중간 궤도의 양쪽 레일에 체결장치가 정확하게 위치하는지 확인한다. ③ 철거하려는 설비의 용접 비드는 남기면서 용접 비드를 평평하게 절단한다. ④ 부품을 새 부품으로 교체하여 정확한 위치를 확보한다. ⑤ 중간부분 궤도의 끝에서 레일의 고정 표시와 부합되게 레일에 표시를 하고 용접에 필요한 틈 s(mm)를 설정하여 용접을 한다. ⑥ 장대레일 단부(포인트 선단)에서 고정 표시에 관한 장대레일의 변위 δ mm를 측정하고 δ + l/100 (25 - t) + (s - 1)의 틈(mm)을 얻도록 기본레일을 자른다. 여기서, l은 기본레일의 길이(m)이고(±0.50 m 이내의 길이), t는 작업 시의 레일온도(℃)이다. ⑦ 틈을 s(mm)로 줄이고 용접한다. ⑧ 용접부가 냉각된 후에 장대레일 단부에서 100 m에 걸쳐 응력을 균일하게 한다.

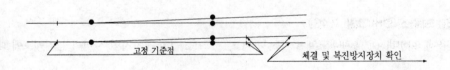

고정 기준점   체결 및 복진방지장치 확인

그림 7.50 10 ℃ 이상의 온도에서 포인트 반쪽 세트 교체 시의 고정표시

(나) 온도 < 10 ℃, 또는 (가)항에 기술한 방법의 적용이 불가능할 때(그림 7.51)
표시, 또는 틈의 계산이 없이 부품을 교체한다. 그 때에 온도가 15 ℃ 이상일 경우에는 부분적인 응력 해방을 가능한 한 즉시 시행한다(부분적인 응력 해방작업을 하는 동안에 10 ℃의 최소로 내려가는 레일 온도의 공차가 허용된다). 교체 포인트 반쪽 세트에 연결된 중간부 궤도와 장대레일 단부에서 100 m에 걸친 양 레일에 대하여 상기의 원리에 따라 부분 응력 해방을 수행한다.

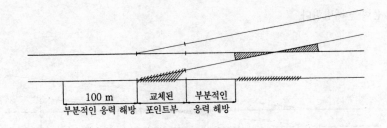

100 m　　　교체된　부분적인
부분적인 응력 해방　포인트부　응력 해방

그림 7.51 10 ℃ 이상의 온도에서 포인트 반쪽 세트 교체 시의 부분적인 응력 해방

(2) 크로싱의 교체

크로싱의 교체 작업은 포인트 반쪽 세트의 교체에서처럼 진행한다.

(가) 온도 ≥ 10 ℃(그림 7.52)

다음에 의한다. ① 절단하려는 레일의 용접부로부터 1.50 m에 고정 표시(fixed marks)를 한다. ② 체결장치가 조여 있는지 확인한다. ③ 크로싱을 교체한다. ④ 중간부 궤도 단부에서 고정 표시에 부합하여 레일에 표시를 하고 s(mm)의 틈을 설정하여 용접한다. ⑤ 장대레일 단부에서 고정 표시에 관하여 변위 δ (mm)를 측정하고, $\delta + l/100~(25 - t) + (s - 1)$의 틈(mm)을 얻도록 크로싱의 단부를 자른다. 여기서, l은 크로싱의 길이(m)이고 t는 작업 시의 레일온도(℃)이다. ⑥ 틈을 s(mm)로 줄여서 용접한다. ⑦ 용접부가 냉각된 후에 장대레일 단부에서 100 m에 걸쳐(또는, 크로스 오버의 경우에 다른 분기기의 크로싱에 이르기까지) 응력을 균질화시킨다.

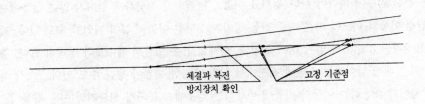

체결과 복진　　　　고정 기준점
방지장치 확인

그림 7.52 10 ℃ 이상의 온도에서 크로싱 교체 시의 고정표시

(나) 온도 < 10 ℃, 또는 (가)항에 기술한 방법의 적용이 불가능할 때(그림 7.53)

표시, 또는 틈의 계산이 없이 크로싱을 교체한다. 가능한 한 빨리 부분적인 응력 해방을 실시한다. 온도가 15 ℃ 이상(부분적인 응력 해방작업 동안의 레일온도에 대하여 10 ℃의 최소로 내려가는 공차가 허용된다)일 때, 크로싱에 연결된 중간부 궤도와 장대레일 단부에서 100 m에 걸친 양 레일에 대하여 상기의 원리에 따라 부분적인 응력 해방을 수행한다. 크로스 오버의 경우에 교체된 크로싱에 연결된 분기기 레일은 두 번째 분기기의 크로싱 외측 레일(L < 100 m인 경우)의 응력을 해방하지 않은 부분에 이

르기까지 온도 응력을 해방한다.

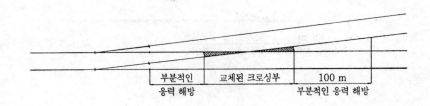

부분적인 | 교체된 크로싱부 | 100 m
응력 해방 | | 부분적인 응력 해방

그림 7.53 10 ℃ 이상의 온도에서 크로싱 교체 시의 부분 응력 해방

7.10 분기기에 관련된 비정상 상태시의 대처방법

7.10.1 텅레일과 기본레일의 밀착 결함의 교정

텅레일의 밀착 결함(不密着)이 관찰되었을 때는 분기기 유지보수 치수의 준수를 보장하도록 각 로드에서의 궤간을 검사하여야 한다. 이 작업을 완료하였을 때는 각 작동장치에서의 텅레일 틈이 관련 분기기의 도면에 주어진 치수에 따르는지를 점검하여야 한다. 이 점검을 수행함에 있어 클램프를 사용하여 닫힌 텅레일의 밀착을 확인하는 것에 유의하여야 한다. 잘 정해진 텅레일 틈 값에 대해 조정할 수 없는 장치를 사용하여 조립하였기 때문에 각 작동 장치에서의 행정 값을 확인하는 것이 중요하다. 궤간 치수와 텅레일 틈은 건설 치수에 따라야 한다(검사표 이용). 텅레일이 적합하게 닫히지 않는 경우에는 이것이 핀과 탄성 연결 이음의 마모에 따른 다중 작동 장치의 상당한 이동 손실에 기인할 수도 있다. 궤간 치수의 허용오차는 0과 +3 mm의 범위 내에 놓인다. 텅레일 틈은 이론적 치수보다 상당히 크다. 틈이 여전히 유지보수 치수 내에 남아있는 반면에 궤도에서 약간 초과한 궤간이 생길 수도 있다. ① 각 작동 장치에서 인지된 차이가 대응하는 이동의 비율에 비례하는 경우에는 분기기 전환기의 이동 량을 증가시켜 텅레일의 밀착을 개선할 수 있다. ② 이 차이가 비례하지 않는 경우에는 이론적인 이동을 얻도록 관련 작동장치의 로드에서 조 클립과 텅레일 간에 적합한 쉼을 삽입한다. 텅레일이 두 작동장치 사이에서 정확하게 닫히는 것을 보장하도록 중간의 게이지에 쉼을 추가하는 것이 또한 필요할 수도 있다. 범위 내의 치수를 얻기 위해서는 선로원이 분기기를 수리하여야 한다. 그 다음에, 기계 부서의 직원이 상기의 절에서 설명한 것처럼 작업한다.

7.10.2 얼음, 결빙, 또는 강설 시에 취하는 수단

포인트는 매우 차가운, 또는 결빙의 날씨 동안 가능한 한 자주 작동해 주어야 한다. 그러므로, 슬라이드 체어는 기름칠을 하여야 한다. 특히, 가열되지 않는 체어에 대하여는 해빙제품의 사용이 권고된다. 강설의 경우에는 텅레일의 충분한 이동을 방해하는 것을 예방하기 위하여 포인트를 작동하기 전에 가열되지 않는 체어를 청소하고, 분기기에 클램프 록이 설치되어 있다면 클램프 록의 블로킹 챔버를 신중하게 청소하는 것이 필요하다. 눈을 녹이기 위하여 소금을 사용하는 것은 전철화 궤도, 또는 전기 회로를 포함하는 궤도에서는 금지된다. 설비의 케이블을 손상시킬 수 있는 화염 방사기, 토치 램프 등은 주의하여 사용하여야 한다. 실제로 이러한 주의를 기울이지 않고 사용하면 이들의 장치가 눈을 녹이지만 결과로서 생긴 물이 차가운 레일이나 체어에 접촉하게 될 때 흘러내리기 전에 얼어 버리며, 그렇게 형성된 얼음으로 포인트가 움직이지 않게 된다. 가열 시스템은 적당한 시간에 켜져야 하며 강설이 멈춘 후에는 클램프 록에 대하여 가열을 계속하여야 한다. 일반적으로 가열된 체어를 청소할 필요는 없다.

7.10.3 접착절연 이음매 조립품의 문제점 발생 시 조치

(1) 일반사항
(가) 일반 규정

이음매판의 레일 미끄러짐이 없는 접착제의 균열은 문제를 나타내지 않으며 특정한 작업을 필요로 하지 않는다. 그러나, 분소장의 분류를 필요로 하고 레일손상에 대하여 정해진 것(제3.9절 참조)들과 같은 조치를 필요로 하는 두 유형의 피로가 관찰될 수도 있다.

1) 이음매판에서 레일 미끄러짐 : ① 볼트 파단이 없는 경우 → ⓐ 이음매판의 미끄러짐 < 4 mm : O급, ⓑ 이음매판의 미끄러짐 ≥ 4 mm : X_1급, ② 볼트의 하나가 절손 : X_2급, ③ 2 개 이상의 볼트가 파손 : 접착절연 이음매 유간의 크기에 따라 취하여야 하는 조치는 파손레일에 대하여 제3.9절에 기술된 것과 같다. 필요한 C피스를 설치하자마자 강화작업을 수행한 것으로 간주하고, 이 유형의 피로에 대하여 유효한 것으로 간주할 수 있다.

2) 레일의 미끄러짐이 있거나 없는 이음매판의 균열 : 이 피로는 즉시 S급으로 분류한다. 접착절연 이음매의 이음매판은 토치를 이용하여 이음매판을 대략 100 ℃까지 가열한 후에 철거하여야 한다. 해체한 이음매판을 조사한 다음에 C클램프로 고정한 절연라이너로 이음매판을 댄다.

(나) 특수 규정

결함이 있는 절연 때문에 이 유형의 피로가 더욱 악화되었을 때는 신호에 의하여 부과된 조치를 또한 적용하여야 한다. 더욱이, ① 가능한 경우에는 절손, 또는 비틀린 볼트를 철거하고, 하나 이상의 볼트가 탈락된 경우에는 C 클램프를 설치한다. ② 부수 사건이 존속되는 경우에는 이음매판의 균열을 다루는 상기에 설명한 작업을 필요로 한다.

(다) 결함이 있는 절연

예방, 또는 교정보수 작업의 진행 중에 접착절연 이음매 유지보수표에 주어진 값에 비하여 접착절연 이음매의 한 쌍에 인접한 두 절연구간에서 상당한 전압이 관찰된 경우에는 관련 이음매의 절연을 조사하여야 한다. 이 조사는 500 볼트 마그네트 메그옴미터(megohmmeter)를 사용하여 시행한다. 만일 측정된 값이 500 옴에 가깝거나 미만이라면, 장대레일에 연결된 분기기 크로싱의 이음매에 대하여(구조에 의하여 전기적으로 연결된) 모든 이음매판과 토막 레일 사이에서 멀티미터를 사용하여 추가의 측정을 하여야 한다.

(2) 현장에서 첫 번째 선로원이 취하여야 할 조치

접착절연 이음매의 부수 사고는 절연구간에 대한 결함을 처리하기 위하여 소집된 전기부서의 직원이 자주 발견한다. 그러나, 이 사고들은 또한 선로반 직원의 검사, 또는 유지보수의 진행 동안에 발견될 수도 있다.

(가) 볼트 파손을 일으키는 이음매판에서의 레일의 미끄러짐(遊動)

1) 2 개 이상의 볼트 절손 : 열차운행을 중지하고, 이음매 틈을 측정하여 다음의 조치를 한다. ① 틈 > 60 mm : 열차 운행 중지의 계속, ② 30 mm < 틈 ≤ 60 mm : S = 10 km/h 속도제한의 적용, ③ 틈 ≤ 30 mm : S = 40 km/h 속도제한의 적용, ④ 계속적인 모니터링과 분소장에게 통보

2) 하나의 볼트 절손 : 계속적인 모니터링과 분소장에게 통보

(나) 이음매판의 균열

- 열차 운행을 중지한 다음에 S = 40 km/h의 속도제한을 하고 분소장이나 선로반장에게 즉시 통보한다.

(다) 접착절연 이음매 토막레일의 파단

접착절연 이음매 토막레일의 파단을 처리하기 위하여 취하여야 하는 조치는 주행궤도에서 레일의 파단에 대한 것과 같다. 열차운행을 중지시킨 다음에 첫 번째 선로원은 현장에서 다음을 진행한다. ① 파단이 이음매에서 2 m 이내에 있는 경우 : ⓐ 틈 > 60 mm : 열차 운행 중지의 적용, ⓑ 틈 ≤ 60 mm : S = 10 km/h 속도제한의 적용, ② 파단이 이음매에서 2 m 이상에 있는 경우 : ⓐ 틈 > 60 mm : 열차 운행 중지의 적용, ⓑ 30 < 틈 ≤ 60 mm : S = 10 km/h 속도제한의 적용, ⓒ 틈 ≤ 30 mm : S = 40 km/h 속도제한의 적용.

(3) 선로반장이 취해야 할 조치 사항들

선로반장은 현장에 도착하자마자 다음 사항들을 점검한다. "① 인명의 안전 조치가 상황에 적합하다. ② 현장에서 첫 번째 선로원이 취한 조치가 지침을 준수하고 있다. ⓐ 열차의 운행을 중지하거나 속도제한이 부과되고 있다. ⓑ 분소장에게 통보되었다." 선로반장은 그 다음에 상황을 복구하기 위하여 이하에 기술된 것처럼 속행한다. 분소장만이 170 km/h 이상의 정상속도로 궤도를 되돌릴 수 있다.

(가) 볼트 파손을 일으키는 이음매판에서의 레일의 미끄러짐

1) 2 개 이상의 볼트 파손 : 현장에 있는 첫 번째 선로원은 상기의 제(2)항에 기술된 지침을 따른다.

- C피스의 설치가 유효한 강화 기능을 제공하는 경우 : ① 틈 > 100 mm : 열차 운행을 중지한다. ② 60 mm < 틈 ≤ 100 mm : S = 10 km/h 속도제한의 적용, ③ 30 mm < 틈 ≤

60 mm : S = 40 km/h 속도제한의 적용, ④ 틈 ≤ 30 mm : S = 80 km/h 속도제한의
적용, ⑤ 상시의 모니터링을 실시한다.

- C피스의 설치가 유효한 강화를 제공하지 않는 경우 : 분소장이 도착하는 동안 첫 번째 선로원
이 취한 조치들을 계속 유지한다.

2) 하나의 볼트 파손 : 현장에서 첫 번째 선로원이 분소장에게 통지하였는지 확인한다.

- C피스의 설치는 상시 모니터링의 필요를 제거하기에 충분하다.

(나) 이음매판 균열

- 현장에 있는 첫 번째 선로원은 40 km/h의 속도제한을 부과한다. ① 100 ℃에 가까운 온도까지
토치(또는, 히터 점화 토치)로 가열하여 접착절연 이음매의 이음매판을 철거한다. ② 해체한 이음
매를 조사한다. ③ 절연라이너를 C크램프로 고정한 이음매판을 댄다. ④ 유효성을 검사한다(2 m
이내에서 그 이상의 결함이 없다). ⑤ 연결의 설치는 금지된다. ⑥ 표 7.46에 나타낸 것처럼 조치
한다.

- 해체한 이음매에 걸쳐 열차가 통과하여서는 안 된다.

표 7.46 이음매판 균열 시의 조치

틈의 크기	레일이 손상되었는가?	
	아니오	예
틈 > 100 mm	열차 운행의 중지	열차 운행의 중지
60 mm < 틈 ≤ 100 mm	S = 10 km/h	
30 mm < 틈 ≤ 60 mm	S = 40 km/h	S = 10 km/h
틈 ≤ 30 mm	S = 80 km/h	

(다) 접착절연 이음매(B.I.J 토막레일)의 파단

현장의 첫 번째 선로원은 상기의 제(2)항에 기술된 지침을 따른다. ① 파단이 이음매에서 4 m 이상에
있는 경우 : 접착절연 이음매의 토막레일 파단을 처리하기 위하여 취하여야 하는 조치는 레일 파단의 경
우와 같다. ② 파단이 이음매에서 4 m 이내에 있는 경우 : 그 중간에 절연 이음매를 포함하는 8 m 토막
레일의 설치를 계획한다.

(라) 결함이 있는 절연의 경우

다음에 의한다. ① 전기 부서의 직원이 부재일 경우에는 그에게 통보한다. ② 만일 가능하다면, 절손,
또는 비틀린 볼트를 철거한다. ③ 하나 이상의 볼트가 탈락되었다면, C클램프를 설치한다. ④ 절연에 여
전히 결함이 있다면, 접착절연 이음매의 이음매판을 철거한다.

7.10.4 분기기의 임시 고정화

(1) 일반 사항

분기기의 임시 고정화는 안전설비로서 간주되는 분기기에 적용할 수 있는 규정의 절차이다. 분기기의 임시 고정화는 "① 작업 동안, ② 고장 시, ③ 특별 열차가 대향방향으로 통과하는 경우(예를 들어, 적용하려는 규정이 시험절차에 정해져 있는 경우의 시험)"에 열차가 분기기를 통과할 수 있게 하고 텅레일의 어떠한 변위라도 피하기 위하여 필요하다. 분기기의 고정화에 사용하는 장치는 ① 포인트 및 ② 노스 가동 크로싱의 가동 노스에 적용한다. 이것들은 다음에 의하여 설계되며 추가의 조치를 취하는 것이 필요할 수도 있다(제어회로 동력공급의 차단 등). ① 밀착된 포인트 반쪽 세트의 텅레일을 고정, ② 열린 포인트 반쪽 세트의 텅레일을 고정 : ⓐ 열린 텅레일의 횡 설정(< 1.380 m)에 따라, ⓑ 첫 번째 로드에서 포인트 단부의 틈 > 75 mm, ③ 노스 가동 크로싱에 대하여는 밀착 쪽에 가동 노스를 고정한다. 이들 장치는 독립적이며 게다가 분기기가 손상되었을 때 설치하여야 하는 강화 장치이다.

(2) 고정화의 유형

임시고정화에는 세 가지 유형이 있다.

- No. 1형 : 단순 고정화 → 이것은 ① 프로그램의 일부로서, 그리고 그러한 작업을 수행하는 관계자의 책임 하에 작업을 하는 분기기, ② 특별 안전설비(SI)의 규칙을 소유하여 선로원의 책임 하에 작업하는 고장이 난 분기기 등과 같은 모든 분기기에 적용한다(손상되었든지 안 되었든지 간에). 단순 고정화의 경우에는 열차가 '절대서행' 속도로만 텅레일을 통과하도록 허가된다.
- No. 2형 : 강화된 고정화 → 강화된 고정화는 ① 프로그램의 일부로서, 그리고 그러한 작업을 수행하는 관계자의 책임 하에 작업을 하는 분기기, ② 지방 궤도관리자의 책임 하에 작업하는 고장난 분기기 등에 적용한다.
- No. 3형 : 무효로 된 분기기의 물리적 폐쇄 → 이것은 더 이상 수송 목적에 사용할 수 없는 분기기에 적용한다.
- 상기의 No. 2와 3형의 규정이 프로그램의 일부로서, 그리고(또는) 지방 궤도관리자의 권한 하에 적용하므로 No. 1형, 즉 특별 안전설비(SI)의 규칙을 소유하여 선로원의 책임으로 수행할 수 있는 단순고정화에 대하여만 고려하는 이 절에서는 No. 2와 3형의 규정은 설명하지 않는다.

(3) 고정화의 장치

닫힌 포인트 반쪽 세트에는 ① 부속기구, ② 잠금 쐐기(lock shim) 등의 설비를 한다. 열린 포인트 반쪽 세트에는 고정 볼트, 또는 블로킹 볼트의 설비를 한다. 가동 노스에는 ① 고정화 쐐기, ② 잠금 쐐기의 설비를 한다.

(4) 클립

- 모든 경우에 UIC 60-60D 분기기에 사용하는 클립(60D 텅레일과 UIC 60 기본레일)을 사용한다.
- 클립은 '① C형 몸체, ② 각 경사진 측면에 안내 홈 및 가장 넓은 표면에 2 개의 블로킹 노치를 포함하는 쐐기, ③ 볼트, ④ 테두리에 8 구멍이 있는 특수 너트를 수용하는 스톱 피스' 를 포함하며, ⑤ 스톱 피스의 두부 끝은 쐐기의 가장 넓은 표면에 위치한 두 노치의 하나에 맞게 한다.
- 궤도 회로가 있는 선로에 클립을 설치할 때 취하여야 하는 특별한 주의 : 클립, 또는 그것의 록과 스위치 작동 로드와 같은 비절연 부품간의 접촉에 기인하여 특히 해체할 수 없을 때는 뜻하지 않게 접지할 수 없는 것에 유의하여야 한다. 예로서, 적당한 직경과 길이의 고무, 또는 플라스틱 튜브의 설치가 가능하도록 지방부서가 종 방향으로 쪼개어 만든 절연 슬래브를 로드에 설치할 수 있다.

(5) 부속기구

부속기구는 제(2)항에 나타낸 2와 3형의 경우에 사용한다. 부속기구는 텅레일 복부에 부속기구를 설치하여 직접 닫힌 포인트 반쪽 세트의 텅레일을 고정화하기 위하여 사용한다. 그것은 옵셋 철판으로 구성되며 두 개의 래그 볼트로 고정한다. 그것은 침목에 고정할 수 있도록 4 구멍을 갖고 있다. 그것은 프로그램에 정한 조건(작업 시)에 따라, 또는 관련 지방 궤도관리자가 지시한 조건(고장 시)에 따라 적당하게 설치할 수 있다. ① 선단 부분에서 : 첫 번째, 또는 두 번째 체어에, ② 힐 부분에서 : 마지막 작동장치의 근처에, ③ 중간 침목 위에서 : 이미 고정화한 두 지점으로부터 엇비슷하게

(6) 잠금 쐐기(lock shim)

잠금 쐐기는 2와 3형의 경우에 사용한다. 잠금 쐐기는 잠금 위치에서 클램프 록의 C 피스 두부, 또는 가동 노스 록의 록킹 레버 두부를 고정화하기 위하여 설계된다. 잠금 쐐기는 닫힌 포인트 반쪽 세트 끝에서 프레임의 록킹 캠버에 설치하며 프로그램에 정한 절차에 따라(작업 시), 또는 지방 궤도관리자가 지시한(고장 시) 절차에 따라 프레임을 고정하는 래그 볼트의 하나로 고정한다.

(7) 고정볼트

고정볼트는 No. 1형(단순 고정화)에 사용한다. 이 장치는 미리 구멍을 뚫은 기본레일에 고정한다. 이 장치는 열린 포인트 반쪽 세트 끝에 위치한 이음매판 형상의 너트, 스크류 및 외측에 위치한 고정화 록 너트로 구성된다. 스크류는 설치하고 있을 때, 텅레일이 '① 열린 포인트 반쪽 세트의 텅레일 횡 설정, ② 포인트 선단에서의 열림' 을 보장하도록 충분히 열릴 때까지 텅레일에 접촉하여 있다.

(8) 노스 가동 크로싱의 고정화 쐐기

고정화 쐐기에는 UIC 60-60D 노스 가동 크로싱에 대하여 하나(60D 가동 노스)의 유형이 있다. 고정화 쐐기는 '① 고정화 부품, ② 쐐기, ③ 어셈브리를 쇄정하는 특수 너트를 수용하는 고정부' 로 이루어져 있다. 고정화 쐐기는 닫힌 가동 노스와 크래들의 자유로운 측면간 노스 가동 크로싱 크래들 안쪽의 첫 번째와 두 번째 체어 사이에 위치한 크리브(침목 사이)에 설치한다.

(9) 고정화 쐐기의 조립 : 60D 분기기(침목간 도상 클리어런스가 별로 중요치 않을 경우)

가동 노스를 고정화하려는 위치에 배치하고 그 위치에서 유지시킨다. 고정화 부품을 크래들 안쪽에 위치시키고 경사진 평면을 노스 저부로 향하게 한다. 이 부품의 종 방향 위치는 부품이 지탱되고 크래들 홈의 양 가장자리 사이에 묻힌 2 개의 핀으로 결정한다. 고정부, 쐐기 및 특수너트를 조립하며, 후자는 고정부의 로드에 단지 1, 또는 2 개의 나삿니를 고정하고 있다. 쐐기를 상부의 위치에 유지하고 노스 저부와 고정화 부품간에서 종 방향으로 어셈브리를 맞물리게 한다. 크래들의 바닥을 약간 떼어 전체 어셈블리를 낮추고 고정부품의 핀이 고정화 부품의 아래에 위치하도록 1/4 회전만큼 돌린다. 쐐기를 제 위치에서 물러나게 하고 특수 너트를 죄어질 때까지 조인다. 대응하는 구멍에 록의 족쇄를 맞물리게 하여 특수 너트를 고정화시킨다.

(10) 고정화 장치들의 보수

포인트의 임시 고정화 클립, 또는 노스 가동 크로싱의 임시 고정화 쐐기를 사용한 후에 다음과 같이 정비한다. ① 부품을 닦아준다. ② 쐐기가 정확한 위치에 있는지 점검한다(충격에 기인한 깔쭉깔쭉한 부분(후로우)의 제거). ③ 나삿니 부분을 기름칠한다. ④ 각 중계국에 저장용 부품을 모아 정리하고 목록을 만든다.

(11) 분기기의 단순 고정화

이 유형의 고정화는 ① 분기기에서 손상된 모든 포인트 반쪽 세트, ② 노스 가동 크로싱의 가동 노스에 적용한다.

- 절대서행 속도로만 열차운행이 허가된다. 포인트 반쪽 세트가 손상되었을 경우에, 만일 닫힌 포인트 반쪽 세트의 텅레일과 기본레일 사이(또는, 가동 노스와 크로싱 사이)의 틈이 선단 끝에서 6 mm 미만이라면, 절대서행 속도로 열차가 통과하는 것이 가능하다. 물론, 분기기의 통과는 그것을 허용하는 궤도의 기하구조적 조건의 여하에도 달려있다(초과 궤간 등). 모든 게이지 로드를 갖춘 포인트에 대하여는 닫힌 포인트 반 세트만이 고정화되며, 이들 로드의 존재는 열린 포인트 반쪽 세트를 고정한다. 상기에 정한 그들의 로드를 갖추지 않은 포인트에 대하여는 포인트의 양쪽 반 세트가 고정화되어야 한다.
- 노스 가동 크로싱을 가진 분기기의 경우에 어떠한 통과라도 허가하기 전에 분기기의 두 부분(포인트와 노스 가동 크로싱)이 같은 방향으로 설정되어 있는지 확인하는 것이 중요하다. 만일, 전기 부서의 직원이 있다면, 관련 분기기의 제어회로에 대한 동력공급을 차단하여야 한다.

(12) 고정화 장치의 쇄정

고정화장치는 기성품의 키 작동 록을 사용하여 쇄정한다. 단순, 또는 강화된 고정화에서의 쇄정은 상시 감시 하에서 고정화를 유지하는 것이 불가능할 경우에만 필요하다. ① 포인트 : 클립의 잠금, ② 가동 노스 : 고정화 쐐기의 쇄정

7.10.5 노스 가동 크로싱의 임시 강화

(1) 일반 사항(가동 노스의 임시 강화장치)

tan 0.0218(1/46) 분기기의 2중 크레들용 장치는 제7.10.4항의 절에 설명한 UIC 60 분기기용 임시 고정화 장치와 함께 사용한다. 강화장치는 노스 레일의 실제 첨단과 기본레일의 실제 선단간에 위치한 구간에서의 균열, 또는 단순 절손의 경우에 안내 측면의 연속성과 가동 노스 궤도평면의 연속성을 보장하도록 설계된 한 세트의 부품이다.

(2) 취해야 할 조치와 통과의 조건

(가) 현장에서 첫 번째 선로원이 취해야 할 조치

파단이나 눈에 띄는 균열을 발견한 경우에 첫 번째 선로원은 현장에서 다음의 조치를 하여야 한다. ① 관련 분기기에 대한 열차운행의 중지, ② 인접하는 궤도에 대하여 170 km/h의 속도제한을 부과, ③ 교통관리자에게 급보, ④ 선로반장, 분소장 및 전기 부서의 대표자에게 통보, 또는 그들로 하여금 통보토록 조치, ⑤ 분기기의 지역에 관한 궤도보호 요청서의 제출, ⑥ 강화 장치의 설치 준비, ⑦ 분소장이나 선로반장의 도착을 기다린다.

(나) 선로반장이 취해야 할 조치

선로반장은 다음의 조치를 하여야 한다. ① 첫 번째 선로원이 취한 조치들을 조사한다. ② 전기 부서의 대표자가 취한 조치를 확인한 후에 가동 노스에 대한 임시강화를 수행한다. ③ 가동 노스에 대한 단순 고정화를 수행한다. ④ 텅레일과 가동 노스가 같은 방향을 나타내는 것을 확인한다. ⑤ 유보가 있는 궤도요청을 복구 : "가동 노스 No. …는 …의 방향으로 절대 감속속도로 통과 가능" 및 재개의 가능성이 없이, ⑥ 텅레일과 강화장치를 상시 모니터링할 필요가 있다.

(다) 분소장이 취하여야 할 조치

분소장, 또는 그의 대리자는 취하여진 수단을 조사하고 적어도 4 열차가 통과한 후에 다음을 취한다. ① 제출된 궤도 요청서를 입수한다. ② 잠금 쐐기를 설치하여 단순 고정화를 보충한다. ③ 안내측면과 궤도평면의 상대위치를 조사한다. ④ S = 80 km/h의 속도제한을 부과한다. ⑤ 텅레일과 가동 노스 제어회로를 재확립하고 나머지 제어를 차단시킨다. ⑥ 유보 "가동 노스 No. …는 …의 방향으로 80 km/h로 통과가능"으로 회복시킨 요구서를 입수한다. ⑦ 크로싱이 교체될 때까지 상시모니터링을 지시한다. 이 때부터 인접궤도에 대한 속도제한을 170 km/h로 상승시킬 수 있다.

(라) 의심이 가는 균열

균열의 존재가 의심적은 경우에 강화와 고정화 장치를 설치하는 것은 분소장이 S = 170 km/h를 허가할 수 있게 한다. 상시의 모니터링은 필수적이다.

(마) 크로싱의 교체

분소장은 가동 노스에서 균열, 또는 파단의 존재가 인지되자마자 가급적이면 발생 당일의 야간 동안에 손상 크로싱을 교체하는데 필요한 조치를 취한다.

(3) 2중 크래들 노스 가동 크로싱

(가) 일반 사항

이 절에서 참고적으로 설명하는 '임시 강화장치'는 1/46(tan 0.0218) 분기기 크로싱의 노스에서 단순 절손(또는, 균열)의 경우에 사용할 수 있다. 임시 강화장치는 부품의 전체 세트를 의미하며, 설비는 ① 절손(또는, 균열)부에 걸치고, ② 실제의 첨단과 기본레일 사이의 절손된 가동 노스의 안내 측면과 궤도 평면의 연속성을 확보하기 위하여 설계한다. 임시 강화장치는 분기기의 임시 고정화 장치, 특히 고장 시의 절차에 대한 특별조치의 일부분인 임시 고정화 쐐기와 함께 사용한다.

(나) 설명

단일 60D 임시 강화장치 조립품은 1/46 (tan 0.0218) 분기기에 사용할 수 있다. 이 장치는 다음을 포함한다. ① 강화 부품 9 개 : 음각 표시는 분기기의 유형과 장치를 설치하여야 하는 크리브(crib, 침목 사이)의 번호를 나타낸다. 예 : 46—4 : 4번째 크리브에 부설된 tan 1/46, ② 13~18 mm까지 눈금을 정한 ☐ 형 쐐기 6 개 : 음각표시는 분기기의 유형과 쐐기의 두께를 나타낸다. 예 : 46—16이 표시된 쐐기는 tan 1/46용이고 16 mm 두께이다. ③ 강화 부품의 조립을 위한 조임 어셈브리 4 개

(다) 임시 강화 장치 부품의 설치

1) 일반 규정 : 60D형 크로싱의 가동 노스는 3 개의 구간을 가지며, 각각 a, b, c로 부른다. ① 구간 a : 가동 노스가 가동 노스 레일 두부를 통하여 망간 크래들에 접촉하여 있는 구간, ② 구간 b : 가동 노스가 더 이상 가동 노스 레일 두부를 통하여 망간 크래들에 접촉하여 있지 않으며, 노스 레일/기본레일 조립이 아직 유효한 상호강화를 제공하지 않는 구간, ③ 구간 c : 가동 노스와 기본레일이 조합되어 그 조립품이 유효한 상호강화를 제공하는 구간. "임시 강화 장치는 절손(또는, 균열)의 걸침에 대응하는 크리브(crib)의 망간 크래들 안쪽에서 절손(또는, 균열)부의 양쪽에 설치하며, 절손(또는, 균열)이 이하의 2)에 나타낸 것처럼 구간 a, b, 또는 c의 어디에 위치하는지에 따라 변화한다."

2) D60 2중 크래들 가동노스 크로싱의 임시 강화 : 1/46(tan 0.0218)(표 7.47)

표 7.47 D 60 2중 크래들 가동노스 크로싱의 임시 강화(1/46)

절손의 위치	구간의 정의	강화 작업	관 찰
구간 a	실제교점에서 침목 No. 7까지	강화장치를 파손(또는, 균열)에 걸쳐 적용하고, 대응하는 침목 사이에 설치한다.	
구간 b	침목 No. 7에서 8까지	상기와 같은 배열에다 망간 크래들에 대하여 노스 레일, 또는 기본레일의 전부를 차단하기 위하여 적용한 두께를 정한 쐐기의 사용을 더한다.	7번째 침목 절손의 경우에는 세 번째 침목에 추가장치를 설치한다.
구간 c	침목 No. 8을 넘어	없음(조립된 텅레일과 기본레일은 상호의 강화를 마련한다)	

(라) 1/46(tan 0.0218) 분기기의 7 번째 크리브 구간에서 단순한 절손(또는, 균열)의 경우에 장치설치의 예 장치는 가동 노스 크래들의 안쪽에 설치한다. 어셈브리의 작동은 다음의 순서로 수행한다. ① 7 번(a

구간)과 8번째 (b 구간) 크리브의 장치를 조립한다. ⓐ 고정화하려는 것의 반대편 위치에 노스 레일을 둔다. ⓑ 7 번과 8 번째 크리브간에 위치한 플레이트에 대하여 크로싱 노스와 크래들 사이에 이용할 수 있는 공간을 채우기에 적합한 두께의 쐐기를 설치한다(이 쐐기는 멈춤쇠로서 작용한다). ⓒ 고정화하려는 위치에 노스 레일을 두고 이 위치에서 고정한다. ⓓ 크리브 8에서 크래들 안쪽에 46—8이 표시된 강화 부품을 위치시킨다. ⓔ 크리브 7에서 크래들 안쪽에 46—7이 표시된 강화 부품을 위치시킨다. ⓕ 대응하는 조임 장치를 조립한다. ② 3 번째 크리브에 임시 강화장치를 설치한다. ③ 주의 : 1 번째 크리브에 임시강화 쐐기를 설치한다.

(마) 가동 노스에 대하여 열차운행을 허가하기 위한 필수 조건

1) 다음의 일반 규정을 따라야 한다. 가동 노스를 노스 작동 레버에 연결하여야 한다. 크로싱이 교체될 때까지 모니터링을 계속한다. 상기의 예에 정의된 조건에 따라 임시 강화를 수행하는 선로반장은 10 km/h로 열차운행을 허가할 수 있다. 10 km/h로 적어도 4 열차의 통과 후에 필요시 장치를 다시 조이며, 그리고 분소장, 또는 그의 대리인이 당해 장치의 설치를 확인하고 안내 측면과 궤도평면의 상대 위치를 조사하는 조건으로, 그렇게 행하지 않기 위한 다른 근거가 없는 경우에 80 km/h의 속도를 허가할 수 있다.

2) tan 0.0218, 1/46 분기기의 7 번째 크리브 구간에서 가동 노스가 절손된 경우에, 표지에 정지하였던 열차는 3번째 크리브에 추가의 장치를 설치하는 것을 기다림이 없이 ① 측면 쐐기 및 ② 7 번째와 8 번째 크리브의 장치 등이 설치되자마자 $S = 10$ km/h의 속도로 통과하는 것을 허가할 수 있다.

(4) 단일 크래들 노스 가동 크로싱

(가) 일반 사항 : 제(3)(가)항을 적용한다.

(나) 설명

단일 60D 임시 강화장치 조립품은 1/46 (tan 0.0218) 분기기에 사용할 수 있다. 이 장치는 다음을 포함한다. ① 평면 철제 기구, 나사가 있는 로드 및 인력으로 조이는 스크류를 포함하는 조임 장치 : 1, ② 선회하는 스플릿 와셔를 갖추고 톱 표시가 있는 쐐기(wedge) 어셈브리 : 1, ③ 2 개의 조정 스크류를 포함하고 단일 크래들의 벽에 가동 노스의 외측 기부 치수의 상당한 변동을 고려하도록 설계된 25 mm, 또는 50 mm 쉼을 갖춘 강화 부품 어셈브리 : 4

(다) 임시 강화 장치 부품의 설치에 관한 일반 규정

제(3)(다)항의 1)을 적용하되, 마지막 문장은 다음과 같이 변경한다. "임시 강화 장치는 절손(또는, 균열)의 걸침에 대응하는 크리브(crib)의 망간 크래들 안쪽에서 절손(또는, 균열)의 양쪽에 설치한다."

(라) 1/46(tan 0.0218) 크로싱의 가동 노스에서 단순한 절손(또는, 균열)의 경우에 장치설치의 예 장치는 가동 노스 크래들의 안쪽에 설치한다. 어셈브리의 작동은 다음의 순서로 수행한다. ① 고정화하려는 위치에 노스 레일을 위치시킨다. ② 50 mm 쉼으로 2 번째 크리브와 4 번째 크리브에 강화장치를 설치한다. ③ 주의 : 1 번째 크리브에 임시강화 쐐기를 설치한다. ④ 파단부를 걸치는 장치가 안내 측

면의 연속성과 참조레일의 연속성을 보장하는지를 점검한다(< 0.5 mm). 설치된 장치가 가동 노스와 접촉하여 있을 때에 오른쪽 쐐기 아셈브리의 톱 표시가 가동 노스에 평행하여야 한다. 설치된 장치가 기본레일과 접촉하여 있을 때에 쐐기 아셈브리의 톱 표시가 기본레일에 직각을 이루어야 한다.

(마) 가동 노스에 대하여 열차운행을 허가하기 위한 필수조건 : 제(3)(마)항의 1)을 적용한다.

7.10.6 단일-블록 망간강 크로싱의 손상

(1) 손상, 또는 손상 악화의 경우에 취하여야 하는 조치들

단일-블록 망간강 크로싱에서 가장 일반적인 유형의 손상, 또는 사용상(使用傷)은 특수 도면에서 다룬다. 만일, 크로싱에서 어떠한 손상, 또는 손상 악화라도 관찰된다면 그것이 보증 하에 있든지 아니든지 간에 보고서를 작성한다. 그러나, 하자보증기간이 끝나고 주행표면에만 손상(국지화된 마모, 배터링, 쉐링, 분리 등)이 있는 크로싱에 대한 손상 보고서, 또는 손상악화 보고서의 작성은 원칙적으로 이들 손상의 본질, 크기, 또는 반복성의 특성이 필수의 조건 하에서 아크용접으로 궤도를 수선할 수 없는 경우에만 필요하다. 손상 보고서, 또는 손상악화 보고서를 작성하기 전에, 당해 크로싱에 대하여 접착이음매와는 달리 이음매판을 해체하여 검사하고 이음매판 챔버를 검사하여야 한다. 보고서에는 이 검사 일자를 명기하여야 한다. 각 보고서는 이면에다 이전에 인지된 모든 손상, 이전 보고서의 일자 및 크로싱 상태의 완전한 조사를 포함하여야 한다. 접착 이음매판과 달리 이음매판을 해체하는 이음매의 필수검사와 이음매 표면의 검사는 결정을 하기 전에 전체 크로싱의 조건을 알아야 하는 필요에 의하여 손상의 위치에 상관없이 정당화된다. 만일, 발견된 손상이 이음매판 근처의 균열이라면, 이 검사는 이음매판 아래의 가능한 기존의 손상과 이 균열의 결합을 의미할 것이라는 위험에 의하여 더욱 정당화된다.

(2) 즉시의 결정을 필요로 하지 않는 일반적인 경우

일반적으로 손상의 느린 전개는 책임이 있는 관할 부서가 크로싱을 시험하는데 가장 적합한 활동을 결정할 때까지 기다리는 것이 가능함을 의미한다. 이 결정은 다음을 포함할 수 있다. "① 크로싱에 대한 모니터링을 계속한다. 그 빈도는 관할 부서가 정한다. ② 손상된 부분에 대한 하중을 줄이면서 사용중인 크로싱을 유지 관리하는 것이 가능하도록 계획된 변경, 또는 교환(빈번하게 사용되는 궤도에서 덜 빈번하게 사용되는 궤도로 변경, 본선에서 측선으로 궤도변경, 주행레일의 교환, 주행방향의 변경), ③ 궤도에 대한 수선(연마, 육성용접, 수선), ④ 안전, 또는 유지관리가 위태롭게 되었을 때, 그리고 다른 작업(변경, 교환, 궤도의 수선)이 크로싱을 계속 사용도록 허용하지 않을 때는 철거한다." 크로싱 검사에 책임이 있는 전문 검사자는 그의 결정이나 제안을 분소장이나 그의 대리인에게 통보하며, 적합한 것을 알게 되는 경우에는 어떠한 유용한 권고도 제공할 수 있다. 적합한 채널을 통하여 분소장에게 돌아가는 손상보고서의 첫 페이지는 결정사항을 기록하여야 한다. 필요한 작업(궤도의 수선, 변경, 또는 교환, 철거)은 긴급의 정도에 따라 결정된 시간 내에 수행하여야 한다.

(3) 즉시의 결정을 필요로 하는 심한 손상, 또는 위험한 악화의 특별한 경우

검사자의 검사를 기다리는 것이 불가능함을 의미하는 심한 손상이나 위험한 악화의 경우에는 지방부서가 즉시 결정을 취할 수 있다. 정상의 과업시간 동안 전화 통화할 수 있는 관할 부서에 가능한 한 즉시 통보하여야 하며, 지방 부서에게 조언을 제공할 수 있다. 그 때, 분소장은 취한 단계를 확인하는 손상 보고서, 또는 손상악화 보고서를 작성하며, 철거의 경우에는 관할 부서가 결정을 하는 동안에 크로싱을 현장에 남겨둔다. 크로싱의 철거를 필요로 하는 심한 손상의 주된 유형은 ① 주요 여객서비스 궤도에 대하여 레일 두부 아래 150 mm, 또는 저부를 향하여 250 mm의 크기에 달하는 복부 균열, ② 적어도 2 개의 횡단 균열, 또는 점차 집합하는 비스듬한 균열이 있는 주행 면의 각 측면에 대한 종 방향 균열, ③ 최소 차륜타이어 지지 조건에 더 이상 부합되지 않을 때, 또는 현장에서 수선을 상상할 수 없을 때, 주행표면의 상당한 벗겨짐이나 부분의 찢어짐, ④ 탈선, 또는 다른 이유에 기인하는 주요 변형 등이다. 철거에 관련되는 긴급의 정도는 손상의 수와 크기 및 그 위치의 함수로서 평가하여야 한다(레일 상의 속도 $S \leq 40$ km/h, 또는 $40 > $ km/h) (다음의 제(4)항 참조).

(4) 손상 보고서에서 취한 결정에 적용하기 위한 긴급 정도의 정의(표 7.48)

검사 직원의 검사 동안에 인지한 크로싱의 상태에 기초하여 손상 보고서에 명기한 긴급의 정도는 취하여야 하는 적합한 작업범위 내의 시간을 평가하기 위하여 사용한다. 악화가 예상한 것보다 더 급한 경우에 분소장은 필요로 하는 활동이 무엇이든지 간에 취하여야 하며, 검사부서에 통보하여야 한다.

표 7.48 손상 보고서에서 취한 결정에 적용하기 위한 긴급 정도의 정의

취하는 결정	제1 긴급의 정도	제2 긴급의 정도
현장에서 크로싱의 수선(육성 용접, 수선, 연마)	수선을 위하여 지방용접반의 예정에 없는 소집을 필요로 하는 크로싱 : 대략의 결정과 작업기간은 각각의 특정한 상황에 좌우되며, 3 개월을 넘지 않아야 한다.	수선하는데 지방용접반의 예정된 통과를 기다릴 수 있는 크로싱
크로싱의 변경이나 교환	변경이나 교환이 예정된 유지보수 작업의 범위를 넘는 보수를 필요로 하는 크로싱 : 대략의 결정과 작업기간은 각각의 특정한 상황에 좌우되며, 3 개월을 넘지 않아야 한다.	변경된 교환이 예정된 보수작업을 기다릴 수 있는 크로싱
크로싱의 철거	교체 크로싱의 철거가 정상의 조달 소요시간(대략 3 개월)을 기다릴 수 없는 크로싱 : 1 개월과 3 개월간의 소요시간에 대하여 긴급 재료획득에 의하여 교체 크로싱을 얻는 것이 가능하다. 1 개월 미만의 소요시간에 대하여 공장-비축을 전화 주문하는 것이 필요하다. 급송에 의한 청구는 심하게 손상된 크로싱 철거의 경우에만 사용한다.	교체 크로싱의 철거가 적어도 정상의 조달 소요시간을 기다릴 수 있는 크로싱(대략 3 개월)

7.11 분기기 상태의 변화에 대한 모니터링

7.11.1 분소의 분기기 파일

분기기 수명의 모니터링과 각 분기기에 관련하는 문서의 검색을 용이하게 하기 위하여 각 분소가 분기기의 리스트와 각 분기기의 파일로 구성하는 '분기기 파일' 을 작성하도록 권고된다. 기존의 문서가 동일 목적에 적합한 경우에는 그 문서를 수정할 필요가 없다. 리스트는 분기기당 한 페이지를 지정하여 작성하며 ① 특성(번호, 분기기 유형의 명칭, km, 궤도 등), ② 분기기 보수의 부류, ③ 텅레일과 기본레일 확인용 원형 양각 번호, ④ 크로싱 번호 등을 포함하여야 한다. 이 리스트는 그 후에 전산화된 문서로서 이용할 수 있게 한다(궤도설비 파일 등). 각 분기기에 대한 파일은 ① 점검표, ② 공장에서 제공한 도면과 다이어그램, ③ 망간 크로싱의 파일, ④ 부설의 특징(높인 가드레일, 등), ⑤ 유지보수 및 순회 점검 문서, ⑥ UIC 60 분기기 좌표의 표, ⑦ 주요 유지보수 작업(금속 부품의 교체, 육성 용접, 연마, 손상 모니터링 등), ⑧ 기타 사항 등을 포함한다.

7.11.2 분기기 유지보수표 및 순회 검사

(1) 상세 검사표(DV) : 유지보수표의 작성
분소장은 어떠한 작업이라도 하기 전에 조사하려는 분기기가 분기기 공장에서 납품 시에 작성된 점검표의 내용에 일치하는지를 확인한다.
(가) N 년 : 정보 검색(information retrieval)
유지보수표의 1페이지를 채운다.
(나) N + 1 년도 : 활동(actions)
다음의 작업을 연속적으로 수행한다. "① 침목과 분기기와의 좋은 고정을 확보하기 위하여 체결장치와 조립품의 조임, ② 각종 치수의 측정." 유지보수표의 2와 3 페이지는 선로반장이 입회하여 분소장이 채운다. 이 경우에, 각 노선에 대한 분기기의 상대적인 중요성에 대한 선로반장의 배려가 도출된다.
(다) 구하여야 하는 치수
선로반장이 분기기에 대한 기존의 특성적인 치수를 사전에 측정하여 기록함에 따라, 두꺼운 외곽선의 박스에서 얻으려는 치수를 기록하는 분소장이 유지보수표의 페이지 2와 3을 채운다(공장에서 작성한 점검표를 참고하여야 한다). 치수는 허용 공차를 고려하여야 한다. 궤간의 마지막 두 숫자만을 나타내는 궤간 치수를 기록할 수 있다. ① 분기기가 곡선상에 있을 때만 직선궤도(기준선)에 대하여, ② 모든 경우에 분기궤도(분기선)에 대하여 선형(편향과 좌표)에 대응하는 박스를 채운다.
(라) 특별 지침서
유지보수표 페이지 3의 나머지는 분소장이 선로반장에게 지침을 주기 위한 가이드를 마련한다. 작업의 지속을 위하여 그것을 선로반장에게 인도한다.

(마) 작업 점검

작업의 과정 동안 진행중인 작업을 검사하고 선로반장이 그에게 주어진 지침을 적용하고 있는지를 확인하여야 한다. 분소장은 작업이 완료되면 주요 치수를 측정하고 그들을 규정 치수와 비교한다. 분소장은 페이지 3의 검사-관찰 난에 그의 관찰을 기록하고 필요시에 만족스럽지 못한 결과를 가진 어떠한 작업도 다시 행한다. 페이지 4는 소요된 시간과 사용된 주요 장비의 본질을 기록하기 위하여 사용한다. 페이지 4의 아래 부분은 어떤 분기기에 대한 어떠한 특정한 비고(선형, 부품의 비정상적인 마모, 사고 등)를 기록하기 위하여 사용한다. 유지보수표는 최종적으로 분소 분기기 파일에 채워진다.

(2) 순회 검사

고속선로 순회 검사의 목적과 본질, 정기 순회 검사의 주기, 정기 순회 검사의 절차 등은 제1.6.2항을 적용한다.

7.11.3 크로싱의 모니터링과 유지보수

(1) 크로싱 파일 관리

(가) 개요

각각의 새로운 크로싱에 대한 폴더 형태의 파일은 분기기 제작 공장에서 개시된다. 각 이벤트(부설, 철거, 재부설, 손상, 수선)는 예를 들어 ① 망간 강 크로싱 파일, ② 부설-철거표, ③ 철거표, ④ 손상 또는 손상 악화의 표, ⑤ 궤도상의 보수표, ⑥ 공장의 보수 표와 분류표, ⑦ 전환표 등의 관련된 각종 레벨에 대한 정보를 마련하는 것을 목적으로 적합한 형태로 기록한다. 이하에서는 프랑스의 예를 들어 설명한다.

(나) 망간강 크로싱 파일

제작 공장장은 망간강 크로싱의 발송 시에 분소장에게 크로싱 파일을 송부한다. 크로싱에 관련하는 모든 서식과 기타 문서는 이 파일에 삽입하며, 따라서 그 표지에 주석을 붙인다. 분소장은 크로싱을 처음 부설하였을 때에 보증만기일을 사정하여 부설표와 크로싱 파일에 그것을 기록하고 그 후에 파일을 최신의 것으로 유지 관리한다. 파일에다 크로싱의 모든 변화를 기록하여야 한다. 크로싱은 어떠한 눈에 띄는 표시도 남기지 않고 이전에 수선된 균열을 가질 수 있으므로 파일은 열차안전을 직접으로 손상시킴직한 어떠한 사용도 방지하는데 본질적인 요소이다

(다) 부설-철거표와 철거표

새로운 표준 크로싱, 또는 재사용 표준 크로싱을 부설, 재부설, 교환하거나 철거할 때는 언제나 분소장이 이들 표의 두 사본(A와 B)을 채운다. 분소장은 크로싱 파일에 사본 B를 정리하고 정상 채널을 통하여 관할 당국에 사본 B를 송부한다. 부설, 또는 재부설표는 직무상의 분소장이 작업을 지시하였을 때조차 항상 관련된 유지보수 분소의 스탬프를 찍어 발행하여야 한다. 부설장소는 크로싱을 지리적으로 위치시키기 위하여 사용된 역, 또는 공장이다. 위치는 어떤 경우(신호소와 신호시스템 등)에 분기기를 작

동하는 시설과 다를 수 있다.

(라) 손상, 또는 손상 악화표

표준 크로싱에서 손상, 또는 손상 악화가 관찰될 때 분소장이 기입하는 이 표는 ① 관할 부서에 직접 송부하는 첫 번째 사본, ② 사본 1의 반환 동안 크로싱의 파일에 위치하는 두 번째 사본 등 2 개의 사본을 가진다. 정상의 채널을 통한 반환 이후에, 기입되고 결정이 취해진 사본 1은 분소장이 크로싱 파일에서 정리하고 두 번째 사본을 파기한다. 결정은 상기의 절에 정한 절차에 부합하여 그들의 긴급표에 따라 실시한다.

(마) 궤도상의 보수표

두 개의 사본(A와 B)을 포함하는 이 표는 분소장이 작성하며 필요시 용접작업 반장과 협력하여 작성한다. 크로싱 파일의 검토 후에 보수작업을 제한할 수 있는 기지의 손상은 표에다 기록하여야 한다. 그 때에 보수를 수행한 작업반의 반장이 서식을 완성시킨다. 보증기간 동안 관할 부서가 손상표를 기초로 하여 취한 결정에 따라 부분적으로 공급자의 비용으로, 부분적으로 철도회사의 비용으로 궤도상의 크로싱을 보수하여야 할 때에 두 보수표를 작성하여야 하며, 각각의 보수표에 관련 작업을 기록하여야 한다. 분소장은 작업의 완료 후에 크로싱 파일을 정리하여 사무소에 사본 B를 제출하며, 사무소는 관할 부서에 전달한다.

(바) 공장의 보수와 분류표

2 개의 사본(A, B)을 가진 이 서식은 공장에서 수선하는 동안 작성하며, 그 때에 크로싱의 분류와 의도한 사용을 그 서식에 기록한다. 사본 B는 크로싱 파일에 정리하며, 사본 A는 관할 부서에 송부한다. 크로싱을 적재할 때는 파일을 수령자에게 송부한다. 보증기간 동안 관할 부서가 취한 결정에 따라 일부는 공급자의 비용으로, 일부는 철도회사의 비용으로 크로싱의 공장수선을 수행하여야 할 때에 손상표를 기초로 하여 보수표 2 부를 작성하며, 각각의 보수표에 관련 작업을 기록한다

(사) 전환표

심벌의 변경, 또는 번호의 수정과 함께, 또는 상기의 변경이 없이 크로싱을 개조하는 공장 프로세스(굴곡, 곡선 전환 등)를 사용할 때는 공장장이 전환표를 작성하고, 그에 따라 크로싱 파일에 주석을 단다. 이 서식은 2 부의 사본(A와 B)을 가지며, 공장수리 및 분류표의 사본 A와 B의 것과 같이 처리한다.

(2) 보증(기간 + 검사)

(가) 보증 기간

공급자는 일반적으로 공급 일로부터 4년 이상 실시할 수 없다는 것을 조건으로 하여 망간강 크로싱이 궤도상에서 사용에 들어가는 날자로부터 3년 동안 망간강 크로싱을 보증한다(실제의 적용은 해당 철도회사의 규정에 따른다). 고려하는 공급 일은 크로싱에 양각으로 주어진 달의 마지막 날짜이다. 보증 만기일은 크로싱이 처음 부설되고 크로싱 파일에 기록되었을 때 분소장이 사정한다.

○ 보증 만기일 결정의 예

- 공급 일로 부터 1 년 이내에 부설한 크로싱의 경우 : 05. 3월에 제작하여 05. 5. 10에 부설한 크

로싱에 대하여 보증만기일은 05. 5. 10 + 3년 = 08.5. 10이다.

- 공급 일로부터 1년 이후에 부설한 크로싱의 경우 : 04. 3월에 제작하여 05. 5. 10에 부설한 크로싱에 대하여 보증만기일은 05. 5. 10 + 3년 = 08. 5. 10이 아니고, 04. 3. 31 + 4년 = 08. 3. 31이 된다.

크로싱은 원칙적으로 보증기간 동안 같은 부설 위치에 남아있어야 하며, 그리하여 보증으로 커버된 크로싱의 거동과 손상, 또는 사용상(使用傷)의 어떠한 변화도 파라미터를 변화시킴이 없이 모니터할 수 있다.

(나) 노스 가동 크로싱에 관련하는 특별한 요점

상기의 규정에도 불구하고 공급, 조립 및 부설의 특별한 조건을 고려하기 위하여 노스 가동 크로싱의 크래들에 대한 보증기간은 공급일이 언제이든지 간에 크로싱이 궤도상에서 사용에 들어간 일자(부설일)로부터 3년이다.

(다) 보증기간 중의 클레임

보증기간 중에 클레임이 필요할 때에 관할 당국은 ① 공급자 비용으로 수선을 수행하는 것에 대한 동의, ② 보수표 사본 A의 수령 시에 이들 경비의 지불, ③ 폐용 크로싱의 교체, 또는 배상 등을 얻기 위해 공급자와 연락을 취한다. 보증기간의 마지막 달 동안에 손상이 발견되거나 공급자의 비용으로 수선이 필요한 경우에는 예외적인 조치로서 관할부서가 공급자에게 보증기간의 연장을 요구할 수 있다. 이 보증기간의 연장은 일반적으로 1년을 지속하며 정상의 보증만기일 전에 보고된 손상만을 적용한다. 사용중인 크로싱에 대하여 새로운 보증 만기일은 정상의 채널을 통하여 반환된 손상표의 사본으로 분소장에게 통보한다. 분소장은 크로싱 파일에 이 새로운 보증만기일을 기재하여야 한다. 공장으로의 반환 시에 보증기간이 연장될 때 새로운 보증만기일은 ① 최초의 보증만기일에 추가의 기간을 더하든지, ② 재부설일로부터 추가 기간을 계산하여 결정한다. 모든 경우에 관할부서의 지침에 의하며, 공장은 공장 보수 표와 크로싱 파일에 적용할 수 있는 모든 상세를 기록한다.

(라) 보증 만기 검사

지방부서는 보증기간의 만기 전에 크로싱의 상세 검사를 수행한다. 검사는 각 크로싱 파일에 기재된 보증 만기일에 따라 분소장의 주도로 수행한다. 관할부서는 이 과업을 용이하게 하도록 정보를 위하여 크로싱 보증기간의 끝에 도달하는 크로싱의 주기적인 목록을 제공한다. 관할부서가 적당한 때에 공급자에게 크레임을 제출하기 위해서는 이들의 검사 후에 보증 만기 6주 이전에 손상표를 도착시켜야 한다. 손상의 늦은 발견 때문에 이 한계에 응할 수 없는 경우에는 분소장이 손상의 보전과 보증만기일을 명시하여 관할부서에 전화로 통지하여야 한다.

7.11.4 접착절연 이음매의 모니터링과 유지보수

접착절연 이음매는 어떠한 유지보수도 필요로 하지 않도록 설계되었지만 이음매의 레벨링과 양쪽 침목의 안정을 특히 면밀히 모니터링하고, 필요시에는 언제나 정정하여야 한다. 이음매 침목과 양쪽 침목의 흔들림(부상)은 곧바로 그 거동에 해롭게 될 이음매에서의 높은 지점의 발생을 피하도록 모든 필요한 주의를 하면서 제거하여야 한다. 접착절연 이음매의 경우에는 레일 단부에서 금속의 후로우를 제거하여야 한다. 이 까다로운 작업은 이하에 주어진 절차를 이용하여 수행할 수 있다. 이음매판을 손상시키지 않도록 주의하면서 레일 톱을 사용하여 후로우 부분과 단부 포스트의 레일 두부 부분을 제거한다. 새로운 단부 포스트에서 대응하는 부분을 잘라내어 접착제를 발라 틈에 삽입한다. 소량이 필요한 것을 조건으로 접착제(2성분 에폭시 수지)를 지방에서 구입할 수 있다. 이 방법은 부분적으로 손상된 단부 포스트를 수선하기 위하여도 사용할 수 있다. 접착절연 이음매는 육안관찰에 더하여 초음파검사도 시행한다.

7.11.5 가동 노스의 쇄정(마모 정도) : 마모 레벨의 결정

마모에 대하여는 ① 쇄정(록킹) 부분, ② 레버-록킹 암 어셈브리, ③ 베이스 플레이트, ④ 전방과 후방 가이드, ⑤ 안정화의 요소에 대한 마모의 레벨을 결정하여야 한다.

(1) 쇄정(록킹) 부분

사용중인 록킹 부분의 마모는 록킹 레버 암의 두부가 록킹 부분에 의하여 정지될 때까지 클램프에 가해진 압력에 기인하는 레버-록킹 암 아셈브리의 중앙 포크에서 노스의 열림을 측정함에 의하여 록킹 어셈브리를 철거하지 않고 평가할 수 있다. 록킹 레버 암의 두부와 록킹 부분간의 활동에 대응하는 이 열림은 레버가 회전함에 따라 컨트롤러의 핑거가 프레임 립을 컨트롤러로부터 해방되도록 1.5 mm를 넘지 않아야 한다. 이 활동이 새로운 록킹 부분에서 0.5 mm일 수 있다고 가정하면, 록킹 부분의 최대 허용 마모는 1 mm이다. 그러나, 그 수명을 연장하기 위하여 기존의 1 mm 마모가 록 프레임과 노스 가동 크래들 간에 삽입된 1 mm 쐐기로 보상된다는 조건으로 마모가 2 mm에 도달될 때까지 1 mm 마모된 록킹 부분이 사용 중에 유지될 수 있다. 이 상태는 새로운 록킹 부분을 설치할 때 제거하여야 한다.

(2) 레버-록킹암 어셈브리

록킹 레버의 암에 대한 각 두부의 스키드(skid)는 록킹 레버 암 두부의 관련된 면이 0.5 mm 미만인 경우에 교체하여야 한다. 레버-록킹 암 어셈브리는 부품의 단부와 중앙에 위치한 하부지지 표면에 의하여만 베이스 플레이트에 마찰하여야 한다. 어셈브리는 이들 지지면이 완전히 마모되었을 경우에 교체하여야 한다.

(3) 베이스 플레이트

가동 노스 록(lock)의 프레임이 하중을 지지하지 않음에 따라 그들은 베이스플레이트에서 무시해도 좋은 오목함을 산출하여야 한다. 노스가 록에서 하중을 지지하지 않으므로 레버-록킹 암과 어셈브리는 그 자체 중량 하에서만 베이스 플레이트 위에 얹혀있다. 그럼에도 불구하고, 어셈브리의 운동에 기인하여 베이스 플레이트에 약간의 마모가 나타날 수도 있다. 전방과 후방가이드는 차량이 주행하는 크레들을 지탱한다. 그러므로, 이들 부품은 베이스 플레이트에서 오목하게 만든다. 베이스 플레이트, 또는 상기에 언급한 오목함에 대한 마모가 1 mm를 넘는 경우에는 플레이트를 교체하여야 한다.

(4) 전방과 후방 가이드

록킹 레버는 병진 운동 동안 가이드에 의하여 지지된다. 마찰하는 부분의 마모는 안정화의 유효성을 감소시킨다. 록킹 레버와 가이드간에 2 mm의 횡 활동이 측정되는 경우에는 슬라이딩 표면에서 관찰된 마모에 따라 ① 가이드의 하나, ② 양쪽 가이드를 교체한다. 이 변칙을 예방하기 위해서는 레버 중앙부의 마찰표면에 상당한 마모가 나타난 경우에 레버를 교체하는 것이 필요할 수도 있다

(5) 안정화

롤러 마모, 또는 파손의 경우는 롤러 플런저를 교체하여야 한다.

제8장 신축이음매의 관리

8.1 신축이음매의 이해

8.1.1 개론

(1) 신축이음매(EJ)

레일 신축이음매는 두 개의 단속(斷續)적인 레일이 한 궤도구간에 대하여, 또는 동시에 양쪽의 궤도구간에 대하여 종 방향으로 움직일 수 있으며, 본선궤도의 연속성을 확보하는 궤도구조라고 정의한다(그림 8.1). 600 m(±300 mm)의 유간을 가진 신축이음매는 기본적으로 UIC 60 레일로 제작하며, 이 신축이음매는 대단히 긴 토목구조물용이나 고속으로 사용되는 궤도용으로 사용된다.

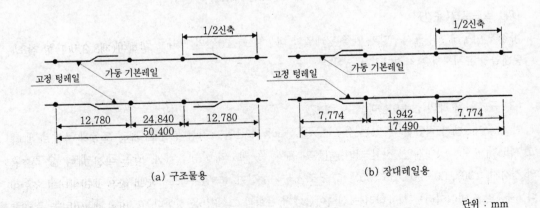

(a) 구조물용   (b) 장대레일용

단위 : mm

그림 8.1 레일 신축이음매(EJ)의 개요도

장대레일용 레일 신축이음매는 장대레일의 단부에 위치하며 일반적으로 정척 레일 구간이나 분기기 구간에 연결된다.

(2) 장대레일용 레일 신축이음매

(가) 신축이음매의 구성

장대레일용 레일 신축이음매는 다음의 부품으로 구성된다. 여기서, ( ) 내는 침목 번호이다(구조물용 레일 신축이음매는 제8.1.3(2)항 참조). ① 신축이음매의 좌측 반(半)세트, ② 신축이음매의 우측 반세트, ③ 레일 지지부는 "ⓐ 브레이스 없이 이동레일(가동 기본레일)만 지지하는 베이스플레이트(침목 번호 1~4, 28~31), ⓑ 이동레일 외측에 브레이스가 부설되고 이동레일만 지지하는 베이스플레이트(침목 번호 5~6, 26~27), ⓒ 텅레일과 이동레일에 브레이스가 부설되어 이동레일과 텅레일을 지지하는 베이스 플레이트(침목번호 7~14 18~25), ⓓ 브레이스 없이 텅레일만 지지하는 베이스플레이트(침목 번호 15~17), ⓔ 기타 부속품"으로 구성되어 있다. 신축부(일반용, ±180 mm)는 브레이스에 의해 미끄러지도록 설계되어있다.

(나) 신축이음매의 반(半)세트

이 조립품은 "① 양쪽의 이동레일(바깥쪽 레일), ② 텅레일(안쪽 레일), ③ 베이스플레이트와 체결 장치, ④ 브레이스, ⑤ 조절 플레이트와 패드, ⑥ 기타 부속품" 등의 요소로 구성되어 있다. 신축이음 매 반쪽은 텅레일을 바라보아 우측에 위치하는지 좌측에 위치하는지에 따라 우, 또는 좌로 구분할 수 있다.

(다) 텅레일과 이동레일

- 텅레일(안쪽 레일) : 기계 가공한 레일로서 첨단이 궤도의 안쪽에 위치한다. 상기의 (나)항과 같이 우 반 세트인지 좌 반 세트인지에 따라 우, 또는 좌로 구분한다.
- 이동레일(바깥쪽 레일) : 기계 가공한 레일로서 전단이 궤도의 바깥쪽에 위치한다. 상기와 같이 우 반(半)세트인지 좌 반세트인지에 따라 우, 또는 좌로 구분한다.

(라) 스트로크(유간)

바깥쪽 이동레일의 표시구멍과 안쪽 텅레일의 대응하는 첨단간의 거리를 말하며(제8.2.5(1)항 참조), 이동레일의 표시구멍은 직경이 6 mm이다.

(3) 구조물용 레일 신축이음매의 사용조건

이 신축이음매가 직면할 수 있는 경우는 "① 구조물의 본질 : 직접 부설된 궤도, 도상에 부설된 궤도, ② 궤도의 유형 : 장대레일, 정척 레일, 침목의 유형, ③ 궤도의 선형 : 직선, 또는 곡선 궤도, ④ 구조물의 경사각 : 90°, 60~90°, 35~60°, ⑤ 구조물의 가동길이, ⑥ 열차속도" 등과 같은 파라미터의 조합이다. 처음의 5 파라미터는 사용하려는 신축이음매의 유형과 그 유간을 정한다. 6 번째 파라미터는 조립품의 유형에 포함된다. 이들의 여러 경우를 참고적으로 예를 들어 표 8.1에 요약한다. 180 mm와 300 mm 유간의 신축이음매는 곡선으로 할 수 있다. 그러나, 각각의 경우는 검토가 필요하다. 600 mm 유간의 신축이음매는 반경 3,000 m 이상의 곡선에서 직선으로 부설할 수 있으며, 경부고속철도에는 이 이음매를 적용하였다.

표 8.1 구조물용 레일 신축이음매 사용 조건의 예

토목구조물 유형	궤도의 유형	속도 (km/h)	신축할 수 있는 구조물 길이 L (m)	사용하려는 신축이음매
궤도가 구조물에 직접 부설된 구조물	정척 레일	≤ 200	$40 < L ≤ 200$	·180 mm 유간의 신축이음매 : 가동단 쪽
			$200 < L ≤ 400$	·300 mm 유간의 신축이음매 : 가동단 쪽
			$L > 400$	·특별 검토
	장대레일	< 200	$l_1^{(1)} < L ≤ 200$	·180 mm 유간의 신축이음매 : 가동단 쪽 ·180 mm 유간의 신축이음매 : 고정단 쪽
			$200 < L ≤ 400$	·300 mm 유간의 신축이음매 : 가동단 쪽 ·180 mm 유간의 신축이음매 : 고정단 쪽
			$L > 400$	·특별 검토
		≥ 200	모든 경우	·특별 검토
자갈 궤도의 구조물	정척 레일	≤ 200	모든 경우	·신축이음매 없음(슬래브가 없고 뒷벽이 도상의 상부까지 올라오지 않는 경우와 $L > 100$ m 일 경우는 제외)
	장대레일	< 200	$l_2^{(1)} < L < 200$	·180 mm 유간의 신축이음매 : 가동단 쪽
			$200 < L < 400$	·300 mm 유간의 신축이음매 : 가동단 쪽
			$L > 400$	·600 mm 유간의 신축이음매 : 가동단 쪽 $^{(2)}$
		≥ 200	모든 경우	·600 mm 유간의 신축이음매 : 가동단 쪽 $^{(2)}$

(1) l_1과 l_2는 장대레일에 의한 방해가 없이 구조물이 가로지를 수 있게 하도록 선형과 궤도유형의 조건에 따라 장대레일 규정에서 정한 최대 길이이다.

(2) 가동단 쪽의 구조물에 인접한 주행궤도가 정척 레일로 구성되어 있는 예외적인 경우에는 반-이음매를 사용하며, 정척 레일로 만든 궤도에 고정 텅레일을 연결하고 있다.

8.1.2 부설 요건

(1) 장대레일용 신축이음매

신축이음매는 "① 반경이 400 m 미만인 곡선, ② 캔트 변화가 1.5 mm/m 이상인 구간" 등의 위치를 벗어나서 배치하여야 한다. 신축이음매는 반경이 400 m 이상인 곡선에서 굴곡시킬 수 있다. 1,000 m 미만의 반경에 대하여는 공장에서 설비의 사전굴곡을 시행하는 것이 필요하다. 이음매의 궤간은 반경이 어떠하든 1,435±1 mm이다. 안쪽 레일과 바깥쪽 레일간의 연결은 구매자가 다르게 지시하지 않는 한, 각각의 반(半)세트로 공장에서 공급한다. 신축이음매 세트는 확인을 위하여 제조공장의 이름과 제조일자를 나타내는 명판을 부착한다. 중앙부에는 일련번호를 나타내고, 또한 제조공장의 약호와 신축이음매의 종별을 나타낸다.

(2) 구조물용 레일 신축이음매

신축이음매는 대단히 긴 토목구조물 끝의 가동단 쪽 교대에 부설한다. 이들 신축이음매는 ① 구조물에 대한 레일의 변위(±300 mm), ② 표준노반에 대한 장대레일의 변위(행정)를 허용한다.

8.1.3 고속선로용의 기술

(1) 장대레일용 신축이음매

신축이음매의 텅레일과 이동레일은 각각 UIC 60D와 UIC 60 레일로 만든다. 그 가동 단부는 레일 브레이스에 의해 미끄러지며 스토로크(이동구간)는 180 mm이다. 전체 이음매는 1/20으로 경사를 주어 설치한다. 주(主)레일(이동레일, UIC 60)의 길이는 7.774 m이고, 텅레일(안쪽 레일, 60D)의 길이는 10.400 m이다. 신축이음매의 전체 부설길이는 17.490 m(그림 8.1(b) 참조)이며 주행 궤도와의 연결은 테르밋 용접으로 실시한다.

(2) 구조물용 레일 신축이음매

(가) 개요

총 길이 50.40 m의 신축이음매(그림 8.1(a) 참조)는 용접된 중간궤도에 의하여 분리되고, 조립품을 고정하는, 콘크리트 침목에 부설된 2 개의 반-신축이음매로 구성되어 있다. 따라서, 이것은 24.84 m의 중간궤도로 분리된 1개의 장대레일 끝쪽 반-신축이음매와 1 개의 토목구조물 끝쪽 반-신축이음매를 포함한다. 공칭부설 궤간은 1.435 m이다. 각각의 반-신축이음매는 ① 좌측 신장기와 ② 우측 신장기로 구성된다. 각 신장기의 주된 구성요소는 ① 고정된 텅레일(이 텅레일은 고정하는 레일(궤도의 중간 24.84 m)에 용접하여야 한다)과 ② 이동레일(레일의 신축을 허용)이다. 사용된 레일단면 UIC 60은 UIC 60 신축이음매의 사용여부를 결정한다. 고정된 텅레일의 힐 부는 탄성체결장치로 설치하며 기본레일의 힐 부는 슬라이딩 체결장치로 설치한다.

(나) 콘크리트 침목에 부설된 토목구조물용 UIC 60 레일 신축이음매

1) 반-신축이음매 : 각각의 반-신축이음매는 길이 12.78 m의 2 신장기와 콘크리트 침목으로 구성되며, 이들의 신장기는 관찰자가 신축이음매 선단의 위치에서 바라보아 좌, 우를 구분한다.

2) 신장기(제8.1.1.(2)항의 '신축이음매의 반쪽 세트'와 유사하나, 반-신축이음매의 신장기이므로 이동레일이 1개임) : 신장기는 다음으로 구성한다. ① 고정 텅레일은 브레이스(60D EJ132)로 설치되며, 중간궤도(콘크리트 침목 위의 24.84 m)에 용접된다. 고정 텅레일의 힐 부는 탄성체 결장치로 설치한다. ② 브레이스(60D EJ131)를 따라 슬라이딩하는 가동 기본레일(이동레일)은 양쪽 레일에 용접되며 신축을 허용한다. 가동 기본레일의 힐 부는 슬라이딩 체결장치로 설치한다. 가동 기본레일은 고정 텅레일의 실제 첨단에 관하여 기본레일의 행정(±300 mm)을 점검하기 위하여 사용하는 직경 6 mm의 세 표시가 있다.

8.1.4 기술 시방서

(1) 겉모양 및 조립검사

납품수량 전량에 대하여 겉모양과 치수를 검사하여 설계도와 이 규정에 적합하여야 하며 그 결과를 성적서로 제출하여야 한다. 조립검사는 납품 1 회당 1 조 이상을 제작공장에서 시행하며 설계도면에 적합하여야 한다. 다만, 선형의 허용오차는 표 8.2 이내이어야 한다. 곡선용 신축이음매 장치의 경우에는 규정된 곡선반경으로 조립검사를 한다.

표 8.2 선형의 허용오차

분류	허용오차(mm)	비고
궤간	±1	
방향	±1	단위길이 10 m에 대하여
수평	±2	
고저	±2	단위길이 10 m에 대하여

(2) 시험

– 시험의 분류 : ① 화학분석 시험 : 신축이음매에 사용하는 UIC 60 레일의 화학성분은 제3.1절 (UIC 60 레일)에 적합하여야 한다. ② 기계적 성질 시험 : 신축이음매에 사용하는 UIC 60 레일의 기계적 성질은 표 8.3의 규정에 적합하여야 한다.

표 8.3 기계적 성질

인장강도(N/mm^2)	연신율(%)	경도(HBW)	비고
880 이상	10 이상	260~300	경도는 주행표면 중심선에서 측정

– 시험방법 : 납품수량 5 조, 또는 그 단수를 1 롯트로 하여 주요 부품(레일, 상판, 체결장치 등 역학적 거동을 하는 재료)에 대하여 KS에 의거하여 시험한다.

(3) 결정과 불량의 분류

제(1)항의 검사와 제(2)항의 시험에 적합하지 않을 경우에는 1 회에 한하여 재시험할 수 있으며 재시험결과도 적합하지 않을 경우에는 그 해당 롯트를 전부 불합격으로 한다.

8.2 조립과 유지보수 일반

8.2.1 부품의 검사

플레이트, 또는 지그에 부설한 장대레일용 신축이음매 반쪽 세트의 부품은 개별적으로 검사한다. 레일, 브레이스 및 각각의 가이드플레이트간에 명기된 클리어런스가 준수되는지 게이지를 사용하여 검사한다. 약 2 m의 자를 이용하여 다음을 검사한다. ① 첨단의 낮춤 : 높이의 공차 0, +2 mm, 길이의 공차 ±10 mm, ② 첨단의 태퍼링 : 줄(방향)의 공차 0, +1 mm, 길이의 공차 5 mm, ③ 텅레일과 이동레일의 선형 공차 : 0.5 mm. 토목구조물용 신장기의 기본레일은 텅레일에 대하여 위치하며, 슬라이딩 활동(play)은 1 mm이다.

8.2.2 임시 조립

콘크리트 침목의 장대레일용 신축이음매는 조립상태로 공급한다. 예를 들어, 신축이음매를 분해하여 공급할 경우에 공급하기 전의 임시조립 시에는 다음을 준수하여야 한다. 여기서, ( ) 내는 장대레일용 신축이음매에 관한 침목 번호이다. ① 감독자가 대응하는 확인증과 조립도를 소유할 때까지는 어떠한 작업도 취하지 않는다. ② 텅레일 중앙의 양쪽에서 이동레일(가동 기본레일)과 텅레일 외측에 브레이스가 부설된 베이스 플레이트를 지지하는 침목(No. 7~14, No. 18~25)을 배치한다. 양쪽에 대하여 텅레일이 슬라이딩하도록 베이스 플레이트를 지지하는 침목(No. 5~6, No. 26~27)을 배치한다. 중앙부를 지지하는 기타 침목을 배치한다. ③ 침목 위의 베이스 플레이트에 반세트를 완전하게 설치한다. ④ 앵글을 설치한다. ⑤ 60 mm 유간으로 조정된 이음매에 대한 텅레일의 직각도를 준수한다. ⑥ 1,435±1 mm의 궤간에 따르면서 체결장치를 조이고, 접착절연 이음매가 있는 경우에는 이것을 조립한다. ⑦ 모든 연결을 설치한다.

8.2.3 유지보수의 원리

궤도의 특수 구조인 장대레일용 신축이음매는 특수한 모니터링을 하여야 한다. 부설에 대한 설명은 유지보수에도 유효하다. 레벨링과 라이닝은 주의하여 시행한다. 추가로, "① 중앙의 궤광과 양쪽에 대한 침목 간격, ② 침목 번호 05~14, 18~27 지역의 궤간(이것은 사려 깊게, 그리고 장치의 정밀검사 동안 공차가 준수되지 않을 때만 조정하여야 한다), ③ 텅레일 첨단의 직각도(이 공차는 20 mm이다)" 등에 관하여 특별 모니터링을 하여야 한다. 기름칠은 정밀검사 이외에는 베이스 플레이트(침목 No.7~14, 18~25)를 분해하지 않고 시행하여야 한다. 체결장치(볼트와 굵은 나사못)는 필요시 언제나 조이며 특히 부설 후의 처음 1개월 동안은 처음의 접촉을 넘어 스프링 록와셔를 압착하지 않도록 주의하여야 한다. 텅 레일과 이동레일에 형성되는 걸쭉 걸쭉함(후로우)의 제거는 제8.4.3항에 의한다.

텅 레일과 이동레일중 한 레일의 제거를 필요로 하는 절손, 균열, 또는 파손의 경우에는 한 레일만을 교체하여야 한다. 이 경우에는 개별적인 철거표를 준비하여야 한다. 그러나, 신축이음매가 전체로서 피로의 징후를 나타내는 경우에는 제8.3.6항에 따라 신축이음매의 철거를 고려하여야 한다.

8.2.4 유지보수의 조건

(1) 레벨링과 라이닝

장대레일용과 구조물용 레일 신축이음매의 레벨링과 라이닝(신축이음매와 신축이음매 양쪽으로 25 m의 최대에 걸친 천이접속 구간으로 제한)은 모든 부류의 작업(제1.6.2(1)항 참조) 중에서 가장 큰 범위로 궤도를 이완시키는 작업이다. 레벨링과 라이닝은 이하의 모든 조건을 충족시킬 수 있을 때만 시행한다. ① 5월 1일부터 9월 30일까지 정한 금지기간을 피하여 수행한다(이 기간중의 예외적인 작업에 대하여는 제8.3.5(3)항을 적용한다). ② 제3.2.2항에 정한 온도조건을 준수한다. ③ 처음의 열차통과 전에 도상단면을 복구하고 궤도선형을 점검하여야 한다. 부분적인 동적 안정화(DTS) 작업을 수행하는 경우(제8.3.5(1)항 참조)에는 DTS 작업 후에 궤도선형을 점검하여야 한다. 스위치 타이 탬퍼 등의 레코더 고장 시와 작업램프 등은 제2.1.6(3)항의 ② ⓑ와 ⓒ를 적용한다.

(2) 기타 작업

레일(제3장), 체결장치(제4장), 침목(제5장), 도상(제6장)에 관련된 각각의 장에 명시된 규정들을 모두 적용할 수 있다.

8.2.5 유지보수의 기준

(1) 틈(유간) c의 정의

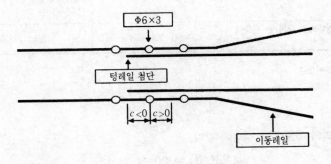

그림 8.2 신축이음매 유간 부호의 정의

틈(유간) c는 이동 레일(외측 레일)의 표시구멍에 대응하는 텅 레일(안쪽 레일) 첨단간의 간격 (mm), 즉 중앙구멍으로부터 텅레일의 실제 첨단까지의 거리이며 mm로 측정한다. 치수 c의 부호에 대한 관례는 신축이음매가 밀접하였을 때, 즉 기본레일의 끝이 텅 레일의 첨단에서 멀리 이동하였을 때의 거리가 음이다(그림 8.2, 분기기에 대한 치수 X와 반대의 부호).

(2) 장대레일용 신축이음매의 품질 기준

표 8.4에 의한다.

표 8.4 장대레일용 신축이음매의 품질 기준

품질 레벨	특성적인 파라미터	분계점	비고
목표 기준(T.V)	틈 c의 값(mm)	$c = 20 - t$	t : 조정시의 레일 온도(℃)
보수 기준(A.V)	틈 c의 값(mm)	$c > c_{tv} + 50$, 또는 $c < c_{tv} - 50$	c_{tv} : c의 목표 기준

(3) 600 mm 유간(행정)의 토목구조물용 레일 신축이음매의 품질 기준

표 8.5에 의한다.

표 8.5 600 mm 유간(행정)의 토목구조물용 레일 신축이음매의 품질 기준

품질 레벨	특성적인 파라미터와 취하려는 작업	분계점	비고
목표 기준 (T.V)	틈 c의 값(mm)	(가) 장대레일 끝의 반-신축이음매 $c = 20 - t$ (나) 토목구조물 쪽 반-신축이음매 $c = (t_p - t) - l/100(t_p - 13)$	t : 조정시의 레일온도 (℃) t_p : 조정시의 구조물의 평균 온도 (℃) 1.1~3.1 : $t_p = 5$ ℃ 3.1~5.1 : $t_p = 10$ ℃ 5.1~6.15 : $t_p = 15$ ℃ 6.15~9.15 : $t_p = 20$ ℃ 9.15~10.15 : $t_p = 15$ ℃ 10.15~12.1 : $t_p = 10$ ℃ 12.1~1.1 : $t_p = 5$ ℃
보수 기준 (A.V)	틈 c의 값 : 장대레일 끝의 반-신축이음매(mm)	$c > c_{tv} + 50$, 또는 $c < c_{tv} - 50$	c_{tv} : c의 목표 값

l : 토목 구조물의 신장가능 길이(m)

(4) 보수유형

장대레일 구간에서 관리의 목표 값은 다음과 같다.

$$c_{tv}(\text{목표 값}) = 20 - t$$

부설 후 1년 이내의 경우는 그림 8.3에 나타낸 것처럼 유형 1~4로 나누어서 유지 관리하며 각 유형의 구분은 그림 8.4~8.5에 의한다. 부설 후 1 년 이후의 경우는 년 1 회(동절기, 혹은 하절기) 검사하여

관리한다.

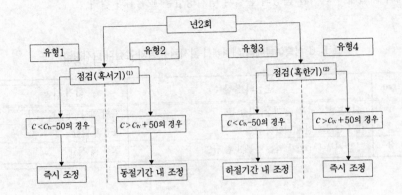

⑴ 가능하다면 화창한 날씨가 5일간 지속된 후(가능하면, 하절기 중 레일온도가 가장 높은 날)
⑵ 가능하다면 연속적인 서리가 5일간 지속된 후(가능하면, 동절기 중 레일온도가 가장 낮은 날)

그림 8.3 부설 후 1년 이내의 신축이음매 보수유형

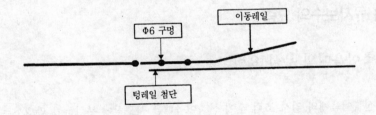

그림 8.4 보수유형 1(하절기)과 3(동절기)

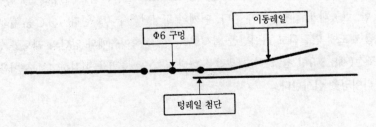

그림 8.5 보수유형 2(하절기)와 4(동절기)

8.2.6 신축이음매의 레일 검사(균열 탐지)

신축이음매의 레일에서 탐지된 손상의 본질과 탐지방법은 표 8.6과 같다.

표 8.6 신축이음매의 레일에서 탐지된 손상의 본질과 탐지방법

No	손상의 본질	탐지 기술
1	표면손상(스쾨트, 공전상, 쉐링 등)	육안 검사-초음파 탐상
2	내부 근원의 전체 레일의 균열	초음파 탐상
3	레일 저부에서 얇게 깎은 부분의 횡 균열	침투 액 검사

검사 주기는 ① 초음파 검사가 1 년, ② 침투 액 검사가 1 년이다. 신축이음매 레일의 초음파검사는 ① 표면 손상 아래의 균열(코드 227, 225, 301), ② 레일의 내부에 근원이 있는 손상(코드 211, 212, 213, 222.2~222.3), ③ 베이스 플레이트(침목 No. 7~14, 18~25)를 철거한 경우에는 텅 레일의 얇게 깎은 부위의 횡 방향 균열(코드 251)을 탐지하는 것으로 이루어진다. 레일 손상(UIC 코드)의 상세에 대하여는 제3.3절을 참조하라.

8.3 부설과 유지보수의 요령

8.3.1 신축이음매의 부설 요령

장대레일용 신축이음매의 임시 조립 후에 신축이음매를 궤도상에 부설하기 위해서는 다음의 작업을 수행하여야 한다. ① 신축이음매가 부설되는 도상을 신중하게 정리하여 도상 면을 준비한다. ② 신축이음매 주행표면의 스케일을 제거한다. ③ 틈을 60 mm로 유지하면서 신축이음매를 위치시킨다. ④ 나중의 교체를 허용하도록 부설하기 전에 텅레일, 또는 힐 레일의 끝을 잘라낸다. ⑤ 이음매의 레벨을 맞춘다. 앵글에 연결된 침목은 레일의 흔들림을 일으킬지도 모르는 흔들리는(부상하는) 마찰지점을 피하기 위하여 가능한 한, 균등하게 위치시켜야 한다. 어깨의 도상단면을 강화한다. ⑥ C형 죔쇠를 사용하여 신축이음매를 주행 궤도에 연결하고 라이닝을 실시한다. ⑦ 신축이음매와 양단의 궤도를 안정화시킨 후에 신축이음매를 조정(제8.3.3항 참조)하고 용접을 한다. ⑧ 주행표면을 점검하고 신축이음매를 검사한다. 최종 레벨링과 라이닝을 실시한다.

8.3.2 신축이음매의 유지보수

장대레일용 신축이음매에 관한 유지보수의 원리 등은 제8.2.3항, 레일 후로우는 제8.4.3항을 적용한다. 장대레일용 신축이음매의 작업 조건은 다음과 같다. ① 신축이음매에 대한 안전-보존 검사의 틀 안에서 다음의 작업을 수행한다. ⓐ 매년 처음의 더운 기간과 처음의 추운 기간 동안에 균열을 탐지하기 위하여 육안으로 치수를 검사하고 필요시 치수를 정정한다. ⓑ 1 년에 2 회는 해체하지 않고 기름칠을 한다. ⓒ 검사 동안 조사한 후에 후로우를 제거한다. ② 신축이음매와 신축이음매의 양단에서 25 m를 포함하는 구간에서 행하는 작업은 정척 레일에 대한, 그리고 부류 1과 2 작업에 관련되는 요구조건에 의하여 지배된다.

8.3.3 장대레일용 신축이음매의 조정

(1) 부설시 예비 조정
장대레일용 신축이음매는 부설시기가 언제이든지간에 궤도에 부설하는 동안 유지되어야 하는 60 mm의 유간을 가지고 인수하여야 한다. 그 다음에 궤도가 안정되었을 때 이하의 절에 주어진 규칙에 따라 최종조정을 수행하여야 한다. 신축이음매는 레일온도가 가장 높은 낮 시간에 밀착되지 않도록 보장하기 위하여 조정기간 동안 점검하여야 한다.

(2) 신축이음매의 최종 조정
신축이음매의 최종 조정(그림 8.2 참조)은 궤도의 안정화 이후에 수행한다. 조정 시의 레일 온도 $t(℃)$에서 필요한 틈(유간) $c(mm)$는 일반적인 공식 $c = 20 - t(℃)$로 주어진다(표 8.4). 유간 c에 해당하는 치수를 준수하고 텅레일(안쪽 레일)의 직각도가 공차 이내에 남아있도록 반쪽 세트를 조정한다. 신축이음매가 부설된 얼마 이후에 인접한 장대레일을 응력 해방하여야 하는 경우(예를 들어, 갱신의 경우)에는 응력 해방작업과 동시에 신축이음매를 조정하는 것이 바람직하다. 인공가열을 이용하여 응력을 해방하는 경우에는 30 분을 기다리거나, 또는 신축이음매를 조정하기 전에 적어도 하나의 열차가 통과하여야 하며, 신축이음매 조정시의 레일온도 $t(℃)$에 상당하는 유간을 설정하여야 한다.

8.3.4 600 mm 유간을 가진 신축이음매의 조정

직경이 6 mm인 세 개의 표시 구멍은 텅레일의 실제 첨단에 대하여 300 mm의 행정을 나타내기 위하여 사용한다. 반-이음매는 텅레일의 실제 첨단이 기본레일의 기계 가공한 끝에서 4.530 m에 위치한 중앙의 구멍에 마주보고 위치하였을 때 0 mm 유간으로 설정한다. 0 mm 유간 표시구멍의 양쪽으로 300 mm 떨어져 있는 기본레일의 두 구멍은 텅레일과 기본레일간의 최대 허용 상대 변위를 나타낸다(총 행정 600 mm). 신장기는 0 유간(중앙 구멍)으로 인수한다. 부설 시의 유간은 이음매가 장대레일에 연결될 때의 온도에 따라 설정한다(이하의 제(2)항).

(1) 일반사항

두 개의 반-신축이음매는 각각에 이웃한 궤도의 부분에 기인하는 잠재적인 변위(유간)를 고려하면서 조정한다. ① 장대레일 끝 쪽의 반-이음매 유간은 반-열린 위치(중앙 위치)에 관하여 장대레일 가동구간 (신축구간) 끝의 잠재적인 변위를 고려하면서 조정한다. ② 토목구조물 끝 쪽의 반-이음매 유간은 한편 으로 교량상판의 신축을 허용하고 다른 한편으로 구조물에 대한 장대레일 끝의 이동을 허용하도록 조정 한다. 이 조정도 이음매의 반-열린 위치에 관하여 행한다.

(2) 실제적인 규칙

전체 신축이음매의 중앙부가 고정부이므로 2 개의 반-이음매를 분리하여 조정한다. ① 장대레일 끝의 반-이음매는 레일이 도달한 극한 온도간의 중간온도(20 ℃가 취해진다)에서 이음매 유간이 0 mm(중앙 위치)가 되도록 조정한다. ② 토목구조물 끝의 반-이음매는 이음매 유간이 구조물의 연간 평균 대기온도 (13 ℃에서 설정한다)에서 0 mm가 되도록 조정한다. t, t_p, l, c, 등의 기호 설명 및 c의 부호에 대한 관 례 등은 각각 표 8.4, 8.5 및 제8.2.5(1)항을 참조한다. ③ 조정 시에 주어지는 구조물의 평균 온도 t_p에 주어지는 값은 조정 날짜에 따라 t_p에 대하여 표 8.5의 비고란에 제시한 값(조정시의 구조물의 평균 온 도)을 사용한다. ④ 장대레일 끝쪽의 반-이음매 조정은 $c = (20 - t)$의 거리에서 위치설정 텅레일과 기 본레일을 이용하여 행한다. ⑤ 토목구조물 끝쪽의 반-이음매 조정은 $c = (t_p - t) - l/100(t_p - 13)$의 거 리에서 위치설정 텅레일과 기본레일을 이용하여 행한다(표 8.5).

(3) 토목구조물의 끝에서 반-이음매에 대한 특수조정 조건

이 반-이음매의 조정은 급작스런 온도변화가 있음직한 연중 기간, 즉 원칙적으로 "4월 15일부터 6월 15일까지"와 "9월 1일부터 10월 15일까지"의 기간을 피하여야 한다. 이들의 기간 동안에 조정을 피할 수 없는 경우에는 이 반-이음매의 유간에 대하여 특별점검을 하여야 한다. ① 4월 15일과 6월 15일 사 이에서 조정을 하는 경우에는 일사(日射)가 있는 연속한 5일 후에 15 : 00 와 17 : 00 사이에 측정한 유효치수 c가 상기에서 계산한 이론적 치수 c에서 50 mm 이상 다르지 않은 것을 6월 15일 이후에 점검 하여야 한다. ② 9월 1일부터 (야간에 서리가 내리는 연속한 5일이 뒤따르는) 10월 15일까지의 사이에 조정을 하는 경우에는 07 : 00와 09 : 00 사이에 측정한 유효치수 c가 상기에서 계산한 이론적 치수 c에 서 50 mm 이상 다르지 않은 것을 10월 15일 이후에 점검하여야 한다.

이들의 조건이 충족되지 않을 경우에는 반-이음매를 다시 조정하여야 한다. P.S 콘크리트로 만든 구 조물의 신축을 허용하는 경우에는 수축과 리락세이션 이동이 완료된 후에, 즉 구조물이 사용되고 1 년 후에 상기의 두 번째 조건 하에서 반-이음매의 유간에 대하여 특별점검을 한다(하한온도 점검). 이 점검 은 상기 절의 규정을 적용하는 특별점검이 필요한 경우조차 수행하여야 한다.

8.3.5 토목구조물용 레일 신축이음매의 레벨링과 라이닝

(1) 개요

중장비(스위치 타이 탬퍼)를 이용하여 레벨링 틀림을 정정하는 방법은 시간에 걸쳐 내구성을 개량하는 조건으로 이하에 기술된 일련의 작업으로 수행한다. ① 중간부를 포함하여 신축이음매의 양단에서 주행궤도 부분의 동적 안정화 : 안정기(stabilizer)가 신축이음매에 도달할 때 램프를 가지지 않거나 대단히 짧은 램프를 갖든지 간에 즉시 정지하여야 한다. ② 동일기간 동안, 신축이음매 전체(양단의 구간, 중간궤도, 반-신축이음매)의 절대기선 탬핑 : 리프팅 값은 지형측량에 기초한 검토로부터 구한다. 신축이음매의 리프팅은 가능한 작아야 한다. 탬핑은 선형점검이 뒤따라야 한다. ③ 단계 1에서와 같은 조건 하에서 동적 안정화. ④ 잔류틀림의 크기를 고려하여 가장 적합한 방법을 사용하는 신축이음매 전체의 탬핑(절대기선, ALC, 상대기선). 단계 ②와 ③ 사이에서 하루가 경과할 수도 있다.

(2) 유지보수

신축이음매는 신중하게 라이닝하고 레벨링하여야 한다. 특히 텅레일/기본레일 전달구간에서 침목의 탬핑을 모니터하여야 한다.

(3) 레벨링과 라이닝

레벨링과 라이닝작업은 작업금지 기간을 피하여 행하며, 제8.2.4(1)항의 규정을 적용한다. 예외적인 경우에는 금지기간 동안 작업을 한다. 필요시에는 다음의 조건 하에서 속도의 제한이 없이 레벨링-라이닝 작업을 수행할 수 있다. ① 신축이음매의 중간궤도가 콘크리트 침목에 부설되어 있다. ② 작업은 야간에 행하여야 한다. ③ 천이접속 램프를 포함하여 영향을 받은 구간은 토목구조물과 장대레일 끝에서 각각 처음의 25 m를 넘어 확장하지 않아야 한다. 작업램프는 제2.1.6(3)항의 ⓒ를 적용한다.

정규 도상단면의 회복, 궤도선형의 점검 및 170 km/h의 속도로 제한되는 (적어도 고속열차와 같은 중량의) 최초열차의 통과 후에 다음의 열차에 대하여 정상속도를 회복할 수 있다. 10 회의 고속열차가 통과하기 전에 온도가 45 ℃를 넘지 않아야 한다. 이것이 충족되지 않는다면, 100 km/h를 넘지 않도록 속도를 줄인다. 상기의 조건이 충분히 준수되지 않는 경우에는 제8.2.4(1)항의 작업절차를 적용한다.

8.3.6 사용중인 신축이음매의 교체

(1) 원리

어떤 이유 때문에 장대레일용 신축이음매의 교체가 필요할 때는 ① 장대레일의 주행 궤도, ② 절연이음매가 설치되어 있는 경우에는 접착절연 이음매가 있는 주행궤도 등의 사용 조건에 따라 신축이음매의 철거와 교체를 고려하는 것이 바람직하다. 구형의 신축이음매로서 철거가 불가능한 경우에는 신축이음매의 유형이 어떠하든 신형의 신축이음매로 교체한다. 신축이음매를 제거할 수 없는 경우에는 부품, 또는 완전히 신축이음매를 교체하는 각종의 경우를 적용할 수 있다.

(2) 신축이음매의 교체

반 세트 부품, 또는 완전한 신축이음매의 교체는 동일 유형의 대응하는 요소를 사용하여 수행한다.

8.4 장대레일용 신축이음매 레일의 검사와 후로우 제거

8.4.1 신축이음매의 유간 검사

- 신축이음매 유간의 정의 : 유간은 이동레일(외측레일)의 표시구멍과 텅레일(안쪽레일) 첨단간의 간격이다(제8.2.5(1)항 참조).
- 사용 중인 신축이음매의 유간 검사 : 신축이음매의 유간은 더운 기간이나 추운 기간 동안에 이하의 요구조건에 따라 검사하여야 한다. ① 하절기 동안 : 레일 온도 t가 40 ℃를 넘기 전(25 ℃ < t < 40 ℃)에 검사하여 유간(mm)을 20 - t로 조정한다. ② 동절기 동안 : 레일 온도 t가 -5 ℃ 이상(-5 ℃ < t < +10 ℃)일 때 검사하여 유간(mm)을 20 - t로 조정한다.

8.4.2 신축이음매 레일의 침투액 검사

(1) 절차

시험하는 지역은 예를 들어 레일의 전체 높이에 걸쳐, 그리고 기계 가공한 레일 저부의 대응하는 폭에 걸쳐 궤도의 외측을 향한 텅레일(안쪽 레일)의 측면이다. ① 검사하려는 표면을 철저히 청소한다(주걱으로 그리스를 제거한다 → 닦아낸다 → 솔벤트를 적신 천으로 문질러 닦는다). ② 침투약품(적색 제품)을 뿌린다. ③ 10 분 동안 건조시킨다. ④ 물로 닦거나, 이것이 안되면 천으로 완벽하게 닦아낸다. ⑤ 현상액(백색 물질)을 뿌린다(제3.5.7(2)항 참조).

(2) 중요 사항

중요 사항은 다음과 같다. ① 현상액을 혼합하여 사용하기 전에 내용물을 잘 흔든다. ② 얇은 막으로 충분하다(두께가 두꺼우면 감도를 저하시킨다). ③ 브러쉬로 칠하지 않는다. ⇒ 현상액이 완전히 마르면(3~4분), 모든 균열이 백색 바탕에 대하여 적색으로 나타난다. 신축이음매 유간 검사의 하나와 동시에 시행하는 이 작업은 신축이음매의 어떠한 해체도 필요로 하지 않음에 유의하여야 한다.

8.4.3 신축이음매 후로우의 제거

(1) 개요 및 도구

후로우의 제거(deburring)는 신축이음매의 본질적인 유지보수 작업이며, 박리를 피하기 위하여, 그리고 적어도 "① 텅레일과 이동 레일간의 후로우가 이들 레일에 대한 상부사면을 채움직 할 때나 ② 궤도 안쪽에 발생될 수 있는 후로우가 2 mm보다 많은 궤간 축소를 일으킬 때"는 주기적으로 행하여야 한다. 결정 기준은 순회검사시의 육안검사에 따르며, 후로우가 지침에 명시된 한계에 도달하기 전에 행한다. 후로우의 제거에 사용하는 도구와 장비는 다음과 같다. ① 두께 30 mm의 오크목재 블록 2 개, ② 100×100×200 mm 치수의 오크목재 블록 1 개, ③ 중량 연마기, 또는 경량 연마기, ④ 래그 볼트 렌치 1 개, ⑤ 궤도 렌치 1 개, ⑥ 라이닝 바 1 개, ⑦ 주걱 1 개, 소형 설비(이중 탭 와셔, 볼트 등), ⑧ 헝겊, 석유, 오일 등

(2) 안전 조치의 절차

– 열차운행 중지기간 이전 : 사전에 오일 침투처리를 충분히 하여 볼트를 자유롭게 한다(원칙적으로 그 전날).

– 운행 중지 기간 중 : ① 한 레일에 대한 래그 볼트를 철거한다(유지보수 매뉴얼에 따라 래그 볼트를 충분히 뺀다 : 일부는 래그 볼트를 5 cm만큼 들어올린다). ② 레일과 타이패드간에 30 mm의 목재 블록을 삽입하고, 해체와 재조립을 위하여 이동레일과 텅레일 외측에 부설된 브레이스의 종 방향 이동을 허용하도록 잭으로 텅레일(내측 레일)과 이동레일(외측 레일)을 들어 올린다. ③ 라이닝 바를 이용하여 궤도의 안 쪽을 향하여 텅레일을 움직여서 텅레일과 이동레일간에 100×100×200 mm 크기의 오크목재 블록을 삽입한다. ④ 연마 : ⓐ 텅레일과 이동레일간의 틈에서 두 레일의 후로우를 연마한다. ⓑ 둥글게 한 끝을 포함하여 삭정 부분의 전체 길이에 걸쳐 이동레일과 텅레일에 대하여 3×3 mm의 사면을 만든다. ⑤ 재조립과 기름칠하기 : 조립을 하기 전에 모든 부품을 깨끗이 하고 방청 화합물로 처리한다(손상, 또는 균열의 탐지).

– 열차 운행 중지 기간 이외 : (궤도의 안쪽을 향하여) 텅 레일 두부의 둥근 표면에 있는 후로우를 제거한다.

(3) 작업 시간

작업시간은 후로우 제거의 크기에 따라 레일 당 20~30 분이다. 운행 중지기간 이외에는 인력을 더 좋게 활용하기 위하여 가능한 한 검사와 후로우 제거작업을 병행하는 것이 유리하다. 분소장은 또한 초음파 탐상과 텅 레일(내측 레일) 저부의 얇게 한 부분을 완전하게 검사할 수 있도록 텅레일 외측에 부설된 브레이스의 해체를 요청하는 기회로 이용할 수 있다.

8.5 장대레일의 확장을 위한 장대레일용 신축이음매의 철거

이 절은 일부 구간이 장대레일로 부설된 선로에서만 적용하며 전구간을 장대레일로 부설한 고속신선에는 적용하지 않는다.

8.5.1 각종의 경우

이 작업은 영향을 받은 구간에서 상당한 약화를 일으킨다. 제8.2.4항의 요구조건을 엄하게 적용하는 것이 필요하다. 접하게 될지도 모르는 각종의 경우를 이하에 기술한다.

(1) 두 장대레일간 신축이음매(또는, 분기기)의 제거
- 두 장대레일이 동종의 레일과 침목을 가진 경우 : 신축이음매 양단의 궤도와 같은 단면의 레일 및 같은 종류의 침목을 가진 주행궤도로 신축이음매(또는, 분기기)를 교체한다.
- 두 장대레일이 동종의 레일과 침목을 갖지 않은 경우 : ① 레일의 단면은 다르지만 침목은 같은 종류인 경우 : ⓐ 신축이음매가 철거되는 구간부터 더 작은 단면의 레일로 설치한다. ⓑ 그 다음에, 서로에 대하여 맞은 편의 용접과 함께 더 무거운 레일단면을 가진 끝 부분에 적어도 17 m 길이의 중계레일을 부설한다. ② 침목은 다른 종류이고 레일은 같은 단면인 경우 : 영향을 받을 지역에 더 무거운 종류의 침목을 사용한다. ③ 침목과 레일이 다른 종류인 경우 : 상기의 ①과 ②의 요구조건을 동시에 적용한다.

(2) 철거하려는 정척 레일의 구간, 또는 이음매를 이웃하는 장대레일에 연결한 용접레일로 교체
- 장대레일의 확장이 30 m 미만인 경우 : 신축이음매의 변위는 신축이음매의 이전 위치와 새로운 위치에서 궤도의 국지적 이완에 의하여 필요로 하는 것과 다른 어떠한 주의도 요구되지 않는다. 영향을 받은 구간은 스위치 타이 탬퍼로 면(고저) 맞춤을 하며, 새로운 신축이음매의 유간은 보통의 조건 하에서 조정한다.
- 장대레일의 확장이 30 m 이상인 경우 : 제8.3.6항에 기술된 방법을 적용한다.

8.5.2 방법

(1) 개요와 원리
- 개요 : (응력이 교란되지 않은 구간에 위치하는) 고정표시가 레일 저부 근처의 한 침목 상의 선으로 구성되어 있고, 모든 체결장치가 충분히 풀어져 있음을 기억하여야 한다. 이 침목의 체결장치는 작업이 종료된 후에만 다시 체결한다. 대응하는 이동표시는 침목 위의 선으로 정렬된 레일 저부 위의 정교한 선이다.

- 원리 : "① 신축이음매의 철거, 또는 이동에 의한 장대레일의 확장은 안정화가 유효하고, 정척 길이의 레일, 또는 임시 토막 레일이 부설된 궤도구간에서 수행한다. ② 이하의 절에서 명시한 값의 임시속도제한을 이용하여 작업을 한다." 따라서, 레일온도가 관련 장대레일의 하부 기준온도 이하라는 것을 조건으로 어느 때라도 작업을 할 수 있다. 주어진 작업의 절차와 순서를 엄하게 준수하여야 한다. 유일하게 허용된 변형 작업은 제(4)항에서 설명한다.

(2) 궤광을 유지하지 않고 신축이음매의 철거 : 두 장대레일 간에서 신축이음매의 철거

(가) 40 km/h의 임시 속도제한[1]을 이용하여

다음에 의한다. ① 특수 목침목 및 신축이음매 양단의 장대레일과 다른 종류의 모든 침목을 교체한다. ② 각 레일에 대한 부품을 (필요시, 궤도상에 임시 절연이음매의 설치와 함께) 적어도 9 m 길이의 두 임시 토막레일로 교체하여 토막레일 단부에 대하여 볼트를 채우고 장대레일 단부에서 C 클램프를 채운다. 이음매는 레일온도에 따라 다음의 유간을 가져야 한다. ⓐ 겨울철(11월~2월) : 15 - $t/2$(mm), ⓑ 중간 계절(3월, 4월, 10월) : 20 - $t/2$(mm), ⓒ 여름철(5월~9월) : 30 - $t/2$(mm), ③ (필요시 강 자갈을 깬 자갈로 교체 후) 도상을 충분히 확보한다. ④ 영향을 받은 지역을 신중히 들어올린다. ⑤ 그 후에 임시 속도제한을 100 km/h로 증가시킬 수 있다.

(나) 100 km/h의 임시 속도제한을 이용하여(그림 8.6)

다음에 의한다. ① 이전의 신축이음매 중심선의 양단에서 150 m에 걸쳐 스위치 타이 탬퍼로 기계적인 탬핑과 라이닝을 수행한다. ② 궤도를 안정화시킨다. ③ 이전의 신축이음매 양단에서 150 m의 거리에 있는 양쪽 지점(C와 D)에 고정표시를 한다. ④ 임시 토막레일보다 더 긴 최종 토막레일 EF를 궤도상에 설치하여 각 레일에 용접한다(적합한 위치에 접착절연 이음매를 설치한다). ⑤ C와 D 지점간에서 제3.4.8항에 설명한 것처럼 부분적인 응력 해방을 수행한다.

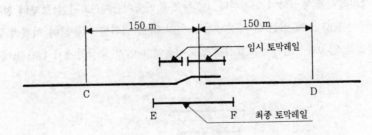

그림 8.6 2 장대레일간 신축이음매의 철거

응력 해방을 수행하는 동일한 열차운행 금지기간 동안에, 또는 토막레일 용접과 응력 해방 사이에서

---

[1] 규정의 도상단면과 궤도선형의 복구와 검사를 포함하여 40 km/h의 임시 속도제한 하에 계획된 모든 작업을 동일한 열차운행 금지기간 이내에 완료할 수 있는 경우에는 40 km/h의 임시속도제한을 적용할 필요가 없다.

온도가 15 ℃ 이상 증가할 수 없도록 확실히 하기 위하여 충분히 짧은 시간간격에서 선행기간 동안에 최종 토막레일을 용접으로 연결한다.

  (다) 정상속도의 회복과 강화구간의 유지 : 그 다음에 정상속도를 회복할 수 있다. 철거한 신축이음매 위치의 양쪽으로 50 m에 걸쳐 확립한 강화구간은 최소 3년 동안 유지하여야 한다.

  (라) 유의 사항

    1) 상기에 설명한 방법은 "① 이미 응력을 해방한 이전의 2 장대레일간에서, 그리고 양단에 신축이음매가 있는 분기기의 철거, ② 최근에 부설한 2 장대레일 사이에서 임시분기기의 철거"에도 적용할 수 있다. 양쪽의 경우에 표시 C와 D는 분기기의 양단에 위치한 장대레일의 끝(또는, 신축이음매의 중심선)에서 150 m에 위치한다.

    2) 새로운 장대레일 길이 CD의 참조온도는 수행된 부분 응력 해방의 결과로서 생긴 온도이다.

  (3) 궤광을 유지하지 않고 신축이음매의 철거 : 철거하려는 정척 레일의 구간을 교체하거나, 또는 이음매를 장대레일에 연결된 용접레일로 교체하여 30 m 이상의 길이만큼 장대레일의 확장

  (가) 40 km/h의 임시 속도제한[1]을 이용하여

  다음에 의한다. ① 신축이음매를 이동시키거나 새로운 신축이음매를 설치한다. ② 적어도 하나가 9 m의 토막레일인 정상 길이의 임시 레일들을 (2)(가)항 ②에서 주어진 유간을 가지고 이전의 신축이음매(그리고, 만일 적당하다면 철거된 이음매) 위치에 설치한다. ③ (필요시에 강 자갈을 교체한 후) 도상을 충분히 확보한다. ④ 영향을 받은 구간에 걸쳐, 그리고 양단에서 50 m에 걸쳐 강화된 도상단면을 확보한다. 그 다음에, 속도를 100 km/h로 증가시킬 수 있다.

  (나) 100 km/h의 임시 속도제한을 이용하여(그림 8.7)

  다음에 의한다. ① 단부의 신축이음매부터 시작하여 기존의 레일을 용접하거나 정척 레일의 위치에서 새로운 길이의 장대레일을 용접하여 연결한다. ② 새로운 신축이음매(D 지점)로부터 철거된 신축이음매의 이전 중심선에서 150 m에 있는 C 지점까지 스위치 타이 탬퍼를 이용하여 기계적 탬핑과 라이닝을 수행한다. ③ 궤도를 안정화시킨다. ④ 철거된 신축이음매의 이전 중심선에서 150 m에 있는 C에 고정

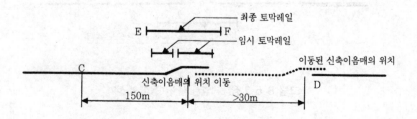

그림 8.7 정척 레일의 철거구간, 또는 장대레일 확장구간에서 신축이음매의 철거

---

[1] 상기 제(2)(가)항의 주를 적용한다.

표시를 한다. ⑤ 철거된 신축이음매 이전 위치의 궤도에 최종 토막 레일을 설치하고 각 레일을 용접한다. ⑥ C로부터 장대레일의 새로운 끝 부분까지 부분적인 응력 해방을 실시한다. 최종 토막레일 EF는 부분적인 응력 해방이 시행되는 동일 열차운행 금지기간 동안에, 또는 토막레일의 용접과 응력 해방 동안에 온도가 15 ℃ 이상 증가할 수 없도록 확실히 하기 위하여 충분히 짧은 시간간격에서 선행기간 동안에 용접하여 연결한다.

(다) 정상속도의 회복과 강화구간의 유지 : 그 다음에 정상속도를 회복할 수 있다. 필요시에는 새로운 신축이음매를 조정한다. 신축이음매의 이전 중심선의 양쪽으로 50 m에 걸쳐 확립한 강화구간은 최소 3년을 유지한다.

(4) 궤광을 유지하지 않고 신축이음매의 철거 : 변형작업

(가) 스위치 타이 탬퍼의 사용에 관련하는 변형 작업

스위치 타이 탬퍼를 사용할 수 없는 경우와 겨울철 동안(11월 1일~3월 1일)에 작업을 하는 경우에는 ① 영향을 받은 구간과 양단 30 m에 대하여 인력 탬핑만을 수행하며, ② 레벨링이 정확한 경우에는 궤도의 안정화 이후에 지시된 부분적인 응력 해방을 수행하고 정상속도를 회복한다. 그럼에도 불구하고 다음의 부류 2 작업 금지기간의 시작 이전에 궤도의 안정화가 유효하도록 하기 위하여 영향을 받은 구간과 양단으로부터 150 m 구간의 기계적 탬핑과 라이닝은 나중에 중장비의 탬퍼(스위치 타이 탬퍼)를 이용하여 수행하여야 한다.

(나) 겨울철 동안 수행하는 작업의 경우에 표준 길이의 임시 레일부설에 관련하는 변형작업

겨울철 동안(11월 1일~3월 1일)에 작업을 수행하는 경우에는 "① 표준길이의 레일과 임시 토막레일을 부설하지 않고, ② 최종 토막레일을 궤도에 즉시 부설"하는 것이 가능하다.

8.6 변칙상황의 대처방법과 모니터링

8.6.1 변칙상황의 대처방법

(1) 비상용 재료
- 장대레일용(행정 ±180 mm) 레일 신축이음매 : ① 이동레일(7.774 m), ② 텅레일(10.400 m), ③ 기타 부속품
- 600 mm 행정의 토목구조물용 레일 신축이음매 : ① 우측 신축이음매 (12.780 m), ② 좌측 신축이음매 (12.780 m)

(2) 파단과 손상 시 기술적 조치
- 현장에서의 첫 번째 선로원 : ① 유지되지 않은 부분 → 열차운행중지를 유지, ② 유지되지 않은 부

분의 파단 → 레일 파단의 경우와 같이 조치

- 선로반장 : 유지되지 않은 부분이 파단된 경우에 열차운행 중지를 유지
- 분소장 : 교체를 계획한다(비상용 재료 이용).

8.6.2 모니터링

- 설비의 모니터링 : 신축이음매는 적어도 1년에 한번 기름칠을 해야 한다. 어떠한 깔쭉깔쭉한(후로 우) 부분도 주기적으로 연마하여야 한다(각 연마 작업 후에 이음매를 청소하고 기름칠을 해야 한 다).
- 선형의 모니터링 : 신축이음매는 신중하게 레벨링하고 라이닝하여야 한다. 텅레일/기본레일 천이접 속구간의 침목은 신중히 다져야 한다.

제9장 노반과 부대시설의 관리

9.1 노반과 부대시설의 개념

9.1.1 개론

(1) 일반개념

노반과 토공의 안정성은 구성하고 있는 흙의 성질과 강우, 지표수 및 지하수를 망라한 물의 함유량에 좌우된다. 이 절에서는 노반의 열등한 거동에서 물의 주요한 역할이 강조될 것이다. 추천되는 설비들은 일반적으로 노반과 토공의 배수에 기초한 것이다. 배수 기술과 강화 기술은 지질학과 토질 역학을 이용하며, 중대한 과실을 범하지 않기 위해서는 이들의 법칙을 따라야만 한다. 게다가, 특히 고려하는 지역의 기후 조건들은 물과 강우 체제 때문에 대기 포화 정도의 일반적인 변화를 참작하여야 한다. 장기간 동안 극심한 결빙이 일어나기 쉬운 지역은 특별히 취급하고 감시하여야 한다. 점토가 많거나 이회질의 지반에서 노반 손상의 원천은 불투과성의 땅을 통해 배수할 수 없는 물의 작용으로 인해 하층 토가 돌이킬 수 없게 점점 연약해지는 것이다.

- 어떤 경우에는 노반의 표면 층만이 잠기고, 점토질 진흙의 용승(湧昇)(분니)이 침목 운동의 영향으로 궤도상에서 관찰된다. 이러한 현상은 특히 이음매부에서 두드러진다.

- 그 다음 단계에서, 혹은 보다 더 소성을 가진 점토의 연약화는 하층토의 상당한 양으로 확장되며, 하중의 작용 하에서 각 보도 밑에 기복을 이루면서 뒤로 밀려난 하층의 흙 속으로 도상이 가라앉는다.

- 이러한 방식으로 구덩이가 생겼을 때, 도상의 점차적인 함몰은 물웅덩이를 이루며 그 안에 물 주머니가 모인다. 이 물은 절토에서 노반의 연약화와 쇠퇴를 촉진하며, 성토 속에 이미 존재하고 있던 균열 속으로 스며들어 원에 가까운 특징적인 형태로 하나 이상의 슬립 선(slip line)을 형성하게 된다. 슬립 선에 따른 전단강도가 이동 질량의 중량에 더 이상 균형이 되지 않을 때까지는 슬립이 성토 상부의 침하로 이끈다. 급작스런 나중의 슬립은 슬립 선을 따른 경사 밑 부분의 수평 변위, 또는 융

기로 귀착된다.

절토의 경사는 물의 침투가 가능할 때에 비슷한 조건 하에서 미끄러지며 이러한 관점에서 물이 새는 중간 측구는 반드시 초기 슬립 선을 발생시키며, 따라서 특히 해롭다. 배수 기술의 목적은 암석을 배수시키고 다양한 원천으로부터 물을 배출시키든지, 기계적 작용으로 토공을 압밀시키려는 것이다. 배수는 특히 최선의 목적이 되며 옹벽은 두 번째의 목적으로 특별히 설치한다. 맹 하수(blind drains) 및 부벽과 같은 어떤 구조물은 이 두 가지 목적을 동시에 만족시킨다. 일반적으로 각각의 경우에 대해 사용하는데 가장 효과적인 방법을 결정하기 위하여 아주 세심한 지반의 관찰과 선로이력 분석의 중요성이 도출된다. 대개의 경우에, 예를 들어 단지 상층 표면에 스며든 미세 물질에 의한 오염 때문에, 또는 노반의 단순 침식 때문에 도상을 갱신할 필요가 있다. 하부굴착 후에 노반 위에 0.2 m의 두께에 걸쳐 비교적 방수성이 있는 외피 층을 남기기 위해서는 새로운 종단선형이 필요하다. 만일, 양로가 절대적으로 불가능하기 때문에 이러한 법칙을 따르는 것이 가능하지 않다면, 흡수 보호 층(모래 층, 'Protzeller' 프로세스)을 회복하거나, 석회암 채석장의 폐물, 걸러진 잔여물 등의 혼합에 의한 지지력 기능의 증가를 위한 특별 대책을 검토하는 것이 필요하다.

그림 9.1은 일반적인 선로의 횡단면을 나타낸다.

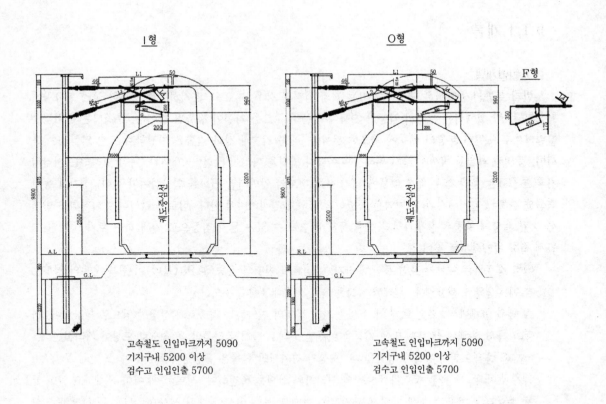

그림 9.1 일반적인 선로 횡단면

(2) 궤도의 안정성

궤도는 그 기하구조가 유지될 때, 혹은 궤도가 기후적 응력의 영향 하에서, 그리고 열차에 의해 발생된 하중의 영향 하에서 적어도 매우 천천히 변할 때를 안정적이라고 간주한다.

(가) 궤도의 안정성에 관련된 요인

궤도는 '① 궤도 구조(레일, 침목, 체결장치), ② 도상 층, ③ 보조도상 층, ④ 노반' 등의 요소들로 구성된 조립체이다. ① 수직면과 평행면에서 궤도의 기계적 강도를 통한 궤도구조, ② 침하, 침목의 종과 횡 변위에 대응하는 저항력을 통한 도상, ③ 하중 하의 침하에 대한 저항력과 수리적(hydraulic) 특성을 통한 보조도상과 노반 등과 같은 여러 구성요소들은 궤도의 안정성에 관련이 있다. 보통의 상황에서는 이들의 각 구성요소가 궤도의 안정성을 보장하는 어떠한 특성들을 가지고 있어야만 한다. 이러한 특성들은 ① 열차 하중과 기후적 응력의 영향에 따른 궤도의 노화, ② 궤도 자체에서 시행되는 유지보수 작업과 그 운영, ③ 궤도에 인접하거나 궤도 아래에서 행하는 작업 등과 같은 다양한 요소들의 작용으로 변화될 수 있다. 열차의 안전을 손상시킴직한 궤도선형의 변화가 발생할 수 있으며 열차 운행 조건의 제한이 필요할 수도 있다.

(나) 기후 응력 하에서 궤도의 안정성

- 온도 변화 : ① 시간에 걸쳐 체결온도(fastening temperature)의 유지, ② 안정화된 표준단면의 도상, ③ 정확한 궤도선형(레일의 각도 틀림이 없어야 한다), ④ 우수한 품질의 레일체결 등과 같은 조건들은 장대레일 궤도의 안정성을 보장한다.
- ① 결빙 - 해빙, ② 비 - 홍수 물 빠짐, ③ 가뭄. 이들에 대하여는 제9.4.1항을 적용한다.

(다) 운행하중 하에서 궤도의 안정성

정상적인 운전 조건 하에 궤도의 안정은 대체로 ① 최대 허용 속도, ② 최대 축중과 m당 최대 중량, ③ 레일의 종류, ④ 현재의 표준에 부합하는 궤도선형, ⑤ 표준 도상단면, ⑥ 유지보수에서 필요한 주의사항의 준수 등에 의해 정해진다. 인가된 차량이 양호한 유지보수의 상태에서 궤도에 가하는 하중은 전체 궤도의 최소 강도 허용치를 초과하지 않는다. 그러므로, 원칙적으로는 ① 표준과 지침에 합치하지 않는 궤도의 구성(안정화되지 않은 도상, 도상어깨 하부굴착, 느슨한 체결장치, 궤도 근접 굴착 등), ② 일상적이 아닌 교통(시험차량, 승인되지 않은 차량 등) 등의 2 가지 경우에만 특별한 조치를 취할 필요가 있다.

9.1.2 일반적인 정보 및 산사태 등의 방지

(1) 원리

궤도가 놓여지는 노반의 성질과 역학적 특성들은 한편으로 매우 극심한 교통의 상태(지지하는 총 톤수, 축 하중, 주행 속도) 및 다른 한편으로 종종 혹독한 기후 응력에 영향을 받는 궤도의 후속 거동에 있어서 매우 중요한 인자이다. ① 침목 아래에 다양한 두께의 도상 층, ② 입자 재료(모래, 자갈)로 구성된 단층, 또는 복층의 보조도상 층, ③ 적정 노반(상층부는 선택 채움재로 시공한다) 등을 포함하는 지지층을 형성할 필요성이 있다(그림 9.2, 9.3). 새로운 선로를 건설하기 위해서 이든지, 추가적인 작업으로 오래된 노반을 강화하기 위해서이든지 간에 노반이 지닌 몇 가지 매개변수로서 흙의 성질(지지계수), 지하수리학, 결빙에 대한 민감성, 배수 등에 대한 지질 공학적인 분석을 참조하는 것이 절대적으로 필요하다. 오래된 노반에 대해서는 감당해낸 교통의 특성들과 어울려서 궤도 레벨링 작업의 기록을 분석한다.

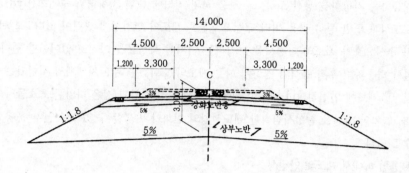

그림 9.2 돋기(성토)의 횡단면도

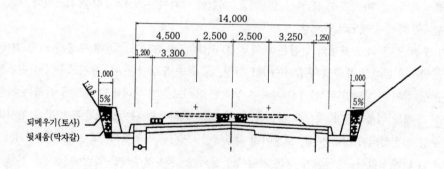

그림 9.3 깎기(절토)의 횡단면도

(2) 결빙에 의한 융기(동상) 및 그 방지책

흠뻑 젖은 순수 모래나 자갈의 틈새 사이에 있는 물의 결빙은 그들의 구조를 변화시키지는 않는다. 결빙은 단순히 물이 팽창한 결과에 따라 9 %까지 각 공간의 부피를 증가시킨다. 이와는 대조적으로, 흠뻑 젖은 미세한 입자의 흙은 낮은 온도에 노출된 표면에 거의 평행하게 되는 순수한 얼음 층을 형성하게 된다. 각 얼음 층의 두께는 수 cm에 이를 수 있고, 결빙된 흙은 흙과 순수 얼음 층이 교대로 나타나는 계층적인 형상을 취하게 된다.

얼음 층 형성의 분자 역학과 관련된 힘의 강도는 여전히 논란의 대상이 되고 있다. 그럼에도 불구하고, 결빙을 방지하는 방법으로 되는 층의 구성을 위해 필요한 조건들이 대부분 알려져 있다. 얼음 층은 미세한 입자의 토양에서만 형성된다. 그렇지만, 얼음 층을 형성하기 쉬운 흙과 그렇지 않은 것과의 경계를 결정짓는 입자의 임계 크기는 흙의 균일성에 달려있다. 완전히 균일한 흙에서는 입자가 0.02 mm보다 작을 경우에만 얼음 층이 초래된다. 입자의 크기가 복잡하게 분포된 흙에서는 0.02 mm보다 작은 입자가 적어도 전체 집합체의 3 %를 구성하고 있지 않는 한, 원칙적으로 얼음 층이 형성될 수 없다. 0.02 mm보다 작은 입자를 1 % 미만으로 포함하고 있는 흙에서는 현장에서 흙이 받는 조건이 무엇이든지 간에 얼음 층의 형성이 불가능하다.

얼음 결정체가 발달될 때는 그들이 흙 입자들에 대해 잭(jack)처럼 작용하면서 입자를 밀어서 분리시키고 그 공간의 부피를 증가시키는 것이다.

실질적으로, 지하수면 층의 높이와 결빙선 사이의 수직거리가 관련 흙의 모세관 상승의 높이보다 짧은 곳이면 어디나 개방 체계가 존재한다. 지반으로부터 이끌려 나온 물이 재보급에 의해 계속 보충되기 때문에 얼음 층은 결빙기간 동안 무한대로 증가하게 되며, 결빙지역에 걸쳐 있는 땅의 표면이 상승하게 된다. 이러한 현상은 동상(결빙 융기)(frost-heave)이라고 알려져 있다. 뉴잉글랜드(미국 동북부 지역의 총칭)처럼 겨울이 온화한 지역에서조차도 폭이 15 cm에 이르는 동상이 드물지 않다. 얼음 층의 두께는 아래에 깔린 흙의 침투성 변동과 매우 밀접하게 연관되어 있으므로 동상은 일반적으로 균일하지 않다. 따라서, 융기 구역에 위치한 노반의 표면은 파괴되기 쉽다. 이에 따른 결과로서 해빙은 얼음 층을 포함하고 있는 흙을 진흙과 같은 농도의 극도로 포화된 물질로 변형시키게 된다. 다음의 단계는 먼저 발생했던 융기보다도 표면에 더 큰 피해를 줄 것이다.

입자의 직경이 작아짐에 따라 얼음 층을 형성하고자 하는 경향이 두드러지게 증가한다. 이와 반대로, 개방된 체계 속에서 결빙지역으로 흐르는 물의 유속은 입자의 직경과 함께 감소하게 된다. 그러므로, 동상에 있어 가장 좋지 않은 상황들이 중간 정도의 입자를 가진 토양 속에서 일어난다고 생각하는 것이 합당하다. 실제 문제로서, 동상이라는 관점에서 가장 심각한 문제를 야기하는 것은 미세한 실트, 그리고 모래와 니토의 혼합물 및 24시간 동안의 모세관 상승작용이 최고조인 그것들보다 약간 더 미세한 흙이라는 것이 경험을 통해 알려져 있다. 폐합 체계를 구성하는 주어진 세립 분류 측정의 특성들을 지닌 토양 전체에서 얼음 층의 발달이 크면 클수록 토양의 압축가능성이 더 높아진다.

혹독한 겨울을 나는 습윤 지역의 결빙 영향은 이를테면 텍사스 중부와 같이 여름이 무더운 반 건조 불모지 지역에서 건조로 야기되는 계절적인 부피변화에 상응하는 것이다. 그것은 노반에 해를 끼칠 뿐만 아니라 또한 옹벽을 이동시키고 별로 깊지 않은 기초를 들어올린다. 그렇지만 결빙에 노출되어 개방 체계를 형성한 토양도 지하수면 층의 최고 수위와 결빙선 사이에 자갈층을 삽입함으로써 폐합 체계로 변경할 수 있다. 이러한 조치는 대개 수용한계 내로 융기를 유지한다.

(3) 궤도와 노반에 미치는 저온의 영향

(가) 지열량

땅 속으로 결빙의 침투는 냉각과정과 부합되며, 냉각과정 동안 땅에서 방출된 양의 열만큼 결빙이 늦추어진다. 현실에서 얻어진 경험은 물이 빠져있는 모래에서 보다 물에 포화되어 있는 롬질(loam : 모래와 점토가 섞인) 흙에서 결빙의 침투가 더 약하다는 것을 보여주고 있다. 또 다른 열의 공급은 결빙 지역 아래에 위치한 열 경사도(℃/m)의 특징을 지닌, 그 해의 추운 기간과 더운 기간 동안 땅에서 공급된 열의 양에 의하는 것이다. 현재 결빙 문제로 염려되는 지리적인 지역에는 추운 지역의 1 ℃/m에서부터, 보다 온화한 지역의 5 ℃/m까지에 이르는 평균값을 수용할 수 있다. 표면 아래 10~15 m 깊이에서 땅의 온도는 일정하게 유지되며 그 위치에서는 연간 평균적인 공기의 온도와 대략적으로 일치한다. 땅 내부로부터 방사하는 열은 실질적으로는 결빙 침투에 대해 영향을 주지 못한다.

(나) 열 차단

방사하는 열은 그 위에 위치한 암석층의 저항에 의해 둔화된다. 어지러운 흐름이 없고 공기로 차있는 기공성의 물질에서는 열전도율이 낮은 반면에, 물을 함유하고 있는 물질 속에서는 더 높다. 그러므로, 배수가 잘 되는 도상자갈을 가진 궤도는 결빙 침투의 깊이를 감소시키는데 기여하는 이른바 따뜻한 표면(warm skin)과 같이 열을 차단하는 조립체를 구성하는 것이다. 도상 층의 두께를 증가시키는 것 및/또는 도상자갈이 깔린 노반을 배수시키는 것은 결빙으로 인한 해로운 영향을 감소시키는 것이다.

(다) 결빙 기초

재료들은 결빙에 해를 입지 않는 것으로 이루어져야 한다. 그것들은 결빙 상태에서도 안정되어 있어야 하고 만족스러운 변형성을 지녀야 한다. 이러한 조건들이 만족될 때에도 서로에 대한 관점에서 재료의 선택과 그것들의 배열이 상당히 중요하다. 결빙 한계보다 훨씬 아래에 결빙 기초를 형성하는 것이 가능하다. 결빙 한계의 가장 두드러진 감소는 한편으로는 얼지 않은 물이 결빙 과정에서 열을 방출하는 젖은 기초가 있는 곳에서 얻어지며, 다른 한편으로는 건조하고 열이 차단된 꼭대기 층에서 획득된다. 이것은 자연에서 관찰되는 전형적인 예로서 확인된다. 눈으로 덮이고 매우 추운 지역에 있는 토탄지에서는 결빙이 이탄 속으로 겨우 몇 cm 정도만 침투한다. 철도의 기존 부설은 흔히 적정 도상 층의 아래에 자갈이나 모래층을 둔다. 일반적으로 추운 지역에서는 궤도를 양로함으로써 결빙 기초를 획득할 수 있다. 모래나 자갈층에서 배수가 될 때는 결빙에 관련된 여건들이 향상된다. 습윤 층은 배수된 하층 토 위에 놓여져서는 안 되며, 오히려 절토, 또는 반 절토에서 사용되어야 한다. 지금까지, 열이 차단된 상층에 대해서는 높은 열전도율을 가진 잘 배수된 층을 사용하였다. 지난 몇 년에 걸쳐 산업원료로부터 입수 가능한 단열재의 도입으로 전통적 재료의 열전도율이 20~27배 더 높아졌다. 층 내부나 층 아래에 놓인 그러한 고품질 단열재의 얇은(5 cm) 층은 결빙 저항을 상당히 증가시켰다. 비교적 온화한 지역에서는 위에서 오는 차가운 질량과 아래에서 온 질량 사이에 일종의 평형이 존재한다. 그리하여 결빙이 단열 판의 바닥보다 더 아래로 침투하지 못하게 된다. 이러한 단열 판은 결빙에 약한 하층 토 위에 어느 정도 직접적으로 놓여질 수 있다.

(4) 산사태 및 궤도에 낙하물의 위험이 있을 경우에 취하여야 할 조치들의 목적

어떤 주어진 장소에 돌이나 흙덩어리들이 자연적으로 떨어지는 것은 반복적인(때로는 계절적인) 특성을 가지고 있다. 그러므로, 피해를 당하기 쉬운 지역은 그런 상황이 잘 알려져 있거나, 혹은 최근에 발생한 경우라면 추적하기 쉬우며, 필요하다고 생각되면, ① 물체가 떨어져 나가는 것을 방지하는 수단, ② 떨어져나간 물체가 궤도에 접근하지 못하게 하는 수단, ③ 궤도 위로 물체가 떨어져 내릴 가능성이 있을 때에 적용할 수 있는 설비 등 3 가지의 범주로 분류할 수 있는 보호 조치를 하는 것이 적합할 것이다.

(5) 산사태의 방지 수단

산사태의 방지 수단으로는 예를 들어 다음과 같은 것이 있다.

- 지지물(supports), 버팀대(needles), 앵커(anchors) : 이러한 설비들은 어떤 경우에 안정성이 의심되는 암석덩어리의 최초 움직임을 방지한다. 이 설비의 설치는 ① 지탱하고 있는 암석 덩어리가 발휘하는 힘의 크기와 방향을 결정할 수 있는 점, ② 고정할 만한 장소를 발견할 수 있는 점, ③ 장소가 작업현장의 설정과 공급에 적합한 점, 등을 포함한다.
- 벽, 또는 석조 판벽널 : 어떤 구성요소가 떨어져 나가는 경향이 있는 암석 표면은 그 표면에 붙여 설치한 자체-지지 벽이나, 또는 표면에 부착하는 단순한 판벽널로 강화할 수 있다. 2 절차 중의 선택은 암석의 성질과 갈라진 부분의 깊이에 달려있다.
- 경사지의 안정화 : 미끄러지는 경향이 있는 경사지의 안정화는 지반의 성질과 구성에 따라 다양한 과정을 포함할 수도 있다. 경사지의 안정화는 점토질 지반의 절토에 위치한 선로에서 종종 사용한다.

9.1.3 노반의 특성

(1) 지지구조의 정의를 위한 노반 분류의 매개 변수

노반의 분류는 ① 흙 자체의 분류, ② 수리지리학적 체제, ③ 결빙의 영향, ④ 교통의 범주(고속열차 교통, 일반 교통) 등의 4 가지 매개변수에 관련한다.

(가) 흙의 분류 : 다음의 범주로 구별한다.
- 암석이 많은 흙(다져졌건 아니건) : ① 낮은 변질성의 암석(S_5), ② 중간 변질성의 암석(S_4), ③ 변질성의 암석(S_3)
- 응집성이 없는 흙 : ① 청청하고 입도가 좋은 골재(S_5), ② 청청하고 입도가 불량한 골재(S_4), ③ 롬 질의 골재(S_2), ④ 점토질의 골재(S_2)
- 모래 : ① 청청하고 입도가 좋은 모래(S_3), ② 청청하고 입도가 불량한 모래(S_2), ③ 롬 질의 모래(S_2), ④ 점토질의 모래(S_1)
- 미세한 흙 : ① 낮은 소성의 롬과 점토(S_1), ② 낮은 소성의 유기적인 롬과 점토(S_0), ③ 높은 소성의 롬과 점토(S_1), ④ 높은 소성의 유기적인 롬과 점토(S_0)
- 이탄과 기타 높게 유기적인 토양(S_0)

(나) 수리지리학적 조건

기후 변동기간 동안에 지하수면의 최대 수위가 보조도상 층 아래로 대략 2.00 m보다 적다면 수리지리학적 조건이 열등하다고 간주한다. 측구가 없는 경우로서 적당한 집수 장치가 없거나, 또는 그러한 장치의 작동이 열등한 경우라면(열등하게 설계된 횡단 구배, 열등한 상태에서의 종 방향의 집수나 임시적인 장치), 수리지리학적 조건도 또한 열등하다고 간주한다. 수리학적 체제는 보조도상 층의 상부가 수위 저하 작업* 전 지하수면의 최대수위 위로 적어도 2 m에 있을 때는 양호한 것으로 간주한다.

(다) 결빙의 영향

고려해야 할 결빙의 깊이는 ① 결빙의 기간과 영하의 기온으로 특징을 이루는 지역적인 기후 상태(이것은 결빙기간 동안 시간에 대한 온도의 적분인 날짜 x ℃라는 결빙 지수로서 표현한다), ② 채택된 재발생 간격 등에 달려 있다.

(2) 노반의 분류

(가) 원리

유럽에서는 앞에서 설명한 매개변수들을 고려하여 아래와 같이 요약된 노반 목록을 이용한다.
- 범주 S_5 : 변질성이 없는 암석, 또는 청정하고 입도가 좋은 골재(자연적이든 퇴적된 것이든)로서 응집성이 없는 재료
- 범주 S_4 : 중간 변질성의 암석, 또는 응집성이 없는 재료(자연적이든, 퇴적된 것이든)
- 범주 S_3 : 변질성의 암석, 또는 응집성이 없는 재료(청정하고 입도가 좋은 모래)
- 범주 S_2 : 응집성이 없는 재료(양토나 점토질 집합체, 또는 청정하지만 입도가 불량한 모래)
- 범주 S_1 : 응집성이 없는 재료(점토질의 모래, 미세한 흙, 점토, 이회토, 시멘트 돌).
- 범주 S_0 : 미세한 흙(유기적인 롬과 점토, 이탄).

(나) 도상에 대한 주의

상기에 지적한 것처럼 지지구조는 노반 위에 놓인 도상의 다양한 깊이와 범주 S_3, S_4, 또는 S_5의 추가된 보조도상 층을 포함한다. 도상의 역할과 기준은 제6장(도상의 관리)을 참조하라.

(3) 노반 배수 시스템

지하수나 강우를 제거하지 않는다면 땅의 함수량을 변화시켜 노반과 토공의 역학적 특성에 심각한 영향을 미칠지도 모르므로, 노반과 토공의 배수시스템은 이를 모을 수 있도록 설계된 모든 구조물들을 포함한다. 배수로는 노반과 토공을 배수하는 구조물이며 청소하기가 어렵고 조사할 수 없다. 그것들은 배수시스템의 "근원"이나 "주된 망"을 형성한다. 집수정(collector drains)은 검사는 할 수 없으나 청소는 할 수 있는 구조물로서 지반과 기초를 배수시키며, 동시에 집적된 물을 모아서 처리한다. 집수구(main drains)는 가끔씩 검사할 수 있으며, 청소할 수 있는 구조물로서 배수로와 집수정의 물을 모아 처리한다.

9.2 노반과 부대시설의 작업 조건

9.2.1 노선의 특성

(1) 궤도 중심간격과 건축한계 사이의 거리

궤도중심과 건축한계 사이의 거리는 관련 속도에 따라 결정되는 가변성 매개 변수이다. 이에 관련하여 주요 특성은 다음과 같다. ① 건축한계는 ⓐ 레일외측에서 보도부 끝까지의 거리(토공 구간) 2.3 m, ⓑ 레일외측에서 토목구조물 보도부 끝까지의 거리 1.3 m(교량), 1.7 m(터널), ⓒ 궤도중심에서 플랫폼 가장자리까지의 거리 1.675 m이다. ② 궤도 중심선간 간격은 5.00 m, 보도 폭은 1.0 m, 터널단면(복선궤도)은 107 m²이다. ③ 전차선의 높이는 5.08 m, 전주 간격은 40~50 m, 레일모서리부터 전주까지 거리는 2.45 m이다.

(2) 노반의 지지 구조

(가) 도상

도상 층의 이론적인 두께는 레일 바로 아래의 침목 하에서 측정한 값인 0.35 m(부득이 한 경우 0.30 m) 이상이며, 22.4~63 mm의 깬 자갈로 구성한다.

(나) 보조도상 층

이하에서는 일반적인 예로서 설명한다(경부고속철도 토공의 설계 기준은 제9.2.3항 참조).

하나, 또는 몇 개의 층을 가질 수도 있는 보조도상 층은 입도가 좋은 비점착성 재료로 구성되어 있다. 그 재료의 압축 수준은 100 % OPM(Optimum Procter Method=실내 최적 건조밀도)에 근접한다.

(다) 선택 채움재

특별 채움재는 성토의 경우에, 성토 본체와 같은 재료로 구성할 수 있다. 그러나, 재료의 선택과 선별에 있어서, 그리고 압밀 수준에 있어서 성토 본체와는 다르다. 압밀 수준은 일반적인 예로서 입도 조정 층에서는 최소 두께인 0.30 m에 대해 95 % OPM이다. 반면에, 성토 본체에 대해서는 2 개의 값 95% OPM과 90% OPM 중에서 더 높은 값이다. 어떤 경우에는 이러한 선택 채움재가 성토(보충된 특별 채움재)의 재료와는 다른 성질의 재료로 구성할 수도 있다. 절토의 경우에는 '① 최소 깊이인 0.30 m에 대해 절토 바닥을 95 % OPM까지 다지거나, ② 또는, 기존의 흙보다 더 좋은 질을 가진 재료의 어떤 두께를 더해 95 % OPM까지 압축시킴으로써, ③ 또는, 변경시키기 어려운 암석 투성의 노반인 경우에는 강우를 확실하게 배출시키는 횡단 배수구(transverse catch drains)를 사용하여 어떤 침전물을 제거하도록 노반 상부를 레벨링하고 종단선형을 맞춤으로써' 선택 채움재를 얻는다.

(라) 지지 구조의 선택

다음과 같은 세 개의 매개변수를 고려하여야 한다. ① 노반을 구성하는 재료의 식별과 변질성의 평가에서 획득한 지지 흙 그 자체에 대한 분류(실험실 검사), ② 흙 속으로 결빙 선이 침투하는 깊이 : 20 년을 주기로 재발하는 매우 혹독한 겨울에 해당하는 값을 고려한다. ③ 노반의 수리적 상태 : 다음과 같이 두 가지의 경우를 고려한다. ⓐ 지하수면 층의 깊이가 '계획(project)' 수위보다 항상 2.00 m 이상 아래에 있다. ⓑ 지하수면 층의 깊이가 '계획(project)' 수위보다 2.00 m 아래이거나 같을 수 있다.

(마) 노반의 등급 : 유럽에서는 표 9.1에 따라 이러한 세 가지 매개변수의 함수로서 결정한다.

표 9.1 노반의 등급

흙 분류(지질 공학적 식별)	흙 품질 등급
0-1 유기물의 비점착성 흙 0-2 미세하고(15 % 이상의 세립질을 포함[1]), 부풀려지며, 축축하고, 따라서 압축될 수 없는 흙(기술적인, 또는 경제적인 이유 때문에 결합재의 처리에 의한 개선이 가능하지 않을 때) 0-3 틱소트로피(요변성) 흙[2] (예를 들면, 유동성이 있는 점토) 0-4 가용성 물질(예를 들면, 암염이나 석고를 포함한 흙) 0-5 오염 물질(예를 들면, 오염된 산업 쓰레기) 0-6 광물과 유기물이 혼합된 흙[2]	Q_{S0}
1-1 세립질을 40 %이상 포함한 흙[1] 1-2 ① 단위중량이 1.7 t/m³ 미만이고 아주 무른 백악, ② 이회토, ③ 변성된 편암과 같은 풍화될 수 있는 암석	Q_{S1}
1-3 15~40 %의 세립질을 포함한 흙[1] 1-4 ① 단위중량이 1.7 t/m³ 미만이고 아주 무른 백악, ② 변성된 편암과 같은 풍화될 수 있는 암석 1-5 연암(예를 들면, 건조 데발이 6 미만이고, 로스앤젤레스가 33 미만)	Q_{S1} [3]
2-1 5~15 %의 세립질을 포함한 흙[1] 2-2 5 % 미만의 세립질을 포함하지만, 균일한 모래 2-3 중간정도 경도의 암석(예를 들면, 건조 데발이 6 이상이고 9 미만이며, 로스앤젤레스가 30보다 크고 33 이하) 2-4 일정한 상태 하에서 처리한 흙	Q_{S2} [4]
3-1 5 % 미만의 세립질을 포함한 흙 3-2 경암(예를 들면, 건조 데발이 9 미만이고 로스앤젤레스가 30 미만)	Q_{S3}

[1] 이러한 백분율을 피하기 위해 사용된 입자 크기의 분석은 60 mm 이하 크기의 조각에 대해 수행된다. 여기에서 주어진 백분율은 크기의 순서이다(적용된 규칙은 관계 기관간에 어느 정도 상이하다). 그 분석이 충분히 대표할만한 견본 숫자로 수행된다면, 그 백분율이 5 %까지 증가될 수도 있다.
[2] 일부 기관들은 어떠한 경우에 이러한 흙을 Q_{S1} 품질 등급에 놓는다.
[3] 수리지질학적인, 그리고 수리학적인 상태가 만족스럽다는 것이 확실히 알려져 있다면, 이러한 흙은 Q_{S2} 품질 등급에 놓을 수 있다.
[4] 수리지질학적인, 그리고 수리학적인 상태가 만족스럽다는 것이 확실히 알려져 있다면, 이러한 흙은 Q_{S3} 품질 등급에 놓을 수 있다.

(바) 흙 품질 등급 Q_{Si} : 다음과 같이 규정된다.
- Q_{S0} : 기초를 이루는 지지 층의 준비에 부적절한 흙. 해결책은 일반적으로 토공작업(제거 등)에서 찾을 수 있다. 이러한 이유 때문에, 이 흙은 지지층과 입도 조정층의 규모를 설정할 때는 논의하지 않는다.
- Q_{S1} : 빈약한 흙. 이것은 허용될 수는 있지만 만족스러운 배수를 보장하기 위해서는 반드시 주의가 요망된다. 이러한 흙의 품질은 필요시에 적절한 조치(예를 들면, 결합재 처리)를 하여 향상시킬 수 있다.

- Q_{S2} : 평균적인 흙
- Q_{S3} : 양호한 흙

(사) 노반의 종 방향 배수 설비

배수 설비는 개방(흙 배수로, 콘크리트 배수로)하거나 매립(집수구, 공동 집수정)할 수 있다.

9.2.2 노반작업의 수행 조건

(1) 노반 낮추기, 또는 배수

노반 낮추기 작업은 ① 레일을 따른 종단선형의 수정, ② 상기의 종단선형을 유지보수하면서 침목 아래 도상두께의 증가, ③ 노반 배수와 강화 등의 목적을 가지고 있다. 작업 방법은 요구되는 목표에 따라 달라진다. 모든 경우에 하부 굴착하는 동안의 점차적인 궤도 낮추기에 관계되는 상기에 논의한 요구 사항들은 노반 낮추기 작업 동안에 또한 이행되어야 한다. 작업을 진행하는 동안에 노반에 괼 수도 있는 물을 확실히 제거하기 위해 모든 필요한 조치들을 취하여야 한다.

(2) 노반의 줄 맞춤(lining)

새로운 노반의 건설이 필요하든지, 기존 노반의 높이까지 하부굴착을 하게 된다든지, 또는 기존의 노반을 낮추거나 배수시키거나 강화하든지 간에, 최종적인 노반은 명확히 정의된 노반과 경사도에 따라 완벽하게 줄 맞춤(라이닝)을 하여야 한다. 이러한 정렬은 단순한 절토나 새 재료의 추가로 얻어진다.

(3) 궤도의 이완을 야기할 수도 있는 궤도 근접 작업

(가) 침목의 끝에서 도상 단면의 감소만을 야기하는 궤도 근처의 작업(특히, 인접 궤도의 갱신)

인접 궤도(또는, 도상)의 갱신이 계획될 때는 부류 2의 모든 유지보수 작업(레일 교체나 체결장치를 조이는 것을 제외하고), 또는 안정성을 변경시킬 수 있는 다른 작업은 안정화 기간의 2 배에 상당하는 갱신의 선행기간 동안에 수행하여서는 안 된다(예외적인 경우에, 만일 이러한 조건이 충족되지 않는다면 도상단면이 변화되는 구간과 맞은 편에서는 60 km/h의 열차 속도제한을 체계적으로 부과하여야 한다).

'① 교환하려는 궤도의 도상이 복구되지 않았을 때, ② 하부굴착 후에 인접한 두 궤도 침목들의 낮은 위치 사이에서 높이의 차이가 0.30 m보다 클 때, ③ 궤도에 목 침목이 부설되어 있는 경우에 4월 1일과 9월 30일 동안' 등은 양 궤도 사이에 있는 침목 끝의 도상을 강화(보충)하여야 한다.

도상단면이 감소된 기간 동안에는 100 km/h의 열차속도제한을 부과한다(그럼에도 불구하고, 어깨의 너비는 적어도 0.15 m이어야 한다). 더욱이, 궤도가 목침목으로 되어 있는 경우에 레일 온도가 45℃를 초과한다면 계속해서 감시하여야 한다. 선형의 이상이 계속 증가하는 것이 관찰될 경우에는 많아야 40 km/h의 예정에 없던 열차속도제한을 도입하여야 한다.

(나) 어떤 길이에 걸쳐 침목 끝에서 완전한 하부굴착으로 이끄는 근접 작업(예를 들면, 집수구의 건설을 위한 침목 끝에서의 굴착)

침목 아래 0.40 m의 최대 깊이에서, 그리고 두 침목 사이에서 수행된 궤도 아래의 횡단굴착은 다음에 의한다. 이러한 형태의 작업은 가능한 한, 제1.6.2(2)항에서 설명한 무더운 기간을 벗어나서 행하여야 한다. 규정에 따른 도상단면의 복구 및 레벨링과 라이닝이 완료될 때까지 필요에 따라 40 km/h의 속도 제한을 부과하여야 한다(만일 명기된 도상단면과 궤도선형의 복구와 검사를 포함한 작업 전체가 동일한 운행금지 기간 내에 실현될 수 있다면 열차속도를 40 km/h로 제한할 필요는 없다). 노반이 그 후에 내려앉을 가능성이 없다는 조건에서 안정화될 때까지 속도제한을 100 km/h로 증가시켜 유지시킬 수 있다. 같은 조건에서, 온도가 40 ℃를 초과하지 않을 때 레벨링과 라이닝 정정을 하고 나서 이틀 후에 정상적인 속도를 복구할 수 있다. 온난한 시간 동안에는 안정화될 때까지 특별한 감시를 수행한다. 그 다음에는 혹서기의 검사기간 동안 궤도의 거동을 체크한다.

(4) 궤도 근처에서 토목 구조물에 대한 굴착

궤도에 걸쳐 있는 토목 구조물의 시공은 특별히 궤도의 연속성을 방해해서는 안 된다. 반대로 궤도 근처에서의 굴착은 궤도의 안정성과 특히 도상 어깨 및 가장 가까운 침목 끝 지지의 파손에 따른 측면 저항에 영향을 줄 수 있다. 예외적인 경우에 만일 도상 종단면의 유지보수를 보장하는 조치를 취하는 것이 불가능하다면, 각각의 레일에 대하여 예를 들어 길이가 18 m 이하인 5 개의 레일을 부설하여 임시적으로 장대레일의 연속성을 중단시키는 것이 필요하다.

9.2.3 토공의 설계 기준

이 항에서는 경부고속철도에서 적용하고 있는 토공의 설계 기준을 나타낸다.

(1) 노반
(가) 강화노반
1) 설치목적 : ① 궤도를 충분히 지지하고 궤도에 대하여 적당한 탄력을 주며, ② 상부노반의 연약화를 방지, ③ 간극수압의 상승과 노반 액상화의 방지, ④ 구조물 접속부와의 강도를 균일하게 유지
2) 종류 : ① 쇄석 강화노반(쇄석, 슬래그, 아스콘 강화노반), ② 흙 강화노반
3) 강화노반 폭 : 강화노반 표면에 배수구를 설치한 상태에서 궤도중심으로부터 시공기면 턱까지 4.5 m 이상
4) 강화노반의 치수(표 9.2)
(나) 노반
1) 종류 : ① 상부노반 : 강화노반을 지지하는 기능 역할로 시공 기면에서 약 3 m 깊이 범위 내의 층, ② 하부노반 : 상부노반 아래에서 원지반까지의 흙 돋기 부분
2) 기준 : 표 9.3을 적용한다.

표 9.2 강화노반 치수

상부노반 및 원지반	구분	강화노반(mm)		계(mm)
		보조도상	입도 조정 층	
돋기	$7 \leq K_{30} < 11$ kg/cm^2	200	600	800
	$K_{30} \leq 11$ kg/cm^2	200	300	500
본바닥 및 깎기	$7 \leq K_{30} < 11$ kg/cm^2	200	750	950
	$K_{30} \geq 11$ kg/cm^2	200	450	650
	원지반 암반	200	150~250	350~450

※ K_{30} : 직경 30 cm의 재하 판 지지력 계수

표 9.3 노반의 기준

구분	흙 쌓기	암성토
재료	· 흙 돋기에 사용 가능한 재료 (고속철도 공사품질관리 지도서)	· 암석의 최대 크기 상부노반 : ø200 mm, 하부노반 : ø300 mm
다짐두께	※ 층별 다짐 완료 후의 두께 · 상부노반 : 30 cm, · 하부노반 : 50 cm	· 상부노반 : 30 cm, · 하부노반 : 50 cm ※ 부설 두께임
다짐도	· 각 층마다 평판 재하 시험과 건조밀도에 의한 방법으로 시행 · 상부노반 : $E_{v2} \geq 80$ MN/m^2, $E_{v2}/E_{v1} < 2.3$ 및 최대 건조밀도의 95 % 이상 · 하부노반 : $E_{v2} \geq 60$ MN/m^2, $E_{v2}/E_{v1} < 2.7$ 및 최대 건조밀도의 90 % 이상	· 상부노반 : $E_{v2} \geq 80$ MN/m^2, $E_{v2}/E_{v1} < 2.3$ · 하부노반 : $E_{v2} \geq 60$ MN/m^2, $E_{v2}/E_{v1} < 2.7$
시험빈도	· 상부노반은 500 m^2, 하부노반은 1,000 m^{2}을 기준으로 매 층마다 3회 실시 · 1, 2 층은 현장밀도시험, 또는 평판 재하 시험에 의해 실시하고 마감 층은 반드시 평판 재하 시험 실시	· 두께 : 1일 1회 이상 · 평판 재하 시험으로 상부노반은 500 m^2, 하부노반은 1,000 m^{2}를 기준으로 층마다 1 회 실시

(다) 어프로치 블록

1) 설치목적 : ① 토공의 완성 후에 상부에서 가해지는 사하중, 혹은 고속열차 하중에 의한 지반의 침하 방지, ② 구조물과 토공 접속부의 부등 침하 방지, ③ 양호한 승차감의 유지, ④ 접속구간에서의 유지보수 주기 감소

2) 적용범위 : ① 설치 개소 : 교대-토공 접속부, 암거-토공 접속부, 터널-토공 접속부, 흄관 설치부 등과 같이 흙 돋기가 선로횡단 지하 구조부, 또는 교대에 접하는 개소에 설치, ② 재질 : ⓐ 압축성이 작고 입도 분포가 좋은 재료, ⓑ 시멘트 처리된 보조도상, 시멘트 처리된 자갈, 일반자갈로 구성

3) 기준 : ① 횡단면으로 보아 도상 폭과 같은 넓이로 하고 구배는 1 : 0.8, ② 측면으로 보아 구조물 상단에서 최고 10 cm 이상 수평으로, 구배는 1 : 1.5

(2) 비탈 및 층 쌓기 등

(가) 비탈 구배 : 비탈 구배는 표 9.4와 같다.

표 9.4 비탈 구배

종별			비탈 구배	비고
돋기	높이 3.0 m 미만의 부분		1 : 1.8	토질, 기타 상태에 따라 완만한 구배로 할 수 있다.
	높이 3.0 m 이상, 9.0 m 미만의 부분		1 : 1.8	
	높이 9.0 m 이상, 15.0 m 미만의 부분		1 : 2.0	
	높이 15.0 m 이상의 부분		1 : 2.3	
깎기	토사의 경우		1 : 1.5	지형, 지질(흙, 일반)의 특성을 검토한 후에 결정한다.
	암석의 경우	풍화암	1 : 1.5	
		연암	1 : 1.2	
		경암	1 : 0.8	

(나) 소단의 위치

1) 돋기 : 돋기의 높이가 6.0 m 이상일 때는 시공 기면에서부터 처음 3.0 m 위치에 소단을 두고 6.0 m마다 소단을 둔다. 다만, 6.0 m 미만일 경우는 소단을 두지 않는다.

2) 깎기 : 비탈 높이가 10.0 m 이상일 경우에 암반·토사의 구분이 없이 7.0 m마다 1.5 m 이상의 소단을 설치한다. 다만, 비탈높이에 관계없이 흙과 암반의 경계나 투수층과 불투수층의 경계에는 반드시 폭 1.5 m 이상의 소단을 설치한다.

3) 소단 폭 : 1.5 m(약 5 % 경사)

(다) 벌개 제근 표토 제거

성토고가 1.5 m 이상인 구간에 있는 수목이나 그루터기는 지표면에 바짝 붙도록 잘라 잔존높이가 지표면에서 15 cm 이하가 되도록 하고, 성토고가 1.5 m 미만인 구간은 지표면에서 20 cm 깊이까지 수목, 그루터기, 뿌리 등을 제거

(라) 층 따기

1) 원지반의 경사가 1 : 4 이상인 경우 층 따기 시행

2) 본바닥이 토사일 경우 : 최소높이 50 cm, 최소 폭 100 cm(기계 토공 시는 300 cm 이상)

3) 본바닥이 암석일 경우의 층 따기 높이 : 암반 면으로부터 수직으로 최소 40 cm

4) 한쪽 깎기, 한쪽 돋기의 경우 : ① 절·성토 경계구간에 궤도가 설치되는 경우(침목 길이 + 도상두께 × 2)의 범위에 해당되는 구간은 시공 기면으로부터 1.0 m까지 원지반을 깎아 흙 돋기 재료로 치환, ② 층 따기 높이 : 암 면으로부터 수직으로 최소 40 cm, 층 따기 높이 : 60 cm

(마) 층 두께 관리재

1) 설치목적 : ① 한 층마다 마무리 층 두께의 관리와 수평 펴기 작업 등의 시공상황을 외측에서 확인, ② 네트의 인장강도에 의해 불도저, 타이어 롤러 등 시공기계의 비탈머리 부근의 주행을 가능케 하고 흙 돋기 전체를 균등하게 충분한 다짐을 함, ③ 흙 돋기 전체를 보강하고 내진성 구조

로 함, ④ 비탈면 붕괴나 강우에 의한 균열의 확대 방지

2) 재질 : 고밀도 폴리에틸렌

3) 부설 : ① 매 층마다 2.0 m 폭으로 부설, ② 각 층의 이음이 동일 횡단면에 일치하지 않도록 5층 이내에서는 각각 3 m 이상 엇갈리게 시공, ③ 이음은 길이방향으로는 30 cm 이상, 횡단 방향으로는 20 cm 이상 엇갈리게 시공

(바) 비탈면 보호공

1) 절·성토 단면 시공이 완료되면 우수에 의한 유실 방지를 위해 즉시 비탈면 보호공 설치

2) 흙 돋기 : ① 주로 줄 떼 시공, ② 매 층 다짐 시에 비탈 어깨까지 다짐기계로 다짐, ③ 소정의 높이까지 흙 돋기가 완료되면 비탈면 전체를 진동 다짐기를 이용하여 다짐, ④ 돋기의 진행공정에 따라 우수에 의한 비탈면 붕괴, 노면유실이 생기지 않도록 비탈 보호시설 설치, ⑤ 공동 관로 측면부 보강 : ⓐ 사용재료 : 시멘트 처리된 보조도상(시멘트 3 %), ⓑ 다짐 : 소형장비(램머 등) 다짐, 상부는 측면 다짐 시행

3) 절토부 : ① 토사구간에 주로 평 떼 시공, ② 풍화암, 발파암 등의 암반 비탈면은 식생공 시공

(사) 돌 붙임공 : ① 돌 붙임은 메 쌓기로 시행, ② 돌 붙임용 잡석은 깎기, 또는 터널에서 발생된 경암 중에서 뒷길이 35 cm 정도, ③ 잡석과 잡석 사이의 잡석 배면은 고임 돌과 뒷 채움 실시

(아) 돌 망태 : 돌 망태에 사용하는 돌은 견고하고 내구적인 것으로 규격은 10 cm 이상, 30 cm 이내의 범위 내에서 입도를 적당히 조절하여 사용

(3) 지반 개량

(가) 연약 지반 개량 : ① 적용범위 : 흙 돋기, 또는 구조물 축조지역의 기초지반이 연약하여 지지력이 부족하거나 과대한 침하가 예상되는 구간, ② 공법 : 샌드 매트 깔기공, 토목 섬유매트 깔기공, 수직 배수공, 모래 다짐 말뚝공, 단계성 토공, 선행 재하공, 경량재 쌓기공

(나) 원지반 개량 : ① 깎기 후에 원지반을 다져도 지반 지지력 계수 K_{30}이 7 kg/cm² 미만일 경우에 깎아내어 암 버력으로 치환, ② 개량두께는 50 cm, 치환 층 두께는 각 층마다 25 cm

(4) 배수, 공동 관로 등 부대 시설

(가) 돋기 구간의 공동 관로 배수관련 보강 : 공동 관로 하부 집수정 및 도수로는 각 돋기 구간마다 1개소씩 설치하는 것을 원칙으로 하되, 돋기 연장이 100 m 이상인 경우는 100 m당 1 개소씩 설치하며, 연장이 현저히 짧은 경우는 핸드 홀에서 배수시킨다. ① 도수로 재질 : U형 플룸 관(ø300 mm), ② 공동 관로 하부 집수정 위치마다 공동 관로 내부에 야생동물로부터의 케이블 훼손 방지용 비금속성의 금속망 설치

(나) 콘크리트 측구(U형, J형 측구) : ① 배수공 설치간격 : 측구 기초 콘크리트 상단 30 cm, 높이 2 m마다 설치, ② 재질은 P.V.C 파이프, 직경은 ø65 mm

(다) 맹암거 : ① 배수자갈 설치기준 : ⓐ 폭 90 cm, ⓑ 자갈재료 5~60 mm 골재, ⓒ 부직포 도포,

② 배수관 기준 : ⓐ 종 방향 구배 3 % 이상, ⓑ 직경 최소 250 mm 이상, ⓒ 배수관 기준 콘크리트 강도 : 100 kg/cm²

  (라) 집수 맨홀 설치간격 : 최대 70 m 이하

(5) 방호 울타리
- 설치구간 : 절·성토부 용지 경계선, 터널 입·출구 주위 비탈면 용지의 경계선
- 교량은 교대주변까지, 다만 교량용지 경계선 주변에 공장이 있어 자재 적재나 쓰레기 적치가 예상되는 구간은 울타리를 설치하며 유지보수용 도로가 인근 주민의 통행로를 통과하거나 도로 등을 횡단하는 개소는 통행이 가능하도록 하고 유지보수 도로 내에 외부인이 출입하지 않도록 울타리와 출입문 설치
- 울타리에 '출입금지' 경고 표지판 설치
- 형식 : ① 사람의 접근이 빈번한 구간과 터널 벨 마우스 주변은 용융아연도금 능형망 울타리, ② 그 외의 장소는 아연 도금 가시철선 울타리, ③ 경간 : 2.5 m, ④ 높이 : 능형망 울타리 2.3 m, 가시철선 울타리 2.0 m
- 시행 : 토공과 터널구간은 공사 중에 시행, 교대를 제외한 교량구간은 향후 유지관리 시에 시행

(6) 배수공
- 관형 암거 설계기준 : 표 9.5를 적용한다.

표 9.5 관형 암거 설계 기준

구분	ø1,000 mm	ø1,200 mm	비고
PC관 1종	$H \leq 9.5$ m	$H \leq 6.5$ m	H : 최종 피토고
박스 구교(Box Culvert)	$H > 9.5$ m	$H > 6.5$ m	

- 배수 유공 블록 : ① 설치 목적 : 암거 배면의 지하수를 원활히 배수시키기 위해, ② 설치 구간 : ⓐ 암거 측벽 전 길이에 배수 유공블록 설치(다만, 표토 높이 3 m 이상인 암거는 미설치), ⓑ 배수 유공블록 하단에 수로관, 또는 유공관 설치, ③ 기준 : ⓒ 압축 강도 : 수직 120 kg/cm² 이상, 수평 30 kg/cm² 이상, ⓓ 투수 계수 : 최소 ≥ 0.4 cm/sec
- 구조물 뒷 채움 : ① 1 층의 다짐 완료후 두께 : 20 cm 이하, ② 각 층마다 최대 건조 밀도의 95% 이상, ③ 다짐시기 : 콘크리트 압축 강도 175 kg/cm² 이상, 또는 28일 양생 후에 시행

9.3 노반 및 부대시설의 작업 방법

9.3.1 연선 설비

(1) 궤도설비

(가) 인명 보호

 1) 보도 : ① 복선궤도에서는 각 교통방향에, ② 단선궤도에서는 노반의 한쪽 면에 너비 0.75 m의 보도를 설치한다.

 2) 대피소 : 예를 들어, 일반적으로 궤도를 따라 존재하는 장애물이 25 m 이상의 길이에 걸쳐 있고, 벽면의 틈새가 없는 높이 2 m 이상의 벽일 때면 언제나 열차의 통행으로 인한 종 방향의 풍압(slipstream)으로부터 인명을 대피시키기 위하여, 대피소를 각 중심에서 최대 30 m의 간격으로 설치하여야 하며, 대피소 사이에는 벽에 고정하는 난간을 설치하여야 한다. 궤도 양 방향의 대피소는 교호로 위치하여야 한다.

 (나) 전기관련 설비

 전형적인 시공 기면 횡단면도는 바깥쪽 레일로부터 2.30~3.00 m 사이의 거리를 두고 위치한 전기관련 설비의 지대(strip)를 포함하고 있다. ① 전차선주, 기둥, 표지, 긴급 전화, 거리 표, ② 궤도 지지물(궤도 회로의 끝과 분기기에 수평으로), ③ 신호 초소와 캐비닛 등 다양하게 세워진 전기관련 설비들은 이 지대(strip)에 자리하게 된다.

 (다) 전차선주의 위치

 궤도 중심선에서 3.50 m 떨어진 곳에 위치한 축상에 있는 전차선 지지물은 미리 타설한 콘크리트 기초 위에 세운다. 그 기초의 가장자리는 향후 밸러스트 클리닝 기계를 사용하는데 방해되지 않도록 레일 바깥쪽 모서리로부터 최소 1.90 m 떨어져 놓인다.

 (라) 전선관로

 신호와 통신용으로 공동 사용하는 주요 케이블과 부차적인 케이블은 경부고속철도 토공구간의 경우에 전선관로의 선로쪽 측벽이 궤도 중심에서 3.48 m 떨어져서 위치하고, 시공기면 끝에서 전선관로까지의 간격은 0.28 m이다. 교량의 경우는 방호벽의 외측에 붙여 설치하고 터널의 경우는 배수구 옆에 설치한다. 전선관로의 크기(외측면기준)는 토공구간(철근 콘크리트 제품사용)에서 폭이 600, 700 mm(2단계 구간은 740, 840 mm), 높이가 270, 320 mm(2단계 구간, 275, 345 mm)이며, 교량구간과 터널구간은 열가소성레진 콘크리트 제품을 사용하며 크기가 토공구간용과 다르다.

 (2) 노반의 기하구조

 (가) 크기

 보조도상 층의 상면에서 측정한 노반의 너비는 궤도 중심선간의 너비에 따라, 그리고 절토에서는 종 방향 배수(자연 배수로, 집수구)의 형태에 따라 변화한다. 복선궤도에서 노반의 폭은 14.0 m이다.

(나) 횡 경사도

노반은 일반적으로 직선 궤도와 100 mm보다 작은 캔트를 갖는 곡선에서, 각 측면으로 3 %의 경사도를 가진 중앙 마루(central ridge)를 갖는다. 이러한 구성은 토공의 기계 작업을 용이하게 하고 강우를 보다 좋게 분산시킬 수 있게 한다.

(다) 노반의 변화구간(transition)

위의 조치들은 토공작업 단계 동안에 노반 변화구간의 설정을 필요로 한다. 이러한 변화 구간들은 궤도 캔트의 변화 길이에 상응하는 점진적인 변화의 길이를 포함한다.

9.3.2 지하에서의 궤도부설 또는 갱신

터널 양쪽의 입구에서 터널 내부로 30 m(경부고속철도는 100 m) 떨어진 지점 사이에서는 자연적인 온도에서나 유압 긴장기를 사용하여 장대레일을 10~20 ℃의 범위 내로 응력 해방하여야 한다. 안정된 도상에서는 10~20 ℃의 범위 내에서 부설한 경우에 응력 해방이 필요하지 않다. 터널 내에서 장대레일과의 연결에 대한 규정을 표 9.6에 나타낸다(경부고속철도는 60 m를 200 m, 30 m는 100 m로 변경하여 적용).

표 9.6 지하에서의 장대레일 부설, 또는 갱신(터널 외부와 터널 내부 모두 장대레일일 경우)

터널 길이	장대레일 부설, 또는 갱신
≤ 60 m	단 한번의 작업으로 장대레일을 응력 해방한다(마치, 터널이 없는 것처럼).
> 60 m	터널 외부의 장대레일은 신축이음매가 없이 용접으로 터널 내부의 장대레일에 연결하고, 또한 양 입구에서 터널 안으로 30 m 떨어진 지점부터 응력을 해방한다(22~28 ℃ 사이).

비고 : 1) 입구를 지나 터널 바깥으로 50 m에 걸쳐 강화 도상단면을 적용한다.
　　　2) 상기의 부설 형태는 일반적인 경우에 추구하는 것이다.

- 유지보수 규정 : 장대레일이 터널 입구를 통해 계속될 때 터널 내부의 처음 30 m는 장대레일에 적용할 수 있는 규칙에 따른다. 30 m를 넘어서면 레일 교환이나 선형 변경을 제외하고는 이 규칙을 적용하지 않는다(경부고속철도는 100 m).

9.3.3 건축한계

(1) 궤도의 건축한계

그림 9.4는 경부고속철도의 건축한계를 나타낸다. 이하에서는 프랑스의 예를 설명한다.

(가) 낮은 건축한계(임시 장애물 포함)

낮은 건축한계의 크기는 궤도면에 평행하게, 그리고 수직으로 측정한다.

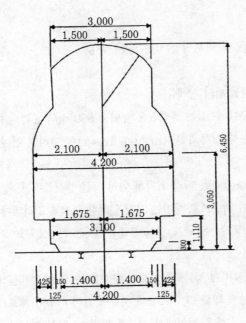

주) 곡선구간의 건축한계는 궤도중심선에 대한 차량 편의량, 캔트에 의한 차량의 경사량 및 슬랙량 만큼 확대시킨다.

내측 확대량(W_i) : $\dfrac{50,000}{R}$ + 2.1C + S

외측 확대량(W_o) : $\dfrac{50,000}{R}$ - 0.8C

여기서, R : 곡선반경, C : 캔트, S : 슬랙

그림 9.4 고속철도의 건축한계

- 좌우 레일간에서, 어떤 고정된 장애물도 궤도면의 높이를 초과할 수 없다(분기기에서 가드 레일을 제외하고).

(나) 높은 장애물(터널, 개착식 터널 및 그와 동등한 구조물 제외)

높은 장애물의 크기는 가로와 세로로 측정한다. 풍압의 영향 때문에, 가로의 치수(L, 단위 mm)는 그 장애물의 성질에 따라 다양하다. 그것은 건축한계와 무관한 이유들로 인해 증가될 수 있다(예를 들면, 궤도를 따라 설치되어 있는 배수 구조물의 존재). 이하에서는 프랑스의 예를 설명한다.

1) 보도를 포함하는 건축한계
- N_1 (L = 3,700) : 길이가 40 m 이상인 연속하는 장애물
- N_2 (L = 3,550) : 길이가 40 m 미만인 연속하는 장애물

건축한계 N_1과 N_2는 특히 도로 교량과 입체교차의 연속되는 지지물, 옹벽, 철도 교량의 난간 등등에 적용한다. 그것들은 인명 대피를 위해 너비가 0.75 m인 보도(또는 대피소)의 건설을 허용하는데, 궤도에서 가장 가까운 그 보도의 가장자리는 레일 바깥쪽 가장자리로부터 적어도 2 m 정도 떨어져 위치한다. 접근 도로를 건설할 때에는 특별한 조사를 수행하여야 한다. 대피소는 제9.3.1(1)(가)항을 적용한다.

2) 보도를 포함하지 않는 건축한계
- N_3 (L = 2,750) : 하나의 보도가 있는 단선궤도의 보도가 없는 쪽에 위치(예를 들면, 두 본선 궤도가 분리되어 있는 경우)한 연속하는, 또는 연속하지 않는 장애물(예를 들면, 라멘 구조

가 있는 구조적 지지물)

- N₄ (L = 2,520) : 고립된 장애물(기둥, 육교 위의 전차선 철탑, 등등)

(다) 특수한 위치를 정당화하는 특별한 경우

1) 플랫폼과 플랫폼 위나 그에 가까운 부대시설 위의 장애물

- 정상적으로 이용을 할 때 승객들이 접근할 수 있는 플랫폼은 높이 0.550 m의 중간 높이의 플랫폼이다. 그것들은 고속으로 운행되는 궤도(통과선, through-track)에 연하여 건설되어서는 안 된다.

- 고속으로 통과하는 통과선(through tracks)을 따라 위치한 어떤 응급 플랫폼에서, 장애물의 위치는 위에 정의된 건축한계 N₁과 N₄의 적용으로 생기는 가장 엄격한 조치를 고려해야 한다.

- 150 km/h보다 높거나 동일한 속도로 통과하는 궤도 옆의 플랫폼에서는 레일로부터 2.50 m 떨어져 황색선을 칠하여야 한다.

2) 임시 장애물 : 건축한계 N₃은 임시 장애물(비계 등)에 기인하여 통과할 수 없는 한계를 나타내는데, 궤도에 평행한 구조물과 풍압의 영향에 대한 그 구조물의 저항에 있어 사용된 재료의 붕괴 가능성을 고려하여, 연속하는 장애물보다 더 짧은 거리에서 궤도를 따라 그 임시 장애물을 설치하는 것이 필요할 수 있다. 이 건축한계는 또한 궤도 옆에서 사용함직한 공사용 기계가 들어갈 수 없는 한계를 나타낸다.

3) 터널, 개착식 터널 및 그와 동등한 구조물[1]

- 터널, 개착식 터널 및 그와 동등한 구조물 구역과 이러한 구조물 속의 고립된 장애물의 위치는 일반적으로 통과 속도에 따라 상황별로 규정하여야 하며, 이러한 속도의 다양한 값들은 풍압과 이러한 구조물 내 초과 응력의 효과에 관련된 다양한 자료들을 나타낸다.

- 열차 속도가 170 km/h 이상으로 운행할 때에는 터널이나 위험지역 내에 들어가지 못한다.

(2) 주요 궤도 중심선 사이의 거리(궤도중심 간격)

(가) 복선 노반(궤도 사이의 공간에 장애물이 없는)

곡선 반경이나 캔트가 얼마이든지 간에 궤도 중심선 사이의 거리는 5.00 m이다. 열차속도 170 km/h 미만의 구간에서는 궤도중심간의 거리를 4.00 m까지 할 수 있다.

(나) 3 궤도(또는, 4 궤도)의 노반

고정된 장애물(전차선 지지물, 토목 구조물용 말뚝 열, 등등)이나 궤도 사이의 공간에는 인명을 위한 보도나 대피소를 설치하는 것이 통상 허용되어야 한다. 궤도 중심선 사이의 상응하는 거리(5.00 m보다 큰)는 장애물 위치 규정에 따라 결정하여야 한다. 열차속도가 170 km/h 미만인 구간에서는 궤도중심간

---

[1] 고속에 관한 한, 횡단면이 궤도 중심선 주위에서 360°에 걸쳐 계속하여 제한되는 구조물(예를 들면, 측벽으로 지지되는 구조나 둥근 천장 형태의 구역)과 길이가 40 m를 넘는 구조물(측벽에 정규 대피소가 없는)은 터널이나 개착식 터널에 상응하는 것으로 간주하여야 한다.

거리를 4.30 m까지 할 수 있다.

(3) 차량접촉 한계점

열차가 분기기의 궤도 중에 한 궤도의 연장 부분 위에 정지하여 있고, 다른 쪽 궤도를 열차가 주행할 때, 정지된 열차는 궤도 중심선 사이의 거리가 4.00 m가 되는 지점을 벗어나 있어야 한다.

9.3.4 지지 층의 시료채취

(1) 개론

지지 층의 시료채취는 다음에 의한다. ① 도상 층의 두께와 질, 그리고 노반의 성질을 결정하기 위해 코어 시료(core samples)를 채취한다. ② 장대레일 기록대장과 온도계가 들어있는 토막레일을 취한다. ③ 접착 절연 이음매의 부근에서는 코어 시료를 취하지 않는다.

(2) 부류 2 작업 금지 기간 외의 수행

170 km/h의 속도제한을 적용하여야 하는 수동식 샘플링의 경우를 제외하고는 아래의 조건들을 준수하는 조건으로, 속도의 제한이 없이 코어샘플링을 수행한다. ① 조건 2에 따른다(제3.10.6항의 장대레일 대장에 정한 온도 한계). ② 일반적인 코어 샘플링의 경우에는 가능한 한, 침목 기반을 동요시키지 않으면서 궤도 내부와 침목 아래 최대 깊이 0.40 m로 샘플링을 제한한다. ③ 2 개의 연속하는 코어 샘플 사이에 최소 10 m의 거리를 유지한다. 이러한 거리는 수동식 코어 샘플링을 동시에 진행할 경우에 50 m까지 증가시킨다. ④ 파낸 구덩이를 방치하지 않고 가능한 한 빨리 메운다. ⑤ 작업 후에는 양쪽 2 침목의 안정성을 확인한다. ⑥ 보통 170 km/h 이하의 속도로 달리는 열차에 의해 압밀되는 방식으로 작업한다.

(3) 부류 2 작업 금지 기간 내의 수행

기계적인 코어 드릴을 사용하고 아래의 조건에 부합하는 것을 조건으로 속도의 제한이 없이 코어의 샘플링을 한다. ① 궤도 안쪽에서만 천공한다(침목 끝 근처에서는 천공 금지). ② 각 코어 샘플간에는 50 m의 거리를 유지한다. ③ 어떠한 재료도 제거하지 않는다(코어는 원래의 자리로 모두 되돌린다). ④ 제(2)항의 ⑤, ⑥을 적용한다.

9.3.5 궤도 아래의 횡단 굴착과 하부 개량

(1) 궤도 아래의 횡단 굴착

(가) 작업 조건들에 대한 지식

두 침목 사이의 굴착 작업은 침목의 지지 기반을 약화시키기 쉽다. 이러한 작업은 부류 2로 분류한다. ① 5월 1일에서 9월 30일까지와 ② 장대레일대장에 규정된 기온 한계를 벗어날 때는 작업을 금지한다.

(나) 작업 절차

교통 금지 하에서 적용하는 조치들은 '① 최대 깊이는 침목 아래로 0.40 m, ② 압축과 함께 채워 넣기, ③ 안정될 때까지의 정기적인 감시' 등이며, ④ 보통 170 km/h 이하의 속도로 달리는 열차에 의해 압밀되는 방식으로 작업을 수행하여야 한다.

(2) 궤도 하부개량과 노반 낮추기

노반이 별로 좋지 않은 궤도는 노반 개량 작업을 수행한다. 개량은 때때로 많은 양의 재료부설을 필요로 하기도 한다. 적용하는 속도제한은 보통 30 km/h이다. 그렇지만, 재료들이 0.10 m의 두께를 초과하지 않는 연속 층으로 부설되고 레벨링과 위치에 대하여 강화된 감시를 하는 것을 조건으로 40 km/h로 증가시킬 수 있다. 중심, 또는 측면의 배수 시스템은 임시 속도제한의 보호 하에 둔다. 작업을 완료하고 규정 도상단면을 복구한 후에 안정(최소 24 시간의 기간을 가진)될 때까지 100 km/h의 속도제한을 적용할 수 있다. 그렇지만, 관찰 기간 중에는 더 낮은 속도제한이 필요할 수도 있다.

9.3.6 채움과 강화 그라우팅

성토 처리 시에 사용하는 이 방법은 그라우트가 침투하지 못하는 점토 덩어리인 노반 자체의 갈라진 부분과 같은 빈틈을 채우거나 구덩이에 모인 물을 방출하고 그 물의 재유입을 방지하면서 그것을 대체하기 위해 사용한다. 시멘트 그라우트를 쉽게 이용할 수 있는 궤도 아래 도상의 구덩이를 그라우팅하는 것은 용이하고도 유익하다. 갈라진 구역을 그라우팅할 때는 예비적인 국지화를 수행하여야 한다. 그라우팅 로드는 가장 낮은 슬라이드 선의 대략 0.30 m 아래로 삽입한다. 압축된 점토에는 주입할 수 없지만 로드를 들어올림으로써 침하 지역을 확실히 그라우팅한다. 시공 기면과 토공에서 그라우팅 작업을 수행하기 위한 조건들은 다음과 같다.

(1) 그라우팅에 의한 지면 강화

이러한 작업은 궤도의 융기를 초래할 수 있다. 그러므로, 이 작업은 다음의 조건 하에서만 속도제한 없이 수행한다. ① 열차가 지나가는 동안에는 그라우팅을 중지한다. ② 궤도 변형의 경우에 열차운행을 중지하도록 그라우팅 작업 동안에 특별 감시를 한다. ③ 궤도의 약화가 발생하기 전에, 진행 중인 그라우팅을 때에 맞춰 중단하고, 모든 그라우팅 작용제의 도달을 감시하는 검사 장비들(예를 들면, 보조도상 아래에 수직으로 삽입된 튜브)을 사용하여야 한다.

(가) 트러프(trough) 그라우팅

추가적인 코어 샘플은 그라우팅 관의 위치와 깊이를 규정하기 위해, 그리고 메워질 구덩이의 크기에 따른 각 지점에서 그라우트의 형태와 부피를 규정하기 위해 사용한다. 그라우트가 솟아 나올 때까지(출구 지점 주변의 땅은 대략 0.30 m로 굴착하여 다시 메우고 다진다), 또는 궤도가 융기되기 시작할 때까지 그라우트(보통으로, 시멘트 반, 모래 반)를 주입한다. 이러한 위험 때문에 압력을 제한하여야 하고 (0.3~2 kg), 궤도를 계속하여 감시하여야 하며, 모든 작업을 속도제한(보통 30 km/h로 설정)의 보호 하에 수행한다.

(나) 활동면 그라우팅

첫 번째 조치는 활동면의 요소들을 가능한 한, 정확히 결정하는 것이다. 몇 가지 접근 방식이 있다.

1) 궤도 움직임의 관찰 : 침하하기 쉬운 레일을 관찰하는 것은 활동면의 기원이 두 궤도의 바깥인지, 처음 2 레일 사이인지, 궤도 사이인지, 아니면 마지막 2 레일 사이에 위치한 것인지를 비교적 쉽게 나타낸다.

2) 사면 변형의 관찰 : 사면 변형은 다음에 의하여 이미 드러난다. ① 상부가 허공을 향해 비스듬한 나무나 덤불의 각도, ② 케이블 전송 표지들, 또는 말뚝들의 가지런하지 않음, ③ 상층부에 구부러진 균열의 존재(결빙이나 가뭄으로 인한 보도의 균열과 혼동하지 않아야 한다. 이러한 균열들은 강우 유입으로 인한 영향을 최소화하기 위해 표면을 폴리에틸렌 막(film)으로 덮거나 막아야 한다).

3) 연속적인 코어철거 보링구멍 : 시료가 가소성의 상태에서 액체의 상태로 변화하는데 필요한 물의 양으로 정해진 액체 한계(Atterberg limit)에 근접하는 물의 양을 가진 샘플의 위치는 활동 구역을 결정한다.

4) 사면 파괴 진행 예측관의 변형 : 활동면에서 다른 중간지점을 결정하기 위해서는 사면 파괴 진행 예측관을 사용하여야 한다. 이것은 다소 딱딱한 플라스틱으로 만들어진 물 공급용 파이프에 사용되는 튜브 형태인데, 특별한 기구를 사용하여 땅 속에 수직으로 놓여지며, 시간이 흐름에 따라 그 튜브의 변형이 수반된다. 튜브 속에 삽입된 다양한 길이의 탐침에 의해 도달된 깊이를 측정함으로써, 튜브가 구부러지는 지점을 충분히 정확하게 결정할 수 있으며, 따라서 슬라이드면도 사정할 수 있다. 플라스틱 관은 대략 0.10 m 정도 땅 위로 돌출해 있어야 하며 그 끝을 시멘트로 봉하여야 하고 물의 유입을 차단하기 위해 덮개를 씌워야 한다. 관의 위치는 슬라이드의 크기와 지역적인 상황에 달려있다. 그렇지만, 관의 선은 원칙적으로 사면의 꼭대기에 위치해 있으며 그 튜브는 수평으로 10 m의 측면을 가진 사각형의 격자를 형성하고 이러한 망의 깊이는 굳은 땅에 도달할 때까지 내린다. 관의 변형은 지지의 직경과 다양한 길이를 가진 일련의 탐침을 사용하여 정기적으로 조사한다(일 주일, 또는 이 주일마다). ① 설치가 끝나자 마자 바닥까지 자유롭게 통과하는 가장 큰 직경과 가장 긴 길이의 탐침을 확인한다. ② 정기적으로, 또는 보고된 움직임이 있는 경우나 무거운 열차의 경우에는 같은 직경을 가진 것으로 시작하여, 그리고 필요하다면 가장 긴 것부터 시작하여 보다 짧은 길이, 또는 보다 작은 직경을 가진 것으로 탐침 시험을 수행한다.

(2) 그라우팅 프로그램 작성

활동면이 결정되었을 때는 설계 부서에서 그라우팅 프로그램을 작성한다. 그것은 아래의 지침들을 따르는데, 그것들 중의 일부는 또한 첫 번째 경우(트러프 그라우팅)에 적용한다.

(가) 그라우팅 지점의 위치 정하기

그라우팅 지점은 철도 궤도에 평행한 몇 개의 열을 형성한다. 이따금씩 간격이 3 m까지 증가될 수 있는 보다 낮은 곳에 있는 열을 제외하고 그 지점은 이러한 열들 속에서 1.50 m씩의 간격을 둔다. 첫 번째 열은 궤도 사이 간격의 중심선에 위치해 있고, 두 번째는 바깥쪽 레일로부터 1.50 m 떨어져 사면 파괴 쪽에서 궤도 바깥에, 그리고 그 다음 열은 3 m의 간격을 둔다. 적어도 열 끝에 있는 2 지점은 움직임 구역의 바깥에 위치해야 한다.

(나) 그라우팅 지점 깊이

그라우팅 막대는 그라우팅을 시작할 때 그 끝이 바닥 활동 선에서 적어도 30 cm 아래에 놓이도록 위치하여야 한다.

(다) 그라우팅 순서

그라우팅은 가장 낮은 것으로 시작해서 열(列)별로 차례차례 행한다. 연속적으로 그라우트된 두 지점은 적어도 2 개의 다른 지점들만큼 떨어져 있어야 한다. 하나의 주어진 열에서 2 개의 이웃한 지점이나 2 개의 연속하는 지점을 그라우팅하는 것은 적어도 모르터가 굳기 위해 필요한 시간과 같은 만큼의 간격을 두어야 한다.

(라) 그라우트 부피

그라우트 부피는 ① 각 열(列)에 대해 지점 당 평균이 1.5 m³를 초과할 수 없으며, ② 각 지점에 대한 최대 주입 부피가 3 m³를 초과해서는 안 되는 등의 방식으로 제한된다.

(마) 프로그램의 설명

프로그램은 '① 열의 위치와 그라우팅 지점을 나타내는 계획(각 지점의 번호를 매긴다), ② 그라우팅 높이와 일련의 다양한 지점의 높이 당 최대 그라우트 부피를 제공하는 표'의 형태로 분소장에게 통보한다.

(바) 그라우팅 장비

유일한 조건은 다음과 같다. "그라우팅 펌프는 지반을 부수기 위해 그라우팅 막대에 10 kg/cm²의 압력을 발생시킬 수 있어야 하고, 부차적으로 그라우팅 자체를 하는 동안에는 1~3 kg/cm²의 압력을 유지해야 한다."

(사) 그라우트 구성

트러프에 사용하는 그라우트(모래 반, 시멘트 반)와는 대조적으로 활동 지역에 주입하는 그라우트는 비교적 모래의 함유량이 낮거나(미세 입자 크기 < 0.6 mm), 또는 막힘을 피하기 위해 플라이애쉬(시멘트 무게의 0~1/3)의 함유가 낮아야 한다.

(아) 그라우트

그라우트는 다음의 특성을 지녀야 한다. ① 20 cm의 모서리를 가진 육면체에서 측정한 28 일 압축 강도는 적어도 35 바(bars)이어야 한다. ② 압축 시험용의 의도된 육면체에서 측정한 수축은 2 % 미만이어야 한다. ③ 그라우팅 깊이의 지반온도 조건 하에서 모르터가 굳는 시간이 24 시간을 넘어서는 안 된다.

(자) 그라우팅 절차

적소의 그라우팅 막대 끝에 대한 압력을 4~10 바(bars) 사이로 증가시킨 다음에 지반이 부숴질 때까지 유지한다. 그 다음에 압력을 1.5~3 바(bars)로 떨어뜨리고 주입하는 동안 내내 이 수치를 유지한다. 만약 압력이 10 바(bars)를 넘어섰거나 그라우팅 막대 끝이 지반을 부수기에 충분하지 않다면, 막대를 대략 30 cm 정도 높여서 땅이 부수어질 때까지 그라우팅을 다시 계속한다.

(차) 작업 동안의 궤도 및 성토 감시

그라우팅 작업이 진행되는 동안, 그리고 보다 특별히 성토의 상부를 처리하는 동안에는 궤도의 안정성과 레벨링을 아주 긴밀하게 감시하여야 한다. 만일, 성토에 어떠한 갈라짐이 나타난다면, 또는 어쨌든 궤도의 종 방향, 또는 횡 방향 레벨링의 변화가 발생한다면, 현 지점에서의 그라우팅을 즉시 중단하거나 포기하여야 한다.

9.3.7 결빙의 영향에 대비한 노반 보호

(1) 일반적인 경우

어떤 환경 하에서는 극심한 결빙에 장기간 노출된 노반이 결빙기, 또는 보다 빈번하게는 해빙기에 뒤틀려지기 쉽다. 이러한 지역은 분소의 특이 개소 기록부에 등재하여야 한다.

이러한 뒤틀림에 극도로 취약한 노반은 일반적으로 내부에 갈라진 공간 틈이 있어 특히 그러한 구역들이 경점(hard point)을 넘었을 때 위쪽으로 팽창하게 하며, 팽창하는 동안 영향력이 있는 부피를 형성하는 얼음을 제공하지 않고 축축하게 하는 물을 보유하기 쉽다. 이것은 예를 들어 배수가 충분하지 않을 때, 궤도 구조와 지하 횡단(under-crossing)의 외측면 사이에 놓여있는 모래로 된 보조도상 층의 경우이다. 아주 차가운 바람에 노출된 지역에 위치한 작은 석조 구조물은 이러한 현상에 특히 민감하며, 시공 기면은 상부로부터 냉각되고, 그것의 외측 면은 차가운 바람과 접하게 된다. 이에 대하여는 다음과 같이 몇 가지 형태의 치유책이 있다. ① 결빙에 취약한 지반을 제거하고 큰 쇄석의 메 쌓기로 대체한다. 그것은 커다란 공동을 형성하여 배수가 충분히 이루어지게 하고 필요시, 플라스틱 직물로 강우에 대비하여 보호한다. 이 접근법의 효과가 증명되면, 비교적 짧은 취약 구역(예를 들면, 지하 횡단)에 적용하기가 쉽다. ② 빈틈의 물을 없애 결과적으로 결빙의 위험을 제거하기 위해 소수성(疎水性)의 작용제를 취약한 땅 속으로 주입한다. ③ 갱신 작업 동안, 침목과 노반 사이의 보조도상 층 재료의 두께를 증가시킨다. ④ 습기 방지 단계로써 강우에 대비해 노반을 보호하고 훌륭한 배수로써 노반의 물에 대비한다. 이러한 보호 조치들은 항상 비용이 많이 소요되므로 경험상으로 결빙에 아주 취약한 구역에 대해서만 보충하여야 할 것이다.

(2) 미세 입자 토양의 경우

0.01~0.02 mm 정도의 미세한 입자를 포함하는 물이 포화된 흙에서는 두께가 수 cm에 이르는 얼음 층을 형성할 수 있다. 이러한 현상에 대한 이론적인 설명과 그것에 대응하기 위해 제안된 방법들은 '토질 역학'을 참조하기 바란다.

9.3.8 사면 강화를 위한 파종 방법 및 제초

일반적으로 적용하는 방법은 다음과 같다. 20~30 cm 두께의 상부 흙 층을 깐 다음에 씨를 뿌린다. 다소 가파른 사면의 경우에 3~4월 동안에는 도랑이 생길 위험이 있다. 부식토는 심지어 가벼운 소나기 에도 손상되며, 식물은 비교적 약한 작은 뿌리를 내릴 수 있는 정도의 시간만을 갖게 된다. 표토는 지지 흙이 되지 못하며, 따라서 미끄러질 위험이 있다. 일반적인 흙 안정화 방법에는 ① 자잘한 섶나무 관목 숲, ② 윗가지 엮기, ③ 표면을 방수하기 위해 파종된 사면 전반에 살포한 약한 역청 내용물을 지닌 유상 액, ④ 섬유소 층, 올이 굵은 삼베, 또는 그물 망 아래에서 행해진 딱딱하거나 가벼운, 또는 울퉁불퉁한 비점착성의 토양, ⑤ 10~15 %(깊은 뿌리내리기)의 비율로 자주개자리 풀을 파종하도록 의도한 씨앗의 추가나 혼합 등이 있다. 특별 방법에는 다음과 같은 것이 있다.

- 사면에 떼 입히기 : 이러한 방식은 잔디의 절단과 배치가 수작업으로 이루어지기 때문에 비용이 매우 많이 든다. 잔디는 표토에 고정되어야 한다.
- 전통적인 방법 : 이것은 '① 사면 전반에 축축한 지푸라기 층을 깐다(m²당 대략 400 g). ② 입자화된 인공 비료(m²당 40 g)와 함께 지푸라기 층에 씨앗을 뿌리고(m²당 30~50 g), 25 %의 역청질(m²당 0.5 리터)을 함유한 유상액을 살포'하는 것으로 이루어진다. 지푸라기에 의한 보호 및 이루어진 미생물학적 환경 덕분에 15일 후에 발아를 시작한다. 전적으로 수작업인 이러한 방법을 실제적으로 이용하기에는 제한이 없다. 4인조로 된 팀이 하루에 500~900 m²를 다룰 수 있다.
- 살포 방법 : 살포 방법은 트럭 탱크에 장착된 대용량의 노즐을 사용하여 사면 경사지 위에 씨앗, 비료, 조각을 낸 지푸라기, 그리고 섬유소, 또는 역청질 유상액의 혼합물을 살포하는 것이다. 이 노즐의 최대 범위는 35 m이다.
- 선로의 제초 : 선로의 잡초제거는 적기에 시행하여 배수와 미관을 양호하게 하여야 하며, 비탈면의 풀 깎기를 년 1 회 이상 시행한다(제1.2.7(1)항 참조).

9.4 노반과 부대시설 문제의 처리 방법

9.4.1 궤도의 안정성을 감소시킬 수 있는 기후 조건

궤도의 안정성을 감소시킬 수 있는 기후 조건에는 다음과 같은 것이 있다.

- 결빙과 해빙 : 장기화된 결빙은 아주 특수한 경우에 얼음 결정의 형성에 기인하여 고저틀림을 야기한다. 이러한 현상은 어떤 유형의 흙(황토, 충적토)에서 전형적이다. 실제적으로 그 영향을 바로잡기란 불가능하며 임시의 속도제한을 필요로 할 수도 있다. 해빙기에는 노반의 지지력과 안정성이 일시적으로 저하될 수 있다.
- 강우, 홍수 및 물 빠짐 : 일부 노반 상에서 물의 작용은 노반 저항력의 현저한 감소와 면 맞춤의 점진적인 틀림을 야기할 수 있다. 다양한 이유(강우, 폭풍, 범람 등)에 기인하는 급작스러운 물의 침입은 상부구조나 노반의 재료들을 쓸어갈 수도 있으며, 궤도의 안정성을 저하시키거나 붕괴시킬 수 있다. 물의 빠짐도 같은 영향을 초래할 수 있다. 늪지와 마찬가지로 노출구간은 분소별로 구분하며 악천후의 경우에 특별 점검의 대상이 된다.
- 가뭄 : 장기화된 가뭄은 한편으로 구성 재료의 수축을 야기할 수도 있고 균형이 고르지 않을 수도 있는 궤도의 침하를 초래할 수 있으며, 다른 한편으로 오래된 궤도에서는 목재 침목의 건조에 의하여 체결장치의 유효성이 현저하게 감소될 수 있다.
- 더위 : 만일 안정화 기간 동안 더위가 제한 온도를 초과한다면 궤도의 안정성이 저하될 수 있다.

9.4.2 급속하게 변화하는 토질이완

(1) 절토 사면의 붕괴

열차의 교통을 완전히 안전하게 지속시키거나 다시 재개시킬 수 있도록 필요한 단계들을 즉시 취하여야만 한다. 취해진 첫 번째 단계는 지면 움직임의 영향을 받은 게이지의 빈번한 확인과 함께 속도제한과 지속적인 점검을 포함하여야 한다. 다음으로, 구교(컬버트)는 강우를 배수하기 위한 사면의 지단에 있는 측구에 위치하여야 하며, 2차적인 토질이완이 상황을 악화시키는 것을 피해야만 한다. 마지막으로, 망태공을 사용하는 지단에서는 지면을 정지시킴으로써 움직이는 지면을 안정화시키는데 노력해야만 한다. 만일 이러한 작업이 성공할 확률이 적을 것으로 보이면 운송 부서의 협조를 받아 비교적 강력한 토공자원(기계적인 크레인, 화차 세트)을 이용하여 움직이는 지면을 신속하게 치우는 것이 타당한 경우가 많다. 이를 행하면서 지체 없이 최종적인 강화를 취할 수 있도록 사면 파괴 면을 식별하고 토질이완의 원천을 상세히 명기한다.

(2) 성토 사면의 붕괴

외관상 건전한 성토의 완전하고 급작스러운 함몰은 다행히도 드물게 발생하지만, 염려하지 않았던 성토가 때때로 너무나 빨리 침하해서 검토와 실행에 충분한 시간을 필요로 하는 정상적인 과정을 이용하는 것이 불가능해지는 경우에 이르는 사례도 있다. 따라서, 열차의 교통을 확보하고(또는, 다시 재개하고) 그 안전을 보장하는데 필요한 대책들을 즉시 취하여야만 한다. 취해진 첫 번째 단계는 속도제한과 지속적인 점검을 포함한다. 그러나, 열차의 안전이 의심스러운 경우에는 위험한 궤도상의 차량운행을 주저 없이 중단시켜야 한다. 긴급한 문제로서 일반적으로 세 가지 형태의 대책들을 즉시 취하여야만 한다. ①

성토는 가능하다면 하역을 용이하게 하기 위하여 호퍼 차로 조달하여야만 하며, 튼튼하고 가벼운 재료들 (광재, 화산재, 궤도자갈)을 좋게 사용하여 행하여야만 한다. ② 움직이는 성토의 지단은 건조한 돌 블록 이나 쇄석을 사용하여 쌓아 올리고 지지하여야만 한다. ③ 사면 지단에서 지표수의 배수는 일반적으로 무너진 지면에 의해 교란된 물이 배수되도록 복구한다.

9.4.3 인공물 원인의 위험과 철망태공

(1) 인공물이 원인이 된 위험과 대책

궤도 근처에서 사람의 활동은 새로운 사고 위험의 출현, 또는 기존 위험의 악화를 초래할 수 있다. 철도회사는 수석 계약자이든지 작업을 수행하는 계약자에게서 궤도 근처의 향후 작업 개시에 대하여 미리 통지를 받는다. 이는 철도를 보호하는데 필요한 일시적인, 그리고 필요하다면 영구적인 배치를 결정하거나 조직하는 것을 가능하게 하는 것이다. 기타의 경우에 선로근처에서의 어떠한 작업이든지 직원의 선로 순회 시에 그 작업의 시작을 발견하면, 분소장은 그것이 일견 상으로 비록 하찮은 작업으로 보일지라도 그 작업의 성격에 대한 정보를 파악하여야 한다. 만일 이러한 작업이 철도에 대해 위험을 나타낸다면, 분소장은 수석 계약자에게, 또는 이것이 안될 경우 작업을 수행하는 계약자에게 이를 알려야 하며, 그들에게 필요하다고 생각되는 안전 대책들을 알린다. 분소장은 소장에게 보고하고 소장은 필요하다면 지역본부장에게 자문을 구한다. 철도 회사에 사전 통지되었던지 안 되었던지 간에 ① 한편으로, 작업의 실제 수행, 또는 어떤 작업 단계(벌채, 폭파, 굴착 등)에서 발생할 수 있는 일시적인 위험과 ② 다른 한편으로, 계획된 개발이 일단 완수되면 계획된 개발에서 발생할 수 있는 영구적인 위험을 고려할 필요가 있다.

취할 수 있는 예방책은 두 가지 형태이다. 일시적인 위험에 대하여 일반적으로 작업이나 그것의 민감한 단계들을 수행하고 있는 기간으로 제한된 안전 조치들은 ① 궤도의 특별 점검, ② 굴착이나 폭파를 열차가 통과하지 않을 때에 수행하도록 보장, ③ 필요시, 열차 속도의 제한 등을 적용한다. 그러나, 몇몇의 경우에는 사태 탐지기, 또는 막의 설치를 검토할 수 있다. 영구적인 위험에 대하여, 만일 예방조치를 취하지 않았다면, 일단 구조의 완료, 또는 전개 후의 새로운 상황이 이전에 존재하지 않았던 위험들을 발생시키는 것으로 예측할 수 있는 경우에는 수석 계약자와 함께 제기된 위험의 추가를 제거하기 위하여 적용할 영구적인 조치들을 검토한다.

(2) 철망태공

철망태공의 주요한 목적은 다음과 같다. 강에서는 ① 하상에 기초를 두고 있는 제방과 구조물을 보호하기 위하여, 그리고 흐름의 속도에 기인하여 빚어질 수 있는 피해에 대비하기 위하여 설치하며, ② 진흙 투성이의 물이 막힘을 가속함에 따라 단일체가 신속하게 얻어진다. 시공된 구조물은 물의 격류에 장애가 되는 반면에 바닥의 움직임에 적응하기 위하여 충분한 유연성을 유지한다. 지면에서는 ① 사면의 슬라이드에서 어깨로서 작용하는 동안에 지단을 봉쇄함으로써 피로의 증가에 대한 저항을 제공하기 위하여 설치하며, ② 어떤 경우에는 지지 구조물을 마련하여 철도, 또는 도로를 보호하기 위하여 설치한다.

망태공은 채석장에서 구한 쇄석으로 현장에서 채운 와이어 매시 커버(커다란 반경의 아연 도금된 철선)이다. 강에서는 구조물용으로 자갈을 사용할 수 있다. 커버를 닫고 측면들을 동여매었을 때의 결과는 동일한 크기를 갖춘 돌 블록과 같은 작용을 하는 자립하는 단일체이다.

9.4.4 부대시설의 검사

(1) 배수로
표 9.7은 배수로에서 부닥칠 수 있는 주요 문제의 형태를 요약한 것이다.

표 9.7 배수로에서 발생할 수 있는 주요한 문제의 형태

관찰된 문제	원인	결과
○ 불완전하게 배출된 물	다양한 침전물(흙, 자갈, 나뭇잎, 식물, 불충분한 경사 등)로 배수로의 장애	노반, 또는 토공의 불충분한 배수 및 중간 측구의 경우에 사면 활동의 위험
○ 낮은 지점에서 물의 정체	종 방향 단면의 변형	
○ 파손된 배수로, 석공, 열등한 조건의 배수로 조인트		침투에 기인하는 물의 전부, 또는 일부 감소
○ 배수관 위에서 물의 수위	막힌 배출구, 너무 작은 구조물, 환경에 있어서 변경에 기인하는 수원, 낙하 수 등에 의한 새로운 유량의 증가	진흙 분출
○ 배수관을 갖춘 배수로의 사용에도 불구하고 노반과 침목의 밑 사이에 물의 존재	잘못된 높이에 위치한 배수관, 완전히 막힌 배수관의 앞에 놓인 필터	진흙 분출
○ 막힌 배수관	세립자의 증가	배수로 부근에서 물의 집적

(2) 배수관과 집수구
배수관과 집수구의 작용은 이들이 막히거나 진흙으로 메워지지 않음을, 그리고 제 기능을 정상적으로 수행하고 있음을 확실하게 하기 위하여 준비된 맨홀을 이용하여 점검한다. 매립된 맨홀은 영구적으로 표시하고 다른 것들처럼 정기적으로 점검하여야 한다. 토공을 배수하기 위해 설계된 시스템들은 특별하게 주의 깊은 검사를 필요로 한다. 그 배출구는 명확하게 보일 수 있게 하며, 검사를 용이하게 하기 위하여 온갖 식물들을 제거한다. 장마기간 후에 흐르는 것, 또는 건조한 채 남아 있는 것을 명확하게 탐지한다. 노반의 한 쪽에서 다른 쪽으로 물을 배출하기 위하여 궤도 아래에 놓인 작은 구조물은 양호한 상태인지를 확실히 하고 배수로의 유출구가 막히지 않도록 확실하게 하기 위하여 검사하여야만 한다. 철도용지를 벗어나서 처리한 물은 최하부 층에 의해 배수되는지를 점검한다. 배수관과 집수구에서 부닥칠 수 있는 문제의 주요한 유형을 표 9.8에 요약하였다.

표 9.8 배수관과 집수구에서 발생할 수 있는 주요한 문제의 형태

관찰된 문제	원인	결과
배수관의 무작동	미세 물질, 또는 뿌리의 장애물로 인해 배수관 내부의 전부, 또는 부분적인 장애, 막힌 배수관의 스며드는 부분	물이 흐를 수 없다. 더 이상 배수되지 않는다.
맨홀에서 배수관이나 집수구의 정상적인 배수 레벨 위 물의 높이	배수관, 또는 집수구가 파손되거나 막힐 수 있다. 종단면이 비정상적임을 나타낸다.	노반과 토공에 물이 침투한다
2(또는 더 많은) 맨홀 사이에서 유량의 전부, 또는 부분적인 사라짐	배수 시스템이 파손되거나 붕괴되었다.	노반과 토공에 물이 침투한다

(3) 성토의 점검

그림 9.5는 성토 상에서 관찰될 수 있는 토질이완의 주요한 형태를 보여준다. 각종 파라미터에 대한 주요한 불안정성의 지표들을 아래에 기술한다.

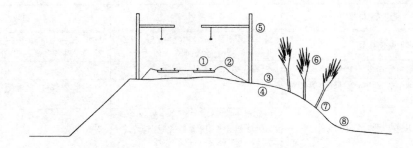

① 레일(들)의 침하, ② 비정상적으로 두꺼운 도상 어깨, ③ 보도의 침하, ④ 보도의 균열, 또는 보도의 사라짐, ⑤ 전차선주, 또는 신호기의 경사짐, ⑥ 기울거나 변형된 나무, ⑦ 성토 경사(부풀음)의 변형, ⑧ 물의 유입

그림 9.5 점검 동안 성토 상에서 관찰될 수 있는 토질이완의 예

- 궤도의 레벨링과 라이닝 : 빈번히 재작업을 필요로 하는 궤도 레벨링의 열등한 거동은 불안정성에 기인할 수 있다. 레벨링 작업과 검측차의 기록에 대한 이력를 검토하여 토질이완의 구역을 명백하게 한다(그림 9.6).
- 도상 : 비정상적으로 과도한 두께
- 보도 : ① 국지적인 함몰, 또는 몇몇의 경우에 보도의 완전한 사라짐, ② 성토 사면의 내부로, 또는 외부로 심하게 기운 보도, ③ 울퉁불퉁함이 있거나 없는 종 방향 균열의 출현. 표면수가 제대로 흐르고, 경사가 충분하며, 그리고 물의 통행에 장애가 되는 소단 위의 흙이나 쓰레기의 침전물이 없다는 것을 보장하도록 특별히 배려하여야 한다.
- 전차선주, 신호기, 원거리 통신 전신주, 암거, 나무 : 비정상적인 경사짐.

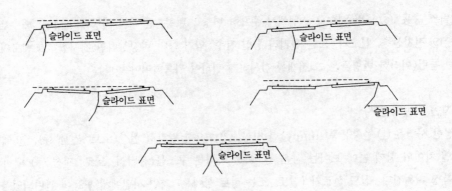

그림 9.6 점검 동안 성토 상에서 관찰될 수 있는 토질이완의 예

- 경사 사면 : ① 융기, 이탈, 오목한 부분 등 건설의 견지에서 설명할 수 없는 사면 경사의 불규칙, ② 물의 유입에 관계하는 사면 재료의 비정상적인 부식, ③ 국지적인 함몰을 야기할 수 있는 동물의 땅 속 둥지의 아주 심한 밀집, ④ 쇄석, 옹벽 지단, 철도교량 날개 벽(균열, 변위, 경사짐, 등)에 영향을 미치는 토질이완
- 수리적인 문제들 : ① 여러 식물의 존재로써 종종 탐지될 수 있는 경사 사면이나 지단에서의 비정상적인 물의 누출, ② 궤도 아래에서 균열이 가거나 파손된 구조물, ③ 변형되거나 파손된 성토 지단에서의 배수로, ④ 수량의 증가 동안 성토 지단의 침하. 만일 성토의 지단이 평소, 또는 정기적으로 물에 잠긴다면, 부식이 발생하지 않는지, 그리고 쇄석이나 망태공, 또는 기타 모든 보호 장치들이 양호한 상태인지를 확인한다. 이러한 물의 수위로부터 모든 비정상적인 변화(부풀음, 또는 내려앉음)를 기록하여야 한다. ⑤ 수위에서 현저한 수량의 증가 시에 그 수위를 기록한다. 만일 감수가 아주 신속할 것으로 예견된다면, 성토를 신중히 감시한다. ⑥ 안정화의 목적으로 성토 사면에 건설된 배수 시스템에 특별한 주의가 요구된다. 에이프런, 교대 배수관, 경사를 준 배수관(막힘, 길이, 유량 등에 대해 아주 빈번하게 확인하여야 한다) 등의 장치들로부터 배출된 물이 성토의 사면이나 지단에 침투되지 않음을 확인한다. ⑦ 성토 노반의 궤도들 사이에서 배수관의 존재는 토질이완의 기원이 될 수 있다. 그러한 배수관들을 주의 깊게 조사하여야만 하고, 그 기능을 제대로 하고 있는지를 자주 확인하여야 한다.

(4) 절토의 감시

절토 사면을 감시하는 것은 다음 사항을 기록하는 것으로 이루어진다. ① 사면의 모든 비정상적인 변형 : 부풀음, 처짐, 갈라짐 등, ② 식물의 양태 : 변형되거나 기울어진 나무들, 습지 식물(갈대 등), 식물의 국지적인 부재, ③ 균열이나 붕괴, ④ 집수되지 않은 물의 누출, ⑤ 배수 장치에서 배출구의 본래 작용, ⑥ 재료들의 유출, 또는 미세립질의 침식, ⑦ 다음의 문제 : ⓐ 사석기초, 아치, 옹벽 지단 등(이러한 설비들의 배수(구멍) 상태에 특히 주의를 한다), ⓑ 오래된 강화 구조물 : 망태공, 버팀 벽, 돌출부 등,

ⓒ 수직박스 홈통, ⑧ 노반 배수 시스템에서 주요한 변형 : 편향, 관 지지 버팀대의 파열, 배수로의 평평해짐 등, ⑨ 전차선주, 신호기, 또는 원거리 통신 전주, 암거 등의 비정상적인 경사짐, ⑩ 궤도의 양로와 줄(방향) 틀림(이러한 변형들은 그 전개를 감시하기 위하여 기록하여야 한다).

(5) 자연 사면의 감시

불안정한 사면은 ① 울퉁불퉁(lumpy)한 지형, ② 주요한 갈라짐 현상(도로, 건물 등), ③ 때때로 주요한 레벨 차이와 함께 눈에 보이는 파손, ④ 어떤 똑바른 구조물(울타리, 도로, 전선 등) 배치의 변형 등으로 특징 지워진다. 철도 선로가 (절토, 또는 성토 상에서) 자연 사면에서 활동에 관련되었을 때, 주요 변형들은 때때로 상당한 간격에 걸쳐서 수평적으로, 그리고 레벨링에서 관찰된다. 이러한 궤도선형의 틀림진행은 종종 안정된 지역에 접한 활동의 폭 위에서만 두드러진다(국한된, 그러나 아주 현저한 결함). 이것이 주요한 사면파괴라는 것을 확인할 수 있는 유일한 방법은 지형 감시에 의한다. 파손되거나 심하게 손상될 수도 있는 배수 시스템을 감시하는 일에 각별히 주의하여야 한다(하상의 변위 및 가능한 한, 움직임의 강화).

(6) 붕괴 지대 감시(구덩이 등)

궤도 아래 구덩이와 공동에 기인하여 노반이 붕괴된 지역의 감시는 ① 배수시스템의 기능이 양호한지와 배수 시스템이 방수인지의 확인, ② 다양한 지하의 네트워크(물, 하수)를 조사하고 그들이 양호한 상태인지의 확인, ③ 궤도의 근접 부근에서 모든 붕괴의 확인 등으로 이루어진다. 또한, ① 자연적인 현상에 기인한 토질이완(씻겨나간 미립자 등. 토질이완의 국지화는 불확실하다), ② 인공적인 공동의 붕괴에 기인한 토질이완(채광소, 채석장, 지하채광 등)간을 구별할 필요가 있다. 후자의 토질이완 유형에서 ① 벽, 지붕, 기둥 등의 상태 점검, ② 균열 변화의 평가, ③ 모든 붕괴와 물의 관입 확인 등이 가능할 때는 공동 자체의 정기적인 상세 검사를 보완해야 한다. 정기적인 상세 검사는 아직 토질이완이 야기되지 않은 조사된 지하 채석장(노반 아래에 위치한)에 대해 마찬가지로 계획하여야 한다. 주요한 함몰의 경우에는 지형 감시를 계획하는 것이 필요할 수도 있다.

(7) 진흙 흐름

진흙 흐름은 강우, 경사, 지면의 성질과 상태(최근에 작업, 또는 심하게 침식) 등의 예외적인 상황에 기인한다. 따라서, 포화된 재료들은 중력에 의해 갑자기 흐른다. 일반적으로 갑작스러운 이러한 현상들은 다양한 형태와 다양한 크기일 수 있으며, 급류의 하상을 이용하면서 단일 절토, 또는 성토 사면이든지 자연 사면이든지 간에 영향을 미칠 수 있다. 흐름을 일으킨 급류는 분소의 특성 자료관리대장에 언급하여야 하며 이력의 문서화를 최신화하여야 한다. 감시장치는 관리기관과 지역 지자체와의 관련 하에 설비 부서와 함께 경우에 따라서 적용하여야 한다. 만일 진흙 흐름이 성토, 또는 절토 사면에서 발생한다면, 감시를 계획하고 상황을 치유하기 위하여 가능한 원인들(불완전한 배수, 경작 방법 등)을 규명하여야 한다.

9.4.5 악천후 시의 점검

(1) 조사의 목적의 이해
궤도와 부대시설의 점검은 ① 폭우, ② 폭풍, ③ 홍수, 물 빠짐, ④ 폭설, ⑤ 결빙의 형성, ⑥ 급격한 결빙, 해빙 등과 같은 극심한 악천후 동안에 실행되는 조사에서 수행한다.

(2) 조사·점검의 시행
조사와 점검은 다음에 의한다. ① 특별한 악천후 점검은 작업 지침에 의하여 지정된 선로원이 시작한다. ② 근무 시간 중의 조사는 보통 선로반장이나 그 대리인이 시작한다. ③ 근무시간 외에는, 악천후 지침에 의해 지명된 선로원이 자신의 주도로 조사를 수행한다.

(3) 세부적인 임무
- 선로원은 노선과 장애물을 보호하기 위해 취해야 할 조치에 대해 철저한 지식을 갖고 있어야 한다. 악천후 지침에 대한 사본을 발행하고 선로원에게 설명한다.
- 조사를 수행하는 선로원이 따라야 할 절차 : 조사의 우선권은 가장 노출된 지점에 부여한다. ① 선로원은 궤도와 부대시설 뿐만 아니라 주변의 땅에 대해서도 주의를 기울여야 하는데, 그것은 열차에 어떠한 위험(물의 흐름, 등등)도 없도록 하기 위함이다. ② 악천후 전 기간에 걸쳐 감시를 지속한다. ③ 선로원은 모든 위험이 사라졌다고 판단했을 때, 그리고 마지막으로 가장 노출된 지점을 조사한 후에 자신의 감시를 종료한다. ④ 선로원은 발견된 장애물의 보호를 확보하고 가장 빠른 수단으로 경보를 발한다. ⑤ 선로원은 선로반장에게 자신의 조사에 대해 보고한다.
- 선로반장에게 과해지는 조치들 : 분소장에게 조사의 진행에 대해 통보한다.
- 특별한 배치 : 밤에는 궤도와 부대시설에 대한 보다 나은 관찰을 확보하기 위해 2 명의 선로원이 일정한 구역을 조사할 수 있다.

9.5 노반과 부대시설의 모니터링

9.5.1 순회 검사와 감시의 체제

(1) 정기 순회검사의 주기와 조사절차
정기 순회점검의 주기와 절차는 제1.6.2(2)항에 의한다. 감시 활동 중에 특히 유의하여야 하는 사항은 ① 배수와 땅 위로 흐르는 빗물(流出 水) 구조물, ② 지지 층과 노반, ③ 토공 구조물 등이다. 이러한 구조물의 어떤 결함이나 운용 이상은 장기적으로 심각한 피해를 야기할 수 있다. 그러므로, 그것들을 추적하여, 리스트를 작성하고, 추이를 살피는 것이 필요하다.

(2) 감시의 체제

궤도 기반시설에 미치는 대부분의 손상은 물의 원천이 무엇이든지 간에 물이 너무 많거나, 또는 물이 너무 없는 데서 비롯된다. 물, 또는 그 부족은 특히 ① 물에 잠긴 지반, ② 건조, ③ 범람, ④ 침식, ⑤ 결빙, 해빙 등과 같은 현상들의 영향을 받는다. 따라서, 오랫동안 비가 많은 기간, 또는 강우, 혹독한 겨울, 또는 긴 한파 동안과 그 후에는 특히 적극적으로 감시하여야 한다. 감시는 궤도와 근접한 지역을 점검하는 것으로 제한하지 않아야 한다. 이는 사면의 전 표면을 포함하여야 한다. 감시는 철도용지를 넘어 확대하여야 한다(배수 웅덩이의 답사, 궤도로부터 물이 흘러나오는 상태의 조사, 최저 층에서 물 흐름의 확인 등).

(3) 선로원의 역할

비록, 보통은 정기적인 점검 동안 선로반장이 수행할지라도 배수 구조물, 지지층, 노반 및 토공의 감시는 주로 분소장과 작업 관리자의 책임이다. 이러한 관리자들은 선로원에게 자신들의 감독 하에 어떤 특수 점검을 수행하여야 하고, 어떤 주요한 점을 자신들에게 통보하여야 하는지를 말해야 하지만, 탐지하거나 감시하려는 현상들의 더 큰 인식을 고려하여 발생하는 모든 문제들을 다루는데 필요한 모든 답사를 그들 자신이 수행하여야 한다. 만성적인 불안정 지역, 즉 중간 측구 및 배수 시스템은 지역 특징의 자료관리대장에 기록하여야 한다. 만일 토질이완이 전기 안전 설비들에게 영향을 미치거나 영향을 미칠 위험이 있다면, 안전 수칙의 준수를 확인하기 위하여 전기 부서 직원의 협력을 받아야 한다. 자료는 일어난 사건들과 가장 민감한 지점에 관련한 모든 유용한 세부 사항뿐만 아니라 발생된 사고와 그들의 추정 원인들을 간결하게 리스트로 작성함과 함께 비정상이 반복적으로 나타나는 각 지역에 대하여 작성하여야 한다.

(4) 유동수와 배수 구조물의 감시

노반으로부터 물을 배수하도록 설계된 설비들은 장마 기간 동안 유동수가 정상적으로 발생하는지를 검사하고 개량할 수 있는 지점을 확인하기 위해 정기적으로 조사하여야 한다. 물질의 침전이나 조그마한 사태로 인한 흙, 또는 식물에 의하여 도랑이 막히지는 않았는지, 경사도가 유지되고 있고 석조 시설물은 좋은 상태에 있는지, 그리고 물이 새어나가는 곳(흐름의 전부, 또는 일부의 사라짐)이 있는지를 확인하기 위해 배수로를 검사하여야 한다. 물받이, 석조 시설물의 균열이나 이완을 감시하고 분소장에게 보고하여야 한다. 필요하다면, 배수구도 검사하여 청소하여야 한다. 집수구와 배수관은 막히거나 침니가 쌓이지 않도록, 그래서 자체 기능이 정상적으로 수행되게 하려는 목적으로 제공된 맨홀을 통하여 정기적으로 조사하여야 한다. 집수구와 배수관이 점토로 막혀 있을 때, 필요하다면 적어도 5 바(bar)의 압력을 주는 모터 펌프에 연결된 소방 호스에서 발생한 강력한 물줄기를 사용하여 그것의 막힌 구멍을 뚫거나 청소할 수 있다. 각종 배출구가 비록 철도용지의 외부에 놓였을지라도 그 배출구들의 상태를 확인하는 것이 중요하다. 이러한 경우에 선로 주변에 사는 사람들에게 필요한 정리와 청소를 요구한다. 배출구가 물을 배출할 수 없다면, 배수 설비를 유지하는 것은 소용이 없다.

9.5.2 노반의 감시 요령

(1) 노반 감시

노반과 기면 및 궤도상에서 수행한 레벨링 방법의 유형은 대부분 노반의 품질과 철도 교통에 대한 지지층 적응의 품질에 좌우된다. 레벨링의 거동은 특히 ① 노반의 성질과 그 지질학적 특성, ② 보조 도상 층, 또는 중간층(middle layer)의 두께와 성질, ③ 도상의 두께, 성질 및 상태(청결, 오염, 마모, 분쇄 등), ④ 노반 물 배수 구조물의 상태(우수와 내수), ⑤ 궤도 구조의 성질과 상태, ⑥ 교통의 성질, 빈도 및 속도 등의 요인들에 좌우된다. 분소장은 선로반장의 도움을 받아 궤도의 되풀이되는 열등한 거동을 야기하는 노반의 점토질 부분을 사정하여야 한다. 그들은 특히 결합부에서 도상을 통하여 진흙의 상승(분니)을 탐지하고, 보도를 따라서, 또는 보도 바깥의 땅 융기를 살피며, 배수로 벽의 경사를 탐지한다. 그들은 궤도 양로가 아주 빈번히 필요한 곳에 주목한다. 그들은 유용하다고 판단될 수 있는 작업에 대한 수익성을 명확히 하기 위해서 이러한 비정상적인 작업에 해당하는 지출을 평가한다.

(가) 행하여야 할 필요 사항

노반의 감시에 필요한 사항은 다음과 같다. ① 면 틀림의 정정이 빈번한 구역을 주목하고 그것들의 관리대장을 유지 관리한다. ② 궤도의 진흙 분출(분니)을 확인하고 그것의 초기 변화를 주목한다. ③ 침목이 손상된 구역을 확인한다(바닥 면의 상태, 노출된 철근, 균열, 파손 등). ④ 보도와 그 부대시설의 상태를 검사한다(축축함의 정도, 이들 요소들과 열(列)을 이룬, 또는 열에서 벗어난 땅의 침하나 융기, 도상어깨 지단 부분의 진흙 출현, 너무 높은 보도나 부적절한 지지물로 유지되는 보도 등). ⑤ 배수와 지표 수용 구조물의 작동을 확인한다.

(나) 감시 절차 : 감시 내용의 범위 내에서 ① 정상 구역, ② 민감한 구역을 구별하여야 한다.

- 정상 지역 : 일반적인 구역은 어떠한 불안정한 특성도 없으며, 기록되지 않은 곳이다. 규정에 근거한 감시 조사를 적용하여야 한다.
- 민감한 지역 : 취약한 구역은 다음의 범주를 포함단다. "① 범주 1 : 최근이든 아니든지 간에 피로나 초기 피로가 보이는 구역, ② 범주 2 : 적절한 조치를 받고 있는 오래된 피로가 기록된 구역, ③ 범주 3 : 범주 1과 범주 2 구역과 같은 특성을 지녔으며, 기지의 피로가 관찰된 적이 없으나 특별한 주의를 받을 만한 민감한 구역." 이러한 구역들은 분소의 특별한 특징 핸드북편에 리스트로 나타내어야 한다.

(2) 노반 지지력의 영향

레벨링의 거동은 노반의 지반 지지력에 관련된다.

- 지지력이 약한 지반의 노반 : 이러한 경우에는 지반 면이 물에 아주 민감하다. 교통에 기인하는 펌핑 현상은 도상 층에 진흙 분출(분니)을 낳을 수 있다. 원인들은 '① 배수가 안되거나 더 이상 효율적이지 않음, ② 지지 층이 충분히 두껍지 않음, ③ 중간층(middle layer)이 없음' 등과 같이 변화

할 수 있다.

– 양호한 지지력을 갖춘 지반상의 노반 : 이러한 경우에 만일 지지 층이 충분히 두껍지 않다면 노반, 또는 도상 층(우기에 특히 악화됨) 상부의 마모와 모루 효과에 기인하여 침목에 손상이 있을 수 있다.

– 결빙에 민감한 노반 : 긴 결빙기간 동안에 어떤 유형의 노반(점토, 침니)은 볼록한 얼음의 형성과 부풀음 현상을 받는다. 해빙기에는 그 결과가 노반의 침하일 수도 있다. 이러한 현상들은 레벨링의 변화를 유발한다.

9.5.3 토공의 감시 요령

(1) 개요

토공의 구성은 아주 다양하기 때문에 그들에게 영향을 미칠 수 있는 토질이완의 성질 역시 아주 다양할 수 있다. ① 연한(soft) 구조, ② 암반 사면 및 절토, ③ 시공 기면 함몰 지역, ④ 진흙 분출(분니) 등을 구별한다. 불안정 현상의 진단은 종종 어렵고, 전문화된 지식을 필요로 한다. 그러나, 현장의 육안관찰은 초기 토질이완의 징후를 탐지할 수 있다.

(2) 토공의 구성별 감시

(가) 경사지와 토공사의 감시

발생할 가능성이 있는 어떠한 움직임의 증후라도 포착하기 위하여 성토와 절토의 경사지는 특히 점토질의 축축하고 안정성이 낮은 선로의 구간에 대해서 정기적으로 조사하여야 한다. 이러한 조사를 용이하게 하기 위해 필요한 브러시 청소는 과도한 청소가 땅의 표면 유출을 촉진할 수 있다는 사실을 직시하여 정기적으로 실시하여야 한다. 이와 반대로 식물의 과도한 성장은 그것의 무게가 표면 유출을 야기시킬 수도 있기 때문에 허용하여서는 안 된다.

(나) 절토 구간

절토의 경사지는 궤도상의 모든 산사태나 암석의 낙하를 방지하기 위해 조사하여야 한다. 제거하거나 강화하려는, 의심스러운 암벽의 부분을 확인하기 위하여 구멍을 뚫는다. 위험한 침하를 형성할 수도 있는 점토의 맥을 확인한다. 경사지 표면에 솟아나는 물은 적당한 시설로 모아 배수로로 이동시킨다. 대규모 절토의 상단과 이것을 넘어서는 지면은 배수 웅덩이의 크기를 결정하고 물이 모여 경사지의 전체로 스며들 수 있는 낮은 지점을 확인하기 위해 특별히 집중적으로 검사하여야 한다. 필요하다면, 인접 토지 소유주들의 협조를 얻어 그것들을 제거할 수 있다. 도중에 집수가 있다면 이러한 형태의 구조물에 명시된 조건들을 실현하려 애쓴다. 여하튼, 그것들이 충분히 방수되어 있어야 하며, 충분히 가파른 경사도가 물의 정체를 막아준다는 점을 확실하게 해야만 한다. 물론, 이러한 배수로의 청소와 풀 제거는 같은 목적으로 행하는 것이다. 이러한 모든 점들은 특히 중요하다.

(다) 성토 구간

성토에 관하여는 지표수가 똑바로 흐르고 경사도가 충분하며 물의 흐름을 방해하는 소단의 어떤 흙이나 파편 침전물이 없도록 특별한 확인을 해야 한다. 이런 맥락에서 갱신 작업 동안에 체로 걸러진 과도한 양의 부스러기들로 성토 상부를 압박하지 않도록 주의를 기울여야 한다. 촉박하고 대개 상당한 움직임의 증후로서 침목 근처나 양 궤도사이에서 종 방향 균열의 여부를 확인한다. 경사의 측면과 지단은 물의 비정상적인 유입이 없는가를 찾아보며 주의 깊게 검사하여야 한다. 식물의 성질과 색깔이 이러한 조사에 있어 유용한 단서를 제공할 수 있다. 과거에 확장된 성토는 특별히 주목하여 감시한다. 실제로 이러한 작업은 항상 일반적으로 수용되는 관행(좋은 품질의 재료 사용, 원래의 경사지를 깎고 계단을 만드는 것)에 따라 수행되었던 것은 아니다. 어떤 지점에 건설된 잡석, 소단 그리고 옹벽 지단을 확인하고 그곳에 나타나는 어떠한 틈이나 움직임이라도 기록한다. 성토의 지단이 보통, 그리고 정기적으로 물에 잠긴다면, 휩쓸려 내려가지는 않았는지, 그리고 수중 건조물을 위한 석재 기초공사, 돌망태공, 또는 기타 다른 보호 장치의 상태가 양호한지를 확인한다. 둑으로서 기능을 하는 성토에서 두더지나 다른 동물이 만든 구멍을 특별히 감시하고, 영구히 마개로 틀어막고, 그 동물들을 박멸하여야 한다. 궤도의 거동에 아무 이상이 없다고 해도 그것이 성토의 건전함에 대한 충분한 기준이 되지 못한다. 반면에, 노선 상의 비교될 수 있는 구역들에 비해서 보다 더 자주 복합적인 보수 작업이 필요하다는 것은 성토 자체 내에서 발생된 피로의 확실한 증거이다.

올바른 레벨링을 회복하기 위해 실행하는 모든 인력 면 맞춤 작업 치수합계를 그래픽의 형으로 도표를 작성하는 것은 대단히 가치가 있는 일이다. 그것은 한편으로는 성토가 점점 더 가라 앉는 것을 기록하여 밝혀내고, 다른 한편으로는 관찰되는 모든 장애의 원인인 물이 모여드는 낮은 지역을 신속하게 밝혀내어 매우 정확하게 그 위치를 알아낼 수 있게 한다. 레일의 침하 율에 대한 비교는 항상 수직으로 시작되는 초기 슬럽 선(slip line)의 대략적인 위치를 종종 결정할 수 있게 한다.

(3) 토공의 감시에 사용된 보통의 시스템

육안 감시는 측정을 하고 변화 곡선을 작성할 수 있게 하는 감시 장치로 보완할 수 있다. 그러한 장치들을 설치할 때는 "① 그 위치를 명확하게 표시(말뚝, 페인트 표시 등), ② 그 주변을 깨끗이 유지, 그리고, ③ 장치들이 양호한 상태에 있는지를 확인하는 감시" 등의 조치를 한다.

(가) 표면 움직임의 감시

토공표면의 감시는 다음에 의한다. ① 정렬된 푯말 : 지면에 수직으로 박힌 말뚝들의 변위는 눈으로 이든지 안정된 지역에 위치한 푯말에 관하여 측정함으로써 감시한다. ② 지형측량의 횡단면 : 땅속으로 적어도 1 m 깊이에 박힌 표지들은 횡단면의 위치를 표시하기 위한 것이다. 이 표지들은 레벨링과 면적 측량으로 감시하거나, 또는 그 변위를 안정한 지역에 놓인 표지와 관련하여 측정한다. 측정된 변위는 시간의 함수로서 그래프에 도시한다. ③ 각종 구조물(기둥, 벽 등) 수직도의 감시 : 추를 이용한 단순한 측정. ④ 알콜 수준기 : 이는 회전 움직임을 탐지하는 아주 민감한 기포 수준기이다.

(나) 어떤 깊이에서 움직임의 감시

사용하는 주요 수단은 경사계이다. 이 기구는 갈라진 표면 아래에 박은 시굴공에 봉인된 변형가능 튜브의 각도 편차를 측정하여 지반상의 작은 수평적 변위를 정량화하기 위하여 사용한다. 이는 표면 변위의 측정과 궤도 레벨링 재작업 측정에 더하여 사용하지만, 결코 그러한 측정을 대용해서는 안 된다.

(다) 2 개의 단단한 요소(암석, 콘크리트 등) 사이에서 상대적인 변위의 감시

1) 금속 표지 : 균열의 양편에 설치된 2 표지(새긴 표시 선, 금속 막대나 직각자 등) 사이의 틈새는 금속 자, 부척이 달린 캘리퍼스(버니어 캘리퍼스) 등을 사용하여 측정한다.

2) 금속 꺾쇠 : 이 장치는 3 개의 직교하는 구성요소를 따라서 2 부분의 상대적 변위를 측정하는데 이용한다. 지면의 움직임을 감시하고 점검하기 위하여 수많은 기타의 방법과 장치들이 있으며 그 기술, 실행, 측정, 설명은 복잡하다(삼각법에 의한 조사, 사진 측량법, 간격 미터, 균열 측정 기계, 부척이 있는 표척, 신축계, 피에조미터 등).

(4) 연한 구조의 감시

(가) 식물 감시

연한 사면 상의 식물은 사면을 보호하고 배수시킬 수 있지만, 너무 많은 식물은 감시에 방해가 될 수 있고 어떤 경우에는 표면 활동으로 이끌 수 있다.

(나) 상부구조의 작업에 관련된 토질이완

상부구조의 작업을 수행할 때마다 토공과 배수 시스템의 안정성에 대한 모든 가능한 영향을 검토하여야 한다. 이것은 특히 다음과 같은 상부구조의 작업에 관련된다. ① 배출구가 없는 배수관으로서 기능을 하는 측구(trench)에서 케이블의 사면(절토, 또는 성토) 가장자리에 케이블의 설치와 함께 신호 작업, 절토 사면의 지단에서 국지적인 확장 등, ② 배수 시스템 등의 부분적이거나 전체적인 변경, 또는 축소로 이끄는 전주 기초의 설치와 함께 전철화 작업, ③ 국지적인 노반 확장, 플랫폼의 건설, 불안정한 사면에 신호소 설치, 또는 기존 하부구조에 대하여 계단에 의한 부속물이 없이 곡선의 수정 등, ④ 하부 굴착물이 사면 가장자리에 지나치게 퇴적, ⑤ 민감한 지역에서 종단선형의 변경, 양로

(다) 환경 감시

선로 환경의 수리적 및 지하수리학적 조건은 인간의 활동에 의해 빈번하게 교란되고 변경된다. ① 농촌 환경 : 농업 배수, 토지의 재통합, 경작 방법 등, ② 도시 환경 : 도시화와 도로망의 확장, 분할, 산림 벌채, 우수 배수 망의 변경 등, ③ 수로의 초기상태의 변경 : 곡류(曲流, 강줄기의 굽이)의 자연적인 변화, 둑(dikes), 수로의 우회, 건설재료의 적치장(borrow pits), 배수공사, 배수거의 방수, 갈수위로 배수, 양수 등, ④ 노반 부근의 굴착, ⑤ 광산과 채석장의 채굴. 이러한 변경은 사면과 노반의 불안정성으로 이끌 수 있다.

(라) 성토 감시

- 레벨링의 빈번한 재작업을 필요로 하는 열등한 궤도 레벨링 거동은 불안정성에 기인할 수 있다. 레벨링 대장과 궤도선형 기록의 검토는 토질이완 지역을 확인할 수 있다. 그 때에 레벨링을 복구하기 위해 수행한 모든 양로 작업 치수의 누적 값을 그래픽의 형태로 기록하여야 한다.

- 궤도 라이닝의 변화도 불안정의 지표일 수 있다. 이 경우에도 역시 누가적인 틀림의 그래프를 작

성하여야 한다.

(5) 암석 절토와 사면의 감시

암석의 불안정은 ① 고립된 암석 낙하(d m³), ② 블록의 낙하 (10 m³까지), ③ 산사태(수십 m³에서 수백 m³까지) 등과 같은 다양한 토질이완의 원인일 수 있으며, ① 철도 선로의 건설 시에 만들어진 암석 절토, ② 자연적인 암석 사면(애추(崖錐), 절벽 등)을 구별하여야 한다.

(가) 암석 절토 감시

절토면에서 궤도로 떨어지거나 영향을 미치는 암석 덩어리의 위험은 ① 암괴의 부숴지는 성질, 구조 및 상태, ② 절토면의 기하구조와 형태(불규칙적인 구배는 튀어 오르기를 야기할 수 있다), ③ 궤도의 부근, ④ 암석 덩어리의 진로에 대한 장애물의 존재, ⑤ 기후 조건 등과 같은 몇 개의 파라미터에 좌우된다. 그들의 상세한 분석들은 상당한 경험을 필요로 하며 감시는 기준 조건을 정한 후에 적합한 조치를 취하기 위하여 현상들의 변화 속도를 평가하는 것으로 이루어진다. 이러한 감시 수행의 어려움에도 불구하고 다수의 조치들을 취하여야 한다. 이 조치들은 다음으로 구성한다. ① 암석 덩어리가 떨어진 지역을 확인한다. ② 관목 나무의 성장을 감시한다. 그 뿌리는 파쇄를 가속시키며 종종 낙하를 야기한다(이는 특히 암석 사면의 가장자리에서 중요하다). ③ 오래된 강화 작업(타이 빔, 지지 구조물, 앵커링 등)을 감시한다 : 분리, 균열 등. ④ 암석 덩어리가 낙하하는 것을 막기 위해서 건설한 장애물을 감시하고 유지한다. 암석의 얽어맴(트랩)과 바위부스러기 막이 막(anti-scree screens)은 주기적으로 비워야 하고, 마찬가지로 절토면의 지단도 청소하되 철망에 걸린 모든 덩어리를 치워야 한다. 이러한 장애물들의 배치가 최적이 아닌 지역을 확인하여야 한다. ⑤ "ⓐ 균열 측정, ⓑ 사진 기록(이를 위해서 다음이 중요하다. 카메라의 각도와 표지의 품질을 주의 깊게 선택한다. 이전의 사진과 균열의 변화를 비교함으로써 균열의 변화를 평가할 수 있도록 사진상의 길이 스케일을 나타낸다), ⓒ 표지와 금속 표지와 같은 측정 장치의 설정" 등과 같은 간단한 방법을 사용하여 절토 상의 변화를 육안으로 관찰한다. 특수 화차를 이용하여 어떤 암석 사면을 점검할 수 있다는 점과 접근이 불가능한 부분에는 쌍안경을 사용할 수 있다는 점을 지적하여야 한다. ⑥ 화재 후의 기간, 또는 결빙, 해빙 및 강우기 동안에는 감시를 증가시킨다. 낙하가 발생할 때는 "ⓐ 인접한 암반의 안정성 평가, ⓑ 취해질 조치들의 평가" 등을 위하여 암석 덩어리가 도출된 지역의 상세한 감시를 수행하도록 권고된다.

(나) 암석사면의 감시

암석 덩어리가 철도 용지를 벗어난 높은 토지에서 궤도로 떨어질 때는 ① 암석 덩어리의 진로 재구성, ② 개시 점의 파악에 힘써야 한다. 이 암석들이 발생된 지역의 상세한 감시는 난이도에 따라 ① 사무소에서 수행, 또는 ② 주무부서의 동의 하에 외부 전문가들이 수행할 수 있다. 이러한 상세한 점검에 대한 보고서를 작성한다. 돌, 또는 바위 덩어리의 진로에 영향을 줄 수 있는 ① 자발적이거나 돌발적인(화재) 살림벌채, ② 삼림기반시설의 건설, 자갈을 깔지 않은 길 등, 환경 상의 모든 변화를 감시하여야 한다. 선로와 같은 시기에 건설된, 때때로 궤도에서 아주 떨어진 보호 구조물은 다음을 행하여야 한다. ① 문서로 기록한다. ② 분소의 특성 자료관리대장에 언급한다. ③ 양호한 조건에 있는지, 그리고 효율적으로 기능을 하는지 확인하기 위하여 주기적으로 점검한다.

산사태 보호 시스템으로 보호되는 지역에서 시스템의 모든 작동개시는 그 원인과 함께 기록하여야 한다. 게다가, 주무부서는 보호 시스템을 작동시키지 않는 모든 암석 낙하와 모든 그러한 무작동의 원인을 확인하기 위해 취한 조치를 주무기관에 통지하여야 한다.

9.5.4 분소장의 검사

(1) 기술적인 안전 점검

분소장은 담당 노선 구간(직접적으로 책임이 있든 없든 간에)의 각 공사장에 대하여 그가 수행하여야 할 점검의 빈도를 할당하여야 한다. 궤도의 유지보수뿐만 아니라 그에게 권고된 수행 활동의 다양함(건물, 용지의 보존, 토목 구조물, 정부 기관과의 관계 등)은 그의 본질적인 기능, 즉 교통의 안전에 영향을 미칠 수 있는 기술적 요소들의 감시로부터 그를 혼란시키지 않도록 해야 한다. 작업의 감시는 이러한 감시 활동의 일부를 이루며, 그 빈도는 작업의 성질과 궤도의 안전성에 영향을 미칠 수 있고 교통의 안전을 위태롭게 할 수 있는 문제의 출현이나 증가하는 위험에 좌우된다. 따라서, 감시의 강화는 초기의 상세화한 작업수행 조건을 준수하거나 준수할 수 없을 때, 그리고 추가적인 조치들을 취하여야 할 때 필수적이다. 이는 특히 일시적인 속도의 제한이 요구되거나, 또는 기존 속도의 제한을 낮추는 것이 필수적일 때의 경우이다(궤도 아래에 예상보다 더 넓은 굴착, 위험한 기후적 변화 등). 분소장은 새로 발행된 지시가 시간에 걸쳐 준수된다는 것을 확인하자마자 감시 점검의 빈도를 줄일 수 있다. 이러한 기술적인 감시는 충분히 효율적이도록 다양한 실시 서류뿐만 아니라 장대레일과 분기기에서 궤도의 횡 레벨링(수평), 레일 갱환, 체결장치 조이기 등에 관련된 작업을 위한 자료대장과 같은 기초적인 실용 자료에 근거하여야 한다.

(2) 검사 동안 행한 관찰의 정식화

분소장의 책임은 계약의 범위 내에서 관찰결과를 ① 예상 스케줄(예상과 수행), ② 검사의 서면보고, ③ 문서의 기록보관 등으로 정식화하는 것을 반드시 내포한다. 이러한 문서는 각 분소마다 특유한 '분소장 검사 파일'을 구성하여야 한다.

(3) 특성 핸드북

분소장의 특성 핸드북은 자연적으로 보기가 어렵거나 확인하기 어렵고 정규 법정검사, 또는 특별검사에 의하여 임시적이든지 장기적으로 특수모니터링을 필요로 하는 요소, 또는 설비를 개별적인 자료대장의 형이든지, 또는 기타의 형으로 단일 문서에 함께 제시한다. 이 자료는 또한 철도 용지의 유지 관리, 또는 보존에 관련된 지시에서 다수의 특수 특징을 다루며, 다음의 리스트는 몇 가지 예를 나타낸다. ① 유보를 필요로 하는 지역 : 장대레일 궤도의 특수한 선형 조건, 장대레일에 분기기를 연결하기 위한 특수한 배치, 특수한 캔트-완화곡선 등, ② 일시적인 비적합 상태의 지역, ③ 궤도 구조 : 강화된 도상 지역, 특수 구간 등, ④ 불안정한 지역, 광산의 함몰, 민감한 지역(토공), 가장자리 측구, 매립된 배수관, ⑤ 특수한 수리적 환경(침식)이 있는 지역, ⑥ 암석 사면 상의 보호 장치, 진흙 분출이 있는 급류, ⑦ 산사태의 위험이 있으며, 궤도상에 낙하하는 재료(예를 들어 나무)가 있는 지역, ⑧ 관목의 건축한계 및 가시도, 선형, 기지, 광산 및 채석장, ⑨ 설비 시험 구간(특수한 침목, 모형 분기기 등), ⑧ 강화된 감시를 하는 토목 구조물 등. 이 핸드북은 항상 최신의 상황에 맞춰 정비하여야 한다. 보직 변동 시에는 새로운 분소장에게 주어져야 한다. 초본(抄本)의 복사본이 만들어져야 하며 점검을 위해서 필요하다면 그들 자신의 점검 과정 중에, 특히 지시에 의한 특별검사를 수행할 때 선로반장의 주의를 이끌어야 한다(예를 들면, 확인검사).

9.6 기타 시설물과 설비의 관리

9.6.1 횡단 시설 및 구조물의 관리

횡단 시설 및 구조물의 관리는 다음에 의한다.
- 선로 밑을 횡단하는 시설 : 선로 밑을 횡단하여 수도관이나 송유관 등을 시공할 경우에는 이중 관을 사용하고, 가급적 토공구간을 피하여야 한다.
- 교량 거더의 도장 : 교량 거더의 칠이 낡아 녹이 슬기 시작되었을 때는 녹을 제거한 후에 도장을 하여야 한다. 거더 도장을 한 후에 거더 소정의 위치에 도장일자, 종류별 도장횟수, 사용재료 등을 기재하고 도장내역을 통합시설관리시스템에 등록 관리하여야 한다.
- 선로구조물의 관리카드 : 교량, 터널, 구교 등 선로구조물에 대하여는 관리카드를 작성하여 통합시설관리시스템에 등록하고 보수·보강 등 이력에 관한 사항을 수시로 정리 보존하여야 한다.
- 선로구조물의 보수 : 변상된 선로구조물에 대하여는 보수를 하여야 하며 구조물의 형상을 변경한 경우에는 보수 및 변경 이력과 도면을 정비하여 통합시설관리시스템에 등록 관리하여야 한다.

9.6.2 선로표지의 관리

(1) 선로표지의 종류 및 형상
선로표지의 종류는 건식표와 기록표로 나누며, 형상 및 규격은 별도로 정하고 특별한 경우를 제외하고는 다음에 의한다. ① 건식표는 거리표, 구배표, 곡선표, 선로작업표, 용지경계표, 차량접촉 한계표, 담당 구역표, 수준표 등을 말하며, 해당 위치에 설치한다. ② 기록표는 교량, 구교 및 터널의 명칭과 연장, 분기기의 번호, 양수표, 레일번호, 캔트량 등을 건조물 기타 위치에 필요사항을 직접 표기한다. 다만, 그 위치에 표기할 적당한 건조물이 없는 경우에는 건식하여 표기한다.

(2) 거리표의 종류와 설치

거리표는 km표를 1 km마다, m표는 200 m마다, 특별한 경우를 제외하고 선로외방에 설치한다. 터널 내, 기타 (1)항의 규정에 의하기 곤란한 경우에는 적절한 구조로 하거나, 또는 측벽에 기입할 수 있다.

(3) 구배표

구배표는 특별한 경우를 제외하고는 선로외방 구배 변경 지점에 설치한다. 터널 내, 기타 (1)항에 의하기 곤란한 경우에는 적절한 구조로 하거나 또는 측벽에 기입할 수 있다.

(4) 곡선표

곡선표는 특별한 경우를 제외하고는 선로외방에 설치한다.

(5) 담당 구역표

담당 구역표는 담당구역 경계 지점의 선로외방에 설치한다.

(6) 차량접촉 한계표

차량접촉 한계표는 서로 인접한 궤도에서 차량의 접촉을 피하기 위하여 세우는 표지로서 분기기 뒤쪽의 궤도중심간격 4 m의 중앙에 설치한다.

(7) 수준표

수준표는 약 1 km마다 선로외방에 세우되 천연석 등을 이용하는 것이 좋으며 설치 시에는 동상, 진동 등으로 변동되지 않도록 주의한다.

(8) 설치 위치의 좌우별

복선이상 구간에서의 건식표는 선로좌우에 나란히 설치한다. 다만 각 선이 구배, 곡선반경을 달리하거나, 또는 ① 상하 본선이 1 km 이상에 걸쳐 나란하지 않을 때, ② 상하 본선이 나란한 경우일지라도 그 중심 간격이 1 km 이상 연속하여 10 m 이상 또는 시공 기면의 차가 1 m 이상에 달하였을 때에는 각 선별로 설치한다.

(9) 터널표

터널표는 갱문의 열차진행방향 우측에 표기한다.

(10) 지하매설물 표시

철도를 횡단하거나 병행하는 지하매설물에 대하여는 철도 횡단구간 전후와 변환 점에 시설물 관리처를 명기한 지하 매설물 표지를 설치하여 선로작업 시에 주의한다. 다만, 표지의 설치가 곤란한 개소는 매설물을 알 수 있는 별도 표시를 할 수 있다.

(11) 선로표지의 유지관리

선로표지는 '① 표지의 주위는 제초 및 배수를 항상 양호하게 하고, ② 오손, 또는 칠이 벗겨진 것은 지체 없이 보수하며, ③ 동상, 또는 진동 등으로 침하되거나 이동되지 않도록 관리하여' 항상 완전한 상태로 유지한다.

9.6.3 유지관리용 시설물 설치 기준

(1) 공통사항

여기서는 경부고속철도의 건설 시에 적용한 고속선로 유지관리용 시설물의 설치기준을 나타낸다.

(가) 접근도로

선로 유지보수용 도로차량이 토공, 교량, 터널 등의 구조물에 원활하게 출입할 수 있도록 접근도로를 설치하되 기존 도로가 있으면 이를 최대한 활용하고 접근도로를 신설하는 구간은 용지와 공사비를 최대한 절감할 수 있도록 노선을 선정한다.

- 교량 구간 : ① 기존 도로와 교차하는 구간은 기존 도로를 최대한으로 활용한다. ② 이 경우에 약 2.0 km마다 진입도로를 설치하는 것을 원칙으로 한다.
- 터널 구간 : ① 시 · 종점 부분에서 가장 근접한 기존 도로로부터 진입도로를 설치한다. ② 교량 구조물과 인접한 경우에는 2 개의 구조물에 대해 접근이 가능하도록 설치한다.
- 토공 구간 : ① 교량의 교대 구간이나 터널 시 · 종점 부분에 설치한 접근도로를 최대한 활용한다. ② 기 설치된 지하도(box)를 적절히 활용한다.
- 기타 사항 : ① 교량과 터널이 접속하여 접근도로를 공용하는 경우로서 진입도로의 연장이 100 m 이내인 경우에는 교량 하부에서 터널 입 · 출구로 접근하는 접근도로를 설치한다. ② 교량과 터널이 접속하여 있지만 현지 여건상 교량 하부로부터의 진입도로를 설치하기가 곤란한 경우나 진입도로의 연장이 100 m 이상인 경우에는 각각의 접근도로를 설치한다. 이 경우에 기존 도로에서 터널 입 · 출구로 접근하는 접근도로와 회차 시설을 설치하며, 경제성과 사용성을 감안한다. 설계 하중은 DB 18, 도로 폭은 5.0 m(포장 폭 3.0 m), 통과 높이는 4.5 m, 종단 구배는 17 %(부득이 한 경우에 25 % 이하)로 하며, 평탄지의 노면은 깬 자갈을 부설하여 포장하고 급경사지(10 % 이상)의 노면은 콘크리트로 간이 포장을 한다(t = 15 cm, f_{ck} = 240 kg/cm^2).

(나) 주차장

접근도로 종점 부분에는 점검 차량과 유지보수용 자재를 적치할 수 있는 주차장을 설치하며, 대상 구조물에서 이용이 편리하도록 위치를 선정한다. ① 교량 구간은 교량 하부에 주차 및 회차 시설을 설치하는 것을 원칙으로 한다. ② 터널 구간은 시 · 종점 부분에 주차 및 회차 시설을 설치한다. 교량 구조물과 인접한 경우에는 2 개 구조물에 대하여 공용할 수 있도록 설치한다. ③ 주차장을 공용하는 경우는 공용 주차장으로부터 본선 궤도로 접근하는 진입도로의 연장이 50 m 이상인 경우로 한정하여 본선 궤도와 접속하는 진입도로의 종점 부분에 100 m² 정도의 주차 및 회차 시설을 설치한다. ④ 주차장 면적은 400 m² 정도로 현장의 여건을 감안하고, t = 20 cm로 깬 자갈(ø = 60 mm 이하)을 부설하며, 측구를 설치한다.

(2) 토공구간의 유지관리 시설

- 접근도로와 주차장 : ① 절·성토 연장이 2,000 m 이상인 구간으로서 노반으로의 접근이 불가능한 개소는 지하도(box)의 위치를 감안하여 접근도로 위치를 선정한다. ② 접근도로의 설치가 불가능한 경우에는 지하도(box)에 근접한 양쪽 선로에 도보 접근도로를 설치한다.
- 점검용 사다리 : 절토 높이가 15 m 이상인 경우에는 비탈면을 도보로 점검할 수 있는 철제 사다리를 설치한다. ① 절토의 연장이 250 m 이내인 구간은 1 개소, 250~500 m인 구간은 2 개소, 500 m 이상인 구간은 250 m마다 1 개소씩 추가한다. ② 비탈면 전면 설치 : 토사 등에서는 경사가 1 : 1 이상으로 완만한 구간에 설치. 발파 암 구간은 비탈면 굴곡이 없거나 높이가 낮은 구간에 설치한다. ③ 비탈면 측면 설치 : 발파 암 등 급경사 비탈면이나 또는 굴곡이 심하여 철제계단 설치가 불가능한 구간한다. 현장 여건에 따라 절토의 산마루 측구 옆으로 콘크리트 계단도 설치 가능(예 : 터널 시·종점 부분의 토공 구간)
- 낙석 방지시설 : 낙석 위험의 우려가 있는 지점에 설치한다.

(3) 교량의 유지관리 시설

- 교량 유지보수용 통로(폭 1.0 m)와 난간을 설치한다.
- 접근도로와 주차장 : ① 교량의 전 연장에 걸쳐 접근이 가능하도록 접근도로를 설치하고, 주차장은 시·종점 쪽의 교량 하부에 설치하는 것을 원칙으로 한다. ② 접근도로의 설치가 불가능한 개소는 교량상판을 통하여 접근할 수 있는 별도의 시설(도보 접근)을 설치한다. ③ 교량 하부의 FSM 기초를 적절히 활용하여 주차 및 회차 시설을 설치한다.
- 교량외부 점검시설 : ① 육상구간 : 매수된 용지(폭 20.0 m)를 활용하여 점검용 도로를 설치한다 (점검용 차량으로 교좌 장치를 포함한 상판과 교각 등 교량외부를 점검). ② 하천구간 : PC 박스 내부를 통하여 교각으로 통하는 사다리를 설치하며, 또한 교각주변의 점검용 난간(높이 100 cm, 점검용 통로의 폭 100 cm)을 설치한다.
- PC박스 내부점검 시설 : PC박스의 내부점검과 박스 내부로 출입하기 위하여 다음과 같은 시설을 한다.
  · 교대, 교각 출입문과 내부 사다리 : ① 교대 : 전체 개소에 출입문 설치(교대 출입구(최 상단) : 폭 1.6 × 높이 2.0 m, 교대에서 상부 출입구 폭 1.7 × 높이 1.5 m), ② 교각 : 교량 연장 1,000 m 이상에만 설치하며, 1,000 m마다 1 개소씩 설치(일부 구간에서 교량의 교각에 출입문

이 없으므로 2,000 m 이상의 장대 교량에는 1,000 m마다 교량 코핑부에서 PC박스 내부로 올라가는 사다리를 설치). 하천 구간은 하천 부근의 육상 교각에 설치한다.

· PSM 상부공 내부의 유지관리 시설 : PSM 상부공 내부 다이아프레임 단차 부분에만 램프 설치(램프의 설치 간격은 500 m에 2 조(4 개) 설치를 기준). PSM 상부공과 MSS(FSM) 상부공의 형고 차가 1.15 m 정도이므로 통행이 가능하도록 사다리 설치)

· PC박스 내부의 개폐시설 : ① 교각과 통하는 개구부에 점검원 안전용 개폐시설(스틸 그레이팅, 앵글 포함) 설치, ② 교대 출입구를 통한 PC박스 내부와 교량 상판에 진입할 수 있는 계단 설치(교대 출입구 상단의 계단은 좌, 우측에 설치)

· 기타 시설 : ① PC박스 내부의 조명시설, ② 교각번호 표시, PC박스 내부 위치 표시, 슬래브 번호표시

(4) 터널의 유지관리 시설 및 화재대비 안전설비

– 접근도로와 주차장 : 연장 1,000 m 이상의 장대 터널에는 터널 내부의 비상상황 발생시를 대비하여 장비나 차량의 접근도로, 회차와 주차장 설치

– 터널 내부의 조명시설(형광등, 나트륨등)(설치 간격 20 m), 유도등(설치 간격 200 m) 및 위치 표시판 설치

– 안테나용 케이블(핸드폰으로 외부와 연락가능)과 유선전화기(터널 내에서 긴급 통화 가능, 500 m마다 설치)

– 터널 좌, 우측에 작업자 보호용 핸드레일(손잡이)과 통행보도 설치

※ 배수로(400×800 mm), 공동 관로(700×280 mm) 및 공동 관로 뚜껑(510×810×80 mm)을 설치하여 보수용 통로로서 활용

– 장대터널(5 km 이상인 3 터널)에는 대피용 터널 설치

(5) 궤도보수기지

경부고속철도 1단계(개통 직후부터 사용) 궤도보수 주기지는 영동, 약목, 고모(경부고속철도의 대구~부산간 완전 개통구간에 포함) 등 3개소이며, 궤도보수 보조기지는 화성, 대전 조차장 보조기지(대전 도심통과 구간에 포함), 언양(대구~부산간에 포함) 등 3개소이다. 2단계(개통 10년 후에 설치) 궤도보수기지 중에서 주기지는 광명(현재의 차량 주박 기지를 변경하여 사용 예정)의 1개소이며, 보조기지는 고양(차량기지의 선로 일부 사용), 천안, 김천, 가야(고양과 동일) 등 4개소이다.

오송 궤도기지를 포함하여 1단계 주기지는 밸러스트 크리닝 작업 시의 자갈 열차 등 모든 유지보수 장비를 유지할 수 있으며 궤도재료의 수송을 감안하여 궤도부설 전진기지로도 이용할 수 있도록 기존의 국철 선로와 연결할 수 있는 위치를 선정하였으며, 효율적으로 이용하도록 규모와 배선, 시설 배치 등을 결정하였다. 청원군 강외면에 위치하는(서울 기점 122 km) 오송 궤도기지는 종합 궤도기지로서 장대레일 용접공장, 궤도장비 대보수를 위한 검수 시설 등을 설비한 장비공장, 사무관리동, 연구 시험동(현재 철

도시설공단의 품질시험소에서 사용), 재료 적치장과 각종 크레인 설비, 자갈 세척설비, 전차대, 오폐수 처리장 및 직원 숙소 등의 부대시설 등이 있으며, 부지면적이 17만 7천 평, 선로연장이 25.5 km로서 충북선 오송역과 연결되어 있다. 영동군 심천면에 위치하는(서울 기점 189 km) 영동 보수기지는 작업원 대기동, 중보수 검수고, 재료 적치장, 전차대 등이 있으며, 부지면적이 8만 3천 평, 선로연장이 19.4 km로서 경부선 심천역에 연결되어 있다. 칠곡군 약목면에 위치하는(서울 기점 252 km) 약목 보수기지도 영동 보수기지와 유사한 설비를 갖추었으며, 부지면적이 4만 8천 평, 선로연장이 11.6 km로서 경부선 약목역에 연결되어 있다. 궤도보수 보조기지는 선로가 2~3선이고 선로보수용 궤도장비만을 수용할 수 있는 소규모 기지이다.

저자의 관련 문헌

▓ 學位論文

1. 工學博士 : 急曲線과 鈑桁橋梁의 레일 長大化를 위한 레일 軸力 解釋, 忠北大學校 大學院, 2002. 2. 27.
2. 工學碩士 : 道床 抵抗力에 關한 硏究, 漢陽大學校 産業大學院, 1987. 8. 22.

▓ 著書

1. 철도공학의 이해(Railway Engineering), 도서출판 얼과알, 2000. 4.
2. 궤도장비와 선로관리(Mechanized Track Maintenance), 도서출판 얼과알, 2000. 12.
3. 개정판 궤도시공학(軌道施工學), 도서출판 얼과알, 2001. 3.
4. 개정판 선로공학(線路工學), 도서출판 얼과알, 2002. 2.

▓ 共著

1. 高速鐵道 핸드북, 한국고속철도건설공단, 1993. 2.

▓ 譯書

1. 최신 철도선로(Mordern Railway Track), 도서출판 얼과알, 2003. 5.
2. 철도공학 개론(Railway Engineering), 도서출판 BG북갤러리, 2004. 5.

▓ 논문집, 학술발표회 논문집, 土木(대한토목학회지) : 대한토목학회

- 논문집

1. 구봉근, 서사범, "멀티플 타이 탬퍼의 궤도보수 작업효과", 大韓土木學會 論文集, 제20권 제3-D호, 2000. 5.
2. 양신추, 서사범 외, "철도교량상의 장대레일 축력 해석기법 개발", 大韓土木學會 論文集, 제20권 제5-D호, 2000. 9.
3. 양신추, 서사범 외, "기존선 급곡선부 장대레일 좌굴의 신뢰성 평가 및 안전성 확보방안 연구", 大韓土木學會 論文集, 제22권 제4-D호, 2002. 7.

- 학술발표회 논문집

1. 徐士範, 金應錄, "長大레일 軌道의 挫屈에 關한 調査·硏究", 1991년도 대한토목학회 학술발표회 논문집, 1991. 10.
2. 徐士範, 金喜浩, "MTT 作業效果와 軌道安定에 關한 硏究", 1991년도 대한토목학회 학술발표회 논문집, 1991. 10.
3. 徐士範, 金仁在, 朴大根, "콘크리트道床 軌道의 剛性에 關한 연구", 1992년도 대한토목학회 학술발표회 논문집(Ⅱ), 1992. 10.
4. 康基東, 徐士範, 金仁在, "道床 抵抗力의 非線型 特性을 考慮한 長大 橋梁의 軌道 軸力 解析", 1993년도 대한토목학회 학술발표회 논문집, 1993. 10.

5. 康基東, 徐士範, 金仁在, "車輛과 構造物의 相互作用에 의한 高速鐵道 橋梁의 設計基準 檢討", 1994년도 대한토목학회 학술발표회 논문집(Ⅱ), 1994. 10.

6. 서사범, 박대근, 배상환, "탄성기초 모델을 사용한 정적 궤도계수의 산정", 1995년도 대한토목학회 학술발표회 논문집(Ⅱ), 1995. 10.

7. 서사범, 박병욱, 허욱신, 박대근, "軌道係數의 非線型 特性을 考慮한 軌道解析", 1996년도 대한토목학회 학술발표회 논문집(Ⅱ), 1996. 10.

- 土木(대한토목학회지)

1. 徐士範, "鐵道의 기원과 軌道의 발달", 대한토목학회지 Vol. 42, No. 6, 1994. 12.

2. 서사범, "레일의 플래시 버트 鎔接技術", 대한토목학회지 Vol. 46, No. 4, 1998. 4.

3. 구봉근, 서사범, "교통의 환경 문제와 도시 철도", 대한토목학회지 제48권 제10호, 2000. 10.

4. 구봉근, 서사범, "21세기 교통의 전망과 철도 기술의 개발", 대한토목학회지 제48권 제11호, 2000. 11.

5. 구봉근, 서사범, "고속철도 궤도 유지관리 기술의 동향", 대한토목학회지 제51권 제8호, 2003. 8.

6. 강기동, 서사범, "중국 철도산업의 현황과 정비 방향", 대한토목학회지 제51권 제10호, 2003. 10.

7. 서사범, "고속철도 궤도의 건설준비에서 유지관리까지의 과정", 대한토목학회지 제52권 제5, 6호, 2004. 5, 6.

8. 강기동, 서사범, "경부고속철도 건설분야의 기술특성과 파급효과", 대한토목학회지 제52권 제12호, 2004. 12.

▓ 논문집, 학술대회 논문집, 철도학회지 : 한국철도학회

- 논문집

1. 구봉근, 서사범, "궤도 관리를 위한 레일 온도의 특성", 한국철도학회논문집, 제3권 제1호, 2000. 3.

- 학술대회 논문집

1. 이지하, 서사범 외, "실측을 통한 궤도설계 파라미터의 검증", 2004 춘계학술대회 논문집, 2004. 6.

- 철도학회지

1. 徐士範, "軌道 基地에서의 플래시 버트 鎔接", 한국철도학회지 제2권 제2호, 1999. 6.

2. 서사범, "레일을 중심으로 한 철도의 기원과 발전 과정", 한국철도학회지, Vol 2. No. 3. 1999. 9.

3. 서사범, "교통 환경의 문제와 정비 방향", 한국철도학회지 제3권 제3호, 2000. 9.

4. 서사범, "이용자 요구를 중심으로 한 관점의 사이버 철도", 한국철도학회지, 제4권 2호, 2001. 6.

5. 서사범, "레일용접의 현상과 과제", 한국철도학회지, 제4권 4호, 2001. 12.

6. 서사범, "여명기의 철도 토목과 기술·사회·문화적 배경", 한국철도학회지 Vol. 5, No. 1, 2002. 3.

7. 서사범, "유지보수의 입장에서 본 궤도 기술의 현상과 과제", 한국철도학회지 Vol. 5, No. 2, 2002. 6.

8. 서사범, "궤도 기술의 연구·개발 동향", 한국철도학회지 Vol. 5, No. 3, 2002. 9.

9. 서사범, "역학의 성립과 궤도역학의 발달 및 동향", 한국철도학회지 Vol. 6, No. 1, 2003. 3.

10. 서사범, "스펙트럼 해석의 역사와 배경", 한국철도학회지 Vol. 6, No. 4, 2003. 12.

11. 서사범, "고속철도 궤도 건설의 경험과 이해", 한국철도학회지 Vol. 7, No. 1, 2004. 3.

12. 서사범, "눈에 관한 기초지식과 빙설낙하의 기상조건", 한국철도학회지 Vol. 7, No. 3, 2004. 9.

▓ 건설기술연구소 논문집, 産業科學技術研究所 論文集 : 충북대학교

1. 구봉근, 서사범, "궤도 보수 작업과 침목 갱환 후의 궤도 상태", 충북대학교 건설기술연구소 논문집, 제19권 제1호, 2000. 6.

2. 구봉근, 서사범 외, "재생골재를 사용한 철근 콘크리트 보의 휨 거동 특성", 忠北大學校 産業科學技術研究所 論文集 제13권 2호, 1999.

▓ 鐵道技術研究報, 鐵道技術情報 : 鐵道技術研究所

- 鐵道技術研究報

1. 徐士範 外, "道床 抵抗力 向上策 研究", 鐵道技術研究報 Vol. 20~21, 1986~1987.

2. 徐士範 外, "長大레일 軸力에 關한 研究", 鐵道技術研究報 Vol. 22, No.1, 1988.

3. 徐士範 外, "鐵道 構造物의 振動 特性에 關한 研究", 鐵道技術研究報 Vol. 23, No. 1, 1989.

4. 徐士範 外, "M.T.T 作業과 軌道應力 測定 分析", 鐵道技術研究報 Vol. 23, No. 2, 1989.

5. 徐士範 外, "軌道挫屈에 關한 研究", 鐵道技術研究報 Vol. 23~24, No. 1, 1989. ~ 1990.

6. 徐士範 外, "線路沿邊 騷音防止對策 研究", 鐵道技術研究報 Vol.24, No. 1, 1990.

7. 徐士範 外, "軌道틀림 經年 調査 測定", 鐵道技術研究報 Vol.24, No. 2, 1990.

8. 徐士範 外, "SHOTCRETE 施工性 向上에 關한 研究", 鐵道技術研究報 Vol.24, No. 2, 1990.

9. 徐士範 外, "急曲線部 레일 長大化에 關한 研究", 鐵道技術研究報 Vol. 25, No.1, 1991.

- 鐵道技術情報

1. 徐士範, "實物軌道 挫屈實驗", 鐵道技術情報 No. 2, 1986. 12.

2. 徐士範, "50m 레일과 遊間管理", 鐵道技術情報 No. 4, 1987. 4.

3. 徐士範, "加熱에 의한 長大레일 保守技法", 鐵道技術情報 No. 6, 1987. 8.

4. 徐士範, "거더 받침部의 新保守 工法", 鐵道技術情報 No. 7, 1987. 10.

5. 徐士範, "曲線·連續 트러스 橋梁", 鐵道技術情報 No. 8, 1987. 12.

6. 徐士範, "말뚝 基礎 構造의 旅客 플랫폼", 鐵道技術情報 No. 9, 1988. 2.

7. 徐士範, "프리캐스트 P.C. 下路거더", 鐵道技術情報 No. 10, 1988. 4.

8. 徐士範, "軌道틀림 經年記錄의 保守에의 適用", 鐵道技術情報 No. 19, 1989. 10.

9. 徐士範, "콘크리트 構造物의 信賴性 設計", 鐵道技術情報 No. 20, 1989. 12.

10. 徐士範, "高速鐵道 構造物의 補完", 鐵道技術情報 No. 21, 1990. 2.

11. 徐士範, "P치 管理를 위한 MTT 投入計劃 시스템", 鐵道技術情報 No. 22, 1990. 4.

12. 徐士範, "分岐器의 無給油 床板", 鐵道技術情報 No. 23, 1990. 6.

13. 徐士範, "日本 鐵道의 環境保全 問題", 鐵道技術情報 No. 24, 1990. 8.

14. 徐士範, "레일面 凹凸과 鎔接部 휨 疲勞의 關係", 鐵道技術情報 No. 25, 1990. 10.

15. 徐士範, "sheet-pile 振動 遮斷工의 路盤振動 防振 效果", 鐵道技術情報 No. 26, 1990. 12.

16. 徐士範, "레일 上面 凹凸의 管理 方法", 鐵道技術情報 No. 27, 1991. 3.

17. 徐士範, "低스프링係數 軌道의 防振 特性", 鐵道技術情報 No. 28, 1991. 6.

▊ 한국철도기술 : 한국철도기술연구원

1. 서사범, "고속철도 궤도의 유지관리 원칙", 한국철도기술, 2003 1 · 2월호(통권 39호).

▊ 한국소음진동공학회지 : 한국소음진동공학회

1. 장승필, 강기동, 서사범, "철도의 환경 소음 진동", 한국소음진동공학회지 제3권 제3호, 1993. 3.

▊ 고속철도소식, KTX(한국고속철도) : 한국고속철도건설공단

1. 徐士範, "鐵道의 기원과 軌道의 발달", 고속철도소식 통권 제16~17호, 1995. 1~2.

2. 서사범, "국제 단위 계 SI", 고속철도소식 통권 제24~25, 1995. 9~10.

3. 서사범, "고속화에의 도전", KTX(한국고속철도) 2000. 11 · 12.

4. 서사범, "고속철도 궤도의 건설준비에서 유지관리까지", KTX(한국고속철도) 2003. 11 · 12.

▊ 鐵道施設 : 韓國鐵道技術公社(韓國鐵道技術協力會)

1. 徐士範, "無道床 橋梁 上의 長大레일", 鐵道施設 No. 24, 1987. 6.

2. 徐士範, "不連續 條件 下의 長大레일의 擧動에 關한 檢討", 鐵道施設 No. 25, 1987. 9.

3. 徐士範, "새로운 振動 沈下 試驗", 鐵道施設 No 28, 1988. 6.

4. 徐士範, "橋梁 上部工의 保守", 鐵道施設 No 29, 1988. 9.

5. 徐士範, "保線裝備의 라이닝 시스템", 鐵道施設 No. 30, 1988. 12.

6. 徐士範, "裝備保線의 安全과 品質管理", 鐵道施設 No. 33, 1989. 9.

7. 徐士範, "保線 技術者를 위한 潤滑工學", 鐵道施設 No. 34, 1989. 12.

8. 徐士範, "機械保線의 事故防止", 鐵道施設 No.37, 1990. 9.

9. 徐士範, "高速鐵道의 軌道틀림 管理", 鐵道施設 No. 38, 1990. 12.

10. 徐士範, "軌道틀림의 成長모델", 鐵道施設 No. 38, 1990. 12

11. 徐士範, "長大레일의 軌道挫屈", 鐵道施設 No. 39~40 1991. 3.~6.

12. 徐士範, "職務 死傷事故의 防止", 鐵道施設 No. 40, 1991. 6.

13. 徐士範, "緩和曲線과 캔트 遞減과의 關係", 鐵道施設 No. 41, 1991. 9.

14. 徐士範, "CWR 軌道의 動的挫屈", 鐵道施設 No. 41, 1991. 9.

15. 徐士範, "鐵道 緩和曲線 設計의 한 方法", 鐵道施設 No. 42, 1991. 12.

16. 徐士範, "新 裝備의 紹介 : 軌道탬핑 安定機 (09-Dynamic)", 鐵道施設 No. 42, 1991. 12.

17. 徐士範, "軌道와 車輛의 相互作用", 鐵道施設 No. 43, 1992. 3.

18. 徐士範, "畵像 監視 시스템과 리모트 센싱", 鐵道施設 No. 43, 1992. 3.

19. 徐士範, "軌道의 不均質 問題", 鐵道施設 No. 44, 1992. 6.

20. 徐士範, "레일의 쉐링에 關한 考察", 鐵道施設 No. 44, 1992. 6.

21. 徐士範, "건널목 事故發生 메커니즘의 心理學的 考察", 鐵道施設 No. 45, 1992. 9.

22. 徐士範, "탬핑機械의 作業原理", 鐵道施設 No. 46, 1992. 12.

23. 徐士範, "軌道解析에서의 垂直係數", 鐵道施設 No. 46, 1992. 12.

24. 徐士範, "레일의 品質과 保守" 鐵道施設 No. 47, 1993. 3.

25. 徐士範, "탬핑機械의 自動的인 曲線 整正을 위한 시스템", 鐵道施設 No. 48, 1993. 6.

26. 徐士範, "長大레일 中立 溫度의 變動", 鐵道施設 No. 48, 1993. 6.

27. 徐士範, "機械保線의 環境保護", 鐵道施設 No. 49, 1993. 9.

28. 徐士範, "衝擊振動 試驗에 의한 旣設 構造物의 健全度 判定", 鐵道施設 No. 49, 1993. 9.

29. 徐士範, "緩和曲線 計算에 對한 ROMBERG 方程式의 適用", 鐵道施設 No. 50, 1993. 12.

30. 徐士範, "道床의 安定化와 均質化 技術", 鐵道施設 No. 50, 1993. 12.

31. 徐士範, "大韓土木學會 學術發表會 紹介", 鐵道施設 No. 51, 1994. 3.

32. 徐士範, "軌道의 動的 모델과 그 使用", 鐵道施設 No. 51, 1994. 3.

33. 徐士範, "레일 壽命의 延長方法", 鐵道施設 No. 52, 1994. 6.

34. 徐士範, "軌道線形 解析의 適用을 위한 디지털 데이터 處理의 數値的 Butterworth 필터", 鐵道施設 No. 52, 1994. 6.

35. 徐士範, "旣存 構造物의 維持·管理를 위한 鋼橋診斷 시스템", 鐵道施設 No. 53, 1994. 9.

36. 徐士範, "레일 超音波 探傷의 原理", 鐵道施設 No. 53, 54, 1994. 9~12.

37. 徐士範, "軌道保守와 保守計劃 시스템의 最近傾向", 鐵道施設 No. 54, 1994. 12.

38. 徐士範, "旣存線의 高速化에 對應한 軌道의 構造와 管理", 鐵道施設 No. 55, 1995. 3.

39. 徐士範, "輪重 變動과 레일上面 凹凸의 管理" 鐵道施設 No. 56, 1995. 6.

40. 徐士範, "軌道틀림 데이터에 대한 解析方法의 應用" 鐵道施設 No. 57, 1995. 9.

41. 徐士範, "力學의 발전과 軌道力學의 성립" 鐵道施設 No. 58, 1995. 12.

42. 徐士範, "乘車感의 管理", 鐵道施設 No. 58, 1995. 12.

43. 徐士範, "軌道線形의 保守(레벨링과 라이닝)에 대한 決定의 한 方法" 鐵道施設 No. 59, 1996. 3.

44. 徐士範, "試驗線區의 試驗 方法論" 鐵道施設 No. 60, 1996. 6.

45. 徐士範, "軌道保守에 關한 最近 動向" 鐵道施設 No. 61, 1996. 9.

46. 徐士範, "乘車感 評價方法의 變遷" 鐵道施設 No. 62, 1996. 12.

47. 徐士範, "軌道線形과 軌道品質" 鐵道施設 No. 65, 1997. 9.

48. 徐士範, "軌道의 荷重과 損傷" 鐵道施設 No. 67, 1998. 3.

49. 徐士範, "플래시 버트 鎔接의 原理와 技術의 發達", 鐵道施設 No. 67~68, 1998. 3~6.

50. 徐士範, "軌道保守의 技術 發達" 鐵道施設 No. 68, 1998. 6.

51. 徐士範, "레벨링과 라이닝의 레이저 컨트롤" 鐵道施設 No. 69, 1998. 9.

52. 徐士範, "차륜 플랫과 레일파괴", 鐵道施設 No. 69, 1998. 9.

53. 徐士範, 劉珍榮, "레일 生産의 品質管理와 引受 條件", 鐵道施設 No. 69, 1998. 9.

54. 徐士範, "건널목 標識類의 設計", 鐵道施設 No. 70, 1998. 12.

55. 徐士範, "道床의 汚染과 保守 週期의 特性", 鐵道施設 No. 71, 1999. 3.

56. 徐士範, "安全 技術의 鐵道에의 適用", 鐵道施設 No. 72, 1999. 6.

57. 徐士範, "機械化 軌道 다짐의 기초 원리", 鐵道施設 No. 72, 1999. 6.

58. 徐士範, "鐵道 騷音의 音源 解析과 對策의 動向", 鐵道施設 No. 73, 1999. 9.

59. 徐士範, "레일과 鐵道의 起源 및 發達 過程", 鐵道施設 No. 74~75, 1999. 12.~2000. 3.

60. 徐士範, "콘크리트 枕木의 理解", 鐵道施設 No. 76~77, 2000. 6.~2000. 9.

61. 徐士範, "環境·安全·에너지 節約의 問題와 鐵道의 整備 方向", 鐵道施設 No. 78~79, 2000. 12~2001. 3.

62. 徐士範, "道床 자갈의 理解", 鐵道施設 No. 80, 2001. 6.

63. 徐士範, "레일 音 및 地盤 振動의 저감", 鐵道施設 No. 81, 2001. 9.

64. 徐士範, "鐵道의 發展을 위한 技術과 經營", 鐵道施設 No. 82, 2001. 12.

65. 徐士範, "鐵道技術의 開發과 硏究 動向", 鐵道施設 No. 83, 2002. 3.

66. 徐士範, "새로운 鐵道技術을 創造하는 硏究·開發", 鐵道施設 No. 84, 2002. 6.

67. 徐士範, "IT 時代와 交通技術 開發의 基本方向", 鐵道施設 No. 85, 2002. 9.

68. 徐士範, "鐵道의 騷音·空氣 力學에 관한 硏究의 動向", 鐵道施設 No. 86, 2002. 12.

69. 서사범, "지구 환경 문제와 라이프사이클 액세스멘트", 철도시설 No. 87, 2003. 3.

70. 서사범, "차륜과 레일간의 동적 상호작용, 접촉, 마찰 및 마모", 철도시설 No. 88, 2003. 6.

71. 서사범, "장대레일 궤도의 부설과 보수에 관한 기본 원리", 철도시설 No. 89, 2003. 9.

72. 서사범, "프랑스 高速線路의 軌道保守 小史", 철도시설 No. 90, 2003. 12.

73. 서사범, "궤도 기술의 동향", 철도시설 No. 91, 2004. 3.

74. 강기동, 서사범, "중국 철도의 현황과 정비 방향 및 국내기업 진출의 전망", 철도시설 No. 92, 2004. 6.

75. 서사범, "궤도 이론 연구의 연혁과 궤도 기술의 소사(小史)", 철도시설 No. 93, 2004. 9.

■ 鐵道保線, 鐵道線路, 鐵道施設 : 韓國鐵道施設協會(韓國鐵道線路技術協會, 韓國鐵道保線技術協會)

1. 徐士範, "軌道의 신기술(1)~(12)", 鐵道保線 No. 3~14, 1992. 7~1995. 5.

2. 徐士範, "氣溫과 레일 溫度에 關한 調査", 鐵道保線 No. 13, 1995. 1.

3. 徐士範, "鐵鋼材料의 防蝕", 鐵道保線 No. 15, 1995. 7.

4. 徐士範, "레일踏面 凹凸의 影響", 鐵道保線 No. 16, 1995. 10.

5. 徐士範, "레일 波狀磨耗의 特徵·原因 및 對策", 鐵道保線 No. 16, 1995. 10.

6. 徐士範, "地震의 槪論", 鐵道保線 No. 17, 1996. 1.

7. 徐士範, "프랑스 高速鐵道의 軌道 保守", 鐵道保線 No. 18, 1996. 5.

8. 徐士範, "鐵道의 기원과 軌道의 발달", 鐵道保線 No. 19, 1996. 8.

9. 徐士範, "레일의 管理에 關한 最近의 動向", 鐵道保線 No. 20, 1996. 11.

10. 徐士範, "새로운 機械保線 技術의 原理(Ⅰ), (Ⅱ)", 鐵道保線 No. 21~22, 1997. 3~6.

11. 徐士範, "長大레일의 基礎 理論", 鐵道線路 No. 24, 1998. 1.

12. 徐士範, "줄맞춤과 면 맞춤의 基本 原理", 鐵道線路 No. 25, 1998. 4.

13. 徐士範, "레일面의 損傷", 鐵道線路 No. 26, 1998. 8.

14. 徐士範, "費用 節減을 위한 체계적인 道床 클리닝", 鐵道線路 No. 27, 1998. 12.

15. 徐士範, "道床의 다짐 作用과 壓密 狀態 및 道床 橫 抵抗力", 鐵道線路 No. 28, 1999. 3.

16. 徐士範, "復元 波形을 이용한 軌道틀림의 補修法", 鐵道線路 No. 32, 2000. 3.

17. 徐士範, "連續作動 다짐 機械(09-CSM)의 單一 弦 줄맞춤 시스템", 鐵道線路 No. 32, 2000. 3.

18. 서사범, "최적 운전성능을 위한 레일/차량 상호작용의 모니터링", 鐵道線路 No. 34, 2000. 9.

19. 서사범, "레일기술의 동향과 레일 수명 연장", 鐵道線路 No. 35, 2000. 12.

20. 서사범, "향후 교통의 전망과 철도기술 개발의 방향", 鐵道線路 No. 37~38, 2001.

21. 서사범, "사회 환경에 따른 철도의 탄생과 발전", 鐵道線路 No. 40, 2000. 3.

22. 서사범, "정보기술과 철도에서의 활용", 鐵道線路 No. 42, 2002. 9.

23. 서사범, "궤간 가변 차량에 관한 세계의 동향", 鐵道線路 No. 43, 2002. 12.

24. 서사범, "사이버 철도의 연구 동향", 鐵道線路 No. 45, 2003. 6.

25. 서사범, "통계 모델에 의한 차량 상하 동요의 예측과 궤도 관리에의 적용", 鐵道線路 No. 46, 2003. 9.

26. 서사범, "궤도틀림의 파형 분석을 위한 스펙트럼 해석의 기초 이론", 鐵道線路 No. 47, 2003. 12.

27. 서사범, "충격 윤중에 기인하는 차량/궤도 구조계의 과제", 鐵道線路 No. 48, 2004. 3.

28. 서사범, "경부고속철도 궤도의 건설 과정", 鐵道線路 No. 49, 2004. 6.

29. 서사범, "궤도 기술의 향후 과제", 鐵道線路 No. 50, 2004. 9.

30. 서사범, "철도 성토노반 관리의 예와 이해", 鐵道施設 No. 94, 2004. 12.

▨ 韓國鐵道 : 鐵道廳

1. 徐士範, "地震 및 軌道의 安定性", 韓國鐵道 Vol. 24, No. 11, 1987. 11.

2. 徐士範, "흙의 壓縮 特性에 關한 基礎 檢討", 韓國鐵道 Vol. 25, No. 4, 1988. 4.

3. 徐士範, "杭에 關한 波動 理論의 應用", 韓國鐵道 Vol. 25, No. 8, 1988. 8.

4. 徐士範, "事故 擴大防止 要因의 分析方法", 韓國鐵道 Vol. 27, No. 2, 1990. 2.

5. 徐士範, "새로운 土木 建築의 構造 技術", 韓國鐵道 Vol. 28, No. 4, 1991. 4.

▨ 鐵道車輛技術 : 鐵道車輛技術公社

1. 徐士範, "軌道에 생기는 高周波 振動의 發生 要因에 關한 考察", 鐵道車輛技術 No. 47, 1987. 3.

2. 徐士範, "2차원 3모델에 의한 車輛-軌道 系의 數値 시뮬레이션", 鐵道車輛技術 No. 58, 1989. 12.

3. 徐士範, "貨車走行 安全 및 脫線事故 防止에 關한 ORE의 硏究", 鐵道車輛技術 No. 59, 1990. 3.

4. 徐士範, "車輪/레일 接觸應力 問題", 鐵道車輛技術 No. 61, 1990. 9.

5. 徐士範, "21世紀의 綜合 交通體系", 鐵道車輛技術 No. 63, 1991. 3.

▇▋ 기타

1. 徐士範, 디트로이트 디젤엔진 (V-71형) 取扱 說明書, 湖南保線事務所, 1988.
2. 徐士範, GVA 操作 說明書, 湖南保線事務所, 1989.

찾아보기